철도법령집(Ⅰ)

2023

노 해 출 판 사

목 차

◆ **철도산업발전기본법 · 시행령 · 시행규칙** ·· 7
  ▶ 철도산업발전기본법 · 시행규칙 [별지서식] ·· 67
  • 선로배분지침 ·· 71
  ▶ 철도시설관리권 등록령 · 시행규칙 ·· 81

◆ **철도사업법 · 시행령 · 시행규칙** ··· 113
  ▶ 철도사업법 · 시행령 · 시행규칙 [별표 · 별지서식] ··· 179
  • 철도 노선 및 역의 명칭 관리지침(국토부 고시) ·· 201
  • 철도시설의 점용료 산정 기준(국토부 고시) ·· 211
  • 철도 유휴부지 활용지침(국토부 고시) ·· 215

◆ **철도물류산업의 육성 및 지원에 관한 법률** ·· 221

◆ **철도의 건설 및 철도시설 유지관리에 관한 법률 · 시행령 · 시행규칙** ···························· 245
  ▶ 철도의 건설 및 철도시설 유지관리에 관한 법률 · 시행령 · 시행규칙 [별표 · 별지서식] ········ 347
  • 철도건설규칙 ·· 373
  • 철도의 건설기준에 관한 규정 ·· 381

◆ **도시철도법 · 시행령 · 시행규칙** ··· 403
  ▶ 도시철도법 시행령 · 시행규칙 [별표 · 별지서식] ··· 477
  • 도시철도건설규칙 ·· 491

- 도시철도운전규칙 ·· 503
- 도시철도법 등에 의한 구분지상권 등기규칙 ························· 515
- 도시철도채권 매입사무 취급규칙 ··· 517

◆ **역세권의 개발 및 이용에 관한 법 · 시행령 · 시행규칙** ·········· 535

　▶ 역세권의 개발 및 이용에 관한 법 · 시행령 · 시행규칙 [별표 · 별지서식] ········· 603

◆ **국가철도공단법 · 시행령** ·· 623

◆ **한국철도공사법 · 시행령** ·· 653

철도산업발전기본법 · 시행령 · 시행규칙

철도산업발전기본법 · 시행령 · 시행규칙 목차

법	시 행 령	시 행 규 칙
제1장 총 칙 제1조(목적) ············ 14 제2조(적용범위) ············ 14 제3조(정의) ············ 14 **제2장 철도산업 발전기반의 조성** **제1절 철도산업시책의 수립 및 추진체제** 제4조(시책의 기본방향) ············ 17 제5조(철도산업발전기본계획의 수립 등) ······ 17 제6조(철도산업위원회) ············ 19	제1조(목적) ············ 14 제2조(철도시설) ············ 14 제3조(철도산업발전기본계획의 내용) ········· 17 제4조(철도산업발전기본계획의 경미한 변경) ······ 18 제5조(철도산업발전시행계획의 수립절차 등) ···· 18 제6조(철도산업위원회의 구성) ············ 19 제6조의2(위원의 해촉) ············ 19 제7조(위원회의 위원장의 직무) ············ 20 제8조(회의) ············ 20 제9조(간사) ············ 20 제10조(실무위원회의 구성 등) ············ 20 제10조의2(실무위원회 위원의 해촉 등) ·········· 21 제11조(철도산업구조개혁기획단의 구성 등) ······ 22 제12조(관계행정기관 등에의 협조요청 등) ········ 24 제13조(수당 등) ············ 24 제14조(운영세칙) ············ 24	제1조(목적) ············ 14

법	시 행 령	시 행 규 칙

제2절 철도산업의 육성
 	
제7조(철도시설 투자의 확대) ·············· 24
제8조(철도산업의 지원) ····················· 24
제9조(철도산업전문인력의 교육·훈련 등) ········ 25
제10조(철도산업교육과정의 확대 등) ······· 25
제11조(철도기술의 진흥 등) ················ 26
제12조(철도산업의 정보화 촉진) ··········· 27
 	
제13조(국제협력 및 해외진출 촉진) ········· 28
제13조의2(협회의 설립) ····················· 29
 	
제3장 철도안전 및 이용자 보호
 	
제14조(철도안전) ·························· 30
제15조(철도서비스의 품질개선 등) ·········· 30
제16조(철도이용자의 권익보호 등) ·········· 31
 	
제4장 철도산업구조개혁의 추진
 	
제1절 기본시책
 	
제17조(철도산업구조개혁의 기본방향) ········ 31
 	
제18조(철도산업구조개혁기본계획의 수립 등) ····· 33
 	
제19조(관리청) ····························· 34
	제15조(철도산업정보화기본계획의 내용 등) ········· 27
	제16조(철도산업정보센터의 업무 등) ·················· 28
	
	제17조부터 제22조까지 삭제〈08·10·20〉 ············· 31
	제23조(업무절차서의 교환 등) ······················ 32
	제24조(선로배분지침의 수립 등) ···················· 32
	제25조(철도산업구조개혁기본계획의 내용) ·········· 33
	제26조(철도산업구조개혁기본계획의 경미한 변경) ···· 34
	제27조(철도산업구조개혁시행계획의 수립절차
	    등) ··· 34
	제28조(관리청 업무의 대행범위) ···················· 34
		제2조(철도산업전문연수기관과의 협약
		    체결 등) ······························· 25
		
		제3조(철도서비스의 품질평가방법 등) ··· 30

법	시 행 령	시 행 규 칙
제20조(철도시설) ·············· 35		
제21조(철도운영) ·············· 35		
제2절 자산·부채 및 인력의 처리		
제22조(철도자산의 구분 등) ········ 36		
제23조(철도자산의 처리) ·········· 37	제29조(철도자산처리계획의 내용) ········ 37	
	제30조(철도자산 관리업무의 민간위탁계획) ······ 37	
	제31조(민간위탁계약의 체결) ············ 38	
	제32조(철도자산의 인계·이관 등의 절차 및 시기) ··· 38	
제24조(철도부채의 처리) ·········· 40	제33조(철도부채의 인계절차 및 시기) ······· 40	
제25조(고용승계 등) ············ 41		
제3절 철도시설관리권 등		
제26조(철도시설관리권) ··········· 41		
제27조(철도시설관리권의 성질) ······ 42		
제28조(저당권 설정의 특례) ········ 42		
제29조(권리의 변동) ············ 42		
제30조(철도시설 관리대장) ········ 42		제4조(철도시설관리대장의 작성) ········ 42
제31조(철도시설 사용료) ·········· 43	제34조(철도시설의 사용허가) ············ 43	
	제34조의2(사용허가에 따른 철도시설의 사용료 등) ·············· 43	
	제35조(철도시설의 사용계약) ············ 44	
	제36조(사용계약에 따른 선로등의 사용료 등) ··· 45	
	제37조(선로등사용계약 체결의 절차) ········ 46	제5조(선로등사용계약신청서) ··········· 46
	제38조(선로등사용계약의 갱신) ··········· 47	
	제39조(철도시설의 사용승낙) ············ 47	
제4절 공익적 기능의 유지		

법	시 행 령	시 행 규 칙
제32조(공익서비스비용의 부담) ·············· 48	제40조(공익서비스비용 보상예산의 확보) ·········· 48	
	제41조(국가부담비용의 지급) ·················· 49	
	제42조(국가부담비용의 정산) ·················· 49	제6조(국가부담비용정산서) ················· 49
	제43조(회계의 구분 등) ····················· 50	
제33조(공익서비스 제공에 따른 보상계약의 체결) ··· 50		제7조(전문기관의 지정) ·················· 51
제34조(특정노선 폐지 등의 승인) ·················· 51	제44조(특정노선 폐지 등의 승인신청서의 첨부서류) ··· 52	
	제45조(실태조사) ·························· 53	
	제46조(특정노선 폐지 등의 공고) ·················· 53	제8조(특정노선 폐지 등의 공고) ·········· 53
	제47조(특정노선 폐지 등에 따른 수송대책의 수립) ··· 53	
	제48조(철도서비스의 제한 또는 중지에 따른	제9조(신규철도운영자선정계획의 공고) ·· 54
	신규운영자의 선정) ··············· 54	
		제10조(신규운영자의 선정) ················· 55
		제11조(신규운영자의 선정에 따른
		인수인계) ························· 55
제35조(승인의 제한 등) ·················· 56		
제36조(비상사태시 처분) ·················· 56	제49조(비상사태시 처분) ·················· 56	
제5장 보 칙		
제37조(철도건설 등의 비용부담) ·············· 57		
제38조(권한의 위임 및 위탁) ·················· 58	제50조(권한의 위탁) ·················· 58	제12조(권한의 위탁) ·················· 58
제39조(청문) ························· 58		
제6장 벌 칙		
제40조(벌칙) ························· 59		
제41조(양벌규정) ························· 59		
제42조(과태료) ························· 60	제51조(과태료) ·················· 60	제13조(과태료의 징수절차) ··············· 60
부 칙 ························· 61	부 칙 ·················· 61	부 칙 ·················· 61

법	시 행 령	시 행 규 칙
## 철도산업발전기본법 [2003 · 7 · 29 법률 제6955호 제정] 개정 2004 · 9 · 23 법률 제7219호 　　　(과학기술분야정부출연연구기관등의설 　　　립·운영및육성에관한법률) 　　2006 · 12 · 30 법률 제8135호 　　　(公共資金管理基金法) 　　2008 · 2 · 29 법률 제8852호(정부조직법 전부 　　　개정법률) 　　2009 · 2 · 29 법률 제8852호 　　　(정부조직법 전부개정법률) 　　2009 · 3 · 25 법률 제9547호 　　　(철도건설법 일부개정법률) 　　2009 · 4 · 1 법률 제9609호 　　2009 · 6 · 9 법률 제9772호 　　　(교통체계효율화법 전부개정법률) 　　2013 · 3 · 23 법률 제11690호 　　　(정부조직법 전부개정법률) 　　2017 · 1 · 17 법률 제14547호 　　2020 · 6 · 9 법률 제17446호 　　　(국가통합교통체계효율화법 일부개정법률) 　　2020 · 6 · 9 법률 제17453호 　　　(법률용어 정비를 위한 국토교통위원회 　　　소관 78개 법률 일부개정을 위한 법률) 　　2020 · 6 · 9 법률 제17460호 　　　(한국철도시설공단법 일부개정법률) 　　2022 · 1 · 4 법률 제18693호 　　2022 · 6 · 10 법률 제18950호	## 철도산업발전기본법 시행령 [2003 · 11 · 4 대통령령 제18118호 제정] 개정 2004 · 12 · 3 대통령령 18594호 　　　(과학기술분야정부출연연구기관등의설 　　　립·운영및육성에관한법률시행령) 　　2005 · 3 · 8 대통령령 18736호 　　　(사회기반시설에 대한 민간투자법 시행령) 　　2006 · 6 · 12 대통령령 제19513호 　　　(고위공무원단 인사규정) 　　2008 · 2 · 29 대통령령 제20722호 　　　(국토해양부와 그 소속기관 직제) 　　2008 · 10 · 20 대통령령 제21087호 　　　(행정기관 소속 위원회의 정비를 위한 　　　평생교육법 시행령 등 일부개정령) 　　2009 · 7 · 27 대통령령 제21641호 　　　(국유재산법 시행령 전부개정령) 　　2010 · 7 · 12 대통령령 제22269호 　　　(노동부와 그 소속기관 직제 일부개정령) 　　2013 · 3 · 23 대통령령 제24443호 　　　(국토교통부와 그 소속기관 직제) 　　2014 · 11 · 19 대통령령 제25751호 　　　(행정자치부와 그 소속기관 직제) 　　2015 · 12 · 31 대통령령 제26844호 　　　(행정기관 소속 위원회 운영의 공정성 및 　　　책임성 강화를 위한 국민건강보험법 시 　　　행령 등 일부개정령) 　　2017 · 7 · 26 대통령령 제28211호 　　　(행정안전부와 그 소속기관 직제) 　　2020 · 9 · 10 대통령령 제31012호 　　　(한국철도시설공단법 시행령 일부개정령) 　　2022 · 7 · 4 대통령령 제32759호	## 철도산업발전기본법 시행규칙 [2003 · 11 · 24 건설교통부령 제381호 제정] 2008 · 3 · 14 국토해양부령 제4호 　　(정부조직법의 개정에 따른 감정평 　　가에 관한 규칙 등 일부 개정령) 2013 · 3 · 23 국토교통부령 제1호 　　(국토교통부와 그 소속기관 직제 　　시행규칙) 2014 · 8 · 7 국토교통부령 제120호 　　(개인정보 보호를 위한 건설산업기 　　본법 시행규칙 등 일부개정령) 2017 · 5 · 2 국토교통부령 제419호 　　(법령서식 일괄 개정을 위한 역세 　　권의 개발 및 이용에 관한 법률 　　시행규칙 등 일부개정령) 2020 · 9 · 9 국토교통부령 제758호 　　(한국철도시설공단 명칭 변경 반영 　　을 위한 9개 부령의 일부개정에 　　관한 국토교통부령)

법	시 행 령	시 행 규 칙
제1장 총 칙 제1조(목적) 이 법은 철도산업의 경쟁력을 높이고 발전기반을 조성함으로써 철도산업의 효율성 및 공익성의 향상과 국민경제의 발전에 이바지함을 목적으로 한다. 제2조(적용범위) 이 법은 다음 각 호의 어느 하나에 해당하는 철도에 대하여 적용한다. 다만, 제2장의 규정은 모든 철도에 대하여 적용한다.〈개정 20·6·9〉 　1. 국가 및 한국고속철도건설공단법에 의하여 설립된 한국고속철도건설공단(이하 "고속철도건설공단"이라 한다)이 소유·건설·운영 또는 관리하는 철도 　2. 제20조제3항에 따라 설립되는 국가철도공단 및 제21조제3항에 따라 설립되는 한국철도공사가 소유·건설·운영 또는 관리하는 철도 제3조(정의) 이 법에서 사용하는 용어의 정의는 다음 각호와 같다.〈개정 20·6·9〉 　1. "철도"라 함은 여객 또는 화물을 운송하는 데 필요한 철도시설과 철도차량 및 이와 관련된 운영·지원체계가 유기적으로 구성된 운송체계를 말한다. 　2. "철도시설"이라 함은 다음 각 목의 어느 하나에 해당하는 시설(부지를 포함한다)을 말한다. 　　가. 철도의 선로(선로에 부대되는 시설을 포함한다), 역시설(물류시설·환승시설 및 편의	제1조(목적) 이 영은 철도산업발전기본법에서 위임된 사항과 그 시행에 관하여 필요한 사항을 규정함을 목적으로 한다. 제2조(철도시설) 철도산업발전기본법(이하 "법"이라 한다) 제3조제2호 사목에서 "대통령령이 정하는 시설"이라 함은 다음 각호의 시설을 말한다.〈개정 08·2·29, 13·3·23〉	제1조(목적) 이 규칙은 철도산업발전기본법 및 동법시행령에서 위임된 사항과 그 시행에 관하여 필요한 사항을 규정함을 목적으로 한다.

법	시 행 령	시 행 규 칙
시설 등을 포함한다) 및 철도운영을 위한 건축물·건축설비 나. 선로 및 철도차량을 보수·정비하기 위한 선로보수기지, 차량정비기지 및 차량유치시설 다. 철도의 전철전력설비, 정보통신설비, 신호 및 열차제어설비 라. 철도노선간 또는 다른 교통수단과의 연계운영에 필요한 시설 마. 철도기술의 개발·시험 및 연구를 위한 시설 바. 철도경영연수 및 철도전문인력의 교육훈련을 위한 시설 사. 그 밖에 철도의 건설·유지보수 및 운영을 위한 시설로서 대통령령으로 정하는 시설 3. "철도운영"이라 함은 철도와 관련된 다음 각 목의 어느 하나에 해당하는 것을 말한다. 가. 철도 여객 및 화물 운송 나. 철도차량의 정비 및 열차의 운행관리 다. 철도시설·철도차량 및 철도부지 등을 활용한 부대사업개발 및 서비스 4. "철도차량"이라 함은 선로를 운행할 목적으로 제작된 동력차·객차·화차 및 특수차를 말한다. 5. "선로"라 함은 철도차량을 운행하기 위한 궤도와 이를 받치는 노반 또는 공작물로 구성된 시설을 말한다. 6. "철도시설의 건설"이라 함은 철도시설의 신설	1. 철도의 건설 및 유지보수에 필요한 자재를 가공·조립·운반 또는 보관하기 위하여 당해 사업기간중에 사용되는 시설 2. 철도의 건설 및 유지보수를 위한 공사에 사용되는 진입도로·주차장·야적장·토석채취장 및 사토장과 그 설치 또는 운영에 필요한 시설 3. 철도의 건설 및 유지보수를 위하여 당해 사업기간중에 사용되는 장비와 그 정비·점검 또는 수리를 위한 시설 4. 그 밖에 철도안전관련시설·안내시설 등 철도의 건설·유지보수 및 운영을 위하여 필요한 시설로서 국토교통부장관이 정하는 시설	

법	시 행 령	시 행 규 칙
과 기존 철도시설의 직선화·전철화·복선화및 현대화 등 철도시설의 성능 및 기능향상을 위한 철도시설의 개량을 포함한 활동을 말한다. 7. "철도시설의 유지보수"라 함은 기존 철도시설의 현상유지 및 성능향상을 위한 점검·보수·교체·개량 등 일상적인 활동을 말한다. 8. "철도산업"이라 함은 철도운송·철도시설·철도차량 관련산업과 철도기술개발관련산업 그 밖에 철도의 개발·이용·관리와 관련된 산업을 말한다. 9. "철도시설관리자"라 함은 철도시설의 건설 및 관리 등에 관한 업무를 수행하는 자로서 다음 각 목의 어느 하나에 해당하는 자를 말한다. 가. 제19조에 따른 관리청 나. 제20조제3항에 따라 설립된 국가철도공단 다. 제26조제1항에 따라 철도시설관리권을 설정받은 자 라. 가목부터 다목까지의 자로부터 철도시설의 관리를 대행·위임 또는 위탁받은 자 10. "철도운영자"라 함은 제21조제3항에 따라 설립된 한국철도공사 등 철도운영에 관한 업무를 수행하는 자를 말한다. 11. "공익서비스"라 함은 철도운영자가 영리목적의 영업활동과 관계없이 국가 또는 지방자치단체의 정책이나 공공목적 등을 위하여 제공하는 철도서비스를 말한다.		

법	시 행 령	시 행 규 칙
제2장 철도산업 발전기반의 조성 **제1절 철도산업시책의 수립 및 추진체제** 제4조(시책의 기본방향) ①국가는 철도산업시책을 수립하여 시행하는 경우 효율성과 공익적 기능을 고려하여야 한다.〈개정 20·6·9〉 ②국가는 에너지이용의 효율성, 환경친화성 및 수송효율성이 높은 철도의 역할이 국가의 건전한 발전과 국민의 교통편익 증진을 위하여 필수적인 요소임을 인식하여 적정한 철도수송분담의 목표를 설정하여 유지하고 이를 위한 철도시설을 확보하는 등 철도산업발전을 위한 여러 시책을 마련하여야 한다. ③국가는 철도산업시책과 철도투자·안전 등 관련 시책을 효율적으로 추진하기 위하여 필요한 조직과 인원을 확보하여야 한다. 제5조(철도산업발전기본계획의 수립 등) ①국토교통부장관은 철도산업의 육성과 발전을 촉진하기 위하여 5년 단위로 철도산업발전기본계획(이하 "기본계획"이라 한다)을 수립하여 시행하여야 한다.〈개정 08·2·29, 13·3·23〉 ②기본계획에는 다음 각호의 사항이 포함되어야 한다.〈개정 20·6·9〉 1. 철도산업 육성시책의 기본방향에 관한 사항 2. 철도산업의 여건 및 동향전망에 관한 사항 3. 철도시설의 투자·건설·유지보수 및 이를 위한 재원확보에 관한 사항	제3조(철도산업발전기본계획의 내용) 법 제5조제2항제8호에서 "대통령령이 정하는 사항"이라 함은 다음 각호의 사항을 말한다.〈개정 08·2·29, 13·3·23〉 1. 철도수송분담의 목표 2. 철도안전 및 철도서비스에 관한 사항 3. 다른 교통수단과의 연계수송에 관한 사항	

법	시 행 령	시 행 규 칙
4. 각종 철도간의 연계수송 및 사업조정에 관한 사항 5. 철도운영체계의 개선에 관한 사항 6. 철도산업 전문인력의 양성에 관한 사항 7. 철도기술의 개발 및 활용에 관한 사항 8. 그 밖에 철도산업의 육성 및 발전에 관한 사항으로서 대통령령으로 정하는 사항 ③기본계획은 「국가통합교통체계효율화법」 제4조에 따른 국가기간교통망계획, 같은 법 제6조에 따른 중기 교통시설투자계획 및 「국토교통과학기술육성법」 제4조에 따른 국토교통과학기술 연구개발 종합계획과 조화를 이루도록 하여야 한다.〈개정 09·6·9, 20·6·9〉 ④국토교통부장관은 기본계획을 수립하고자 하는 때에는 미리 기본계획과 관련이 있는 행정기관의 장과 협의한 후 제6조에 따른 철도산업위원회의 심의를 거쳐야 한다. 수립된 기본계획을 변경(대통령령으로 정하는 경미한 변경은 제외한다)하고자 하는 때에도 또한 같다.〈개정 08·2·29, 13·3·23, 20·6·9〉 ⑤국토교통부장관은 제4항에 따라 기본계획을 수립 또는 변경한 때에는 이를 관보에 고시하여야 한다.〈개정 08·2·29, 13·3·23, 20·6·9〉 ⑥관계행정기관의 장은 수립·고시된 기본계획에 따라 연도별 시행계획을 수립·추진하고, 해당 연도의 계획 및 전년도의 추진실적을 국토교통부장관에게 제출하여야 한다.〈개정 08·2·29, 13·3·23, 20·6·9〉	4. 철도산업의 국제협력 및 해외시장 진출에 관한 사항 5. 철도산업시책의 추진체계 6. 그 밖에 철도산업의 육성 및 발전에 관한 사항으로서 국토교통부장관이 필요하다고 인정하는 사항 제4조(철도산업발전기본계획의 경미한 변경) 법 제5조제4항 후단에서 "대통령령이 정하는 경미한 변경"이라 함은 다음 각호의 변경을 말한다. 1. 철도시설투자사업 규모의 100분의 1의 범위안에서의 변경 2. 철도시설투자사업 총투자비용의 100분의 1의 범위안에서의 변경 3. 철도시설투자사업 기간의 2년의 기간내에서의 변경 제5조(철도산업발전시행계획의 수립절차 등) ①관계행정기관의 장은 법 제5조제6항의 규정에 의한 당해 연도의 시행계획을 전년도 11월말까지 국토교통부장관에게 제출하여야 한다.〈개정 08·2·29, 13·3·23〉 ②관계행정기관의 장은 전년도 시행계획의 추진	

법	시 행 령	시 행 규 칙
⑦제6항에 따른 연도별 시행계획의 수립 및 시행절차에 관하여 필요한 사항은 대통령령으로 정한다.〈개정 20·6·9〉 제6조(철도산업위원회) ①철도산업에 관한 기본계획 및 중요정책 등을 심의·조정하기 위하여 국토교통부에 철도산업위원회(이하 "위원회"라 한다)를 둔다.〈개정 08·2·29, 13·3·23〉 ②위원회는 다음 각호의 사항을 심의·조정한다.〈개정 20·6·9〉 1. 철도산업의 육성·발전에 관한 중요정책 사항 2. 철도산업구조개혁에 관한 중요정책 사항 3. 철도시설의 건설 및 관리 등 철도시설에 관한 중요정책 사항 4. 철도안전과 철도운영에 관한 중요정책 사항 5. 철도시설관리자와 철도운영자간 상호협력 및 조정에 관한 사항 6. 이 법 또는 다른 법률에서 위원회의 심의를 거치도록 한 사항 7. 그 밖에 철도산업에 관한 중요한 사항으로서 위원장이 회의에 부치는 사항 ③위원회는 위원장을 포함한 25인 이내의 위원으로 구성한다. ④위원회에 상정할 안건을 미리 검토하고 위원회가 위임한 안건을 심의하기 위하여 위원회에 분과위원회를 둔다.〈개정 09·3·25〉 ⑤이 법에서 규정한 사항외에 위원회 및 분과위원회의 구성·기능 및 운영에 관하여 필요한 사	실적을 매년 2월말까지 국토교통부장관에게 제출하여야 한다.〈개정 08·2·29, 13·3·23〉 제6조(철도산업위원회의 구성) ①법 제6조의 규정에 의한 철도산업위원회(이하 "위원회"라 한다)의 위원장은 국토교통부장관이 된다.〈개정 08·2·29, 13·3·23〉 ②위원회의 위원은 다음 각호의 자가 된다.〈개정 08·2·29, 10·7·12, 13·3·23, 14·11·19, 17·7·26, 20·9·10〉 1. 기획재정부차관·교육부차관·과학기술정보통신부차관·행정안전부차관·산업통상자원부차관·고용노동부차관·국토교통부차관·해양수산부차관 및 공정거래위원회부위원장 2. 법 제20조제3항의 규정에 따른 국가철도공단(이하 "국가철도공단"이라 한다)의 이사장 3. 법 제21조제3항의 규정에 의한 한국철도공사(이하 "한국철도공사"라 한다)의 사장 4. 철도산업에 관한 전문성과 경험이 풍부한 자 중에서 위원회의 위원장이 위촉하는 자 ③제2항제4호의 규정에 의한 위원의 임기는 2년으로 하되, 연임할 수 있다. 제6조의2(위원의 해촉) 위원회의 위원장은 제6조제2항제4호에 따른 위원이 다음 각 호의 어느 하나에 해당하는 경우에는 해당 위원을 해촉(解囑)할 수 있다. 1. 심신장애로 인하여 직무를 수행할 수 없게 된 경우	

법	시 행 령	시 행 규 칙
	2·29, 13·3·23〉 ④실무위원회의 위원은 다음 각호의 자가 된다. 〈개정 06·6·12, 08·2·29, 10·7·12, 13·3·23, 14·11·19, 17·7·26, 20·9·10〉 1. 기획재정부·교육부·과학기술정보통신부·행정안전부·산업통상자원부·고용노동부·국토교통부·해양수산부 및 공정거래위원회의 3급 공무원, 4급 공무원 또는 고위공무원단에 속하는 일반직공무원중 그 소속기관의 장이 지명하는 자 각 1인 2. 국가철도공단의 임직원 중 국가철도공단이사장이 지명하는 자 1인 3. 한국철도공사의 임직원중 한국철도공사사장이 지명하는 자 1인 4. 철도산업에 관한 전문성과 경험이 풍부한 자 중에서 실무위원회의 위원장이 위촉하는 자 ⑤제4항제4호의 규정에 의한 위원의 임기는 2년으로 하되, 연임할 수 있다. ⑥실무위원회에 간사 1인을 두되, 간사는 국토교통부장관이 국토교통부소속 공무원중에서 지명한다. 〈개정 08·2·29, 13·3·23〉 ⑦제8조의 규정은 실무위원회의 회의에 관하여 이를 준용한다. 제10조의2(실무위원회 위원의 해촉 등) ① 제10조제4항제1호부터 제3호까지의 규정에 따라 위원을 지명한 자는 위원이 다음 각 호의 어느 하나에 해당하는 경우에는 그 지명을 철회할 수 있다. 1. 심신장애로 인하여 직무를 수행할 수 없게 된	

법	시 행 령	시 행 규 칙
	경우 2. 직무와 관련된 비위사실이 있는 경우 3. 직무태만, 품위손상이나 그 밖의 사유로 인하여 위원으로 적합하지 아니하다고 인정되는 경우 4. 위원 스스로 직무를 수행하는 것이 곤란하다고 의사를 밝히는 경우 ② 실무위원회의 위원장은 제10조제4항제4호에 따른 위원이 제1항 각 호의 어느 하나에 해당하는 경우에는 해당 위원을 해촉할 수 있다. [본조신설 15·12·31] 제11조(철도산업구조개혁기획단의 구성 등) ①위원회의 활동을 지원하고 철도산업의 구조개혁 그 밖에 철도정책과 관련되는 다음 각호의 업무를 지원·수행하기 위하여 국토교통부장관소속하에 철도산업구조개혁기획단(이하 "기획단"이라 한다)을 둔다.〈개정 08·2·29, 13·3·23〉 1. 철도산업구조개혁기본계획 및 분야별 세부추진계획의 수립 2. 철도산업구조개혁과 관련된 철도의 건설·운영주체의 정비 3. 철도산업구조개혁과 관련된 인력조정·재원확보대책의 수립 4. 철도산업구조개혁과 관련된 법령의 정비 5. 철도산업구조개혁추진에 따른 철도운임·철도시설사용료·철도수송시장 등에 관한 철도산업정책의 수립 6. 철도산업구조개혁추진에 따른 공익서비스비용의	

법	시 행 령	시 행 규 칙
	보상, 세제·금융지원 등 정부지원정책의 수립 7. 철도산업구조개혁추진에 따른 철도시설건설계획 및 투자재원조달대책의 수립 8. 철도산업구조개혁추진에 따른 전기·신호·차량 등에 관한 철도기술개발정책의 수립 9. 철도산업구조개혁추진에 따른 철도안전기준의 정비 및 안전정책의 수립 10. 철도산업구조개혁추진에 따른 남북철도망 및 국제철도망 구축정책의 수립 11. 철도산업구조개혁에 관한 대외협상 및 홍보 12. 철도산업구조개혁추진에 따른 각종 철도의 연계 및 조정 13. 그 밖에 철도산업구조개혁과 관련된 철도정책 전반에 관하여 필요한 업무 ②기획단은 단장 1인과 단원으로 구성한다. ③기획단의 단장은 국토교통부장관이 국토교통부의 3급 공무원 또는 고위공무원단에 속하는 일반직공무원중에서 임명한다.〈개정 06·6·12, 08·2·29, 13·3·23〉 ④국토교통부장관은 기획단의 업무수행을 위하여 필요하다고 인정하는 때에는 관계 행정기관, 한국철도공사 등 관련 공사, 국가철도공단 등 특별법에 의하여 설립된 공단 또는 관련 연구기관에 대하여 소속 공무원·임직원 또는 연구원을 기획단으로 파견하여 줄 것을 요청할 수 있다.〈개정 08·2·29, 13·3·23, 20·9·10〉 ⑤기획단의 조직 및 운영에 관하여 필요한 세부적인	

법	시　행　령	시　행　규　칙
	사항은 국토교통부장관이 정한다.〈개정 08·2·29, 13·3·23〉 제12조(관계행정기관 등에의 협조요청 등) 위원회 및 실무위원회는 그 업무를 수행하기 위하여 필요한 때에는 관계행정기관 또는 단체 등에 대하여 자료 또는 의견의 제출 등의 협조를 요청하거나 관계공무원 또는 관계전문가 등을 위원회 및 실무위원회에 참석하게 하여 의견을 들을 수 있다. 제13조(수당 등) 위원회와 실무위원회의 위원중 공무원이 아닌 위원 및 위원회와 실무위원회에 출석하는 관계전문가에 대하여는 예산의 범위안에서 수당·여비 그 밖의 필요한 경비를 지급할 수 있다. 제14조(운영세칙) 이 영에서 규정한 사항외에 위원회 및 실무위원회의 운영에 관하여 필요한 사항은 위원회의 의결을 거쳐 위원회의 위원장이 정한다.	
제2절　철도산업의 육성 제7조(철도시설 투자의 확대) ①국가는 철도시설 투자를 추진하는 경우 사회적·환경적 편익을 고려하여야 한다.〈개정 20·6·9〉 ②국가는 각종 국가계획에 철도시설 투자의 목표치와 투자계획을 반영하여야 하며, 매년 교통시설 투자예산에서 철도시설 투자예산의 비율이 지속적으로 높아지도록 노력하여야 한다. 제8조(철도산업의 지원) 국가 및 지방자치단체는 철도산업의 육성·발전을 촉진하기 위하여 철도산업에 대한 재정·금융·세제·행정상의 지원을 할 수 있다.		

법	시 행 령	시 행 규 칙
제9조(철도산업전문인력의 교육·훈련 등) ①국토교통부장관은 철도산업에 종사하는 자의 자질향상과 새로운 철도기술 및 그 운영기법의 향상을 위한 교육·훈련방안을 마련하여야 한다.〈개정 08·2·29, 13·3·23〉 ②국토교통부장관은 국토교통부령으로 정하는 바에 의하여 철도산업전문연수기관과 협약을 체결하여 철도산업에 종사하는 자의 교육·훈련프로그램에 대한 행정적·재정적 지원 등을 할 수 있다.〈개정 08·2·29, 13·3·23, 20·6·9〉 ③제2항에 따른 철도산업전문연수기관은 매년 전문인력수요조사를 실시하고 그 결과와 전문인력의 수급에 관한 의견을 국토교통부장관에게 제출할 수 있다.〈개정 08·2·29, 13·3·23, 20·6·9〉 ④국토교통부장관은 새로운 철도기술과 운영기법의 향상을 위하여 특히 필요하다고 인정하는 때에는 정부투자기관·정부출연기관 또는 정부가 출자한 회사 등으로 하여금 새로운 철도기술과 운영기법의 연구·개발에 투자하도록 권고할 수 있다.〈개정 08·2·29, 13·3·23〉 제10조(철도산업교육과정의 확대 등) ①국토교통부장관은 철도산업전문인력의 수급의 변화에 따라 철도산업교육과정의 확대 등 필요한 조치를 관계 중앙행정기관의 장에게 요청할 수 있다.〈개정 08·2·29, 13·3·23〉 ②국가는 철도산업종사자의 자격제도를 다양화하고 질적 수준을 유지·발전시키기 위하여 필요한		제2조(철도산업전문연수기관과의 협약체결 등) ①국토교통부장관이 철도산업발전기본법(이하 "법"이라 한다) 제9조제2항의 규정에 의하여 철도산업전문연수기관과 협약을 체결하여 행정적·재정적 지원 등을 할 수 있는 교육·훈련프로그램은 다음 각호와 같다.〈개정 08·3·14, 13·3·23〉 1. 철도시설의 건설 및 관리에 관한 교육·훈련 2. 철도차량의 제작 및 관리에 관한 교육·훈련 3. 철도차량의 운전에 관한 교육·훈련 4. 전철전력설비·정보통신설비 등 철도관련장비의 조작 및 정비에 관한 교육·훈련 5. 철도관련기술에 관한 교육·훈련 6. 철도안전관리에 관한 교육·훈련 7. 철도서비스에 관한 교육·훈련 ②법 제9조제2항의 규정에 의하여 국토교통부장관과 협약을 체결할 수 있는 철도산업전문연수기관은 다음 각호와 같다.〈개정 08·3·14, 13·3·23, 20·9·9〉

법	시 행 령	시 행 규 칙
시책을 수립·시행하여야 한다. ③국토교통부장관은 철도산업 전문인력의 원활한 수급 및 철도산업의 발전을 위하여 특성화된 대학 등 교육기관을 운영·지원할 수 있다.〈개정 08·2·29, 13·3·23〉 제11조(철도기술의 진흥 등) ①국토교통부장관은 철도기술의 진흥 및 육성을 위하여 철도기술전반에 대한 연구 및 개발에 노력하여야 한다.〈개정 08·2·29, 13·3·23〉 ②국토교통부장관은 제1항에 따른 연구 및 개발을 촉진하기 위하여 이를 전문으로 연구하는 기관 또는 단체를 지도·육성하여야 한다.〈개정 08·2·29, 13·3·23, 20·6·9〉 ③국가는 철도기술의 진흥을 위하여 철도시험·연구개발시설 및 부지 등 국유재산을 과학기술분야정부출연연구기관등의설립·운영및육성에관한법률에 의한 한국철도기술연구원에 무상으로 대부·양여하거나 사용·수익하게 할 수 있다.〈개정 04·9·23〉		1. 국립학교설치령에 의하여 설립된 한국철도대학 2. 정부출연연구기관등의설립·운영및육성에관한법률에 의한 한국철도기술연구원 3. 정부출연연구기관등의설립·운영및육성에관한법률에 의한 교통개발연구원 4. 법 제20조제3항에 따라 설립되는 국가철도공단(이하 "국가철도공단"이라 한다)의 부속 연수기관 5. 법 제21조제3항의 규정에 의하여 설립되는 한국철도공사(이하 "한국철도공사"라 한다)의 부속 연수기관 ③국토교통부장관은 법 제9조제2항의 규정에 의하여 철도산업전문연수기관과 협약을 체결하고자 하는 경우에는 제1항의 규정에 의한 교육·훈련프로그램중 지원대상이 되는 교육·훈련프로그램의 명칭, 협약체결기관의 선정방법, 협약체결신청방법 등에 관한 사항을 관보 또는 정기간행물의등록등에관한법률 제7조제1항의 규정에 의하여 보급지역을 전국으로 하여 등록한 2 이상의 일반일간신문에 공고하여야 한다.〈개정 08·3·14, 13·3·23〉 ④제2항의 규정에 의한 철도산업전문연수기관이 제3항의 규정에 의하여 공고된 교육·훈련프로그램에 대하여 행정

법	시 행 령	시 행 규 칙
		적·재정적 지원 등에 관한 협약체결을 신청하고자 하는 경우에는 국토교통부장관에게 다음 각호의 사항이 포함된 서류를 제출하여야 한다.〈개정 08·3·14, 13·3·23〉 1. 교육·훈련의 목적 및 대상자 2. 교육·훈련의 내용·방법·기간·강사 및 장소 3. 교육·훈련에 소요되는 비용 ⑤국토교통부장관은 제4항의 규정에 의한 서류를 제출받은 때에는 교육·훈련에 적합하다고 인정되는 철도산업전문연수기관을 선정하여 다음 각호의 사항이 포함된 협약을 체결하여야 한다.〈개정 08·3·14, 13·3·23〉 1. 철도산업전문연수기관의 명칭·대표자 및 위치 2. 지원대상 교육·훈련프로그램 3. 지원사항·지원방법 및 지원조건 4. 협약의 변경 및 해약에 관한 사항 5. 협약의 위반에 관한 조치
제12조(철도산업의 정보화 촉진) ①국토교통부장관은 철도산업에 관한 정보를 효율적으로 처리하고 원활하게 유통하기 위하여 대통령령으로 정하는 바에 의하여 철도산업정보화기본계획을 수립·시행하여야 한다.〈개정 08·2·29, 13·3·23, 20·6·9〉	제15조(철도산업정보화기본계획의 내용 등) ①법 제12조제1항의 규정에 의한 철도산업정보화기본계획에는 다음 각호의 사항이 포함되어야 한다.〈개정 08·2·29, 13·3·23〉 1. 철도산업정보화의 여건 및 전망 2. 철도산업정보화의 목표 및 단계별 추진계획 3. 철도산업정보화에 필요한 비용 4. 철도산업정보의 수집 및 조사계획	

법	시　행　령	시　행　규　칙
항은 대통령령으로 정한다.〈개정 09·3·25〉	2. 직무와 관련된 비위사실이 있는 경우 3. 직무태만, 품위손상이나 그 밖의 사유로 인하여 위원으로 적합하지 아니하다고 인정되는 경우 4. 위원 스스로 직무를 수행하는 것이 곤란하다고 의사를 밝히는 경우 [본조신설 15·12·31] 제7조(위원회의 위원장의 직무) ①위원회의 위원장은 위원회를 대표하며, 위원회의 업무를 총괄한다. ②위원회의 위원장이 부득이한 사유로 직무를 수행할 수 없는 때에는 위원회의 위원장이 미리 지명한 위원이 그 직무를 대행한다. 제8조(회의) ①위원회의 위원장은 위원회의 회의를 소집하고, 그 의장이 된다. ②위원회의 회의는 재적위원 과반수의 출석과 출석위원 과반수의 찬성으로 의결한다. ③위원회는 회의록을 작성·비치하여야 한다. 제9조(간사) 위원회에 간사 1인을 두되, 간사는 국토교통부장관이 국토교통부소속공무원중에서 지명한다.〈개정 08·2·29, 13·3·23〉 제10조(실무위원회의 구성 등) ①위원회의 심의·조정사항과 위원회에서 위임한 사항의 실무적인 검토를 위하여 위원회에 실무위원회를 둔다. ②실무위원회는 위원장을 포함한 20인 이내의 위원으로 구성한다. ③실무위원회의 위원장은 국토교통부장관이 국토교통부의 3급 공무원 또는 고위공무원단에 속하는 일반직공무원중에서 지명한다.〈개정 06·6·12, 08·	

법	시 행 령	시 행 규 칙
	5. 철도산업정보의 유통 및 이용활성화에 관한 사항 6. 철도산업정보화와 관련된 기술개발의 지원에 관한 사항 7. 그 밖에 국토교통부장관이 필요하다고 인정하는 사항 ②국토교통부장관은 법 제12조제1항의 규정에 의하여 철도산업정보화기본계획을 수립 또는 변경하고자 하는 때에는 위원회의 심의를 거쳐야 한다.〈개정 08·2·29, 13·3·23〉	
②국토교통부장관은 철도산업에 관한 정보를 효율적으로 수집·관리 및 제공하기 위하여 대통령령으로 정하는 바에 의하여 철도산업정보센터를 설치·운영하거나 철도산업에 관한 정보를 수집·관리 또는 제공하는 자 등에게 필요한 지원을 할 수 있다.〈개정 08·2·29, 13·3·23, 20·6·9〉	제16조(철도산업정보센터의 업무 등) ①법 제12조제2항의 규정에 의한 철도산업정보센터는 다음 각호의 업무를 행한다. 1. 철도산업정보의 수집·분석·보급 및 홍보 2. 철도산업의 국제동향 파악 및 국제협력사업의 지원 ②국토교통부장관은 법 제12조제2항의 규정에 의하여 철도산업에 관한 정보를 수집·관리 또는 제공하는 자에게 예산의 범위안에서 운영에 소요되는 비용을 지원할 수 있다.〈개정 08·2·29, 13·3·23〉	
제13조(국제협력 및 해외진출 촉진) ①국토교통부장관은 철도산업에 관한 국제적 동향을 파악하고 국제협력을 촉진하여야 한다.〈개정 08·2·29, 13·3·23〉 ②국가는 철도산업의 국제협력 및 해외시장 진출을 추진하기 위하여 다음 각 호의 사업을 지원할 수 있다.〈개정 22·6·10〉 1. 철도산업과 관련된 기술 및 인력의 국제교류 2. 철도산업의 국제표준화와 국제공동연구개발 3. 그 밖에 국토교통부장관이 철도산업의 국제협력 및 해외시장 진출을 촉진하기 위하여 필요		

법	시 행 령	시 행 규 칙
하다고 인정하는 사업 **제13조의2(협회의 설립)** ① 철도산업에 관련된 기업, 기관 및 단체와 이에 관한 업무에 종사하는 자는 철도산업의 건전한 발전과 해외진출을 도모하기 위하여 철도협회(이하 "협회"라 한다)를 설립할 수 있다. ② 협회는 법인으로 한다. ③ 협회는 국토교통부장관의 인가를 받아 주된 사무소의 소재지에 설립등기를 함으로써 성립한다. ④ 협회는 철도 분야에 관한 다음 각 호의 업무를 한다. 1. 정책 및 기술개발의 지원 2. 정보의 관리 및 공동활용 지원 3. 전문인력의 양성 지원 4. 해외철도 진출을 위한 현지조사 및 지원 5. 조사·연구 및 간행물의 발간 6. 국가 또는 지방자치단체 위탁사업 7. 그 밖에 정관으로 정하는 업무 ⑤ 국가, 지방자치단체 및 「공공기관의운영에관한법률」에 따른 철도 분야 공공기관은 협회에 위탁한 업무의 수행에 필요한 비용의 전부 또는 일부를 예산의 범위에서 지원할 수 있다. ⑥ 협회의 정관은 국토교통부장관의 인가를 받아야 하며, 정관의 기재사항과 협회의 운영 등에 필요한 사항은 대통령령으로 정한다. ⑦ 협회에 관하여 이 법에 규정한 것 외에는 「민법」 중 사단법인에 관한 규정을 준용한다. [본조신설 17·1·17]		

법	시 행 령	시 행 규 칙
제3장 철도안전 및 이용자 보호 제14조(철도안전) ①국가는 국민의 생명·신체 및 재산을 보호하기 위하여 철도안전에 필요한 법적·제도적 장치를 마련하고 이에 필요한 재원을 확보하도록 노력하여야 한다. ②철도시설관리자는 그 시설을 설치 또는 관리할 때에 법령에서 정하는 바에 따라 해당 시설의 안전한 상태를 유지하고, 해당 시설과 이를 이용하려는 철도차량간의 종합적인 성능검증 및 안전상태 점검 등 안전확보에 필요한 조치를 하여야 한다.〈개정 20·6·9〉 ③철도운영자 또는 철도차량 및 장비 등의 제조업자는 법령에서 정하는 바에 따라 철도의 안전한 운행 또는 그 제조하는 철도차량 및 장비 등의 구조·설비 및 장치의 안전성을 확보하고 이의 향상을 위하여 노력하여야 한다.〈개정 20·6·9〉 ④국가는 객관적이고 공정한 철도사고조사를 추진하기 위한 전담기구와 전문인력을 확보하여야 한다. 제15조(철도서비스의 품질개선 등) ①철도운영자는 그가 제공하는 철도서비스의 품질을 개선하기 위하여 노력하여야 한다. ②국토교통부장관은 철도서비스의 품질을 개선하고 이용자의 편익을 높이기 위하여 철도서비스의 품질을 평가하여 시책에 반영하여야 한다.〈개정 08·2·29, 13·3·23〉 ③제2항에 따른 철도서비스 품질평가의 절차 및		제3조(철도서비스의 품질평가방법 등) ①국토교통부장관은 법 제15조제2항의 규정에 의한 철도서비스의 품질평가(이하 "품질평가"라 한다)를 2년마다 실시한다. 다만, 필요한 경우에는 품질평가일 2주전까지

법	시 행 령	시 행 규 칙
활용 등에 관하여 필요한 사항은 국토교통부령으로 정한다.〈개정 08·2·29, 13·3·23, 20·6·9〉		철도운영자에게 품질평가계획을 통보한 후 수시품질평가를 실시할 수 있다.〈개정 08·3·14, 13·3·23〉 ②국토교통부장관은 객관적인 품질평가를 위하여 적정 철도서비스의 수준, 평가항목 및 평가지표를 정하여야 한다.〈개정 08·3·14, 13·3·23〉 ③국토교통부장관은 품질평가의 결과를 확정하기 전에 법 제6조의 규정에 의한 철도산업위원회(이하 "위원회"라 한다)의 심의를 거쳐야 한다.〈개정 08·3·14, 13·3·23〉
제16조(철도이용자의 권익보호 등) 국가는 철도이용자의 권익보호를 위하여 다음 각호의 시책을 강구하여야 한다. 1. 철도이용자의 권익보호를 위한 홍보·교육 및 연구 2. 철도이용자의 생명·신체 및 재산상의 위해 방지 3. 철도이용자의 불만 및 피해에 대한 신속·공정한 구제조치 4. 그 밖에 철도이용자 보호와 관련된 사항		
제4장 철도산업구조개혁의 추진 **제1절 기본시책**		
제17조(철도산업구조개혁의 기본방향) ①국가는 철도	제17조부터 제22조까지 삭제〈08·10·20〉	

법	시 행 령	시 행 규 칙
산업의 경쟁력을 강화하고 발전기반을 조성하기 위하여 철도시설 부문과 철도운영 부문을 분리하는 철도산업의 구조개혁을 추진하여야 한다. ②국가는 철도시설 부문과 철도운영 부문간의 상호 보완적 기능이 발휘될 수 있도록 대통령령으로 정하는 바에 의하여 상호협력체계 구축 등 필요한 조치를 마련하여야 한다.〈개정 20·6·9〉	제23조(업무절차서의 교환 등) ①철도시설관리자와 철도운영자는 법 제17조제2항의 규정에 의하여 철도시설관리와 철도운영에 있어 상호협력이 필요한 분야에 대하여 업무절차서를 작성하여 정기적으로 이를 교환하고, 이를 변경한 때에는 즉시 통보하여야 한다. ②철도시설관리자와 철도운영자는 상호협력이 필요한 분야에 대하여 정기적으로 합동점검을 하여야 한다. 제24조(선로배분지침의 수립 등) ①국토교통부장관은 법 제17조제2항의 규정에 의하여 철도시설관리자와 철도운영자가 안전하고 효율적으로 선로를 사용할 수 있도록 하기 위하여 선로용량의 배분에 관한 지침(이하 "선로배분지침"이라 한다)을 수립·고시하여야 한다.〈개정 08·2·29, 13·3·23〉 ②제1항의 규정에 의한 선로배분지침에는 다음 각호의 사항이 포함되어야 한다. 1. 여객열차와 화물열차에 대한 선로용량의 배분 2. 지역간 열차와 지역내 열차에 대한 선로용량의 배분 3. 선로의 유지보수·개량 및 건설을 위한 작업시간 4. 철도차량의 안전운행에 관한 사항 5. 그 밖에 선로의 효율적 활용을 위하여 필요한 사항 ③철도시설관리자·철도운영자 등 선로를 관리	

법	시 행 령	시 행 규 칙
	또는 사용하는 자는 제1항의 규정에 의한 선로배분지침을 준수하여야 한다. ④국토교통부장관은 철도차량 등의 운행정보의 제공, 철도차량 등에 대한 운행통제, 적법운행 여부에 대한 지도·감독, 사고발생시 사고복구 지시 등 철도교통의 안전과 질서를 유지하기 위하여 필요한 조치를 할 수 있도록 철도교통관제시설을 설치·운영하여야 한다.〈개정 08·2·29, 13·3·23〉	
제18조(철도산업구조개혁기본계획의 수립 등) ①국토교통부장관은 철도산업의 구조개혁을 효율적으로 추진하기 위하여 철도산업구조개혁기본계획(이하 "구조개혁계획"이라 한다)을 수립하여야 한다.〈개정 08·2·29, 13·3·23〉 ②구조개혁계획에는 다음 각호의 사항이 포함되어야 한다.〈개정 20·6·9〉 1. 철도산업구조개혁의 목표 및 기본방향에 관한 사항 2. 철도산업구조개혁의 추진방안에 관한 사항 3. 철도의 소유 및 경영구조의 개혁에 관한 사항 4. 철도산업구조개혁에 따른 대내외 여건조성에 관한 사항 5. 철도산업구조개혁에 따른 자산·부채·인력 등에 관한 사항 6. 철도산업구조개혁에 따른 철도관련 기관·단체 등의 정비에 관한 사항 7. 그 밖에 철도산업구조개혁을 위하여 필요한 사항으로서 대통령령으로 정하는 사항	제25조(철도산업구조개혁기본계획의 내용) 법 제18조제2항제7호에서 "대통령령이 정하는 사항"이라 함은 다음 각호의 사항을 말한다.〈개정 08·2·29, 13·3·23〉 1. 철도서비스 시장의 구조개편에 관한 사항 2. 철도요금·철도시설사용료 등 가격정책에 관한 사항 3. 철도안전 및 서비스향상에 관한 사항 4. 철도산업구조개혁의 추진체계 및 관계기관의 협조에 관한 사항 5. 철도산업구조개혁의 중장기 추진방향에 관한 사항 6. 그 밖에 국토교통부장관이 철도산업구조개혁의 추진을 위하여 필요하다고 인정하는 사항	

법	시 행 령	시 행 규 칙
③국토교통부장관은 구조개혁계획을 수립하고자 하는 때에는 미리 구조개혁계획과 관련이 있는 행정기관의 장과 협의한 후 제6조에 따른 위원회의 심의를 거쳐야 한다. 수립한 구조개혁계획을 변경(대통령령으로 정하는 경미한 변경은 제외한다)하고자 하는 경우에도 또한 같다.〈개정 08·2·29, 13·3·23, 20·6·9〉 ④국토교통부장관은 제3항에 따라 구조개혁계획을 수립 또는 변경한 때에는 이를 관보에 고시하여야 한다.〈개정 08·2·29, 13·3·23, 20·6·9〉 ⑤관계행정기관의 장은 수립·고시된 구조개혁계획에 따라 연도별 시행계획을 수립·추진하고, 그 연도의 계획 및 전년도의 추진실적을 국토교통부장관에게 제출하여야 한다.〈개정 08·2·29, 13·3·23〉 ⑥제5항에 따른 연도별 시행계획의 수립 및 시행 등에 관하여 필요한 사항은 대통령령으로 정한다.〈개정 20·6·9〉 제19조(관리청) ①철도의 관리청은 국토교통부장관으로 한다.〈개정 08·2·29, 13·3·23〉 ②국토교통부장관은 이 법과 그 밖의 철도에 관한 법률에 규정된 철도시설의 건설 및 관리 등에 관한 그의 업무의 일부를 대통령령으로 정하는 바에 의하여 제20조제3항에 따라 설립되는 국가철도공단으로 하여금 대행하게 할 수 있다. 이 경우 대행하는 업무의 범위·권한의 내용 등에 관하여 필요한 사항은 대통령령으로 정한다.〈개정 08·2·29, 13·3·23, 20·6·9〉	제26조(철도산업구조개혁기본계획의 경미한 변경) 법 제18조제3항 후단에서 "대통령령이 정하는 경미한 변경"이라 함은 철도산업구조개혁기본계획 추진기간의 1년의 기간내에서의 변경을 말한다. 제27조(철도산업구조개혁시행계획의 수립절차 등) ①관계행정기관의 장은 법 제18조제5항의 규정에 의한 당해 연도의 시행계획을 전년도 11월말까지 국토교통부장관에게 제출하여야 한다.〈개정 08·2·29, 13·3·23〉 ②관계행정기관의 장은 전년도 시행계획의 추진실적을 매년 2월말까지 국토교통부장관에게 제출하여야 한다.〈개정 08·2·29, 13·3·23〉 제28조(관리청 업무의 대행범위) 국토교통부장관이 법 제19조제2항의 규정에 의하여 국가철도공단으로 하여금 대행하게 하는 경우 그 대행업무는 다음 각호와 같다.〈개정 08·2·29, 13·3·23, 20·9·10〉 1. 국가가 추진하는 철도시설 건설사업의 집행 2. 국가 소유의 철도시설에 대한 사용료 징수 등 관리업무의 집행 3. 철도시설의 안전유지, 철도시설과 이를 이용하	

법	시 행 령	시 행 규 칙
③제20조제3항에 따라 설립되는 국가철도공단은 제2항에 따라 국토교통부장관의 업무를 대행하는 경우에 그 대행하는 범위안에서 이 법과 그 밖의 철도에 관한 법률을 적용할 때에는 그 철도의 관리청으로 본다.〈개정 08·2·29, 13·3·23, 20·6·9〉 제20조(철도시설) ①철도산업의 구조개혁을 추진하는 경우 철도시설은 국가가 소유하는 것을 원칙으로 한다.〈개정 20·6·9〉 ②국토교통부장관은 철도시설에 대한 다음 각호의 시책을 수립·시행한다.〈개정 08·2·29, 13·3·23〉 1. 철도시설에 대한 투자 계획수립 및 재원조달 2. 철도시설의 건설 및 관리 3. 철도시설의 유지보수 및 적정한 상태유지 4. 철도시설의 안전관리 및 재해대책 5. 그 밖에 다른 교통시설과의 연계성확보 등 철도시설의 공공성 확보에 필요한 사항 ③국가는 철도시설 관련업무를 체계적이고 효율적으로 추진하기 위하여 그 집행조직으로서 철도청 및 고속철도건설공단의 관련 조직을 통·폐합하여 특별법에 의하여 국가철도공단(이하 "국가철도공단"이라 한다)을 설립한다.〈개정 20·6·9〉 제21조(철도운영) ①철도산업의 구조개혁을 추진하는 경우 철도운영 관련사업은 시장경제원리에 따라 국가외의 자가 영위하는 것을 원칙으로 한다.〈개정 20·6·9〉 ②국토교통부장관은 철도운영에 대한 다음 각호의 시책을 수립·시행한다.〈개정 08·2·29, 13·3·23〉	는 철도차량간의 종합적인 성능검증·안전상태점검 등 철도시설의 안전을 위하여 국토교통부장관이 정하는 업무 4. 그 밖에 국토교통부장관이 철도시설의 효율적인 관리를 위하여 필요하다고 인정한 업무	

법	시 행 령	시 행 규 칙
1. 철도운영부문의 경쟁력 강화 2. 철도운영서비스의 개선 3. 열차운영의 안전진단 등 예방조치 및 사고조 　사 등 철도운영의 안전확보 4. 공정한 경쟁여건의 조성 5. 그 밖에 철도이용자 보호와 열차운행원칙 등 　철도운영에 필요한 사항 ③국가는 철도운영 관련사업을 효율적으로 경영 하기 위하여 철도청 및 고속철도건설공단의 관련 조직을 전환하여 특별법에 의하여 한국철도공사 (이하 "철도공사"라 한다)를 설립한다. 　　　　제2절 자산·부채 및 인력의 처리 제22조(철도자산의 구분 등) ①국토교통부장관은 철 도산업의 구조개혁을 추진하는 경우 철도청과 고 속철도건설공단의 철도자산을 다음 각호와 같이 구분하여야 한다.〈개정 08·2·29, 13·3·23, 20·6·9〉 1. 운영자산 : 철도청과 고속철도건설공단이 철도 　운영 등을 주된 목적으로 취득하였거나 관련 　법령 및 계약 등에 의하여 취득하기로 한 재 　산·시설 및 그에 관한 권리 2. 시설자산 : 철도청과 고속철도건설공단이 철도 　의 기반이 되는 시설의 건설 및 관리를 주된 　목적으로 취득하였거나 관련 법령 및 계약 등 　에 의하여 취득하기로 한 재산·시설 및 그에 　관한 권리		

법	시 행 령	시 행 규 칙
3. 기타자산 : 제1호 및 제2호의 철도자산을 제외한 자산 ②국토교통부장관은 제1항에 따라 철도자산을 구분하는 때에는 기획재정부장관과 미리 협의하여 그 기준을 정한다.〈개정 08·2·29, 13·3·23, 20·6·9〉 제23조(철도자산의 처리) ①국토교통부장관은 대통령령으로 정하는 바에 의하여 철도산업의 구조개혁을 추진하기 위한 철도자산의 처리계획(이하 "철도자산처리계획"이라 한다)을 위원회의 심의를 거쳐 수립하여야 한다.〈개정 08·2·29, 13·3·23, 20·6·9〉 ②국가는 「국유재산법」에도 불구하고 철도자산처리계획에 의하여 철도공사에 운영자산을 현물출자한다.〈개정 20·6·9〉 ③철도공사는 제2항에 따라 현물출자받은 운영자산과 관련된 권리와 의무를 포괄하여 승계한다.〈개정 20·6·9〉 ④국토교통부장관은 철도자산처리계획에 의하여 철도청장으로부터 다음 각호의 철도자산을 이관받으며, 그 관리업무를 국가철도공단, 철도공사, 관련기관 및 단체 또는 대통령령으로 정하는 민간법인에 위탁하거나 그 자산을 사용·수익하게 할 수 있다.〈개정 08·2·29, 13·3·23, 20·6·9〉 1. 철도청의 시설자산(건설중인 시설자산은 제외한다) 2. 철도청의 기타자산	제29조(철도자산처리계획의 내용) 법 제23조제1항의 규정에 의한 철도자산처리계획에는 다음 각호의 사항이 포함되어야 한다.〈개정 08·2·29, 13·3·23〉 1. 철도자산의 개요 및 현황에 관한 사항 2. 철도자산의 처리방향에 관한 사항 3. 철도자산의 구분기준에 관한 사항 4. 철도자산의 인계·이관 및 출자에 관한 사항 5. 철도자산처리의 추진일정에 관한 사항 6. 그 밖에 국토교통부장관이 철도자산의 처리를 위하여 필요하다고 인정하는 사항 제30조(철도자산 관리업무의 민간위탁계획) ①법 제23조제4항 각호외의 부분에서 "대통령령이 정하는 민간법인"이라 함은 민법에 의하여 설립된 비영리법인과 상법에 의하여 설립된 주식회사를 말한다. ②국토교통부장관은 법 제23조제4항의 규정에 의하여 철도자산의 관리업무를 민간법인에 위탁하고자 하는 때에는 위원회의 심의를 거쳐 민간위탁계획을 수립하여야 한다.〈개정 08·2·29, 13·3·23〉 ③제2항의 규정에 의한 민간위탁계획에는 다음 각호의 사항이 포함되어야 한다.	

법	시 행 령	시 행 규 칙
⑤국가철도공단은 철도자산처리계획에 의하여 다음 각호의 철도자산과 그에 관한 권리와 의무를 포괄하여 승계한다. 이 경우 제1호 및 제2호의 철도자산이 완공된 때에는 국가에 귀속된다.〈개정 20·6·9〉 1. 철도청이 건설중인 시설자산 2. 고속철도건설공단이 건설중인 시설자산 및 운영자산 3. 고속철도건설공단의 기타자산	1. 위탁대상 철도자산 2. 위탁의 필요성·범위 및 효과 3. 수탁기관의 선정절차 ④국토교통부장관이 제2항의 규정에 의하여 민간위탁계획을 수립한 때에는 이를 고시하여야 한다.〈개정 08·2·29, 13·3·23〉 제31조(민간위탁계약의 체결) ①국토교통부장관은 법 제23조제4항의 규정에 의하여 철도자산의 관리업무를 위탁하고자 하는 때에는 제30조제4항의 규정에 의하여 고시된 민간위탁계획에 따라 사업계획을 제출한 자중에서 당해 철도자산을 관리하기에 적합하다고 인정되는 자를 선정하여 위탁계약을 체결하여야 한다.〈개정 08·2·29, 13·3·23〉 ②제1항의 규정에 의한 위탁계약에는 다음 각호의 사항이 포함되어야 한다.〈개정 08·2·29, 13·3·23〉 1. 위탁대상 철도자산 2. 위탁대상 철도자산의 관리에 관한 사항 3. 위탁계약기간(계약기간의 수정·갱신 및 위탁계약의 해지에 관한 사항을 포함한다) 4. 위탁대가의 지급에 관한 사항 5. 위탁업무에 대한 관리 및 감독에 관한 사항 6. 위탁업무의 재위탁에 관한 사항 7. 그 밖에 국토교통부장관이 필요하다고 인정하는 사항	
⑥철도청장 또는 고속철도건설공단이사장이 제2항부터 제5항까지의 규정에 의하여 철도자산의 인계·이관 등을 하고자 하는 때에는 그에 관한	제32조(철도자산의 인계·이관 등의 절차 및 시기) ①철도청장 또는 한국고속철도건설공단이사장은 법 제23조제6항의 규정에 의하여 철도자	

법	시 행 령	시 행 규 칙
서류를 작성하여 국토교통부장관의 승인을 얻어야 한다.〈개정 08·2·29, 13·3·23, 20·6·9〉 ⑦제6항에 따른 철도자산의 인계·이관 등의 시기와 해당 철도자산 등의 평가방법 및 평가기준일 등에 관한 사항은 대통령령으로 정한다.〈개정 20·6·9〉	산의 인계·이관 등에 관한 승인을 얻고자 하는 때에는 인계·이관 자산의 범위·목록 및 가액이 기재된 승인신청서에 인계·이관에 필요한 서류를 첨부하여 국토교통부장관에게 제출하여야 한다.〈개정 08·2·29, 13·3·23〉 ②법 제23조제7항의 규정에 의한 철도자산의 인계·이관 등의 시기는 다음 각호와 같다.〈개정 08·2·29, 13·3·23, 20·9·10〉 1. 한국철도공사가 법 제23조제2항의 규정에 의한 철도자산을 출자받는 시기 : 한국철도공사의 설립등기일 2. 국토교통부장관이 법 제23조제4항의 규정에 의한 철도자산을 이관받는 시기 : 2004년 1월 1일 3. 국가철도공단이 법 제23조제5항의 규정에 의한 철도자산을 인계받는 시기 : 2004년 1월 1일 ③인계·이관 등의 대상이 되는 철도자산의 평가기준일은 제2항의 규정에 의한 인계·이관 등을 받는 날의 전일로 한다. 다만, 법 제23조제2항의 규정에 의하여 한국철도공사에 출자되는 철도자산의 평가기준일은 「국유재산법」이 정하는 바에 의한다.〈개정 09·7·27〉 ④인계·이관 등의 대상이 되는 철도자산의 평가가액은 제3항의 규정에 의한 평가기준일의 자산의 장부가액으로 한다. 다만, 법 제23조제2항의 규정에 의하여 한국철도공사에 출자되는 철도자산의 평가방법은 「국유재산법」이 정하는 바에 의한다.〈개정 09·7·27〉	

법	시 행 령	시 행 규 칙
제24조(철도부채의 처리) ①국토교통부장관은 기획재정부장관과 미리 협의하여 철도청과 고속철도건설공단의 철도부채를 다음 각호로 구분하여야 한다. 〈개정 06·12·30, 08·2·29, 13·3·23, 20·6·9〉 1. 운영부채 : 제22조제1항제1호에 따른 운영자산과 직접 관련된 부채 2. 시설부채 : 제22조제1항제2호에 따른 시설자산과 직접 관련된 부채 3. 기타부채 : 제1호 및 제2호의 철도부채를 제외한 부채로서 철도사업특별회계가 부담하고 있는 철도부채중 공공자금관리기금에 대한 부채 ②운영부채는 철도공사가, 시설부채는 국가철도공단이 각각 포괄하여 승계하고, 기타부채는 일반회계가 포괄하여 승계한다.〈개정 20·6·9〉 ③ 제1항 및 제2항에 따라 철도청장 또는 고속철도건설공단이사장이 철도부채를 인계하고자 하는 때에는 인계에 관한 서류를 작성하여 국토교통부장관의 승인을 얻어야 한다. 〈개정 08·2·29, 13·3·23, 20·6·9〉 ④제3항에 따라 철도부채를 인계하는 시기와 인계하는 철도부채 등의 평가방법 및 평가기준일 등에 관한 사항은 대통령령으로 정한다.〈개정 20·6·9〉	제33조(철도부채의 인계절차 및 시기) ①철도청장 또는 한국고속철도건설공단이사장이 법 제24조제3항의 규정에 의하여 철도부채의 인계에 관한 승인을 얻고자 하는 때에는 인계 부채의 범위·목록 및 가액이 기재된 승인신청서에 인계에 필요한 서류를 첨부하여 국토교통부장관에게 제출하여야 한다.〈개정 08·2·29, 13·3·23〉 ②법 제24조제4항의 규정에 의한 철도부채의 인계시기는 다음 각호와 같다.〈개정 20·9·10〉 1. 한국철도공사가 법 제24조제2항의 규정에 의하여 운영부채를 인계받는 시기 : 한국철도공사의 설립등기일	

법	시 행 령	시 행 규 칙
제25조(고용승계 등) ①철도공사 및 국가철도공단은 철도청 직원중 공무원 신분을 계속 유지하는 자를 제외한 철도청 직원 및 고속철도건설공단 직원의 고용을 포괄하여 승계한다.〈개정 20·6·9〉 ②국가는 제1항에 따라 철도청 직원중 철도공사 및 국가철도공단 직원으로 고용이 승계되는 자에 대하여는 근로여건 및 퇴직급여의 불이익이 발생하지 않도록 필요한 조치를 한다.〈개정 20·6·9〉 제3절 철도시설관리권 등 제26조(철도시설관리권) ①국토교통부장관은 철도시설을 관리하고 그 철도시설을 사용하거나 이용하는 자로부터 사용료를 징수할 수 있는 권리(이하 "철도시설관리권"이라 한다)를 설정할 수 있다.〈개정 08·2·29, 13·3·23〉 ②제1항에 따라 철도시설관리권의 설정을 받은 자는 대통령령으로 정하는 바에 따라 국토교통부장관	2. 국가철도공단이 법 제24조제2항의 규정에 의하여 시설부채를 인계받는 시기 : 2004년 1월 1일 3. 일반회계가 법 제24조제2항의 규정에 의하여 기타부채를 인계받는 시기 : 2004년 1월 1일 ③인계하는 철도부채의 평가기준일은 제2항의 규정에 의한 인계일의 전일로 한다. ④인계하는 철도부채의 평가가액은 평가기준일의 부채의 장부가액으로 한다.	

법	시 행 령	시 행 규 칙
에게 등록하여야 한다. 등록한 사항을 변경하고자 하는 때에도 또한 같다.〈개정 08·2·29, 20·6·9〉 제27조(철도시설관리권의 성질) 철도시설관리권은 이를 물권으로 보며, 이 법에 특별한 규정이 있는 경우를 제외하고는 민법중 부동산에 관한 규정을 준용한다. 제28조(저당권 설정의 특례) 저당권이 설정된 철도시설관리권은 그 저당권자의 동의가 없으면 처분할 수 없다. 제29조(권리의 변동) ①철도시설관리권 또는 철도시설관리권을 목적으로 하는 저당권의 설정·변경·소멸 및 처분의 제한은 국토교통부에 비치하는 철도시설관리권등록부에 등록함으로써 그 효력이 발생한다.〈개정 08·2·29, 13·3·23〉 ②제1항에 따른 철도시설관리권의 등록에 관하여 필요한 사항은 대통령령으로 정한다.〈개정 20·6·9〉 제30조(철도시설 관리대장) ①철도시설을 관리하는 자는 그가 관리하는 철도시설의 관리대장을 작성·비치하여야 한다. ②철도시설 관리대장의 작성·비치 및 기재사항 등에 관하여 필요한 사항은 국토교통부령으로 정한다.〈개정 08·2·29, 13·3·23〉		제4조(철도시설관리대장의 작성) ①법 제30조의 규정에 의한 철도시설관리대장은 철도노선별로 작성하되, 다음 각호의 사항을 기재하여야 한다. 1. 철도노선 및 철도시설의 현황 및 도면 2. 철도시설의 신설·증설·개량 등의 변동현황 3. 그 밖에 철도시설의 관리를 위하여 필요한 사항 ②제1항제1호의 규정에 의한 도면중 평면도는 철도시설 부근의 지형·방위·해발고도 등을 표시하여 축척 1,200분의

법	시 행 령	시 행 규 칙
		1로 작성하되, 다음 각호의 사항을 기재하여야 한다. 1. 철도시설 및 그 경계선 2. 행정구역의 명칭 및 경계선 3. 철도시설의 위치 및 배치현황 4. 도로·공항·항만 등 철도접근교통시설 5. 철도주변의 장애물 분포현황 6. 그 밖에 철도시설의 관리를 위하여 필요한 사항
제31조(철도시설 사용료) ①철도시설을 사용하고자 하는 자는 대통령령으로 정하는 바에 따라 관리청의 허가를 받거나 철도시설관리자와 시설사용계약을 체결하거나 그 시설사용계약을 체결한 자(이하 "시설사용계약자"라 한다)의 승낙을 얻어 사용할 수 있다.〈개정 20·6·9〉 ②철도시설관리자 또는 시설사용계약자는 제1항에 따라 철도시설을 사용하는 자로부터 사용료를 징수할 수 있다. 다만, 「국유재산법」 제34조에도 불구하고 지방자치단체가 직접 공용·공공용 또는 비영리 공익사업용으로 철도시설을 사용하고자 하는 경우에는 대통령령으로 정하는 바에 따라 그 사용료의 전부 또는 일부를 면제할 수 있다.〈개정 20·6·9, 22·1·4〉 ③제2항에 따라 철도시설 사용료를 징수하는 경우 철도의 사회경제적 편익과 다른 교통수단과의 형평성 등이 고려되어야 한다.〈개정 20·6·9〉 ④철도시설 사용료의 징수기준 및 절차 등에 관	제34조(철도시설의 사용허가) 법 제31조제1항에 따른 관리청의 허가 기준·방법·절차·기간 등에 관한 사항은 「국유재산법」에 따른다. [전문개정 22·7·4] 제34조의2(사용허가에 따른 철도시설의 사용료 등) ① 철도시설을 사용하려는 자가 법 제31조제1항에 따라 관리청의 허가를 받아 철도시설을 사용하는 경우 같은 조 제2항 본문에 따라 관리청이 징수할 수 있는 철도시설의 사용료는 「국유재산법」 제32조에 따른다. ② 관리청은 법 제31조제2항 단서에 따라 지방자치단체가 직접 공용·공공용 또는 비영리 공익사업용으로 철도시설을 사용하려는 경우에는 다음 각 호의 구분에 따른 기준에 따라 사용료를 면제할 수 있다. 1. 철도시설을 취득하는 조건으로 사용하려는 경우로서 사용허가기간이 1년 이내인 사용허가의 경우: 사용료의 전부	

법	시 행 령	시 행 규 칙
하여 필요한 사항은 대통령령으로 정한다.	2. 제1호에서 정한 사용허가 외의 사용허가의 경우: 사용료의 100분의 60 ③ 사용허가에 따른 철도시설 사용료의 징수기준 및 절차 등에 관하여 이 영에서 규정된 것을 제외하고는 「국유재산법」에 따른다. [본조신설 22·7·4] 제35조(철도시설의 사용계약) ①법 제31조제1항에 따른 철도시설의 사용계약에는 다음 각 호의 사항이 포함되어야 한다.〈개정 22·7·4〉 1. 사용기간·대상시설·사용조건 및 사용료 2. 대상시설의 제3자에 대한 사용승낙의 범위·조건 3. 상호책임 및 계약위반시 조치사항 4. 분쟁 발생시 조정절차 5. 비상사태 발생시 조치 6. 계약의 갱신에 관한 사항 7. 계약내용에 대한 비밀누설금지에 관한 사항 ②법 제3조제2호가목부터 라목까지에서 규정한 철도시설(이하 "선로등"이라 한다)에 대한 법 제31조제1항에 따른 사용계약(이하 "선로등사용계약"이라 한다)을 체결하려는 경우에는 다음 각 호의 기준을 모두 충족해야 한다.〈개정 22·7·4〉 1. 해당 선로등을 여객 또는 화물운송 목적으로 사용하려는 경우일 것 2. 사용기간이 5년을 초과하지 않을 것 ③선로등에 대한 제1항제1호에 따른 사용조건에	

법	시 행 령	시 행 규 칙
	는 다음 각 호의 사항이 포함되어야 하며, 그 사용조건은 제24조제1항에 따른 선로배분지침에 위반되는 내용이어서는 안 된다. 1. 투입되는 철도차량의 종류 및 길이 2. 철도차량의 일일운행횟수·운행개시시각·운행종료시각 및 운행간격 3. 출발역·정차역 및 종착역 4. 철도운영의 안전에 관한 사항 5. 철도여객 또는 화물운송서비스의 수준 ④철도시설관리자는 법 제31조제1항에 따라 철도시설을 사용하려는 자와 사용계약을 체결하여 철도시설을 사용하게 하려는 경우에는 미리 그 사실을 공고해야 한다.〈개정 22·7·4〉 **제36조(사용계약에 따른 선로등의 사용료 등〈개정 22·7·4〉)** ①철도시설관리자는 제35조제1항제1호에 따른 선로등의 사용료를 정하는 경우에는 다음 각 호의 한도를 초과하지 않는 범위에서 선로등의 유지보수비용 등 관련 비용을 회수할 수 있도록 해야 한다. 다만, 「사회기반시설에 대한 민간투자법」 제26조에 따라 사회기반시설관리운영권을 설정받은 철도시설관리자는 같은 법에서 정하는 바에 따라 선로등의 사용료를 정해야 한다. 〈개정 05·3·8, 22·7·4〉 1. 국가 또는 지방자치단체가 건설사업비의 전액을 부담한 선로등: 해당 선로등에 대한 유지보수비용의 총액	

법	시 행 령	시 행 규 칙
	2. 제1호 의 선로등 외의 선로등: 해당 선로등에 대한 유지보수비용 총액과 총건설사업비(조사비·설계비·공사비·보상비 및 그 밖에 건설에 소요된 비용의 합계액에서 국가·지방자치단체 또는 법 제37조제1항에 따라 수익자가 부담한 비용을 제외한 금액을 말한다)의 합계액 ②철도시설관리자는 제1항 각 호 외의 부분 본문에 따라 선로등의 사용료를 정하는 경우에는 다음 각 호의 사항을 고려할 수 있다. 〈개정 22·7·4〉 1. 선로등급·선로용량 등 선로등의 상태 2. 운행하는 철도차량의 종류 및 중량 3. 철도차량의 운행시간대 및 운행횟수 4. 철도사고의 발생빈도 및 정도 5. 철도서비스의 수준 6. 철도관리의 효율성 및 공익성 ③ 삭제 〈22·7·4〉	
	제37조(선로등사용계약 체결의 절차) ①제35조제2항의 규정에 의한 선로등사용계약을 체결하고자 하는 자(이하 "사용신청자"라 한다)는 선로등의 사용목적을 기재한 선로등사용계약신청서에 다음 각호의 서류를 첨부하여 철도시설관리자에게 제출하여야 한다. 1. 철도여객 또는 화물운송사업의 자격을 증명할 수 있는 서류 2. 철도여객 또는 화물운송사업계획서 3. 철도차량·운영시설의 규격 및 안전성을 확인	제5조(선로등사용계약신청서) 철도산업발전기본법시행령(이하 "영"이라 한다) 제37조제1항의 규정에 의한 선로등사용계약신청서는 별지 제1호서식에 의한다.

법	시 행 령	시 행 규 칙
	할 수 있는 서류 ②철도시설관리자는 제1항의 규정에 의하여 선로등사용계약신청서를 제출받은 날부터 1월 이내에 사용신청자에게 선로등사용계약의 체결에 관한 협의일정을 통보하여야 한다. ③철도시설관리자는 사용신청자가 철도시설에 관한 자료의 제공을 요청하는 경우에는 특별한 이유가 없는 한 이에 응하여야 한다. ④철도시설관리자는 사용신청자와 선로등사용계약을 체결하고자 하는 경우에는 미리 국토교통부장관의 승인을 받아야 한다. 선로등사용계약의 내용을 변경하는 경우에도 또한 같다.〈개정 08·2·29, 13·3·23〉 제38조(선로등사용계약의 갱신) ①선로등사용계약을 체결하여 선로등을 사용하고 있는 자(이하 "선로등사용계약자"라 한다)는 그 선로등을 계속하여 사용하고자 하는 경우에는 사용기간이 만료되기 10월전까지 선로등사용계약의 갱신을 신청하여야 한다. ②철도시설관리자는 제1항의 규정에 의하여 선로등사용계약자가 선로등사용계약의 갱신을 신청한 때에는 특별한 사유가 없는 한 그 선로등의 사용에 관하여 우선적으로 협의하여야 한다. 이 경우 제35조제4항의 규정은 이를 적용하지 아니한다. ③제35조제1항 내지 제3항, 제36조 및 제37조의 규정은 선로등사용계약의 갱신에 관하여 이를 준용한다. 제39조(철도시설의 사용승낙) ①제35조제1항의 규	

법	시 행 령	시 행 규 칙
	정에 의한 철도시설의 사용계약을 체결한 자(이하 이 조에서 "시설사용계약자"라 한다)는 그 사용계약을 체결한 철도시설의 일부에 대하여 법 제31조제1항의 규정에 의하여 제3자에게 그 사용을 승낙할 수 있다. 이 경우 철도시설관리자와 미리 협의하여야 한다. ②시설사용계약자는 제1항의 규정에 의하여 제3자에게 사용승낙을 한 경우에는 그 내용을 철도시설관리자에게 통보하여야 한다.	

제4절 공익적 기능의 유지

제32조(공익서비스비용의 부담) ①철도운영자의 공익서비스 제공으로 발생하는 비용(이하 "공익서비스비용"이라 한다)은 대통령령으로 정하는 바에 따라 국가 또는 해당 철도서비스를 직접 요구한 자(이하 "원인제공자"라 한다)가 부담하여야 한다. 〈개정 20·6·9〉

②원인제공자가 부담하는 공익서비스비용의 범위는 다음 각호와 같다.

1. 철도운영자가 다른 법령에 의하거나 국가정책 또는 공공목적을 위하여 철도운임·요금을 감면할 경우 그 감면액

2. 철도운영자가 경영개선을 위한 적절한 조치를 취하였음에도 불구하고 철도이용수요가 적어 수지균형의 확보가 극히 곤란하여 벽지의 노선 또는 역의 철도서비스를 제한 또는 중지하여야

제40조(공익서비스비용 보상예산의 확보) ①철도운영자는 매년 3월말까지 국가가 법 제32조제1항의 규정에 의하여 다음 연도에 부담하여야 하는 공익서비스비용(이하 "국가부담비용"이라 한다)의 추정액, 당해 공익서비스의 내용 그 밖의 필요한 사항을 기재한 국가부담비용추정서를 국토교통부장관에게 제출하여야 한다. 이 경우 철도운영자가 국가부담비용의 추정액을 산정함에 있어서는 법 제33조제1항의 규정에 의한 보상계약 등을 고려하여야 한다.〈개정 08·2·29, 13·3·23〉

②국토교통부장관은 제1항의 규정에 의하여 국가부담비용추정서를 제출받은 때에는 관계행정기관의 장과 협의하여 다음 연도의 국토교통부소관 일반회계에 국가부담비용을 계상하여야 한다.〈개정 08·2·29, 13·3·23〉

법	시 행 령	시 행 규 칙
되는 경우로서 공익목적을 위하여 기초적인 철도서비스를 계속함으로써 발생되는 경영손실 3. 철도운영자가 국가의 특수목적사업을 수행함으로써 발생되는 비용	③국토교통부장관은 제2항의 규정에 의한 국가부담비용을 정하는 때에는 제1항의 규정에 의한 국가부담비용의 추정액, 전년도에 부담한 국가부담비용, 관련법령의 규정 또는 법 제33조제1항의 규정에 의한 보상계약 등을 고려하여야 한다.〈개정 08·2·29, 13·3·23〉 제41조(국가부담비용의 지급) ①철도운영자는 국가부담비용의 지급을 신청하고자 하는 때에는 국토교통부장관이 지정하는 기간내에 국가부담비용지급신청서에 다음 각호의 서류를 첨부하여 국토교통부장관에게 제출하여야 한다.〈개정 08·2·29, 13·3·23〉 1. 국가부담비용지급신청액 및 산정내역서 2. 당해 연도의 예상수입·지출명세서 3. 최근 2년간 지급받은 국가부담비용내역서 4. 원가계산서 ②국토교통부장관은 제1항의 규정에 의하여 국가부담비용지급신청서를 제출받은 때에는 이를 검토하여 매 반기마다 반기초에 국가부담비용을 지급하여야 한다.〈개정 08·2·29, 13·3·23〉 제42조(국가부담비용의 정산) ①제41조제2항의 규정에 의하여 국가부담비용을 지급받은 철도운영자는 당해 반기가 끝난 후 30일 이내에 국가부담비용정산서에 다음 각호의 서류를 첨부하여 국토교통부장관에게 제출하여야 한다.〈개정 08·2·29, 13·3·23〉 1. 수입·지출명세서 2. 수입·지출증빙서류	제6조(국가부담비용정산서) 영 제42조제1항의 규정에 의한 국가부담비용정산서는 별지 제2호서식에 의한다.

법	시 행 령	시 행 규 칙
	3. 그 밖에 현금흐름표 등 회계관련 서류 ②국토교통부장관은 제1항의 규정에 의하여 국가 부담비용정산서를 제출받은 때에는 법 제33조제4 항의 규정에 의한 전문기관 등으로 하여금 이를 확인하게 할 수 있다.〈개정 08·2·29, 13·3·23〉 제43조(회계의 구분 등) ①국가부담비용을 지급받는 철도운영자는 법 제32조제2항제2호의 규정에 의 한 노선 및 역에 대한 회계를 다른 회계와 구분 하여 경리하여야 한다. ②국가부담비용을 지급받는 철도운영자의 회계연 도는 정부의 회계연도에 따른다.	
제33조(공익서비스 제공에 따른 보상계약의 체결) ①원인제공자는 철도운영자와 공익서비스비용의 보상에 관한 계약(이하 "보상계약"이라 한다)을 체결하여야 한다. ②제1항에 따른 보상계약에는 다음 각호의 사항 이 포함되어야 한다.〈개정 20·6·9〉 1. 철도운영자가 제공하는 철도서비스의 기준과 내용에 관한 사항 2. 공익서비스 제공과 관련하여 원인제공자가 부 담하여야 하는 보상내용 및 보상방법 등에 관 한 사항 3. 계약기간 및 계약기간의 수정·갱신과 계약의 해지에 관한 사항 4. 그 밖에 원인제공자와 철도운영자가 필요하다 고 합의하는 사항		

법	시 행 령	시 행 규 칙

③원인제공자는 철도운영자와 보상계약을 체결하기 전에 계약내용에 관하여 국토교통부장관 및 기획재정부장관과 미리 협의하여야 한다.〈개정 08·2·29, 13·3·23〉
④국토교통부장관은 공익서비스비용의 객관성과 공정성을 확보하기 위하여 필요한 때에는 국토교통부령으로 정하는 바에 의하여 전문기관을 지정하여 그 기관으로 하여금 공익서비스비용의 산정 및 평가 등의 업무를 담당하게 할 수 있다.〈개정 08·2·29, 13·3·23, 20·6·9〉
⑤보상계약체결에 관하여 원인제공자와 철도운영자의 협의가 성립되지 아니하는 때에는 원인제공자 또는 철도운영자의 신청에 의하여 위원회가 이를 조정할 수 있다.
 	
제34조(특정노선 폐지 등의 승인) ①철도시설관리자와 철도운영자(이하 "승인신청자"라 한다)는 다음 각 호의 어느 하나에 해당하는 경우에 국토교통부장관의 승인을 얻어 특정노선 및 역의 폐지와 관련 철도서비스의 제한 또는 중지 등 필요한 조치를 취할 수 있다.〈개정 08·2·29, 13·3·23, 20·6·9〉
  1. 승인신청자가 철도서비스를 제공하고 있는 노
		제7조(전문기관의 지정) ①법 제33조제4항의 규정에 의한 전문기관으로 지정될 수 있는 기관은 다음 각호와 같다.
		  1. 주식회사의외부감사에관한법률 제3조의 규정에 의한 감사인의 자격이 있는 회계법인
		  2. 정부출연연구기관등의설립·운영및육성에관한법률에 의한 정부출연연구기관중 교통관련 연구기관
		②국토교통부장관은 공익서비스비용의 산정·평가 등의 업무의 객관성을 제고하기 위하여 필요한 경우에는 제1항 각호의 규정에 의한 기관중에서 2 이상의 기관을 지정하여 공동으로 그 업무를 수행하도록 할 수 있다.〈개정 08·3·14, 13·3·23〉

법	시 행 령	시 행 규 칙
선 또는 역에 대하여 철도의 경영개선을 위한 적절한 조치를 취하였음에도 불구하고 수지균형의 확보가 극히 곤란하여 경영상 어려움이 발생한 경우 2. 제33조에 따른 보상계약체결에도 불구하고 공익서비스비용에 대한 적정한 보상이 이루어지지 아니한 경우 3. 원인제공자가 공익서비스비용을 부담하지 아니한 경우 4. 원인제공자가 제33조제5항에 따른 조정에 따르지 아니한 경우 ②승인신청자는 다음 각호의 사항이 포함된 승인신청서를 국토교통부장관에게 제출하여야 한다.〈개정 08·2·29, 13·3·23〉 1. 폐지하고자 하는 특정 노선 및 역 또는 제한·중지하고자 하는 철도서비스의 내용 2. 특정 노선 및 역을 계속 운영하거나 철도서비스를 계속 제공하여야 할 경우의 원인제공자의 비용부담 등에 관한 사항 3. 그 밖에 특정 노선 및 역의 폐지 또는 철도서비스의 제한·중지 등과 관련된 사항	**제44조(특정노선 폐지 등의 승인신청서의 첨부서류)** 철도시설관리자와 철도운영자가 법 제34조제2항의 규정에 의하여 국토교통부장관에게 승인신청서를 제출하는 때에는 다음 각호의 사항을 기재한 서류를 첨부하여야 한다.〈개정 08·2·29, 13·3·23〉 1. 승인신청 사유 2. 등급별·시간대별 철도차량의 운행빈도, 역수, 종사자수 등 운영현황 3. 과거 6월 이상의 기간 동안의 1일 평균 철도서비스 수요 4. 과거 1년 이상의 기간 동안의 수입·비용 및 영업손실액에 관한 회계보고서 5. 향후 5년 동안의 1일 평균 철도서비스 수요에 대한 전망 6. 과거 5년 동안의 공익서비스비용의 전체규모	

법	시 행 령	시 행 규 칙
	및 법 제32조제1항의 규정에 의한 원인제공자가 부담한 공익서비스 비용의 규모 7. 대체수송수단의 이용가능성 제45조(실태조사) ①국토교통부장관은 법 제34조제2항의 규정에 의한 승인신청을 받은 때에는 당해 노선 및 역의 운영현황 또는 철도서비스의 제공현황에 관하여 실태조사를 실시하여야 한다.〈개정 08·2·29, 13·3·23〉 ②국토교통부장관은 필요한 경우에는 관계 지방자치단체 또는 관련 전문기관을 제1항의 규정에 의한 실태조사에 참여시킬 수 있다.〈개정 08·2·29, 13·3·23〉 ③국토교통부장관은 제1항의 규정에 의한 실태조사의 결과를 위원회에 보고하여야 한다.〈개정 08·2·29, 13·3·23〉	
③국토교통부장관은 제2항에 따라 승인신청서가 제출된 경우 원인제공자 및 관계 행정기관의 장과 협의한 후 위원회의 심의를 거쳐 승인여부를 결정하고 그 결과를 승인신청자에게 통보하여야 한다. 이 경우 승인하기로 결정된 때에는 그 사실을 관보에 공고하여야 한다.〈개정 08·2·29, 13·3·23, 20·6·9〉 ④국토교통부장관 또는 관계행정기관의 장은 승인신청자가 제1항에 따라 특정 노선 및 역을 폐지하거나 철도서비스의 제한·중지 등의 조치를 취하고자 하는 때에는 대통령령으로 정하는 바에 의하여 대체수송수단의 마련 등 필요한 조치를 하여야 한다.〈개정 08·2·29, 13·3·23, 20·6·9〉	제46조(특정노선 폐지 등의 공고) 국토교통부장관은 법 제34조제3항의 규정에 의하여 승인을 한 때에는 그 승인이 있은 날부터 1월 이내에 폐지되는 특정노선 및 역 또는 제한·중지되는 철도서비스의 내용과 그 사유를 국토교통부령이 정하는 바에 따라 공고하여야 한다.〈개정 08·2·29, 13·3·23〉 제47조(특정노선 폐지 등에 따른 수송대책의 수립) 국토교통부장관 또는 관계행정기관의 장은 특정노선 및 역의 폐지 또는 철도서비스의 제한·중지 등의 조치로 인하여 영향을 받는 지역중에서 대체수송수단이 없거나 현저히 부족하여 수송서비스에 심각한 지장이 초래되는 지역에 대하여는	제8조(특정노선 폐지 등의 공고) 영 제46조의 규정에 의한 공고는 관보 또는 정기간행물의등록등에관한법률 제7조제1항의 규정에 의하여 보급지역을 전국으로 하여 등록한 2 이상의 일반일간신문에 게재하는 방법에 의한다.

법	시 행 령	시 행 규 칙
	법 제34조제4항의 규정에 의하여 다음 각호의 사항이 포함된 수송대책을 수립·시행하여야 한다. 〈개정 08·2·29, 13·3·23〉 1. 수송여건 분석 2. 대체수송수단의 운행횟수 증대, 노선조정 또는 추가투입 3. 대체수송에 필요한 재원조달 4. 그 밖에 수송대책의 효율적 시행을 위하여 필요한 사항	
	제48조(철도서비스의 제한 또는 중지에 따른 신규운영자의 선정) ①국토교통부장관은 철도운영자인 승인신청자(이하 이 조에서 "기존운영자"라 한다)가 법 제34조제1항의 규정에 의하여 제한 또는 중지하고자 하는 특정 노선 및 역에 관한 철도서비스를 새로운 철도운영자(이하 이 조에서 "신규운영자"라 한다)로 하여금 제공하게 하는 것이 타당하다고 인정하는 때에는 법 제34조제4항의 규정에 의하여 신규운영자를 선정할 수 있다.〈개정 08·2·29, 13·3·23〉 ②국토교통부장관은 제1항의 규정에 의하여 신규운영자를 선정하고자 하는 때에는 법 제32조제1항의 규정에 의한 원인제공자와 협의하여 경쟁에 의한 방법으로 신규운영자를 선정하여야 한다.〈개정 08·2·29, 13·3·23〉 ③원인제공자는 신규운영자와 법 제33조의 규정에 의한 보상계약을 체결하여야 하며, 기존운영자는 당해 철도서비스 등에 관한 인수인계서류를	제9조(신규철도운영자선정계획의 공고) ① 국토교통부장관은 영 제48조제1항의 규정에 의하여 새로운 철도운영자(이하 "신규운영자"라 한다)를 선정하고자 하는 경우에는 위원회의 심의를 거쳐 수립한 신규운영자선정계획을 관보 또는 정기간행물의 등록등에관한법률 제7조제1항의 규정에 의하여 보급지역을 전국으로 하여 등록한 2이상의 일반일간신문에 공고하여야 한다.〈개정 08·3·14, 13·3·23〉 ②제1항의 규정에 의한 신규운영자선정계획에는 다음 각호의 사항이 포함되어야 한다.〈개정 13·3·23〉 1. 대상 특정 노선 또는 역과 철도서비스의 내용〈개정 08·3·14〉 2. 신규운영자의 선정사유 3. 신규운영자의 선정방법 및 절차

법	시 행 령	시 행 규 칙
	작성하여 신규운영자에게 제공하여야 한다. ④제2항 및 제3항의 규정에 의한 신규운영자 선정의 구체적인 방법, 인수인계절차 그 밖의 필요한 사항은 국토교통부령으로 정한다.〈개정 08·2·29, 13·3·23〉	4. 신규운영자에 대한 손실보상에 관한 사항 5. 계약기간 및 계약의 갱신에 관한 사항 6. 그 밖에 국토교통부장관이 필요하다고 인정하는 사항 제10조(신규운영자의 선정) ①제9조제1항의 규정에 의하여 공고된 신규운영자선정계획에 따라 당해 특정 노선 또는 역을 운영하고자 하는 자는 사업계획을 작성하여 국토교통부장관에게 신청하여야 한다.〈개정 08·3·14, 13·3·23〉 ②국토교통부장관은 제1항의 규정에 의하여 제출받은 사업계획을 검토한 후 당해 특정 노선 또는 역을 운영하기에 적합하다고 인정되는 자를 선정하여 영제35조제2항의 규정에 의한 선로등사용계약을 체결하여야 한다.〈개정 08·3·14, 13·3·23〉 제11조(신규운영자의 선정에 따른 인수인계) 영 제48조제1항의 규정에 의한 철도의 기존운영자는 동조제3항의 규정에 의하여 다음 각호의 사항이 포함된 인수인계서류를 작성하여 국토교통부장관의 확인을 받아 신규운영자에게 제공하여야 한다.〈개정 08·3·14, 13·3·23〉 1. 당해 철도서비스의 내용 2. 당해 특정 노선의 철도역 및 투입된

법	시　행　령	시　행　규　칙
		철도차량
		3. 그 밖에 철도차량의 보수·정비설비 등 당해 특정 노선의 운영에 사용된 설비 및 장비
제35조(승인의 제한 등) ①국토교통부장관은 제34 조제1항 각 호의 어느 하나에 해당되는 경우에도 다음 각 호의 어느 하나에 해당하는 경우에는 같은 조 제3항에 따른 승인을 하지 아니할 수 있다.〈개정 08·2·29, 13·3·23, 20·6·9〉 1. 제34조에 따른 노선 폐지 등의 조치가 공익을 현저하게 저해한다고 인정하는 경우 2. 제34조에 따른 노선 폐지 등의 조치가 대체교통수단 미흡 등으로 교통서비스 제공에 중대한 지장을 초래한다고 인정하는 경우 ②국토교통부장관은 제1항 각 호에 따라 승인을 하지 아니함에 따라 철도운영자인 승인신청자가 경영상 중대한 영업손실을 받은 경우에는 그 손실을 보상할 수 있다.〈개정 08·2·29, 13·3·23, 20·6·9〉		
제36조(비상사태시 처분) ①국토교통부장관은 천재·지변·전시·사변, 철도교통의 심각한 장애 그 밖에 이에 준하는 사태의 발생으로 인하여 철도서비스에 중대한 차질이 발생하거나 발생할 우려가 있다고 인정하는 경우에는 필요한 범위안에서 철도시설관리자·철도운영자 또는 철도이용자에게 다음 각 호의 사항에 관한 조정·명령 그 밖의 필요한 조치를 할 수 있다.〈개정 08·2·29, 13·3·23, 20·6·9〉	제49조(비상사태시 처분) 법 제36조제1항제7호에서 "대통령령이 정하는 사항"이라 함은 다음 각호의 사항을 말한다. 1. 철도시설의 임시사용 2. 철도시설의 사용제한 및 접근 통제 3. 철도시설의 긴급복구 및 복구지원 4. 철도역 및 철도차량에 대한 수색 등	

법	시 행 령	시 행 규 칙
1. 지역별·노선별·수송대상별 수송 우선순위 부여 등 수송통제 2. 철도시설·철도차량 또는 설비의 가동 및 조업 3. 대체수송수단 및 수송로의 확보 4. 임시열차의 편성 및 운행 5. 철도서비스 인력의 투입 6. 철도이용의 제한 또는 금지 7. 그 밖에 철도서비스의 수급안정을 위하여 대통령령으로 정하는 사항 ②국토교통부장관은 제1항에 따라 조치의 시행을 위하여 관계행정기관의 장에게 필요한 협조를 요청할 수 있으며, 관계행정기관의 장은 이에 협조하여야 한다.〈개정 08·2·29, 13·3·23, 20·6·9〉 ③국토교통부장관은 제1항에 따라 조치를 한 사유가 소멸되었다고 인정하는 때에는 지체없이 이를 해제하여야 한다.〈개정 08·2·29, 13·3·23, 20·6·9〉 **제5장 보 칙** 제37조(철도건설 등의 비용부담) ①철도시설관리자는 지방자치단체·특정한 기관 또는 단체가 철도시설건설사업으로 인하여 현저한 이익을 받는 경우에는 국토교통부장관의 승인을 얻어 그 이익을 받는 자(이하 이 조에서 "수익자"라 한다)로 하여금 그 비용의 일부를 부담하게 할 수 있다.〈개정 08·2·29, 13·3·23〉 ② 제1항에 따라 수익자가 부담하여야 할 비용은		

법	시 행 령	시 행 규 칙
철도시설관리자와 수익자가 협의하여 정한다. 이 경우 협의가 성립되지 아니하는 때에는 철도시설관리자 또는 수익자의 신청에 의하여 위원회가 이를 조정할 수 있다.〈개정 20·6·9〉 제38조(권한의 위임 및 위탁) 국토교통부장관은 이 법에 따른 권한의 일부를 대통령령으로 정하는 바에 따라 특별시장·광역시장·도지사·특별자치도지사 또는 지방교통관서의 장에 위임하거나 관계 행정기관·국가철도공단·철도공사·정부출연연구기관에게 위탁할 수 있다. 다만, 철도시설유지보수 시행업무는 철도공사에 위탁한다.〈개정 08·2·29, 09·4·1, 13·3·23, 20·6·9〉 제39조(청문) 국토교통부장관은 제34조에 따른 특정 노선 및 역의 폐지와 이와 관련된 철도서비스의	제50조(권한의 위탁) ①국토교통부장관은 법 제38조 본문의 규정에 의하여 법 제12조제2항의 규정에 의한 철도산업정보센터의 설치·운영업무를 다음 각호의 자중에서 국토교통부령이 정하는 자에게 위탁한다.〈개정 04·12·3, 08·2·29, 13·3·23, 20·9·10〉 1. 정부출연연구기관등의설립·운영및육성에관한법률 또는 과학기술분야정부출연연구기관등의설립·운영및육성에관한법률에 의한 정부출연연구기관 2. 국가철도공단 ②국토교통부장관은 법 제38조 본문의 규정에 의하여 철도시설유지보수 시행업무를 철도청장에게 위탁한다.〈개정 08·2·29, 13·3·23〉 ③국토교통부장관은 법 제38조 본문의 규정에 의하여 제24조제4항의 규정에 의한 철도교통관제시설의 관리업무 및 철도교통관제업무를 다음 각호의 자중에서 국토교통부령이 정하는 자에게 위탁한다.〈개정 08·2·29, 13·3·23, 20·9·10〉 1. 국가철도공단 2. 철도운영자	제12조(권한의 위탁) ①국토교통부장관은 영 제50조제1항에 따라 법 제12조제2항에 따른 철도산업정보센터의 설치·운영업무를 국가철도공단에 위탁한다.〈개정 08·3·14, 13·3·23, 20·9·9〉 ②국토교통부장관은 영 제50조제3항의 규정에 의하여 영 제24조제4항의 규정에 의한 철도교통관제시설의 관리업무 및 철도교통관제업무를 한국철도공사에 위탁한다.〈개정 08·3·14, 13·3·23〉 ③국토교통부장관은 제2항의 규정에 의하여 한국철도공사에 철도교통관제업무를 위탁하는 경우에는 한국철도공사로부터 철도교통관제업무에 종사하는 자의 독립성이 보장될 수 있도록 필요한 조치를 하여야 한다.〈개정 08·3·14, 13·3·23〉

법	시 행 령	시 행 규 칙
제한 또는 중지에 대한 승인을 하고자 하는 때에는 청문을 실시하여야 한다.〈개정 08·2·29, 13·3·23, 20·6·9〉 ## 제6장 벌 칙 제40조(벌칙) ①제34조의 규정에 위반하여 국토교통부장관의 승인을 얻지 아니하고 특정 노선 및 역을 폐지하거나 철도서비스를 제한 또는 중지한 자는 3년 이하의 징역 또는 5천만원 이하의 벌금에 처한다.〈개정 08·2·29, 13·3·23〉 ②다음 각 호의 어느 하나에 해당하는 자는 2년 이하의 징역 또는 3천만원 이하의 벌금에 처한다.〈개정 20·6·9〉 1. 거짓이나 그 밖의 부정한 방법으로 제31조제1항에 따른 허가를 받은 자 2. 제31조제1항에 따른 허가를 받지 아니하고 철도시설을 사용한 자 3. 제36조제1항제1호부터 제5호까지 또는 제7호에 따른 조정·명령 등의 조치를 위반한 자 제41조(양벌규정) 법인의 대표자나 법인 또는 개인의 대리인, 사용인, 그 밖의 종업원이 그 법인 또는 개인의 업무에 관하여 제40조의 위반행위를 하면 그 행위자를 벌하는 외에 그 법인 또는 개인에게도 해당 조문의 벌금형을 과(科)한다. 다만, 법인 또는 개인이 그 위반행위를 방지하기 위하여 해당 업무에 관하여 상당한 주의와 감독을 게을리하지 아니한 경우에는 그러하지 아니하다. [전문개정 09·4·1]		

법	시 행 령	시 행 규 칙
제42조(과태료) ①제36조제1항제6호의 규정을 위반한 자에게는 1천만원 이하의 과태료를 부과한다.〈개정 20·6·9〉 ②제1항에 따른 과태료는 대통령령으로 정하는 바에 따라 국토교통부장관이 부과·징수한다.〈개정 08·2·29, 09·4·1, 13·3·23〉 ③항부터 ⑤항까지 삭제〈09·4·1〉	제51조(과태료) ①국토교통부장관이 법 제42조제2항의 규정에 의하여 과태료를 부과하는 때에는 당해 위반행위를 조사·확인한 후 위반사실·과태료 금액·이의제기의 방법 및 기간 등을 서면으로 명시하여 이를 납부할 것을 과태료 처분 대상자에게 통지하여야 한다.〈개정 08·2·29, 13·3·23〉 ②국토교통부장관은 제1항의 규정에 의하여 과태료를 부과하고자 하는 때에는 10일 이상의 기간을 정하여 과태료처분대상자에게 구술 또는 서면에 의한 의견진술의 기회를 주어야 한다. 이 경우 지정된 기일까지 의견진술이 없는 때에는 의견이 없는 것으로 본다.〈개정 08·2·29, 13·3·23〉 ③국토교통부장관은 과태료의 금액을 정함에 있어서는 당해 위반행위의 동기·정도·횟수 등을 참작하여야 한다.〈개정 08·2·29, 13·3·23〉 ④과태료의 징수절차는 국토교통부령으로 정한다.〈개정 08·2·29, 13·3·23〉	제13조(과태료의 징수절차) 영 제51조제4항의 규정에 의한 과태료의 징수절차에 관하여는 국고금관리법시행규칙을 준용한다. 이 경우 납입고지서에는 이의방법·이의기간 등을 함께 기재하여야 한다.

법	시 행 령	시 행 규 칙
부 칙	부 칙	부 칙
제1조(시행일) 이 법은 공포후 3월이 경과한 날부터 시행한다. 제2조(건설 중인 고속철도의 부채처리 등에 관한 특례) ①이 법 시행당시 건설 중인 고속철도의 철도부채는 제24조제2항의 규정에 불구하고 철도시설공단이 설립되는 때에 철도시설공단이 포괄하여 승계한다. ②제1항의 규정에 의하여 철도시설공단이 승계한 철도부채중 제24조제1항제1호의 규정에 의한 운영부채는 고속철도가 완공되어 국가가 제23조제2항의 규정에 의하여 철도공사에 운영자산을 현물출자하는 때에 철도공사가 포괄하여 승계한다. 다만, 고속철도가 완공된 후에 철도공사가 설립되는 경우에는 철도청이 당해 운영자산과 운영부채를 철도공사가 설립될 때까지 한시적으로 포괄하여 승계한다. ③건설교통부장관은 고속철도가 완성되어 철도시설공단이 제23조제5항의 규정에 의하여 시설자산을 국가에 귀속시키는 때에는 철도시설공단에 철도시설관리권을 설정한다. 이 경우 당해 철도시설관리권의 존속기간은 철도시설공단이 제24조제2항의 규정에 의하여 승계하는 시설부채의 원리금을 상환할 때까지 한시적으로 한다. ④철도청장은 철도공사 설립시까지 고속철도 개	제1조(시행일) 이 영은 공포한 날부터 시행한다. 다만, 제6조제2항제2호·제10조제4항제2호 및 제17조제4항제2호의 규정은 2004년 1월 1일부터 시행한다. 제2조(유효기간) 제50조제2항의 규정은 한국철도공사의 설립등기일의 전일까지 효력을 가진다. 제3조(폐지법령) 철도산업구조개혁추진위원회규정은 이를 폐지한다. 제4조(철도산업위원회의 위원에 관한 특례) ①제6조제2항제3호의 규정에 불구하고 한국철도공사가 설립되기 전까지는 철도청장을 동조동항동호의 규정에 의한 한국철도공사사장으로 본다. ②부칙 제2조의 규정에 의하여 폐지되는 철도산업구조개혁추진위원회규정에 의한 철도산업구조개혁추진위원회의 위촉직 위원은 이 영의 시행일에 제6조제2항제4호의 규정에 의하여 철도산업위원회의 위원으로 위촉된 것으로 본다. 제5조(실무위원회의 위원에 관한 특례) 제10조제4항제3호의 규정에 불구하고 한국철도공사가 설립되기 전까지는 철도청장이 철도청소속 3급 또는 4급 공무원중에서 지명하는 자를 동조동항동호의 규정에 의한 한국철도공사사장이 지명하는 자로 본다. 제6조(협의회의 위원에 관한 특례) 제17조제4항제3호의 규정에 불구하고 한국철도공사가 설립되기 전	①(시행일) 이 규칙은 공포한 날부터 시행한다. ②(철도교통관제업무 등의 위탁에 관한 특례) 제12조제2항의 규정에 불구하고 한국철도공사가 설립되기 전까지는 철도청장을 동조동항의 규정에 의한 한국철도공사로 본다. 부 칙 〈08·3·14〉 이 규칙은 공포한 날부터 시행한다. 부 칙 〈13·3·23〉 제1조(시행일) 이 규칙은 공포한 날부터 시행한다. 〈단서 생략〉 제2조부터 제6조까지 생략 부 칙 〈14·8·7〉 제1조(시행일) 이 규칙은 공포한 날부터 시행한다. 제2조(서식에 관한 경과조치) 이 규칙 시행 당시 종전의 규정에 따라 사용 중인 서식은 계속 사용하되, 이 규칙에 따라 주민등록번호가 삭제되거나 생년월일로 개정된 부분은 삭제하거나 수정하여 사용한다.

법	시　행　령	시　행　규　칙
통준비와 고속철도 운영자산 및 부채 등의 인수준비를 위하여 필요한 조치를 하여야 한다. 제3조(운영자산 등의 처리에 관한 특례) 부칙 제2조의 규정에 의하여 처리되는 고속철도관련 운영자산과 운영부채를 제외한 운영자산과 운영부채에 대하여는 제23조제2항 및 제24조제2항의 규정에 불구하고 철도공사가 설립될 때까지 한시적으로 철도청이 권리와 의무를 이행한다. 제4조(철도산업구조개혁기본계획의 수립에 대한 경과조치) 이 법 시행당시 국무회의 심의를 거쳐 수립된 철도산업의 구조개혁에 관한 기본계획은 이 법에 의하여 수립된 구조개혁계획으로 본다. 제5조(철도부지 등의 변경등기) 제23조제4항의 규정에 의하여 건설교통부장관에게 이관하는 철도자산중 등기대상인 자산은 국유재산법 제11조 및 부동산등기법 제48조의2의 규정에 불구하고 그 관리청이 건설교통부장관으로 변경등기된 것으로 본다. 제6조(다른 법률의 개정 등) ①國有鐵道의運營에관한特例法중 다음과 같이 개정한다. 제4조・제5조 및 제9조제4항을 각각 삭제한다. 제10조제1항중 "物價上昇率, 原價水準 및 經營改善計劃 등"을 "물가상승률 및 원가수준 등"으로 한다. 제11조를 삭제한다. 제13조제1항제2호를 다음과 같이 한다. 　2. 철도산업발전기본법 제32조의 규정에 의한 원인제공자의 공익서비스비용 부담액 제4장(제32조)을 삭제한다.	까지는 철도청장이 철도청소속 4급 공무원중에서 지명하는 자를 동조동항동호의 규정에 의한 한국철도공사사장이 지명하는 자로 본다. 제7조(건설교통부장관이 철도자산을 이관받는 시기에 관한 특례) 건설교통부장관이 철도청의 철도자산중 토지의 분할 등이 필요하여 2004년 1월 1일까지 이관하기 어렵다고 인정하는 자산은 제32조제2항제2호의 규정에 불구하고 2004년 6월 30일까지 단계적으로 이관한다. 제8조(기타부채의 인수시기에 관한 특례) ①법 제24조제2항의 규정에 의하여 일반회계가 승계하여야 하는 기타부채중 그 상환시기가 이 영의 시행일이 속하는 연도의 다음 연도에 도래하는 기타부채의 상환에 필요한 예산은 제33조제2항제3호의 규정에 불구하고 이 영의 시행일이 속하는 연도의 다음 연도의 철도사업특별회계에 계상할 수 있다. ②제1항의 규정에 의하여 철도사업특별회계에 계상된 공공자금관리기금으로부터 차입한 기타부채는 제33조제2항제3호의 규정에 불구하고 2005년 1월 1일 일반회계가 이를 승계한다. 제9조(선로등사용계약에 관한 특례) ①이 영의 시행일이 속하는 연도의 다음 연도에 제35조제2항의 규정에 의하여 체결되는 선로등사용계약의 내용 및 체결절차에 대하여는 제35조 내지 제37조의 규정에 불구하고 건설교통부장관이 따로 정한다. ②제1항의 규정에 의한 선로등사용계약의 계약기간은 2004년 12월 31일까지로 한다.	부　　　칙〈17・5・2〉 이 규칙은 공포한 날부터 시행한다. 부　　　칙〈20・9・9〉 이 규칙은 2020년 9월 10일부터 시행한다.

법	시 행 령	시 행 규 칙
법률 제5027호 國有鐵道의運營에관한特例法 부칙 제3조를 삭제한다. ②社會間接資本施設에대한民間投資法중 다음과 같이 개정한다. 제2조제1호에 오목을 다음과 같이 신설한다. 　오. 철도산업발전기본법 제3조제2호의 규정에 의한 철도시설 ③건널목개량촉진법중 다음과 같이 개정한다. 제3조 단서, 제4조제2항, 제5조제1항 전단, 제6조, 제8조제1항제1호 및 동조제2항제1호·제2호중 "철도경영자"를 각각 "철도시설관리자"로 한다. ④交通施設特別會計法중 다음과 같이 개정한다. 제5조제1항제8호를 제9호로 하고, 동항에 제8호를 다음과 같이 신설한다. 　8. 건설교통부소관 국유재산중 건설교통부장관이 정하는 국유재산에 대한 국유재산법 제39조의 규정에 의한 재산매각대금 　　　부　　　칙 〈04·9·23〉 제1조(시행일) 이 법은 공포후 1월이 경과한 날부터 시행한다. 제2조 내지 제5조 생략 　　　부　　　칙 〈06·12·30〉 제1조(시행일) 이 법은 2007년 1월 1일부터 시행한다.	제10조(국가부담비용에 관한 특례) 이 영의 시행일이 속하는 연도의 다음 연도의 국가부담비용의 보상예산은 제40조제2항의 규정에 불구하고 철도사업특별회계에 대한 일반회계지원금에 포함하여 계상한다. 이 경우 제41조 및 제42조의 규정은 이를 적용하지 아니한다. 제11조(철도시설유지보수 시행업무의 예산에 관한 특례) 이 영의 시행일이 속하는 연도의 다음 연도의 제50조제2항의 규정에 의한 철도시설유지보수 시행업무의 예산은 철도사업특별회계에 계상한다. 제12조(다른 법령의 개정) ①국유철도의운영에관한특례법시행령중 다음과 같이 개정한다. 제2조 내지 제9조, 제14조, 제15조, 제28조의2 및 대통령령 제14890호 국유철도의운영에관한특례법시행령 부칙 제3조를 각각 삭제한다. ②건널목개량촉진법시행령중 다음과 같이 개정한다. 제4조제1항·제2항, 제6조제1항·제2항, 제8조, 제9조제1항제1호 내지 제3호 및 동조제2항, 제10조제1호중 "철도경영자"를 각각 "철도시설관리자"로 한다. 　　　부　　　칙 〈04·12·3〉 제1조(시행일) 이 영은 공포한 날부터 시행한다. 제2조 내지 제5조 생략 　　　부　　　칙 〈05·3·8〉 제1조(시행일) 이 영은 공포한 날부터 시행한다.	

법	시　행　령	시　행　규　칙
제2조 내지 제9조 생략 　　　　부　　　칙 〈08·2·29〉 제1조(시행일) 이 법은 공포한 날부터 시행한다. 다만, ···〈생략〉···, 부칙 제6조에 따라 개정되는 법률 중 이 법의 시행 전에 공포되었으나 시행일이 도래하지 아니한 법률을 개정한 부분은 각각 해당 법률의 시행일부터 시행한다. 제2조부터 제7조까지 생략 　　　　부　　　칙 〈09·3·25〉 제1조(시행일) 이 법은 공포 후 3개월이 경과한 날부터 시행한다.〈단서 생략〉 제2조 및 제4조 생략 　　　　부　　　칙 〈09·4·1〉 이 법은 공포한 날부터 시행한다. 　　　　부　　　칙 〈09·6·9〉 제1조(시행일) 이 법은 공포 후 6개월이 경과한 날부터 시행한다. 제2조 부터 제6조 생략	제2조 내지 제5조 생략 　　　　부　　　칙 〈06·6·12〉 제1조(시행일) 이 영은 2006년 7월 1일부터 시행한다. 제2조 내지 제4조 생략 　　　　부　　　칙 〈08·2·29〉 제1조(시행일) 이 영은 공포한 날부터 시행한다. 제2조 부터 제6조 까지 생략 　　　　부　　　칙 〈08·10·20〉 제1조(시행일) 이 영은 공포한 날부터 시행한다.〈단서생략〉 제2조 부터 제4조 까지 생략 　　　　부　　　칙 〈09·7·27〉 제1조(시행일) 이 영은 2009년 7월 31일부터 시행한다.〈단서생략〉 제2조 내지 제15조 생략 　　　　부　　　칙 〈10·7·12〉 제1조(시행일) 이 영은 공포한 날부터 시행한다.〈단서 생략〉 제2조 생략	

법	시 행 령	시 행 규 칙
부 칙 〈13·3·23〉 제1조(시행일) ① 이 법은 공포한 날부터 시행한다. ② 생략 제2조부터 제7조까지 생략 부 칙 〈17·1·17〉 제1조(시행일) 이 법은 공포 후 6개월이 경과한 날부터 시행한다. 제2조(사단법인 한국철도협회에 대한 경과조치) ① 이 법 시행 당시 「민법」 제32조에 따라 국토교통부장관의 허가를 받아 설립된 사단법인 한국철도협회(이하 "사단법인 한국철도협회"라 한다)는 제13조의2의 개정규정에 따라 설립된 협회로 본다. 이 경우 사단법인 한국철도협회는 이 법 시행일부터 6개월 이내에 이 법의 요건에 적합하도록 정관 등을 변경하여 국토교통부장관의 인가를 받아야 한다. ② 제1항 후단에 따라 국토교통부장관의 인가를 받은 사단법인 한국철도협회는 이 법에 따른 협회의 설립과 동시에 「민법」 중 법인의 해산 및 청산에 관한 규정에도 불구하고 해산된 것으로 본다. 부 칙 〈제17446호, 20·6·9〉 제1조(시행일) 이 법은 공포한 날부터 시행한다. 제2조 생략	부 칙 〈13·3·23〉 제1조(시행일) 이 영은 공포한 날부터 시행한다. 〈단서 생략〉 제2조부터 제6조까지 생략 부 칙 〈14·11·19〉 제1조(시행일) 이 영은 공포한 날부터 시행한다. 다만, 부칙 제5조에 따라 개정되는 대통령령 중 이 영 시행 전에 공포되었으나 시행일이 도래하지 아니한 대통령령을 개정한 부분은 각각 해당 대통령령의 시행일부터 시행한다. 제2조부터 제5조까지 생략 부 칙 〈15·12·31〉 이 영은 공포한 날부터 시행한다. 부 칙 〈17·7·26〉 제1조(시행일) 이 영은 공포한 날부터 시행한다. 다만, 부칙 제8조에 따라 개정되는 대통령령 중 이 영 시행 전에 공포되었으나 시행일이 도래하지 아니한 대통령령을 개정한 부분은 각각 해당 대통령령의 시행일부터 시행한다. 제2조부터 제8조까지 생략 부 칙 〈20·9·10〉	

법	시 행 령	시 행 규 칙
부　　칙 〈제17453호, 20·6·9〉 이 법은 공포한 날부터 시행한다. 〈단서 생략〉 **부　　칙** 〈제17460호, 20·6·9〉 제1조(시행일) 이 법은 공포 후 3개월이 경과한 날 　부터 시행한다. 제2조부터 제4조까지 생략 **부　　칙** 〈제18693호, 22·1·4〉 이 법은 공포 후 6개월이 경과한 날부터 시행한다. **부　　칙** 〈제18950호, 22·6·10〉 이 법은 공포한 날부터 시행한다.	제1조(시행일) 이 영은 2020년 9월 10일부터 시행한다. 제2조 및 제3조 생략 **부　　칙** 〈제32759호, 22·7·4〉 제1조(시행일) 이 영은 2022년 7월 5일부터 시행한다. 제2조(사용허가에 따른 철도시설의 사용료 감면에 　관한 적용례) 제34조의2제2항의 개정규정은 이 영 　시행 이후 철도시설의 사용허가를 하거나 갱신하 　는 경우부터 적용한다.	

철도산업발전기본법 시행규칙 [별지서식]

[별지 제1호서식] 〈개정 14·8·7〉

선로등사용계약신청서

접수번호		접수일		처리기간	10개월
신청인	법인명		법인등록번호		
	성명(대표자)		생년월일		
	주소		전화번호		
사용 대상	철도노선				
	철도시설				
	위치				
	사용목적				
	사용기간				

「철도산업발전기본법」 제31조제1항, 같은 법 시행령 제37조제1항 및 같은 법 시행규칙 제5조에 따라 선로등 사용계약의 체결을 신청합니다.

년 월 일

신청인 (서명 또는 인)

철도시설관리기관의 장 귀하

첨부서류	1. 철도여객 또는 화물운송사업의 자격증명서류 2. 철도여객 또는 화물운송사업계획서 3. 철도차량·운영시설의 규격 및 안전성을 확인할 수 있는 서류	수수료 없음

처 리 절 차

신청서 작성	→	접 수	→	협의일정 통보	→	협 의	→	계약체결
신청인		철도시설관리자		철도시설관리자		철도시설관리자		

210mm×297mm[백상지 80g/㎡(재활용품)]

[별지 제2호서식] 〈개정 08·3·14, 13·3·23, 17·5·2〉

국가부담비용정산서

접수번호		접수일		처리기간	60일
제출인	상호(법인명)		성명(대표자)		법인등록번호
	주소(소재지)				전화번호
정산내역	보상구분				합 계
	보상내용				
	지급금액 (원)				
	정산기간				
	정산금액 (원)				

「철도산업발전기본법시행령」 제42조제1항 및 「철도산업발전기본법시행규칙」 제6조에 따라 위와 같이 국가부담비용정산서를 제출합니다.

년 월 일

제출인 (서명 또는 인)

국토교통부장관 귀하

제출인 첨부서류	1. 수입·지출명세서 2. 수입·지출증빙서류 3. 그 밖에 현금흐름표 등 회계관련 서류	수수료 없음

처 리 절 차

정산서 작성	→	접수	→	검토	→	정산
제출인		처리기관 (국토교통부)		처리기관 (국토교통부)		처리기관 (국토교통부)

210mm×297mm[백상지 80g/㎡]

선로배분지침

전부개정 2016·3·29 국토교통부고시 제2016-147호
2017·9·29 국토교통부고시 제2017-657호

제1조(목적) 이 지침은 철도산업발전기본법(이하 "법"이라 한다) 제17조제2항 및 법 시행령(이하 "영"이라 한다) 제24조에 의하여 선로용량의 배분(이하 "선로배분"이라 한다)에 관한 원칙과 처리절차를 정하여 선로를 안전하고 효율적으로 사용할 수 있도록 함을 목적으로 한다.

제2조(적용범위) 이 지침은 국가 또는 한국철도시설공단이 소유 또는 관리하는 철도시설을 철도운영자와 선로작업시행자에게 사용하게 하는 경우에 적용한다.

제3조(정의) 이 지침에서 사용하는 용어의 정의는 다음과 같다.
 1. "선로"라 함은 법 제3조제5호에서 규정한 철도차량을 운행하기 위한 궤도와 이를 받치는 노반 또는 공작물로 구성된 시설을 말한다.
 2. "선로용량"이라 함은 노선별·구간별로 선로 등의 조건, 열차종별 등에 따라 1일 또는 단위시간당 운행 가능한 편도기준 최대열차횟수를 말한다.
 3. "선로사용계획"이라 함은 열차운행을 위한 선로사용계획(열차운행시각표를 포함한다. 이하 "열차운행계획"이라 한다)과 선로 등의 건설과 개량·유지보수를 위한 선로사용계획(이하 "선로작업계획"이라 한다)을 말한다.
 4. "열차운행슬롯(Train Slot)"이란 편도기준으로 열차가 다른 열차로부터 지장을 받지 않고 출발·경유·도착이 가능하도록 선로구간별 사용시간을 특정하여 선로배분하거나 배분할 수 있는 선로사용 기본단위를 말한다.
 5. "열차운행다이어그램"이라 함은 각 열차가 정거장을 출발·통과·도착하는 시각을 그래프로 표시한 것을 말한다.
 6. "경합"이라 함은 동일한 선로구간에 대하여 선로사용자간 같은 시간으로 되어 있거나 상호지장을 초래할 우려가 있는 경우 등을 말한다.
 7. "철도운영"이라 함은 철도로 여객 및 화물을 운송하는 것을 말한다.
 8. "선로사용자"라 함은 철도운영자 및 선로작업시행자를 말한다.
  가. "철도운영자"라 함은 한국철도공사 또는 철도사업법 제5조에 의하여 철도사업면허를 받아 철도운영에 관한 업무를 수행하는 자를 말한다.
  나. "선로작업시행자"라 함은 선로 등의 건설과 개량, 유지보수를 수행하는 자를 말한다.
 9. "철도교통관제업무"라 함은 철도차량의 운행을 집중제어·통제·감시하는 업무를 말한다.
 10. "기본열차운행횟수"라 함은 철도운영자가 선로배분 신청시 기준이 되는 노선별 열차운행횟수를 말한다.
 11. "임시열차"라 함은 수송수요의 증가, 시운전을 위한 차량운행 등으로 인하여 확정된 연간선로사용계획 이외에 추가되는 열차를 말한다.
 12. "긴급열차"라 함은 천재지변 또는 비상사태 발생, 차량고장, 사고복구 등 긴급한 사유로 운행하는 열차를 말한다.

제4조(선로배분의 권한) 선로의 배분은 철도의 관리청인 국토교통부장관이 이를 행한다. 이 가운데 집행업무는 법 제19조 및 영 제28조 제2호에 따라 철도시설관리자인 한국철도시설공단(이하 "선로배분시행자"라 한다)이 대행한다.

제5조(선로배분의 원칙) ① 선로배분은 선로사용자 간에 공정하고 효율적인 선로사용이 가능하도록 다음 사항을 고려하여야 한다.
 1. 선로사용의 안전성·공익성 및 수익성
 2. 철도이용수요 및 이용의 편의성
 3. 선로작업의 효율성 및 적정성

제6조(선로배분의 적용기간) 선로배분의 적용기간은 매년 1월 1일부터 12월 31일까지로 한다. 다만, 다음 각 호의 1에 해당하는 경우에는 예

외로 할 수 있다.

1. 철도의 신설 또는 개량사업이 완료된 노선·구간에 대한 선로배분을 시행하는 경우
2. 정부의 철도교통정책 및 수송수요 등의 변화, 장기간의 국가적 행사 등으로 특정 노선에 대한 선로배분을 재시행할 필요가 있는 경우

제7조(선로용량 산정 및 관리) ① 선로배분시행자는 노선별·구간별로 선로용량을 산정하고 관리하여야 하며, 철도운영자가 요청 시 관련 내용을 통보하여야 한다.

②선로배분시행자는 선로용량 산정 및 관리를 위하여 철도시설관리자, 선로사용자 및 철도교통관제센터의 장 등 관계기관에 철도 시설 및 운영 등과 관련된 자료·정보의 제공을 요청할 수 있으며, 이 경우 관계기관의 장은 정당한 사유가 없는 한 이에 응하여야 한다.

제8조(철도운영자별 기본열차운행횟수) ① 철도운영자가 사용하는 노선 또는 구간에 대한 철도운영자별 기본열차운행횟수는 국토교통부장관이 정하며, 다음 각 호의 사항을 고려하여 매년 조정할 수 있다.

1. 철도운영의 공익성 및 철도시설의 효과적 관리
2. 철도운송의 경쟁력 향상 및 철도운송시장 개편 등 정부정책 방향
3. 철도운영의 안전성
4. 철도서비스 수준
5. 선로사용료 수준
6. 철도운영자별 전년도 기본열차운행횟수

②기본열차운행횟수에는 화물열차에 대한 최소운행횟수를 포함하여야 한다.

③신규 철도운영자의 경우에는 국토교통부장관이 승인한 사업계획서상의 열차운행횟수를 참고하여 기본열차운행횟수를 결정한다.

④제1항에 따라 철도운영자별 기본열차운행횟수를 정하려는 경우에는 제11조에 따른 선로배분위원회의 심의를 거쳐야 한다.

제9조(열차종류별 선로배분 우선순위) 열차운행계획은 철도운영자가 형평성의 원칙에 따라 상호 합의하여 조정함을 원칙으로 하되, 합의가 이루어지지 아니하는 경우 등에는 선로배분시행자가 다음 각 호의 기준을 감안하여 조정한다.

1. 철도노선은 수도권전철 운행노선과 비 수도권전철 운행노선으로 구분하여 선로배분 우선순위를 부여하며, 열차종류별·요일·시간대별 선로배분 우선순위는 별표 2에서 정한 사항을 고려한다.
2. 제1호에 의한 선로사용 우선순위 배분 시 열차의 종류별로 선로사용 수요가 경합되는 경우에는 다음 각 목의 순위를 고려한다.
   가. 일정시간대에 제공되는 정기여객열차 및 정기화물열차
   나. 여객열차 중 장거리열차
   다. 국제화물열차 및 컨테이너열차 등 고속화물열차

제10조(기본선로작업시간) ① 열차운행에 지장을 주는 선로 등의 건설과 개량, 유지보수 등을 위한 선로작업(이하 "선로작업"이라 한다)의 시간은 1일 연속하여 3시간 30분을 확보하는 것을 기본으로 하며, 고속(준고속 포함)철도노선에 대하여는 주간점검시간을 연속 1시간 부여할 수 있다.

②제1항에도 불구하고, 다음 각 호의 경우에는 선로배분시행자가 관련 선로사용자 및 철도교통관제센터의 장과 협의하여 선로작업시간을 조정할 수 있다.

1. 철도의 이용수요 증가 등에 따른 열차운행시간의 확대가 필요하여 작업시간의 축소가 필요한 경우
2. 선로작업종류에 따라 안전성 확보를 위하여 추가적인 작업시간 확대가 필요한 경우

제11조(선로배분위원회의 구성 및 운영) ① 국토교통부장관은 다음 각 호의 사항을 심의·조정하기 위하여 철도전문가 등이 참여하는 선로배분위원회(이하 "위원회"라 한다)를 구성·운영하여야 한다.

1. 제8조에 따른 철도운영자별 기본열차운행횟수의 심의
2. 제12조에 따른 연간선로배분기본계획
3. 제15조에 따른 연간선로사용계획의 적정성 심의
4. 제20조 제1항 제1호에 따른 열차운행슬롯의 회수

5. 제23조에 따른 선로배분 분쟁의 조정
  6. 제1호 내지 제5호와 관련된 조사·연구
  7. 그 밖에 선로배분에 관하여 위원장이 부의하는 사항
②위원회는 위원장 1인을 포함한 12인 이내의 위원으로 구성하며, 이와 별도로 국토교통부 철도운영과장을 간사로 둔다.
③위원회 정기회의는 매 반기마다 개최하고, 임시회의는 위원장이 필요하다고 인정 하는 때 개최할 수 있다.
④국토교통부장관은 다음 각 호의 사람 중에서 위원회의 위원을 임명하거나 위촉한다.
  1. 국토교통부 과장급 이상 철도업무(철도운행안전 업무를 포함한다) 담당 공무원
  2. 한국철도시설공단 처장급 이상
  3. 교통관련 시민사회단체 또는 소비자단체에서 추천하는 사람
  4. 철도에 관한 전문성이 있다고 인정되는 법인 또는 단체의 장이 그 소속 임직원 중에서 추천하는 사람
  5. 철도 관련 연구기관의 책임연구원급 또는 대학 부교수급 이상, 그 밖에 관련전문가로서 이와 동등한 자격이 있는 사람
  6. 국토·도시·지역정책 관련 학식과 경험이 있다고 인정되는 사람
⑤심의위원회의 위원장은 국토교통부장관이 국토교통부의 고위공무원단에 속하는 일반직공무원 중에서 지명하는 사람이 된다.
⑥공무원이 아닌 위원의 임기는 2년으로 하되, 연임할 수 있다.
⑦위원회의 회의는 재적위원 과반수의 출석과, 출석위원 과반수의 찬성으로 의결한다.
⑧위원회의 위원장은 필요한 경우 선로배분시행자, 선로작업시행자, 철도교통관제센터의 장 및 철도운영자의 대표로 하여금 위원회에서 관련 사항에 대한 의견을 진술하게 할 수 있다.
⑨위원회에 출석한 위원 및 관계 전문가 등에게는 예산의 범위에서 수당과 여비 등 필요한 경비를 지급할 수 있다. 다만, 공무원인 위원이 그 소관 업무와 직접 관련하여 위원회에 출석한 경우에는 그러하지 아니하다.
⑩기타 위원회의 운영 등에 관하여 필요한 사항은 위원회가 정할 수 있다.

제12조(연간선로배분기본계획의 수립 및 통보) ① 선로배분시행자는 연간선로배분기본계획(이하 "기본계획"이라 한다) 수립을 위하여 철도운영자에게 노선별, 시간대별 열차수요 등 기본계획수립에 필요한 자료의 제출을 요청할 수 있다.
②선로배분시행자는 국토교통부장관과 협의하여 기본계획(안)을 마련한 후 위원회의 심의를 요청하고, 심의를 거쳐 확정된 기본계획을 선로배분 적용개시일 11개월 전까지 선로사용자에게 통보하여야 한다.
③제2항의 기본계획(안)에는 다음 각 호의 사항이 포함되어야 한다.
  1. 철도운영자별, 노선별, 시간대별, 열차종류별 기본열차운행횟수(화물열차에 대한 최소열차운행횟수 포함) 등 선로배분의 기본방향
  2. 노선별·구간별 선로용량
  3. 선로의 효율적 사용에 필요하다고 인정하는 사항

제13조(선로작업계획의 제출 및 확정) ① 선로작업시행자는 선로작업계획(안)을 작성하여 선로배분 적용개시일 11개월 전까지 선로배분시행자에게 제출하여야 한다.
②제1항에 의한 선로작업계획(안)에는 다음 각 호의 사항이 포함되어야 한다.
  1. 선로작업구간, 작업종류, 작업일정
  2. 선로작업으로 인한 열차운행 제한사항(속도제한 등)
  3. 열차안전운행을 위한 조치사항
  4. 기타 열차운행에 지장을 주는 사항
③선로배분시행자가 제1항에 의한 선로작업계획(안)을 제출받은 경우 선로배분 적용개시일 315일 전까지 선로사용자 및 철도교통관제센터의 장에게 선로작업계획(안)의 검토를 요청하여야 한다.
④선로사용자와 철도교통관제센터의 장은 선로작업계획(안)의 검토를 요청받은 경우에는 선로배분 적용개시일 10개월 전까지 선로배분시행

자에게 의견을 제출하여야 한다.

⑤선로배분시행자는 선로배분 적용개시일 9개월 전까지 선로사용자 및 철도교통관제센터의 장과 협의를 거친 후 선로작업계획을 확정하여 선로사용자 및 철도교통관제센터의 장에게 통보하여야 한다.

제14조(열차운행계획의 제출 및 조정) ① 철도운영자는 제12조에 의한 연간선로배분기본계획과 제13조에 의해 확정된 선로작업계획을 반영하여 선로배분 적용개시일 7개월 전까지 선로배분시행자에게 선로사용을 위한 열차운행계획을 제출하여야 한다.

②열차운행계획을 제출하는 경우에는 다음 각 호의 사항이 포함되어야 한다.

1. 노선별 영업운행시간
2. 열차종류별 운행횟수, 정차역, 역간 운행시간, 편성형태
3. 열차별 철도차량의 형식 및 사용계획
4. 열차운행시각표 및 열차운행다이어그램
5. 정거장 내 착발선 등 선로의 사용
6. 열차 이용 현황 및 수요 전망 등 열차운행계획 수립 근거
7. 기타 선로사용과 관련하여 선로배분시행자가 요구하는 사항

③선로배분시행자는 철도운영자의 선로사용 신청사항 중 일정구간과 노선에 대하여 경합이 발생하는 열차의 경우 해당 열차 신청자와의 협의를 통하여 경합을 해소하여야 한다. 다만, 원활한 협의가 어려운 경우 선로배분시행자는 선로사용신청자와 협의 없이 여객열차 ±5분, 화물열차 ±30분 범위내에서 열차운행시각의 조정이 가능하고, 제9조에 따른 열차종류별 선로배분 우선순위 또한 고려하여 조정할 수 있다.

④선로배분시행자는 제3항에도 불구하고 경합이 해소되지 않은 경우 별표1에 의한 철도운영자별 평가결과를 반영하여 고득점을 받은 운영자순 대로 우선권을 부여한다.

⑤선로배분시행자는 제2항에 따라 제출된 열차 이용 현황 및 수요 전망 등 산출근거의 분석을 통해 열차운행계획의 적정성을 충분히 검토하여야 한다.

⑥철도운영자는 제13조 제5항에 의한 선로작업시간대에는 선로사용을 신청할 수 없다. 다만, 실제 선로 작업시간대에 열차가 운행하지 않을 것을 조건으로 한 경우는 예외로 한다.

제15조(연간선로사용계획의 확정) ① 선로배분시행자는 제8조의 철도운영자별 기본열차운행횟수 및 제9조의 열차종류별 선로배분 우선순위에 따라 제13조에서 확정된 선로작업계획 및 제14조에 의해 제출·조정된 열차운행계획을 반영하여 연간선로사용계획을 작성하여야 한다.

②선로배분시행자는 연간선로사용계획 중 제1항에 따른 열차운행계획을 작성하는 과정에서 연계·환승조건 반영 등 효율적인 선로배분을 위해 필요하다고 판단되는 경우에는 철도운영자에게 개선을 요청할 수 있다.

③선로배분시행자는 제1항에 따라 작성된 연간선로사용계획에 대하여 선로사용자와 협의 및 철도교통관제센터의 장의 검토를 거친 후 국토교통부장관의 승인을 받아 확정하고, 이를 선로배분 적용개시일 4개월 전까지 선로사용자 및 철도교통관제센터의 장에게 통보하여야 한다.

④국토교통부장관은 제3항에 따라 작성된 연간선로사용계획을 승인하기 전에 위원회의 심의를 받아야 한다.

제16조(확정된 선로작업계획의 변경) ① 선로작업시행자는 제15조에 의하여 확정된 연간선로사용계획 중 선로작업계획의 선로작업구간·작업일정 등에 변경사항이 발생될 것으로 예상되는 경우 작업예정일 3개월 전까지 선로배분시행자에게 변경 신청을 하여야 한다. 다만, 열차운행계획에 지장을 주지 않는 경우 작업예정일 15일 전까지 변경신청을 하여야 하며, 기상조건 등 예상하지 못한 사유로 인하여 선로작업을 취소하는 경우에는 그 사유가 발생한 즉시 통보하여야 한다.

②선로배분시행자는 부득이한 사유가 있는 경우 외에는 제1항의 신청을 받은 날부터 2개월 이내에 철도교통관제센터의 장의 검토를 거친 후 그 결정내용을 선로사용자 및 철도교통관제센터의 장에게 통보하여야 한다. 다만, 열차운행계획에 지장을 주지 않는 경우에는 10일 이내에 통보하여야 한다.

③제1항에 의한 선로작업계획의 변경은 철도운영자의 열차운행계획과 경합되지 않는 것을 원칙으로 한다. 다만, 국가(철도시설관리자)가 철도의 건설·개량사업을 효율적으로 시행할 목적으로 열차운행중지 또는 취소 등이 필요한 경우 철도운영자는 이에 응하여야 한다.

제17조(확정된 열차운행계획의 변경) ① 철도운영자는 제15조에 의하여 확정된 연간선로사용계획 중 열차운행계획의 일부 변경이 필요한 경우 변경예정일 1개월 전까지 수송수요 변경 등 구체적인 변경 사유가 명시된 서류를 첨부하여 선로배분시행자에게 변경신청을 하여야 한다.

②제1항에도 불구하고 다음 각 호의 1에 해당하는 경우에는 변경예정일 60일 전까지 제1항에 따른 서류를 첨부하여 선로배분시행자에게 변경 신청을 하여야 한다.

1. 노선별로 여객열차의 정차역이 10분의 2 이상 변경되는 경우
2. 노선별로 여객열차의 운행횟수가 10분의 1 이상 변경되는 경우
3. 열차운행계획의 변경이 다른 철도운영자의 선로사용과 경합을 발생시키는 경우

③선로배분시행자는 부득이한 사유가 있는 경우 외에는 철도교통관제센터의 장의 검토를 거쳐 변경신청을 받은 날부터 다음 각 호에 정한 기간 내에 그 결정내용을 철도운영자 및 철도교통관제센터의 장에게 통보하되 국토교통부장관에게 사전에 보고하여야 한다.

1. 제1항에 의한 변경인 경우 : 10일 이내
2. 제2항에 의한 변경인 경우 : 1개월 이내

④제1항 및 제2항에 의한 열차운행계획의 변경은 다른 선로사용자의 선로사용계획과 경합되지 않는 것을 원칙으로 한다. 다만 철도운영자간 부득이한 사정에 따른 경합 발생시 제14조 제3항에 따라 경합을 해소하고, 철도운영자와 선로작업시행자간 경합이 발생한 경우 선로사용자간 합의하고 선로배분시행자의 동의를 얻은 경우에는 예외로 한다.

제18조(임시열차 배분) ① 철도운영자는 임시열차 운행이 필요한 경우에는 운행예정일 45일 전까지 선로배분시행자에게 이를 신청하여야 한다. 다만, 다음 각 호 1의 경우에는 5일 전까지 신청할 수 있다.

1. 제1항 본문에 의한 임시열차운행 절차 이후 추가적으로 급증하는 수송수요 처리를 위해 불가피한 경우
2. 임시열차 운행이 다른 선로사용자의 연간선로사용계획과 경합되지 아니하는 경우
3. 관련 선로사용자와 사전에 합의한 경우

②선로배분시행자는 부득이한 사유가 있는 경우 외에는 신청을 받은 날부터 10일 이내(단, 변경예정일 5일 전까지 변경신청을 한 경우에는 2일 이내)에 그 결정내용을 철도운영자 및 철도교통관제센터의 장에게 통보하여야 한다.

③철도교통관제센터의 장은 제2항에 의하여 통보받은 내용이 안전에 지장을 초래한다고 판단되는 경우 즉시 선로배분시행자에게 통보하여야 한다.

④임시열차간 경합이 발생하는 경우에는 제14조 제3항에 의한다.

제19조(긴급열차 운행 등) 선로배분시행자는 다음 각 호에 해당하는 경우 선로사용자와 협의하여 선로사용계획을 변경할 수 있으며, 변경된 내용은 철도교통관제센터의 장에게 통보하여야 한다. 다만, 긴급사유 발생 72시간 이내에 시행이 필요한 경우 철도교통관제센터의 장이 변경을 할 수 있으며, 이 경우 철도교통관제센터의 장은 변경된 선로사용계획을 선로배분시행자에게 통보하여야 한다.

1. 귀빈승차 및 국가적 행사 등으로 특별열차운행이 필요한 경우
2. 사고 또는 장애 등의 긴급복구·점검 등을 위한 차량운행 또는 선로작업이 필요한 경우
3. 천재지변·기상조건·사고·차량고장·철도시설물 장애·파업 등으로 열차운행시각·운행횟수·운행경로·운행구간 등의 변경이 필요한 경우
4. 철도교통관제업무상 필요하다고 판단되는 경우

제20조(배분된 열차운행슬롯의 회수) ① 선로배분시행자는 다음 각 호의 1에 해당하는 경우 열차운행슬롯을 회수할 수 있으며 회수된 열차운행슬롯은 다음년도 기본열차운행횟수에서 제외할 수 있다. 다만, 제1호에

의한 회수는 위원회의 심의를 거쳐야 한다.

1. 철도운영자가 배분된 열차운행슬롯의 전부 또는 일부를 연속하여 30일 이상 사용하지 않거나 배분된 열차운행슬롯 대로 사용하지 않은 경우. 다만, 천재지변 기타 불가항력적인 사유에 의하여 미사용이 발생한 경우에는 예외로 한다.

2. 「철도사업법」제15조에 의한 사업의 휴업·폐업, 같은 법 제16조에 의한 면허취소·사업정지·운행중지·운행제한·감차 등을 수반하는 사업계획의 변경이 이루어진 경우

②제1항에 따라 배분된 열차운행슬롯을 회수할 경우에는 회수범위 및 사유 등을 구체적으로 밝혀 해당 철도운영자에게 통보하여야 한다.

③철도운영자는 배분된 열차운행슬롯의 전부 또는 일부를 사용하지 아니하고자 하는 경우 회수범위 및 사유 등을 구체적으로 밝혀 미사용 열차운행슬롯의 회수를 선로배분시행자에게 요청하여야 한다.

제21조(회수된 열차운행슬롯의 배분) ① 선로배분시행자는 제20조 제1항 또는 제3항에 따라 회수된 열차운행슬롯을 재배분하는 경우 당해 열차 운행슬롯이 회수된 철도운영자를 제외한 철도운영자에게 회수된 열차 운행슬롯의 사용신청에 필요한 사항을 통보하여야 한다.

②회수된 열차운행슬롯을 사용하려는 철도운영자는 선로배분시행자에게 열차운행슬롯의 배분을 신청하여야 한다.

제22조(선로사용실적 제출) 선로사용자는 다음 각 호의 사항이 포함된 분기별 선로사용실적을 매분기 다음달 15일까지 선로배분시행자에게 제출하여야 한다.

1. 철도운영자 : 각 노선의 열차종별 운행횟수와 운행거리, 수송실적, 열차지연 내용과 사유

2. 선로작업시행자 : 선로작업실적, 작업 중 열차 지장 내용과 사유

제23조(분쟁조정) ① 철도운영자는 선로배분시행자가 본 지침에서 정한 선로배분원칙, 조정절차 및 우선순위 등 절차를 위반하여 공정한 배분이 이루어지지 아니 하였다고 판단되는 경우 위원회에 분쟁조정을 신청할 수 있다.

②위원회는 분쟁조정 신청을 받았을 때에는 해당 분쟁의 조정을 위하여 필요한 자료를 분쟁 당사자에게 요청할 수 있다. 이 경우 분쟁 당사자는 정당한 사유가 없으면 요청에 따라야 한다.

③위원회는 분쟁조정 신청을 받았을 때에는 분쟁 당사자에게 그 내용을 제시하고 조정 전 합의를 권고할 수 있다.

④위원회는 조정 신청을 받은 날부터 30일 이내에 이를 심의하여 조정 결과를 분쟁 당사자에게 통보하여야 한다.

제24조(선로배분 세부절차) 선로배분시행자는 이 지침에 의한 선로배분을 효율적으로 시행하기 위하여 세부절차와 방법(서식 포함) 등을 따로 정하여 시행할 수 있다.

제25조(재검토기한) 국토교통부장관은 「훈령·예규 등의 발령 및 관리에 관한 규정」에 따라 이 고시에 대하여 2017년 7월 1일 기준으로 매3년이 되는 시점(매 3년째의 6월 30일까지를 말한다)마다 그 타당성을 검토하여 개선 등의 조치를 하여야 한다.

부   칙 〈16·3·29〉

이 지침은 공표 후 즉시 시행한다. 다만, 제5조 제2항, 제8조 제5항 및 제14조 제4항의 규정은 2019년도 연간선로사용계획 수립시부터 적용하며, 최초 적용시에는 이 지침 시행일부터 2017년 12월 31일 기준의 철도 안전, 서비스평가 등을 반영한다.

부   칙 〈17·9·29〉

이 고시는 발령한 날부터 시행한다.

[별 표]

평가지표(제14조 제4항 관련)

평가기준	평가항목	배점	평가방법	비고
1. 철도안전	가. 안전관리체계 관련 과징금 건수, 벌금·과태료 부과 건수(철도안전법 제9조의2), 「철도안전법」에 따른 과징금 부과 금액 (단, 제14조 제3항에 따른 경합 발생이 가능한 노선에서 발생된 사고에 의한 과징금, 벌금, 과태료에 해당한다.)	15	○ 연간선로배분기본계획 통보일의 전년도부터 계산하여 이전 2년간 1백만km 운행 대비 「철도안전법」에 따른 안전관리체계와 관련하여 전체 철도운영자에 부과된 과징금의 총 건수 중 해당 철도운영자가 받은 건수가 차지하는 비율, 전체 철도운영자에 부과된 벌금 및 과태료의 총 건수 중 해당 철도운영자가 받은 건수가 차지하는 비율 및 「철도안전법」에 따라 전체 철도운영자에 부과된 총 과징금액 중 해당 철도운영자에 부과된 과징금액이 차지하는 비율의 합에 2.0을 곱한 값을 10.0점에서 뺀 점수를 준다. 다만, 운행 실적이 1년 미만인 철도운영자에게는 타운영자의 평균점수를 준다. ○ 계산식: $$10 - 2.0 \times \left[\frac{a_i}{\sum_{j=1}^{n} a_j} + \frac{b_i}{\sum_{j=1}^{n} b_j} + \frac{c_i}{\sum_{j=1}^{n} c_j} \right]$$ · a_i는 해당 철도운영자의 1백만km 운행 대비 「철도안전법」위반에 따른 과징금 부과건수 · $\sum_{j=1}^{n} a_j$는 전체 철도운영자의 1백만km 운행 대비 「철도안전법」 위반에 따른 과징금 부과 건수의 합(n: 철도운영자의 수) · b_i는 해당 철도운영자의 1백만km 운행 대비 「철도안전법」위반에 따른 벌금 및 과태료 부과 건수 · $\sum_{j=1}^{n} b_j$는 전체 철도운영자의 1백만km 운행 대비 「철도안전법」 위반에 따른 벌금 및 과태료 부과 건수의 합 (n: 철도운영자의 수) · c_i는 해당 철도운영자의 1백만km 운행 대비 「철도안전법」 위반에 따른 과징금액 · $\sum_{j=1}^{n} c_j$는 전체 철도운영자의 1백만km 운행 대비 「철도안전법」 위반에 따른 과징금액의 합(n: 철도운영자의 수) ※ a_i, b_i 및 c_i는 배분계획 통보일의 전년도부터 계산하여 이전 2년간을 기준으로 한다. ○ 철도운영자별 평가점수 산정은 계산식에 의한 점수의 순으로 항목배점의 100%(1위), 80%(2위), 60%(3위), 40%(4위), 20%(5위)의 점수를 부여한다.	정량평가
	나. 「항공·철도 사고조사에 관한 법률」에 따른 항공·철도사고조사위원회에서 발표한 철도사고에 따른 사망자 수 (단,	15	○ 연간선로배분기본계획 통보일의 전년도부터 계산하여 이전 2년간 1백만km 운행 대비 인적요인으로 인한 철도사고에 따른 총 사망자 수 중 해당 철도운영자의 인적요인으로 인한 철도사고에 따른 사망자 수가 차지하는 비율에 10을 곱한 값을 15.0점에서 뺀 점수를 준다. 다만, 운행 실적이 1년 미만인 철도운영자에는 타운영자의 평균점수를 준다.	정량평가

선로배분지침 78

평가기준	평가항목	배점	평가방법	비고
	제14조 제3항에 따른 경합발생이 가능한 노선에서 발생된 철도사고에 따른 사망자 수에 해당한다.)		○계산식: $15 - 10 \times \dfrac{a_i}{\sum_{j=1}^{n} a_j}$ · a_i는 해당 철도운영자의 1백만km 운행 대비 인적요인으로 인한 철도사고에 따른 사망자 수 · $\sum_{j=1}^{n} a_j$는 전체 철도운영자의 1백만km 운행 대비 인적요인으로 인한 철도사고에 따른 사망자 수의 합 (n: 철도운영자의 수) ※ a_i는 연간선로배분기본계획 통보일의 전년도부터 계산하여 이전 2년간을 기준으로 한다. ○철도운영자별 평가점수 산정은 계산식에 의한 점수의 순으로 항목배점의 100%(1위), 80%(2위), 60%(3위), 40%(4위), 20%(5위)의 점수를 부여한다.	
	다. 「항공·철도사고조사에 관한 법률」에 따른 항공·철도사고조사위원회에서 발표한 철도사고 건수 (단, 제14조제3항에 따른 경합발생이 가능한 노선에서 발생	10	○연간선로배분기본계획 통보일의 전년도부터 계산하여 이전 2년간 1백만km 운행 대비 인적요인으로 인한 철도사고 건수 중 해당 철도운영자의 인적요인으로 인한 철도사고 건수가 차지하는 비율에 5를 곱한 값을 10.0점에서 뺀 점수를 준다. 다만, 운행 실적이 1년 미만인 철도운영자에는 타운영자의 평균점수를 준다. ○계산식: $10 - 5 \times \dfrac{a_i}{\sum_{j=1}^{n} a_j}$ · a_i는 해당 철도운영자의 1백만km	정량 평가
된 철도사고 건수에 해당한다.)			운행 대비 인적요인으로 인한 철도사고 건수 · $\sum_{j=1}^{n} a_j$는 전체 철도운영자의 1백만km 운행 대비 인적요인으로 인한 철도사고 건수의 합 (n: 철도운영자수) ※ a_i는 연간선로배분기본계획 통보일의 전년도부터 계산하여 이전 2년간을 기준으로 한다. ○철도운영자별 평가점수 산정은 계산식에 의한 점수의 순으로 항목배점의 100%(1위), 80%(2위), 60%(3위), 40%(4위), 20%(5위)의 점수를 부여한다.	
	라. 「철도안전법」에 따른 운행장애 건수 및 시정조치명령 건수 (단, 제14조 제3항에 따른 경합발생이 가능한 노선에서 발생된 운행장애 건수 및 시정조치명령 건수에 해당한다.)	10	○연간선로배분기본계획 통보일의 전년도부터 계산하여 이전 2년간 1백만km 운행 대비 「철도안전법」에 따른 총 운행장애 건수 중 해당 철도운영자의 운행장애 건수가 차지하는 비율과 연간선로배분기본계획 통보일의 전년도부터 계산하여 이전 2년간 1백만km 운행대비 「철도안전법」에 따른 총 시정조치명령 건수 중 해당 철도운영자가 받은 시정조치명령 건수가 차지하는 비율의 합에 2.5를 곱한 값을 10.0점에서 뺀 점수를 준다. 다만, 운행 실적이 1년 미만인 철도운영자에게는 타운영자의 평균점수를 준다. ○ 계산식: $10 - 2.5 \times \left[\dfrac{a_i}{\sum_{j=1}^{n} a_j} + \dfrac{b_i}{\sum_{j=1}^{n} b_j} \right]$	정량 평가

평가기준	평가항목	배점	평가방법	비고
			· a_i는 해당 철도운영자의 1백만km 운행 대비 운행장애 건수 · $\sum_{j=1}^{n} a_j$는 전체 철도운영자의 1백만km 운행 대비 운행장애 발생 건수의 합(n: 철도운영자의 수) · b_i는 해당 철도운영자의 1백만km 운행 대비 보안점검에 따른 시정조치명령 건수 · $\sum_{j=1}^{n} b_j$는 전체 철도운영자의 1백만km 운행 대비 보안점검에 따른 시정조치명령 건수의 합 (n: 철도운영자의 수) ※ a_i 및 b_i는 연간선로배분기본계획 통보일의 전년도부터 계산하여 이전 2년간을 기준으로 한다. ○ 철도운영자별 평가점수 산정은 계산식에 의한 점수의 순으로 항목배점의 100%(1위), 80%(2위), 60%(3위), 40%(4위), 20%(5위)의 점수를 부여한다.	
2. 이용자 편의성	가. 해당 철도운영자의 운행에 따른 서비스 선택의 다양성 제고 효과	10	○ 철도운영자의 운행에 따라 운행일정과 서비스 측면에서 소비자에게 다양한 선택의 기회를 제공 정도와 다양성 제고 효과에 대한 기여도를 전문가 평가를 거쳐 철도운영자별 평가점수를 부여한다(세부적인 평가방법은 국토교통부장관이 정한다.)	정성평가
	나. 「소비자기본법」에 따라 한국소비자원에 철도운영자 관련 피해구제가 신청되어 그 처리가 이루어진 건수 (단, 제14조 제3항에 따른 경합발생이 가능한 노선에서 발생된 운행장애 건수 및 시정조치명령 건수에 해당한다.)	15	○ 연간선로배분기본계획 통보일의 전년도부터 계산하여 이전 2년간 연 천만명 운송 대비 「소비자기본법」에 따라 한국소비자원에 전체 철도운영자 관련 피해구제가 신청되어 그 처리가 이루어진 건수 중 해당 철도운영자 관련 피해구제가 신청되어 그 처리가 이루어진 건수가 차지하는 비율에 10을 곱한 값을 15.0점에서 뺀 점수를 준다. 다만, 운행 실적이 1년 미만인 철도운영자에게는 타운영자의 평균점수를 준다. ○ 계산식: $15 - 10 \times \dfrac{a_i}{\sum_{j=1}^{n} a_j}$ · a_i는 연 천만명 운송 대비 「소비자기본법」에 따라 한국소비자원에 해당 철도운영자 관련 피해구제가 신청되어 그 처리가 이루어진 건수 · $\sum_{j=1}^{n} a_j$는 연 천만명 운송 대비 「소비자기본법」에 따라 한국소비자원에 전체 철도운영자 관련 피해구제가 신청되어 그 처리가 이루어진 건수의 합(n: 철도운영자의 수) ※ a_i는 연간선로배분기본계획 통보일의 전년도부터 계산하여 이전 2년간을 기준으로 한다. ○ 철도운영자별 평가점수 산정은 계산식에 의한 점수의 순으로 항목배점의 100%(1위), 80%(2위), 60%(3위), 40%(4위), 20%(5위)의	정량평가

평가기준	평가항목	배점	평가방법	비고
			점수를 부여한다.	
	다. 철도서비스 품질평가 결과(단, 제14조 제3항에 따른 경합발생이 가능한 노선에서 발생된 운행장애 건수 및 시정조치명령 건수에 해당한다.)	25	○ 철도서비스 평가항목 중 열차부분의 공급성(혼잡도, 최고허용속도 달성도), 신뢰성(정시성) 및 열차고객만족도 항목의 점수(만점 80점)의 25/80의 점수에 5점을 더하여 점수를 준다. 다만, 운행 실적이 1년 미만인 철도운영자에는 타운영자의 평균점수를 준다. ○ 계산식: $\frac{25}{80} \times a_i + 5$ · a_i는 해당 철도운영자의 철도서비스 평가 점수 ※ a_i는 연간선로배분기본계획 통보일의 이전 최근의 평가결과를 이용한다. ○ 철도운영자별 평가점수 산정은 계산식에 의한 점수의 순으로 항목배점의 100%(1위), 80%(2위), 60%(3위), 40%(4위), 20%(5위)의 점수를 부여한다.	정량평가
총점		100.0		

[별표 2]

1. 수도권전철 운행노선의 선로배분 우선순위

요일	시 간	여객열차				화물열차
		수도권전철	고속열차	일반열차[1]	지역내 열차	
월~금	00:00-05:00	2	3	4	5	1
	05:00-09:00	1	2	3	4	5
	09:00-17:30	1	2	3	4	5
	17:30-21:00	1	2	3	4	5
	21:00-24:00	1	2	3	4	5
토요일	00:00-05:00	2	3	4	5	1
	05:00-09:00	1	2	3	4	5
	09:00-24:00	1	2	3	4	5
일요일/공휴일	00:00-24:00	1	2	3	4	5

주 : 1) 일반열차는 고속열차와 지역 내 열차를 제외한 중장거리 여객열차를 말한다.

2. 비 수도권전철 운행노선의 선로배분 우선순위

요일	시 간	여객열차					화물열차
		공공열차서비스[1]	고속열차	일반열차	도시교통권역내 열차[2]	지역내 열차(공공열차서비스제외)	
월~금	00:00-05:30	5	2	3	4	6	1
	05:30-09:00	1	2	4	3	5	6
	09:00-17:30	2	1	3	4	5	6
	17:30-21:00	1	2	4	3	5	6
	21:00-24:00	3	2	4	5	6	1
토요일	00:00-05:30	5	2	3	4	6	1
	05:30-09:00	2	1	4	3	5	6
	09:00-24:00	2	1	3	4	5	6
일요일/공휴일	00:00-24:00	2	1	3	4	5	6

주 : 1) 공공열차서비스란 정부와의 공익서비스 보상계약에 의하여 제공하는 서비스를 의미

2) 도시교통권역 내 열차란 도시교통정비촉진법 제4조에 의하여 국토교통부장관이 지정·고시한 도시교통권역 내에서 운행되는 열차

철도시설관리권 등록령 · 시행규칙

철도시설관리권 등록령·시행규칙 목차

등 록 령	시 행 규 칙
제1장 총 칙	
제1조(목적) ······································· 88	제1조(목적) ······································· 88
제2조(가등록) ···································· 88	
제3조(예고등록) ·································· 88	
제4조(등록한 권리의 순위) ···················· 88	
제5조(가등록과 부기등록의 순위) ············ 88	
제2장 등록공무원 등	
제6조(등록사무의 처리) ························ 88	
제7조(등록사무의 정지) ························ 89	
제3장 등록에 관한 장부	
제8조(철도시설관리권등록부) ·················· 89	제2조(철도시설관리권등록부 및 부속서류) ······ 89
제9조(등록부의 간인) ··························· 89	제3조(숫자 등의 기재) ························· 89
제10조(신청서편철부) ··························· 89	제4조(등록후 빈자리와 구획) ·················· 90
제11조(등록부의 보존) ························· 89	
제12조(등본 또는 초본의 교부 및 열람신청) ···· 90	제5조(등본 또는 초본의 교부·열람 등) ······ 90
	제6조 삭제 〈06·10·26〉 ····················· 90
제13조(등록부의 멸실) ························· 90	
제14조(등록부의 폐쇄) ························· 90	
제4장 등록절차	
제1절 통 칙	
제15조(신청) ······································ 91	

등 록 령	시 행 규 칙
제16조(등록신청인) ···································· 91	
제17조(등록권리자의 등록신청) ·············· 91	
제18조(등록명의인의 등록신청) ·············· 91	
제19조(법인 아닌 사단·재단의 등록신청) ········· 91	
제20조(체납처분으로 인한 압류의 등록) ········· 92	
제21조(공매처분으로 인한 권리이전의 등록) ····· 92	
제22조(가등록) ···································· 92	
제23조(예고등록) ·································· 92	
제24조(등록신청서류) ···························· 92	제7조(등록신청서) ································ 92
	제8조(간인) ·· 92
	제9조(신청서접수대장) ·························· 92
	제10조(신청서의 조사) ·························· 93
	제11조(채권분할로 인한 저당권의 변경등록) ······· 93
제25조(신청서의 기재사항) ···················· 93	
제26조(권리소멸의 약정이 있는 경우) ········· 94	제12조(채권자대위권에 의한 등록의 기재) ········· 94
제27조(등록권리자가 다수인 경우) ············ 94	
제28조(등록원인증서가 없는 경우) ············ 94	
제29조(등록필증의 멸실) ························ 94	
제30조(채권자대위권에 의한 등록신청) ········· 94	
제31조(신청서의 접수) ·························· 94	
제32조(등록의 순서) ···························· 95	
제33조(신청의 각하) ···························· 95	
제34조(등록의 기재사항) ························ 95	
제35조(번호의 기재) ···························· 96	
제36조(가등록의 기재) ·························· 96	
제37조(가등록후의 본등록의 기재) ············ 96	
제38조(권리변경의 등록) ························ 96	

등 록 령	시 행 규 칙
제39조(등록명의인의 변경등록의 기재) ·············· 96	
제40조(등록필증의 교부) ······································ 96	
제41조(촉탁등록의 경우의 등록필증의 교부) ······ 97	
제42조(경정등록) ·· 97	제13조(경정등록의 기재) ······································ 97
제43조(회복등록) ·· 97	제14조(등록필증에의 회복등록의 기재) ·············· 97
제44조(멸실된 등록부의 회복등록) ······················ 97	
제45조(회복등록기간 중의 새로운 등록을 위한 신청서편철부에의 편철) ·· 98	제15조(신청서편철부의 편철절차) ······················ 98
제46조(편철필증) ·· 98	
제47조(신청서편철부로부터 등록부에의 기재) ·· 98	
제48조(새로운 등록에 의한 등록필증의 교부) ·· 98	
제49조(새로운 등록용지에로의 이기) ·················· 99	
제2절 철도시설관리권	
제50조(공유의 등록) ·· 99	
제51조(일부분할의 등록) ···································· 99	
제52조(저당권의 이전을 목적으로 하는 분할등록) ····· 100	제16조(채권의 분할에 의한 저당권의 변경등록의 기재) ················· 100
제53조(철도시설관리권의 일부를 분리하여 합병하는 경우의 합병의 등록) ·· 101	제17조(등록용지의 폐쇄) ···································· 101
제54조(합병의 등록) ·· 102	
제3절 저당권에 관한 등록절차	
제55조(등록신청) ·· 103	
제56조(저당권의 이전) ······································ 103	
제57조(채권의 일부양도 또는 대위변제로 인한 저당권의 이전) ·········· 103	
제58조(공동저당권의 설정) ································ 103	
제59조(공동저당권의 설정등록시의 기재사항) ········· 104	
제60조(공동담보목록의 성질) ···························· 104	

등 록 령	시 행 규 칙
제61조(추가적 공동저당권의 등록의 기재) ················ 104 제62조(공동저당권의 일부의 소멸 또는 변경) ············ 104 **제4절 말소에 관한 등록절차** 제63조(등록의무자가 행방불명인 경우의 말소) ·········· 104 제64조(가등록의 말소) ··· 105 제65조(예고등록의 말소) ·· 105 제66조(이해관계 있는 제3자가 있는 경우의 말소) ······ 105 제67조(공매처분으로 인한 압류등록의 말소) ············ 105 제68조(말소의 방법) ··· 105 제69조(위반등록이 있는 경우의 말소의 통지) ··········· 106 제70조(말소에 대한 이의) ······································ 106 제71조(직권말소) ··· 106 **제5장 이의등록** 제72조(이의신청과 그 관할) ···································· 106 제73조(새로운 사실에 의한 이의의 금지) ················· 106 제74조(이의에 대한 조치) ······································ 106 제75조(집행부정지) ·· 107 제76조(이의에 대한 결정과 항고) ··························· 107 제77조(처분전 가등록명령) ····································· 107 제78조(관할법원의 명령에 의한 등록의 방법) ··········· 107 제79조(송달) ·· 107 제80조(다른 법령의 준용) ······································ 107	
부칙 ·· 108	부칙 ·· 108

등 록 령	시 행 규 칙
# 철도시설관리권 등록령	# 철도시설관리권 등록령 시행규칙

<table>
<tr><td>

〔 2003 · 12 · 24
대통령령 제18168호 제정 〕

개정 2006 · 6 · 12 대통령령 제19507호
　　　(행정정보의 공동이용 및 문서감축을 위한 국가채권관리법
　　　시행령 등 일부개정령)
　　　2008 · 2 · 29 대통령령 20722호
　　　(국토해양부와 그 소속기관직재)
　　　2010 · 1 · 27 대통령령 제22003호
　　　(신문 등의 자유와 기능보장에 관한 법률 시행령 전부개정령)
　　　2010 · 5 · 4 대통령령 제22151호
　　　(전자정부법 시행령 전부개정령)
　　　2010 · 11 · 2 대통령령 제22467호
　　　(행정정보의 공동이용 및 문서감축을 위한 경제교육지원법
　　　시행령 등 일부개정령)
　　　2013 · 3 · 23 대통령령 제24443호
　　　(국토교통부와 그 소속기관 직제)
　　　2015 · 12 · 30 대통령령 제26774호
　　　(주민등록번호 수집 최소화를 위한 6·25 전사자유해의
　　　발굴 등에 관한 법률 시행령 등 일부개정령)
　　　2021 · 1 · 5 대통령령 제31380호
　　　(어려운 법령용어 정비를 위한 473개 법령의 일부개정에 관한
　　　대통령령)

</td><td>

〔 2003 · 12 · 29
건설교통부령 제384호 제정 〕

개정 2006 · 10 · 26 건설교통부령 제536호
　　　2007 · 12 · 13 건설교통부령 제594호
　　　(전자정부 구현을 위한 개발이익환수에 관한 법률 시행
　　　규칙등 일부개정령)
　　　2008 · 3 · 14 국토해양부령 제4호
　　　(정부조직법의 개정에 따른 감정평가에
　　　관한 규칙 등 일부 개정령)
　　　2011 · 3 · 24 국토해양부령 제344호
　　　2013 · 3 · 23 국토교통부령 제1호
　　　(국토교통부와 그 소속기관 직제 시행규칙)
　　　2014 · 8 · 7 국토교통부령 제120호
　　　(개인정보 보호를 위한 건설산업기본법 시
　　　행규칙 등 일부개정령)
　　　2017 · 5 · 2 국토교통부령 제419호
　　　(법령서식 일괄 개정을 위한 역세권의 개발 및 이용에
　　　관한 법률 시행규칙 등 일부개정령)

</td></tr>
</table>

등 록 령	시 행 규 칙
## 제1장 총 칙 제1조(목적) 이 영은 철도산업발전기본법 제26조제2항 및 제29조제2항의 규정에 의하여 철도시설관리권과 철도시설관리권을 목적으로 하는 저당권의 등록 등에 관하여 필요한 사항을 규정함을 목적으로 한다. 제2조(가등록) 가등록은 철도시설관리권과 철도시설관리권을 목적으로 하는 저당권(이하 "저당권"이라 한다)의 설정·이전·변경 또는 소멸의 청구권을 보전하고자 하는 때에 이를 한다. 그 청구권이 시기부이거나 정지조건부인 경우 그 밖에 장래에 있어서 확정될 것인 경우에도 또한 같다. 제3조(예고등록) 예고등록은 등록원인의 무효 또는 취소로 인한 등록의 말소 또는 회복의 소의 제기가 있는 때에 이를 한다. 다만, 등록원인의 취소로 인한 등록의 말소 또는 회복의 소에 있어서는 그 취소로써 선의의 제3자에게 대항할 수 있는 경우에 한한다. 제4조(등록한 권리의 순위) ①동일한 철도시설관리권에 관하여 등록한 권리의 순위는 다른 법령에 특별한 규정이 있는 경우를 제외하고는 등록의 선후에 의한다. ②등록의 선후는 등록용지중 같은 구에서 한 등록에 대하여는 순위번호에 의하고, 다른 구에서 한 등록에 대하여는 접수번호에 의한다. 제5조(가등록과 부기등록의 순위) ①가등록을 한 경우 본등록의 순위는 가등록의 순위에 의한다. ②부기등록의 순위는 주등록의 순위에 의하고, 부기등록 상호간의 순위는 그 선후에 의한다. ## 제2장 등록공무원 등 제6조(등록사무의 처리) 등록사무는 국토교통부에 근무하는 4급 또는 5급 공무원 중에서 국토교통부장관이 지정한 자(이하 "등록공무원"이라 한	제1조(목적) 이 규칙은 『철도시설관리권 등록령』에서 위임된 사항과 그 시행에 관하여 필요한 사항을 규정함을 목적으로 한다.〈개정 06·10·26〉

등 록 령	시 행 규 칙
다)가 이를 처리한다.〈개정 08·2·29, 13·3·23〉 제7조(등록사무의 정지) 철도시설관리권의 등록사무를 정지하지 아니할 수 없는 사고가 발생한 때에는 국토교통부장관은 등록공무원에게 기간을 정하여 등록사무를 정지할 것을 명할 수 있다.〈개정 08·2·29, 13·3·23〉 ## 제3장 등록에 관한 장부 제8조(철도시설관리권등록부) ①철도시설관리권등록부(이하 "등록부"라 한다)는 1개의 철도시설관리권에 대하여 1용지를 사용한다. ②등록부는 그 1용지를 등록번호란, 표제부 및 갑·을의 2구로 나누되, 표제부에는 표시란과 표시번호란을 두고 각구에는 사항란과 순위번호란을 각각 둔다. ③등록번호란에는 철도시설관리권에 대하여 등록부에 등록한 순서를 기재한다. ④표시란에는 철도시설관리권의 표시와 그 변경에 관한 사항을 기재하고, 표시번호란에는 표시란에 등록한 순서를 기재한다. ⑤갑구 사항란에는 철도시설관리권에 관한 사항을 기재하고, 을구 사항란에는 저당권에 관한 사항을 기재한다. ⑥각구의 순위번호란에는 각 사항란에 등록한 순서를 기재한다. 제9조(등록부의 간인) 등록부에는 그 표지의 이면에 그 장수와 국토교통부장관의 직·성명을 기재하고 국토교통부장관의 직인을 날인한 후 각장의 편철항목에 국토교통부장관의 직인으로 간인해야 한다.〈개정 08·2·29, 13·3·23, 21·1·5〉 제10조(신청서편철부) 등록부의 전부 또는 일부가 멸실한 경우에는 신청서편철부를 비치한다. 제11조(등록부의 보존) ①등록부와 도면은 영구히 이를 보존하여야 한다. ②신청서 그 밖의 부속서류는 신청서 접수일부터 10년간 이를 보존하여	제2조(철도시설관리권등록부 및 부속서류) ①「철도시설관리권 등록령」(이하 "영"이라 한다) 제8조제1항의 규정에 의한 철도시설관리권등록부(이하 "등록부"라 한다)는 별지 제1호서식에 의한다.〈개정 06·10·26〉 ②다음 각호의 장부 또는 서류철은 등록부의 부속서류로서 등록부와 함께 작성·관리하여야 한다.〈개정 07·12·13〉 1. 등록신청서 접수대장 2. 등록신청서·촉탁서 그 밖의 관계서류철 3. 각종 통지서철 4. 등록부의 등본 또는 초본의 교부와 그 열람에 관한 신청서철 및 교부대장 5. 신청서 각하 원본철 6. 공동담보목록편철장 7. 신청서류편철장 8. 등록필통지부 ③ 제1항의 등록부와 제2항 각 호의 장부 또는 서류철은 전자적 처리가 불가능한 특별한 사유가 없으면 전자적 처리가 가능한 방법으로 작성·관리하여야 한다.〈신설 07·12·13〉 제3조(숫자 등의 기재) ①등록부에 금전 그 밖의 물건의 수량·연월일 또는 번호를 기재하는 때에는 壹, 貳, 參, 拾 등의 문자를 사용하여야 한다. ②등록부의 문자를 정정·삽입 또는 삭제할 때에는 그 부분의 문자의 전후에 괄호를 하여 날인하고, 그 부분의 난외에 정정·삽입 또는 삭제

등 록 령	시 행 규 칙
야 한다. 다만, 신청서편철부에 편철한 서류의 보존기간은 제47조제1항의 규정에 의하여 등록부에 기재한 날부터 이를 기산한다.	의 뜻과 그 자수를 기재한 후 이에 날인하여야 하며, 삭제된 문자는 읽을 수 있도록 그 자체를 남겨두어야 한다. 제4조(등록후 빈자리와 구획) 등록부의 표제부에 등록을 한 때에는 표시번호란과 표시란에 걸쳐 가로줄을 긋고, 등록부의 갑구 또는 을구에 등록을 한 때에는 순위번호란과 사항란에 걸쳐 가로줄을 그어 빈자리와 구획하여야 한다. 제5조(등본 또는 초본의 교부·열람 등) ①영 제12조의 규정에 의하여 등록부의 등본 또는 초본을 교부받고자 하는 자는 별지 제2호서식의 철도시설관리권등본(초본)교부신청서를, 등록부를 열람하고자 하는 자는 별지 제3호서식의 철도시설관리권등록부열람신청서를 국토교통부장관에게 제출하여야 한다.〈개정 08·3·14, 13·3·23〉
제12조(등본 또는 초본의 교부 및 열람신청) 등록부의 등본 또는 초본의 교부나 열람을 신청하고자 하는 자는 국토교통부령이 정하는 수수료를 납부하여야 한다. 다만, 국가 또는 지방자치단체가 신청하는 경우에는 그러하지 아니한다.〈개정 08·2·29, 13·3·23〉	②등록부의 등본 또는 초본은 등록부와 동일한 서식에 의하여 작성하되, 등록부와 틀림이 없다는 뜻과 작성연월일을 기재하고, 국토교통부장관의 직인을 날인하며, 각 용지 사이에는 간인을 하여야 한다.〈개정 08·3·14, 13·3·23〉 ③등록부의 등본 또는 초본의 교부수수료는 용지 1매당 1천200원으로 하고, 등록부의 열람수수료는 1철도시설관리권당 1천200원으로 하되, 수입인지 또는 정보통신망을 이용한 전자결제 등의 방법으로 납부할 수 있다.〈개정 11·3·24〉 제6조 삭제 〈06·10·26〉
제13조(등록부의 멸실) 국토교통부장관은 등록부의 전부 또는 일부가 멸실된 때에는 3월 이상의 기간을 정하여 그 기간내에 등록의 회복을 신청하는 자는 그 등록부에 있어서 종전의 순위를 보유한다는 뜻을 관보에 고시하여야 한다.〈개정 08·2·29, 13·3·23〉 제14조(등록부의 폐쇄) ①등록부의 전부를 새로운 등록부에 이기(移記)한 경우에는 구등록부는 이를 폐쇄한다.〈개정 21·1·5〉	

등 록 령	시 행 규 칙
②폐쇄한 등록부는 폐쇄일부터 30년간 이를 보존하여야 한다. ### 제4장 등록절차 #### 제1절 통 칙 제15조(신청) ①등록은 이 영에 다른 규정이 있는 경우를 제외하고는 관공서의 촉탁 또는 당사자의 신청에 의하여 행한다. ②촉탁에 의한 등록의 절차는 신청에 의한 등록절차에 관한 규정을 준용한다. 제16조(등록신청인) 등록의 신청은 등록권리자와 등록의무자 또는 그 대리인이 하여야 한다. 제17조(등록권리자의 등록신청) 다음 각호의 1에 해당하는 경우에는 등록권리자 단독으로 등록 또는 가등록을 신청할 수 있다. 　1. 판결이 있는 경우 　2. 상속 또는 법인의 합병이 있는 경우 　3. 가등록의무자의 승낙이 있는 경우 　4. 등록의무자의 행방불명으로 제권판결을 얻은 경우 제18조(등록명의인의 등록신청) 다음 각호의 1에 해당하는 경우에는 등록명의인 단독으로 등록을 신청할 수 있다. 　1. 철도시설관리권의 표시에 관한 사항의 변경등록인 경우 　2. 등록명의인의 표시의 변경 또는 경정등록인 경우 　3. 권리의 포기에 의한 말소등록인 경우 　4. 가등록의 말소등록인 경우 　5. 철도시설관리권의 분할 또는 합병등록인 경우 제19조(법인 아닌 사단·재단의 등록신청) ①종중·문중 그 밖에 대표자나 관리인이 있는 법인 아닌 사단이나 재단에 속하는 철도시설관리권의 등록에 관하여는 그 사단 또는 재단을 등록권리자 또는 등록의무자로 한다.	

등 록 령	시 행 규 칙
②제1항의 규정에 의한 등록은 당해 사단 또는 재단을 등록명의인으로 하여 그 대표자 또는 관리인이 이를 신청한다. 제20조(체납처분으로 인한 압류의 등록) ①관공서는 체납처분으로 인한 압류의 등록을 촉탁함에 있어서는 등록명의인 또는 상속인에 갈음하여 철도시설관리권의 표시, 등록명의인의 표시의 변경·경정 또는 상속으로 인한 권리이전의 등록을 국토교통부에 촉탁하여야 한다.〈개정 08·2·29, 13·3·23〉 ②제30조·제34조제3항·제40조제3항 및 제42조제1항의 규정은 제1항의 규정에 의한 등록에 관하여 이를 준용한다. 제21조(공매처분으로 인한 권리이전의 등록) 관공서는 그가 행한 공매처분으로 인한 권리이전의 등록사유가 발생한 때에는 당해 등록권리자의 청구에 의하여 촉탁서에 등록원인을 증명하는 서면을 첨부하여 지체없이 권리이전의 등록을 국토교통부에 촉탁하여야 한다.〈개정 08·2·29, 13·3·23〉 제22조(가등록) 법원은 등록권리자의 신청에 의하여 가등록에 관한 가처분명령을 하는 때에는 촉탁서에 가처분명령의 정본을 첨부하여 지체없이 가등록을 국토교통부에 촉탁하여야 한다.〈개정 08·2·29, 13·3·23〉 제23조(예고등록) 예고등록은 제3조의 규정에 의한 소를 수리한 법원이 직권으로 촉탁서에 소장의 등본 또는 초본을 첨부하여 지체없이 이를 국토교통부에 촉탁하여야 한다.〈개정 08·2·29, 13·3·23〉 제24조(등록신청서류) ①등록을 신청하는 때에는 국토교통부령이 정하는 신청서(이하 "신청서"라 한다)에 다음 각호의 서류를 첨부하여야 한다. 〈개정 08·2·29, 13·3·23〉 1. 등록원인을 증명하는 서류 2. 등록의무자의 권리에 관한 등록필증 3. 등록의 원인에 대하여 제3자의 승낙 또는 동의를 필요로 하는 경우	제7조(등록신청서) 영 제24조의 규정에 의한 신청서(이하 "신청서"라 한다)는 별지 제4호서식의 철도시설관리권(저당권)등록신청서에 의한다. 제8조(간인) 신청인은 신청서의 용지가 2매 이상인 때에는 각 용지 사이에 간인하여야 한다. 이 경우 등록권리자 또는 등록의무자가 다수인 때에는 그 중 1인의 간인으로 갈음할 수 있다. 제9조(신청서접수대장) ① 등록공무원은 철도시설관리권 또는 철도시설관

등 록 령	시 행 규 칙
에는 이를 증명하는 서류 　4. 대리인이 등록을 신청하는 경우에는 그 권한을 증명하는 서류 　5. 그 밖에 이 영에서 정하는 서류 ②제1항제1호의 규정에 의한 등록원인을 증명하는 서류가 집행력 있는 판결인 때에는 제1항제2호 및 동항제3호의 규정에 의한 서류는 이를 첨부하지 아니한다. ③다음 각 호의 어느 하나에 해당하는 경우에는 신청서에 가족관계 기록사항에 관한 증명서 또는 그 사실을 증명할 수 있는 서류(전자문서를 포함한다)를 첨부하여야 한다. 이 경우 그 사실을 확인하기 위하여 필요한 때에는 국토교통부장관은 「전자정부법」 제36조제1항에 따른 행정정보의 공동이용을 통하여 법인 등기사항증명서를 확인하여야 한다.〈개정 06·6·12, 10·5·4, 10·11·2, 13·3·23〉 　1. 등록의 원인이 상속, 법인의 합병 그 밖의 포괄승계인 경우 　2. 등록명의인의 표시의 변경 또는 경정의 등록을 신청하는 경우 ④법인 아닌 사단이나 재단이 그 명의로 등록을 신청하고자 하는 때에는 다음 각호의 서류를 첨부하여야 한다. 　1. 정관 그 밖의 규약 　2. 대표자 또는 관리인임을 증명하는 서면 　3. 민법 제276조제1항의 규정에 의한 결의서(법인 아닌 사단에 한한다) 제25조(신청서의 기재사항) 신청서에는 다음 각호의 사항을 기재하고 신청인이 이에 서명 또는 날인하여야 한다. 　1. 철도시설의 위치 및 명칭 　2. 철도시설관리권이 설정된 시설 　3. 철도시설관리권의 존속기간 　4. 철도시설의 신설·개량에 투자된 비용의 총액 　5. 철도시설관리권에 의하여 징수하는 사용료의 총액	리권을 목적으로 하는 저당권의 등록신청이 있는 때에는 그 사실을 별지 제5호서식의 철도시설관리권등록신청서접수대장에 기재하여야 한다.〈개정 07·12·13〉 ② 제1항의 철도시설관리권등록신청서접수대장은 전자적 처리가 불가능한 특별한 사유가 없으면 전자적 처리가 가능한 방법으로 작성·관리하여야 한다.〈신설 07·12·13〉 제10조(신청서의 조사) 등록공무원은 신청서를 접수한 때에는 지체없이 신청에 관한 모든 사항을 조사하여야 한다. 제11조(채권분할로 인한 저당권의 변경등록) 신청인은 채권의 분할로 인한 저당권의 변경등록의 신청을 하는 때에는 신청서에 그 분할된 각 채권액을 기재하여야 한다.

등 록 령	시 행 규 칙
6. 신청인의 성명 또는 주소(법인인 경우에는 그 명칭、주소 및 대표자의 성명) 7. 등록의 원인 및 그 발생연월일 8. 등록의 목적 9. 신청연월일 10. 그 밖에 이 영에서 정하는 사항 제26조(권리소멸의 약정이 있는 경우) 등록원인에 등록목적인 권리의 소멸에 관한 약정이 있는 경우에는 신청서에 그 사항을 기재하여야 한다. 제27조(등록권리자가 다수인 경우) 등록권리자가 2인 이상인 경우로서 등록할 권리가 공유인 때에는 그 지분을, 합유인 때에는 그 취지를 신청서에 기재하여야 한다. 제28조(등록원인증서가 없는 경우) 등록원인을 증명하는 서류가 처음부터 없거나 이를 제출할 수 없는 경우에는 신청서의 부본을 제출하여야 한다. 제29조(등록필증의 멸실) 등록의무자의 권리에 관한 등록필증이 멸실된 경우에는 신청서에 멸실의 사유를 기재하여야 한다. 이 경우 등록공무원은 등록의무자가 본인임을 확인한 후 등록하여야 한다. 제30조(채권자대위권에 의한 등록신청) 채권자가 민법 제404조의 규정에 의하여 채무자를 대위하여 등록을 신청하는 경우에는 신청서에 채권자 및 채무자의 성명·주소(법인인 경우에는 그 명칭·주소 및 대표자의 성명)와 대위의 원인을 기재하고, 대위의 원인을 증명하는 서류를 첨부하여야 한다. 제31조(신청서의 접수) 등록공무원은 신청서를 접수한 때에는 국토교통부령으로 정하는 신청서접수대장에 접수연월일, 접수번호, 등록의 목적, 신청인의 성명(법인인 경우에는 그 명칭) 그 밖의 필요한 사항을 기재해야 한다. 이 경우 동일한 철도시설관리권에 관하여 동시에 여러 개의 신청이 있는 경우에는 동일한 접수번호를 기재해야 한다.〈개정 08·2·29, 13·3·23, 21·1·5〉	제12조(채권자대위권에 의한 등록의 기재) 등록공무원은 영 제30조에 따라 채권자대위권에 의한 등록신청을 받은 때에는 등록부의 표시란에 채권자의 성명·주소(법인인 경우에는 그 명칭·주소 및 대표자의 성명)와 대위원인을 기재하여야 한다.〈개정 17·5·2〉

등 록 령	시 행 규 칙
제32조(등록의 순서) 등록공무원은 접수번호의 순서에 따라 등록을 하여야 한다. 제33조(신청의 각하) 등록공무원은 다음 각호의 1에 해당하는 경우에는 그 이유를 기재한 서면에 의하여 신청을 각하하여야 한다. 다만, 신청의 흠결이 보정될 수 있는 경우로서 신청인이 1근무일 이내에 이를 보정한 경우에는 그러하지 아니하다. 1. 신청내용이 등록할 사항이 아닌 경우 2. 신청서의 내용이 불명확한 경우 3. 신청서에 기재한 철도시설관리권 또는 저당권의 표시가 등록부와 일치하지 아니한 경우 4. 신청서에 기재한 등록의무자의 표시가 등록부와 일치하지 아니한 경우 5. 신청인이 등록명의인인 경우에 그 표시가 등록부와 일치하지 아니한 경우 6. 신청서에 기재한 사항이 등록원인을 증명하는 서류와 일치하지 아니한 경우 7. 신청서에 필요한 서류를 첨부하지 아니한 경우 제34조(등록의 기재사항) ①표시란에는 신청서의 접수연월일, 등록의 목적 그 밖에 신청서에 기재한 사항으로서 철도시설관리권의 표시에 관한 사항을 기재하고, 등록공무원이 날인하여야 한다. ②사항란에는 신청서의 접수연월일, 접수번호, 등록권리자의 성명 및 주소(법인인 경우에는 법인의 명칭 및 주소), 등록원인과 그 연월일, 등록의 목적 그 밖에 신청서에 기재한 사항으로서 등록할 권리에 관한 것을 기재하고, 등록공무원이 날인하여야 한다. 이 경우 등록권리자가 법인 아닌 사단 또는 재단인 경우에는 그 대표자나 관리인의 성명 및 주소를 첨기하여야 한다.〈개정 15·12·30〉 ③제30조의 규정에 의하여 채무자에 대위하여 채권자가 행한 신청에 의	

등 록 령	시 행 규 칙
하여 등록을 하는 때에는 제2항의 규정에 의한 기재사항외에 사항란에 채권자의 성명 및 주소(법인인 경우에는 법인의 명칭 및 주소)와 대위원인을 기재하여야 한다.〈개정 15・12・30〉 제35조(번호의 기재) ①표시란에 등록을 하는 경우에는 표시번호란에 번호를 기재하고, 사항란에 등록을 하는 경우에는 순위번호란에 번호를 기재하여야 한다. 　②부기에 의한 등록의 순위번호를 기재하는 경우에는 주등록의 번호를 사용하고, 그 번호의 아래쪽에 부기호수를 기재하여야 한다. 제36조(가등록의 기재) 가등록은 가등록을 하고자 하는 구의 사항란에 이를 기재하고 아래쪽에 여백을 두어야 한다. 제37조(가등록후의 본등록의 기재) 가등록을 한 후 본등록의 신청이 있는 경우에는 가등록의 아래쪽의 여백에 본등록의 기재를 하여야 한다. 제38조(권리변경의 등록) 권리변경의 등록에 관하여 이해관계가 있는 제3자가 있는 때에는 신청서에 그 승낙서 또는 이에 대항할 수 있는 재판의 등본을 첨부한 경우에 한하여 부기에 의하여 그 등록을 하고, 변경전의 등록사항은 이를 붉은 선으로 지워야 한다. 제39조(등록명의인의 변경등록의 기재) 등록명의인의 표시의 변경 또는 경정의 등록은 부기에 의하여 이를 행하고, 변경전 또는 경정전의 표시를 붉은 선으로 지워야 한다. 제40조(등록필증의 교부) ①등록공무원은 신청에 의한 등록을 완료한 경우에는 등록원인을 증명하는 서류 또는 신청서의 부본에 신청서의 접수연월일, 접수번호, 표시번호 또는 순위번호, 등록연월일 및 등록완료의 뜻을 기재한 후 국토교통부장관의 직인을 날인하여 이를 등록권리자에게 교부하여야 한다.〈개정 08・2・29, 13・3・23〉 　②등록공무원은 직권 또는 촉탁에 의한 등록을 완료한 경우에는 제1항의 규정에 준하여 작성한 서면을 등록권리자에게 교부하여야 한다.	

등 록 령	시 행 규 칙
③등록공무원은 제30조의 규정에 의하여 채무자인 등록권리자를 대위하여 채권자가 행한 신청에 따라 등록을 완료한 경우에는 제1항의 서면을 채권자에게 교부하고 등록완료의 뜻을 채무자인 등록권리자에게 통지하여야 한다. 제41조(촉탁등록의 경우의 등록필증의 교부) 관공서가 등록권리자를 위하여 등록을 촉탁하여 등록공무원으로부터 등록필증을 교부받은 경우에는 지체없이 그 사실을 등록권리자에게 통지하여야 한다. 제42조(경정등록) ①등록공무원이 등록을 완료한 후 그 등록에 관하여 착오 또는 탈루가 있음을 발견한 경우에는 지체없이 그 사실을 등록권리자와 등록의무자에게 통지하고, 등록에 관하여 이해관계가 있는 제3자가 있는 경우를 제외하고는 국토교통부장관의 허가를 받아 등록의 경정을 한 후 그 뜻을 등록권리자와 등록의무자에게 통지하여야 한다. 이 경우 제30조의 규정에 의하여 채무자에 대위하여 채권자가 행한 신청에 따라 행한 등록에 관한 경정등록인 경우에는 당해 채권자에게도 그 뜻을 통지하여야 한다.〈개정 08·2·29, 13·3·23〉 ②제38조의 규정은 등록에 관하여 이해관계가 있는 제3자가 있는 경우의 등록을 경정하는 경우에 이를 준용한다. 제43조(회복등록) ①말소된 등록의 회복을 신청하는 경우로서 등록에 관하여 이해관계가 있는 제3자가 있는 경우에는 신청서에 그 승낙서 또는 이에 대항할 수 있는 재판의 등본을 첨부하여야 한다. ②회복등록의 신청에 의하여 등록을 회복하는 경우에는 회복의 취지를 기재하고, 말소된 등록과 동일한 등록을 하여야 한다. 다만, 일부가 말소된 경우에는 부기에 의하여 다시 그 사항을 등록하여야 한다. 제44조(멸실된 등록부의 회복등록) ①등록부의 전부 또는 일부가 멸실되어 제13조의 규정에 의하여 고시를 한 때에는 등록권리자 단독으로 회복등록을 신청할 수 있다.	제13조(경정등록의 기재) 등록공무원은 영 제42조의 규정에 의하여 경정등록을 하는 때에는 국토교통부장관의 허가연월일과 등록연월일을 기재하여야 한다.〈개정 08·3·14, 13·3·23〉 제14조(등록필증에의 회복등록의 기재) 등록공무원은 영 제44조의 규정에 의하여 멸실된 등록부의 회복등록을 한 때에는 신청인이 제출한 멸실되기 전 등록의 등록필증에 신청서의 접수연월일·접수번호·표시번호 또는 순위

등 록 령	시 행 규 칙
②제1항의 규정에 의하여 신청을 하는 경우에는 신청서에 멸실되기 전 등록의 순위번호, 신청서 접수연월일 및 접수번호를 기재하고 멸실되기 전 등록의 등록필증을 첨부하여야 한다. ③제1항의 규정에 의한 신청에 의하여 등록을 하는 경우에는 등록번호란에는 그 등록부에 등록한 순서에 따른 새로운 번호를 기재하고, 표시란에는 철도시설관리권의 표시를 하며, 각구 순위번호란에는 멸실되기 전 등록의 번호를 기재하고, 사항란에는 멸실되기 전 등록의 신청서 접수연월일과 접수번호를 기재하여야 한다. 제45조(회복등록기간 중의 새로운 등록을 위한 신청서편철부에의 편철) ①등록부의 전부 또는 일부가 멸실된 경우로서 제13조의 규정에 의하여 정한 기간 중에 새로운 등록의 신청서를 접수한 경우에는 접수번호의 순서에 따라 이를 신청서편철부에 편철하여야 한다. ②제1항의 규정에 의한 편철이 있는 경우 등록할 사항에 관하여는 그 편철시에 등록이 있는 것과 동일한 효력이 있다. 제46조(편철확인증〈개정 21·1·5〉) ①등록공무원은 제45조제1항에 따른 편철을 완료한 경우에는 제40조의 규정을 준용하여 편철확인증을 교부해야 한다.〈개정 21·1·5〉 ②신청서에 등록필증을 첨부해야 하는 경우에는 제1항에 따른 편철확인증의 첨부로써 이에 갈음할 수 있다.〈개정 21·1·5〉 제47조(신청서편철부로부터 등록부에의 기재) ①등록공무원은 제45조제1항의 규정에 의하여 신청서편철부에 편철된 신청서인 경우로서 제13조의 규정에 의하여 정한 기간이 만료된 경우에는 지체없이 그 신청서에 의하여 등록부에 기재하여야 한다. ②제1항의 경우 표시란과 사항란에 한 등록의 말미에 제45조제1항의 규정에 의한 신청서에 의하여 등록을 한 뜻과 그 연월일을 기재하고 등록공무원이 날인하여야 한다. 제48조(새로운 등록에 의한 등록필증의 교부) ①등록공무원은 제47조제1	번호·등록연월일 및 등록완료의 뜻을 기재한 후 국토교통부장관의 직인을 날인하여 이를 신청인에게 다시 교부하여야 한다.〈개정 08·3·14, 13·3·23〉 제15조(신청서편철부의 편철절차) 등록공무원은 영 제45조제1항의 규정에 의하여 회복등록기간 중의 새로운 등록의 신청서를 편철하는 때에는 이미 편철되어 있는 서면의 끝장과 편철하여야 하는 서면의 첫장을 건설교통부장관의 직인으로 간인을 하고 각 장의 쪽번호를 기재하여야 한다.

등 록 령	시 행 규 칙
항의 규정에 의하여 등록부에 기재한 경우에는 새로운 등록의 신청인에게 등록필증을 교부한다는 뜻을 통지하여야 한다. 이 경우 제44조의 규정에 의하여 회복된 등록과 제47조제1항의 규정에 의한 새로운 등록이 저촉되는 경우에는 동시에 그 뜻도 통지하여야 한다. ②제1항에 따라 통지를 받은 새로운 등록의 신청인은 등록필증의 교부를 신청하는 경우에는 제46조제1항에 따른 편철확인증을 첨부해야 한다.〈개정 21·1·5〉 ③등록공무원은 제2항의 규정에 의하여 등록필증의 교부신청을 받은 때에는 제40조의 규정을 준용하여 등록필증을 교부하여야 한다. 제49조(새로운 등록용지에로의 이기) ①등록용지의 매수과다로 인하여 취급이 불편하게 된 때에는 그 등록을 새로운 등록용지에 이기할 수 있다. ②제1항의 규정에 의하여 새로운 등록용지에 이기한 경우에는 표제부 및 사항란에 이기한 등록의 말미에 제1항의 규정에 의하여 등록을 이기한 뜻 및 그 연월일을 기재하고 등록공무원이 날인하여야 한다. ③제1항의 규정에 의하여 새로운 등록용지에 이기한 경우에는 구 등록용지는 이를 폐쇄하여야 한다. ④제1항의 규정에 의하여 등록을 이기하는 경우에는 이기당시 효력있는 등록만을 이기하여야 한다. 제2절 철도시설관리권 제50조(공유의 등록) 철도시설관리권의 지분을 일부 이전함으로 인하여 공유의 등록을 신청하는 때에는 신청서에 그 지분을 표시하고, 등록원인에 민법 제268조제1항 단서의 약정이 있는 경우에는 이를 기재하여야 한다. 제51조(일부분할의 등록) ①갑 철도시설관리권을 분할하여 그 일부를 을 철도시설관리권으로 함으로 인하여 분할의 등록을 하는 때에는 등록용지중 등록번호란에 번호를 기재하고, 표시란에 분할로 인하여 갑 철도	

등 록 령	시 행 규 칙
시설관리권 등록용지로부터 이기한 뜻을 기재하여야 한다. ②제1항의 규정에 의하여 이기하는 경우 갑 철도시설관리권의 등록용지 중 표시란에 잔여부분의 표시를 하고 분할로 인하여 다른 부분을 을 철도시설관리권의 등록용지에 이기한 뜻을 기재한 후 종전의 표시와 그 번호를 붉은 선으로 지워야 한다. ③제1항의 경우 을 철도시설관리권의 등록용지중 해당구 사항란에 갑 철도시설관리권의 등록용지로부터 철도시설관리권에 관한 등록을 이기하고, 분할등록의 신청서의 접수연월일과 접수번호를 기재한 후 등록공무원이 날인하여야 한다. ④제1항의 경우 갑 철도시설관리권에 저당권이 설정되어 있는 때에는 각 철도시설관리권의 등록용지에 다음 각호의 구분에 따른 등록을 하여야 한다. 1. 갑 철도시설관리권 : 을 철도시설관리권과 같이 저당권의 목적이 된다는 뜻을 부기할 것 2. 을 철도시설관리권 : 갑 철도시설관리권에 설정된 저당권을 이기하고, 갑 철도시설관리권과 같이 저당권의 목적이 된다는 뜻을 기재할 것. 다만, 제5항의 규정에 해당되는 경우를 제외한다. ⑤분할등록의 신청서에 다음 각호의 서면을 첨부한 때에는 갑 철도시설관리권의 등록용지중 저당권에 관한 등록에 을 철도시설관리권에 대한 저당권이 소멸한 뜻을 부기하여야 한다. 1. 저당권의 등록명의인이 을 철도시설관리권에 관하여 그 권리의 소멸을 승낙한 것을 증명하는 서면 2. 갑 철도시설관리권에 설정된 저당권이 을 철도시설관리권에는 미치지 아니함을 대항할 수 있는 재판의 등본	
제52조(저당권의 이전을 목적으로 하는 분할등록) ①갑 철도시설관리권을 분할하여 그 일부를 을 철도시설관리권으로 한 경우로서 을 철도시설관	제16조(채권의 분할에 의한 저당권의 변경등록의 기재) 채권의 분할로 인한 저당권의 변경등록은 부기에 의하여 이를 하여야 한다.

등 록 령	시 행 규 칙
리권만이 저당권의 목적이 된 때에는 을 철도시설관리권의 등록용지중 해당구 사항란에 그 권리에 관한 등록을 이기하고 신청서의 접수연월일과 접수번호를 기재한 후 등록공무원이 날인하여야 한다. ②제1항의 경우 갑 철도시설관리권의 등록용지중 저당권에 관한 등록에 을 철도시설관리권의 표시를 하고, 분할로 인하여 을 철도시설관리권의 등록용지에 이기한 뜻과 갑 철도시설관리권에 대한 저당권이 소멸되었다는 뜻을 부기한 후 그 등록을 붉은 선으로 지워야 한다. 제53조(철도시설관리권의 일부를 분리하여 합병하는 경우의 합병의 등록) ①갑 철도시설관리권을 분할하여 그 일부를 을 철도시설관리권에 합병한 경우로서 합병의 등록을 하는 때에는 을 철도시설관리권의 등록용지중 표시란에 합병으로 인하여 갑 철도시설관리권의 등록용지로부터 이기한 뜻을 기재하고, 종전의 표시와 표시번호를 붉은 선으로 지워야 한다. ②제1항의 경우 을 철도시설관리권의 등록용지중 갑구 사항란에 갑 철도시설관리권의 등록용지로부터 철도시설관리권에 관한 등록을 이기하고, 그 등록이 합병한 부분만에 관한 것이라는 뜻과 신청서의 접수연월일 및 접수번호를 기재한 후, 등록공무원이 날인하여야 한다. ③갑 철도시설관리권의 등록용지에 저당권에 관한 등록이 있는 때에는 을 철도시설관리권의 등록용지중 을구 사항란에 그 권리에 관한 등록을 이기하고, 합병한 부분만이 갑 철도시설관리권과 같이 그 권리의 목적이 된다는 뜻과 신청서의 접수연월일 및 접수번호를 기재한 후 등록공무원이 날인하여야 한다. ④제3항의 규정에 불구하고 갑 철도시설관리권의 등록용지중 을구 사항란에 있는 등록내용과 동일한 등록이 을 철도시설관리권의 을구 사항란에도 있고 양 등록의 등록원인, 그 연월일, 등록의 목적 및 접수번호가 동일한 때에는 이기에 갈음하여 을 철도시설관리권의 등록용지에 갑 철도시설관리권의 번호와 그 철도시설관리권에 대하여 동일사항의 등록이	제17조(등록용지의 폐쇄) 등록용지를 폐쇄하는 때에는 등록용지에 기재한 사항을 전부 붉은 줄을 그어 말소하고, 표시란 또는 사항란의 비고란에 폐쇄사유 및 폐쇄한다는 뜻과 폐쇄연월일을 기재한 후 등록공무원이 날인하여야 한다.

등 록 령	시 행 규 칙

있다는 뜻을 기재하여야 한다.

⑤제51조제2항·제4항 및 제5항과 제52조의 규정은 제1항의 경우에 이를 준용한다.

제54조(합병의 등록) ①갑 철도시설관리권을 을 철도시설관리권에 합병한 경우로서 합병의 등록을 하는 때에는 각 철도시설관리권의 등록용지중 표시란에 다음 각호의 구분에 따라 등록을 하여야 한다.

1. 을 철도시설관리권 : 합병으로 인하여 갑 철도시설관리권의 등록용지로부터 이기한 뜻을 기재하고, 종전의 표시와 표시번호를 붉은 선으로 지울 것

2. 갑 철도시설관리권 : 합병으로 인하여 을 철도시설관리권의 등록용지에 이기한 뜻을 기재하고, 갑 철도시설관리권의 표시 및 표시번호와 등록번호를 붉은 선으로 지우고 등록용지를 폐쇄할 것

②제1항의 경우 을 철도시설관리권의 등록용지중 갑구 사항란에 갑 철도시설관리권의 등록용지로부터 철도시설관리권에 관한 등록을 이기하고, 그 등록이 갑 철도시설관리권이었던 부분만에 관한 것이라는 뜻과 합병등록의 신청서의 접수연월일 및 접수번호를 기재하고, 등록공무원이 날인하여야 한다.

③제1항의 경우 갑 철도시설관리권에 저당권에 관한 등록이 있는 때에는 을 철도시설관리권의 등록용지중 을구 사항란에 저당권에 관한 등록을 이기하고, 갑 철도시설관리권이었던 부분만이 그 권리의 목적이 된다는 뜻과 신청서의 접수연월일 및 접수번호를 기재한 후 등록공무원이 날인하여야 한다.

④제51조제5항의 규정은 제2항의 경우에, 제53조제4항의 규정은 제2항 및 제3항의 경우에 이를 준용한다.

제3절 저당권에 관한 등록절차

등 록 령	시 행 규 칙
제55조(등록신청) ①저당권의 설정등록을 신청하는 때에는 신청서에 채권액과 채무자를 기재하여야 한다. 이 경우 등록원인에 다음 각호의 사항에 대하여 약정이 있는 때에는 이를 기재하여야 한다. 1. 변제기 2. 이자의 약정여부·발생기·지급시기 등 이자에 관한 약정 3. 원본 또는 이자의 지급장소 4. 손해의 배상에 관한 약정 5. 민법 제358조 단서의 규정에 의한 약정 6. 채권이 조건부인 경우의 그 조건 ②제1항의 저당권의 내용이 근저당인 경우에는 신청서에 등록원인이 근저당권설정계약이라는 뜻과 채권의 최고액을 기재하여야 한다. 제56조(저당권의 이전) ①저당권의 이전등록을 신청하는 때에는 신청서에 저당권이 채권과 같이 이전한다는 뜻을 기재하여야 한다. ②저당권의 이전의 등록은 부기에 의하여 이를 행한다. 제57조(채권의 일부양도 또는 대위변제로 인한 저당권의 이전) 채권의 일부양도 또는 대위변제로 인한 저당권의 이전등록을 신청하는 때에는 신청서에 양도 또는 대위변제의 목적인 채권액을 기재하여야 한다. 제58조(공동저당권의 설정) ①여러 개의 철도시설관리권을 목적으로 하는 저당권의 설정등록을 신청하는 때에는 신청서에 각 철도시설관리권을 표시해야 한다.〈개정 21·1·5〉 ②1개 또는 여러 개의 철도시설관리권을 목적으로 하는 저당권의 설정등록을 한 후 동일한 채권에 대하여 다른 1개 또는 여러 개의 철도시설관리권을 목적으로 하는 저당권의 설정등록을 신청하는 경우에는 신청서에 종전의 등록을 표시함에 있어서 공동담보목록(철도시설관리권이 여러 개인 경우 각 철도시설관리권에 관한 표시를 하고 신청인이 기명·날인한 서면을 말한다. 이하 같다) 등 충분한 사항을 기재해야 한	

등 록 령	시 행 규 칙

다.〈개정 21·1·5〉

제59조(공동저당권의 설정등록시의 기재사항) 제58조제1항의 규정에 의한 신청서에 의하여 각 철도시설관리권에 공동저당권의 설정등록을 하는 때에는 각 철도시설관리권의 등록용지중 을구 사항란에 다른 철도시설관리권에 관한 표시(신청서에 공동담보목록이 첨부된 때에는 공동담보목록으로서 이에 갈음한다)를 하고, 그 철도시설관리권과 같이 담보의 목적이 된다는 뜻을 각각 기재하여야 한다.

제60조(공동담보목록의 성질) 공동담보목록은 이를 등록부의 일부로 보며, 그 기재는 이를 등록으로 본다.

제61조(추가적 공동저당권의 등록의 기재) 제58조제2항의 규정에 의한 신청서에 의하여 등록을 하는 때에는 그 등록과 종전의 등록에 각 철도시설관리권이 같이 담보의 목적이 된다는 뜻을 기재하여야 한다.

제62조(공동저당권의 일부의 소멸 또는 변경) 여러 개의 철도시설관리권이 저당권의 목적이 된 경우로서 그 중 1개의 철도시설관리권을 목적으로 하는 저당권의 소멸의 등록을 하는 때에는 다른 철도시설관리권에 관하여 제59조 및 제61조에 따라 한 등록에 그 뜻을 부기하고, 소멸된 사항을 붉은 선으로 지워야 한다. 1개의 철도시설관리권에 대하여 변경의 등록을 하는 때에도 또한 같다.〈개정 21·1·5〉

제4절 말소에 관한 등록절차

제63조(등록의무자가 행방불명인 경우의 말소) 등록권리자가 등록의무자의 행방불명으로 인하여 그와 공동으로 등록의 말소를 신청할 수 없는 경우로서 다음 각호의 1에 해당하는 때에는 등록권리자 단독으로 등록의 말소를 신청할 수 있다.

1. 제권판결을 얻어 신청서에 그 등본을 첨부하는 때
2. 채권증서, 채권과 최후 1년분의 이자에 대한 영수증을 첨부하는 때

등 록 령	시 행 규 칙
(저당권에 관한 등록의 말소인 경우에 한한다) 제64조(가등록의 말소) 가등록의 말소는 가등록명의인이 이를 신청할 수 있다. 다만, 가등록명의인의 승낙서 또는 이에 대항할 수 있는 재판의 등본이 있는 때에는 등록상의 이해관계인이 가등록의 말소를 신청할 수 있다. 제65조(예고등록의 말소) 제1심법원은 제3조의 규정에 의한 소를 각하한 재판 또는 이를 제기한 자에 대하여 패소를 선고한 재판이 확정된 때, 소의 취하, 청구의 포기 또는 화해가 있는 때에는 촉탁서에 재판의 등본 또는 초본, 소의 취하서, 청구의 포기 또는 화해를 증명하는 법원서기관, 법원사무관, 법원주사 또는 법원주사보의 서면을 첨부하여 국토교통부에 예고등록의 말소를 촉탁하여야 한다.〈개정 08·2·29, 13·3·23〉 제66조(이해관계 있는 제3자가 있는 경우의 말소) 등록의 말소를 신청하는 경우에 그 말소에 대하여 등록상 이해관계가 있는 제3자가 있는 때에는 신청서에 그 승낙서 또는 이에 대항할 수 있는 재판의 등본을 첨부하여야 한다. 제67조(공매처분으로 인한 압류등록의 말소) 제21조의 규정에 의하여 관공서로부터 공매처분으로 인한 권리이전의 등록촉탁이 있는 때에는 체납처분에 관한 압류의 등록을 말소하며, 저당권의 등록이 있는 때에는 그 등록을 말소하여야 한다. 제68조(말소의 방법) ①등록을 말소하는 때에는 말소의 등록을 한 후 말소할 등록을 붉은 선으로 지워야 한다. ②제1항의 경우에 말소할 권리를 목적으로 하는 제3자의 권리에 관한 등록이 있는 때에는 등록용지중 해당구 사항란에 그 제3자의 권리의 표시를 하고, 어느 권리의 등록을 말소함으로 인하여 말소한다는 뜻을 기재하여야 한다.	

등 록 령	시 행 규 칙
제69조(위반등록이 있는 경우의 말소의 통지) 등록공무원이 등록을 완료한 후 그 등록이 제33조제1호에 해당된 것임을 발견한 때에는 등록권리자·등록의무자 및 등록상 이해관계가 있는 제3자에 대하여 1월 이내의 기간을 정하여 그 기간내에 이의를 진술하지 아니한 때에는 등록을 말소한다는 뜻을 통지하여야 한다. 다만, 통지를 받을 자의 주소 또는 거소를 알 수 없는 때에는 통지에 갈음하여 관보나 「신문 등의 진흥에 관한 법률」 제9조제1항에 따라 보급지역을 전국으로 하여 등록한 2 이상의 일반일간신문에 1회 이상 공고하여야 한다.〈개정 10·1·27〉 제70조(말소에 대한 이의) 말소에 대하여 이의를 진술한 자가 있는 때에는 등록공무원은 그 이의에 대하여 결정을 하여야 한다. 제71조(직권말소) 제69조 및 제70조의 규정에 의하여 이의를 진술한 자가 없는 때 또는 이의를 각하한 때에는 등록공무원은 직권으로 등록을 말소하여야 한다. 제5장 이의등록 제72조(이의신청과 그 관할) 등록공무원의 결정 또는 처분이 위법·부당하다고 불복하는 자는 국토교통부장관을 거쳐 관할지방법원에 이의신청을 할 수 있다.〈개정 08·2·29, 13·3·23〉 제73조(새로운 사실에 의한 이의의 금지) 이의는 새로운 사실이나 새로운 증거방법으로써 이를 하지 못한다. 제74조(이의에 대한 조치) ①등록공무원은 이의가 이유없다고 인정하는 때에는 3일 이내에 의견을 붙여 사건을 관할지방법원에 송부하여야 한다. ②등록공무원은 이의가 이유있다고 인정하는 때에는 그에 상당한 처분을 하여야 한다. 다만, 등록이 이미 완료된 때에는 그 등록에 대하여 이	

등 록 령	시 행 규 칙
의가 있다는 뜻을 부기하고 이를 등록상의 이해관계인에게 통지한 후 제1항의 절차를 취하여야 한다. 제75조(집행부정지) 이의는 집행정지의 효력이 없다. 제76조(이의에 대한 결정과 항고) ①관할지방법원은 이의에 대하여 이유를 붙여 결정을 하여야 한다. 이 경우 이의가 이유있다고 인정되는 때에는 등록공무원에게 상당한 처분을 하도록 명하고, 그 취지를 이의신청인과 등록상의 이해관계인에게 통지하여야 한다. ②제1항의 결정에 대하여는 비송사건절차법에 의하여 항고할 수 있다. 제77조(처분전 가등록명령) 관할지방법원은 이의에 대하여 결정하기 전에 등록공무원에게 가등록을 명할 수 있다. 제78조(관할법원의 명령에 의한 등록의 방법) 등록공무원이 관할지방법원의 명령에 의하여 등록을 하는 때에는 명령의 연월일, 명령에 의하여 등록을 한다는 뜻과 등록의 연월일을 기재하고 등록공무원이 날인하여야 한다. 제79조(송달) 송달에 있어서는 민사소송법의 규정을 준용하고, 이의비용에 대하여는 비송사건절차법의 규정을 준용한다. 제80조(다른 법령의 준용) 이 영에 정하지 아니한 사항에 대하여는 부동산등기법에 의한 부동산등기의 예에 의한다.	

등 록 령	시 행 규 칙
부 칙 이 영은 2004년 1월 1일부터 시행한다. 부 칙 〈06 · 6 · 12〉 이 영은 공포한 날부터 시행한다. 부 칙 〈08 · 2 · 29〉 제1조(시행일) 이 영은 공포한 날부터 시행한다. 다만, 부칙 제6조에 따라 개정되는 대통령령 중 이 영의 시행 전에 공포되었으나 시행일이 도래 하지 아니한 대통령령을 개정한 부분은 각각 해당 대통령령의 시행일부 터 시행한다. 제2조부터 제6조까지 생략 부 칙 〈10 · 1 · 27〉 제1조(시행일) 이 영은 2010년 2월 1일부터 시행한다. 제2조 및 제5조 생략 부 칙 〈10 · 5 · 4〉 제1조(시행일) 이 영은 2010년 5월 5일부터 시행한다. 제2조 및 제3조 생략 부 칙 〈10 · 11 · 2〉 이 영은 공포한 날부터 시행한다. 부 칙 〈13 · 3 · 23〉	부 칙 이 규칙은 2004년 1월 1일부터 시행한다. 부 칙 〈06 · 10 · 26〉 이 규칙은 공포한 날부터 시행한다. 부 칙 〈07 · 12 · 13〉 이 규칙은 공포한 날부터 시행한다. 부 칙 〈08 · 3 · 14〉 이 규칙은 공포한 날부터 시행한다. 부 칙 〈11 · 3 · 24〉 이 규칙은 2012년 1월 1일부터 시행한다. 부 칙 〈13 · 3 · 23〉 제1조(시행일) 이 규칙은 공포한 날부터 시행한다. 〈단서 생략〉 제2조부터 제6조까지 생략 부 칙 〈14 · 8 · 7〉 제1조(시행일) 이 규칙은 공포한 날부터 시행한다. 제2조(서식에 관한 경과조치) 이 규칙 시행 당시 종전의 규정에 따라 사용 중인 서식은 계속 사용하되, 이 규칙에 따라 주민등록번호가 삭제되거 나 생년월일로 개정된 부분은 삭제하거나 수정하여 사용한다.

등 록 령	시 행 규 칙
제1조(시행일) 이 영은 공포한 날부터 시행한다. 〈단서 생략〉 제2조부터 제6조까지 생략 　　　　　부　　　　칙 〈15·12·30〉 이 영은 공포한 날부터 시행한다. 〈단서 생략〉 　　　　　부　　　　칙 〈21·1·5〉 이 영은 공포한 날부터 시행한다. 〈단서 생략〉	부　　　　칙 〈17·5·2〉 이 규칙은 공포한 날부터 시행한다.

철도시설관리권 등록령 시행규칙 [별지서식] 110

【시행규칙 별지서식】

[별지 제1호서식]

(제1쪽)

철도시설관리권등록부

등록번호		제 호	
표제부(철도시설관리권의 표시)			
①표시번호		표 시 란	
	②신청서의 접수연월일		
	③철도시설관리권의 설정연월일		
	④철도시설의 위치 및 명칭		
	⑤철도시설관리권이 설정된 시설		
	⑥철도시설관리권의 존속기간		
	⑦철도시설의 신설·개량에 투자된 비용의 총액		
	⑧철도시설관리권에 의하여 징수하는 사용료의 총액		
⑨비 고			

210mm×297mm(보존용지(1종) 70g/㎡)

(제2쪽)

①표시번호	②표 시 란
③비 고	

(제3쪽)

갑 구(철도시설관리권)	
①순위번호	②사 항 란
③비 고	

(제4쪽)

을 구(저 당 권)	
①순위번호	②사 항 란
③비 고	

[별지 제2호서식] 〈개정 08·3·14, 13·3·23, 14·8·7〉

철도시설관리권 [ ]등본   교부신청서
[ ]초본

※ [ ]에는 해당하는 곳에 √ 표시를 합니다.

접수번호		접수일	발급일	처리기간	1일
신청인	성명(법인의 경우 법인의 명칭 및 대표자 성명)		생년월일(법인등록번호)		
	주소		전화번호		

철도시설관리권의 등록번호
청구구분
용도
기타사항

「철도시설관리권등록령」 제12조 및 같은 령 시행규칙 제5조제1항에 따라 위와 같이
철도시설관리권([ ]등본 [ ]초본)의 교부를 신청합니다.

년   월   일

신청인   (서명 또는 인)

국토교통부장관   귀하

첨부서류	없음	수수료 1,200원

처리절차				
신청서 작성 →	접 수	대조확인	기안결재	교 부
신청인	국토교통부 (철도시설관리 담당부서)	국토교통부 (철도시설관리 담당부서)	국토교통부 (철도시설관리 담당부서)	국토교통부 (철도시설관리 담당부서)

210mm×297mm[백상지 80g/㎡(재활용품)]

[별지 제3호서식] 〈개정 08·3·14, 13·3·23, 14·8·7〉

철도시설관리권등록부 열람신청서

접수번호		접수일	발급일	처리기간	즉시
신청인	성명(법인의 경우 법인의 명칭 및 대표자 성명)		생년월일(법인등록번호)		
	주소		전화번호		
신청내용	철도시설관리권의 등록번호				
	열람의 목적				
	기타사항				

「철도시설관리권등록령」 제12조 및 같은 령 시행규칙 제5조제1항에 따라 위와 같이 철도시설관리권등록부의 열람을 신청합니다.

년   월   일

신청인   (서명 또는 인)

국토교통부장관 귀하

첨부서류	없음	수수료 1,200원

처리절차

신청서 작성 → 접 수 → 열 람
신청인   국토교통부   신청인
            (철도시설관리담당부서)

[별지 제4호서식] 〈개정 06·10·26, 08·3·14, 13·3·23, 14·8·7〉

철도시설관리권(저당권) 등록신청서

※ 색상이 어두운 란은 신청인이 적지 않습니다.   (앞 쪽)

접수번호		접수일		처리기간	14일
등록권리자	성명(법인의 명칭 및 대표자 성명)			생년월일(법인등록번호)	
	주소			전화번호	
등록의무자	성명(법인의 명칭 및 대표자 성명)			생년월일(법인등록번호)	
	주소			전화번호	
철도시설 관리권의 표시	철도시설의 위치 및 명칭				
	철도시설관리권이 설정된 시설				
	철도시설관리권의 존속기간				
	철도시설의 신설·개량에 투자된 비용의 총액				
	철도시설관리권에 따라 징수하는 사용료의 총액				
등록 개요	등록원인 및 그 발생연월일			등록의 목적	
	특약			기타	
처리인	접수	조사	기입	등기필 통지	기타 통지

위와 같이 철도시설관리권(저당권) 등록을 신청합니다.

년   월   일

등록권리자 성명(명칭)   (서명 또는 인)
등록의무자 성명(명칭)   (서명 또는 인)

국토교통부장관 귀하

첨부서류	1. 등록원인을 증명하는 서류(서류가 처음부터 없거나 이를 제출할 수 없는 경우에는 신청서의 부본으로 대체합니다) 2. 등록의무자의 권리에 대한 등록필증(제1호의 서류가 집행력 있는 판결인 경우에는 제출하지 않습니다) 3. 등록의 원인에 대하여 제3자의 승낙 또는 동의를 필요로 하는 경우에는 이를 증명하는 서류(제1호의 서류가 집행력 있는 판결인 경우에는 제출하지 않습니다) 4. 대리인이 등록을 신청하는 경우에는 그 권한을 증명하는 서류 5. 등록의 원인이 상속, 법인의 합병 그 밖의 포괄승계이거나, 등록명의인의 표시의 변경 또는 경정의 등록을 신청하는 경우에는 가족관계기록사항에 관한 증명서 또는 그 사실을 증명할 수 있는 서류(전자문서를 포함합니다) 6. 법인 아닌 사단이나 재단이 그 명의로 등록을 신청하는 경우에는 정관 그 밖의 규약, 대표자 또는 관리인임을 증명하는 서면, 「민법」 제276조제1항의 규정에 의한 결의서(법인 아닌 사단인 경우에만 제출합니다) 7. 채권자가 「민법」 제404조의 규정에 의하여 채무자를 대위하여 등록을 신청하는 경우에는 대위의 원인을 증명하는 서류	수수료 없음

철도시설관리권 등록령 시행규칙 [별지서식] 112

(뒤쪽)

[별지 제5호서식]

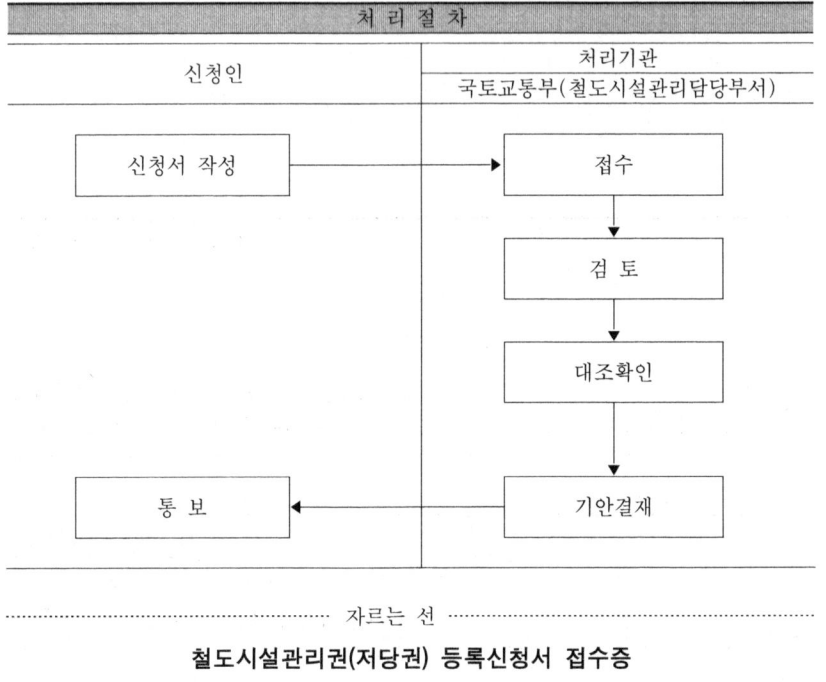

---------------------------- 자르는 선 ----------------------------

철도시설관리권(저당권) 등록신청서 접수증

1. 등록번호
2. 접수연월일
3. 접수번호
4. 표시번호 또는 순위번호
5. 등록연월일

년   월   일

국토교통부장관

철도시설관리권(저당권)등록신청서접수대장				
①접 수 번 호	②접 수 연월일	③등록의 목 적	④신청인의 주소 및 성명 (법인인 경우에는 그 명칭 및 주소)	⑤비 고

210㎜×297㎜(보존용지(1종) 70g/㎡)

철도사업법 · 시행령 · 시행규칙

철도사업법 · 시행령 · 시행규칙 목차

법	시 행 령	시 행 규 칙
제1장 총 칙		
제1조(목적) ······················· 120	제1조(목적) ······················· 120	제1조(목적) ······················· 120
제2조(정의) ······················· 120		
제3조(다른 법률과의 관계) ······· 121		
제3조의2(조약과의 관계) ········· 121		
제2장 철도사업의 관리		
제4조(사업용철도노선의 고시 등) ··· 122		제2조(사업용철도노선의 지정·고시) ········ 122
		제2조의2(사업용철도노선의 유형 분류) ······ 123
제4조의2(철도차량의 유형 분류) ····· 123		제2조의3(철도차량의 유형 분류) ·········· 123
제5조(면허 등) ···················· 124		제3조(철도사업의 면허 등) ·············· 124
제6조(면허의 기준) ················ 125		제4조(철도사업의 면허기준) ············· 125
제7조(결격사유) ··················· 126	제2조(철도관계법령) ················ 126	
제8조(운송 시작의 의무) ············ 127		제5조(운송개시의 의무) ················ 127
제9조(여객 운임·요금의 신고 등) ···· 127	제3조(철도운임·요금의 신고) ········ 127	제6조(철도운임·요금의 신고) ············ 127
	제4조(철도운임·요금의 상한지정 등) ··· 128	
제9조의2(운임·요금의 감면) ········ 129		
제10조(부가 운임의 징수) ·········· 129		
제10조의2(승차권 등 부정판매의 금지) ······· 130		
제11조(철도사업약관) ·············· 131		제7조(철도사업약관의 신고 등) ·········· 131
제12조(사업계획의 변경) ············ 132	제5조(사업계획의 중요한 사항의 변경) ······ 132	제8조(사업계획의 변경절차 등) ·········· 132
	제6조(사업계획의 변경을 제한할 수 있는 철도사고의 기준) ······················ 133	

법	시 행 령	시 행 규 칙
제13조(공동운수협정) ·············· 133		제9조(공동운수협정의 인가 등) ·········· 133
제14조(사업의 양도·양수 등) ········ 136		제10조(사업의 양도·양수의 인가신청 등) ··· 136
제15조(사업의 휴업·폐업) ·········· 137	제7조(사업의 휴업·폐업 내용의 게시) ······· 137	제11조(사업의 휴업·폐업) ·········· 137
제16조(면허취소 등) ················· 138	제8조(면허취소 또는 사업정지 등의 처분대	제12조(면허취소 등 처분기준과 절차 등) ····· 138
	상이 되는 사상자 수) ············ 138	
제17조(과징금처분) ················· 140	제9조(과징금을 부과할 위반행위의 종류와	
	과징금의 금액) ·················· 140	
	제10조(과징금의 부과 및 납부) ·········· 140	
		제13조(과징금운용계획 수립·시행) ·········· 141
제18조(철도차량 표시) ················ 141		제14조(철도차량표시) ··················· 141
제19조(우편물 등의 운송) ·············· 141		
제20조(철도사업자의 준수사항) ········ 142		제15조(철도사업자의 준수사항 등) ·········· 142
제21조(사업의 개선명령) ············· 142		
제22조(철도운수종사자의 준수사항) ····· 143		제16조(철도운수종사자의 준수사항 등) ······· 143
제23조(명의 대여의 금지) ············· 143		제17조 및 제18조 삭제〈19·6·18〉 ········· 143
제24조(철도화물 운송에 관한 책임) ······ 144		
제25조 삭제〈18·6·12〉 ··············· 144		
제3장 철도서비스 향상 등		
제26조(철도서비스의 품질평가 등) ······· 144		제19조(철도서비스의 품질평가 등) ·········· 144
제27조(평가 결과의 공표 및 활용) ······· 145	제11조(평가결과의 공표) ·················· 145	
제28조(우수 철도서비스 인증) ········· 146		제20조(우수철도서비스 인증절차 등) ········· 146
		제21조(우수서비스마크) ··················· 148
		제22조(우수철도서비스인증의 사후관리) ······· 148
제29조(평가업무 등의 위탁) ··········· 149		
제30조(자료 등의 요청) ·············· 149		

법	시 행 령	시 행 규 칙
제31조(철도시설의 공동 활용) ········· 149		
제32조(회계의 구분) ···················· 150		제22조의2(회계의 구분 및 경리에 관한 사항) ·· 150
제33조(벌칙 적용 시의 공무원의제) ········· 151		
제4장 전용철도		
제34조(등록) ····························· 151	제12조(전용철도 등록사항의 경미한 변경 등) ··· 151	제23조(전용철도 운영의 등록절차 등) ········· 151
제35조(결격사유) ························ 153		
제36조(전용철도 운영의 양도·양수 등) ······· 153		제24조(전용철도 운영의 양도·양수) ··········· 153
		제25조(전용철도 운영의 합병) ··············· 154
제37조(전용철도 운영의 상속) ············ 155		제26조(전용철도 운영의 상속신고) ··········· 155
제38조(전용철도 운영의 휴업·폐업) ········ 155		제27조(전용철도 운영의 휴지·폐지의 신고) ··· 155
제39조(전용철도 운영의 개선명령) ········· 156		
제40조(등록의 취소·정지) ················ 156		
제41조(준용규정) ························ 157		
제5장 국유철도시설의 활용·지원 등		
제42조(점용허가) ························ 157	제13조(점용허가의 신청 및 점용허가기간) ··· 157	제28조(점용허가신청 등) ··················· 157
제42조의2(점용허가의 취소) ·············· 158		제28조의2(점용허가의 취소 절차 및 방법) ··· 158
제43조(시설물 설치의 대행) ·············· 159		
제44조(점용료) ·························· 160	제14조(점용료) ····························· 160	제28조의3(점용료) ························· 160
제44조의2(변상금의 징수) ················ 161		
제45조(권리와 의무의 이전) ·············· 161	제15조(권리와 의무의 이전) ··············· 161	제29조(권리와 의무의 이전) ················ 161
제46조(원상회복의무) ···················· 162	제16조(원상회복의무) ····················· 162	
	제16조의2(민감정보 및 고유식별정보의 처리) ································· 163	

법	시 행 령	시 행 규 칙
	제16조의3 삭제 〈18·12·24〉 ················ 164	
제46조의2(국가귀속 시설물의 사용허가기간 등에 관한 특례) ················ 164		
제6장 보 칙		
제47조(보고·검사 등) ················ 164		제30조(검사원) ················ 165
제48조(수수료) ················ 165		제31조(수수료) ················ 165
제48조의2(규제의 재검토) ················ 165		제31조의2(규제의 재검토) ················ 165
		제32조 삭제 〈14·12·10〉 ················ 166
제7장 벌 칙		
제49조(벌칙) ················ 166		
제50조(양벌규정) ················ 167		
제51조(과태료) ················ 168	제17조(과태료의 부과기준) ················ 168	
제52조 삭제 〈11·5·24〉 ················ 169		
부 칙 ················ 170	부 칙 ················ 170	부 칙 ················ 170

법	시 행 령	시 행 규 칙
철도사업법	**철도사업법 시행령**	**철도사업법 시행규칙**
[2004·12·31 법률 제7303호 제정]	[2005·6·30 대통령령 제18932호 제정]	[2005·7·1 건설교통부령 제451호 제정]
2008· 2·29 법률 제8852호 　(정부조직법 전부개정법률) 2008· 3·28 법률 제9075호 2009· 1·30 법률 제9401호 　(국유재산법 전부개정법률) 2009· 4· 1 법률 제9608호 2011· 5·24 법률 제10722호 2012· 6· 1 법률 제11476호 　(철도안전법 일부개정법률) 2013· 3·22 법률 제11648호 2013· 3·23 법률 제11690호 2015· 1· 6 법률 제12991호 2015· 8·11 법률 제13491호 2015·12·29 법률 제13688호 2016· 1·19 법률 제13806호 2018· 6·12 법률 제15683호 　(철도안전법 일부개정법률) 2018·12·31 법률 제16146호 2019· 4·23 법률 제16394호 2019·11·26 법률 제16637호 2020· 6· 9 법률 제17460호 　(한국철도시설공단법 일부개정법률) 2020·12·22 법률 제17745호 2021· 5·18 법률 제18186호 2022·11·15 법률 제19056호	2008· 2·29 대통령령 제20722호 　(국토해양부와 그 소속기관 직제) 2008· 6·25 대통령령 제20876호 2008·10·20 대통령령 제21087호 　(행정기관 소속 위원회의 정비를 　위한 평생교육법 시행령 등 　일부개정령) 2009· 7·16 제21630호 2009· 7·27 대통령령 제21641호 　(국유재산법 시행령 전부개정령) 2010·11· 2 대통령령 제22467호 　(행정정보의 공동이용 및 문서감축을 　위한 경제교육지원법 시행령 등 일부 　개정령) 2011· 9·16 대통령령 제23145호 2012· 4·20 대통령령 제23743호 　(민감정보 및 고유식별정보 처리 근거 　마련을 위한 건설기계관리법 시행령 　등 일부개정령) 2013· 3·23 대통령령 제24443호 　(국토교통부와 그 소속기관 직제) 2014· 7· 7 대통령령 제25448호 　(도시철도법 시행령 전부개정령) 2014·12· 9 대통령령 제25840호 　(규제 재검토기한 설정 등 규제정비를 위 　한 건축법 시행령 등 일부개정령) 2016· 6·28 대통령령 제27286호 2018·12·24 대통령령 제29421호 　(규제 재검토기한 설정 등을 위한 57개 　법령의 일부개정에 관한 대통령령) 2019· 6· 4 대통령령 제29806호 　(철도안전법 시행령 일부개정령)	개정 2006· 8· 7 건설교통부령 제530호 　(행정정보의 공동이용 및 문서감축을 위한 개발 　이익환수에관한법률시행규칙 등 일부개정령) 2008· 3·14 국토해양부령 제4호 　(정부조직법의 개정에 따른 감정평가에 　관한 규칙 등 일부 개정령) 2008· 6·25 국토해양부령 제24호 2011· 4·11 국토해양부령 제350호 　(행정정보의 공동이용 및 문서감축을 위한 　개발이익 환수에 관한 법률 시행규칙 등 　일부개정령) 2013· 3·23 국토교통부령 제1호 　(국토교통부와 그 소속기관 직제 시행규칙) 2013·12·30 국토교통부령 제54호 　(행정규제기본법 개정에 따른 규제 재검토 　기한 설정을 위한 개발이익환수에 관한 　법률 시행규칙 등 일부개정령) 2014· 3·19 국토교통부령 제81호 　(철도안전법 시행규칙 일부개정령) 2014· 8· 7 국토교통부령 제120호 　(개인정보 보호를 위한 건설산업기본법 시 　행규칙 등 일부개정령) 2014· 8· 7 국토교통부령 제120호 　(개인정보 보호를 위한 건설산업기본법 시 　행규칙 등 일부개정령) 2014·12·10 국토교통부령 제154호 2014·12·31 국토교통부령 제169호 　(규제 재검토기한 설정 등을 위한 건축물의 　분양에 관한 법률 시행규칙 등 일부개정령) 2016· 6·30 국토교통부령 제329호 2016·12·30 국토교통부령 제382호 　(규제 재검토기한 설정 등을 위한 감정평

법	시 행 령	시 행 규 칙
	2019·6·25 대통령령 제29920호 2019·10·8 대통령령 제30106호 　(과태료 금액 정비를 위한 41개 법령 　의 일부개정에 관한 대통령령) 2020·9·10 대통령령 제31012호 　(한국철도시설공단법 시행령 일부개 　정령) 2021·9·24 대통령령 제32014호 　(행정기본법 시행령)	가 및 감정평가사에 관한 법률 시행규 　칙 등 일부개정령) 2019·3·20 국토교통부령 제609호 　(철도건설법시행규칙 일부개정령) 2019·6·18 국토교통부령 제626호 　(철도안전법 시행규칙 일부개정령 2019·6·25 국토교통부령 제628호 2020·5·27 국토교통부령 제729호 2021·8·27 국토교통부령 제882호 　(어려운 법령용어 정비를 위한 80개 국 　토교통부령 일부개정령)

제1장 총 칙

제1조(목적) 이 법은 철도사업에 관한 질서를 확립하고 효율적인 운영 여건을 조성함으로써 철도사업의 건전한 발전과 철도 이용자의 편의를 도모하여 국민경제의 발전에 이바지함을 목적으로 한다.

[전문개정 11·5·24]

제2조(정의) 이 법에서 사용하는 용어의 뜻은 다음과 같다.

1. "철도"란 「철도산업발전 기본법」 제3조제1호에 따른 철도를 말한다.
2. "철도시설"이란 「철도산업발전 기본법」 제3조제2호에 따른 철도시설을 말한다.

제1조(목적) 이 영은 「철도사업법」에서 위임된 사항과 그 시행에 관하여 필요한 사항을 규정함을 목적으로 한다.

제1조(목적) 이 규칙은 「철도사업법」 및 동법 시행령에서 위임된 사항과 그 시행에 관하여 필요한 사항을 규정함을 목적으로 한다.

법	시 행 령	시 행 규 칙
3. "철도차량"이란 「철도산업발전 기본법」 제3조제4호에 따른 철도차량을 말한다. 4. "사업용철도"란 철도사업을 목적으로 설치하거나 운영하는 철도를 말한다. 5. "전용철도"란 다른 사람의 수요에 따른 영업을 목적으로 하지 아니하고 자신의 수요에 따라 특수 목적을 수행하기 위하여 설치하거나 운영하는 철도를 말한다. 6. "철도사업"이란 다른 사람의 수요에 응하여 철도차량을 사용하여 유상(有償)으로 여객이나 화물을 운송하는 사업을 말한다. 7. "철도운수종사자"란 철도운송과 관련하여 승무(乘務, 동력차 운전과 열차 내 승무를 말한다. 이하 같다) 및 역무서비스를 제공하는 직원을 말한다. 8. "철도사업자"란 「한국철도공사법」에 따라 설립된 한국철도공사(이하 "철도공사"라 한다) 및 제5조에 따라 철도사업 면허를 받은 자를 말한다. 9. "전용철도운영자"란 제34조에 따라 전용철도 등록을 한 자를 말한다. [전문개정 11·5·24] 제3조(다른 법률과의 관계) 철도사업에 관하여 다른 법률에 특별한 규정이 있는 경우를 제외하고는 이 법에서 정하는 바에 따른다. [전문개정 11·5·24] 제3조의2(조약과의 관계) 국제철도(대한민국을		

법	시 행 령	시 행 규 칙
포함한 둘 이상의 국가에 걸쳐 운행되는 철도를 말한다)를 이용한 화물 및 여객 운송에 관하여 대한민국과 외국 간 체결된 조약에 이 법과 다른 규정이 있는 때에는 그 조약의 규정에 따른다. [본조신설 22·11·15] 　　　　제2장　철도사업의 관리 제4조(사업용철도노선의 고시 등〈개정 15·12·29〉) ① 국토교통부장관은 사업용철도노선의 노선번호, 노선명, 기점(起點), 종점(終點), 중요 경과지(정차역을 포함한다)와 그 밖에 필요한 사항을 국토교통부령으로 정하는 바에 따라 지정·고시하여야 한다.〈개정 13·3·23, 15·12·29〉		제2조(사업용철도노선의 지정·고시) ①「철도사업법」(이하 "법"이라 한다) 제4조의 규정에 의하여 국토교통부장관은 「철도의 건설 및 철도시설 유지관리에 관한 법률」 제9조에 따른 철도건설사업실시계획을 승인·고시한 날부터 1월 이내에 사업용철도노선을 지정한다. 이 경우 철도건설사업실시계획을 구간별 또는 시설별로 승인·고시하는 때에는 당해 철도건설사업실시계획을 전부 승인·고시한 날부터 1월 이내에 사업용철도노선을 지정할 수 있다.〈개정 08·3·14, 13·3·23, 19·3·20〉 ②국토교통부장관은 제1항의 규정에 의하여 사업용철도노선을 지정한 경우에는 이를 관보에 고시하여야 한다. 고시한 사항의 변경이 있거나 사업용철도노선의 폐지가 있는 때에도 또한 같다.〈개정 08·3·14, 13·3·23〉 ③ 제1항에 따른 사업용철도노선의 지정에 필요한 세부적인 사항은 국토교통부장관이 정하여 고시한다.〈신설 19·6·25〉

법	시 행 령	시 행 규 칙
② 국토교통부장관은 제1항에 따라 사업용철도노선을 지정·고시하는 경우 사업용철도노선을 다음 각 호의 구분에 따라 분류할 수 있다. 1. 운행지역과 운행거리에 따른 분류 　가. 간선(幹線)철도 　나. 지선(支線)철도 2. 운행속도에 따른 분류 　가. 고속철도노선 　나. 준고속철도노선 　다. 일반철도노선 ③ 제2항에 따른 사업용철도노선 분류의 기준이 되는 운행지역, 운행거리 및 운행속도는 국토교통부령으로 정한다. [전문개정 11·5·24] 제4조의2(철도차량의 유형 분류) 국토교통부장관은 철도 운임 상한의 산정, 철도차량의 효율		제2조의2(사업용철도노선의 유형 분류) ① 법 제4조제2항제1호의 운행지역과 운행거리에 따른 사업용철도노선의 분류기준은 다음 각 호와 같다. 1. 간선철도: 특별시·광역시·특별자치시 또는 도 간의 교통수요를 처리하기 위하여 운영 중인 10km 이상의 사업용철도노선으로서 국토교통부장관이 지정한 노선 2. 지선철도: 제1호에 따른 간선철도를 제외한 사업용철도노선 ② 법 제4조제2항제2호의 운행속도에 따른 사업용철도노선의 분류기준은 다음 각 호와 같다. 1. 고속철도노선: 철도차량이 대부분의 구간을 300km/h 이상의 속도로 운행할 수 있도록 건설된 노선 2. 준고속철도노선: 철도차량이 대부분의 구간을 200km/h 이상 300km/h 미만의 속도로 운행할 수 있도록 건설된 노선 3. 일반철도노선: 철도차량이 대부분의 구간을 200km/h 미만의 속도로 운행할 수 있도록 건설된 노선 [본조신설 16·6·30] 제2조의3(철도차량의 유형 분류) 법 제4조의2에서 "국토교통부령으로 정하는 운행속도"란 다

법	시 행 령	시 행 규 칙
적인 관리 등을 위하여 철도차량을 국토교통부령으로 정하는 운행속도에 따라 다음 각 호의 구분에 따른 유형으로 분류할 수 있다. 1. 고속철도차량 2. 준고속철도차량 3. 일반철도차량 [본조신설 15·12·29]		음 각 호의 구분에 따른 운행속도를 말한다. 1. 고속철도차량: 최고속도 300km/h 이상 2. 준고속철도차량: 최고속도 200km/h 이상 300km/h 미만 3. 일반철도차량: 최고속도 200km/h 미만 [본조신설 16·6·30]
제5조(면허 등) ① 철도사업을 경영하려는 자는 제4조제1항에 따라 지정·고시된 사업용철도노선을 정하여 국토교통부장관의 면허를 받아야 한다. 이 경우 국토교통부장관은 철도사업의 질서를 확립하기 위하여 필요한 부담을 붙일 수 있다. 이 경우 국토교통부장관은 철도의 공공성과 안전을 강화하고 이용자 편의를 증진시키기 위하여 국토교통부령으로 정하는 바에 따라 필요한 부담을 붙일 수 있다.〈개정 13·3·23, 15·12·29〉 ② 제1항에 따른 면허를 받으려는 자는 국토교통부령으로 정하는 바에 따라 사업계획서를 첨부한 면허신청서를 국토교통부장관에게 제출하여야 한다.〈개정 13·3·23〉 ③ 철도사업의 면허를 받을 수 있는 자는 법인으로 한다. [전문개정 11·5·24]		제3조(철도사업의 면허 등) ①법 제5조제1항의 규정에 의하여 철도사업의 면허를 받고자 하는 자는 별지 제1호서식의 철도사업면허신청서에 다음 각 호의 서류를 첨부하여 국토교통부장관에게 제출하여야 한다. 이 경우 국토교통부장관은 「전자정부법」 제36조제1항에 따른 행정정보의 공동이용을 통하여 법인 등기사항증명서(설립예정 법인인 경우를 제외한다)를 확인하여야 한다.〈개정 06·8·7, 08·3·14, 08·6·25, 11·4·11, 13·3·23〉 1. 사업계획서 2. 법인설립계획서(설립예정법인인 경우에 한한다) 3. 당해 철도사업을 경영하고자 하는 취지를 설명하는 서류 4. 신청인이 법 제7조 각 호의 규정에 의한 결격사유에 해당하지 아니함을 증명하는 서류 ②제1항제1호의 규정에 의한 사업계획서에는 다음 각 호의 사항을 포함하여야 한다. 1. 운행구간의 기점·종점·정차역 2. 여객운송·화물운송 등 철도서비스의 종류

법	시 행 령	시 행 규 칙
		3. 사용할 철도차량의 대수·형식 및 확보계획 4. 운행횟수, 운행시간계획 및 선로용량 사용계획 5. 당해 철도사업을 위하여 필요한 자금의 내역과 조달방법(공익서비스비용 및 철도시설 사용료의 수준을 포함한다) 6. 철도역·철도차량정비시설 등 운영시설 개요 7. 철도운수종사자의 자격사항 및 확보방안 8. 여객·화물의 취급예정수량 및 그 산출의 기초와 예상 사업수지 ③국토교통부장관은 제1항의 규정에 의하여 면허신청을 받은 경우에는 법 제6조의 규정에 의한 면허기준에의 적합 여부, 법 제7조 각 호의 규정에 의한 결격사유의 유무 및 사업계획서의 타당성 여부 등을 종합적으로 심사하여 신청인에게 철도사업의 면허를 하기로 결정한 경우 신청인에게 별지 제2호서식의 철도사업면허증을 교부하여야 한다.〈개정 08·3·14, 13·3·23〉 ④국토교통부장관은 제3항의 규정에 의한 철도사업면허증을 교부한 때에는 별지 제3호서식의 철도사업면허대장에 이를 기재·관리하여야 한다.〈개정 08·3·14, 13·3·23〉
제6조(면허의 기준) 철도사업의 면허기준은 다음 각 호와 같다.〈개정 13·3·23〉 1. 해당 사업의 시작으로 철도교통의 안전에 지장을 줄 염려가 없을 것 2. 해당 사업의 운행계획이 그 운행 구간의		제4조(철도사업의 면허기준) 법 제6조제4호에서 "국토교통부령이 정하는 기준"이라 함은 별표 1에서 정하는 기준을 말한다.〈개정 08·3·14, 13·3·23〉

법	시 행 령	시 행 규 칙
철도 수송 수요와 수송력 공급 및 이용자의 편의에 적합할 것 3. 신청자가 해당 사업을 수행할 수 있는 재정적 능력이 있을 것 4. 해당 사업에 사용할 철도차량의 대수(臺數), 사용연한 및 규격이 국토교통부령으로 정하는 기준에 맞을 것 [전문개정 11·5·24] 제7조(결격사유) 다음 각 호의 어느 하나에 해당하는 법인은 철도사업의 면허를 받을 수 없다. 〈개정 18·12·31〉 1. 법인의 임원 중 다음 각 목의 어느 하나에 해당하는 사람이 있는 법인 가. 피성년후견인 또는 피한정후견인 나. 파산선고를 받고 복권되지 아니한 사람 다. 이 법 또는 대통령령으로 정하는 철도 관계 법령을 위반하여 금고 이상의 실형을 선고받고 그 집행이 끝나거나(끝난 것으로 보는 경우를 포함한다) 면제된 날부터 2년이 지나지 아니한 사람 라. 이 법 또는 대통령령으로 정하는 철도 관계 법령을 위반하여 금고 이상의 형의 집행유예를 선고받고 그 유예 기간 중에 있는 사람 2. 제16조제1항에 따라 철도사업의 면허가 취소된 후 그 취소일부터 2년이 지나지 아니한 법인. 다만, 제1호가목 또는 나목에 해당	제2조(철도관계법령)「철도사업법」(이하 "법"이라 한다) 제7조제1호다목 및 라목에서 "대통령령으로 정하는 철도 관계 법령"이란 각각 다음 각 호의 법령을 말한다.〈개정 16·6·28, 20·9·10〉 1.「철도산업발전 기본법」 2.「철도안전법」 3.「도시철도법」 4.「국가철도공단법」 5.「한국철도공사법」	

법	시 행 령	시 행 규 칙
하여 철도사업의 면허가 취소된 경우는 제외한다. [전문개정 15·12·29] 제8조(운송 시작의 의무) 철도사업자는 국토교통부장관이 지정하는 날 또는 기간에 운송을 시작하여야 한다. 다만, 천재지변이나 그 밖의 불가피한 사유로 철도사업자가 국토교통부장관이 지정하는 날 또는 기간에 운송을 시작할 수 없는 경우에는 국토교통부장관의 승인을 받아 날짜를 연기하거나 기간을 연장할 수 있다.〈개정 13·3·23〉 [전문개정 11·5·24] 제9조(여객 운임·요금의 신고 등〈개정 15·12·29〉) ① 철도사업자는 여객에 대한 운임(여객운송에 대한 직접적인 대가를 말하며, 여객운송과 관련된 설비·용역에 대한 대가는 제외한다. 이하 같다)·요금(이하 "여객 운임·요금"이라 한다)을 국토교통부장관에게 신고하여야 한다. 이를 변경하려는 경우에도 같다.〈개정 13·3·23〉	제3조(여객 운임·요금의 신고〈개정 16·6·28〉) ①철도사업자는 법 제9조제1항에 따라 여객에 대한 운임·요금(이하 "여객 운임·요금"이라 한다)의 신고 또는 변경신고를 하려는 경우에는 국토교통부령으로 정하는 여객 운임·요금 신고서 또는 변경신고서에 다음 각 호의 서류를 첨부하여 국토교통부장관에게 제출하여야 한다.〈개정 08·2·29, 13·3·23, 16·6·28〉 1. 여객 운임·요금표 2. 여객 운임·요금 신·구대비표 및 변경사유를 기재한 서류(여객 운임·요금을 변경하는 경우에 한정한다) ②철도사업자는 사업용철도를 「도시철도법」에 의한 도시철도운영자가 운영하는 도시철도와	제5조(운송 시작의 의무〈개정 14·12·10〉) 철도사업자가 법 제8조 단서에 따라 운송 시작일의 연기 또는 운송 시작기간의 연장에 대한 승인을 받으려면 운송 시작 예정일과 그 사유를 기재한 별지 제4호서식의 운송 시작일 연기(운송 시작기간 연장) 승인신청서에 관계증거서류를 첨부하여 국토교통부장관에게 제출하여야 한다.〈개정 08·3·14, 13·3·23, 14·12·10〉 제6조(여객 운임·요금의 신고〈개정 16·6·30〉) 「철도사업법 시행령」(이하 "영"이라 한다) 제3조제1항에 따른 여객 운임·요금의 신고서 또는 변경신고서는 별지 제5호서식에 따른다.〈개정 16·6·30〉

법	시 행 령	시 행 규 칙
② 철도사업자는 여객 운임·요금을 정하거나 변경하는 경우에는 원가(原價)와 버스 등 다른 교통수단의 여객 운임·요금과의 형평성 등을 고려하여야 한다. 이 경우 여객에 대한 운임은 제4조제2항에 따른 사업용철도노선의 분류, 제4조의2에 따른 철도차량의 유형 등을 고려하여 국토교통부장관이 지정·고시한 상한을 초과하여서는 아니 된다.〈개정 13·3·23, 15·12·29〉 ③ 국토교통부장관은 제2항에 따라 여객 운임의 상한을 지정하려면 미리 기획재정부장관과 협의하여야 한다.〈개정 13·3·23〉 ④ 국토교통부장관은 제1항에 따른 신고 또는 변경신고를 받은 날부터 3일 이내에 신고수리 여부를 신고인에게 통지하여야 한다.〈신설 20·12·22〉 ⑤ 철도사업자는 제1항에 따라 신고 또는 변경신고를 한 여객 운임·요금을 그 시행 1주일 이전에 인터넷 홈페이지, 관계 역·영업소 및 사업소 등 일반인이 잘 볼 수 있는 곳에 게시하여야 한다.〈개정 15·12·29, 20·12·22〉 [전문개정 11·5·24]	연결하여 운행하려는 때에는 법 제9조제1항에 따라 여객 운임·요금의 신고 또는 변경신고를 하기 전에 여객 운임·요금 및 그 변경시기에 관하여 미리 당해 도시 철도운영자와 협의하여야 한다.〈개정 14·7·7, 16·6·28〉 제4조(여객 운임의 상한지정 등〈개정 16·6·28〉) ① 국토교통부장관은 법 제9조제2항 후단에 따라 여객에 대한 운임(이하 "여객 운임"이라 한다)의 상한을 지정하는 때에는 물가상승률, 원가수준, 다른 교통수단과의 형평성, 법 제4조제2항에 따른 사업용철도노선(이하 "사업용철도노선"이라 한다)의 분류와 법 제4조의2에 따른 철도차량의 유형 등을 고려하여야 하며, 여객 운임의 상한을 지정한 경우에는 이를 관보에 고시하여야 한다.〈개정 08·2·29, 08·6·25, 13·3·23, 16·6·28〉 ② 국토교통부장관은 제1항에 따라 여객 운임의 상한을 지정하기 위하여 「철도산업발전기본법」 제6조에 따른 철도산업위원회 또는 철도나 교통 관련 전문기관 및 전문가의 의견을 들을 수 있다.〈개정 08·2·29, 08·6·25, 08·10·20, 13·3·23, 16·6·28〉 ③항 및 ④항 삭제〈08·10·20〉 ⑤국토교통부장관이 여객 운임의 상한을 지정하려는 때에는 철도사업자로 하여금 원가계산 그 밖에 여객 운임의 산출기초를 기재한 서류	

법	시 행 령	시 행 규 칙
	를 제출하게 할 수 있다.〈개정 08·2·29, 08·6·25, 13·3·23, 16·6·28〉 ⑥국토교통부장관은 사업용철도노선과「도시철도법」에 의한 도시철도가 연결되어 운행되는 구간에 대하여 제1항에 따른 여객 운임의 상한을 지정하는 경우에는「도시철도법」제31조제1항에 따라 특별시장·광역시장·특별자치시장·도지사 또는 특별자치도지사가 정하는 도시철도 운임의 범위와 조화를 이루도록 하여야 한다.〈개정 08·2·29, 08·6·25, 13·3·23, 14·7·7, 16·6·28〉	
제9조의2(여객 운임·요금의 감면〈개정 15·12·29〉) ① 철도사업자는 재해복구를 위한 긴급지원, 여객 유치를 위한 기념행사, 그 밖에 철도사업의 경영상 필요하다고 인정되는 경우에는 일정한 기간과 대상을 정하여 제9조제1항에 따라 신고한 여객 운임·요금을 감면할 수 있다.〈개정 15·12·29〉 ② 철도사업자는 제1항에 따라 여객 운임·요금을 감면하는 경우에는 그 시행 3일 이전에 감면 사항을 인터넷 홈페이지, 관계 역·영업소 및 사업소 등 일반인이 잘 볼 수 있는 곳에 게시하여야 한다. 다만, 긴급한 경우에는 미리 게시하지 아니할 수 있다.〈개정 15·12·29〉 [전문개정 11·5·24] 제10조(부가 운임의 징수) ① 철도사업자는 열		

법	시 행 령	시 행 규 칙
차를 이용하는 여객이 정당한 운임·요금을 지급하지 아니하고 열차를 이용한 경우에는 승차 구간에 해당하는 운임 외에 그의 30배의 범위에서 부가 운임을 징수할 수 있다.〈개정 18·12·31, 21·5·18〉 ② 철도사업자는 송하인(送荷人)이 운송장에 적은 화물의 품명·중량·용적 또는 개수에 따라 계산한 운임이 정당한 사유 없이 정상 운임보다 적은 경우에는 송하인에게 그 부족 운임 외에 그 부족 운임의 5배의 범위에서 부가 운임을 징수할 수 있다. ③ 철도사업자는 제1항 및 제2항에 따른 부가 운임을 징수하려는 경우에는 사전에 부가 운임의 징수 대상 행위, 열차의 종류 및 운행 구간 등에 따른 부가 운임 산정기준을 정하고 제11조에 따른 철도사업약관에 포함하여 국토교통부장관에게 신고하여야 한다.〈개정 13·3·23〉 ④ 국토교통부장관은 제3항에 따른 신고를 받은 날부터 3일 이내에 신고수리 여부를 신고인에게 통지하여야 한다.〈신설 20·12·22〉 ⑤ 제1항 및 제2항에 따른 부가 운임의 징수 대상자는 이를 성실하게 납부하여야 한다.〈신설 16·1·19, 20·12·22〉 [전문개정 11·5·24] **제10조의2(승차권 등 부정판매의 금지)** 철도사업자 또는 철도사업자로부터 승차권 판매위탁을 받은 자가 아닌 자는 철도사업자가 발행한 승차권 또는 할인권·교환권 등 승차권에 준하		

법	시 행 령	시 행 규 칙
는 증서를 상습 또는 영업으로 자신이 구입한 가격을 초과한 금액으로 다른 사람에게 판매하거나 이를 알선하여서는 아니 된다.〈개정 15·8·11〉 [본조신설 11·5·24] 제11조(철도사업약관) ① 철도사업자는 철도사업약관을 정하여 국토교통부장관에게 신고하여야 한다. 이를 변경하려는 경우에도 같다.〈개정 13·3·23〉 ② 제1항에 따른 철도사업약관의 기재 사항 등에 필요한 사항은 국토교통부령으로 정한다.〈개정 13·3·23〉 ③ 국토교통부장관은 제1항에 따른 신고 또는 변경신고를 받은 날부터 3일 이내에 신고수리 여부를 신고인에게 통지하여야 한다.〈신설 20·12·22〉 [전문개정 11·5·24]		제7조(철도사업약관의 신고 등) ①철도사업자가 법 제11조제1항의 규정에 의하여 철도사업약관을 신고 또는 변경신고를 하고자 하는 때에는 별지 제6호서식의 철도사업약관신고(변경신고)서에 다음 각 호의 서류를 첨부하여 국토교통부장관에게 제출하여야 한다.〈개정 08·3·14, 13·3·23, 16·6·30〉 1. 철도사업약관 2. 철도사업약관 신·구대비표 및 변경사유서(변경신고의 경우에 한한다) ②제1항에 따른 철도사업약관에는 다음 각 호의 사항을 기재하여야 한다.〈개정 16·6·30〉 1. 철도사업약관의 적용범위 2. 여객 운임·요금의 수수 또는 환급에 관한 사항 3. 부가운임에 관한 사항 4. 운송책임 및 배상에 관한 사항 5. 면책에 관한 사항 6. 여객의 금지행위에 관한 사항 7. 화물의 인도·인수·보관 및 취급에 관한 사항 8. 그 밖에 이용자의 보호 등을 위하여 필요한 사항

법	시 행 령	시 행 규 칙
		③철도사업자는 제1항의 규정에 의하여 철도사업약관을 신고하거나 변경신고를 한 때에는 그 철도사업약관을 인터넷 홈페이지, 관계 역·영업소 및 사업소 등의 이용자가 보기 쉬운 장소에 비치하고, 이용자가 이를 열람할 수 있도록 하여야 한다.〈개정 08·6·25〉
제12조(사업계획의 변경) ① 철도사업자는 사업계획을 변경하려는 경우에는 국토교통부장관에게 신고하여야 한다. 다만, 대통령령으로 정하는 중요 사항을 변경하려는 경우에는 국토교통부장관의 인가를 받아야 한다.〈개정 13·3·23〉 ② 국토교통부장관은 철도사업자가 다음 각 호의 어느 하나에 해당하는 경우에는 제1항에 따른 사업계획의 변경을 제한할 수 있다.〈개정 12·6·1, 13·3·23〉 1. 제8조에 따라 국토교통부장관이 지정한 날 또는 기간에 운송을 시작하지 아니한 경우 2. 제16조에 따라 노선 운행중지, 운행제한, 감차(減車) 등을 수반하는 사업계획 변경명령을 받은 후 1년이 지나지 아니한 경우 3. 제21조에 따른 개선명령을 받고 이행하지 아니한 경우	제5조(사업계획의 중요한 사항의 변경) 법 제12조제1항 단서에서 "대통령령으로 정하는 중요 사항을 변경하려는 경우"란 다음 각 호의 어느 하나에 해당하는 경우를 말한다.〈개정 08·6·25, 16·6·28〉 1. 철도이용수요가 적어 수지균형의 확보가 극히 곤란한 벽지 노선으로서 「철도산업발전기본법」 제33조제1항에 따라 공익서비스비용의 보상에 관한 계약이 체결된 노선의 철도운송서비스(철도여객운송서비스 또는 철도화물운송서비스를 말한다)의 종류를 변경하거나 다른 종류의 철도운송서비스를 추가하는 경우 2. 운행구간의 변경(여객열차의 경우에 한한다) 3. 사업용철도노선별로 여객열차의 정차역을 신설 또는 폐지하거나 10분의 2 이상 변경하는 경우 4. 사업용철도노선별로 10분의 1 이상의 운행횟수의 변경(여객열차의 경우에 한한다). 다만, 공휴일·방학기간 등 수송수요와 열차운	제8조(사업계획의 변경절차 등) ①철도사업자는 법 제12조제1항에 따라 사업계획을 변경하려는 때에는 사업계획을 변경하려는 날 1개월 전까지(변경하려는 사항이 인가사항인 경우에는 2개월 전까지) 별지 제7호서식의 사업계획변경신고서 또는 별지 제8호서식의 사업계획변경인가신청서에 다음 각 호의 서류를 첨부하여 국토교통부장관에게 제출하여야 한다.〈개정 08·3·14, 08·6·25, 13·3·23〉 1. 신·구 사업계획을 대비한 서류 또는 도면 2. 철도안전 확보 계획 3. 사업계획 변경 후의 예상 사업수지 계산서 ②국토교통부장관은 제1항의 규정에 의하여 사업계획변경인가신청을 받은 때에는 당해 사업계획의 변경내용이 법 제6조의 규정에 의한 면허기준에 적합한 지의 여부 등을 검토하여 그 인가신청을 받은 날부터 1월 이내에 그 결정내용을 신청인에게 통보하여야 한다.〈개정 08·3·14, 13·3·23〉

법	시 행 령	시 행 규 칙
4. 철도사고(「철도안전법」 제2조제11호에 따른 철도사고를 말한다. 이하 같다)의 규모 또는 발생 빈도가 대통령령으로 정하는 기준 이상인 경우 ③ 제1항과 제2항에 따른 사업계획 변경의 절차·기준과 그 밖에 필요한 사항은 국토교통부령으로 정한다.〈개정 13·3·23〉 ④ 국토교통부장관은 제1항 본문에 따른 신고를 받은 날부터 3일 이내에 신고수리 여부를 신고인에게 통지하여야 한다.〈신설 20·12·22〉 [전문개정 11·5·24] 제13조(공동운수협정) ① 철도사업자는 다른 철도사업자와 공동경영에 관한 계약이나 그 밖의 운수에 관한 협정(이하 "공동운수협정"이라 한다)을 체결하거나 변경하려는 경우에는 국토교통부령으로 정하는 바에 따라 국토교통부장관의 인가를 받아야 한다. 다만, 국토교통부령으로 정하는 경미한 사항을 변경하려는 경우에는 국토교통부령으로 정하는 바에 따라 국토교통부장관에게 신고하여야 한다.〈개정 13·3·23〉 ② 국토교통부장관은 제1항 본문에 따라 공동운수협정을 인가하려면 미리 공정거래위원회와 협의하여야 한다.〈개정 13·3·23〉 ③ 국토교통부장관은 제1항 단서에 따른 신고	행계획상의 수송력과 현저한 차이가 있는 경우로서 3월 이내의 기간동안 운행횟수를 변경하는 경우를 제외한다. 제6조(사업계획의 변경을 제한할 수 있는 철도사고의 기준) 법 제12조제2항제4호에서 "대통령령으로 정하는 기준"이란 사업계획의 변경을 신청한 날이 포함된 연도의 직전 연도의 열차운행거리 100만킬로미터당 철도사고(철도사업자 또는 그 소속 종사자의 고의 또는 과실에 의한 철도사고를 말한다. 이하 같다)로 인한 사망자 수 또는 철도사고의 발생횟수가 최근(직전연도를 제외한다) 5년간 평균 보다 10분의 2 이상 증가한 경우를 말한다.〈개정 08·6·25, 16·6·28〉	제9조(공동운수협정의 인가 등) ①철도사업자는 법 제13조제1항 본문의 규정에 의한 공동경영에 관한 계약 그 밖의 운수에 관한 협정(이하 "공동운수협정"이라 한다)을 체결하거나 인가받은 사항을 변경하고자 하는 때에는 다른 철도사업자와 공동으로 별지 제9호서식의 공동운수협정(변경)인가신청서에 다음 각 호의 서류를 첨부하여 국토교통부장관에게 제출하여야 한다.〈개정 08·3·14, 13·3·23〉 1. 공동운수협정 체결(변경)사유서 2. 공동운수협정서 사본 3. 신·구 공동운수협정을 대비한 서류 또는 도면(공동운수협정을 변경하는 경우에 한한다)

법	시 행 령	시 행 규 칙
를 받은 날부터 3일 이내에 신고수리 여부를 신고인에게 통지하여야 한다.〈신설 20·12·22〉 [전문개정 11·5·24]		②국토교통부장관은 제1항의 규정에 의하여 공동운수협정에 대한 인가신청 또는 변경인가 신청을 받은 경우에는 다음 각 호의 사항을 검토한 후 인가 또는 변경인가여부를 결정하여야 한다.〈개정 08·3·14, 13·3·23〉 1. 공동운수협정의 체결 또는 변경으로 인하여 철도서비스의 질적 저하가 발생하는 지의 여부 2. 공동운수협정의 체결 또는 변경으로 인하여 철도수송수요와 수송력 공급 및 이용자의 편의에 지장을 초래하는 지의 여부 3. 공동운수협정의 체결 또는 변경내용에 선로·역시설·물류시설·차량정비기지 및 차량 유치시설 등 운송시설의 공동사용에 관한 내용이 있는 경우에는 당해 운송시설의 공동사용으로 인하여 철도사업의 원활한 운영과 여객의 이용편의에 지장을 초래하는 지의 여부 4. 공동운수협정의 체결 또는 변경이 수송력 공급의 증가를 목적으로 하는 경우에는 주말·연휴 등 일시적으로 유발되는 수송수요에 효율적으로 대응할 수 있는 지의 여부 5. 공동운수협정의 체결 또는 변경에 따른 운임·요금이 적정한 지의 여부 6. 공동운수협정을 체결 또는 변경하는 철도사업자간 수입·비용의 배분이 적정한 지의 여부

법	시 행 령	시 행 규 칙
		7. 공동운수협정의 체결 또는 변경으로 인하여 철도안전에 지장을 초래하는 지의 여부 ③법 제13조제1항 단서에서 "국토교통부령으로 정하는 경미한 사항"이란 다음 각 호의 어느 하나에 해당되는 사항을 말한다.〈개정 08·3·14, 13·3·23, 16·6·30〉 　1. 철도사업자가 법 제9조에 따른 여객 운임·요금의 변경신고를 한 경우 이를 반영하기 위한 사항 　2. 철도사업자가 법 제12조의 규정에 의하여 사업계획변경을 신고하거나 사업계획변경의 인가를 받은 때에는 이를 반영하기 위한 사항 　3. 공동운수협정에 따른 운행구간별 열차 운행횟수의 10분의 1 이내에서의 변경 　4. 그 밖에 법에 의하여 신고 또는 인가·허가 등을 받은 사항을 반영하기 위한 사항 ④철도사업자는 법 제13조제1항 단서의 규정에 의하여 공동운수협정의 변경을 신고하고자 하는 경우에는 별지 제10호서식의 공동운수협정 변경신고서에 다음 각 호의 서류를 첨부하여 다른 철도사업자와 공동으로 국토교통부장관에게 제출하여야 한다.〈개정 08·3·14, 13·3·23〉 　1. 공동운수협정의 변경사유서 　2. 신·구 공동운수협정을 대비한 서류 또는 도면 　3. 당해 철도사업자간 합의를 증명할 수 있는

법	시 행 령	시 행 규 칙
제14조(사업의 양도·양수 등) ① 철도사업자는 그 철도사업을 양도·양수하려는 경우에는 국토교통부장관의 인가를 받아야 한다.〈개정 13·3·23〉 ② 철도사업자는 다른 철도사업자 또는 철도사업 외의 사업을 경영하는 자와 합병하려는 경우에는 국토교통부장관의 인가를 받아야 한다.〈개정 13·3·23〉 ③ 제1항이나 제2항에 따른 인가를 받은 경우 철도사업을 양수한 자는 철도사업을 양도한 자의 철도사업자로서의 지위를 승계하며, 합병으로 설립되거나 존속하는 법인은 합병으로 소멸되는 법인의 철도사업자로서의 지위를 승계한다. ④ 제1항과 제2항의 인가에 관하여는 제7조를 준용한다. [전문개정 11·5·24]		서류 제10조(사업의 양도·양수의 인가신청 등) ①법 제14조제1항의 규정에 의하여 철도사업을 양도·양수하고자 하는 양도인 및 양수인은 별지 제11호서식의 철도사업 양도·양수인가신청서에 다음 각 호의 서류를 첨부하여 양도·양수계약을 체결한 날부터 1월 이내에 국토교통부장관에게 제출하여야 한다. 이 경우 국토교통부장관은 『전자정부법』 제36조제1항에 따른 행정정보의 공동이용을 통하여 양수인의 법인 등기사항증명서(설립예정 법인인 경우를 제외한다)를 확인하여야 한다.〈개정 06·8·7, 08·3·14, 08·6·25, 11·4·11, 13·3·23〉 1. 양도·양수계약서 사본 2. 양도·양수 후 당해 운영구간에 대한 사업계획서 3. 양수인이 법 제7조 각 호의 규정에 의한 결격사유에 해당하지 아니함을 증명하는 서류 4. 법인설립계획서(설립예정법인인 경우에 한한다) 5. 양도 또는 양수에 관한 의사결정을 증명하는 총회 또는 이사회의 의결서 사본 ②법 제14조제2항에 따라 법인의 합병을 하고자 하는 자는 별지 제12호서식의 합병인가신청서에 다음 각 호의 서류를 첨부하여 합병계약을 체결한 날부터 1개월 이내에 국토교통부

법	시 행 령	시 행 규 칙
		장관에게 제출하여야 한다. 이 경우 국토교통부장관은 「전자정부법」 제36조제1항에 따른 행정정보의 공동이용을 통하여 합병 당사자의 법인 등기사항증명서를 확인하여야 한다〈개정 06·8·7, 08·3·14, 08·6·25, 11·4·11, 13·3·23, 16·6·30〉 1. 합병의 방법과 조건에 관한 서류 2. 당사자가 신청당시 경영하고 있는 사업의 개요를 기재한 서류 3. 합병 후 존속하는 법인 또는 합병에 의하여 설립되는 법인이 법 제7조 각 호에 따른 결격사유에 해당하지 아니함을 증명하는 서류 4. 합병계약서 사본 5. 삭제 〈06·8·7〉 6. 합병에 관한 의사결정을 증명하는 총회 또는 이사회의 의결서 사본
제15조(사업의 휴업·폐업) ① 철도사업자가 그 사업의 전부 또는 일부를 휴업 또는 폐업하려는 경우에는 국토교통부령으로 정하는 바에 따라 국토교통부장관의 허가를 받아야 한다. 다만, 선로 또는 교량의 파괴, 철도시설의 개량, 그 밖의 정당한 사유로 휴업하는 경우에는 국토교통부령으로 정하는 바에 따라 국토교통부장관에게 신고하여야 한다.〈개정 13·3·23〉 ② 제1항에 따른 휴업기간은 6개월을 넘을 수 없다. 다만, 제1항 단서에 따른 휴업의 경우에	제7조(사업의 휴업·폐업 내용의 게시〈개정 16·6·28〉) 철도사업자는 법 제15조제1항에 따라 철도사업의 휴업 또는 폐업의 허가를 받은 때에는 그 허가를 받은 날부터 7일 이내에 법 제15조제4항에 따라 다음 각 호의 사항을 철도사업자의 인터넷 홈페이지, 관계 역·영업소 및 사업소 등 일반인이 잘 볼 수 있는 곳에 게시하여야 한다. 다만, 법 제15조제1항 단서에 따라 휴업을 신고하는 경우에는 해당 사유가 발생한 때에 즉시 다음 각 호의 사항을 게시하여야 한다.	제11조(사업의 휴업·폐업) ① 철도사업자는 법 제15조제1항 본문에 따라 철도사업의 전부 또는 일부에 대하여 휴업 또는 폐업의 허가를 받으려면 휴업 또는 폐업 예정일 3개월 전에 별지 제13호서식의 철도사업휴업(폐업)허가신청서에 다음 각 호의 서류를 첨부하여 국토교통부장관에게 제출하여야 한다. 1. 사업의 휴업 또는 폐업에 관한 총회 또는 이사회의 의결서 사본 2. 휴업 또는 폐업하려는 철도노선, 정거장,

법	시 행 령	시 행 규 칙
는 예외로 한다. ③ 제1항에 따라 허가를 받거나 신고한 휴업 기간 중이라도 휴업 사유가 소멸된 경우에는 국토교통부장관에게 신고하고 사업을 재개(再開)할 수 있다.〈개정 13·3·23〉 ④ 국토교통부장관은 제1항 단서 및 제3항에 따른 신고를 받은 날부터 60일 이내에 신고수리 여부를 신고인에게 통지하여야 한다.〈신설 20·12·22〉 ⑤ 철도사업자는 철도사업의 전부 또는 일부를 휴업 또는 폐업하려는 경우에는 대통령령으로 정하는 바에 따라 휴업 또는 폐업하는 사업의 내용과 그 기간 등을 인터넷 홈페이지, 관계 역·영업소 및 사업소 등 일반인이 잘 볼 수 있는 곳에 게시하여야 한다.〈개정 20·12·22〉 [전문개정 11·5·24] 제16조(면허취소 등) ① 국토교통부장관은 철도사업자가 다음 각 호의 어느 하나에 해당하는 경우에는 면허를 취소하거나, 6개월 이내의 기간을 정하여 사업의 전부 또는 일부의 정지를 명하거나, 노선 운행중지·운행제한·감차 등을 수반하는 사업계획의 변경을 명할 수 있다. 다만, 제4호 및 제7호의 경우에는 면허를 취소하여야 한다.〈개정 13·3·23, 15·12·29〉 1. 면허받은 사항을 정당한 사유 없이 시행하지 아니한 경우 2. 사업 경영의 불확실 또는 자산상태의 현저	〈개정 16·6·28〉 1. 휴업 또는 폐업하는 철도사업의 내용 및 그 사유 2. 휴업의 경우 그 기간 3. 대체교통수단 안내 4. 그 밖에 휴업 또는 폐업과 관련하여 철도 사업자가 공중에게 알려야 할 필요성이 있다고 인정하는 사항이 있는 경우 그에 관한 사항 제8조(면허취소 또는 사업정지 등의 처분대상이 되는 사상자 수) 법 제16조제1항제3호에서 "대통령령으로 정하는 다수의 사상자(死傷者)가 발생한 경우"란 1회 철도사고로 사망자 5명 이상이 발생하게 된 경우를 말한다.〈개정 08·6·25, 16·6·28〉	열차의 종별 등에 관한 사항을 적은 서류 3. 철도사업의 휴업 또는 폐업을 하는 경우 대체 교통수단의 이용에 관한 사항을 적은 서류 ② 국토교통부장관은 제1항에 따라 철도사업의 휴업 또는 폐업 허가의 신청을 받은 경우에는 허가신청을 받은 날부터 2개월 이내에 신청인에게 허가 여부를 통지하여야 한다. ③ 철도사업자가 법 제15조제1항 단서에 따라 철도사업의 휴업을 신고하려는 경우에는 휴업 사유가 발생한 즉시 별지 제13호서식의 철도사업휴업신고서에 제1항제2호 및 제3호에 따른 서류를 첨부하여 국토교통부장관에게 제출하여야 한다. [전문개정 14·12·10] 제12조(면허취소 등 처분기준과 절차 등) 법 제16조제1항에 따라 부과하는 행정처분의 기준은 별표 2와 같다. [전문개정 16·6·30]

법	시 행 령	시 행 규 칙
한 불량이나 그 밖의 사유로 사업을 계속하는 것이 적합하지 아니할 경우 3. 고의 또는 중대한 과실에 의한 철도사고로 대통령령으로 정하는 다수의 사상자(死傷者)가 발생한 경우 4. 거짓이나 그 밖의 부정한 방법으로 제5조에 따른 철도사업의 면허를 받은 경우 5. 제5조제1항 후단에 따라 면허에 붙인 부담을 위반한 경우 6. 제6조에 따른 철도사업의 면허기준에 미달하게 된 경우. 다만, 3개월 이내에 그 기준을 충족시킨 경우에는 예외로 한다. 7. 철도사업자의 임원 중 제7조제1호 각 목의 어느 하나의 결격사유에 해당하게 된 사람이 있는 경우. 다만, 3개월 이내에 그 임원을 바꾸어 임명한 경우에는 예외로 한다. 8. 제8조를 위반하여 국토교통부장관이 지정한 날 또는 기간에 운송을 시작하지 아니한 경우 9. 제15조에 따른 휴업 또는 폐업의 허가를 받지 아니하거나 신고를 하지 아니하고 영업을 하지 아니한 경우 10. 제20조제1항에 따른 준수사항을 1년 이내에 3회 이상 위반한 경우 11. 제21조에 따른 개선명령을 위반한 경우 12. 제23조에 따른 명의 대여 금지를 위반한 경우 ② 제1항에 따른 처분의 기준 및 절차와 그		

법	시 행 령	시 행 규 칙
밖에 필요한 사항은 국토교통부령으로 정한다.〈개정 13·3·23〉 ③ 국토교통부장관은 제1항에 따라 철도사업의 면허를 취소하려면 청문을 하여야 한다.〈개정 13·3·23〉 [전문개정 11·5·24] 제17조(과징금처분) ① 국토교통부장관은 제16조제1항에 따라 철도사업자에게 사업정지처분을 하여야 하는 경우로서 그 사업정지처분이 그 철도사업자가 제공하는 철도서비스의 이용자에게 심한 불편을 주거나 그 밖에 공익을해칠 우려가 있을 때에는 그 사업정지처분을 갈음하여 1억원 이하의 과징금을 부과·징수할 수 있다.〈개정 13·3·23〉 ② 제1항에 따라 과징금을 부과하는 위반행위의 종류, 과징금의 부과기준·징수방법 등 필요한 사항은 대통령령으로 정한다. ③ 국토교통부장관은 제1항에 따라 과징금 부과처분을 받은 자가 납부기한까지 과징금을 내지 아니하면 국세 체납처분의 예에 따라 징수한다.〈개정 13·3·23〉 ④ 제1항에 따라 징수한 과징금은 다음 각 호 외의 용도로는 사용할 수 없다. 1. 철도사업 종사자의 양성·교육훈련이나 그 밖의 자질향상을 위한 시설 및 철도사업 종사자에 대한 지도업무의 수행을 위한 시설	제9조(과징금의 부과기준) 법 제17조제1항에 따라 사업정지처분에 갈음하여 과징금을 부과하는 위반행위의 종류와 정도에 따른 과징금의 금액은 별표 1과 같다. [전문개정 16·6·28] 제10조(과징금의 부과 및 납부) ①국토교통부장관은 법 제17조제1항의 규정에 의하여 과징금을 부과하고자 하는 때에는 그 위반행위의 종별과 해당 과징금의 금액 등을 명시하여 이를 납부할 것을 서면으로 통지하여야 한다.〈개정 08·2·29, 13·3·23〉 ②제1항의 규정에 의하여 통지를 받은 자는 20일 이내에 과징금을 국토교통부장관이 지정한 수납기관에 납부하여야 한다. 다만, 천재·지변 그 밖의 부득이한 사유로 인하여 그 기간 내에 과징금을 납부할 수 없는 때에는 그 사유가 없어진 날부터 7일 이내에 납부하여야 한다.〈개정 08·2·29, 13·3·23〉 ③제2항의 규정에 의하여 과징금의 납부를 받은 수납기관은 납부자에게 영수증을 교부하여	

법	시 행 령	시 행 규 칙
의 건설·운영 2. 철도사업의 경영개선이나 그 밖에 철도사업의 발전을 위하여 필요한 사업 3. 제1호 및 제2호의 목적을 위한 보조 또는 융자 ⑤ 국토교통부장관은 과징금으로 징수한 금액의 운용계획을 수립하여 시행하여야 한다.〈개정 13·3·23〉 ⑥ 제4항과 제5항에 따른 과징금 사용의 절차, 운용계획의 수립·시행에 관한 사항과 그 밖에 필요한 사항은 국토교통부령으로 정한다.〈개정 13·3·23〉 [전문개정 11·5·24] 제18조(철도차량 표시) 철도사업자는 철도사업에 사용되는 철도차량에 철도사업자의 명칭과 그 밖에 국토교통부령으로 정하는 사항을 표시하여야 한다.〈개정 13·3·23〉 [전문개정 11·5·24] 제19조(우편물 등의 운송) 철도사업자는 여객 또는 화물 운송에 부수(附隨)하여 우편물과 신문 등을 운송할 수 있다. [전문개정 11·5·24]	야 한다. ④과징금의 수납기관은 제2항의 규정에 의하여 과징금을 수납한 때에는 지체 없이 그 사실을 국토교통부장관에게 통보하여야 한다.〈개정 08·2·29, 13·3·23〉 ⑤ 삭제〈21·9·24〉	제13조(과징금운용계획 수립·시행) 국토교통부장관은 법 제17조제5항의 규정에 의하여 매년 10월 31일까지 다음 연도의 과징금 운용계획을 수립하여 시행하여야 한다.〈개정 08·3·14, 13·3·23〉 제14조(철도차량표시) ①법 제18조에서 "국토교통부령이 정하는 사항"이라 함은 철도차량 외부에서 철도사업자를 식별할 수 있는 도안 또는 문자를 말한다.〈개정 08·3·14, 13·3·23〉 ②철도사업자는 법 제18조의 규정에 의한 철도차량의 표시를 함에 있어 차체 면에 인쇄하거나 도색하는 등의 방법으로 외부에서 용이하게 알아볼 수 있도록 하여야 한다.

법	시 행 령	시 행 규 칙
제20조(철도사업자의 준수사항) ① 철도사업자는 「철도안전법」제21조에 따른 요건을 갖추지 아니한 사람을 운전업무에 종사하게 하여서는 아니 된다. ② 철도사업자는 사업계획을 성실하게 이행하여야 하며, 부당한 운송 조건을 제시하거나 정당한 사유 없이 운송계약의 체결을 거부하는 등 철도운송 질서를 해치는 행위를 하여서는 아니 된다. ③ 철도사업자는 여객 운임표, 여객 요금표, 감면 사항 및 철도사업약관을 인터넷 홈페이지에 게시하고 관계 역·영업소 및 사업소 등에 갖추어 두어야 하며, 이용자가 요구하는 경우에는 제시하여야 한다.〈개정 15·12·29〉 ④ 제1항부터 제3항까지에 따른 준수사항 외에 운송의 안전과 여객 및 화주(貨主)의 편의를 위하여 철도사업자가 준수하여야 할 사항은 국토교통부령으로 정한다.〈개정 13·3·23〉 [전문개정 11·5·24] 제21조(사업의 개선명령) 국토교통부장관은 원활한 철도운송, 서비스의 개선 및 운송의 안전과 그 밖에 공공복리의 증진을 위하여 필요하다고 인정하는 경우에는 철도사업자에게 다음 각 호의 사항을 명할 수 있다.〈개정 13·3·23〉 1. 사업계획의 변경 2. 철도차량 및 운송 관련 장비·시설의 개선 3. 운임·요금 징수 방식의 개선		제15조(철도사업자의 준수사항 등) 법 제20조제4항의 규정에 의한 철도사업자의 준수사항은 별표 3과 같다.

법	시 행 령	시 행 규 칙
4. 철도사업약관의 변경 5. 공동운수협정의 체결 6. 철도차량 및 철도사고에 관한 손해배상을 위한 보험에의 가입 7. 안전운송의 확보 및 서비스의 향상을 위하여 필요한 조치 8. 철도운수종사자의 양성 및 자질향상을 위한 교육 [전문개정 11·5·24] 제22조(철도운수종사자의 준수사항) 철도사업에 종사하는 철도운수종사자는 다음 각 호의 어느 하나에 해당하는 행위를 하여서는 아니 된다. 〈개정 13·3·23〉 1. 정당한 사유 없이 여객 또는 화물의 운송을 거부하거나 여객 또는 화물을 중도에서 내리게 하는 행위 2. 부당한 운임 또는 요금을 요구하거나 받는 행위 3. 그 밖에 안전운행과 여객 및 화주의 편의를 위하여 철도운수종사자가 준수하여야 할 사항으로서 국토교통부령으로 정하는 사항을 위반하는 행위 [전문개정 11·5·24] 제23조(명의 대여의 금지) 철도사업자는 타인에게 자기의 성명 또는 상호를 사용하여 철도사업을 경영하게 하여서는 아니 된다.		제16조(철도운수종사자의 준수사항 등) 법 제22조제3호에서 "국토교통부령이 정하는 사항"이라 함은 별표 4에서 정하는 사항을 말한다.〈개정 08·3·14, 13·3·23〉 제17조 및 제18조 삭제 〈19·6·18〉

법	시 행 령	시 행 규 칙
[전문개정 11·5·24] 제24조(철도화물 운송에 관한 책임) ① 철도사업자의 화물의 멸실·훼손 또는 인도(引導)의 지연에 대한 손해배상책임에 관하여는 「상법」 제135조를 준용한다. ② 제1항을 적용할 때에 화물이 인도 기한을 지난 후 3개월 이내에 인도되지 아니한 경우에는 그 화물은 멸실된 것으로 본다. [전문개정 11·5·24] 제25조 삭제 〈18·6·12〉 제3장 철도서비스 향상 등 제26조(철도서비스의 품질평가 등) ① 국토교통부장관은 공공복리의 증진과 철도서비스 이용자의 권익보호를 위하여 철도사업자가 제공하는 철도서비스에 대하여 적정한 철도서비스 기준을 정하고, 그에 따라 철도사업자가 제공하는 철도서비스의 품질을 평가하여야 한다.〈개정 13·3·23〉 ② 제1항에 따른 철도서비스의 기준, 품질평가의 항목·절차 등에 필요한 사항은 국토교통부령으로 정한다.〈개정 13·3·23〉 [전문개정 11·5·24]		제19조(철도서비스의 품질평가 등) ①법 제26조 제1항의 규정에 의한 철도서비스의 기준은 다음 각 호와 같다. 1. 철도의 시설·환경관리 등이 이용자의 편의와 공익적 목적에 부합할 것 2. 열차가 정시에 목적지까지 도착하도록 하는 등 철도이용자의 편의를 도모할 수 있도록 할 것 3. 예·매표의 이용편리성, 역 시설의 이용편리성, 고객을 상대로 승무 또는 역무서비스를 제공하는 종사원의 친절도, 열차의 쾌적성 등을 제고하여 철도이용자의 만족도를 높일 수 있을 것 4. 철도사고와 운행장애를 최소화하는 등 철

법	시 행 령	시 행 규 칙
		도에서의 안전이 확보되도록 할 것 ②국토교통부장관은 철도사업자에 대하여 2년마다 법 제26조제1항의 규정에 의한 철도서비스의 품질평가(이하 "품질평가"라 한다)를 실시하여야 한다. 다만, 국토교통부장관이 필요하다고 인정하는 경우에는 수시로 품질평가를 실시할 수 있다.〈개정 08·3·14, 13·3·23〉 ③국토교통부장관은 품질평가를 실시하고자 하는 때에는 제1항의 규정에 의한 철도서비스 기준의 세부내역, 품질평가의 항목 등이 포함된 철도서비스품질평가실시계획(이하 "품질평가실시계획"이라 한다)을 수립하여야 한다.〈개정 08·3·14, 13·3·23〉 ④국토교통부장관은 품질평가를 하고자 하는 경우 품질평가를 개시하는 날 2주 전까지 철도사업자에게 품질평가실시계획, 품질평가의 기간 등을 통보하여야 한다.〈개정 08·3·14, 13·3·23〉 ⑤국토교통부장관은 품질평가의 공정하고 객관적인 실시를 위하여 서비스 평가 등에 관한 전문지식과 경험이 풍부한 자가 포함된 품질평가단을 구성·운영할 수 있다.〈개정 08·3·14, 13·3·23〉
제27조(평가 결과의 공표 및 활용) ① 국토교통부장관은 제26조에 따른 철도서비스의 품질을 평가한 경우에는 그 평가 결과를 대통령령으로 정하는 바에 따라 신문 등 대중매체를 통하여 공표하여야 한다.〈개정 13·3·23〉	제11조(평가결과의 공표) ①국토교통부장관이 법 제27조의 규정에 의하여 철도서비스의 품질평가결과를 공표하는 경우에는 다음 각 호의 사항을 포함하여야 한다.〈개정 08·2·29, 13·3·23〉	

법	시 행 령	시 행 규 칙
② 국토교통부장관은 철도서비스의 품질평가 결과에 따라 제21조에 따른 사업 개선명령 등 필요한 조치를 할 수 있다.〈개정 13·3·23〉 [전문개정 11·5·24] 제28조(우수 철도서비스 인증) ① 국토교통부장관은 공정거래위원회와 협의하여 철도사업자 간 경쟁을 제한하지 아니하는 범위에서 철도서비스의 질적 향상을 촉진하기 위하여 우수 철도서비스에 대한 인증을 할 수 있다.〈개정 13·3·23〉 ② 제1항에 따라 인증을 받은 철도사업자는 그 인증의 내용을 나타내는 표지(이하 "우수서비스마크"라 한다)를 철도차량, 역 시설 또는 철도 용품 등에 붙이거나 인증 사실을 홍보할 수 있다. ③ 제1항에 따라 인증을 받은 자가 아니면 우수서비스마크 또는 이와 유사한 표지를 철도차량, 역 시설 또는 철도 용품 등에 붙이거나 인증 사실을 홍보하여서는 아니 된다. ④ 우수 철도서비스 인증의 절차, 인증기준,	1. 평가지표별 평가결과 2. 철도서비스의 품질 향상도 3. 철도사업자별 평가순위 4. 그 밖에 철도서비스에 대한 품질평가결과 국토교통부장관이 공표가 필요하다고 인정하는 사항 ②국토교통부장관은 철도서비스의 품질평가결과가 우수한 철도사업자 및 그 소속 종사자에게 예산의 범위안에서 포상 등 지원시책을 시행할 수 있다.〈개정 08·2·29, 13·3·23〉	제20조(우수철도서비스 인증절차 등) ①국토교통부장관은 품질평가결과가 우수한 철도서비스에 대하여 직권으로 또는 철도사업자의 신청에 의하여 법 제28조제1항의 규정에 의한 우수철도서비스에 대한 인증(이하 "우수철도서비스인증"이라 한다)을 할 수 있다.〈개정 08·3·14, 13·3·23〉 ②제1항의 규정에 의한 우수철도서비스인증을 받고자 하는 철도사업자는 별지 제14호서식의 우수철도서비스인증신청서에 당해 철도서비스가 우수철도서비스임을 입증 또는 설명할 수 있는 자료를 첨부하여 국토교통부장관에게 제출하여야 한다.〈개정 08·3·14, 13·3·23〉 ③철도사업자의 신청에 의하여 우수철도서비스인증을 하는 경우에는 그에 소요되는 비용은 당해 철도사업자가 부담한다.

법	시 행 령	시 행 규 칙
우수서비스마크, 인증의 사후관리에 관한 사항과 그 밖에 인증에 필요한 사항은 국토교통부령으로 정한다.〈개정 13·3·23〉 [전문개정 11·5·24]		④법 제28조제4항의 규정에 의한 우수철도서비스의 인증기준은 다음 각 호와 같다.〈개정 08·3·14, 13·3·23〉 1. 당해 철도서비스의 종류와 내용이 철도이용자의 이용편의를 제고하는 것일 것 2. 당해 철도서비스의 종류와 내용이 공익적 목적에 부합될 것 3. 당해 철도서비스로 인하여 철도의 안전확보에 지장을 주지 아니할 것 4. 그 밖에 국토교통부장관이 정하는 인증기준에 적합할 것 ⑤국토교통부장관은 품질평가결과가 우수한 철도서비스중 제4항의 규정에 의한 우수철도서비스인증기준에 적합하다고 인정되는 철도서비스 또는 제2항의 규정에 의하여 우수철도서비스인증신청을 받아 심사한 결과 제4항의 규정에 의한 우수철도서비스인증기준에 적합하다고 인정되는 철도서비스에 대하여 우수철도서비스인증을 하고, 당해 철도사업자에게 별지 제15호서식의 우수철도서비스인증서를 교부할 수 있다.〈개정 08·3·14, 13·3·23〉 ⑥국토교통부장관은 우수철도서비스인증의 공정하고 객관적인 실시를 위하여 서비스 평가 등에 관한 전문지식과 경험이 풍부한 자가 포함된 우수철도서비스인증심사단을 구성·운영할 수 있다.〈개정 08·3·14, 13·3·23〉

법	시 행 령	시 행 규 칙
		⑦국토교통부장관은 우수철도서비스인증을 받은 철도사업자에 대하여 예산의 범위안에서 필요한 재정지원을 하거나 포상 등 각종 지원시책을 시행할 수 있다.〈개정 08·3·14, 13·3·23〉 제21조(우수서비스마크) 법 제28조제4항의 규정에 의한 우수서비스마크는 우수철도서비스의 종류 및 내용에 따라 그 모양, 표시방법 등을 달리 정할 수 있으며, 우수서비스마크의 모양 등에 관하여 필요한 세부적인 사항은 국토교통부장관이 따로 정한다.〈개정 08·3·14, 13·3·23〉 제22조(우수철도서비스인증의 사후관리) ①국토교통부장관은 법 제28조제4항의 규정에 의하여 우수철도서비스인증을 받은 철도사업자가 다음 각 호의 어느 하나에 해당되는 경우 당해 철도사업자에 대하여 철도서비스의 실태조사 등 필요한 사후관리를 할 수 있다.〈개정 08·3·14, 13·3·23〉 1. 철도사고를 발생시키는 등 사회적 물의를 야기한 경우 2. 소비자 불만신고가 현저히 많이 접수된 경우 3. 민간단체·관계기관 등의 요구가 있는 경우 4. 그 밖에 국토교통부장관이 사후관리가 필요하다고 인정하는 경우 ②국토교통부장관은 우수철도서비스인증을 받은 철도사업자에 대한 사후관리 결과 당해 철도서비스의 제공 및 관리실태가 미흡하거나

법	시 행 령	시 행 규 칙
		당해 철도서비스가 우수철도서비스인증기준에 미달되는 경우에는 이의 시정·보완의 요구 등 필요한 조치를 할 수 있다.〈개정 08·3·14, 13·3·23〉

제29조(평가업무 등의 위탁) 국토교통부장관은 효율적인 철도 서비스 품질평가 체제를 구축하기 위하여 필요한 경우에는 관계 전문기관 등에 철도서비스 품질에 대한 조사·평가·연구 등의 업무와 제28조제1항에 따른 우수 철도서비스 인증에 필요한 심사업무를 위탁할 수 있다.〈개정 13·3·23〉
[전문개정 11·5·24]

제30조(자료 등의 요청) ① 국토교통부장관이나 제29조에 따라 평가업무 등을 위탁받은 자는 철도서비스의 평가 등을 할 때 철도사업자에게 관련 자료 또는 의견 제출 등을 요구하거나 철도서비스에 대한 실지조사(實地調査)를 할 수 있다.〈개정 13·3·23〉
② 제1항에 따라 자료 또는 의견 제출 등을 요구받은 관련 철도사업자는 특별한 사유가 없으면 이에 따라야 한다.
[전문개정 11·5·24]

제31조(철도시설의 공동 활용) 공공교통을 목적으로 하는 선로 및 다음 각 호의 공동 사용시설을 관리하는 자는 철도사업자가 그 시설의 공동 활용에 관한 요청을 하는 경우 협정을

법	시 행 령	시 행 규 칙
체결하여 이용할 수 있게 하여야 한다. 1. 철도역 및 역 시설(물류시설, 환승시설 및 편의시설 등을 포함한다) 2. 철도차량의 정비·검사·점검·보관 등 유지관리를 위한 시설 3. 사고의 복구 및 구조·피난을 위한 설비 4. 열차의 조성 또는 분리 등을 위한 시설 5. 철도 운영에 필요한 정보통신 설비 [전문개정 11·5·24] 제32조(회계의 구분) ① 철도사업자는 철도사업 외의 사업을 경영하는 경우에는 철도사업에 관한 회계와 철도사업 외의 사업에 관한 회계를 구분하여 경리하여야 한다.〈개정 15·12·29〉 ② 철도사업자는 철도운영의 효율화와 회계처리의 투명성을 제고하기 위하여 국토교통부령으로 정하는 바에 따라 철도사업의 종류별·노선별로 회계를 구분하여 경리하여야 한다.〈신설 15·12·29〉 [전문개정 11·5·24]		제22조의2(회계의 구분 및 경리에 관한 사항) ① 법 제32조제2항에 따라 철도사업자는 여객 및 화물 등 철도사업별로 관련된 자산, 부채, 자본, 수익 및 비용을 구분·경리하여 각 해당 사업에 직접 귀속·배분되도록 회계처리해야 한다.〈개정 21·8·27〉 ② 철도사업자는 제1항에 따라 회계처리를 할 때 「공인회계사법」 제23조에 따른 회계법인 (이하 이 조에서 "회계법인"이라 한다)의 검증을 거친 원가배분 기준에 따라 사업용철도 노선별로 관련된 영업수익 및 비용을 산출하여야 한다. ③ 철도사업자는 제2항에 따라 산출된 영업수익 및 비용의 결과를 회계법인의 확인을 거쳐 회계연도 종료 후 4개월 이내에 국토교통부장관에게 제출하여야 한다. [본조신설 16·6·30]

법	시 행 령	시 행 규 칙
제33조(벌칙 적용 시의 공무원 의제) 제29조에 따라 위탁받은 업무에 종사하는 관계 전문기관 등의 임원 및 직원은 「형법」 제129조부터 제132조까지의 규정을 적용할 때에는 공무원으로 본다. [전문개정 11·5·24]		
제4장 전용철도		
제34조(등록) ① 전용철도를 운영하려는 자는 국토교통부령으로 정하는 바에 따라 전용철도의 건설·운전·보안 및 운송에 관한 사항이 포함된 운영계획서를 첨부하여 국토교통부장관에게 등록을 하여야 한다. 등록사항을 변경하려는 경우에도 같다. 다만 대통령령으로 정하는 경미한 변경의 경우에는 예외로 한다.〈개정 13·3·23〉 ② 전용철도의 등록기준과 등록절차 등에 관하여 필요한 사항은 국토교통부령으로 정한다.〈개정 13·3·23〉 ③ 국토교통부장관은 제2항에 따른 등록기준을 적용할 때에 환경오염, 주변 여건 등 지역적 특성을 고려할 필요가 있거나 그 밖에 공익상 필요하다고 인정하는 경우에는 등록을 제한하거나 부담을 붙일 수 있다.〈개정 13·3·23〉 [전문개정 11·5·24]	제12조(전용철도 등록사항의 경미한 변경 등) ①법 제34조제1항 단서에서 "대통령령으로 정하는 경미한 변경의 경우"란 다음 각 호의 어느 하나에 해당하는 경우를 말한다.〈개정 16·6·28〉 1. 운행시간을 연장 또는 단축한 경우 2. 배차간격 또는 운행횟수를 단축 또는 연장한 경우 3. 10분의 1의 범위안에서 철도차량 대수를 변경한 경우 4. 주사무소·철도차량기지를 제외한 운송관련 부대시설을 변경한 경우 5. 임원을 변경한 경우(법인에 한한다) 6. 6월의 범위안에서 전용철도 건설기간을 조정한 경우 ②전용철도운영자는 법 제38조에 따라 전용철도 운영의 전부 또는 일부를 휴업 또는 폐업하는 경우 다음 각 호의 조치를 하여야 한다.	제23조(전용철도 운영의 등록절차 등) ①법 제34조제1항 전단의 규정에 의하여 전용철도를 운영하고자 하는 자는 별지 제16호서식의 전용철도운영등록신청서에 다음 각 호의 서류를 첨부하여 국토교통부장관에게 제출하여야 한다. 이 경우 국토교통부장관은 「전자정부법」 제36조제1항에 따른 행정정보의 공동이용을 통하여 법인 등기사항증명서(신청인이 법인인 경우만 해당한다)를 확인하여야 한다.〈개정 06·8·7, 08·3·14, 08·6·25, 11·4·11, 13·3·23, 16·12·30〉 1. 전용철도운영계획서 2. 전용철도를 운영하고자 하는 토지의 소유권 또는 사용권을 증명할 수 있는 서류 3. 삭제〈06·8·7〉 4. 임원의 성명·생년월일을 기재한 서류(법인의 경우에 한한다) 5. 그 밖에 참고사항을 기재한 서류

법	시 행 령	시 행 규 칙
	〈개정 16·6·28〉 1. 휴업 또는 폐업으로 인하여 철도운행 및 철도운행의 안전에 지장을 초래하지 아니하도록 하는 조치 2. 휴업 또는 폐업으로 인하여 자연재해·환경오염 등이 가중되지 아니하도록 하는 조치	②제1항제1호의 규정에 의한 전용철도운영계획서에는 다음 각 호의 사항이 포함되어야 한다. 1. 철도차량의 종류 및 수량과 형식 2. 철도차량 차고지 및 운송부대시설의 위치와 그 수용능력 3. 철도차량의 운행계획 4. 설계도서 등 전용철도건설관련 내용(전용철도 건설이 포함되는 경우에 한한다) ③법 제34조제2항의 규정에 의한 전용철도의 등록기준은 다음 각 호와 같다. 1. 전용철도 운영으로 인하여 재해의 발생 또는 환경의 심각한 훼손의 우려가 없을 것 2. 전용철도 운영에 사용할 철도차량의 사용연한 및 규격이 별표 1의 기준에 적합할 것 3. 전용철도 노선이 철도사업자의 노선에 연결되는 경우에는 전용철도의 운영으로 인하여 철도사업자의 철도차량 운행에 지장을 초래하거나 철도교통의 안전에 지장을 줄 염려가 없을 것 4. 전용철도의 운영예정지의 주변지역에 소음피해 등을 야기하지 아니할 것 ④국토교통부장관은 제1항의 규정에 의한 전용철도의 등록신청을 받은 때에는 제3항의 규정에 의한 등록기준에의 적합 여부를 확인한 후 등록기준에 적합하다고 판단되는 경우 별지 제17호서식의 전용철도운영등록증을 신청인에게

법	시 행 령	시 행 규 칙
		교부하여야 한다.〈개정 08·3·14, 13·3·23〉
⑤제4항의 규정에 의한 전용철도운영등록증을 교부받은 자(이하 "전용철도운영자"라 한다)가 법 제34조제1항 후단의 규정에 의하여 등록사항을 변경하고자 하는 때에는 별지 제18호서식의 전용철도운영등록변경신청서에 등록사항의 변경 내용을 설명 또는 증명하는 서류를 첨부하여 국토교통부장관에게 제출하여야 한다.〈개정 08·3·14, 13·3·23〉
제35조(결격사유) 다음 각 호의 어느 하나에 해당하는 자는 전용철도를 등록할 수 없다. 법인인 경우 그 임원 중에 다음 각 호의 어느 하나에 해당하는 자가 있는 경우에도 같다.〈개정 15·12·29〉
1. 제7조제1호 각 목의 어느 하나에 해당하는 사람
2. 이 법에 따라 전용철도의 등록이 취소된 후 그 취소일부터 1년이 지나지 아니한 자
[전문개정 11·5·24]		
제36조(전용철도 운영의 양도·양수 등) ① 전용철도의 운영을 양도·양수하려는 자는 국토교통부령으로 정하는 바에 따라 국토교통부장관에게 신고하여야 한다.〈개정 13·3·23〉
② 전용철도의 등록을 한 법인이 합병하려는 경우에는 국토교통부령으로 정하는 바에 따라 국토교통부장관에게 신고하여야 한다.〈개정 13·3·23〉		제24조(전용철도 운영의 양도·양수) 법 제36조제1항의 규정에 의하여 전용철도의 운영을 양도·양수하고자 하는 자는 별지 제19호서식의 전용철도운영양도·양수신고서에 다음 각 호의 서류를 첨부하여 국토교통부장관에게 제출하여야 한다. 이 경우 국토교통부장관은 「전자정부법」 제36조제1항에 따른 행정정보의 공동이용

법	시 행 령	시 행 규 칙
③ 국토교통부장관은 제1항 및 제2항에 따른 신고를 받은 날부터 30일 이내에 신고수리 여부를 신고인에게 통지하여야 한다.〈신설 20·12·22〉 ④ 제1항 또는 제2항에 따른 신고가 수리된 경우 전용철도의 운영을 양수한 자는 전용철도의 운영을 양도한 자의 전용철도운영자로서의 지위를 승계하며, 합병으로 설립되거나 존속하는 법인은 합병으로 소멸되는 법인의 전용철도운영자로서의 지위를 승계한다.〈개정 20·12·22〉 ⑤ 제1항과 제2항의 신고에 관하여는 제35조를 준용한다.〈개정 20·12·22〉 [전문개정 11·5·24]		을 통하여 법인 등기사항증명서(신청인이 법인인 경우만 해당한다)를 확인하여야 한다〈개정 06·8·7, 08·3·14, 08·6·25, 11·4·11, 13·3·23〉 1. 양도·양수계약서 사본 2. 양도·양수에 관한 총회 또는 이사회의 의결서 사본 1부(법인의 경우에 한한다) 3. 삭제〈06·8·7〉 4. 법인 임원의 성명·주민등록번호를 기재한 서류(법인의 경우에 한한다) 제25조(전용철도 운영의 합병) 법 제36조제2항의 규정에 의하여 합병하고자 하는 법인은 별지 제20호서식의 전용철도운영법인합병신고서에 다음 각 호의 서류를 첨부하여 국토교통부장관에게 제출하여야 한다. 이 경우 국토교통부장관은 「전자정부법」 제36조제1항에 따른 행정정보의 공동이용을 통하여 합병 후 존속하는 법인의 법인 등기사항증명서를 확인하여야 한다〈개정 06·8·7, 08·3·14, 08·6·25, 11·4·11, 13·3·23〉 1. 합병계약서 사본 2. 합병 후 존속하는 법인의 합병당시의 사업용 고정자산의 명세서 3. 삭제〈06·8·7〉 4. 합병 후 존속하는 법인의 임원 성명·주민등록번호를 기재한 서류 5. 합병에 관한 총회 또는 이사회의 의결서 사본

법	시 행 령	시 행 규 칙
제37조(전용철도 운영의 상속) ① 전용철도운영자가 사망한 경우 상속인이 그 전용철도의 운영을 계속하려는 경우에는 피상속인이 사망한 날부터 3개월 이내에 국토교통부장관에게 신고하여야 한다.〈개정 13·3·23〉 ② 국토교통부장관은 제1항에 따른 신고를 받은 날부터 10일 이내에 신고수리 여부를 신고인에게 통지하여야 한다.〈개정 20·12·22〉 ③ 제1항에 따른 신고가 수리된 경우 상속인은 피상속인의 전용철도운영자로서의 지위를 승계하며, 피상속인이 사망한 날부터 신고가 수리된 날까지의 기간 동안은 피상속인의 전용철도 등록은 상속인의 등록으로 본다.〈개정 20·12·22〉 ④ 제1항의 신고에 관하여는 제35조를 준용한다. 다만, 제35조 각 호의 어느 하나에 해당하는 상속인이 피상속인이 사망한 날부터 3개월 이내에 그 전용철도의 운영을 다른 사람에게 양도한 경우 피상속인의 사망일부터 양도일까지의 기간에 있어서 피상속인의 전용철도 등록은 상속인의 등록으로 본다. [전문개정 11·5·24]		제26조(전용철도 운영의 상속신고) 법 제37조제1항의 규정에 의하여 전용철도 운영의 상속신고를 하고자 하는 자는 별지 제21호서식의 전용철도운영상속신고서에 다음 각 호의 서류를 첨부하여 국토교통부장관에게 제출하여야 한다.〈개정 08·3·14, 13·3·23〉 1. 피상속인이 사망하였음을 증명할 수 있는 서류 2. 피상속인과의 관계를 증명할 수 있는 서류 3. 신고인과 선순위 또는 동 순위에 있는 다른 상속인이 있는 경우에는 그 상속인의 동의서
제38조(전용철도 운영의 휴업·폐업) 전용철도운영자가 그 운영의 전부 또는 일부를 휴업 또는 폐업한 경우에는 1개월 이내에 국토교통부장관에게 신고하여야 한다.〈개정 13·3·23〉 [전문개정 11·5·24]		제27조(전용철도 운영의 휴업·폐업의 신고) 법 제38조에 따라 전용철도운영의 휴업 또는 폐업의 신고를 하려는 자는 별지 제22호서식의 전용철도운영 휴업(폐업)신고서에 다음 각 호의 서류를 첨부하여 국토교통부장관에게 제출하여야 한다.

법	시 행 령	시 행 규 칙
		1. 휴업 또는 폐업 사유를 적은 서류 2. 휴업의 경우 휴업기간, 운영재개시기 및 휴업기간 동안의 전용철도시설의 관리방안 3. 폐업의 경우 전용철도시설의 처리방안 [전문개정 14·12·10]

제39조(전용철도 운영의 개선명령) 국토교통부
장관은 전용철도 운영의 건전한 발전을 위하
여 필요하다고 인정하는 경우에는 전용철도운
영자에게 다음 각 호의 사항을 명할 수 있다.
〈개정 13·3·23〉

1. 사업장의 이전
2. 시설 또는 운영의 개선
[전문개정 11·5·24]

제40조(등록의 취소·정지) 국토교통부장관은
전용철도운영자가 다음 각 호의 어느 하나에
해당하는 경우에는 그 등록을 취소하거나 1년
이내의 기간을 정하여 그 운영의 전부 또는
일부의 정지를 명할 수 있다. 다만, 제1호에
해당하는 경우에는 등록을 취소하여야 한다.
〈개정 13·3·23〉

1. 거짓이나 그 밖의 부정한 방법으로 제34조
   에 따른 등록을 한 경우
2. 제34조제2항에 따른 등록기준에 미달하거
   나 같은 조 제3항에 따른 부담을 이행하지
   아니한 경우
3. 휴업신고나 폐업신고를 하지 아니하고 3개

법	시 행 령	시 행 규 칙
월 이상 전용철도를 운영하지 아니한 경우 [전문개정 11·5·24] 제41조(준용규정) 전용철도에 관하여는 제16조 제3항과 제23조를 준용한다. 이 경우 "철도사업의 면허"는 "전용철도의 등록"으로, "철도사업자"는 "전용철도운영자"로, "철도사업"은 "전용철도의 운영"으로 본다. [전문개정 11·5·24] ## 제5장 국유철도시설의 활용·지원 등 제42조(점용허가) ① 국토교통부장관은 국가가 소유·관리하는 철도시설에 건물이나 그 밖의 시설물(이하 "시설물"이라 한다)을 설치하려는 자에게「국유재산법」제18조에도 불구하고 대통령령으로 정하는 바에 따라 시설물의 종류 및 기간 등을 정하여 점용허가를 할 수 있다.〈개정 13·3·23〉 ② 제1항에 따른 점용허가는 철도사업자와 철도사업자가 출자·보조 또는 출연한 사업을 경영하는 자에게만 하며, 시설물의 종류와 경영하려는 사업이 철도사업에 지장을 주지 아니하여야 한다. [전문개정 11·5·24]	제13조(점용허가의 신청 및 점용허가기간) ①법 제42조제1항의 규정에 의하여 국가가 소유·관리하는 철도시설의 점용허가를 받고자 하는 자는 국토교통부령이 정하는 점용허가신청서에 다음 각 호의 서류를 첨부하여 국토교통부장관에게 제출하여야 한다. 이 경우 국토교통부장관은 「전자정부법」제36조제1항에 따른 행정정보의 공동이용을 통하여 법인 등기사항증명서(법인인 경우로 한정한다)를 확인하여야 한다.〈개정 08·2·29, 10·11·2, 13·3·23〉 1. 사업개요에 관한 서류 2. 시설물의 건설계획 및 사용계획에 관한 서류 3. 자금조달계획에 관한 서류 4. 수지전망에 관한 서류 5. 법인의 경우 정관 6. 설치하고자 하는 시설물의 설계도서(시방서·위치도·평면도 및 주단면도를 말한다)	제28조(점용허가신청 등) ①영 제13조의 규정에 의한 철도시설의 점용허가신청서는 별지 제23호서식에 의한다. ②점용허가를 받은 자가 점용허가기간의 연장을 받기 위하여 다시 점용허가를 신청하고자 하는 때에는 종전의 점용허가기간 만료예정일 3월 전까지 제1항의 규정에 의한 점용허가신청서를 국토교통부장관에게 제출하여야 한다.〈개정 08·3·14, 13·3·23〉

법	시　행　령	시　행　규　칙
	7. 그 밖에 참고사항을 기재한 서류 ②국토교통부장관은 법 제42조제1항의 규정에 의하여 국가가 소유·관리하는 철도시설에 대한 점용허가를 하고자 하는 때에는 다음 각 호의 기간을 초과하여서는 아니된다. 다만, 건물 그 밖의 시설물을 설치하는 경우 그 공사에 소요되는 기간은 이를 산입하지 아니한다.〈개정 08·2·29, 13·3·23〉 1. 철골조·철근콘크리트조·석조 또는 이와 유사한 견고한 건물의 축조를 목적으로 하는 경우에는 30년 2. 제1호 외의 건물의 축조를 목적으로 하는 경우에는 15년 3. 건물 외의 공작물의 축조를 목적으로 하는 경우에는 5년 ③ 제2항에 따라 허가를 받은 철도시설의 점용허가기간은 연장할 수 있다. 이 경우 연장기간은 연장할 때마다 제2항 각 호의 기간을 초과할 수 없다.〈신설 08·6·25〉	
제42조의2(점용허가의 취소) ① 국토교통부장관은 제42조제1항에 따른 점용허가를 받은 자가 다음 각 호의 어느 하나에 해당하면 그 점용허가를 취소할 수 있다. 1. 점용허가 목적과 다른 목적으로 철도시설을 점용한 경우 2. 제42조제2항을 위반하여 시설물의 종류와 경영하는 사업이 철도사업에 지장을 주게 된 경우		제28조의2(점용허가의 취소 절차 및 방법) ① 국토교통부장관은 법 제42조의2제1항에 따라 점용허가를 취소할 경우 다음 각 호의 구분에 따른 절차를 거쳐야 한다. 1. 법 제42조의2제1항제1호부터 제3호까지의 경우: 국토교통부장관이 소속 공무원으로 하여금 위반 사실을 조사하게 하여 이를 확인할 것. 다만, 법 제42조의2제1항제3호 단서에 따른 정당한 사유가 있는지는 점용허가

법	시 행 령	시 행 규 칙
3. 점용허가를 받은 날부터 1년 이내에 해당 점용허가의 목적이 된 공사에 착수하지 아니한 경우. 다만, 정당한 사유가 있는 경우에는 1년의 범위에서 공사의 착수기간을 연장할 수 있다. 4. 제44조에 따른 점용료를 납부하지 아니하는 경우 5. 점용허가를 받은 자가 스스로 점용허가의 취소를 신청하는 경우 ② 제1항에 따른 점용허가 취소의 절차 및 방법은 국토교통부령으로 정한다. [본조신설 19·11·26] 제43조(시설물 설치의 대행) 국토교통부장관은 제42조에 따라 점용허가를 받은 자(이하 "점용허가를 받은 자"라 한다)가 설치하려는 시설물의		를 받은 자가 소명하여야 한다. 2. 법 제42조의2제1항제4호의 경우: 국토교통부장관이 점용허가를 받은 자에게 점용료 납부를 촉구하고 기한 내에 납부하지 아니한 사실을 확인할 것 ② 법 제42조의2제1항제5호에 따라 점용허가의 취소를 신청하는 자는 별지 제26호서식의 점용허가 취소신청서(전자문서로 된 신청서를 포함한다)에 다음 각 호의 서류를 첨부하여 국토교통부장관에게 제출하여야 한다. 이 경우 담당 공무원은 「전자정부법」 제36조제1항에 따른 행정정보의 공동이용을 통하여 법인 등기사항증명서를 확인해야 한다. 1. 점용허가서 2. 점용허가 취소 사유서 3. 점용시설의 원상회복 계획서(법 제46조제1항 단서에 따라 원상회복 의무를 면제한 경우는 제외한다) ③ 국토교통부장관은 제1항 및 제2항에 따라 점용허가를 취소하는 경우 법 제46조에 따른 원상회복이 필요하면 점용허가의 취소 통지와 함께 원상회복 조치를 통보할 수 있다. [본조신설 20·5·27]

법	시 행 령	시 행 규 칙
전부 또는 일부가 철도시설 관리에 관계되는 경우에는 점용허가를 받은 자의 부담으로 그의 위탁을 받아 시설물을 직접 설치하거나 「국가철도공단법」에 따라 설립된 국가철도공단으로 하여금 설치하게 할 수 있다.〈개정 13·3·23, 20·6·9〉 [전문개정 11·5·24] 제44조(점용료) ① 국토교통부장관은 대통령령으로 정하는 바에 따라 점용허가를 받은 자에게 점용료를 부과한다.〈개정 13·3·23, 18·12·31〉 ② 제1항에도 불구하고 점용허가를 받은 자가 다음 각 호에 해당하는 경우에는 대통령령으로 정하는 바에 따라 점용료를 감면할 수 있다.〈신설 18·12·31〉 1. 국가에 무상으로 양도하거나 제공하기 위한 시설물을 설치하기 위하여 점용허가를 받은 경우 2. 제1호의 시설물을 설치하기 위한 경우로서 공사기간 중에 점용허가를 받거나 임시 시설물을 설치하기 위하여 점용허가를 받은 경우 3. 「공공주택 특별법」에 따른 공공주택을 건설하기 위하여 점용허가를 받은 경우 4. 재해, 그 밖의 특별한 사정으로 본래의 철도 점용 목적을 달성할 수 없는 경우 5. 국민경제에 중대한 영향을 미치는 공익사업으로서 대통령령으로 정하는 사업을 위하	제14조(점용료) ①법 제44조제1항의 규정에 의한 점용료는 점용허가를 할 철도시설의 가액과 점용허가를 받아 행하는 사업의 매출액을 기준으로 하여 산출하되, 구체적인 점용료 산정기준에 대하여는 국토교통부장관이 정한다.〈개정 08·2·29, 13·3·23〉 ②제1항의 규정에 의한 철도시설의 가액은 「국유재산법 시행령」 제42조를 준용하여 산출하되, 당해 철도시설의 가액은 산출 후 3년 이내에 한하여 적용한다.〈개정 09·7·27〉 ③ 법 제44조제2항에 따른 점용료의 감면은 다음 각 호의 구분에 따른다.〈신설 19·6·25〉 1. 법 제44조제2항제1호 및 제2호에 해당하는 경우: 전체 시설물 중 국가에 무상으로 양도하거나 제공하기 위한 시설물의 비율에 해당하는 점용료를 감면 2. 법 제44조제2항제3호에 해당하는 경우: 해당 철도시설의 부지에 대하여 국토교통부령으로 정하는 기준에 따른 점용료를 감면 3. 법 제44조제2항제4호에 해당하는 경우: 점	〈종전의 제28조의2〉〈개정 20·5·27〉 제28조의3(점용료) 법 제44조제2항제3호 및 영 제14조제3항제2호에 따른 점용료 감면기준은 「공공주택 특별법 시행령」 제34조제2항부터 제4항까지의 규정에 따른다. [본조신설 19·6·25]

법	시 행 령	시 행 규 칙
여 점용허가를 받은 경우 ③ 국토교통부장관이 「철도산업발전기본법」 제19조제2항에 따라 철도시설의 건설 및 관리 등에 관한 업무의 일부를 「국가철도공단법」에 따른 국가철도공단으로 하여금 대행하게 한 경우 제1항에 따른 점용료 징수에 관한 업무를 위탁할 수 있다.〈신설 19·4·23, 20·6·9〉 ④ 국토교통부장관은 점용허가를 받은 자가 제1항에 따른 점용료를 내지 아니하면 국세 체납처분의 예에 따라 징수한다.〈개정 13·3·23, 18·12·31, 19·4·23〉 [전문개정 11·5·24] 제44조의2(변상금의 징수) 국토교통부장관은 제42조제1항에 따른 점용허가를 받지 아니하고 철도시설을 점용한 자에 대하여 제44조제1항에 따른 점용료의 100분의 120에 해당하는 금액을 변상금으로 징수할 수 있다. 이 경우 변상금의 징수에 관하여는 제44조제3항을 준용한다. [본조신설 19·11·26]	용허가를 받은 시설을 사용하지 못한 기간에 해당하는 점용료를 면제 ④ 점용료는 매년 1월말까지 당해연도 해당분을 선납하여야 한다. 다만, 국토교통부장관은 부득이한 사유로 선납이 곤란하다고 인정하는 경우에는 그 납부기한을 따로 정할 수 있다. 〈개정 08·2·29, 13·3·23, 19·6·25〉	
제45조(권리와 의무의 이전) 제42조에 따른 점용허가로 인하여 발생한 권리와 의무를 이전하려는 경우에는 대통령령으로 정하는 바에 따라 국토교통부장관의 인가를 받아야 한다.〈개정 13·3·23〉 [전문개정 11·5·24]	제15조(권리와 의무의 이전) ①법 제42조의 규정에 의하여 점용허가를 받은 자가 법 제45조의 규정에 의하여 그 권리와 의무의 이전에 대하여 인가를 받고자 하는 때에는 국토교통부령이 정하는 신청서에 다음 각 호의 서류를 첨부하여 권리와 의무를 이전하고자 하는 날	제29조(권리와 의무의 이전) 영 제15조제1항의 규정에 의하여 점용허가를 받은 자가 그 권리와 의무의 이전에 대하여 인가를 받고자 하는 경우의 신청서는 별지 제24호서식에 의한다.

법	시 행 령	시 행 규 칙
	3월 전까지 국토교통부장관에게 제출하여야 한다.〈개정 08·2·29, 13·3·23〉 1. 이전계약서 사본 2. 이전가격의 명세서 ②법 제45조의 규정에 의하여 국토교통부장관의 인가를 받아 철도시설의 점용허가로 인하여 발생한 권리와 의무를 이전한 경우 당해 권리와 의무를 이전받은 자의 점용허가기간은 권리와 의무를 이전한 자가 받은 점용허가기간의 잔여기간으로 한다.〈개정 08·2·29, 13·3·23〉	
제46조(원상회복의무) ① 점용허가를 받은 자는 점용허가기간이 만료되거나 제42조의2제1항에 따라 점용허가가 취소된 경우에는 점용허가된 철도 재산을 원상(原狀)으로 회복하여야 한다. 다만, 국토교통부장관은 원상으로 회복할 수 없거나 원상회복이 부적당하다고 인정하는 경우에는 원상회복의무를 면제할 수 있다.〈개정 13·3·23, 19·11·26〉 ② 국토교통부장관은 점용허가를 받은 자가 제1항 본문에 따른 원상회복을 하지 아니하는 경우에는 「행정대집행법」에 따라 시설물을 철거하거나 그 밖에 필요한 조치를 할 수 있다.〈개정 13·3·23〉 ③ 국토교통부장관은 제1항 단서에 따라 원상회복의무를 면제하는 경우에는 해당 철도 재산에 설치된 시설물 등의 무상 국가귀속을 조	제16조(원상회복의무) ①법 제42조제1항의 규정에 의하여 철도시설의 점용허가를 받은 자는 점용허가기간이 만료되거나 점용을 폐지한 날부터 3월 이내에 점용허가받은 철도시설을 원상으로 회복하여야 한다. 다만, 국토교통부장관은 불가피하다고 인정하는 경우에는 원상회복 기간을 연장할 수 있다.〈개정 08·2·29, 13·3·23〉 ②점용허가를 받은 자가 그 점용허가기간의 만료 또는 점용의 폐지에도 불구하고 법 제46조제1항 단서의 규정에 의하여 당해 철도시설의 전부 또는 일부에 대한 원상회복의무를 면제받고자 하는 경우에는 그 점용허가기간의 만료일 또는 점용폐지일 3월 전까지 그 사유를 기재한 신청서를 국토교통부장관에게 제출하여야 한다.〈개정 08·2·29, 13·3·23〉 ③국토교통부장관은 제2항의 규정에 의한 점	

법	시 행 령	시 행 규 칙
건으로 할 수 있다.〈개정 13·3·23〉 [전문개정 11·5·24]	용허가를 받은 자의 면제신청을 받은 경우 또는 직권으로 철도시설의 일부 또는 전부에 대한 원상회복의무를 면제하고자 하는 경우에는 원상회복의무를 면제하는 부분을 명시하여 점용허가를 받은 자에게 점용허가 기간의 만료일 또는 점용 폐지일까지 서면으로 통보하여야 한다.〈개정 08·2·29, 13·3·23〉 **제16조의2(민감정보 및 고유식별정보의 처리)** 국토교통부장관은 다음 각 호의 사무를 수행하기 위하여 불가피한 경우「개인정보 보호법 시행령」제18조제2호에 따른 범죄경력자료에 해당하는 정보나 같은 영 제19조제1호, 제2호 또는 제4호에 따른 주민등록번호, 여권번호 또는 외국인등록번호가 포함된 자료를 처리할 수 있다.〈개정 13·3·23〉 1. 법 제5조에 따른 면허에 관한 사무 2. 법 제14조에 따른 사업의 양도·양수 등에 관한 사무 3. 법 제16조에 따른 면허취소 등에 관한 사무 4. 법 제34조에 따른 전용철도 등록에 관한 사무 5. 법 제36조에 따른 전용철도 운영의 양도·양수 등에 관한 사무 6. 법 제37조에 따른 전용철도 운영의 상속에 관한 사무 7. 법 제40조에 따른 전용철도 등록의 취소에	

법	시 행 령	시 행 규 칙
제46조의2(국가귀속 시설물의 사용허가기간 등에 관한 특례) ① 제46조제3항에 따라 국가귀속된 시설물을 「국유재산법」에 따라 사용허가하려는 경우 그 허가의 기간은 같은 법 제35조에도 불구하고 10년 이내로 한다. ② 제1항에 따른 허가기간이 끝난 시설물에 대해서는 10년을 초과하지 아니하는 범위에서 1회에 한하여 종전의 사용허가를 갱신할 수 있다. ③ 제1항에 따른 사용허가를 받은 자는 「국유재산법」 제30조제2항에도 불구하고 그 사용허가의 용도나 목적에 위배되지 않는 범위에서 국토교통부장관의 승인을 받아 해당 시설물의 일부를 다른 사람에게 사용·수익하게 할 수 있다. [본조신설 19·4·23] 제6장 보 칙 제47조(보고·검사 등) ① 국토교통부장관은 필요하다고 인정하면 철도사업자와 전용철도운영자에게 해당 철도사업 또는 전용철도의 운영에 관한 사항이나 철도차량의 소유 또는 사	관한 사무 [본조신설 12·4·20] 제16조의3 삭제 〈18·12·24〉	

법	시 행 령	시 행 규 칙
용에 관한 사항에 대하여 보고나 서류 제출을 명할 수 있다.〈개정 13·3·23〉 ② 국토교통부장관은 필요하다고 인정하면 소속 공무원으로 하여금 철도사업자 및 전용철도운영자의 장부, 서류, 시설 또는 그 밖의 물건을 검사하게 할 수 있다.〈개정 13·3·23〉 ③ 제2항에 따라 검사를 하는 공무원은 그 권한을 표시하는 증표를 지니고 이를 관계인에게 보여 주어야 한다. ④ 제3항에 따른 증표에 관하여 필요한 사항은 국토교통부령으로 정한다.〈개정 13·3·23〉 [전문개정 11·5·24] 제48조(수수료) 이 법에 따른 면허·인가를 받으려는 자, 등록·신고를 하려는 자, 면허증·인가서·등록증·인증서 또는 허가서의 재발급을 신청하는 자는 국토교통부령으로 정하는 수수료를 내야 한다.〈개정 13·3·23〉 [전문개정 11·5·24] 제48조의2(규제의 재검토) 국토교통부장관은 다음 각 호의 사항에 대하여 2014년 1월 1일을 기준으로 3년마다(매 3년이 되는 해의 기준일과 같은 날 전까지를 말한다) 그 타당성을 검토하여 개선 등의 조치를 하여야 한다.〈개정 15·12·29〉 1. 제9조에 따른 여객 운임·요금의 신고 등		제30조(검사원증) 법 제47조제4항의 규정에 의한 검사공무원의 증표는 별지 제25호서식에 의한다. 제31조(수수료) ①법 제48조의 규정에 의한 수수료는 별표 5와 같다. ② 제1항에 따른 수수료는 수입인지로 내거나 정보통신망을 이용하여 전자화폐·전자결제 등의 방법으로 내야 한다.〈개정 14·12·10〉 제31조의2(규제의 재검토) ① 국토교통부장관은 다음 각 호의 사항에 대하여 다음 각 호의 기준일을 기준으로 3년마다(매 3년이 되는 해의 기준일과 같은 날 전까지를 말한다) 그 타당성을 검토하여 개선 등의 조치를 하여야 한다.〈개정 14·12·31, 20·5·27〉 1. 제14조에 따른 철도차량표시: 2014년 1월 1일

법	시 행 령	시 행 규 칙
2. 제10조제1항 및 제2항에 따른 부가 운임의 상한 3. 제21조에 따른 사업의 개선명령 4. 제39조에 따른 전용철도 운영의 개선명령 [본조신설 15·1·6]		2. 제15조 및 별표 3에 따른 철도사업자의 준수사항: 2014년 1월 1일 3. 제16조 및 별표 4에 따른 철도운수종사자의 준수사항: 2014년 1월 1일 4. 및 5 삭제 〈20·5·27〉 6. 제23조에 따른 전용철도 운영의 등록절차 등: 2014년 1월 1일 ② 삭제 〈19·6·25〉 [본조신설 13·12·30] 제32조 삭제 〈14·12·10〉

제7장 벌 칙

제49조(벌칙) ① 다음 각 호의 어느 하나에 해당하는 자는 2년 이하의 징역 또는 2천만원 이하의 벌금에 처한다.〈개정 13·3·22, 13·3·23〉

1. 제5조제1항에 따른 면허를 받지 아니하고 철도사업을 경영한 자
2. 삭제 〈13·3·22〉
3. 제16조제1항에 따른 사업정지처분기간 중에 철도사업을 경영한 자
4. 제16조제1항에 따른 사업계획의 변경명령을 위반한 자
5. 제23조(제41조에서 준용하는 경우를 포함한다)를 위반하여 타인에게 자기의 성명 또는 상호를 대여하여 철도사업을 경영하게 한 자

법	시 행 령	시 행 규 칙
6. 제31조를 위반하여 철도사업자의 공동 활용에 관한 요청을 정당한 사유 없이 거부한 자 ② 다음 각 호의 어느 하나에 해당하는 자는 1년 이하의 징역 또는 1천만원 이하의 벌금에 처한다. 　1. 제34조제1항을 위반하여 등록을 하지 아니하고 전용철도를 운영한 자 　2. 거짓이나 그 밖의 부정한 방법으로 제34조제1항에 따른 전용철도의 등록을 한 자 ③ 다음 각 호의 어느 하나에 해당하는 자는 1천만원 이하의 벌금에 처한다.〈개정 13·3·23〉 　1. 제13조를 위반하여 국토교통부장관의 인가를 받지 아니하고 공동운수협정을 체결하거나 변경한 자 　2. 제15조에 따른 허가를 받지 아니하고 철도사업을 휴업하거나 폐업한 자 　3. 제28조제3항을 위반하여 우수서비스마크 또는 이와 유사한 표지를 철도차량 등에 붙이거나 인증 사실을 홍보한 자 [전문개정 11·5·24] **제50조(양벌규정)** 법인의 대표자나 법인 또는 개인의 대리인, 사용인, 그 밖의 종업원이 그 법인 또는 개인의 업무에 관하여 제49조의 위반행위를 하면 그 행위자를 벌하는 외에 그 법인 또는 개인에게도 해당 조문의 벌금형을 과(科)한다. 다만, 법인 또는 개인이 그 위반행위를 방지하기 위하여 해당 업무에 관하여		

법	시 행 령	시 행 규 칙
상당한 주의와 감독을 게을리하지 아니한 경우에는 그러하지 아니하다. [전문개정 09·4·1] 제51조(과태료) ① 다음 각 호의 어느 하나에 해당하는 자에게는 1천만원 이하의 과태료를 부과한다.〈개정 11·5·24, 15·8·11, 15·12·29〉 　1. 제9조제1항에 따른 여객 운임·요금의 신고를 하지 아니한 자 　2. 제11조제1항에 따른 철도사업약관을 신고하지 아니하거나 신고한 철도사업약관을 이행하지 아니한 자 　3. 제12조에 따른 인가를 받지 아니하거나 신고를 하지 아니하고 사업계획을 변경한 자 　4. 제10조의2를 위반하여 상습 또는 영업으로 승차권 또는 이에 준하는 증서를 자신이 구입한 가격을 초과한 금액으로 다른 사람에게 판매하거나 이를 알선한 자 ② 다음 각 호의 어느 하나에 해당하는 자에게는 500만원 이하의 과태료를 부과한다.〈개정 11·5·24, 15·12·29, 18·6·12〉 　1. 제18조에 따른 사업용철도차량의 표시를 하지 아니한 철도사업자 　2. 삭제〈18·6·12〉 　3. 제32조제1항 또는 제2항을 위반하여 회계를 구분하여 경리하지 아니한 자 　4. 정당한 사유 없이 제47조제1항에 따른 명	제17조(과태료의 부과기준) 법 제51조제1항부터 제4항까지의 규정에 따른 과태료의 부과기준은 별표 2와 같다. [전문개정 16·6·28]	

법	시 행 령	시 행 규 칙
령을 이행하지 아니하거나 제47조제2항에 따른 검사를 거부·방해 또는 기피한 자 ③ 다음 각 호의 어느 하나에 해당하는 자에게는 100만원 이하의 과태료를 부과한다.〈개정 11·5·24, 18·6·12〉 1. 제20조제2항부터 제4항까지에 따른 준수사항을 위반한 자 2. 삭제 〈18·6·12〉 ④ 제22조를 위반한 철도운수종사자 및 그가 소속된 철도사업자에게는 50만원 이하의 과태료를 부과한다.〈개정 11·5·24〉 ⑤.부터 ⑦.까지 삭제 〈09·4·1〉 **제52조** 삭제 〈11·5·24〉		

법	시 행 령	시 행 규 칙
부 칙	부 칙	부 칙

법

제1조(시행일) 이 법은 공포 후 6월이 경과한 날부터 시행한다.

제2조(다른 법률의 폐지) 철도법은 이를 폐지한다.

제3조(철도사업에 관한 일반적 경과조치) ①이 법 시행전에 종전의 철도법의 규정에 의하여 행정기관이 행한 처분·행위 또는 각종 신고 그 밖의 행정기관에 대한 행위는 그에 해당하는 이 법에 따른 행정기관의 행위 또는 행정기관에 대한 행위로 본다.

②이 법 시행전에 종전의 철도법을 위반한 행위에 대한 벌칙 및 과태료의 적용에 있어서는 종전의 규정에 의한다.

제4조(철도사업의 면허 및 전용철도의 등록에 관한 경과조치) ①이 법 시행 당시 종전의 철도법 제5조의 규정에 의한 공용철도의 면허를 받은 자는 이 법 제5조의 규정에 의한 철도사업의 면허를 받은 것으로 본다.

②이 법 시행 당시 종전의 철도법 제5조의 규정에 의한 전용철도의 면허를 받은 자는 이 법 제34조의 규정에 의한 전용철도의 등록을 한 것으로 본다.

제5조(철도차량표시에 관한 경과조치) 이 법 시행 당시 철도공사가 한국철도공사법 제4조의 규정에 의하여 현물출자받은 철도차량은 이

시 행 령

제1조(시행일) 이 영은 2005년 7월 1일부터 시행한다.

제2조(다른 법령의 폐지) 다음 각 호의 대통령령은 이를 각각 폐지한다.

1. 공용철도및전용철도면허규정
2. 철도운송규정

제3조(철도운임·요금의 신고에 관한 경과조치) 이 영 시행당시 「한국철도공사법」에 의하여 설립된 한국철도공사(이하 "한국철도공사"라 한다)가 운영하는 철도의 운임·요금은 제3조의 규정에 의하여 건설교통부장관에게 신고한 운임·요금으로 본다.

제4조(점용허가기간에 관한 경과조치) 이 영 시행당시 종전의 「국유철도의 운영에 관한 특별법」에 의하여 국가가 소유·관리하는 철도시설에 대한 점용허가를 받은 자의 점용허가기간은 제13조제2항의 규정에 불구하고 동법에 의하여 받은 점용허가기간의 잔여기간으로 한다.

제5조(다른 법령의 개정) ①공무원임용시험령 일부를 다음과 같이 개정한다.

별표 1 8급 및 9급 공채의 운수직렬·운수직류의 2차 필수과목란중 "경영학개론, 철도법"을 "경영학개론"으로 한다.

시 행 규 칙

①(시행일) 이 규칙은 2005년 7월 1일부터 시행한다.

②(다른 법령의 폐지) 사설철도및전용철도면허규정시행규칙 및 철도소운송업법시행규칙은 이를 각각 폐지한다.

③(사업용 철도노선의 지정·고시에 관한 경과조치) 이 규칙 시행 전에 건설교통부장관이 지정·고시한 철도노선, 종전의 「공공철도건설 촉진법」 제3조의 규정에 의하여 건설교통부장관이 승인·고시한 공공철도건설사업실시계획에서 정한 철도노선, 종전의 「고속철도건설 촉진법」 제7조의 규정에 의하여 건설교통부장관이 승인·고시한 철도노선은 제2조의 규정에 불구하고 이 규칙 시행일에 사업용철도노선으로 지정·고시된 것으로 본다.

④(다른 법령의 개정) 화물유통촉진법시행규칙 일부를 다음과 같이 개정한다.

제2조제2호를 다음과 같이 한다.

2. 「철도사업법」에 의한 철도사업자가 여객의 수화물 또는 소화물을 보관하는 것

부   칙 〈06·8·7〉

이 규칙은 공포한 날부터 시행한다.

법	시 행 령	시 행 규 칙
법 제18조의 규정에 의한 철도차량표시를 한 것으로 본다. 제6조(다른 법률의 개정) ①교통시설특별회계법 중 다음과 같이 개정한다. 제2조제2호중 "鐵道法"을 "철도사업법"으로 한다. ②교통체계효율화법중 다음과 같이 개정한다. 제2조제3호나목중 "鐵道法 第2條第1項"을 "철도사업법 제2조제1호"로 한다. ③도시철도법중 다음과 같이 개정한다. 제23조제3항중 "鐵道法"을 "철도사업법"으로 한다. ④사회간접자본시설에대한민간투자법중 다음과 같이 개정한다. 제2조제1호나목중 "鐵道法 第2條第1項"을 "철도사업법 제2조제1호"로 한다. 제2조제13호다목중 "鐵道法"을 "철도사업법"으로 한다. ⑤유통단지개발촉진법중 다음과 같이 개정한다. 제2조제2호사목중 "鐵道法"을 "철도사업법"으로 한다. ⑥자연재해대책법중 다음과 같이 개정한다. 제34조제1항제7호중 "鐵道法"을 "철도사업법"으로 한다. ⑦장애인·노인·임산부등의편의증진보장에관한법률중 다음과 같이 개정한다.	②교통안전법시행령 일부를 다음과 같이 개정한다. 별표 1 제3호를 다음과 같이 한다. 3. 「철도사업법」 제5조의 규정에 의하여 철도사업의 면허를 받은 자 ③기업활동규제완화에관한특별조치법시행령 일부를 다음과 같이 개정한다. 제10조의2제6호중 "철도법에 의한 철도경영자"를 "「철도사업법」에 의한 철도사업자"로 한다. ④도시교통정비촉진법시행령 일부를 다음과 같이 개정한다. 제17조제15호중 "철도법 제2조제1항"을 "「철도사업법」 제2조제2호"로 한다. ⑤삭도·궤도법시행령 일부를 다음과 같이 개정한다. 제2조제1호중 "철도법"을 "「철도사업법」"으로 한다. ⑥산지관리법시행령 일부를 다음과 같이 개정한다. 별표 5 제1호라목중 "철도법 제2조제1항"을 "「철도사업법」 제2조제1호"로 한다. ⑦장애인복지법시행령 일부를 다음과 같이 개정한다. 별표 2 제2호중 "철도법"을 "「철도사업법」"으로, "철도청이"를 "「한국철도공사법」에 의하여 설립된 한국철도공사가"로 한다. ⑧저작권법시행령 일부를 다음과 같이 개정한다.	부 칙 〈06·8·7〉 이 규칙은 공포한 날부터 시행한다. 부 칙 〈08·3·14〉 이 규칙은 공포한 날부터 시행한다. 부 칙 〈08·6·25〉 제1조(시행일) 이 규칙은 2008년 6월 29일부터 시행한다. 제2조(행정처분에 관한 경과조치) 이 규칙 시행 전에 발생한 철도사고에 따른 행정처분에 대하여는 별표 2의 개정규정에도 불구하고 종전의 규정에 따른다. 부 칙 〈11·4·11〉 이 규칙은 공포한 날부터 시행한다. 부 칙 〈13·3·23〉 제1조(시행일) 이 규칙은 공포한 날부터 시행한다.〈단서 생략〉 제2조부터 제5조까지 생략

법	시 행 령	시 행 규 칙
제2조제9호중 "鐵道法 第2條第1項"을 "철도사업법 제2조제1호"로 한다. ⑧전기통신기본법중 다음과 같이 개정한다. 제30조의2제1항제2호중 "鐵道法 第2條第1項"을 "철도사업법 제2조제1호"로 한다. 제7조(다른 법령과의 관계) 이 법 시행 당시 다른 법령에서 종전의 철도법이나 그 규정을 인용하고 있는 때에는 이 법중 그에 해당하는 규정이 있는 경우에는 이 법 또는 이 법의 해당규정을 인용한 것으로 본다. 부　　칙 〈08·2·29〉 제1조(시행일) 이 법은 공포한 날부터 시행한다. 제2조부터 제7조까지 생략 부　　칙 〈08·3·28〉 제1조(시행일) 이 법은 공포 후 3개월이 경과한 날부터 시행한다. 부　　칙 〈09·1·30〉 제1조(시행일) 이 법은 공포 후 6개월이 경과한 날부터 시행한다. 〈단서 생략〉 제2조부터 제11조까지 생략 부　　칙 〈09·4·1〉 ①(시행일) 이 법은 공포한 날부터 시행한다.	제2조제5호중 "철도법"을 "「철도사업법」"으로 한다. ⑨전염병예방법 시행령 일부를 다음과 같이 개정한다. 제11조의2제4호중 "철도법"을 "「철도사업법」"으로 한다. ⑩정보화촉진기본법시행령 일부를 다음과 같이 개정한다. 별표 제1호나목중 "철도법 제2조제1항"을 "「철도사업법」 제2조제1호"로 한다. ⑪할부거래에관한법률시행령 일부를 다음과 같이 개정한다. 제4조제1호다목중 "철도법"을 "「철도사업법」"으로 한다. 부　　칙 〈08·2·29〉 제1조(시행일) 이 영은 공포한 날부터 시행한다. 다만, 부칙 제6조에 따라 개정되는 대통령령 중 이 영의 시행 전에 공포되었으나 시행일이 도래하지 아니한 대통령령을 개정한 부분은 각각 해당 대통령령의 시행일부터 시행한다. 제2조 부터 제6조 까지 생략 부　　칙 〈08·6·25〉 제1조(시행일) 이 영은 2008년 6월 29일부터 시행한다.	부　　칙 〈13·12·30〉 이 규칙은 2014년 1월 1일부터 시행한다. 부　　칙 〈14·3·19〉 제1조(시행일) 이 규칙은 2014년 3월 19일부터 시행한다. 제2조 및 제3조 생략 부　　칙 〈14·8·7〉 제1조(시행일) 이 규칙은 공포한 날부터 시행한다. 제2조(서식에 관한 경과조치) 이 규칙 시행 당시 종전의 규정에 따라 사용 중인 서식은 계속 사용하되, 이 규칙에 따라 주민등록번호가 삭제되거나 생년월일로 개정된 부분은 삭제하거나 수정하여 사용한다. 부　　칙 〈14·12·10〉 제1조(시행일) 이 규칙은 공포한 날부터 시행한다. 제2조(서식 개정에 대한 경과조치) 이 규칙 시행 당시 종전의 규정에 따라 사용 중인 서식은 이 규칙에 따른 개정서식과 함께 사용하거

법	시 행 령	시 행 규 칙
②(경과조치) 이 법 시행 전의 행위에 대하여 벌칙을 적용할 때에는 종전의 규정에 따른다. 부　　　칙 〈11·5·24〉 이 법은 공포 후 3개월이 경과한 날부터 시행한다. 부　　　칙 〈12·6·1〉 제1조(시행일) 이 법은 공포 후 6개월이 경과한 날부터 시행한다. 제2조부터 제4조까지 생략 부　　　칙 〈13·3·22〉 이 법은 공포한 날부터 시행한다. 부　　　칙 〈13·3·22〉 제1조(시행일) ① 이 법은 공포한 날부터 시행한다. ② 생략 제2조부터 제6조까지 생략 부　　　칙 〈15·1·6〉 이 법은 공포한 날부터 시행한다. 부　　　칙 〈15·8·11〉 제1조(시행일) 이 법은 공포한 날부터 시행한다. 제2조(금치산자 등에 대한 경과조치) 제7조제1	제2조(철도사고로 인한 행정처분에 관한 경과조치) 이 영 시행 전에 발생한 철도사고에 따른 면허취소 등 행정처분에 대하여는 제8조의 개정규정에도 불구하고 종전의 규정에 따른다. 부　　　칙 〈08·10·20〉 제1조(시행일) 이 영은 공포한 날부터 시행한다. 〈단서생략〉 제2조부터 제4조까지 생략 부　　　칙 〈09·7·16〉 제1조(시행일) 이 영은 공포한 날부터 시행한다. 제2조(경과조치) 이 영 시행 전의 위반행위에 대한 과징금의 부과기준은 별표 1의 개정규정에 따른다. 부　　　칙 〈09·7·27〉 제1조(시행일) 이 영은 2009년 7월 31일부터 시행한다. 〈단서 생략〉 제2조부터 제15조까지 생략 부　　　칙 〈10·11·2〉 이 영은 공포한 날부터 시행한다. 부　　　칙 〈11·9·16〉 이 영은 공포한 날부터 시행한다.	나 일부를 수정하여 사용할 수 있다. 부　　　칙 〈14·12·31〉 이 규칙은 2015년 1월 1일부터 시행한다. 부　　　칙 〈16·6·30〉 제1조(시행일) 이 규칙은 공포한 날부터 시행한다. 제2조(철도사업 면허의 부담 위반 시 행정처분 기준에 관한 적용례) 별표 2 제2호마목의 개정규정은 이 규칙 시행 전에 면허에 붙인 부담을 위반한 행위에 대해서도 적용한다. 제3조(철도사고 발생 시 행정처분 기준에 관한 경과조치) 이 규칙 시행 전에 발생한 철도사고에 대한 행정처분의 부과에 대해서는 별표 2 제2호다목의 개정규정에도 불구하고 종전의 규정에 따른다. 부　　　칙 〈16·6·30〉 제1조(시행일) 이 규칙은 공포한 날부터 시행한다. 〈단서 생략〉 제2조부터 제4조까지 생략 부　　　칙 〈19·3·20〉 제1조(시행일) 이 규칙은 공포한 날부터 시행한다. 제2조 생략

법	시 행 령	시 행 규 칙
호의 개정규정에도 불구하고 법률 제10429호 민법 일부개정법률 부칙 제2조에 따라 금치산 또는 한정치산 선고의 효력이 유지되는 사람에 대하여는 종전의 규정을 적용한다. 부 칙 〈15·12·29〉 제1조(시행일) 이 법은 공포 후 6개월이 경과한 날부터 시행한다. 제2조(회계의 구분에 관한 적용례) 제32조제2항의 개정규정은 이 법 시행일이 속하는 회계연도부터 적용한다. 제3조(다른 법률의 개정) 도시철도법 일부를 다음과 같이 개정한다. 제49조제1항 중 "「철도사업법」 제32조를 위반하여 도시철도사업에 관한 회계와 도시철도사업 외의 사업에 관한 회계"를 "「철도사업법」 제32조제1항 또는 제2항을 위반하여 회계"로 한다. 부 칙 〈16·1·19〉 이 법은 공포 후 3개월이 경과한 날부터 시행한다. 부 칙 〈18·6·12, 법률 제15683호〉 제1조(시행일) 이 법은 공포 후 6개월이 경과한 날부터 시행한다. 다만, ···〈생략〉··· 부칙 제6조의 개정규정은 공포 후 1년이 경과	부 칙 〈12·4·20〉 이 영은 공포한 날부터 시행한다.〈단서 생략〉 부 칙 〈13·3·23〉 제1조(시행일) 이 영은 공포한 날부터 시행한다. 〈단서 생략〉 제2조부터 제6조까지 생략 부 칙 〈14·7·7〉 제1조(시행일) 이 영은 2014년 7월 8일부터 시행한다. 제2조부터 제4조까지 생략 부 칙 〈14·12·9〉 제1조(시행일) 이 영은 2015년 1월 1일부터 시행한다. 제2조부터 제16조까지 생략 부 칙 〈16·6·28〉 제1조(시행일) 이 영은 2016년 6월 30일부터 시행한다. 제2조(면허에 붙인 부담 위반 시 과징금 부과에 관한 적용례) 별표 1 제2호라목의 개정규정은 이 영 시행 전의 위반행위에 대해서도 적용한다.	부 칙 〈19·6·18〉 제1조(시행일) 이 규칙은 공포한 날부터 시행한다. 제2조 및 제3조 생략 부 칙 〈19·6·25〉 이 규칙은 공포한 날부터 시행한다. 다만, 제28조의2의 개정규정은 2019년 7월 1일부터 시행한다. 부 칙 〈20·5·27〉 이 규칙은 2020년 5월 27일부터 시행한다. 다만, 제31조의2제1항제4호 및 제5호의 개정규정은 공포한 날부터 시행한다. 부 칙 〈21·8·27〉 이 규칙은 공포한 날부터 시행한다. 〈단서 생략〉

법	시 행 령	시 행 규 칙
한 날부터 시행한다. 제2조부터 제6조까지 생략 　　　　부　　　칙 〈18·12·31, 법률 제15683호〉 제1조(시행일) 이 법은 공포 후 6개월이 경과한 날부터 시행한다. 제2조(점용료 감면에 대한 적용례) 제44조제2항의 개정규정은 이 법 시행 후 국토교통부장관이 점용허가를 하여 같은 조 제1항에 따라 점용료를 부과하는 경우부터 적용한다. 제3조(다른 법률의 개정) 도시철도법 일부를 다음과 같이 개정한다. 　제43조 전단 중 "「철도사업법」 제20조"를 "「철도사업법」 제10조, 제20조"로 한다. 　　　　부　　　칙 〈19·4·23, 법률 제16394호〉 제1조(시행일) 이 법은 공포 후 1개월이 경과한 날부터 시행한다. 다만, 법률 제16146호 철도사업법 일부개정법률 제44조제3항의 개정규정은 2019년 7월 1일부터 시행한다. 제2조(국가귀속 시설물의 사용허가기간 등의 특례에 관한 적용례) 제46조의2의 개정규정은 이 법 시행 이후 최초로 「국유재산법」에 따라 사용허가하는 경우부터 적용한다. 　　　　부　　　칙 〈19·11·26, 법률 제16637호〉 이 법은 공포 후 6개월이 경과한 날부터 시행한다.	제3조(철도사고 발생 시 행정처분 기준에 관한 경과조치) 이 영 시행 전에 발생한 철도사고에 대한 행정처분 또는 과징금 부과처분에 대해서는 제8조 및 별표 1 제2호다목4)의 개정규정에도 불구하고 종전의 규정에 따른다. 　　　　부　　　칙 〈18·12·24〉 이 영은 2019년 1월 1일부터 시행한다. 　　　　부　　　칙 〈19·6·4〉 제1조(시행일) 이 영은 2019년 6월 13일부터 시행한다. 제2조(다른 법령의 개정) 철도사업법 시행령 일부를 다음과 같이 개정한다. 　별표 2 제2호자목 및 차목을 각각 삭제한다. 　　　　부　　　칙 〈19·6·25〉 제1조(시행일) 이 영은 2019년 7월 1일부터 시행한다. 제2조(과태료의 부과기준에 관한 경과조치) 이 영 시행 전의 위반행위에 대하여 과태료의 부과기준을 적용할 때에는 별표 2 제2호사목의 개정규정에도 불구하고 종전의 규정에 따른다. 　　　　부　　　칙 〈19·10·8〉 제1조(시행일) 이 영은 공포한 날부터 시행한다. 제2조부터 제5조까지 생략	

법	시 행 령	시 행 규 칙
부　　　칙 〈20·6·9, 법률 제17460호〉 제1조(시행일) 이 법은 공포 후 3개월이 경과한 날부터 시행한다. 제2조부터 제4조까지 생략 부　　　칙 〈20·12·22, 법률 제17745호〉 제1조(시행일) 이 법은 공포한 날부터 시행한다. 제2조(여객 운임·요금의 신고 등에 관한 적용례) ① 제9조제4항의 개정규정은 이 법 시행 이후 여객 운임·요금의 신고 또는 변경신고를 하는 경우부터 적용한다. ② 제10조제4항의 개정규정은 이 법 시행 이후 부가 운임의 신고를 하는 경우부터 적용한다. ③ 제11조제3항의 개정규정은 이 법 시행 이후 철도사업약관의 신고 또는 변경신고를 하는 경우부터 적용한다. ④ 제12조제4항의 개정규정은 이 법 시행 이후 사업계획 변경의 신고를 하는 경우부터 적용한다. ⑤ 제13조제3항의 개정규정은 이 법 시행 이후 공동운수협정의 변경신고를 하는 경우부터 적용한다. ⑥ 제15조제4항의 개정규정은 이 법 시행 이후 사업의 휴업 또는 재개의 신고를 하는 경우부터 적용한다.	부　　　칙 〈20·9·10〉 제1조(시행일) 이 영은 2020년 9월 10일부터 시행한다. 제2조 및 제3조 생략 부　　　칙 〈21·9·24〉 제1조(시행일) 이 영은 공포한 날부터 시행한다. 〈단서 생략〉 제2조 생략	

법	시 행 령	시 행 규 칙
⑦ 제36조제3항의 개정규정은 이 법 시행 이후 전용철도 운영 양도·양수 또는 합병의 신고를 하는 경우부터 적용한다. ⑧ 제37조제2항의 개정규정은 이 법 시행 이후 전용철도 운영 상속의 신고를 하는 경우부터 적용한다. **제3조(전용철도 운영의 양도·양수 등에 관한 경과조치)** 이 법 시행 당시 종전의 규정에 따라 전용철도운영자로서의 지위를 승계한 자의 지위승계 시점은 제36조제4항의 개정규정에도 불구하고 종전의 규정에 따른다. 　　　부　　　칙 〈21·5·18, 법률 제18186호〉 이 법은 공포한 날부터 시행한다. 　　　부　　　칙 〈22·11·15, 제19056호〉 이 법은 공포한 날부터 시행한다.		

철도사업법 시행령 [별표]

[별표 1] 〈개정 09·7·16, 13·3·23, 16·6·28〉

과징금의 부과기준(제9조 관련)

1. 일반기준

  가. 국토교통부장관은 철도사업자의 사업규모, 사업지역의 특수성, 철도사업자 또는 그 종사자의 과실의 정도와 위반행위의 내용 및 횟수 등을 고려하여 제2호에 따른 과징금 금액의 2분의 1 범위에서 그 금액을 줄이거나 늘릴 수 있다.

  나. 가목에 따라 과징금을 늘리는 경우 과징금 금액의 총액은 법 제17조제1항에 따른 과징금 금액의 상한을 넘을 수 없다.

2. 개별기준

(단위: 만원)

위반행위	근거 법조문	과징금 금액
가. 면허를 받은 사항을 정당한 사유 없이 시행하지 않은 경우	법 제16조제1항 제1호	300
나. 사업경영의 불확실 또는 자산상태의 현저한 불량이나 그 밖의 사유로 사업을 계속하는 것이 적합하지 않은 경우	법 제16조제1항 제2호	500
다. 철도사업자 또는 그 소속 종사자의 고의 또는 중대한 과실에 의하여 다음 각 목의 사고가 발생한 경우	법 제16조제1항 제3호	
1) 1회의 철도사고로 인한 사망자가 40명 이상인 경우		5,000
2) 1회의 철도사고로 인한 사망자가 20명 이상 40명 미만인 경우		2,000
3) 1회의 철도사고로 인한 사망자가 10명 이상 20명 미만인 경우		1,000
4) 1회의 철도사고로 인한 사망자가 5명 이상 10명 미만인 경우		500
라. 법 제5조제1항 후단에 따라 면허에 붙인 부담을 위반한 경우	법 제16조제1항 제5호	1,000
마. 법 제6조에 따른 철도사업의 면허기준에 미달하게 된 때부터 3개월이 경과된 후에도 그 기준을 충족시키지 않은 경우	법 제16조제1항 제6호	1,000
바. 법 제8조를 위반하여 국토교통부장관이 지정한 날 또는 기간에 운송을 시작하지 않은 경우	법 제16조제1항 제8호	300
사. 법 제15조에 따른 휴업 또는 폐업의 허가를 받지 않거나 신고를 하지 않고 영업을 하지 않은 경우	법 제16조제1항 제9호	300
아. 법 제20조제1항에 따른 준수사항을 1년 이내에 3회 이상 위반한 경우	법 제16조제1항 제10호	500
자. 법 제21조에 따른 개선명령을 위반한 경우	법 제16조제1항 제11호	300
차. 법 제23조에 따른 명의대여 금지를 위반한 경우	법 제16조제1항 제12호	300

[별표 2] 〈개정 09·7·16, 11·9·16, 16·6·28, 19·6·4, 19·6·25, 19·10·8〉

과태료의 부과기준(제17조 관련)

1. 일반기준

가. 국토교통부장관은 다음의 어느 하나에 해당하는 경우에는 제2호의 개별기준에 따른 과태료 금액의 2분의 1 범위에서 그 금액을 줄일 수 있다. 다만, 과태료를 체납하고 있는 위반행위자의 경우에는 그렇지 않다.
 1) 위반행위자가 「질서위반행위규제법 시행령」 제2조의2제1항 각 호의 어느 하나에 해당하는 경우
 2) 위반행위가 사소한 부주의나 오류 등 과실로 인한 것으로 인정되는 경우
 3) 위반행위자가 법 위반상태를 시정하거나 해소하기 위하여 노력한 사실이 인정되는 경우
 4) 그 밖에 위반행위의 정도, 횟수, 동기와 그 결과 등을 고려하여 과태료의 금액을 줄일 필요가 있다고 인정되는 경우

나. 국토교통부장관은 다음의 어느 하나에 해당하는 경우에는 제2호의 개별기준에 따른 과태료 금액의 2분의 1 범위에서 그 금액을 늘릴 수 있다. 다만, 과태료 금액의 총액은 법 제51조제1항부터 제4항까지의 규정에 따른 과태료 금액의 상한을 넘을 수 없다.
 1) 위반의 내용·정도가 중대하여 소비자 등에게 미치는 피해가 크다고 인정되는 경우
 2) 법 위반상태의 기간이 6개월 이상인 경우
 3) 그 밖에 위반행위의 정도, 위반행위의 동기와 그 결과 등을 고려하여 가중할 필요가 있다고 인정되는 경우

2. 개별기준

(단위: 만원)

위반행위	근거 법조문	과태료 금액
가. 법 제9조제1항에 따른 여객 운임·요금의 신고를 하지 않은 경우	법 제51조제1항 제1호	500
나. 법 제10조의2를 위반하여 상습 또는 영업으로 승차권 또는 이에 준하는 증서를 자신이 구입한 가격을 초과한 금액으로 다른 사람에게 판매한 경우	법 제51조제1항 제4호	500
다. 법 제10조의2를 위반하여 상습 또는 영업으로 승차권 또는 이에 준하는 증서를 자신이 구입한 가격을 초과한 금액으로 다른 사람에게 판매하는 행위를 알선한 경우	법 제51조제1항 제4호	500
라. 법 제11조제1항에 따른 철도사업약관을 신고하지 않거나 신고한 철도사업약관을 이행하지 않은 경우	법 제51조제1항 제2호	500
마. 법 제12조에 따른 인가를 받지 않거나 신고를 하지 않고 사업계획을 변경한 경우	법 제51조제1항 제3호	500
바. 법 제18조에 따른 사업용철도차량의 표시를 하지 않은 경우	법 제51조제2항 제1호	200
사. 법 제20조제2항부터 제4항까지의 규정에 따른 철도사업자의 준수사항을 위반한 경우	법 제51조제3항 제1호	100
아. 법 제22조에 따른 철도운수종사자의 준수사항을 위반한 경우	법 제51조제4항	50
자. 및 차 삭제 〈19·6·4〉		
카. 법 제32조제1항 또는 제2항을 위반하여 회계를 구분하여 경리하지 않은 경우	법 제51조제2항 제3호	200
타. 정당한 사유 없이 법 제47조제1항에 따른 명령을 이행하지 않거나, 법 제47조제2항에 따른 검사를 거부·방해 또는 기피한 경우	법 제51조제2항 제4호	300

철도사업법 시행규칙 [별표·별지서식]

【시행규칙 별표】

[별표 1] 〈개정 08·3·14, 13·3·23, 14·3·19〉

철도사업의 면허기준(제4조관련)

구 분	면 허 기 준
철도차량의 대수	「철도건설법」 제7조의 규정에 의하여 국토교통부장관이 수립한 철도건설기본계획에서 정한 철도차량의 대수 또는 「철도건설법」 제9조제1항의 규정에 의하여 국토교통부장관의 승인을 얻은 철도건설사업실시계획에서 정한 철도차량의 대수. 다만, 법 제13조의 규정에 의하여 공동운수협정으로 2 이상의 철도사업자가 운영하는 철도노선은 공동운수협정에 따른 철도차량 대수를 합산하여 적용한다.
철도차량의 규격	「철도안전법」 제26조에 따른 형식승인을 받을 것

비고 : 국토교통부장관은 철도사업의 여건변동 등으로 인하여 위 표의 철도차량의 대수를 적용하는 것이 현저하게 불합리하다고 인정하는 경우에는 위 표에서 정한 기준의 2분의 1 범위안에서 이를 가중 또는 경감하여 적용할 수 있다.

[별표 2] 〈개정 08·3·14, 08·6·25, 13·3·23, 16·12·30〉

행정처분의 기준(제12조제1항 관련)

1. 일반기준

가. 국토교통부장관은 공공복리의 침해정도, 철도사고로 인한 피해의 정도, 철도사업자와 그 종사자의 과실의 정도와 위반행위의 내용·횟수 등을 고려하여 제2호에 따른 해당 처분기준의 2분의 1 범위에서 그 일수(日數)를 줄이거나 늘릴 수 있다.

나. 가목에 따라 일수를 늘리는 경우 그 기간은 6개월을 넘을 수 없다.

2. 개별기준

위반내용	관련조문	처분기준
가. 면허받은 사항을 정당한 사유 없이 시행하지 아니한 경우	법 제16조제1항제1호	사업일부정지 (20일)
나. 사업 경영의 불확실 또는 자산상태의 현저한 불량이나 그 밖의 사유로 사업을 계속하는 것이 적합하지 아니할 경우	법 제16조제1항제2호	사업일부정지 (30일)
다. 철도사업자 또는 그 소속 종사자의 고의 또는 중대한 과실로 다음 각 목의 사고가 발생한 경우	법 제16조제1항제3호	사업일부정지
1) 1회에 40명 이상의 사망자가 발생한 철도사고		(180일)
2) 1회에 20명 이상 40명 미만의 사망자가 발생한 철도사고		(90일)
3) 1회에 10명 이상 20명 미만의 사망자가 발생한 철도사고		(60일)
4) 1회에 5명 이상 10명 미만의 사망자가 발생한 철도사고		(30일)
라. 거짓이나 그 밖의 부정한 방법으로 법 제5조에 따른 철도사업의 면허를 받은 경우	법 제16조제1항제4호	사업면허취소
마. 법 제5조제1항 후단에 따라 면허에 붙인 부담을 위반한 경우	법 제16조제1항제5호	사업일부정지 (60일)
바. 법 제6조에 따른 면허기준에 미달하게 된 때부터 3개월이 경과된 후에도 그 기준을 충족시키지 아니한 경우	법 제16조제1항제6호	사업일부정지 (60일)
사. 법 제7조제1호 각 목의 어느 하나에 해당하게 된 때부터 3개월이 경과된 후에도 그 임원을 바꾸어 임명하지 아니한 경우	법 제16조제1항제7호	사업면허취소
아. 법 제8조를 위반하여 국토교통부장관이 지정한 날 또는 기간에 운송을 개시하지 아니한 경우	법 제16조제1항제8호	사업일부정지 (20일)
자. 법 제15조에 따른 휴업 또는 폐업의 허가를 받지 않거나 신고를 하지 않고 영업을 하지 않은 경우	법 제16조제1항제9호	사업일부정지 (20일)
차. 법 제20조제1항에 따른 준수사항을 1년 이내에 3회 이상 위반한 경우	법 제16조제1항제10호	사업일부정지 (30일)
카. 법 제21조에 따른 개선명령을 위반한 경우	법 제16조제1항제11호	사업일부정지 (20일)
타. 법 제23조에 따른 명의 대여 금지를 위반한 경우	법 제16조제1항제12호	사업일부정지 (20일)

[별표 3] 〈개정 14·12·10, 19·6·25〉

철도사업자의 준수사항(제15조 관련)

1. 철도사업자는 노약자·장애인 등에 대하여 특별한 편의를 제공해야 한다.
2. 철도사업자는 철도차량을 항상 깨끗이 유지해야 한다.
3. 철도사업자는 회사명, 철도차량번호 및 불편사항이 발생할 경우의 연락처 등을 적은 표지판을 철도차량 내에 게시해야 한다.
4. 철도사업자는 다음 각 목의 사항을 일반 공중이 보기 쉬운 영업소 등의 장소에 게시해야 한다.
   가. 사업자 및 영업소의 명칭
   나. 운행시간표(운행횟수가 빈번한 운행계통의 경우에는 첫차 및 마지막차의 출발시각과 운행 간격)
   다. 정차역 및 목적지별 도착시각
   라. 사업을 휴업하거나 폐업하려는 경우에는 그 내용의 예고
   마. 영업소를 이전하려는 경우에는 그 이전의 예고
5. 철도사업자는 위험물을 철도로 운송하려는 경우에는 운송 중의 위험방지 및 인명의 안전에 적합하도록 포장·적재 등의 안전조치를 취한 후 운송해야 한다.
6. 철도사업자는 철도운수종사자로 하여금 여객과 화물을 운송할 때에 다음 각 목의 사항을 성실하게 지키도록 하고, 항상 이를 지도·감독해야 한다.
   가. 정비·점검이 불량한 철도차량을 운행하지 않도록 할 것
   나. 관계 공무원, 관제업무종사자 또는 철도특별사법경찰관리 등의 위험방지를 위한 조치에 따르도록 할 것
   다. 철도사고를 일으킨 경우에는 긴급조치 및 신고의 의무를 충실하게 이행하도록 할 것
7. 철도사업자는 여객을 운송하는 과정에서 철도사고 또는 장애로 장시간 열차가 정차·지연되는 상황이 발생할 경우 철도운수종사자가 다음 각 목에 따라 성실하게 지키도록 하고, 항상 지도·감독해야 한다.
   가. 원칙적으로 1시간 이상 열차가 정차·지연될 것으로 예상되는 경우 열차 내 승객에게 지체 없이 대피 등 구호조치를 시행하도록 함. 다만, 안전상, 그 밖에 열차운행상 문제점이 발생할 가능성이 있거나 사고발생 지점과 인근 역 등과의 거리가 멀어 단시간 내 구호조치가 어려운 경우는 제외한다.
   나. 열차 내 여객에게 지연사유와 진행상황을 여객이 쉽게 접할 수 있는 안내방송, 영상장치 등을 활용하여 매 20분 간격으로 안내하도록 함.
   다. 열차 내 여객의 대기시간이 1시간 이상일 경우 식수 등 적절한 음식물을 제공하도록 함.

라. 열차 지연에 대한 비상계획을 이행할 수 있는 인적·물적 자원을 신속히 투입하도록 함.

8. 철도사업자는 열차 운행 또는 정차 상황에서 호흡곤란 등에 따른 응급환자가 발생한 경우 응급환자가 119구조대나 의료기관 등의 응급조치를 신속하게 받을 수 있도록 해야 한다.

―――――――――――――――――

[별표 4] 〈개정 14·12·10〉

철도운수종사자의 준수사항(제16조 관련)

1. 여객의 안전과 사고예방을 위하여 운행 전 철도차량의 안전설비 및 주행·제동장치 등의 이상 유무를 확인해야 한다.
2. 질병·피로·음주 그 밖의 사유로 안전한 운전을 할 수 없는 경우에는 미리 철도사업자에게 알려야 한다.
3. 철도차량의 운행 중 중대한 고장을 발견하거나 철도사고가 발생할 우려가 있다고 인정되는 경우에는 즉시 운행을 중지하고 적절한 조치를 해야 한다.
4. 운전업무 중 해당 철도시설에 이상이 있었던 경우에는 즉시 인접역 또는 관계 기관에게 통보해야 한다.
5. 여객이 다음 각 목의 어느 하나에 해당하는 행위를 하는 경우에는 안전운행과 다른 여객의 편의를 위하여 이를 제지하고 필요한 사항을 안내해야 한다.
   가. 철도차량의 안전운행에 위해를 끼칠 우려가 있는 행위
   나. 열차 안에서 도박을 하거나 소란을 피우는 등 공공질서 또는 선량한 풍속에 반하는 행위
   다. 다른 여객에게 위해를 끼칠 우려가 있는 폭발성 물질, 인화성 물질 등의 위험물을 철도차량으로 가지고 들어오는 행위
   라. 다른 여객에게 위해를 끼치거나 불쾌감을 줄 우려가 있는 동물(장애인 보조견은 제외한다)을 철도차량 안으로 데리고 들어오는 행위
   마. 철도차량의 출입구 또는 통로를 막을 우려가 있는 물품을 철도차량 안으로 가지고 들어오는 행위
6. 여객과 화물을 운송할 때에는 관계 공무원, 관제업무종사자 또는 철도특별사법경찰관리 등의 위험방지 및 안전확보를 위한 조치에 따라야 한다.
7. 관계 공무원으로부터 신분증 또는 자격증의 제시 요구가 있는 경우에는 즉시 이에 따라야 한다.
8. 철도사고로 인하여 사상자가 발생하거나 철도차량의 운행을 중단한 경우에는 철도사고의 상황에 따라 적절한 조치를 취해야 한다.

[별표 5] 〈개정 14 · 12 · 10〉

수수료(제31조 관련)

납부자	금액
1. 법 제5조제1항에 따라 철도사업면허를 신청하는 자	1만원
2. 법 제8조에 따라 운송 시작일 연기 또는 운송 시작기간 연장을 신청하는 자	3천원
3. 법 제11조에 따라 철도사업약관을 신고하는 자	6천원
4. 법 제12조제1항 단서에 따라 사업계획 변경인가를 신청하는 자	6천원
5. 법 제13조에 따라 공동운수협정에 대하여 인가 또는 변경인가를 신청하는 자	3천원
6. 법 제14조에 따라 철도사업의 양도·양수 또는 합병의 인가를 신청하는 자	1만원
7. 법 제15조에 따라 철도사업의 휴업 또는 폐업 허가를 신청하는 자	6천원
8. 법 제28조에 따라 우수철도서비스인증을 신청하는 자	6천원
9. 법 제34조에 따라 전용철도 운영등록을 신청하는 자	1만원
10. 법 제36조에 따라 전용철도의 양도·양수 또는 합병을 신고하는 자	6천원
11. 법 제37조에 따라 전용철도 운영의 상속 신고를 하는 자	6천원
12. 법 제38조에 따라 전용철도 운영의 휴업 또는 폐업 신고를 하는 자	3천원
13. 법 제42조에 따라 점용허가를 신청하는 자	6천원
14. 법 제45조에 따라 철도시설에 대한 점용허가의 권리·의무를 이전하기 위하여 인가를 신청하는 자	6천원

철도사업법 시행규칙 [별지서식] 188

【시행규칙 별지서식】

[별지 제1호서식] 〈개정 06·8·7, 08·3·14, 08·6·25, 11·4·11, 13·3·23, 14·12·10〉

철도사업면허 신청서

접수번호		접수일	처리기간 90일

신청인	상호(법인명)	성명(대표자)	법인등록번호
	주소(소재지)		전화번호

신청내용	경영하려는 사업의 종류	운행형태
	운송예정노선 또는 예정사업구역	
	운송 시작 예정일	
	사업에 사용할 차량의 대수	
	임원의 명단	
	사업소의 명칭 및 소재지	
	사업의 범위 또는 기간	

「철도사업법」제5조 및 같은 법 시행규칙 제3조에 따라 철도사업 면허를 신청합
니다.

년   월   일

신청인   (서명 또는 인)

국토교통부장관   귀하

신청인 제출서류	1. 사업계획서 1부 2. 법인설립계획서(설립예정법인인 경우만 해당합니다) 1부 3. 해당 철도사업을 경영하려는 취지를 설명하는 서류 1부 4. 「철도사업법」제7조 각 호에 따른 결격사유에 해당하지 않음을 증명 　하는 서류 1부	수수료 1만원
담당공무원 확인사항	법인 등기사항증명서(설립예정법인을 제외한 법인인 경우만 해당합니다)	

처 리 절 차

신청서 작성	→	접수	→	검토 (시설 등 확인)	→	면허의사 결정	→	면허	→	면허증 발급
신청인		처리기관 (국토교통부)		처리기관 (국토교통부)		처리기관 (국토교통부)		처리기관 (국토교통부)		

210㎜×297㎜[백상지 80g/㎡(재활용품)]

[별지 제2호서식] 〈개정 08·3·14, 13·3·23, 14·12·10〉

제   　호

철도사업면허증

상호(법인명)

주소(소재지)

성명(대표자)

법인등록번호

노 선 명

사 업 구 간

철도서비스의 종류
 (면 허 내 용)

주영업소 및 주소

면허연월일

「철도사업법」제5조 및 같은 법 시행규칙 제3조제3항에 따라 위와 같이 철도
사업을 면허합니다.

년   월   일

국토교통부장관 직인

210㎜×297㎜[백상지 120g/㎡]

[별지 제3호서식] 〈개정 14·12·10〉

철도사업면허대장

면 허 번 호	
면 허 년 월 일	
상 호(법 인 명) 및 주 소	
법인등록번호	
성 명(대 표 자)	
주영업소 명칭 및 주소	
노 선 명	
사 업 구 간	
철도서비스의 종류 (면허내용)	
자 본 금	
철도차량 종류별 대수	
그 밖에 필요한 사항	

364mm×257mm
(인쇄용지(특급) 70g/㎡)

[별지 제4호서식] 〈개정 08·3·14, 13·3·23, 14·12·10〉

운송 [ ]시작일 연기
[ ]시작기간 연장   승인신청서

※ [ ]에는 해당하는 곳에 √ 표시를 합니다

접수번호		접수일		처리기간	10일
신청인	상호(법인명)		성명(대표자)		법인등록번호
	주소(소재지)				전화번호
신청내용	면허번호		면허연월일		운행형태
	노선명				
	사업의 구간				운행형태
	운송시작 연기일(연장기간)				
	연기(연장)사유				

「철도사업법」 제8조 및 같은 법 시행규칙 제5조에 따라 운송 시작일 연기(운송 시작기간 연장)를 신청합니다.

년   월   일

신청인   (서명 또는 인)

국토교통부장관   귀하

신청인 제출서류	관계 증거서류 1부	수수료 3천원

처 리 절 차

신청서 작성	→	접수	→	검토	→	결재	→	연기(연장) 승인결정	→	신청인에게 통지
신청인		처리기관 (국토교통부)		처리기관 (국토교통부)		처리기관 (국토교통부)		처리기관 (국토교통부)		

210mm×297mm[백상지 80g/㎡(재활용품)]

철도사업법 시행규칙 [별지서식] 190

[별지 제5호서식] 〈개정 08·3·14, 13·3·23, 14·12·10, 16·6·30〉

여객 운임 · 요금 [ ]신고서
[ ]변경신고서

※ [ ]에는 해당하는 곳에 √ 표시를 합니다

접수번호		접수일		처리기간 3일

신고인	상호(법인명)	성명(대표자)	법인등록번호
	주소(소재지)		전화번호

신고내용	사업의 종류		운행형태
	사업의 구간		
	신고 또는 변경신고하려는 여객 운임 · 요금의 종류, 금액 및 적용방법		
	변경사유		

「철도사업법」 제9조, 같은 법 시행령 제3조제1항 및 같은 법 시행규칙 제6조에 따라 여객 운임 · 요금을 신고(변경신고)합니다.

년   월   일

신고인   (서명 또는 인)

국토교통부장관   귀하

신고인 제출서류	1. 여객 운임 · 요금표 1부 2. 여객 운임 · 요금 신 · 구대비표 및 변경사유를 기재한 서류(여객 운임 · 요금을 변경하는 경우만 해당합니다) 1부	수수료 없음

처 리 절 차				
신고서 작성	접수	검토	신고수리	신고인에게 통지
신고인	처리기관 (국토교통부)	처리기관 (국토교통부)	처리기관 (국토교통부)	

210mm×297mm[백상지 80g/㎡(재활용품)]

[별지 제6호서식] 〈개정 08·3·14, 13·3·23, 14·12·10〉

철도사업약관 [ ]신고서
[ ]변경신고서

※ [ ]에는 해당하는 곳에 √ 표시를 합니다

접수번호		접수일		처리기간 3일

신고인	상호(법인명)	성명(대표자)	법인등록번호
	주소(소재지)		전화번호

신고내용	사업의 구간	운행형태
	사업의 종류	
	변경사유	
	변경한 주요내용	

「철도사업법」 제11조 및 같은 법 시행규칙 제7조에 따라 철도사업약관을 신고(변경신고)합니다.

년   월   일

신고인   (서명 또는 인)

국토교통부장관   귀하

신고인 제출서류	1. 철도사업약관 1부 2. 철도사업약관 신 · 구대비표 및 변경사유서(철도사업약관을 변경하는 경우만 해당합니다) 1부	수수료 6천원 (변경 신 고 의 경우는: 없음)

처 리 절 차				
신고서 작성	접수	검토	신고수리	신고인에게 통지
신고인	처리기관 (국토교통부)	처리기관 (국토교통부)	처리기관 (국토교통부)	

210mm×297mm[백상지 80g/㎡(재활용품)]

[별지 제7호서식] 〈개정 08·3·14, 13·3·23, 14·12·10〉

사업계획 변경신고서

접수번호		접수일		처리기간 3일
신고인	상호(법인명)		성명(대표자)	법인등록번호
	주소(소재지)			전화번호
신고내용	노선명			
	사업의 구간			운행형태
	변경연월일			
	변경사항	변경 전		
		변경 후		
	변경사유			

「철도사업법」 제12조제1항 본문 및 같은 법 시행규칙 제8조에 따라 철도사업계획의 변경을 신고합니다.

년   월   일

신고인   (서명 또는 인)

국토교통부장관 귀하

신고인 제출서류	1. 신·구 사업계획을 대비한 서류 또는 도면 1부 2. 철도안전 확보 계획 1부 3. 사업계획 변경 후의 예상 사업수지 계산서 1부	수수료 없음

처 리 절 차

신고서 작성 (신고인) → 접수 (처리기관 국토교통부) → 검토 (처리기관 국토교통부) → 신고수리 (처리기관 국토교통부) → 신고인에게 통지

210mm×297mm[백상지 80g/㎡(재활용품)]

[별지 제8호서식] 〈개정 08·3·14, 13·3·23, 14·12·10〉

사업계획 변경인가신청서

접수번호		접수일		처리기간 30일
신청인	상호(법인명)		성명(대표자)	법인등록번호
	주소(소재지)			전화번호
신청내용	노선명			
	사업의 구간			운행형태
	변경연월일			
	변경사항	변경 전		
		변경 후		
	변경사유			

「철도사업법」 제12조제1항 단서 및 같은 법 시행규칙 제8조에 따라 철도사업계획변경의 인가를 신청합니다.

년   월   일

신청인   (서명 또는 인)

국토교통부장관 귀하

신청인 제출서류	1. 신·구 사업계획을 대비한 서류 또는 도면 1부 2. 철도안전 확보 계획 1부 3. 사업계획 변경 후의 예상 사업수지 계산서 1부	수수료 6천원

처 리 절 차

신청서 작성 (신청인) → 접수 (처리기관 국토교통부) → 검토 (처리기관 국토교통부) → 결재 (처리기관 국토교통부) → 인가결정 (처리기관 국토교통부) → 신청인에게 통지

210mm×297mm[백상지 80g/㎡(재활용품)]

철도사업법 시행규칙 [별지서식] 192

[별지 제9호서식] 〈개정 08·3·14, 13·3·23, 14·12·10〉

공동운수협정 [ ]인가 [ ]변경인가 신청서

접수번호		접수일		처리기간 30일
신청인	상호(법인명)		성명(대표자)	법인등록번호
	주소(소재지)			전화번호
협정 상대방	상호(법인명)		성명(대표자)	법인등록번호
	주소(소재지)			전화번호
신청내용	법정효력 발생일자			
	법정효력 존속기간			
	협정에 관한 사무를 총괄하는 사무소가 있는 경우 명칭과 소재지			

「철도사업법」 제13조제1항 본문 및 같은 법 시행규칙 제9조제1항에 따라 공동운수협정 인가(변경인가)를 신청합니다.

년   월   일

신청인   (서명 또는 인)

국토교통부장관   귀하

신청인 제출서류	1. 공동운수협정 체결(변경)사유서 1부 2. 공동운수협정서 사본 1부 3. 신·구 공동운수협정을 대비한 서류 또는 도면(공동운수협정을 변경하는 경우만 해당합니다) 1부	수수료 3천원

처 리 절 차

신청서 작성	→	접수	→	검토	→	결재	→	인가결정	→	신청인에게 통지
신청인		처리기관 (국토교통부)		처리기관 (국토교통부)		처리기관 (국토교통부)		처리기관 (국토교통부)		

210mm×297mm[백상지 80g/㎡(재활용품)]

[별지 제10호서식] 〈개정 08·3·14, 13·3·23, 14·12·10〉

공동운수협정 변경신고서

접수번호		접수일		처리기간 3일
신고인	상호(법인명)		성명(대표자)	법인등록번호
	주소(소재지)			전화번호
협정 상대방	상호(법인명)		성명(대표자)	법인등록번호
	주소(소재지)			전화번호
신고내용	협정변경효력 발생일자			
	협정변경효력 존속기간			
	공동운수협정 변경사유			
	협정에 관한 사무를 총괄하는 사무소가 있는 경우 명칭과 소재지			

「철도사업법」 제13조제1항 단서 및 같은 법 시행규칙 제9조제4항에 따라 공동운수협정변경을 신고합니다.

년   월   일

신고인   (서명 또는 인)

국토교통부장관   귀하

신고인 제출서류	1. 공동운수협정 변경사유서 1부 2. 신·구 공동운수협정을 대비한 서류 또는 도면 1부 3. 해당 철도사업자 간 합의를 증명할 수 있는 서류 1부	수수료 없음

처 리 절 차

신고서 작성	→	접수	→	검토	→	신고수리	→	신고인에게 통지
신고인		처리기관 (국토교통부)		처리기관 (국토교통부)		처리기관 (국토교통부)		

210mm×297mm[백상지 80g/㎡(재활용품)]

[별지 제11호서식] 〈개정 06·8·7, 08·3·14, 08·6·25, 11·4·11, 13·3·23, 14·12·10, 16·12·30〉

철도사업 양도·양수인가신청서

접수번호		접수일		처리기간	30일
양도인	상호(법인명)		성명(대표자)	법인등록번호	
	주소(소재지)			전화번호	
양수인	상호(법인명)		성명(대표자)	법인등록번호	
	주소(소재지)			전화번호	
신청내용	사업의 종류				
	노선 또는 사업구역				
	양도·양수 가격				
	양도·양수 일자				
	양도·양수 사유				

「철도사업법」 제14조제1항 및 같은 법 시행규칙 제10조제1항에 따라 철도사업의 양도·양수인가를 신청합니다.

년   월   일

양도인(파는 사람)   (서명 또는 인)
양수인(사는 사람)   (서명 또는 인)

국토교통부장관   귀하

신청인 제출서류	1. 양도·양수 계약서 사본 1부 2. 양도·양수 후 해당 운영구간에 대한 사업계획서 1부 3. 양수인이 「철도사업법」 제7조 각 호에 따른 결격사유에 해당하지 않음을 증명하는 서류 1부 4. 법인설립계획서(양수인이 설립예정법인인 경우만 해당합니다) 1부 5. 양도 또는 양수에 관한 의사결정을 증명하는 총회 또는 이사회의 의결서 사본 1부	수수료 1만원
담당 공무원 확인 사항	양수인의 법인 등기사항증명서(설립예정법인을 제외한 법인인 경우만 해당합니다)	

처 리 절 차

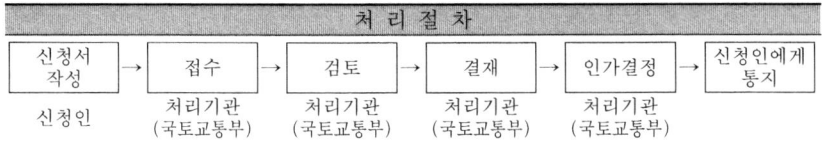

신청서 작성(신청인) → 접수(처리기관 국토교통부) → 검토(처리기관 국토교통부) → 결재(처리기관 국토교통부) → 인가결정(처리기관 국토교통부) → 신청인에게 통지

210mm×297mm[백상지 80g/㎡(재활용품)]

[별지 제12호서식] 〈개정 06·8·7, 08·3·14, 08·6·25, 11·4·11, 13·3·23, 14·12·10, 16·12·30〉

법인합병 인가신청서

접수번호		접수일		처리기간	30일
합병 하려는 법인	상호(법인명)		성명(대표자)	법인등록번호	
	주소(소재지)			전화번호	
합병 상대방 법인	상호(법인명)		성명(대표자)	법인등록번호	
	주소(소재지)			전화번호	
합병 후 존속하는 법인	상호(법인명)		성명(대표자)	법인등록번호	
	주소(소재지)			전화번호	
신청내용	노선 또는 사업의 범위				
	합병일				
	합병 사유				

「철도사업법」 제14조제2항 및 같은 법 시행규칙 제10조제2항에 따라 철도사업법인의 합병인가를 신청합니다.

년   월   일

신청인(합병 후 존속하는 법인 대표자)   (서명 또는 인)

국토교통부장관   귀하

신청인 제출서류	1. 합병의 방법과 조건에 관한 서류 1부 2. 당사자가 신청 당시 경영하고 있는 사업의 개요를 적은 서류 1부 3. 합병 후 존속하는 법인 또는 합병에 의하여 설립되는 법인이 「철도사업법」 제7조 각 호에 따른 결격사유에 해당하지 않음을 증명하는 서류 1부 4. 합병계약서 사본 1부 5. 합병에 관한 의사결정을 증명하는 총회 또는 이사회의 의결서 사본 1부	수수료 1만원
담당공무원 확인사항	합병 당사자의 법인 등기사항 증명서	

처 리 절 차

신청서 작성(신청인) → 접수(처리기관 국토교통부) → 검토(처리기관 국토교통부) → 결재(처리기관 국토교통부) → 인가결정(처리기관 국토교통부) → 신청인에게 통지

210mm×297mm[백상지 80g/㎡(재활용품)]

철도사업법 시행규칙 [별지서식] 194

[별지 제13호서식] 〈개정 08·3·14, 13·3·23, 14·12·10〉

철도사업휴업(폐업) [ ]허가신청서
[ ]신고서

※ [ ]에는 해당하는 곳에 √ 표시를 합니다

접수번호		접수일		처리기간	1일~60일
신청인 (신고인)	상호(법인명)	성명(대표자)		법인등록번호	
	주소(소재지)			전화번호	
신청 (신고) 내용	노선 또는 사업의 범위				
	휴업예정기간				
	사업폐업일자				
	휴업 또는 폐업사유				

「철도사업법」 제15조 및 같은 법 시행규칙 제11조에 따라 철도사업의 휴업(폐업)

[ ]허가를 신청 합니다.
[ ]신고

년   월   일

신청(신고)인   (서명 또는 인)

국토교통부장관   귀하

신청(신고)인 제출서류	1. 사업의 휴업 또는 폐업에 관한 총회 또는 이사회의 의결서 사본 1부 2. 휴업 또는 폐업하려는 철도노선, 정거장, 열차의 종별 등에 관한 사항을 적은 서류 1부 3. 철도사업의 휴업 또는 폐업을 하는 경우 대체교통수단의 이용에 관한 사항을 적은 서류 1부 ※ 선로 또는 교량의 파괴 그 밖의 정당한 사유로 인하여 휴업신고를 하는 경우 1. 휴업하려는 철도노선, 정거장, 열차의 종별 등에 관한 사항을 적은 서류 1부 2. 철도사업의 휴업을 하는 경우 대체교통수단의 이용에 관한 사항을 적은 서류 1부	수수료 6천원 (신고의 경우: 없음)

처 리 절 차

신청(신고)서 작성 → 접수 → 검토 → 결재 → 허가·신고수리 → 신청(신고)인에게 통지

신청(신고)인 / 처리기관(국토교통부) / 처리기관(국토교통부) / 처리기관(국토교통부) / 처리기관(국토교통부)

210mm×297mm[백상지 80g/㎡(재활용품)]

[별지 제14호서식] 〈개정 08·3·14, 13·3·23, 14·12·10〉

우수철도서비스 인증신청서

접수번호		접수일		처리기간 30일
신청인	상호(법인명)	성명(대표자)		법인등록번호
	주소(소재지)			
	담당부서	부서명	직책	성명
		전화	팩스	전자우편

신청내용	회사현황	자본금(억원)			연도	매출액(억원)
		종업원수 (명)	정규직	매출현황 (최근 3년간)		
			임시직			
	우수철도서비스의 내용					
	인증획득 및 각종 품질상 등 수상 현황					

「철도사업법」 제28조 및 같은 법 시행규칙 제20조제2항에 따라 위와 같이 우수철도서비스인증을 신청합니다.

년   월   일

신청인   (서명 또는 인)

국토교통부장관   귀하

신청인 제출서류	해당 철도서비스가 우수철도서비스임을 입증 또는 설명할 수 있는 자료 1부	수수료 6천원

처 리 절 차

신청서 작성 → 접수 → 검토 → 결재 → 신청수리 → 신청인에게 통지

신청인 / 처리기관(국토교통부) / 처리기관(국토교통부) / 처리기관(국토교통부) / 처리기관(국토교통부)

210mm×297mm[백상지 80g/㎡(재활용품)]

[별지 제15호서식] 〈개정 08·3·14, 13·3·23, 14·12·10〉

우수서비스마크

제   호

우수철도서비스 인증서

철도서비스내용

상호(법인명)

성명(대표자)

주소(소재지)

유 효 기 간

「철도사업법」 제28조 및 같은 법 시행규칙 제20조에 따라 위와 같이 우수철도서비스 사업자로 인정합니다.

년   월   일

국토교통부장관 [직인]

210mm×297mm[백상지 120g/㎡]

[별지 제16호서식] 〈개정 06·8·7, 08·3·14, 08·6·25, 11·4·11, 13·3·23, 14·12·10, 16·12·30〉

전용철도 운영등록 신청서

접수번호	접수일	처리기간　30일
신청인	성명(법인명 및 대표자명)	생년월일(법인등록번호)
	주소(소재지)	전화번호
신청내용	사업소 명칭	
	사업소 소재지　주사무소	
	영업소	
	사업의 종류	

「철도사업법」 제34조 및 같은 법 시행규칙 제23조제1항에 따라 전용철도의 운영등록을 신청합니다.

년   월   일

신청인   (서명 또는 인)

국토교통부장관 귀하

신청인 제출서류	1. 전용철도운영계획서 1부 2. 전용철도를 운영하려는 토지의 소유권 또는 사용권을 증명할 수 있는 서류 1부 3. 임원의 성명·생년월일을 적은 서류(법인인 경우만 해당합니다) 1부 4. 그 밖에 참고사항을 적은 서류 1부	수수료 1만원
담당 공무원 확인 사항	법인 등기사항증명서(신청인이 법인인 경우만 해당합니다)	

처 리 절 차

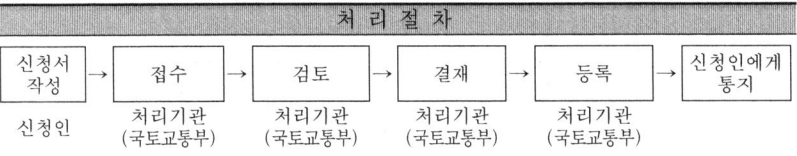

210mm×297mm[백상지 80g/㎡(재활용품)]

철도사업법 시행규칙 [별지서식] 196

[별지 제17호서식] 〈개정 08·3·14, 13·3·23, 14·8·7〉

제　　　호
전용철도 노선명

전용철도운영등록증

성　　　　명(법인 또는 공공기관의 경우 그 명칭 및 대표자의 성명) :

생년월일(법인의 경우 법인등록번호) :

주　　　소 :

상　　　호 :

업　　　종 :

등록연월일 :

「철도사업법」 제34조제2항 및 같은 법 시행규칙 제23조제4항에 따라 위와 같이 전용철도운영을 등록하였음을 증명합니다.

년　　　월　　　일

국토교통부장관 직인

210mm×297mm[백상지 80g/㎡(재활용품)]

[별지 제18호서식] 〈개정 08·3·14, 13·3·23, 14·8·7, 14·12·10〉

전용철도 운영등록 변경신청서

접수번호	접수일		처리기간	10일
신청인	성명(법인명 및 대표자명)		생년월일(법인등록번호)	
	주소(소재지)		전화번호	
신청내용	사업의 종류			
	변경 년 월 일			
	변경 사항	변경 전		
		변경 후		
	변경사유			

「철도사업법」 제34조제1항 및 같은 법 시행규칙 제23조제5항에 따라 위와 같이 전용철도 운영등록의 변경을 신청합니다.

년　　　월　　　일

신청인　　　　　　　　　(서명 또는 인)

국토교통부장관　귀하

신청인 제출서류	등록사항의 변경 내용을 설명 또는 증명하는 서류 1부	수수료 없음

처리절차

신청서 작성	→	접수	→	검토	→	결재	→	등록	→	신청인에게 통지
신청인		처리기관 (국토교통부)		처리기관 (국토교통부)		처리기관 (국토교통부)		처리기관 (국토교통부)		

210mm×297mm[백상지 80g/㎡(재활용품)]

[별지 제19호서식] <개정 06·8·7, 08·3·14, 08·6·25, 11·4·11, 13·3·23, 14·12·10>

전용철도운영 양도·양수신고서

접수번호	접수일		처리기간 30일
양도인	성명(법인명 및 대표자명)		생년월일(법인등록번호)
	주소(소재지)		전화번호
양수인	성명(법인명 및 대표자명)		생년월일(법인등록번호)
	주소(소재지)		전화번호
신고내용	사업의 종류		
	사업 내용		
	양도·양수 가격		
	양도·양수 일자		
	양도·양수 사유		

「철도사업법」 제36조 및 같은 법 시행규칙 제24조에 따라 위와 같이 전용철도운영의 양도·양수를 신고합니다.

년   월   일

양도인(파는 사람)   (서명 또는 인)
양수인(사는 사람)   (서명 또는 인)

국토교통부장관   귀하

신고인 제출서류	1. 양도·양수 계약서 사본 1부 2. 양도·양수에 관한 총회 또는 이사회의 의결서 사본(법인인 경우만 해당합니다) 1부 3. 법인 임원의 성명·주민등록번호를 적은 서류(법인인 경우만 해당합니다) 1부	수수료 6천원
담당 공무원 확인 사항	법인 등기사항증명서(신청인이 법인인 경우만 해당합니다)	

처리절차

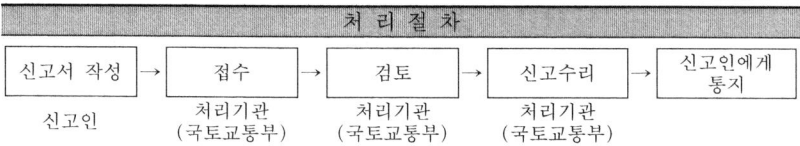

210mm×297mm[백상지 80g/㎡(재활용품)]

[별지 제20호서식] <개정 06·8·7, 08·3·14, 08·6·25, 11·4·11, 13·3·23, 14·12·10>

전용철도 운영법인 합병신고서

접수번호	접수일		처리기간 30일
합병 하려는 법인	상호(법인명)	성명(대표자)	법인등록번호
	주소(소재지)		전화번호
합병 상대방 법인	상호(법인명)	성명(대표자)	법인등록번호
	주소(소재지)		전화번호
합병 후 존속하는 법인	상호(법인명)	성명(대표자)	법인등록번호
	주소(소재지)		전화번호
신고내용	사업의 종류		
	노선 또는 사업구역		
	합병의 방법 및 조건		
	합병의 사유		
	합병하려는 일자		

「철도사업법」 제36조 및 같은 법 시행규칙 제25조에 따라 위와 같이 전용철도 운영법인의 합병을 신고합니다.

년   월   일

신고인(합병 후 존속하는 법인 대표자)   (서명 또는 인)

국토교통부장관   귀하

신고인 제출서류	1. 합병계약서 사본 1부 2. 합병 후 존속하는 법인의 합병 당시의 사업용 고정자산의 명세서 1부 3. 합병 후 존속하는 법인의 임원 성명·주민등록번호를 적은 서류 1부 4. 합병에 관한 총회 또는 이사회의 의결서 사본 1부	수수료 6천원
담당 공무원 확인 사항	합병 후 존속하는 법인의 법인 등기사항증명서	

처리절차

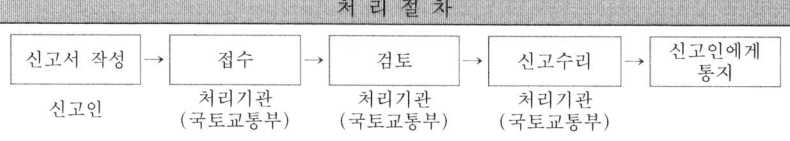

210mm×297mm[백상지 80g/㎡(재활용품)]

철도사업법 시행규칙 [별지서식] 198

[별지 제21호서식] 〈개정 08·3·14, 13·3·23, 14·8·7, 14·12·10〉

전용철도 운영 상속신고서

접수번호	접수일		처리기간	10일

신고인	성명(법인명 및 대표자 성명)		생년월일(법인등록번호)	
	주소		전화번호	

신고내용	피상속인과의 관계
	피상속인의 사망일
	피상속인이 경영하는 사업의 종류 및 노선 또는 사업구역

「철도사업법」 제37조제1항 및 같은 법 시행규칙 제26조에 따라 위와 같이 전용철도 운영의 상속을 신고합니다.

년   월   일

신고인   (서명 또는 인)

국토교통부장관 귀하

신고인 첨부서류	1. 피상속인이 사망하였음을 증명할 수 있는 서류 1부 2. 피상속인과의 관계를 증명할 수 있는 서류 1부 3. 신고인과 선순위 또는 동 순위에 있는 다른 상속인이 있는 경우에는 그 상속인의 동의서 1부	수수료 6천원

처 리 절 차				
신고서 작성 →	접수 →	검토 →	신고수리 →	신고인에게 통지
신고인	처리기관 (국토교통부)	처리기관 (국토교통부)	처리기관 (국토교통부)	

210mm×297mm[백상지 80g/㎡(재활용품)]

[별지 제22호서식] 〈개정 08·3·14, 13·3·23, 14·8·7, 14·12·10〉

전용철도운영 [ ]휴업 [ ]폐업 신고서

※ [ ]에는 해당하는 곳에 √ 표시를 합니다

접수번호	접수일		처리기간	30일

신고인	성명(법인명 및 대표자 성명)		생년월일(법인등록번호)	
	주소		전화번호	

휴업·폐업내용	사업의 종류
	휴업 예정 기간 　.　.부터　　　　.　.까지(년 개월)
	폐업일
	휴업 또는 폐업 사유

「철도사업법」 제38조 및 같은 법 시행규칙 제27조에 따라 위와 같이 전용철도운영의 휴업(폐업)을 신고합니다.

년   월   일

신고인   (서명 또는 인)

국토교통부장관 귀하

신고인 제출서류	1. 휴업 또는 폐업사유를 기재한 서류 1부 2. 휴업기간·운영재개시기 및 휴업기간 동안의 전용철도시설의 관리방안(휴업의 경우만 해당합니다) 1부 3. 전용철도시설의 처리방안(폐업의 경우만 해당합니다) 1부	수수료 3천원

처 리 절 차				
신고서 작성 →	접수 →	검토 →	신고수리 →	신고인에게 통지
신고인	처리기관 (국토교통부)	처리기관 (국토교통부)	처리기관 (국토교통부)	

210mm×297mm[백상지 80g/㎡(재활용품)]

[별지 제23호서식] 〈개정 08·3·14, 13·3·23, 14·8·7〉

점용허가신청서

접수번호		접수일		처리기간	90일
신청인	성명(법인의 경우 법인명 및 대표자 성명)		생년월일(법인등록번호)		
	주소		전화번호		
점용(행위) 개요	재산의 종류 및 구조		수량		
	점용(행위)위치		점용(행위)면적 ㎡		
	점용(행위)목적				
	점용(행위)기간 년 월 일부터 년 월 일까지(일)				

「철도사업법」 제42조, 같은 법 시행령 제13조 및 같은 법 시행규칙 제28조에 따라 철도시설에 대한 점용허가를 신청합니다.

년 월 일

신청인 (서명 또는 인)

국토교통부장관 귀하

신청인 제출서류	1. 사업개요에 관한 서류 2. 시설물의 건설계획 및 사용계획에 관한 서류 3. 자금조달계획에 관한 서류 4. 수지전망에 관한 서류 5. 정관(법인의 경우만 해당합니다) 6. 설치하려는 시설물의 설계도서(시방서·위치도·평면도 및 주단면도를 말합니다) 7. 그 밖에 참고사항을 적은 서류	수수료 6천원
담당 공무원 확인사항	법인 등기사항증명서(법인의 경우만 해당합니다)	

처리절차

신청서 작성(신청인) → 접수(국토교통부 담당과) → 선람(국토교통부 담당과) → 담당(내용검토)(국토교통부 담당과) → 결재(국토교통부 담당과) → 허가결정(국토교통부 담당과) → 통보(국토교통부 담당과)

210㎜×297㎜[백상지 80g/㎡(재활용품)]

[별지 제24호서식] 〈개정 08·3·14, 13·3·23, 14·8·7〉

점용허가권리·의무이전인가신청서

접수번호		접수일		처리기간	60일
양도인(갑) (점용허가 권리·의무를 이전 하고자 하는 자)	성명(법인의 경우 법인명 및 대표자 성명)		생년월일(법인등록번호)		
	주소		전화번호		
양수인(을) (점용허가 권리·의무를 이전 받고자 하는 자)	성명(법인의 경우 법인명 및 대표자 성명)		생년월일(법인등록번호)		
	주소		전화번호		
이전 개요	이전가격				
	권리·의무의 이전내용				
	이전시기				

「철도사업법」 제45조, 같은 법 시행령 제15조제1항 및 같은 법 시행규칙 제29조에 따라 점용허가에 관한 권리와 의무를 이전하고자 위와 같이 인가를 신청합니다.

년 월 일

양도인(갑) 성명 (서명 또는 인)
양수인(을) 성명 (서명 또는 인)

국토교통부장관 귀하

신청인 제출서류	1. 이전계약서 사본 1부 2. 이전가격의 명세서 1부	수수료 6천원
담당 공무원 확인사항	법인 등기사항증명서(법인의 경우만 해당합니다)	

처리절차

신청서 작성(신청인) → 접수(국토교통부 담당과) → 선람(국토교통부 담당과) → 담당(내용검토)(국토교통부 담당과) → 결재(국토교통부 담당과) → 인가결정(국토교통부 담당과) → 통보(국토교통부 담당과)

210㎜×297㎜[백상지 80g/㎡(재활용품)]

철도사업법 시행규칙 [별지서식] 200

[별지 제25호서식] 〈개정 08·3·14, 13·3·23, 14·12·10〉

(앞쪽)

제   호

검사 공무원증

사 진
3cm×4cm
(모자 벗은 상반신으
로 뒤 그림 없이 6개
월 이내 촬영한 것)

성   명
국토교통부

60mm×90mm[백상지 150g/㎡]

(뒤쪽)

검사 공무원증

소속
직위/직급
성명
유효기간   . . .부터   . . .까지

위의 사람은 「철도사업법」 제47조
에 따른 검사공무원임을 증명합니다.

년   월   일

국토교통부장관 [직인]

[별지 제26호서식] 〈신설 20·5·27〉

점용허가 취소 신청서

접수번호	접수일시		처리기간	90일
신청인	성명(법인의 경우 법인명 및 대표자 성명)		생년월일(법인등록번호)	
	주소		전화번호	
점용(행위) 취소 개요	재산의 종류 및 구조		수량	
	점용(행위)위치		점용(행위)면적	㎡
	점용(행위)목적			
	점용(행위)기간			
	년 월 일부터 년 월 일까지(일)			
	취소사유			

「철도사업법」 제42조의2제1항제5호 및 같은 법 시행규칙 제28조의2제2항에
따라 위와 같이 철도시설에 대한 점용허가 취소를 신청합니다.

년   월   일

신청인   (서명 또는 인)

국토교통부장관 귀하

신청인 제출서류	1. 점용허가서 2. 점용허가 취소 사유서 3. 점용시설의 원상회복 계획서(법 제46조제1항 단서에 따라 원상회복 의무를 면제한 경우는 제외)	수수료 없음
담당 공무원 확인사항	법인 등기사항증명서(법인의 경우만 해당합니다)	

유의사항
철도시설의 점용허가를 취소하는 경우에는 국토교통부장관으로부터 원상회복 확인을 받아야 합니다.

처리절차

신청서 작성	→	접 수	→	선 람	→	담 당 (내용검토)	→	결 재	→	허가취소 결정	→	통 보
신청인		국토교통부 (담당과)		국토교통부 (담당과)		국토교통부 (담당과)		국토교통부 (담당과)		국토교통부 (담당과)		국토교통부 (담당과)

210mm×297mm[백상지 80g/㎡]

철도 노선 및 역의 명칭 관리지침

2014 · 3 · 18 국토교통부 고시 제2014-128호
2016 · 12 · 29 국토교통부 고시 제2016-956호
2018 · 11 · 11 국토교통부 고시 제2018-671호

제1장 총 칙

제1조(목적) 이 지침은 「철도사업법」 제4조에 따라 철도 노선 및 역의 명칭을 합리적으로 관리하고 운영하는데 필요한 사항을 정함으로써 공공시설인 철도시설을 효율적이고 체계적으로 관리·이용하는 데 이바지함을 목적으로 한다.

제2조(정의) 이 지침에서 사용하는 용어의 뜻은 다음과 같다.
1. "노선명"이란 여객열차 또는 화물열차를 운행하기 위한 선로의 명칭을 말한다.
2. "노선번호"란 여객열차 또는 화물열차를 운행하기 위한 선로의 번호를 말한다.
3. "역명"이란 열차를 정차하고 여객 또는 화물을 취급하기 위하여 설치한 철도역의 명칭을 말한다.
4. "사업용철도노선"이란 철도사업을 목적으로 설치하거나 운영하는 철도노선을 말하며, 운행속도에 따라 다음 각 호와 같이 분류한다.
   가. 고속철도노선: 철도차량이 대부분의 구간을 300km/h 이상의 속도로 운행할 수 있도록 건설된 노선
   나. 준고속철도노선: 철도차량이 대부분의 구간을 200km/h 이상 300km/h 미만의 속도로 운행할 수 있도록 건설된 노선
   다. 일반철도노선: 철도차량이 대부분의 구간을 200km/h 미만의 속도로 운행할 수 있도록 건설된 노선
5. "간선"이란 사업용철도노선을 운행거리에 따라 분류한 것으로, 지역 간의 여객과 화물 교통수요를 주로 수송하는 10km 이상의 사업용철도노선 중 국토교통부장관이 지정한 노선을 말한다.
6. "지선"이란 사업용철도노선을 운행거리에 따라 분류 한 것으로 사업용철도노선 중 간선을 제외한 노선을 말한다.
7. "광역전철노선"이란 「대도시권 광역교통 관리에 관한 특별법」 제2조제2호나목에 따른 광역철도노선과 준고속철도노선 및 일반철도노선 중에서 광역권의 일상적인 여객 교통수요를 처리하기 위하여 전동차를 운행하는 노선으로 국토교통부장관이 지정한 노선을 말한다.
8. "철도건설사업시행자"란 「철도건설법」 제8조에 따른 철도건설사업의 시행자를 말한다.
9. "철도운영자"란 「철도산업발전기본법」 제3조제10호에 따른 철도운영에 관한 업무를 수행하는 자를 말한다.
10. "철도시설관리자"란 다음 각 목의 어느 하나에 해당하는 사람을 말한다.
    가. 「사회기반시설에 대한 민간투자법」에 따라 건설된 철도는 당해 민자사업자
    나. '가' 목을 제외한 경우는 한국철도시설공단
11. "주요 공공기관"이란 「개인정보 보호법」 제2조제6호에 따른 기관을 말한다.
12. "주요 공공시설"이란 「국토의 계획 및 이용에 관한 법률」 제2조제13호에 따라 지정된 시설을 말한다.
13. "역명부기"란 철도이용자가 철도역 인근의 시설 등을 쉽게 이용할 수 있도록 역명아래에 괄호의 형태로 표기하는 것을 말한다.
14. "환승역"이란 둘 이상의 노선이 만나 다른 노선의 열차로 갈아타

는 것이 가능한 역을 말한다.

15. "영업노선명"이란 철도운영자가 영업을 목적으로 철도이용자가 열차의 출발지, 경유지, 목적지 등 운행정보를 쉽게 알 수 있도록 정한 노선명을 말한다.

제3조(적용범위) 이 지침은 「철도산업발전 기본법」 제2조에 따른 철도와 「사회기반시설에 대한 민간투자법」에 따라 건설되는 철도 노선 및 역의 명칭을 제정 또는 개정하고자 할 때 적용한다. 다만, 지방자치단체가 소유 또는 관리하는 철도는 제외한다.

제2장 노선명 및 역명의 제·개정 기준 등

제4조(사업용철도노선의 지정·고시) ① 철도시설관리자는 「철도건설법」 제9조의 규정에 의한 철도건설사업실시계획(이하 "실시계획"이라 한다)을 완료하기 전에 사업용철도노선의 고시에 필요한 노선명 및 역명 제정 방안을 마련하여 실시계획 승인·고시 예정일 2개월 전까지 국토교통부장관에게 제출하여야 하며, 국토교통부장관은 실시계획을 승인·고시한 날부터 1개월 이내에 사업용철도노선의 노선번호, 노선명, 기점, 종점, 중요경과지(정차역명을 포함한다)를 지정하여야 한다.

② 철도시설관리자는 노선 및 역 시설의 운영개시 예정일 5개월 전까지 사업용철도노선의 철도거리표를 국토교통부장관에게 제출하여야 하며, 국토교통부장관은 노선 및 역 시설의 운영개시 예정일 3개월 전까지 철도거리표가 포함된 사업용철도노선을 지정하여야 한다.

③ 국토교통부장관은 제1항 및 제2항에 따라 지정하는 사업용철도노선 중에 광역전철노선이 있는 경우 이를 명시하여 지정하여야 한다.

④ 국토교통부장관은 제1항부터 제3항까지의 규정에 따라 사업용철도노선을 지정한 경우에는 이를 관보에 고시하여야 한다. 고시한 사항의 변경이 있거나 사업용철도노선의 폐지가 있는 때에도 또한 같다.

제5조(노선명의 제·개정 기준) ① 국토교통부장관은 노선의 기점과 종점의 지명 중 첫 글자 또는 첫 두글자를 사용하여 노선명을 정한다. 다만, 효율적인 노선명 관리 등을 위해 필요한 경우 지리적 명칭(예시 : 내륙선, 서해선)이나 행정구역 명칭(예시 : 광주선, 과천선) 또는 특정 명칭(예시 : 인천국제공항선) 등을 사용할 수 있다.

② 노선의 명칭은 전체 노선에 대해 부여하되, 단계별로 개통하는 경우에는 노선명과 우선 개통구간을 병행하여 표기(예시 : 경강선(성남~여주))한다.

③ 기·종점의 지명을 사용하는 경우 남쪽에서 북쪽, 서쪽에서 동쪽으로 명칭을 배열하되, 경합이 발생할 때에는 남쪽에서 북쪽 사용이 우선(예시 : 수인선)한다. 다만, 서울이 기점 또는 종점 노선인 경우에는 예외적으로 노선명(예시 : 경부선, 경인선)을 부여할 수 있다.

④ 기존의 노선이 일부 연장되거나 개량사업 등으로 노선의 위치가 변경되는 경우의 노선명은 여객의 효율적인 안내 등을 위하여 일관성이 유지될 수 있도록 기존의 명칭을 그대로 사용하는 것을 원칙으로 하되, 기점 및 종점 등이 현저히 변경되어 여객의 효율적인 안내를 위하여 필요한 경우 등에는 이를 변경할 수 있다.

⑤ 다른 노선의 일부구간을 이용하여 하나로 연결된 노선 등은 다른 노선의 일부구간을 중복 사용하여 하나의 노선명을 부여할 수 있다.

제6조(노선번호의 제·개정 기준) 노선번호는 운행속도에 따른 철도노선 종류별로 구분하여 건설순서 등에 따라 다음 각 호와 같이 간선은 세 자리 숫자, 지선은 다섯 자리 숫자로 지정한다.

1. 첫째자리 숫자는 철도노선의 종류를 표시(고속철도노선 1, 준고속철도노선 2, 일반철도노선 3)

2. 둘째자리 숫자와 셋째자리 숫자는 간선을 표시하되, 지정하는 순서대로 번호를 부여한다.

3. 넷째자리 숫자와 다섯째자리 숫자는 지선을 표시하되, 지정하는 순서대로 번호를 부여한다.

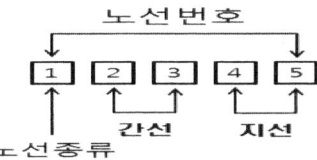

제7조(역명의 제·개정 기준) ① 역명을 제정하거나 개정하는 때에는 국민이 이해하기 쉽고 부르기 쉬우며 그 지역을 대표할 수 있는 명칭을 사용하는 것을 원칙으로 한다.

② 역명은 역당 하나의 명칭을 사용하는 것을 원칙으로 하며, 일반적으로 가장 많이 알려진 지명 및 해당 지역과 연관성이 뚜렷하고 지역 실정에 부합되는 명칭을 사용하되, 다음 각 호의 사항을 기준으로 하여 정한다.

 1. 행정구역 명칭
 2. 역에서 인접한 대표적 공공기관 또는 공공시설의 명칭
 3. 국민들이 인지하기 쉬운 지역의 대표명소
 4. 역사가 대학교부지 내에 위치하거나 대학교와 인접하여 지역의 대표명칭으로 인지할 수 있고, 해당 지방자치단체 주민의 다수가 동의하는 경우 대학교명을 역명으로 지정 가능

③ 역명을 제정 또는 개정하는 경우 역명이 이미 존재하거나 지방자치단체 소관의 다른 역명과 동일(역명 발음상 유사한 것을 포함한다)하여 기존 역명과 혼동될 우려가 있는 때에는 그 역명을 사용하지 않는 것을 원칙으로 한다.

④ 특정 단체 및 기업 등의 홍보수단으로 이용될 수 있는 역명은 사용하지 않는 것을 원칙으로 한다.

⑤ 환승역은 이용자 혼란 방지 등을 위해 같은 역명을 사용하여야 하며, 역이 신설되는 경우 신설역의 역명은 기존 역명으로 하여야 한다. 다만, 새로운 역명 제정이 필요할 경우 기존역의 역명 제정권자와 협의한 후 본 지침에 의한 역명 제·개정 기준과 절차에 따라 결정 한다.

⑥ 제2항에 따른 행정구역 명칭 사용이 곤란하거나 신설역이 2개 이상의 행정구역에 걸쳐 있어 지역간 갈등 발생 등의 우려가 있는 경우에는 2개의 행정구역명을 연속한 명칭을 사용할 수 있다.

⑦ 이 지침에 따라 역의 명칭이 확정되지 않은 상태에서 건설 중인 역의 명칭은 알파벳 또는 기호 등으로 표기하여야 한다.

제8조(노선명 및 역명의 표기) ① 노선명 및 역명 표기문자는 한글로 최대 6자 이내로 정하는 것을 원칙으로 하되, 5자 이상으로 정할 경우에는 4자 이내의 축약 역명까지 동시에 정하여야 한다.

② 철도시설관리자 및 철도운영자는 한글 역명과 더불어 외국인 관광객의 안내 등을 위하여 외국어(로마자, 한자) 역명을 표기하여야 한다.

③ 제1항 및 제2항에 따른 노선명 및 역명은 다음 각 호의 기준에 따라 표기하여야 한다.

 1. 한글 명칭과 한자 명칭이 서로 다른 때에는 한글 명칭을 우선 고려할 것
 2. 역명은 한글 맞춤법에 따를 것
 3. 로마자 표기는 국어의 표준 발음법에 따라 적는 것을 원칙으로 하며, 정부에서 정한 국어의 로마자 표기법에 따를 것. 다만, 일반적으로 국어와 외래어가 혼용하여 사용되고 있는 시청, 광장, 종합운동장 등은 번역하여 시티 홀(City Hall), 스퀘어(Square), 스포츠 콤플렉스(Sports Complex) 등으로 표기 가능
 4. 한자는 간자체나 번자체로 일절일음(一節一音) 원칙에 따라 표기할 것

제9조(노선명 및 역명의 제정 절차) ① 국토교통부장관은 제4조제1항에 따라 철도시설관리자가 철도 노선 및 역명 제정방안을 제출하는 경우, 제11조에 의한 역명심의위원회의 심의를 거쳐 이를 확정하여야 한다.

② 철도시설관리자가 제4조제1항에 따른 노선명 및 역명 제정 방안을 마련하고자 할 때에는 해당 공공시설과 관련된 행정구역 등 관련 자료

를 검토하고 해당 철도운영자, 철도건설사업시행자 및 지방자치단체장 (시장·군수·구청장을 말한다)의 의견을 들어야 한다. 이 경우 둘 이상의 지방자치단체와 관련된 사항에 대하여는 해당 광역지방자치단체장의 의견을 들어야 한다.

③ 철도시설관리자가 제2항에 따라 역명의 제정과 관련된 사항에 대하여 지방자치단체장의 의견을 들을 경우에는 해당 지방자치단체장으로 하여금 지역주민의 의견 수렴을 위하여 지방자치단체의 홈페이지 등에 역명 제정에 관한 사항을 7일 이상 게재하거나, 필요시 주민 공청회 등을 개최토록 한 후, 해당 지방자치단체 지명위원회의 심의를 거쳐 의견을 제출하도록 요구하여야 하며, 둘 이상의 시·군·구에 걸치는 역명에 관한 사항은 해당 시장·군수 또는 구청장의 의견을 들은 후 관할 시·도 지명위원회의 심의를 거쳐 의견을 제출하여야 한다.

④ 철도시설관리자는 역명의 제정과 관련하여 문화재, 주요 공공기관 또는 주요 공공시설 등의 명칭으로 제정 요구가 있는 경우에는 해당 행정구역에 다른 문화재, 주요 공공기관 또는 주요 공공시설의 존재 여부를 조사하여야 하며 이들 관리자의 의견을 들어야 한다.

⑤ 철도시설관리자는 제4항에 따른 의견수렴 결과 다른 문화재, 주요 공공기관 또는 주요 공공시설의 관리자 등이 다른 역명으로 제정을 요구하는 경우에는 해당 지방자치단체장에게 새로이 의견을 들을 수 있다.

제10조(노선명 및 역명 개정 절차) ① 국토교통부장관은 다음 각 호의 어느 하나에 해당하는 경우에는 역명심의위원회의 심의 등을 거쳐 노선명 또는 역명을 개정할 수 있다.

1. 도시개발사업, 택지개발사업 등 각종 개발사업의 시행으로 인하여 역세권의 환경이 변화하여 노선명 또는 역명 개정의 필요성이 있을 경우

2. 기존 역이 위치한 행정구역명이 변경되거나 철도개량사업의 시행 등으로 인하여 역의 위치가 다른 행정구역으로 변경되는 경우

3. 그 밖에 지방자치단체의 요구 등에 따라 합리적인 노선명 및 역명의 관리·운영을 위하여 개정이 필요하다고 인정하는 경우

② 지방자치단체장 또는 해당 철도운영자 등은 제1항에 따라 노선명 또는 역명의 개정이 필요한 경우에는 철도시설관리자에게 개정을 요청하여야 한다. 이 경우 철도시설관리자는 그 적정성을 검토하여야 하며, 해당 지방자치단체와 철도운영자 등의 의견을 수렴한 후 이에 대한 처리방안을 국토교통부장관에게 제출하여야 한다.

③ 국토교통부장관은 철도시설관리자로부터 제2항에 따라 마련된 노선명 및 역명 개정에 대한 의견을 제출받아 검토한 후 이를 확정하여야 한다.

④ 노선명 및 역명 개정업무와 관련된 지방자치단체 의견 수렴, 역명심의위원회 심의 등에 대해서는 제9조의 규정을 준용하며, 노선명 및 역명 개정의 경우 해당 지방자치단체 주민의 반대 등의 사유로 갈등을 유발할 우려가 있는 등 개정이 불합리하다고 판단되는 경우에는 요청기관(법인 또는 단체를 포함한다. 이 지침에서 같다)의 의견을 받아들이지 않을 수 있다.

제3장 역명심의위원회의 구성 및 운영 등

제11조(역명심의위원회의 구성·운영) ① 국토교통부장관은 이 규정에 따른 노선명 및 역명의 제정 또는 개정 사무를 효율적으로 처리하기 위하여 역명심의위원회(이하 이 장에서는 "위원회"라 한다)를 구성·운영할 수 있다.

② 위원회는 위원장 1명을 포함하여 15명 이내로 구성한다.

③ 위원회의 위원장은 위원 중에서 호선으로 선출한다.

④ 위원회 위원은 다음 각 호의 사람 중에서 국토교통부장관이 임명하되, 철도관련 업무를 담당하는 국장은 당연직으로 한다.

1. 지명에 관한 학식과 경험이 풍부한 사람으로 지명관련 전문 학회에

서 추천하는 사람
  2. 국가지명위원회의 위촉위원 중 국토지리정보원장이 추천하는 사람
  3. 한국철도시설공단 이사장이 추천하는 2명
  4. 한국철도공사 사장이 추천하는 2명
  5. 그 밖에 철도관련 단체 등이 추천하는 사람
  ⑤ 위원의 임기는 2년으로 하며, 연임할 수 있다.
제12조(위원회의 기능) ① 위원회는 다음 각 호의 사항을 심의·조정한다.
  1. 노선명 및 역명의 제정 및 개정에 관한 사항
  2. 그 밖에 노선명 및 역명의 관리·운영 등에 관한 중요사항
  ② 제1항제1호의 규정에도 불구하고, 다음 각 호의 경미한 사항은 위원회의 심의·조정 없이 국토교통부장관이 확정한다.
  1. 사업용철도노선의 노선번호 및 철도거리표
  2. 지선 중 노선의 연결선, 기지선, 항만 및 산업단지를 연결하는 인입선의 노선명 등
제13조(위원장) ① 위원장은 위원회를 대표하고 위원회의 직무를 총괄한다.
  ② 위원장은 직무를 수행할 수 없는 불가피한 사유가 있는 경우에 위원 중에서 직무대행자를 지정할 수 있다.
제14조(간사) ① 위원회의 사무를 처리하고 위원회의 원활한 운영과 위원장을 보좌하기 위하여 간사를 둔다.
  ② 제1항에 따른 간사는 국토교통부 소속의 공무원으로 하되, 철도운영관련 업무를 담당하는 과장으로 한다.
제15조(위원의 참여 제한 등) 위원장은 해당 심의안건과 관련하여 직접적인 이해관계가 있는 위원은 위원회 심의에 참여를 제한할 수 있다.
제16조(회의) ① 위원회의 회의는 대면 또는 서면으로 개최하고, 재적위원 과반수의 출석과 출석위원 과반수의 찬성으로 의결한다.
  ② 위원회의 회의는 별표 1의 회의 진행 절차도에 따라 안건설명, 안건심의, 상정안 채택, 상정, 의결 순서로 진행한다.

③ 안건심의는 제2장 노선명 및 역명의 제·개정 기준 등에 따른 노선명 및 역명의 제·개정 적정성 여부를 검토하기 위한 질문 및 토론 등으로 진행한다.
④ 위원회는 안건심의 결과 상정안이 채택되지 않으면 출석위원 과반수의 찬성으로 권고안을 채택하여 상정할 수 있으며, 권고안은 조건부로 가결 하여야 한다. 이 경우 철도시설관리자가 지방자치단체장의 의견 등을 수렴하여 권고안을 수용하면 가결된 것으로 보고, 미수용 시 부결된 것으로 본다.
⑤ 위원회는 그 업무를 수행하기 위하여 필요한 때에는 요청기관, 해당 지방자치단체의 관계 공무원, 관계 전문가 등을 위원회에 참여하게 하여 의견을 들을 수 있다.
제17조(수당 등) 위원회의 개최와 관련하여 출석하거나 심의·조정에 참여하는 위원 중 공무원이 아닌 자에 대해서는 예산의 범위 내에서 수당과 여비, 그 밖의 필요한 경비를 지급할 수 있다.
제18조(회의록의 비치 등) ① 위원회의 간사는 위원회를 개최하는 경우 별지 제1호서식의 회의안건 및 별지 제2호서식의 회의록을 작성하고 비치하여야 한다.
② 이 지침에서 규정한 사항 이외에 위원회의 운영에 관하여 필요한 사항은 위원회의 의결을 거쳐 위원장이 정한다.

제4장 보 칙

제19조(비용부담) ① "소요비용"이란 역명의 제정과 개정에 따른 안내표지(안내방송을 포함한다) 등의 설치, 정비 및 교체 등에 소요되는 제반 비용을 말하며, 철도건설 등으로 인한 노선명 또는 역명 제정에 따른 소요비용 중 신설 역사(인접역사 포함)의 안내표지 설치 등의 소요비용은 철도건설사업시행자가 부담하고, 철도차량과 기존에 운영 중인 시설 안내표지 등의 교체(변경)에 따른 소요비용은 해당시설의 소유자

가 부담한다.

② 역명의 개정으로 인해 발생되는 소요비용은 요청기관이 부담하여야 한다. 이 경우 관련 소요비용 처리에 대하여는 요청기관과 철도시설관리자·철도운영자가 협의하여 처리한다.

③ 철도운영자의 영업 목적상의 사유로 안내표지 등의 교체 및 이전이 필요한 경우에는 그 소요비용은 해당 철도운영자가 부담한다.

제20조(역명부기 사용기관 선정 기준) ① 수익권자(「사회기반시설에 대한 민간투자법」에 따라 BTL 방식으로 건설되었거나 미출자 된 역사의 경우 철도시설관리자를 말하며, 철도운영자에게 출자된 역사는 철도운영자를 말한다. 이하 같다)는 이 지침에서 정하는 바에 따라 광역전철노선의 역에 역명부기를 표기할 수 있다.

② 역명부기를 사용하는 기관(단체, 시설 등을 말한다. 이하 이장에서 같다)의 선정 기준은 다음 각 호와 같다.

1. 공공기관 또는 다중이용시설일 것(대학, 병원, 관광 등의 시설로 많은 사람들이 이용하는 경우)

2. 역에서 가까운 거리에 위치할 것

3. 미풍양속을 저해하거나 지역주민의 반대 등 사회적 갈등을 유발할 우려가 없다고 판단되는 기관

③ 역명부기는 역당 하나의 명칭을 사용하는 것을 원칙으로 한다.

제21조(역명부기 사용기관 선정 절차) ① 수익권자는 철도이용자의 역 인근시설 등 이용편익 향상 및 역명부기 수요 등을 고려하여 역명부기 운영이 필요하다고 판단되는 경우 14일 이상 해당 역사의 게시판 등에 공고하여 역명부기 사용신청을 접수하고, 역명부기 사용기관 선정방안을 마련하여 역명부기 심의위원회의 심의를 거쳐 역명부기 사용기관을 선정하여야 한다.

② 수익권자가 제1항에 따라 역명부기 사용기관 선정방안을 마련하고자 할 때에는 해당 철도운영자, 철도시설관리자 및 지방자치단체장(시

장·군수·구청장을 말하며, 둘 이상의 지방자치단체와 관련된 사항에 대하여는 해당 광역지방자치단체장의 의견을 들어야 한다. 이하 이장에서 같다)의 의견을 들어야 한다.

③ 수익권자가 제2항에 따라 역명부기에 대하여 지방자치단체장의 의견을 들을 경우에는 해당 지방자치단체장으로 하여금 지역주민의 의견 수렴을 위하여 지방자치단체의 홈페이지 등에 역명부기에 관한 사항(역명부기 사용불가를 포함하는 사용기관 선호도 설문조사)을 7일 이상 게재하거나, 필요시 주민 공청회 등을 개최토록 한 후 의견을 제출하도록 요구하여야 한다.

제22조(역명부기 운영) ① 수익권자가 역명부기를 운영하고자 하는 경우에는 국토교통부장관과 협의하여 역명부기의 운영에 필요한 역명부기 심의위원회 구성·운영, 사용기관 선정, 계약, 사용범위 및 기준, 사용료 등을 포함한 세부운영지침을 정하여야 하며, 역명부기에 따른 사용료는 수익권자의 수입으로 한다.

② 역명부기는 수익권자와 사용기관의 계약을 통하여 시행하여야 하며, 계약기간은 3년 이내로 하여야 한다.

③ 수익권자는 철도운영자에게 역명부기 관리 업무를 상호간의 계약에 따라 위탁할 수 있다.

④ 수익권자는 별지 제3호서식에 따라 당해연도 역명부기 사용현황을 작성하여 다음연도 1월 10일까지 국토교통부장관에게 제출하여야 한다.

제23조(영업노선명의 사용) 철도운영자는 철도이용자의 예매 편의 및 안내 등 영업전략상 필요한 경우, 영업노선명을 따로 정하여 사용할 수 있다.

제24조(재검토기한) 국토교통부장관은 「훈령·예규 등의 발령 및 관리에 관한 규정」에 따라 이 고시에 대하여 2019년 1월 1일 기준으로 매3년이 되는 시점(매 3년째의 12월 31일까지를 말한다)마다 그 타당성을 검토하여 개선 등의 조치를 하여야 한다.

부　　칙 〈14 · 3 · 18〉

제1조(시행일) 이 고시는 발령한 날부터 시행한다.
제2조(경과조치) ① 이 지침 시행 이전에 한국철도공사가 접수하여 처리 중인 노선명 및 역명의 개정 업무는 한국철도공사가 처리한다.
② 부기역명과 관련하여 한국철도공사가 요청기관과 체결한 계약은 그 계약기간 만료와 동시에 그 효력은 종료되고 이 지침에 따라 처리하여야 한다.

부　　칙 〈16 · 12 · 29〉

제1조(시행일) 이 고시는 발령한 날부터 시행한다.
제2조(노선 및 역명 제·개정에 따른 경과조치) ① 이 고시 시행 당시 종전의 고시에 따라 제·개정한 노선 및 역의 명칭은 이 고시에 따른 것으로 본다.
② 부기역명과 관련하여 철도운영자가 요청기관과 기 체결한 계약은 그 계약기간 만료와 동시에 그 효력은 종료되고 동 지침 제20조에 따라 처리하여야 한다.

부　　칙 〈18 · 11 · 11〉

제1조(시행일) 이 고시는 발령한 날부터 시행한다.
제2조(노선 및 역명 제·개정 등에 따른 경과조치) ① 이 고시 시행 당시 종전의 고시에 따라 제·개정한 노선 및 역의 명칭은 이 고시에 따른 것으로 본다.
② 역명부기와 관련하여 수익권자와 사용기관이 기 체결한 계약은 그 계약기간 만료와 동시에 그 효력은 종료되고 동 지침 제20조부터 제22조까지의 절차 등에 따라 처리하여야 한다.

[별표 1] (제16조제2항 관련)

영업자의위생관리 등의 진행 절차도

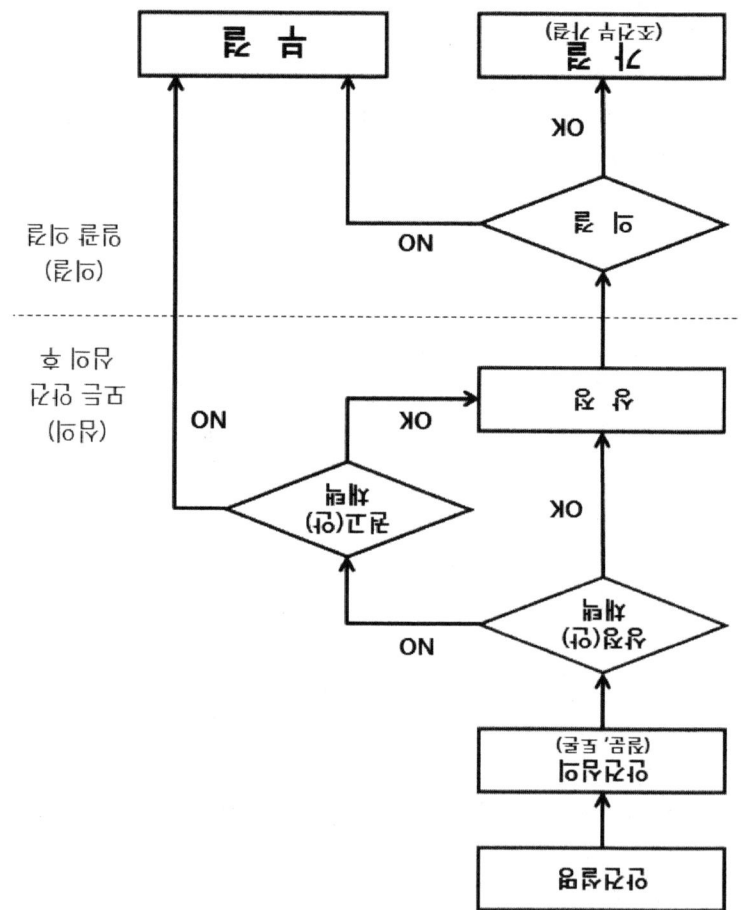

[별지 제1호서식] (제11조 관련)

의 안 번 호	제 호
의 결 년 월 일	년 월 일

(의 안 명)
제   회 역명심의위원회 부의안

1. 의결주문

2. 역명 또는 노선명 제·개정 제안사유

3. 주요내용

4. 주요토의 과제

5. 참고사항

   가. 관련법령
   나. 관계기관 및 부서협의
   다. 노선명 및 역명 제·개정에 필요한 역세권 지명 유래 등 조사 내역
   라. 지역주민 의견 조회 내역
   마. 기타사항

제 출 자	
제 출 년 월 일	년 월 일

철도 노선 및 역의 명칭 관리지침 210

[별지 제2호서식] (제18조 관련)

제   회 역명심의위원회 회의록

1. 회의일시

2. 회의장소

3. 출석 및 결석위원

4. 참석자

5. 토의 및 진행사항

6. 위원 및 참석자 발언요지

7. 기타 중요하다고 인정되는 사항

8. 의안번호 및 발의부서

9. 기록자 : 간사   (인)

[별지 제3호서식] (제22조제4항 관련)

20○○년도 역명부기 사용현황

노선명	역명	부기명	수익권자	철도운영자	사용기관명	계약기간	계약총액(원)	해당연도사용료(원)	역사구분

* ㈜ 작성요령
  1 작성프로그램 : 엑셀
  2. 작성대상 : 당해연도에 계약일이 포함된 모든 계약 건을 대상으로 작성
    (종료와 계약이 발생한 역은 2건 모두 작성)
  3. 해당연도 사용료 : 계약액 납입연도와 관계없이 계약총액(부가세 포함)
    중 해당연도 사용기간에 해당되는 사용료를 말함
  4. 역사구분 : 출자(국가가 철도공사에 출자), 미출자(국가소유 철도시설공단
    관리), 민자 중 택1

210㎜ × 297㎜(백상지 80g/㎡)

철도시설의 점용료 산정 기준

[제명개정 : 2020·1·1]

2013· 7·22 국토교통부고시 제2013-435호
2016· 6·30 국토교통부고시 제2016-407호
2020· 1· 1 국토교통부고시 제2019-950호
2021· 1· 4 국토교통부고시 제2021- 4호

제1조(목적) 이 기준은 「철도사업법」(이하 "법"이라 한다) 제42조 및 제44조, 「철도사업법시행령」(이하 "영"이라 한다) 제14조, 「철도사업법시행규칙」(이하 "규칙"이라 한다) 제28조 및 제28조의2 규정에 따라 국유철도시설의 점용허가에 따른 효율적인 업무처리와 점용료 산정에 필요한 사항을 정함을 목적으로 한다.

제2조 (정의 등) 이 기준에서 사용하는 용어의 정의는 다음 각호와 같으며, 이 기준에 있는 것을 제외하고는 철도사업법이 정하는 바에 의한다.

1. "점용료"라 함은 법 제42조의 규정에 따라 점용 허가를 받은 자가 법 제44조의 규정에 따라 국토교통부장관에게 납부하는 철도시설의 사용료를 말한다.
2. "점용허가 받은 자"라 함은 법 제42조(「철도의 건설 및 철도시설 유지관리에 관한 법률」 제23조의2 제1항을 포함한다)의 규정에 따라 철도시설의 점용허가를 받은 자를 말한다.
3. "영업시설"이라 함은 점용허가 받은 자가 영업을 하고 있거나 영업을 할 시설을 말한다.
4. "재산료"라 함은 점용허가 받은 자에게 점용허가를 한 철도시설의 가액을 기준으로 산출한 금액을 말한다.
5. "영업료"라 함은 점용허가 받은 자가 점용허가를 받아서 행하는 사업을 대상으로 사업별 연간 매출액을 기준으로 산출한 금액을 말한다.

제3조 (적용범위) 철도시설의 점용허가 및 점용료 산정에 관하여 다른 법령에 특별한 규정이 있는 경우를 제외하고는 이 기준이 정하는 바에 의한다.

제4조(점용료 산출) ① 영 제14조의 규정에 따른 점용료는 재산료와 영업료로 구분하여 산출한다.

② 점용료는 재산료와 영업료를 합한 금액을 산술평균한 금액으로 하되, 그 산출된 금액이 재산료에 미달할 때에는 재산료를 점용료로 한다.

③ 제1항의 점용료는 점용허가 받은 자가 지역을 달리하여 2이상의 사업장을 운영할 경우에는 사업장별로 각각 구분하여 산출한다.

④ 점용허가 받은 자에게 공사기간중 점용허가를 하는 재산에 대하여는 실제 점유면적 등을 감안하여 5단계 이내에서 점용료를 구분·조정하여 부과할 수 있다. 다만, 역세권개발사업 등 대규모 출자사업에 대하여는 5단계 이상으로 할 수 있다.

제5조(재산료 산출) ① 재산료의 단위(㎡)당 가액은 점용허가 부지의 총 재산가액을 전체면적으로 나눈 평균가액으로 하여 재산료 산출의 기초로 한다.

② 제1항의 재산가액은 2개 이상의 감정평가법인의 감정평가액을 산술평균하여 산출한다. 다만, 산출한 재산가액이 전년도 재산가액보다 16퍼센트 이상 증가한 경우에는 16퍼센트 증가한 금액으로 한다.〈개정 21· 1·4〉

③ 재산료는 단위(㎡)당 가액에 별표1의 재산료 요율표에 의한 용도별 면적(이 경우 동일 건물을 수인이 구분 소유할 경우에는 용도별 면적에 점유비율을, 공동 소유할 경우에는 용도별 면적에 소유지분비율을 각각 곱한 값)과 그에 해당하는 요율을 곱하여 산출한 금액을 모두 합한 금액으로 한다.

④제3항의 점유비율은 건물소유 연면적을 건물 연면적으로 나눈 것으로 하고, 소숫점 아래 셋째자리에서 반올림한다.

⑤ 별표1의 건축부지면적 중 지상건축부지의 면적은 지상건물의 수평투영면적으로 하고, 선상건축부지 면적은 선로 위 공간에 축조한 건물의 수평투영면적으로 하며, 지하시설 부지면적은 지상 및 선상 건축부지면적 이외의 부지 지하에 축조한 시설 중 가장 넓은 층의 면적으로 한다.

⑥ 별표1의 부지용도가 중첩되었을 때에는 적용요율이 높은 것을 재산료의 산출대상으로 한다.

⑦재산료의 산출기간은 시설물의 공사 착공일부터 준공일까지를 공사기간으로 하고, 준공일 다음날부터는 영업기간으로 한다.

⑧공사착공일은 공사착공신고서에 기재된 착공일로 한다. 다만, 국토교통부장관의 확인을 받은 경우에는 그러하지 아니한다.

⑨시설물의 준공일은 「건축법」 제22조의 규정에 의한 사용승인일(임시사용승인일을 포함한다)을 말한다.

제6조(영업료의 산출) ① 영업료는 전년도 손익계산서상의 연간매출액을 별표2의 사업별로 구분하여 요율을 곱한 금액을 합한 금액으로 한다. 이 경우 연간매출액은 기업회계기준의 관련 규정을 준용한다.

②점용허가 받은 자의 임대운영 영업시설에 대하여는 점용허가 받은 자의 연간수입액을 다음 각호와 같이 산출하여 매출액으로 간주하고, 별표2의 사무실 등 임대사업 요율을 적용한다.

1. 월세임대의 경우

  (월임대료×12월) + (임대보증금×전년도 1년제 정기예금이자율)

2. 전세임대의 경우

  임대보증금 × 전년도 1년제 정기예금이자율

3. 장기임대의 경우

$$\frac{선수임대료총액}{임대기간년수} + (선수임대료총액 - 경과년수임대료총액) \times 전년도\ 1년제\ 정기예금이자율$$

③제2항의 "1년제 정기예금이자율"은 부가가치세 과세표준의 계산시에 적용하는 계약기간 1년의 정기예금 이자율로서 국세청장이 정하는 율을 말한다.

제7조(점용료 납부고지) ① 점용료는 매년 1월 1일부터 12월 31일까지를 단위로 연액으로 산출하되, 점용료 산출의 기준이 되는 사항이 변경되거나 기타 연액으로 산출할 수 없을 때에는 일할 계산한다.

②영 제14조제4항의 규정에 따라 국토교통부장관은 매년 4월말까지 연간 점용료를 산출하여 납부고지하며, 분할 납부하게 하고자 할 때에는 「국유재산법 시행령」 제30조제4항의 규정을 준용한다.

③점용허가 받은 자가 시설물의 설치공사를 착수한 때의 납부고지는 공사 착공일로부터 60일이내에 한다.

④점용료를 납부고지하거나 수납한 이후에 계산 또는 기준적용 등의 오류가 발견된 때에는 이를 가감하여 조정할 수 있다.

제8조(업무의 대행) ① 국토교통부장관은 철도산업발전기본법 제19조 및 동법 시행령 제28조의 규정에 따라 점용허가 및 점용료부과와 관련한 업무를 한국철도시설공단으로 하여금 대행하게 할 수 있다.

②국토교통부장관은 제1항의 근거에 의하여 한국철도시설공단이 수행하는 업무에 대하여 자료의 제출 등을 요구할 수 있다.

③한국철도시설공단은 제1항의 근거에 따라 업무를 수행함에 있어서 국토교통부장관이 정하는 점용허가 업무처리 지침을 준수하여야 하며 점용허가신청서의 접수 및 심사, 점용허가 및 변경, 시설물의 관리 등 관련 업무를 효율적으로 처리하기 위한 세부규정을 마련하여 이 기준 시행 후 6월 이내에 국토교통부장관에게 제출하여야 한다.

제9조(재검토기한) 국토교통부장관은 「훈령·예규 등의 발령 및 관리에 관한 규정」에 따라 이 고시에 대하여 2021년 1월 1일 기준으로 매3년

이 되는 시점(매 3년째의 12월 31일까지를 말한다)마다 그 타당성을 검토하여 개선 등의 조치를 하여야 한다.〈개정 21·1·4〉

부 칙 〈08·8·12〉

(시행일) 이 기준은 고시한 날로부터 시행한다.

부 칙 〈09·6·30〉

(시행일) 이 기준은 고시한 날로부터 시행한다.

부 칙 〈13·7·22〉

이 고시는 고시한 날부터 시행한다.

부 칙 〈16·6·30〉

이 고시는 발령한 날부터 시행한다.

부 칙 〈20·1·1〉

이 고시는 발령한 날부터 시행한다.

부 칙 〈21·1·4〉

이 고시는 발령한 날부터 시행한다.

[별표 1]

재산료 요율표(제5조제3항및제6항관련)

용 도	요 율
○ 지상건축부지	50/1000
○ 선상건축부지	
- 토지이용율 500%미만	25/1000
- 토지이용율 500%이상	35/1000
○ 지하시설부지	25/1000
○ 주차장부지	
- 지상주차장	50/1000
- 공영주차장(도시설계 및 도시계획시설에 한함)	25/1000
- 주차장 진입 지상통로 부지	25/1000
○ 건물시설외 영업시설부지	50/1000
○ 기타부지(조경, 선로전용 등)	3/1000
○ 공사기간중 부지	20/1000

[별표 2]

영업료 요율표(제6조제1항및제2항관련)

사 업 명	용 도 및 구 조	요 율
○ 판매사업	- 물품판매 : 의류, 식료품, 의약품, 전기 제품 및 기타 물품의 판매 - 식품판매 : 음식, 다과 및 기타 공중접객	1/100
○ 임대사업	- 사무실, 창고, 예식장, 연회장, 의료시설 등	10/100
○ 호텔사업	- 숙 박	3/100
○ 터미널사업	- 입 체 식 - 지 평 식	3/100 8/100
○ 주차장사업	- 입체식, 지평식	10/100
○ 기타사업	- 기타 매출액	1/100

철도 유휴부지 활용지침

제정 2015 · 7 · 17 국토교통부훈령 제555호
    2017 · 8 · 2 국토교통부훈령 제911호
    2018 · 1 · 21 국토교통부훈령 제970호
    2021 · 7 · 28 국토교통부훈령 제1412호

제1장 총칙

제1조(목적) 이 훈령은 지방자치단체가 철도 유휴부지를 활용함에 있어 활용 방향 및 절차를 제시함으로써 공공의 자원인 철도 유휴부지의 체계적인 관리와 효율적인 활용을 도모하고자 한다.

제2조(정의) 이 지침에서 사용하는 용어의 뜻은 다음과 같다.
  1. "철도 유휴부지"란 철도 폐선부지와 철도부지 중 철도운영 이외의 용도로 사용하더라도 철도운영 및 안전에 지장을 주지 않는 다음의 각목의 부지를 말한다.
    가. 철도교량 등 철도 선로의 하부 부지
    나. 지하에 조성된 철도시설의 상부 부지
    다. 철도시설의 운영에 직접 사용되고 있지 않는 잔여지
    라. 그 밖에 국토교통부장관이 인정한 부지
  2. "철도 폐선부지"란 「철도산업발전기본법」 제34조에 따라 철도노선이 폐지되거나 같은 법 제3조제6호에 따른 철도건설 사업으로 인하여 철도시설이 이전됨으로써 더 이상 철도차량이 운행되지 않는 철도부지를 말한다.
  3. "철도 유휴부지 활용사업"이란 지방자치단체가 국가 소유의 철도 유휴부지를 주민친화적 공간이나 지역경쟁력 강화를 위한 목적으로 활용하기 위하여 동 지침에 따라 활용계획의 수립, 제안 등의 절차를 거쳐 시행하는 사업을 말한다.
  4. "주민친화적 공간"이란 철도 유휴부지에 쉼터, 산책로, 생활체육시설 등의 설치를 통해 주민의 편의와 여가 활동을 지원하기 위하여 조성하는 공공의 공간을 말한다.
  5. "지역 경쟁력 강화"란 철도 유휴부지를 교육, 문화, 관광 등의 다양한 목적으로 활용함으로써 지역의 일자리 창출이나 지역경제 활성화 등에 기여하는 것을 말한다.

제2장 철도 유휴부지 분류 및 활용방향

제3조(철도 유휴부지의 분류기준) 국토교통부장관은 철도 시설물의 보전가치와 특성, 활용여건 등을 고려하여 철도 유휴부지를 별표 유형별 분류기준에 따라 다음 각 호와 같이 분류하여야 한다.
  1. 보전부지 : 문화재보호법에 따라 문화재로 지정되었거나 문화적 · 역사적으로 보전가치가 있는 철도시설물의 부지
  2. 활용부지 : 접근성, 배후 인구수 등을 고려할 때 활용가치가 높은 부지로서 국가 차원에서 활용계획이 없을 경우 주민친화적 공간이나 지역 경쟁력 강화를 위한 용도로 활용이 적합한 부지
  3. 기타부지 : 문화적 · 역사적으로 보전가치가 없고 접근성, 배후 인구수 등을 고려할 때 활용가치가 낮은 부지

제4조(조사 및 관리계획의 수립) ① 국가철도공단은 제3조에 따라 철도 유휴부지를 분류하기 위하여 지방자치단체에게 분류에 필요한 기초자료를 요청하거나 의견을 들을 수 있다.〈개정 21 · 7 · 28〉
② 「국가철도공단법」에 따라 설립된 국가철도공단은 제3조의 분류기준에 따라 철도 유휴부지에 대한 조사를 실시하여 매년 3월 말까지 분류작업을 완료하여야 한다.〈개정 21 · 7 · 28〉
③ 국가철도공단은 제1항에 따라 철도 유휴부지에 대한 분류작업을 완

료한 경우에는 지체 없이 분류 결과와 철도 유휴부지 관리계획을 수립하여 국토교통부장관의 승인을 받아야 한다.〈개정 21·7·28〉

④ 국가철도공단은 철도 유휴부지의 주변지역 개발이나 「국토의 계획 및 이용에 관한 법률」에 따른 도시관리계획 변경 등으로 인하여 철도 유휴부지의 활용여건이 변화되거나 기타 재분류할 필요성이 있는 경우에는 철도 유휴부지의 유형을 변경할 수 있다.〈개정 21·7·28〉

⑤ 제4항에 따라 유형을 변경하는 경우 일단의 토지 면적이 3,000㎡를 초과하거나 공시지가가 10억 원 이상인 철도 유휴부지에 대하여는 국토교통부장관의 승인을 받아야 한다.

⑥ 국가철도공단은 신규 철도건설 및 철도개량 등으로 철도 폐선부지가 발생될 것으로 예상되는 경우 사전에 지방자치단체 등의 의견을 수렴한 종합적인 활용방안을 수립하여 철도 유휴부지 활용심의위원회에 보고하여야 한다.〈개정 21·7·28〉

제5조(분류결과의 공표) 국가철도공단은 국토교통부장관으로부터 제4조에 따라 철도 유휴부지의 분류결과와 그 관리계획에 대한 승인을 받았을 때는 승인을 받은 날로부터 30일 내에 철도 유휴부지의 분류결과를 공표하여야 한다.〈개정 21·7·28〉

제6조(유형별 활용방향) ① 보전부지는 기존의 상태를 유지하는 것을 원칙으로 한다. 다만, 보전 대상인 철도 시설물의 원형을 유지하면서 가치 훼손을 하지 않는 범위 내에서 제한적으로 활용할 수 있다.

② 활용부지는 지역의 활용 수요에 따라 다양한 형태의 주민친화적 공간의 조성에 활용하거나 지역 경쟁력 강화를 위하여 교육, 문화, 관광 분야 등의 다양한 목적으로 활용할 수 있다.

③ 기타부지는 장기적으로 활용 수요가 없을 경우 국가철도공단에서 「국유재산법」에 따라 용도폐지 절차를 거쳐 매각할 수 있다.〈개정 21·7·28〉

제3장 철도 유휴부지 활용계획

제7조(철도 유휴부지 활용사업의 기본방향) ① 철도 유휴부지 활용사업(이하 '활용사업'이라 한다)은 주민친화적 공간으로 활용하여 지역의 생활환경을 개선하거나 지역에서 필요로 하는 교육, 문화, 관광 등 다양한 분야의 활용 수요를 지역의 특성에 맞게 수용함으로써 지역의 경쟁력을 향상시키기 위한 방향으로 추진되어야 한다.

② 철도 유휴부지를 활용하고자 하는 지방자치단체는 계획의 수립 단계부터 주민 등 이해관계자의 다양한 의견을 수렴하여 반영함으로써 활용사업의 시행과정에서 지역의 공동체 의식이 제고되도록 하는 한편 철도의 운영에 대한 사회·문화적 환경이 개선될 수 있도록 하여야 한다.

제8조(활용사업의 계획수립 및 제안) ① 국토교통부장관은 철도 유휴부지의 효율적인 활용을 위하여 국가철도공단으로 하여금 지방자치단체로부터 관할 행정구역내에 위치한 철도 유휴부지의 활용사업에 대한 계획(이하 "활용계획"이라 한다)을 제안 받도록 요청할 수 있다.〈개정 21·7·28〉

② 지방자치단체는 제1항에 따라 국가철도공단으로부터 활용계획의 제안 요청을 받아 관할 행정구역내 철도 유휴부지를 활용한 사업계획을 국가철도공단에 제안하거나 국가철도공단과 협의를 거쳐 활용계획을 제안 할 수 있다. 다만, 2개 이상의 지방자치단체의 관할 행정구역에 위치한 철도 유휴부지에 대하여 공동 활용의 필요성이 있는 경우에는 지방자치단체가 공동으로 제안할 수 있다.〈개정 21·7·28〉

③ 지방자치단체는 국가철도공단에 활용계획을 제안하는 경우 다음 각 호의 사항을 포함하여야 한다.〈개정 21·7·28〉

1. 활용사업의 필요성 및 목적, 면적 및 길이, 특성 등 개요
2. 철도 유휴부지의 주변 지역의 토지이용현황, 개발계획 등 여건분석
3. 도시기본계획 및 경관기본계획 등 관련 상위계획 분석

4. 철도 유휴부지의 활용용도의 수급분석, 사용방식, 인허가 사항

5. 토지이용구상(관련 도면 포함), 재원조달계획, 관리운영계획 등 사업추진계획, 사업의 성과목표 및 기대효과 등

6. 국가철도공단이 제4조제6항에 따라 수립한 '철도 폐선부지 활용방안'과의 조화 등

제8조의2(제안서 검토 및 상정) ① 국가철도공단은 지방자치단체가 제8조제2항에 따라 제출한 활용계획서에 대하여 사전 검토하고 제8조제3항 각 호의 내용이 누락되었거나 미비한 사항이 있을 경우 필요한 기간을 정하여 보완을 요구할 수 있다. 다만, 다음 각 호에 해당하는 경우 제안서 검토 및 심의 대상에서 제외한다.〈개정 21·7·28〉

1. 동 지침 제정 이전에 업무협약을 체결하여 사업이 추진 중인 경우
2. 이미 국유재산 사용허가 중인 경우

② 국가철도공단은 제1항에 따라 보완을 요구한 사항이 활용심의위원회 개최 7일 전까지 보완되지 않은 경우 심의위원들에게 미리 그 내용을 보고하고 심의 안건에서 제외할 수 있다.〈개정 21·7·28〉

③ 국가철도공단은 제1항에 따라 제안서 사전검토 및 보완이 완료 된 경우 안건을 심의위원회에 상정해야 한다.〈개정 21·7·28〉

제9조(활용계획 수립 시 고려사항) ① 지방자치단체는 제7조의 철도 유휴부지의 유형별 활용방향에 따라 지역의 사회적·문화적인 환경과 주변 개발여건을 분석하여 적합한 용도로 활용될 수 있도록 철도 유휴부지의 활용계획을 수립하여야 하며 「국토의 계획 및 이용에 관한 법률」에 따른 도시기본계획 등 상위 계획에 부합하여야 한다.

② 철도 유휴부지에 대한 활용계획은 다음의 각 호로 분류한다.
1. 주민친화적 공간의 조성
2. 지역 경쟁력 강화를 위한 활용
3. 제1호와 제2호를 복합한 활용

③ 주민친화적 공간의 조성계획은 이용자의 접근성과 안전성을 갖추고 있는 철도 유휴부지를 대상으로 수립하여야 하며, 다양한 활용 수요와 주변여건 분석을 통해 실제 주민이 필요한 공간으로 계획을 하되 생활환경의 개선과 더불어 휴식과 여가를 즐길 수 있도록 하여야 한다.

④ 지역 경쟁력 강화를 위한 활용계획은 계획구상 단계에서부터 다양한 주민 의견을 수렴하여 철도 유휴부지 활용과정에서 발생될 수 있는 이해관계자간 갈등이 최소화 되도록 하여야 하며 운영단계에서는 일자리 창출 등 주민에게 실질적인 혜택이 돌아갈 수 있도록 하여야 한다.

⑤ 지방자치단체는 철도 유휴부지에 대한 창의적인 활용계획을 수립하기 위하여 민간 아이디어 공모방식으로 활용계획을 수립할 수 있다.

제10조(재원 확보계획) ① 지방자치단체는 제8조의 활용계획 수립 시 활용사업이 원활히 추진될 수 있도록 실행 가능한 재원확보방안을 마련하여야 한다.

② 지방자치단체는 제8조의 활용사업에 필요한 재원확보를 위하여 다른 재정지원 사업과 연계하여 계획을 수립하거나 민간자본을 유치하기 위하여 민간사업자를 공모하는 방식으로 계획을 수립할 수 있다.

③ 지방자치단체는 「국유재산법」에 따른 사용허가를 기부채납방식으로 신청하는 경우에는 무상 사용허가기간이 완료된 이후의 사용계획 및 재원확보방안을 제출하여야 한다.

제4장 활용계획의 심의

제11조(철도 유휴부지 활용심의위원회 구성) ① 국가철도공단은 이 규정에 따른 철도 유휴부지의 사용에 관한 업무를 신속하고 효율적으로 처리하기 위하여 철도 유휴부지 활용심의위원회(이하 "위원회"라 한다)를 구성하여 운영한다.〈개정 21·7·28〉

② 위원회는 위원장 1명을 포함하여 9명 이내로 구성한다.

③ 위원장은 위원 중에서 호선으로 선출한다.

④ 위원회 위원은 다음 각 호의 사람 중에서 국가철도공단이사장이 위

촉 또는 임명한다.〈개정 21·7·28〉

1. 국토교통부 3급부터 4급까지의 공무원

2. 국가철도공단 및 한국철도공사 본부장급부터 처장급까지의 임직원

3. 지역개발, 도시계획, 건축, 경관, 조경 등 관련 분야 공무원 또는 전문가

4. 그 밖에 관련 분야 전문가로서 변호사 등의 자격이 있는 사람

제12조(위원회의 역할 및 운영) ① 위원회는 다음 각 호의 사항을 심의한다.

1. 활용사업의 목적, 필요성, 위치 및 규모, 활용용도 등의 적합성

2. 활용사업 시행방식, 재원조달계획, 운영 및 유지관리계획 등의 실현가능성

3. 철도 유휴부지의 사용방식(「국유재산법」에 의한 사용허가 또는 대부계약, 「철도건설법」이나 「철도사업법」에 의한 점용허가) 및 그 밖에 활용사업의 시행을 위한 인·허가 내용 등의 적정성

4. 철도 유휴부지의 활용사업과 관련된 중요사항으로 위원회에 부의한 사항

② 위원회는 재적위원 과반수의 출석과 출석위원 과반수의 찬성으로 의결한다.

③ 위원회는 그 업무를 수행하기 위하여 필요한 때에는 제8조에 따라 활용계획을 제안한 지방자치단체의 공무원을 위원회에 참석하게 하여 의견을 들을 수 있다.

제12조의2(활용심의위원회 심의 대상) 지방자치단체가 철도 유휴부지 활용사업을 추진할 경우 제11조에 따른 활용심의위원회 심의를 거쳐 시행하여야 한다. 다만, 다음 각 호에 해당하는 사업은 심의대상에서 제외한다.

1. 도로, 상하수도 등 공공용시설을 설치하기 위한 사업으로, 제2조제3호에 따른 활용사업에 해당하지 않는 사업

2. 제2조제3호에 따른 활용사업의 부대사업

3. 신규로 건설·개량하는 철도건설사업 실시계획에 포함되어 추진하는 활용사업

4. 기타 소규모, 시급성 등을 감안하여 국토교통부장관이 심의가 불필요하다고 인정한 사업

제13조(심의결과의 통보 등) ① 국가철도공단은 위원회에서 제8조에 따라 제안된 활용계획에 대하여 심의를 완료한 경우에는 심의결과를 지체 없이 해당 지방자치단체에 통보하여야 한다.〈개정 21·7·28〉

② 국가철도공단은 제8조에 따른 제안서 접수, 제12조에 따른 제안서 심의 등 관련 업무를 효율적으로 처리하기 위한 세부운영규정을 따로 정할 수 있다.〈개정 21·7·28〉

제14조(철도 유휴부지 활용협약의 체결) ① 국가철도공단은 위원회에서 제8조에 따라 제안된 활용사업의 계획을 채택한 경우에는 지방자치단체와 철도 유휴부지 활용협약(이하 '활용협약'이라 한다)을 체결할 수 있다. 다만, 조건부로 제안이 채택된 경우에는 조건의 이행 후 또는 이행을 전제로 하여 활용협약을 체결할 수 있다.〈개정 21·7·28〉

② 활용협약에는 원활한 활용사업의 추진을 위하여 활용사업의 시행주체, 사용방식, 사용기간, 사업시행 방법, 유지관리 및 운영방안 등 사업시행에 필요한 사항과 유지관리나 운영단계에서 활용협약 당사자 간 이행하여야 할 사항 등이 포함되어야 하며 국가철도공단은 활용협약 체결 전 국토교통부장관의 의견을 들어야 한다.〈개정 21·7·28〉

제5장 사업추진협의회 구성 및 운영

제15조(사업추진협의회 구성) ① 지방자치단체는 제14조에 따라 활용협약을 체결한 활용사업의 원활한 진행을 위하여 사업추진협의회를 구성할 수 있다.

② 사업추진협의회는 지방자치단체 담당 공무원, 국가철도공단 직원,

사업시행자, 주민대표 등 이해관계자로 구성한다.〈개정 21·7·28〉

③ 주민대표는 주민이 자체적으로 선출하거나 주민의 동의를 얻어 해당 지방자치단체에서 선정할 수 있다.

④ 사업추진협의회의 조직체계 구성은 구성원들 간의 협의로 결정한다.

제16조(사업추진협의회 역할) 사업추진협의회는 제14조에 따라 활용협약을 체결한 활용사업의 구체적인 시행계획의 수립과정에서 이해관계자들의 의견을 수렴하여 시행계획을 조정하고 사업시행에 대한 공감대를 형성하여 이견과 갈등을 해소하는 역할을 수행한다.

제17조(사업추진협의회 운영) ① 사업추진협의회는 제14조에 따라 활용협약을 체결한 활용사업의 시행계획과 관련된 전반적인 사항에 대한 의견수렴을 위하여 정례적으로 회의를 개최한다.

② 지방자치단체는 사업추진협의회에서 활용사업의 시행계획 등과 관련하여 논의 사항을 회의록으로 작성하여 보관하여야 한다.

③ 사업추진협의회의 구체적인 운영방식 등에 대한 사항은 사업추진협의회 구성원들 간의 협의로 결정한다.

제6장 활용사업의 지원

제18조(민간자본의 유치지원) ① 국가철도공단은 제12조에 따라 위원회에서 민간자본을 유치하는 것이 타당하다고 심의한 활용사업에 대하여 지방자치단체로부터 사업시행자 공모 요청을 받은 경우에는 지방자치단체와 협의하여 민간사업자 공모 및 선정 등 필요한 절차를 이행하여야 한다.〈개정 21·7·28〉

② 국가철도공단은 지방자치단체가 제9조의 제5항에 따라 채택한 민간제안자가 제1항의 민간사업자 공모에 참여할 경우 사업계획서 평가 시 가점을 부여할 수 있다. 다만, 민간제안자가 법인인 경우에 한한다.〈개정 21·7·28〉

③ 제1항 및 제2항에 따른 민간사업자 공모 및 선정, 가점 등의 기준은 국가철도공단이 별도로 정한다.〈개정 21·7·28〉

④ 국가철도공단과 지방자치단체는 민간자본을 유치하는 활용사업의 원활한 추진을 위하여 민간 사업시행자에게 행정적 지원을 하여야 한다.〈개정 21·7·28〉

제19조(도시관리계획의 변경협조) 국가철도공단은 제12조에 따라 위원회에서 활용사업의 대상지인 철도 유휴부지에 대하여 「국토의 계획 및 이용에 관한 법률」에 따른 도시관리계획의 변경이 필요하다고 인정한 경우에는 지방자치단체의 철도 유휴부지에 대한 도시관리계획의 결정 변경에 대하여 적극 협조하여야 한다.〈개정 21·7·28〉

제20조(철도 유휴부지의 사용허가) ① 국가철도공단은 제14조에 따라 활용협약을 맺은 활용사업의 사업시행자로부터 철도 유휴부지에 대하여 「국유재산법」에 따른 사용허가나 「철도건설법」 또는 「철도사업법」에 따른 점용허가 신청을 받은 경우에는 제13조에 따른 위원회 심의결과, 제14조에 따른 협약내용, 제17조에 따른 사업추진협의회의 합의사항이 적정하게 반영되었는지 확인한 후 허가하여야 한다.〈개정 21·7·28〉

② 국가철도공단은 제9조 제2항 제1호에 따른 주민친화적 공간으로 조성하기 위한 활용사업의 경우 「국유재산법」에 따른 기부채납의 요건을 갖추었을 때는 기부채납 방식으로 사용허가를 할 수 있다.〈개정 21·7·28〉

③ 국가철도공단은 제9조 제2항 제2호에 따른 교육, 문화, 관광 분야의 지역 경쟁력 강화를 위한 활용사업의 경우에는 제12조에 따라 위원회에서 결정된 철도 유휴부지의 사용방식에 적합하도록 허가하여야 한다.〈개정 21·7·28〉

제21조(보고 및 자료제출 등) ① 국가철도공단은 철도 유휴부지의 활용과 관련된 중요 사항을 결정할 때에는 사전에 국토교통부장관에게 보고하거나 협의를 하여야 한다.〈개정 21·7·28〉

② 국토교통부장관은 국가철도공단에 철도 유휴부지의 관리현황, 활용

사업의 제안서 접수 및 처리 상황, 활용사업에 대한 점검결과 등에 관하여 보고하게 하거나 자료를 제출하게 할 수 있다.〈개정 21·7·28〉

③ 국토교통부장관은 필요하다고 인정될 때에는 국가철도공단의 업무처리에 대하여 시정을 지시하거나 그 밖에 필요한 조치를 할 수 있다.〈개정 21·7·28〉

제22조(활용사업에 대한 점검실시) 국가철도공단은 사업완료 후 매년 1회 이상 지방자치단체의 시설유지·보수 실적 등 시설물관리사항을 점검하고, 필요한 경우 시설물 관리자에게 시정조치를 요구할 수 있다. 〈개정 21·7·28〉

제23조(유효기간) 이 훈령은 「훈령·예규 등의 발령 및 관리에 관한 규정」에 따라 이 훈령을 발령한 후의 법령이나 현실여건의 변화 등을 검토하여야 하는 2024년 7월 31일까지 효력을 가진다.〈개정 21·7·28〉

부 칙 〈15·7·17〉

제1조(시행일) 이 훈령은 발령한 날부터 시행한다. 다만, 이 훈령이 시행되는 첫 연도에는 제4조에 따른 철도 유휴부지 분류 및 국토교통부장관 승인은 2015년 8월까지로 한다.

제2조(지침의 적용범위) 국가 차원에서 활용하고 있거나 활용계획이 있는 철도 유휴부지는 이 지침의 적용대상에서 제외한다.

부 칙 〈21·7·28〉

이 훈령은 발령한 날부터 시행한다.

[별표]

철도 유휴부지 유형별 분류기준

구분	유형화 분류기준
보전부지	• 문화재보호법에 따라 지정된 문화재가 있는 부지 • 문화적, 역사적 가치가 있어 보전할 필요성이 있는 철도 시설물이 존재하는 경우 • 위와 동등한 가치를 지닌 보전적 문화재 및 시설물이 존재하거나, 향후 그 가치를 인정받을 가능성이 있는 경우
활용부지	• 현재의 배후시장 분석에 대하여, 중력모형에 의한 5km이내 2만 명 이상 배후인구가 존재하는 경우 • 반경 5km이내 대규모 지역개발계획 수립을 통해 향후 배후인구 증대가 예상되는 경우 • 반경 5km이내 주요 관광지 집계 수치의 합인 총 관광객 수가 100만 명이상이 존재하는 경우 • 반경 5km이내 대규모 관광개발계획 수립을 통해 향후 유동인구(관광객) 증대가 예상되는 경우 • 철도 유휴부지 활용계획이 있거나 활용 필요성이 있는 경우
기타부지	• 보전부지와 활용부지에 해당되지 않는 부지 • 활용부지로 분류되나 접근성을 갖추지 못하는 등 객관적으로 실제 활용 여건을 갖추지 못한 경우 • 활용부지로 분류되나 부지 면적이나 형상 등이 활용할 수 없는 여건인 경우

철도물류산업의 육성 및 지원에 관한 법률·시행령·시행규칙

철도물류산업의 육성 및 지원에 관한 법률·시행령·시행규칙 목차

법	시 행 령	시 행 규 칙
제1장 총칙		
제1조(목적) ···································· 225	제1조(목적) ···································· 225	제1조(목적) ···································· 225
제2조(정의) ···································· 225		
제3조(국가 등의 책무) ···················· 226		
제4조(다른 법률과의 관계) ············· 227		
제2장 철도물류산업 육성계획		
제5조(철도물류산업 육성계획) ········ 227		
제6조(수립절차) ······························· 228	제2조(경미한 사항의 변경) ············· 228	
제7조(다른 계획과의 관계) ············· 229		
제3장 철도물류시설 투자		
제8조(철도물류시설 확충 등) ········· 229		
제9조(철도화물역의 거점화) ············ 230	제3조(거점역의 지정 기준 등) ········ 230	제2조(거점역 개량·통폐합 비용 지원
제10조(대체시설의 확보) ················· 232	제4조(철도물류시설 이전비용의 부담기준) ··· 232	신청서) ······································ 230
제11조(인입철도의 건설 등) ············ 232	제5조(인입철도의 건설기준) ············ 232	
제4장 철도물류산업의 육성		
제12조(선로용량배분) ······················ 233		
제13조(철도시설 사용료의 징수) ···· 233		
제14조(철도물류의 표준화) ············· 234		
제15조(철도물류의 정보화) ············· 234		제3조(철도물류의 정보화) ·············· 234

법	시 행 령	시 행 규 칙
제16조(철도화물운송의 촉진) ·············· 235	제6조(철도화물운송의 촉진) ·············· 235	
제17조(비용의 보조·감면) ·············· 235	제7조(비용의 보조) ·················· 235	제4조(비용 보조 신청서) ················ 235
	제8조(부담금의 감면) ················ 236	
제5장 국제철도물류의 촉진		
제18조(국제철도화물운송사업자의 지정) ······· 237	제9조(국제철도화물운송사업자의 지정 기준) ····· 237	
제19조(철도물류산업의 국제화) ············ 238		제5조(철도물류산업의 국제화) ············ 238
제6장 보칙 및 벌칙		
제20조(권한의 위임·위탁 등) ············ 238	제10조(과태료의 부과기준) ·············· 238	
제21조(과태료) ···················· 239		
부 칙 ······················ 239	부 칙 ······················ 239	부 칙 ······················ 239

법	시 행 령	시 행 규 칙
철도물류산업의 육성 및 지원에 관한 법률 〔 2016·3·22 법률 제14094호 제정 〕 2016· 3·29 법률 제14113호(공항시설법) 2018· 3·13 법률 제15460호(철도건설법 일부개정법률) 2020· 6· 9 법률 제17460호(한국철도시설공단법 일부개정법률)	**철도물류산업의 육성 및 지원에 관한 법률 시행령** 〔 2016·9·22 대통령령 제27509호 제정 〕 2019· 3·12 대통령령 제29617호 (철도건설법 시행령 일부개정령) 2022· 1·21 대통령령 제32352호 (감정평가 및 감정평가사에 관한 법률 시행령 일부개정령)	**철도물류산업의 육성 및 지원에 관한 법률 시행규칙** 〔 2016·9·23 국토교통부령 제363호 제정 〕

제1장 총칙
 	
제1조(목적) 이 법은 철도물류산업의 육성에 관한 사항을 정함으로써 그 경쟁력을 높이고 철도물류산업을 활성화시켜 국가물류체계를 효율화하며 나아가 국민경제 발전에 이바지함을 목적으로 한다.
제2조(정의) 이 법에서 사용하는 용어의 뜻은 다음과 같다.
  1. "철도물류"란 철도차량을 이용한 화물의 운송과 이와 관련하여 이루어지는 「물류정책기본법」 제2조에 따른 물류를 말한다.
  2. "철도물류시설"이란 다음 각 목의 어느 하
	제1조(목적) 이 영은 「철도물류산업의 육성 및 지원에 관한 법률」에서 위임된 사항과 그 시행에 필요한 사항을 규정함을 목적으로 한다.	제1조(목적) 이 규칙은 「철도물류산업의 육성 및 지원에 관한 법률」 및 같은 법 시행령에서 위임된 사항과 그 시행에 필요한 사항을 규정함을 목적으로 한다.

법	시 행 령	시 행 규 칙
나에 해당하는 시설로서 철도물류와 관련된 시설을 말한다. 　가. 「철도산업발전기본법」 제3조제2호에 따른 철도시설 　나. 「물류정책기본법」 제2조제1항제4호가목부터 다목까지에 따른 물류시설 3. "철도물류산업"이란 「철도산업발전기본법」 제3조제8호에 따른 철도산업 중 철도물류와 관련된 산업을 말한다. 4. "철도물류사업"이란 화주(貨主)의 수요에 따라 유상(有償)으로 물류활동을 수행하는 다음 각 목의 사업을 말한다. 　가. 철도화물운송업: 철도차량으로 화물을 운송하는 사업 　나. 철도물류시설운영업: 물류터미널·창고 등 철도물류시설을 운영하는 사업 　다. 철도물류서비스업: 철도화물 운송의 주선(周旋), 철도물류에 필요한 장비의 임대, 철도물류 관련 정보의 처리 또는 철도물류에 관한 컨설팅 등 철도물류와 관련된 각종 서비스를 제공하는 사업 5. "철도물류사업자"란 철도물류사업을 영위하는 자를 말한다. 6. "국제철도물류"란 둘 이상의 국가 간에 이루어지는 철도물류를 말한다. 제3조(국가 등의 책무) ① 국가는 철도물류산업		

법	시 행 령	시 행 규 칙
의 육성 및 지원을 위하여 필요한 시책을 수립·시행하여야 한다. ② 국가는 효율적인 물류체계를 확립하기 위하여 철도를 이용한 화물의 운송이 다른 교통수단과 공정한 경쟁이 이루어지도록 하여야 한다. ③ 지방자치단체는 국가의 철도물류정책 및 계획과 조화를 이루면서 철도물류의 활성화를 위하여 필요한 행정적·재정적 지원을 위하여 노력하여야 한다. 제4조(다른 법률과의 관계) 이 법은 철도물류와 관련하여 다른 법률의 규정에 우선하여 적용한다. 제2장 철도물류산업 육성계획 제5조(철도물류산업 육성계획) ① 국토교통부장관은 철도물류의 경쟁력을 높이고, 철도물류산업을 활성화하기 위하여 철도물류산업 육성계획(이하 "철도물류계획"이라 한다)을 5년마다 수립하여 시행하여야 한다. ② 철도물류계획에는 다음 각 호의 사항이 포함되어야 한다. 1. 철도물류의 중장기 목표와 시책의 기본방향 2. 철도물류산업의 여건 및 동향 전망 3. 철도물류시설의 배분 및 이용에 관한 사항 4. 철도물류시설에 대한 투자 및 재원 확보		

법	시 행 령	시 행 규 칙
5. 철도물류의 표준화 및 정보화에 관한 사항 6. 철도와 다른 운송수단을 연계하는 복합운송의 효율화에 관한 사항 7. 철도물류의 국제적인 경쟁력 확보 및 국제 철도물류의 촉진에 관한 사항 8. 철도물류사업자의 육성 및 지원에 관한 사항 9. 그 밖에 철도물류산업의 육성 및 발전에 관하여 필요한 사항 제6조(수립절차) ① 국토교통부장관은 철도물류계획을 수립하거나 변경하려는 경우 관계 행정기관의 장과 협의한 후 「철도산업발전기본법」 제6조에 따른 철도산업위원회의 심의를 거쳐야 한다. 다만, 대통령령으로 정하는 경미한 사항을 변경하는 때에는 그러하지 아니하다. ② 국토교통부장관은 철도물류계획을 수립 또는 변경한 때에는 이를 관보에 고시하고, 관계 행정기관의 장에게 통보하여야 한다. ③ 국토교통부장관은 다음 각 호의 자에 대하여 철도물류계획의 수립 또는 변경을 위한 관련 자료의 제출을 요청할 수 있다. 이 경우 요청을 받은 자는 특별한 사정이 없으면 이에 따라야 한다.〈개정 20·6·9〉 1. 관계 중앙행정기관의 장 2. 특별시장·광역시장·특별자치시장·도지	제2조(경미한 사항의 변경) 「철도물류산업의 육성 및 지원에 관한 법률」(이하 "법"이라 한다) 제6조제1항 단서에서 "대통령령으로 정하는 경미한 사항을 변경하는 때"란 다음 각 호의 어느 하나에 해당하는 때를 말한다. 1. 법 제5조제1항에 따른 철도물류산업 육성 계획(이하 "철도물류계획"이라 한다)에서 정한 철도물류시설에 대한 투자금액을 100분의 10 범위에서 변경하는 때 2. 그 밖에 철도물류계획의 기본 방향에 영향을 미치지 아니하는 범위에서 철도물류계획에 포함된 사항의 세부사항을 변경하는 때	

법	시 행 령	시 행 규 칙
사 및 특별자치도지사(이하 "시·도지사"라 한다) 3. 「한국철도공사법」에 따라 설립된 한국철도공사(이하 "철도공사"라 한다) 4. 「국가철도공단법」에 따라 설립된 국가철도공단(이하 "국가철도공단"이라 한다) 5. 철도물류사업자, 「철도사업법」 제2조제8호에 따른 철도사업자(이하 "철도사업자"라 한다) 또는 「물류정책기본법」에 따른 물류기업 제7조(다른 계획과의 관계) 철도물류계획은 「국가통합교통체계효율화법」 제4조에 따른 국가기간교통망계획, 「물류정책기본법」 제11조에 따른 국가물류기본계획, 「철도산업발전기본법」 제5조에 따른 철도산업발전기본계획, 「철도의 건설 및 철도시설 유지관리에 관한 법률」 제4조에 따른 국가철도망구축계획 및 「물류시설의 개발 및 운영에 관한 법률」 제4조에 따른 물류시설개발종합계획과 조화를 이루어야 한다.〈개정 18·3·13〉 제3장 철도물류시설 투자 제8조(철도물류시설 확충 등) ① 국가 및 지방자치단체는 철도물류의 원활한 처리에 필요한 철도물류시설의 확보를 위하여 노력하여야 한다. ② 국토교통부장관은 철도물류계획 중 제5조		

법	시 행 령	시 행 규 칙
제2항제4호에 따른 사항을 시행하기 위하여 다음 각 호에 대한 시책을 마련하고 추진하여야 한다. 1. 제9조에 따른 철도화물역의 거점화를 위한 철도화물역의 건설·개량 및 통폐합 2. 화물열차 운행 효율성을 위한 선로, 유효장(인접 선로의 열차 및 차량 출입에 지장을 주지 아니하고 열차를 수용할 수 있는 해당 선로의 최대 길이를 말한다) 및 신호시설 등의 건설 및 개량 3. 철도화물의 운송·보관·하역에 필요한 시설의 개량 4. 그 밖에 철도물류산업의 육성을 위한 철도물류시설의 건설 및 개량		
제9조(철도화물역의 거점화) ① 국토교통부장관은 철도화물을 취급하는 역으로서 철도물류산업의 육성을 위하여 거점이 되는 철도화물역(이하 "거점역"이라 한다)을 지정하고, 다른 철도화물역에 우선하여 개량 및 통폐합 등에 필요한 비용을 지원할 수 있다. ② 거점역의 지정 기준·방법 및 비용 지원 등에 필요한 사항은 대통령령으로 정한다.	제3조(거점역의 지정 기준 등) ① 국토교통부장관은 다음 각 호의 요건을 모두 충족하는 철도화물역을 법 제9조제1항에 따른 거점이 되는 철도화물역(이하 "거점역"이라 한다)으로 지정할 수 있다. 1. 국토교통부장관이 정하여 고시하는 철도화물의 수송물량이 발생하거나 장래에 발생할 것으로 예상되는 다음 각 목의 어느 하나에 해당하는 시설과 인접할 것 　가. 법 제2조제2호나목에 따른 물류시설 　나. 「산업입지 및 개발에 관한 법률」 제2조제8호에 따른 산업단지	제2조(거점역 개량·통폐합 비용 지원 신청서) ① 「철도물류산업의 육성 및 지원에 관한 법률 시행령」(이하 "영"이라 한다) 제3조제4항에 따라 거점역의 개량 및 통폐합 등에 필요한 비용을 지원받으려는 자가 국토교통부장관에게 제출하여야 하는 신청서는 별지 제1호서식과 같다. ② 제1항에 따른 신청서를 받은 국토교통부장관은 「전자정부법」 제36조제1항에 따른 행정정보의 공동이용을 통하여 신청인의 법인 등기사항증명서(신청인이 법인인 경우만 해당한다)와 사업자등록증을 확인하여야 한다. 다만,

법	시 행 령	시 행 규 칙
	다. 「항만법」 제2조제1호에 따른 항만 　2. 철도와 다른 운송수단을 연계하는 등 화물운송의 효율화를 위하여 철도화물역의 개량 및 통폐합 등이 필요할 것 ② 국토교통부장관이 법 제9조제1항에 따라 거점역을 지정하려는 경우에는 철도물류사업자 또는 화주(貨主) 등 이해관계자의 의견을 수렴하여야 한다. ③ 국토교통부장관이 법 제9조제1항에 따라 거점역을 지정한 경우에는 지정사실을 관보에 고시하여야 한다. ④ 법 제2조제4호가목에 따른 철도화물운송업을 하는 자는 거점역의 개량 및 통폐합 등에 필요한 비용을 지원받으려면 국토교통부령으로 정하는 신청서에 다음 각 호의 서류를 첨부하여 국토교통부장관에게 제출하여야 한다. 　1. 사업내용, 사업규모 및 사업비 등이 포함된 사업계획서 　2. 거점역의 개량 및 통폐합 등에 따른 효과를 설명한 서류 　3. 화주 및 철도물류사업자 등 거점역 이용자의 불편해소 대책을 기재한 서류 ⑤ 제1항부터 제4항까지에서 규정한 사항 외에 거점역의 지정 기준·방법 및 비용 지원에 필요한 사항은 국토교통부장관이 정하여 고시한다.	신청인이 사업자등록증의 확인에 동의하지 아니하는 경우에는 그 사본을 첨부하도록 하여야 한다.

법	시 행 령	시 행 규 칙
제10조(대체시설의 확보) ① 「철도의 건설 및 철도시설 유지관리에 관한 법률」에 따른 철도건설사업의 시행자는 해당 사업으로 선로가 이설 또는 폐지되어 국가 또는 철도공사 소유 철도물류시설의 이전이 필요한 경우에는 그 대체시설을 확보하여야 한다. 다만, 철도물류에 대한 수요가 현저히 낮아 대체시설이 필요하지 아니하다고 국토교통부장관이 인정하는 경우에는 그러하지 아니하다.〈개정 18·3·13〉 ② 「철도의 건설 및 철도시설 유지관리에 관한 법률」에 따른 철도건설사업의 시행자 또는 철도건설을 요구한 자는 해당 사업으로 선로가 이설 또는 폐지되어 철도물류사업자(철도공사는 제외한다)가 소유하거나 건설비용을 부담한 철도물류시설의 이전이 필요한 경우 대통령령으로 정하는 기준에 따라 이전비용의 일부를 부담할 수 있다.〈개정 18·3·13〉 제11조(인입철도의 건설 등) ① 국토교통부장관 및 시·도지사는 철도화물 수송물량, 물류시설 규모, 사업비 등 대통령령으로 정하는 기준에 부합하는 「산업입지 및 개발에 관한 법률」 제6조, 제7조 및 제7조의2에 따른 산업단지, 「물류시설의 개발 및 운영에 관한 법률」 제22조 및	제4조(철도물류시설 이전비용의 부담기준) ① 법 제10조제2항에 따라 「철도의 건설 및 철도시설 유지관리에 관한 법률」에 따른 철도건설사업의 시행자 또는 철도건설을 요구한 자가 부담할 수 있는 철도물류시설의 이전비용은 다음 각 호와 같다.〈개정 19·3·12〉 1. 법 제2조제2호가목에 따른 철도시설(「철도사업법」 제2조제5호에 따른 전용철도의 철도시설로 한정한다)의 이전비용 2. 「물류정책기본법」 제2조제1항제4호가목 및 나목에 따른 물류시설의 이전비용 ② 제1항에 따라 부담하는 비용은 법 제10조제2항에 따라 철도물류사업자(철도공사는 제외한다)가 철도물류시설을 이전하기 위하여 사용한 총비용에서 기존 철도물류시설의 감정평가 금액(이전하기 전의 철도물류시설에 대하여 「감정평가 및 감정평가사에 관한 법률」에 따른 감정평가법인등 2인 이상이 평가한 금액을 산술평균한 금액을 말한다)을 뺀 금액을 초과할 수 없다.〈개정 22·1·21〉 제5조(인입철도의 건설기준) 국토교통부장관 또는 특별시장·광역시장·특별자치시장·도지사 및 특별자치도지사는 법 제11조제1항에 따라 다음 각 호의 요건을 모두 충족한 경우에 인입철도(引入鐵道)를 건설할 수 있다. 1. 국토교통부장관이 정하여 고시하는 철도화	

법	시 행 령	시 행 규 칙
제22조의2에 따른 물류단지, 「항만법」 제3조에 따른 항만, 「공항시설법」 제2조에 따른 공항 등 주요 물류거점에 「철도의 건설 및 철도시설 유지관리에 관한 법률」 제4조에 따른 국가철도망 구축계획에 따라 인입철도(引入鐵道)를 건설할 수 있다. 〈개정 16·3·29, 18·3·13〉 ② 제1항에 따라 인입철도를 건설하는 경우에는 화물의 운송·보관·하역을 위한 철도물류시설을 함께 건설하도록 노력하여야 한다. **제4장 철도물류산업의 육성** 제12조(선로용량배분) 국토교통부장관은 철도사업자에게 선로용량(선로 상에서 운행할 수 있는 열차 횟수를 말한다)을 배분하는 경우 여객을 운송하는 철도사업자와 화물을 운송하는 철도사업자 간에 공정하게 배분하여야 한다. 제13조(철도시설 사용료의 징수) ① 국토교통부장관은 「철도산업발전기본법」 제31조에 따른 철도시설 사용료의 징수 기준을 마련하는 경우 화물열차에 대한 기준을 별도로 마련하여야 한다. ② 국토교통부장관은 제1항에 따른 징수 기준을 마련하는 경우 화물열차의 운행시각 및 운행횟수, 철도화물운송사업자(철도화물운송업을 영위하는 자를 말한다. 이하 같다)의 경영현황, 철도물류의 사회적 편익 등을 고려하여야	물 수송물량이 발생하거나 장래에 발생할 것으로 예상될 것 2. 제1호에 따른 철도화물 수송물량을 운송할 수 있는 법 제2조제2호나목에 따른 물류시설이 있거나 물류시설의 긴설계획이 있을 것	

법	시 행 령	시 행 규 칙
한다. 제14조(철도물류의 표준화) ① 국토교통부장관은 철도물류의 효율성을 높이고, 다른 교통수단과의 복합운송을 활성화하기 위하여 철도물류시설 및 장비, 수송용기 등의 표준화에 필요한 시책을 마련하여야 한다. ② 국토교통부장관은 철도물류의 표준화에 관한 업무를 효과적으로 추진하기 위하여 필요한 경우에는 산업통상자원부장관에게 「산업표준화법」에 따른 한국산업표준의 제정·개정 또는 폐지를 요청할 수 있다. ③ 국토교통부장관은 철도물류에 관한 표준의 보급을 촉진하기 위하여 필요한 경우에는 관계 행정기관, 「공공기관의 운영에 관한 법률」에 따른 공공기관, 철도물류사업자에게 철도물류 표준에 맞는 시설·장비·수송용기를 건설·구입·제조·사용하게 하거나 철도물류 표준에 맞는 규격으로 포장을 하도록 권고할 수 있다. 제15조(철도물류의 정보화) ① 국토교통부장관은 철도물류에 대한 체계적인 관리와 철도물류사업자의 편의를 제고하기 위하여 철도물류의 정보화에 필요한 시책을 마련하여야 한다. ② 국토교통부장관은 철도물류의 정보화를 촉진하기 위하여 다음 각 호의 사업을 추진할 수 있다.		제3조(철도물류의 정보화) 「철도물류산업의 육성 및 지원에 관한 법률」(이하 "법"이라 한다) 제15조제2항제5호에서 "국토교통부령으로 정하는 사업"이란 다음 각 호의 사업을 말한다. 1. 철도물류의 정보화에 관한 연구개발 및 기술지원 사업 2. 철도물류 관련 정보의 공동이용을 위한 데

법	시 행 령	시 행 규 칙
1. 철도물류에 관한 데이터베이스 및 정보제공시스템 구축 2. 철도물류에 관한 정보관리시스템의 개발 및 보급 3. 철도물류의 정보화에 필요한 프로그램의 개발 및 운영 4. 철도물류의 정보화에 필요한 설비 확충 5. 그 밖에 철도물류의 정보화를 촉진하기 위하여 국토교통부령으로 정하는 사업 ③ 국토교통부장관은 철도물류사업자가 제2항 각 호에 해당하는 사업을 추진하는 때에는 필요한 비용의 전부 또는 일부를 지원할 수 있다. 제16조(철도화물운송의 촉진) ① 국가는 다음 각 호의 어느 하나에 해당하는 화물에 대해서는 효율적이고 안전한 운송을 위하여 철도차량을 이용한 운송을 촉진하여야 한다. 1. 「위험물안전관리법」 제2조에 따른 위험물 2. 「지속가능 교통물류 발전법」 제20조제1항에 따른 대형중량화물 ② 국토교통부장관은 제1항 각 호의 어느 하나에 해당하는 화물을 철도차량으로 운송하려는 철도물류사업자, 화주 등에게 대통령령으로 정하는 바에 따라 필요한 행정적·재정적 지원을 할 수 있다. 제17조(비용의 보조·감면) ① 국토교통부장관은 철도물류사업자가 시행하는 다음 각 호의 사업	제6조(철도화물운송의 촉진) 국토교통부장관은 법 제16조제2항에 따라 법 제16조제1항 각 호의 어느 하나에 해당하는 화물을 철도차량으로 운송하려는 자에게 다음 각 호의 사항에 대한 행정적·재정적 지원을 할 수 있다. 1. 「물류정책기본법」 제2조제1항제4호가목에 따른 물류시설의 설치에 관한 사항 2. 철도화물 운송의 효율성을 높이기 위한 연구·개발에 관한 사항 제7조(비용의 보조) ① 국토교통부장관은 법 제17조제1항에 따라 철도물류사업자에게 비용을	이터베이스의 표준화 및 호환시스템의 구축 사업 제4조(비용 보조 신청서) ① 영 제7조제2항에 따라 철도물류사업자가 국토교통부장관에게

법	시 행 령	시 행 규 칙
에 대하여 대통령령으로 정하는 바에 따라 그 비용의 전부 또는 일부를 보조할 수 있다. 1. 선로 및 철도화물역의 건설 및 개량 2. 철도를 이용하는 화물의 운송·보관·하역을 위한 시설 투자 3. 철도물류시설의 현대화·자동화 및 표준화를 위한 투자 4. 철도화물을 운송하기 위한 철도차량 및 수송용기의 도입 및 개량 5. 그 밖에 철도물류의 효율성을 높이기 위한 국토교통부령으로 정하는 시설의 확충 및 개량	보조하는 경우에는 사업의 필요성 및 사업효과 등을 고려하여 예산의 범위에서 지원할 수 있다. ② 법 제17조제1항에 따라 비용을 보조받으려는 철도물류사업자는 국토교통부령으로 정하는 신청서에 다음 각 호의 서류를 첨부하여 국토교통부장관에게 제출하여야 한다. 1. 사업내용, 사업규모 및 사업비 등이 포함된 사업계획서 2. 법 제17조제1항 각 호의 사업 시행이 철도화물 수송의 효율성에 미치는 효과를 설명한 서류 ③ 제1항과 제2항에서 규정한 사항 외에 비용의 보조에 필요한 사항은 국토교통부장관이 정하여 고시한다.	제출하여야하는 신청서는 별지 제2호서식과 같다. ② 제1항에 따른 신청서를 받은 국토교통부장관은 「전자정부법」 제36조제1항에 따른 행정정보의 공동이용을 통하여 신청인의 법인 등기사항증명서(신청인이 법인인 경우만 해당한다)와 사업자등록증을 확인하여야 한다. 다만, 신청인이 사업자등록증의 확인에 동의하지 아니하는 경우에는 그 사본을 첨부하도록 하여야 한다.
② 국가 및 지방자치단체는 철도물류사업자가 제1항제1호 또는 제2호의 사업을 하는 경우에는 대통령령으로 정하는 바에 따라 다음 각 호의 부담금을 감면할 수 있다. 1. 「국토의 계획 및 이용에 관한 법률」 제68조에 따른 기반시설설치비용 2. 「개발제한구역의 지정 및 관리에 관한 특별조치법」 제21조에 따른 개발제한구역 보전 부담금 3. 「초지법」 제23조에 따른 대체초지조성비 4. 「하수도법」 제61조에 따른 하수도시설 원	제8조(부담금의 감면) 법 제17조제2항에 따라 국가 및 지방자치단체는 철도물류사업자가 법 제17조제1항제1호 또는 제2호의 사업을 하는 경우에는 「국토의 계획 및 이용에 관한 법률」, 「개발제한구역의 지정 및 관리에 관한 특별조치법」, 「초지법」 및 「하수도법」에서 정하는 바에 따라 다음 각 호의 부담금을 감면할 수 있다. 1. 「국토의 계획 및 이용에 관한 법률」 제68조에 따른 기반시설설치비용 2. 「개발제한구역의 지정 및 관리에 관한 특별조치법」 제21조에 따른 개발제한구역 보	

법	시 행 령	시 행 규 칙
인자부담금 제5장 국제철도물류의 촉진 제18조(국제철도화물운송사업자의 지정) ① 국토교통부장관은 자본, 부채, 철도화물 운송실적 등 대통령령으로 정하는 기준에 따라 철도화물운송사업자 중에서 국제철도화물운송사업자(대한민국을 포함한 둘 이상의 국가를 경유하여 철도화물운송업을 영위하는 철도화물운송사업자를 말한다. 이하 같다)를 지정하여 육성할 수 있다. ② 국가는 제1항에 따라 지정을 받은 국제철도화물운송사업자가 국제철도화물운송업을 영위하기 위하여 필요한 철도차량의 도입과 철도물류시설의 확보, 그 밖에 국제철도물류 기준에 부합하는 시설·장비를 확보하는 데 필요한 행정적·재정적 지원을 할 수 있다. ③ 국토교통부장관은 제1항에 따라 지정을 받은 국제철도화물운송사업자가 다음 각 호의 어느 하나에 해당하는 경우에는 국토교통부령으로 정하는 바에 따라 지정을 취소할 수 있다. 1. 거짓이나 그 밖의 부정한 방법으로 지정을 받은 경우	전 부담금 3. 「초지법」 제23조에 따른 대체초지조성비 4. 「하수도법」 제61조에 따른 하수도시설 원인자부담금 제9조(국제철도화물운송사업자의 지정 기준) 국토교통부장관은 법 제18조제1항에 따라 다음 각 호의 요건을 모두 충족하는 철도화물운송사업자를 국제철도화물운송사업자로 지정할 수 있다. 1. 자본금이 50억 이상일 것 2. 부채총액이 자본금의 2배를 초과하지 아니할 것 3. 최근 5년 이내에 철도화물의 운송실적이 있을 것	

법	시 행 령	시 행 규 칙
2. 제1항에 따른 지정기준에 미달된 경우로서 그 날부터 90일 이내에 미달된 사항을 보완하지 아니한 경우 3. 「철도사업법」 제5조에 따른 철도사업면허가 취소되었거나 철도화물운송업의 폐업이 확인된 경우 **제19조(철도물류산업의 국제화)** 국토교통부장관은 철도물류사업자의 해외진출을 활성화하고 철도물류산업의 국제화를 촉진하기 위하여 다음 각 호의 사항에 대하여 행정적·재정적 지원을 할 수 있다. 1. 해외 철도물류산업 현황 및 시장 조사 2. 해외진출을 위한 기술개발 및 인력 양성 3. 공동연구·기술협력·국제회의 및 국제기구활동 등 철도물류 관련 정보·기술·인력의 국제적 교류 4. 그 밖에 철도물류산업의 국제화를 위하여 국토교통부령으로 정하는 활동 ### 제6장 보칙 및 벌칙 **제20조(권한의 위임·위탁 등)** ① 국토교통부장관은 이 법에 따른 권한의 일부를 대통령령으로 정하는 바에 따라 시·도지사에게 위임할 수 있다. ② 국토교통부장관은 이 법에 따른 업무의 일부를 대통령령으로 정하는 바에 따라 철도공	**제10조(과태료의 부과기준)** 법 제21조에 따른 과태료의 부과기준은 별표와 같다.	**제5조(철도물류산업의 국제화)** 법 제19조제4호에 따라 "국토교통부령으로 정하는 활동"이란 다음 각 호의 활동을 말한다. 1. 국가 간 철도운행협정의 체결 2. 국제 철도물류시설의 표준화에 관한 연구 및 기술개발

법	시 행 령	시 행 규 칙
사 또는 국가철도공단에 위탁할 수 있다.〈개정 20·6·9〉 제21조(과태료) 국토교통부장관은 거짓이나 그 밖의 부정한 방법으로 제18조제1항에 따른 국제철도화물운송사업자로 지정을 받은 자에게는 대통령령으로 정하는 기준에 따라 1천만원 이하의 과태료를 부과한다.		
부 칙 〈16·3·22〉	부 칙 〈16·9·22〉	부 칙 〈16·9·23〉
이 법은 공포 후 6개월이 경과한 날부터 시행한다.	이 영은 2016년 9월 23일부터 시행한다.	이 규칙은 2016년 9월 23일부터 시행한다.
부 칙 〈16·3·29〉	부 칙 〈19·3·12〉	
제1조(시행일) 이 법은 공포 후 1년이 경과한 날부터 시행한다. 제2조부터 제18조까지 생략	제1조(시행일) 이 영은 2019년 3월 14일부터 시행한다. 제2조 및 제4조 생략	
부 칙 〈18·3·13〉	부 칙 〈22·1·21〉	
제1조(시행일) 이 법은 공포 후 1년이 경과한 날부터 시행한다. 제2조 및 제3조 생략	제1조(시행일) 이 영은 2022년 1월 21일부터 시행한다. 제2조부터 제5조까지 생략	

법	시 행 령	시 행 규 칙
부　　칙 〈20·6·9〉 제1조(시행일) 이 법은 공포 후 3개월이 경과한 　날부터 시행한다. 제2조부터 제4조까지 생략		

철도물류산업의 육성 및 지원에 관한 법률
시행령 · 시행규칙 [별표 · 별지서식]

【시행령 별표】

[별표]

과태료의 부과기준(제10조 관련)

1. 일반기준
   가. 부과권자는 위반행위의 정도, 위반행위의 동기와 그 결과 등을 고려하여 과태료를 줄일 필요가 있다고 인정되는 경우에는 제2호의 개별기준에 따른 과태료 금액의 2분의 1 범위에서 그 금액을 줄일 수 있다. 다만, 과태료를 체납하고 있는 위반행위자의 경우에는 그렇지 않다.
   나. 부과권자는 다음의 어느 하나에 해당하는 경우에는 제2호의 개별기준에 따른 과태료 금액의 2분의 1 범위에서 그 금액을 늘릴 수 있다.
   1) 위반의 내용 및 정도가 중대하여 소비자 등에게 미치는 피해가 크다고 인정되는 경우
   2) 그 밖에 위반행위의 정도, 위반행위의 동기와 그 결과 등을 고려하여 과태료를 늘릴 필요가 있다고 인정되는 경우

2. 개별기준

위반행위	근거 법조문	과태료 금액
법 제18조제1항을 위반하여 거짓이나 그 밖의 부정한 방법으로 국제철도화물운송사업자로 지정받은 경우	법 제21조	200만원

철도물류산업의 육성 및 지원에 관한 법률 시행규칙 [별표] 244

【시행규칙 별지】

[별지 제1호서식]

거점역 개량 · 통폐합 비용 지원 신청서

※ 색상이 어두운 난은 신청인이 작성하지 아니합니다.

접수번호		접수일시	처리기간 90일
신청인	상호(법인명)	성명(대표자)	사업자등록번호(법인등록번호)
	주소(소재지)		전화번호
신청내용	사업의 목적과 내용		
	사업비용		
	사업의 범위와 기간		

「철도물류산업의 육성 및 지원에 관한 법률」 제9조제1항, 같은 법 시행령 제3조제4항 및 같은 법 시행규칙 제2조에 따라 위와 같이 거점역 개량 · 통폐합 등에 필요한 비용의 지원을 신청합니다.

년   월   일

신청인   (서명 또는 인)

국토교통부장관 귀하

신청인 제출서류	1. 사업내용, 사업규모 및 사업비 등이 포함된 사업계획서 2. 거점역의 개량 및 통폐합 등에 따른 효과를 설명한 서류 3. 화주 및 물류기업 등 거점역의 이용자 불편해소 대책을 기재한 서류	수수료 없음
담당 공무원 확인 사항	1. 법인 등기사항증명서(신청인이 법인인 경우에만 해당합니다) 2. 사업자등록증	

행정정보 공동이용 동의서

본인은 이 건 업무처리와 관련하여 담당 공무원이 「전자정부법」 제36조제1항에 따른 행정정보의 공동이용을 통하여 위의 담당 공무원 확인 사항 중 제2호를 확인하는 것에 동의합니다.   *동의하지 아니하는 경우에는 신청인이 직접 관련 서류를 제출하여야 합니다.

신청인   (서명 또는 인)

처리절차

신 청	→	접 수	→	검 토	→	결 정	→	통 보
신청인		처리기관 (국토교통부)		처리기관 (국토교통부)		처리기관 (국토교통부)		처리기관 (국토교통부)

210mm×297mm[백상지(80g/㎡) 또는 중질지(80g/㎡)]

[별지 제2호서식]

비용 보조 신청서

※ 색상이 어두운 난은 신청인이 작성하지 아니합니다.

접수번호		접수일시	처리기간 90일
신청인	상호(법인명)	성명(대표자)	사업자등록번호(법인등록번호)
	주소(소재지)		전화번호
신청내용	사업의 목적과 내용		
	사업비용		
	사업의 범위와 기간		

「철도물류산업의 육성 및 지원에 관한 법률」 제17조제1항, 같은 법 시행령 제7조제2항 및 같은 법 시행규칙 제4조에 따라 위와 같이 비용의 보조를 신청합니다.

년   월   일

신청인   (서명 또는 인)

국토교통부장관 귀하

신청인 제출서류	1. 사업내용, 사업규모 및 사업비 등이 포함된 사업계획서 2. 「철도물류산업의 육성 및 지원에 관한 법률」 제17조제1항 각 호의 사업 시행이 철도화물 수송의 효율성에 미치는 효과를 설명한 서류	수수료 없음
담당 공무원 확인 사항	1. 법인 등기사항증명서(신청인이 법인인 경우에만 해당합니다) 2. 사업자등록증	

행정정보 공동이용 동의서

본인은 이 건 업무처리와 관련하여 담당 공무원이 「전자정부법」 제36조제1항에 따른 행정정보의 공동이용을 통하여 위의 담당 공무원 확인 사항 중 제2호를 확인하는 것에 동의합니다.   *동의하지 아니하는 경우에는 신청인이 직접 관련 서류를 제출하여야 합니다.

신청인   (서명 또는 인)

처리절차

신 청	→	접 수	→	검 토	→	결 정	→	통 보
신청인		처리기관 (국토교통부)		처리기관 (국토교통부)		처리기관 (국토교통부)		처리기관 (국토교통부)

210mm×297mm[백상지(80g/㎡) 또는 중질지(80g/㎡)]

철도의 건설 및 철도시설 유지관리에 관한 법률·시행령·시행규칙

철도의 건설 및 철도시설 유지관리에 관한 법률·시행령·시행규칙 목차

법	시 행 령	시 행 규 칙
제1장 총 칙 제1조(목적) ············ 253 제2조(정의) ············ 253 제3조(다른 법률과의 관계) ············ 258	제1조(목적) ············ 253 제2조(철도시설) ············ 255	제1조(목적) ············ 253
제2장 철도의 건설 **제1절 국가철도망구축계획** 제4조(국가철도망구축계획의 수립 및 변경) ··· 258 제5조(철도망계획의 내용) ············ 260 제6조(철도건설에 관한 사항의 심의) ············ 261	제3조(국가철도망구축계획 수립) ············ 259 제4조(철도건설에 관한 사항의 심의) ············ 261 제5조부터 제10조까지 삭제 〈09·6·19〉 ······ 261	제2조(국가철도망구축계획의 고시) ············ 260
제2절 철도의 건설체계 제7조(철도건설사업별 기본계획의 수립) ······· 261 제8조(철도건설사업의 시행자) ············ 263 제9조(철도건설사업별 실시계획의 승인) ······ 264 제10조(토지에의 출입 등) ············ 268 제11조(다른 법률에 따른 인가·허가 등의 의제) ··· 269 제12조(수용 및 사용) ············ 274 제12조의2(토지의 지하부분 사용에 대한 보상) ············ 275	제11조(철도건설기본계획 수립의 예외) ······· 261 제12조(철도건설기본계획에 포함되어야 할 사항) ············ 262 제13조(철도건설사업의 시행자 지정) ············ 263 제14조(철도건설사업실시계획의 승인) ······ 264 제14조의2(지하부분 사용에 대한 보상대상, 보상기준 및 보상방법) ············ 275	제3조(철도건설사업의 시행자지정신청 등) ··· 263 제4조(실시계획승인신청 등) ············ 264

법	시 행 령	시 행 규 칙
제12조의3(구분지상권의 설정등기 등) ········· 275		
제13조(국공유재산의 대부 등) ················ 276		
제14조(토지매수사업 등의 위탁) ··············· 277	제15조(토지매수업무 등의 위탁) ··················· 277	
제15조(대체공공시설등의 설치) ··············· 277	제16조(대체공공시설등의 설치) ··················· 277	제5조(대체공공시설등의 설치) ······················· 277
제16조(준공확인) ································ 278	제17조(준공보고) ····························· 278	제6조(준공보고 등) ······························· 278
제17조(시설의 귀속 등) ······················· 281	제18조(토지 및 시설의 귀속) ····················· 281	
	제19조(총사업비의 산정) ························· 281	
제18조(고속철도건설사업의 촉진 및 품질 향상 등을 위한 특례) ········· 283	제20조(공사분리발주의 예외) ····················· 283	
제19조(철도의 건설기준) ······················ 284		제7조(철도시설의 유지관리) ························· 284
		제8조(철도시설의 호환성·안전성 확보) ······· 285
제3절 철도건설 비용부담		
제20조(비용부담의 원칙) ······················ 286	제21조(비용부담의 원칙) ························· 286	
제21조(수익자·원인자의 비용부담) ············· 286	제22조(원인자의 비용부담 비율) ··················· 286	
제3장 역세권 개발		
제22조 및 제23조 삭제 〈10·4·15〉 ··············· 288		
제23조의2(점용허가) ·························· 288		
제4장 철도시설의 유지관리		
제1절 철도시설의 유지관리계획		
제24조(철도시설의 유지관리 기본계획의 수립 등) ··············· 289		
제25조(시·도 철도시설 유지관리계획의 수립 등) ··············· 290		
제26조(철도시설 유지관리 시행계획의 수립 등) ··············· 291	제23조(철도시설 유지관리 시행계획의 수립 등) ················· 291	
제27조(철도시설의 생애주기관리) ··············· 292		제9조(철도시설의 생애주기관리) ················· 292
제28조(철도시설정보관리체계의 구축· 운영 등) ··············· 293	제24조(철도시설정보관리체계의 구축· 운영 등) ················· 293	

법	시 행 령	시 행 규 칙
제2절 철도시설의 점검 및 유지관리 체계		
제29조(정기점검의 실시 등) ············ 294	제25조(정기점검 결과보고서의 제출) ·········· 294 제26조(정기점검에 관한 지침) ·············· 295	제10조(긴급점검의 실시 등) ················· 294
제30조(긴급점검의 실시) ················· 296	제27조(긴급점검의 실시 등) ················ 296	
제31조(정밀진단의 실시) ················· 297	제28조(정밀진단의 실시) ················· 297	
	제29조(정밀진단 결과보고서의 제출) ········· 298	
제32조(안전조치 등) ····················· 299	제30조(안전조치 등) ····················· 299	
제33조(철도시설의 성능평가) ············ 300	제31조(철도시설의 성능평가) ············ 300	
제33조의2(정밀진단·성능평가 결과보고서의 평가) ······························· 302		제10조의2(결과보고서의 평가 방법 등) ········ 302

제34조(철도역사의 안전 및 이용편의 수준
   평가 등) ··························· 304
	제32조(철도역사의 안전 및 이용편의
	   수준평가 등) ······················ 305
		제11조(철도역사의 안전 및 이용편의 수준
		   평가) ······························· 304

제35조(철도시설의 보수·보강·교체 등의 조치) ······························ 305		
제36조(시정명령) ························ 306		
제37조(업무의 정지) ···················· 306		제12조(철도시설관리자의 업무정지) ··········· 306
제38조(과징금) ·························· 307	제33조(과징금의 부과기준 등) ··············· 307	
제39조(철도시설관리자에 대한 지원) ······· 307		
제5장 보칙		
제40조(보고·검사 등) ·················· 308		제13조(검사 공무원의 증표) ················· 308
제41조(철도시설의 유지관리 실태점검 등) ··· 308		제14조(철도시설의 유지관리 실태점검 등) ··· 308
제42조(감독) ···························· 309	제34조(감독) ···························· 309	
제43조(청문) ···························· 310		
제44조(정기점검 등의 대행) ············· 310		
제44조의2(하도급 제한 등) ··············· 311	제34조의2(허용되는 하도급의 범위 등) ······· 312	제15조(하도급의 통보) ···················· 311

제44조의3(철도시설 안전진단전문기관의
   등록 등) ··························· 312
	제34조의3(철도시설 안전진단전문기관의
	   등록 등) ··························· 312
		제16조(철도시설 안전진단전문기관의 등록
		   신청) ······························ 312

법	시 행 령	시 행 규 칙
		제17조(철도시설 안전진단전문기관의 변경 등록 등) ·························· 314
제44조의4(결격사유) ·························· 315		
제44조의5(명의대여의 금지 등) ·············· 315		
제44조의6(등록의 취소 등) ·················· 315	제34조의4(일시적인 등록기준의 미달) ········· 315	
제44조의7(행정처분 후의 업무수행) ·········· 317		
제44조의8(철도시설 안전진단전문기관의 영업 양도 등) ·················· 318		제18조(철도시설 안전진단전문기관의 양도 신고 등) ···················· 318
제44조의9(권한의 위탁) ···················· 319	제34조의5(권한의 위탁) ···················· 319	
제6장 벌칙		
제45조(벌칙) ······························ 319		
제46조(양벌규정) ·························· 321		
제47조(과태료) ···························· 321	제35조(과태료의 부과기준) ·················· 321	
부 칙 ··························· 324	부 칙 ··························· 324	부 칙 ··························· 324

법	시 행 령	시 행 규 칙
철도의 건설 및 철도시설 유지관리에 관한 법률 [제명개정 18·3·13 법률 제15460호] 제정 2004·12·31 법률 제7304호 개정 2005· 3·31 법률 제7459호(水質環境保全法) 　　 2005· 8· 4 법률 제7678호(산림자원의 조성 　　　　　　　및 관리에 관한 법률) 　　 2005·12·29 법률 7796호(國家公務員法) 　　 2006· 9·27 법률 제8014호(下水道法) 　　 2007· 1·19 법률 제8251호(大都市圈廣域交 　　　　　　　通管理에 관한 特別法) 　　 2007· 4· 6 법률 제8338호(하천법) 　　 2007· 4·11 법률 제8352호(농지법) 　　 2007· 4·11 법률 제8355호(鑛業法) 　　 2007· 4·11 법률 제8369호(소음·진동규제법) 　　 2007· 4·11 법률 제8370호(수도법) 　　 2007· 4·11 법률 제8371호(폐기물관리법) 　　 2007· 4·27 법률 제8404호(대기환경보전법) 　　 2007· 5·17 법률 제8466호(수질환경보전법) 　　 2007·12·21 법률 제8733호 　　　　　　　(군사기지 및 군사시설 보호법) 　　 2007·12·27 법률 제8819호 　　　　　　　(공유수면관리법 일부개정법률) 　　 2007·12·27 법률 제8820호 　　　　　　　(公有水面埋立法 일부개정법률) 　　 2008· 2·29 법률 제8852호 　　　　　　　(정부조직법 전부개정법률) 　　 2008· 3·21 법률 제8974호 　　　　　　　(건축법 전부개정법률)	**철도의 건설 및 철도시설 유지관리에 관한 법률 시행령** [제명개정 19·3·12 대통령령 제29617호] 제정 2005· 6·30 대통령령 제18931호 개정 2007·12·17 대통령령 제20450호 　　 2008· 2·29 대통령령 제20722호 　　　　　　　(국토해양부와 그 소속기관 직제) 　　 2008·12·31 대통령령 제21214호 　　　　　　　(행정안전부와 그 소속기관 직제 　　　　　　　일부개정령) 　　 2008·12·31 대통령령 제21215호 　　　　　　　(행정정보의 공동이용 및 문서감 　　　　　　　축을 위한 개별소비세법 시행령 　　　　　　　등 일부개정령) 　　 2008·12·31 대통령령 제21231호 　　　　　　　(도시교통정비 촉진법 시행령 일 　　　　　　　부개정령) 　　 2009· 6·19 대통령령 제21549호 　　 2009·12·14 대통령령 제21881호 　　　　　　　(측량·수로조사 및 지적에 관한 　　　　　　　법률 시행령) 　　 2010· 1· 7 대통령령 제21985호 　　　　　　　(교통체계효율화법 시행령 전부개정령) 　　 2010· 5· 4 대통령령 제22151호 　　　　　　　(전자정부법 시행령 전부개정령) 　　 2010· 9·20 대통령령 제22395호 　　　　　　　(지방세법 시행령 전부개정령) 　　 2010·10·14 대통령령 제22448호 　　　　　　　(역세권의 개발 및 이용에 관한	**철도의 건설 및 철도시설 유지관리에 관한 법률 시행규칙** [제명개정 19·3·20 국토교통부령 제609호] 제정 2005· 7· 1 건설교통부령 제448호 개정 2008· 3·14 국토해양부령 제4호 　　　　　　　(정부조직법의 개정에 따른 감정평가에 　　　　　　　관한 규칙 등 일부 개정령) 　　 2012· 6·11 국토해양부령 제473호 　　　　　　　(행정처리기간 단축 및 수수료 합리화 　　　　　　　등을 위한 개항질서법 시행규칙 등 일 　　　　　　　부개정령) 　　 2013· 3·23 대통령령 제24443호 　　　　　　　(국토교통부와 그 소속기관 직제) 　　 2014· 8· 7 국토교통부령 제120호 　　　　　　　(개인정보 보호를 위한 건설산업기본법 　　　　　　　시행규칙 등 일부개정령) 　　 2014· 8· 7 국토교통부령 제120호 　　　　　　　(개인정보 보호를 위한 건설산업기본법 　　　　　　　시행규칙 등 일부개정령) 　　 2019· 1· 2 국토교통부령 제575호 　　　　　　　(일본식 용어 정비를 위한 6개 법령의 　　　　　　　일부개정에 관한 국토교통부령) 　　 2019· 3·20 국토교통부령 제609호 　　 2020· 9· 9 국토교통부령 제758호 　　　　　　　(한국철도시설공단 명칭 변경 반영을 　　　　　　　위한 9개 부령의 일부개정에 관한 국 　　　　　　　토교통부령) 　　 2021· 6·23 국토교통부령 제861호 　　 2021· 8·27 국토교통부령 제882호

법	시 행 령	시 행 규 칙
2008 · 3 · 21 법률 제8976호 (도로법 전부개정법률) 2008 · 12 · 31 법률 제9313호 (자연공원법 일부개정법률) 2009 · 1 · 30 법률 제9401호 (국유재산법 전부개정법률) 2009 · 3 · 25 법률 제9547호 2009 · 6 · 9 법률 제9763호(산림보호법) 2009 · 6 · 9 법률 제9770호 (소음 · 진동규제법 일부개정법률) 2009 · 6 · 9 법률 제9772호 (교통체계효율화법 전부개정법률) 2010 · 4 · 15 법률 제10266호 (역세권의 개발 및 이용에 관한 법률) 2010 · 4 · 15 법률 제10272호 (공유수면 관리 및 매립에 관한 법률) 2010 · 5 · 31 법률 제10331호 (산지관리법 일부개정법률) 2011 · 4 · 14 법률 제10599호 (국토의 계획 및 이용에 관한 법률 일부개정법률) 2013 · 3 · 23 법률 제11690호(정부조직법) 2013 · 4 · 5 법률 제11752호 2013 · 5 · 22 법률 제11794호(건설기술관 리법 전부개정법률) 2013 · 8 · 6 법률 제12023호 2014 · 1 · 14 법률 제12248호(도로법 전부 개정법률) 2014 · 5 · 21 법률 제12647호 2015 · 8 · 11 법률 제13490호 2016 · 1 · 19 법률 제13797호(부동산 거래 신고 등에 관한 법률) 2017 · 1 · 17 법률 제14532호(수질 및 수생 태계 보전에 관한 법률 일부개정법률) 2017 · 12 · 26 법률 제15323호 2018 · 3 · 13 법률 제15460호 2019 · 11 · 26 법률 제16639호 2020 · 3 · 31 법률 제17171호(전기안전관리법)	법률 시행령) 2010 · 12 · 13 대통령령 제22525호 (건설기술관리법 시행령 일부개 정령) 2011 · 1 · 17 대통령령 제22626호 (엔지니어링기술진흥법시행령 전부개정령) 2012 · 1 · 25 대통령령 제23529호 (국방 · 군사시설 사업에 관한 법률 시행령 전부개정령) 2012 · 4 · 10 대통령령 제23718호 (국토의 계획 및 이용에 관한 법률 시행령 일부개정령) 2013 · 3 · 23 대통령령 제24443호 (국토교통부와 그 소속기관 직제) 2013 · 10 · 4 대통령령 제24785호 2014 · 5 · 22 대통령령 제25358호 (건설기술관리법 시행령 전부개 정령) 2015 · 6 · 1 대통령령 제26302호 (측량 · 수로조사 및 지적에 관한 법률 시행령 일부개정령) 2016 · 1 · 22 대통령령 제26928호 (도시교통정비 촉진법 시행령 일부개정령) 2019 · 3 · 12 대통령령 제29617호 2020 · 12 · 8 대통령령 제31245호 (건설기술 진흥법 시행령 일부 개정령) 2021 · 1 · 5 대통령령 제31380호 (어려운 법령용어 정비를 위한 473개 법령의 일부개정에 관한 대통령령) 2021 · 1 · 26 대통령령 제31417호 (국토의 계획 및 이용에 관한 법률 시행령 일부개정령) 2021 · 6 · 23 대통령령 제31827호	(어려운 법령용어 정비를 위한 80개 국토교통부령 일부개정령)

법	시 행 령	시 행 규 칙
2020 · 6 · 9 법률 제17447호(국토안전관리원법) 2020 · 6 · 9 법률 제17453호(법률용어 정비를 위한 국토교통위원회 소관 78개 법률 일부개정을 위한 법률) 2020 · 6 · 9 법률 제17458호(철도의 건설 및 철도시설 유지관리에 관한 법률 일부개정법률) 2020 · 6 · 9 법률 제17460호(한국철도시설공단법 일부개정법률) 2021 · 11 · 30 법률 제18522호(화재예방, 소방시설 설치 · 유지 및 안전관리에 관한 법률 전부개정법률) 2022 · 1 · 18 법률 제18787호 2022 · 12 · 27 법률 제19117호(산림자원의 조성 및 관리에 관한 법률 일부개정법률)		

제1장 총 칙

법	시 행 령	시 행 규 칙
제1조(목적) 이 법은 철도망의 신속한 확충과 철도시설의 체계적인 관리를 위하여 철도의 건설 및 철도시설 유지관리에 관한 사항을 규정함으로써 공중의 안전을 확보하고 국민의 복리증진에 기여함을 목적으로 한다. [전문개정 18 · 3 · 13] 제2조(정의) 이 법에서 사용하는 용어의 뜻은 다음과 같다. 다만, 이 법에 특별한 규정이 있는 것을 제외하고는 「철도산업발전 기본법」에서 정하는 바에 따른다. 〈개정 10 · 4 · 15, 13 · 3 ·	제1조(목적) 이 영은 「철도의 건설 및 철도시설 유지관리에 관한 법률」에서 위임된 사항과 그 시행에 필요한 사항을 규정함을 목적으로 한다. 〈개정 19 · 3 · 12〉 [전문개정 09 · 6 · 19]	제1조(목적) 이 규칙은 「철도의 건설 및 철도시설 유지관리에 관한 법률」 및 같은 법 시행령에서 위임된 사항과 그 시행에 관하여 필요한 사항을 규정함을 목적으로 한다. 〈개정 19 · 3 · 20〉

법	시 행 령	시 행 규 칙
23, 15·8·11, 18·3·13, 20·6·9〉 1. "철도"란 여객 또는 화물을 운송하는 데 필요한 철도시설과 철도차량 및 이와 관련된 운영·지원체계가 유기적으로 구성된 운송체계를 말한다. 2. "고속철도"란 열차가 주요 구간을 시속 200킬로미터 이상으로 주행하는 철도로서 국토교통부장관이 그 노선을 지정·고시하는 철도를 말한다. 3. "광역철도"란 「대도시권 광역교통관리에 관한 특별법」 제2조제2호나목에 따른 철도를 말한다. 4. "일반철도"란 고속철도와 「도시철도법」에 따른 도시철도를 제외한 철도를 말한다. 5. "철도망"이란 철도시설이 서로 유기적인 기능을 발휘할 수 있도록 체계적으로 구성한 철도 교통망을 말한다. 6. "철도시설"이란 다음 각 목의 어느 하나에 해당하는 시설(부지를 포함한다)을 말한다. 　가. 철도의 선로(선로에 딸리는 시설을 포함한다), 역 시설(물류시설, 환승 시설 및 역사(驛舍)와 같은 건물에 있는 판매시설·업무시설·근린생활시설·숙박시설·문화 및 집회시설 등을 포함한다) 및 철도 운영을 위한 건축물·건		

법	시 행 령	시 행 규 칙
축설비 나. 선로 및 철도차량을 보수·정비하기 위한 선로 보수기지, 차량 정비기지 및 차량 유치시설 다. 철도의 전철전력설비, 정보통신설비, 신호 및 열차 제어설비 라. 철도노선 간 또는 다른 교통수단과의 연계 운영에 필요한 시설 마. 철도기술의 개발·시험 및 연구를 위한 시설 바. 철도경영연수 및 철도전문인력의 교육훈련을 위한 시설 사. 그 밖에 철도의 건설·유지보수 및 운영을 위한 시설로서 대통령령으로 정하는 시설	제2조(철도시설) 「철도의 건설 및 철도시설 유지관리에 관한 법률」(이하 "법"이라 한다) 제2조제6호사목에서 "대통령령으로 정하는 시설"이란 다음 각 호의 어느 하나에 해당하는 시설을 말한다. 〈개정 19·3·12, 21·1·5〉 1. 철도건설사업에 필요한 공사용 건설자재를 현장에서 가공·조립·운반 또는 보관하기 위한 시설(공사기간 중에 설치되는 시설만 해당한다) 2. 철도건설사업에 필요한 공사용 진입도로, 주차장, 야적장, 토석채취장 및 사토장(흙 처리장)의 설치 및 운영에 필요한 시설 3. 철도차량부품의 보관 및 운반시설	

법	시 행 령	시 행 규 칙
7. "철도건설사업"이란 새로운 철도의 건설, 기존 철도노선의 직선화·전철화 및 복선화, 철도차량기지의 건설과 철도역 시설의 신설·개량 등을 위한 다음 각 목의 사업을 말한다. 가. 제6호 각 목의 시설 건설사업 나. 제6호 각 목에 따른 건설사업으로 인하여 주거지를 상실하는 자를 위한 주거시설 등 생활편익시설의 기반조성사업 다. 제15조제1항에 따라 설치하는 공공시설·군사시설 또는 공용 건축물(철도시설은 제외한다)의 건설사업 라. 건설된 철도시설의 토지등(「공익사업을 위한 토지 등의 취득 및 보상에 관한 법률」 제2조제1호에 따른 토지등을 말한다)을 취득하거나 그 사용권원(使用權原)을 확보하는 사업 8. "철도시설관리자"란 「철도안전법」 제2조제9호에 따른 자를 말한다. 9. "정기점검"이란 철도시설의 유지관리를 위	4. 건설장비 및 검사계측기기의 정비·점검 및 수리를 위한 시설 5. 그 밖에 건설안전 관련 시설, 안내시설 등 철도건설사업의 시행에 필요한 시설 [전문개정 09·6·19]	

법	시 행 령	시 행 규 칙
하여 경험과 기술을 갖춘 자가 육안이나 점검기구 등을 사용하여 철도시설의 안전성과 성능을 조사하는 일상적인 활동을 말한다. 10. "긴급점검"이란 철도시설의 붕괴·전도·장애 등으로 인한 재난 또는 재해가 발생할 우려가 있는 경우에 철도시설의 물리적·기능적 결함을 신속하게 발견하기 위하여 실시하는 활동을 말한다. 11. "정밀진단"이란 철도시설의 물리적·기능적 결함을 발견하고 그에 대한 신속하고 적절한 조치를 하기 위하여 물리적 안전성과 성능저하의 원인 등을 조사·측정·평가하여 보수·보강 등의 방법을 제시하는 활동을 말한다. 12. "성능평가"란 철도시설의 안전과 기능을 유지하기 위하여 요구되는 철도시설의 안전성, 내구성, 사용성 등의 성능을 종합적으로 평가하는 것을 말한다. 13. "유지관리"란 철도시설의 기능을 보전하고 철도시설 이용자의 편의와 안전을 높이기 위하여 철도시설을 일상적으로 점검·정비하고 손상된 부분을 원상복구하며 경과시간에 따라 요구되는 철도시설의 보수·보강 등에 필요한 활동을 하는 것을 말한다. 14. "도급(都給)"이란 원도급·하도급·위탁,		

법	시 행 령	시 행 규 칙

그 밖에 명칭 여하를 불문하고 제44조에 따른 정기점검등을 완료하기로 약정하고, 상대방이 그 일의 결과에 대하여 대가를 지급하기로 한 계약을 말한다.

15. "하도급"이란 도급받은 제44조에 따른 정기점검등에 대한 용역의 전부 또는 일부를 도급하기 위하여 수급인(受給人)이 제3자와 체결하는 계약을 말한다.

[전문개정 09·3·25]

제3조(다른 법률과의 관계) 철도(「철도사업법」 제2조제5호에 따른 전용철도는 제외한다. 이하 같다)의 건설과 철도시설의 유지관리에 관하여는 다른 법률에 특별한 규정이 있는 경우를 제외하고는 이 법에서 정하는 바에 따른다.〈개정 18·3·13〉

[전문개정 09·3·25]

제2장 철도의 건설

제1절 국가철도망구축계획

제4조(국가철도망구축계획의 수립 및 변경) ① 국토교통부장관은 국가의 균형발전과 효율적인 철도망 구축을 위하여 10년 단위로 국가철도망구축계획(이하 "철도망계획"이라 한다)을 수립·시행하여야 한다.〈개정 13·3·23, 22·1·21〉

② 철도망계획은 다음 각 호의 모든 계획과 조

법	시 행 령	시 행 규 칙
화를 이루도록 수립하여야 한다.〈개정 09·6·9, 22·1·21〉 1. 「국가균형발전 특별법」 제4조에 따른 국가균형발전 5개년계획 1의2. 「국가통합교통체계효율화법」 제4조에 따른 국가기간교통망계획 2. 「국가통합교통체계효율화법」 제6조에 따른 중기 교통시설투자계획 3. 「대도시권 광역교통관리에 관한 특별법」 제3조에 따른 대도시권광역교통기본계획 4. 「대도시권 광역교통관리에 관한 특별법」 제3조의2에 따른 대도시권광역교통시행계획 ③ 국토교통부장관은 철도망계획을 수립하려는 경우에는 관계 중앙행정기관의 장 및 관계 시·도지사와 협의한 후 「철도산업발전 기본법」 제6조에 따른 철도산업위원회(이하 "위원회"라 한다)의 심의를 거쳐야 한다. 수립된 철도망계획을 변경하려는 경우에도 또한 같다. 다만, 대통령령으로 정하는 경미한 사항을 변경하는 경우에는 그러하지 아니하다.〈개정 13·3·23〉 ④ 국토교통부장관은 철도망계획이 수립된 날부터 5년마다 그 타당성을 검토하여 필요한 경	제3조(국가철도망구축계획 수립) 법 제4조제3항 단서에서 "대통령령으로 정하는 경미한 사항을 변경하는 경우"란 다음 각 호의 어느 하나에 해당하는 경우를 말한다. 1. 법 제4조제1항에 따른 국가철도망구축계획 (이하 "철도망계획"이라 한다)의 총사업규모를 100분의 10의 범위에서 변경하는 경우 2. 철도망계획에서 정한 사업별 총투자소요액을 100분의 10의 범위에서 변경하는 경우 3. 철도망계획에서 정한 사업별 사업기간을 3년의 범위에서 변경하는 경우 [전문개정 09·6·19]	

법	시 행 령	시 행 규 칙
우에는 변경하여야 한다.〈개정 13·3·23, 20·6·9〉 ⑤ 국토교통부장관은 제1항에 따라 철도망계획을 수립하거나 변경한 경우에는 국토교통부령으로 정하는 바에 따라 고시(告示)하여야 한다.〈개정 13·3·23〉 [전문개정 09·3·25] 제5조(철도망계획의 내용) ① 철도망계획에는 다음 각 호의 사항이 포함되어야 한다.〈개정 13·3·23〉 1. 철도의 중장기 건설계획 2. 다른 교통수단과 연계한 교통체계의 구축 3. 소요 재원의 조달방안 4. 환경친화적인 철도의 건설방안 5. 그 밖에 국토교통부장관이 체계적인 철도건설사업을 위하여 필요하다고 인정하는 사항 ② 제1항에 따른 철도망계획에는 「대도시권광역교통관리에 관한 특별법」 제3조 및 제3조의2에 따라 수립된 대도시권광역교통기본계획 및 대도시권광역교통시행계획에 포함되어 있		제2조(국가철도망구축계획의 고시) 국토교통부장관은 「철도의 건설 및 철도시설 유지관리에 관한 법률」(이하 "법"이라 한다) 제4조제5항에 따라 국가철도망구축계획(이하 "철도망계획"이라 한다)을 수립 또는 변경한 때에는 다음 각 호의 사항을 관보에 고시하여야 한다.〈개정 08·3·14, 13·3·23, 19·3·20〉 1. 철도망계획의 목적 및 기간 2. 철도망계획의 사업별 투자금액 3. 철도망계획의 결정 및 변경사유 4. 철도망체계의 개선에 관한 사항 5. 철도연계교통수단의 운영개선에 관한 사항

법	시 행 령	시 행 규 칙

는 광역철도계획(「도시철도법」에 따른 도시철도는 제외한다)을 반영하여야 한다.
[전문개정 09·3·25]
제6조(철도건설에 관한 사항의 심의) 철도건설에 관한 다음 각 호의 어느 하나에 해당하는 사항은 위원회의 심의를 거쳐야 한다. 〈개정 13·3·23〉
1. 철도망계획의 수립 및 변경
2. 제11조제1항제15호(「건축법」 제4조에 따른 건축위원회의 심의 대상이 포함된 경우만 해당한다) 또는 같은 항 제16호의 사항이 포함되어 있는 실시계획의 승인
3. 그 밖에 철도건설에 관한 사항으로서 국토교통부장관이 심의에 부치는 사항
[전문개정 09·3·25]
 	
제2절 철도의 건설체계
제7조(철도건설사업별 기본계획의 수립) ① 국토교통부장관은 철도건설사업을 체계적으로
	제4조(철도건설에 관한 사항의 심의) 법 제6조제3호에서 "그 밖에 철도건설에 관한 사항"이란 다음 각 호의 어느 하나에 해당하는 사항을 말한다. 〈개정 13·3·23, 19·3·12〉
	1. 법 제18조제1항제1호에 따른 특수기술이나 특수장치에 관한 사항
	2. 법 제18조제1항제2호에 따른 고속철도시설의 구조 및 형태에 관한 사항
	3. 다음 각 목의 어느 하나에 해당하는 사항으로서 국토교통부장관이 중요하다고 판단하는 사항
	  가. 법 제7조에 따른 사업별 철도건설기본계획(이하 "철도건설기본계획"이라 한다)의 수립 및 법 제19조제1항에 따른 기술기준과 관련된 사항
	  나. 철도건설과 관련하여 이해관계가 대립되는 사항
	[전문개정 09·6·19]
	제5조부터 제10조까지 삭제 〈09·6·19〉
	
	제11조(철도건설기본계획 수립의 예외) 법 제7조제1항 단서에서 "소규모 철도건설사업 등	

법	시 행 령	시 행 규 칙
하기 위하여 사업별 철도건설기본계획(이하 "기본계획"이라 한다)을 수립하여야 한다. 다만, 소규모 철도건설사업 등 대통령령으로 정하는 철도건설사업의 경우에는 그러하지 아니하다.〈개정 13·3·23〉 ② 기본계획에는 다음 각 호의 사항이 포함되어야 한다. 1. 장래의 철도교통 수요 예측 2. 철도건설의 경제성·타당성과 그 밖의 관련 사항의 평가 3. 개략적인 노선 및 차량 기지 등의 배치계획 4. 공사 내용, 공사 기간 및 사업시행자 5. 개략적인 공사비 및 재원조달계획 6. 연차별 공사시행계획 7. 환경의 보전·관리에 관한 사항 8. 지진 대책 9. 그 밖에 대통령령으로 정하는 사항 ③ 국토교통부장관은 기본계획을 수립하려는 경우에는 미리 관계 중앙행정기관의 장 및 특별시장·광역시장 또는 도지사(이하 "시·도지사"라 한다)와 협의하여야 한다. 다만, 고속철도건설기본계획은 협의한 후 위원회의 심의를 거쳐야 한다.〈개정 13·3·23〉 ④ 국토교통부장관은 기본계획을 수립하면 대통령령으로 정하는 바에 따라 이를 고시하여야 한다.〈개정 13·3·23〉	대통령령으로 정하는 철도건설사업"이란 총사업비가 500억원 미만인 사업 및 국토교통부장관이 해당 사업의 특성상 철도건설기본계획을 수립할 필요가 없다고 인정하는 사업을 말한다.〈개정 13·3·23〉 [전문개정 09·6·19] 제12조(철도건설기본계획에 포함되어야 할 사항) ① 법 제7조제2항제9호에서 "대통령령으로 정하는 사항"이란 다음 각 호의 사항을 말한다. 1. 철도의 건설 예정 노선을 표시한 지형도 2. 다른 교통수단과의 연계 수송에 관한 사항 3. 건설 예정 노선에 투입되는 철도차량의 형식·소요량 및 확보계획 4. 철도교통 수요 예측을 고려한 개략적 열차 운영계획 ② 국토교통부장관은 법 제7조제4항에 따라 철도건설기본계획을 수립하였을 때에는 다음 각 호의 사항을 관보에 고시하여야 한다. 〈개정	

법	시 행 령	시 행 규 칙
	13·3·23〉 1. 사업의 명칭 2. 사업의 목적 3. 사업시행자의 명칭 및 주소 4. 공사의 내용 5. 공사비 6. 공사 기간 7. 공사노선의 기점(起點)과 종점(終點) 8. 주요 경유지, 역(특별시·광역시·시 및 군의 행정구역 단위까지 표시된 것을 말한다) 및 철도차량기지의 위치	
⑤ 수립된 기본계획을 변경하려는 경우에는 제3항과 제4항을 준용한다. 다만, 대통령령으로 정하는 경미한 사항을 변경하는 경우에는 그러하지 아니하다. [전문개정 09·3·25]	③ 법 제7조제5항 단서에서 "대통령령으로 정하는 경미한 사항을 변경하는 경우"란 다음 각 호의 어느 하나에 해당하는 경우로서 기점·종점과 주요 경유지, 역 또는 철도차량기지의 위치 변경이 수반되지 아니하는 경우를 말한다. 1. 공사노선, 사업면적 또는 공사비를 100분의 10의 범위에서 변경하는 경우 2. 지형 또는 지질 여건으로 철도시설의 위치 및 구조를 변경하는 경우 [전문개정 09·6·19]	
제8조(철도건설사업의 시행자) ① 철도건설사업은 국가, 지방자치단체 또는 「국가철도공단법」에 따라 설립된 국가철도공단(이하 "국가철도공단"이라 한다)이 시행한다. 다만, 「사회기반	제13조(철도건설사업의 시행자 지정) ① 법 제8조제2항에 따라 「공공기관의 운영에 관한 법률」 제4조에 따른 공공기관(이하 "공공기관"이라 한다)이 철도건설사업의 전부 또는 일부	제3조(철도건설사업의 시행자지정신청 등) ① 「철도의 건설 및 철도시설 유지관리에 관한 법률 시행령」(이하 "영"이라 한다) 제13조제1항에 따른 철도건설사업시행자 지정신청서는

법	시 행 령	시 행 규 칙
시설에 대한 민간투자법」에 따라 철도를 건설하는 경우에는 그 법에서 정하는 자가 시행한다.〈개정 20·6·9〉 ② 국토교통부장관은 철도건설사업을 효율적으로 시행하기 위하여 필요하다고 인정하면 대통령령으로 정하는 바에 따라 그 사업의 전부 또는 일부를 제1항에 규정한 자 외의 「공공기관의 운영에 관한 법률」 제4조에 따른 공공기관으로 하여금 시행하게 할 수 있다.〈개정 13·3·23〉 [전문개정 09·3·25]	를 시행하려면 국토교통부령으로 정하는 철도건설사업시행자 지정신청서를 다음 각 호의 서류 및 도면과 함께 국토교통부장관에게 제출하여야 한다.〈개정 13·3·23〉 1. 사업계획서 2. 자금조달계획서 3. 철도의 건설 예정 노선을 표시한 지형도 ② 제1항에서 정한 사항 외에 철도건설사업시행자의 지정 등에 필요한 사항은 국토교통부령으로 정한다.〈개정 13·3·23〉 [전문개정 09·6·19]	별지 제1호서식과 같다.〈개정 19·3·20〉 ②국토교통부장관은 영 제13조제2항의 규정에 의하여 철도건설사업시행자를 지정한 때에는 별지 제2호서식의 철도건설사업시행자지정서를 신청인에게 교부하여야 한다.〈개정 08·3·14, 13·3·23〉
제9조(철도건설사업별 실시계획의 승인) ① 제8조에 따라 철도건설사업을 하는 자(이하 "사업시행자"라 한다)는 사업의 규모와 내용, 사업 구역, 사업 기간, 그 밖에 대통령령으로 정하는 사항을 포함한 철도건설사업실시계획(이하 "실시계획"이라 한다)을 작성하여 국토교통부장관의 승인을 받아야 한다. 이 경우 사업시행자는 철도건설사업을 효율적으로 하기 위하여 필요하다고 인정하면 기본계획의 범위에서 구간별 또는 시설별로 실시계획을 작성할 수 있다.〈개정 13·3·23〉 ② 국토교통부장관은 제11조제1항제15호(「건축법」 제4조에 따른 건축위원회의 심의 대상이 포함된 경우만 해당한다) 또는 같은 항 제	제14조(철도건설사업실시계획의 승인) ① 법 제9조제1항 전단에서 "대통령령으로 정하는 사항"이란 다음 각 호의 사항을 말한다.〈개정 10·12·13, 14·5·22, 16·1·22, 20·12·8〉 1. 사업시행지역의 위치도 2. 수용하거나 사용할 토지·물건 또는 권리(이하 "토지등"이라 한다)의 소재지·지번·지목 및 면적, 소유권 및 소유권 외의 권리의 명세와 그 소유자 및 권리자의 성명·주소 3. 계획평면도·단면도 및 공사설명서 등 설계도서 4. 사업시행 기간 5. 연도별 투자계획 및 재원조달계획과 연도	제4조(실시계획승인신청 등) ①법 제8조의 규정에 의하여 철도건설사업을 시행하는 자(이하 "사업시행자"라 한다)는 법 제9조제1항의 규정에 의하여 철도건설사업실시계획(이하 "실시계획"이라 한다)의 승인을 얻고자 하는 때에는 별지 제3호서식의 철도건설사업실시계획승인신청서에 실시계획서를 첨부하여 국토교통부장관에게 제출하여야 한다.〈개정 08·3·14, 13·3·23〉 ②사업시행자는 법 제9조제8항의 규정에 의하여 실시계획을 변경하고자 하는 때에는 별지 제4호서식의 철도건설사업실시계획변경승인신청서에 다음 각 호의 서류를 첨부하여 국토교통부장관에게 제출하여야 한다.〈개정 08·3·14,

법	시 행 령	시 행 규 칙
16호의 사항이 포함되어 있는 실시계획을 승인하려는 경우에는 미리 위원회의 심의를 거쳐야 한다.〈개정 13·3·23〉 ③ 국토교통부장관은 승인하려는 실시계획에 제15조제3항에 따른 공공시설의 귀속(歸屬)·이관(移管) 및 양여(讓與)에 관한 사항이 포함되어 있는 경우에는 미리 그 지방자치단체의 장 또는 해당 공공시설 관리청의 동의를 받아야 한다.〈개정 13·3·23〉	별 투자비 회수 등에 관한 계획이 포함된 자금계획 및 이를 증명할 수 있는 서류(공공기관이 사업시행자인 경우와 고속철도건설사업실시계획의 경우만 해당한다) 6. 사업시행지역에 있는 토지등의 매수·보상계획 및 주민의 이주대책 7. 교통영향평가 및 환경영향평가에 대한 관계 행정기관의 장과의 협의 결과 8. 문화재 현황 조사 결과 9. 지진피해 경감대책 10. 법 제9조제1항 후단에 따라 철도건설사업실시계획(이하 "실시계획"이라 한다)을 구간별 또는 시설별로 작성한 경우에는 그 내용 11. 법 제9조제2항 및 제18조제1항제1호·제2호에 따라 「철도산업발전 기본법」 제6조에 따른 철도산업위원회(이하 "위원회"라 한다)의 심의를 거쳐야 하는 사항이 포함되어 있는 경우에는 그 심의 내용 12. 법 제11조제1항 각 호에 따라 의제되는 인·허가등이 있는 경우에는 그 내용 13. 법 제11조제2항에 따른 관계 행정기관의 장과의 협의에 필요한 서류 14. 법 제15조제1항에 따라 기존의 공공시설등을 대체하는 대체공공시설등을 설치하는 경우에는 기존 공공시설등의 이전 및 철거	13·3·23〉 1. 실시계획의 변경내용 및 변경사유 2. 실시계획의 변경내용을 설명할 수 있는 서류

법	시 행 령	시 행 규 칙

	계획과 대체공공시설등의 설치계획
	15. 법 제17조제1항 단서에 따라 국가에 귀속
	    되지 아니하는 토지 및 시설이 있는 경우에
	    는 그 토지 및 시설의 처분에 관한 계획
	16. 「건설기술 진흥법 시행령」 제19조제5항에
	    따른 기술자문위원회의 심의 대상 사업인
	    경우에는 설계 심의에 필요한 서류
	② 법 제9조제1항 전단에 따라 실시계획을 제
	출받은 국토교통부장관은 「전자정부법」 제36
	조제1항에 따른 행정정보의 공동이용을 통하
	여 사업시행지역의 지적도를 확인하여야 한다.
	〈개정 10·5·4, 13·3·23〉
	③ 국토교통부장관은 법 제9조제4항에 따라
	실시계획을 승인하였을 때에는 다음 각 호의
	사항을 관보에 고시하여야 한다. 〈개정 13·3·23,
	21·1·26〉
	1. 사업의 명칭
	2. 사업의 개요
	3. 사업시행 기간(착공 예정일 및 준공 예정
	    일을 포함한다)
	4. 사업시행자의 성명 및 주소(법인인 경우에
	    는 법인의 명칭·주소 및 그 대표자의 성
	    명·주소)
	5. 수용하거나 사용할 토지등의 소재지·지
	    번·지목 및 면적, 소유권 및 소유권 외의
	    권리의 명세와 그 소유자 및 권리자의 성	

④ 국토교통부장관은 제1항에 따라 실시계획 을 승인하면 대통령령으로 정하는 바에 따라 이를 고시하고, 관계 서류의 사본을 관계 지방 자치단체의 장에게 송부하여야 한다.〈개정 13· 3·23〉		

법	시 행 령	시 행 규 칙
⑤ 국토교통부장관은 제12조제1항에 따른 토지등의 수용 및 사용이 필요한 실시계획을 승인한 경우에는 그 토지등의 소유자 및 권리자에게 이를 알려야 한다. 다만, 사업시행자가 실시계획의 승인을 신청할 때에 토지등의 소유자 및 권리자와 이미 협의한 경우에는 그러하지 아니하다.〈개정 13·3·23, 20·6·9〉 ⑥ 사업시행자는 실시계획이 고시된 경우에는 실시계획 및 관계 도면(圖面)을 이해관계인이 볼 수 있게 하여야 한다. ⑦ 제4항에 따라 관계 서류의 사본을 받은 지방자치단체의 장은 관계 서류에 도시·군관리계획 결정사항이 포함되어 있는 경우에는 「국토의 계획 및 이용에 관한 법률」 제32조에 따라 지형도면 승인 신청 및 고시 등 필요한 조치를 하여야 한다. 이 경우 사업시행자는 지형도면 고시 등에 필요한 서류를 지방자치단체의 장에게 제출하여야 한다.〈개정 11·4·14〉 ⑧ 사업시행자는 제1항에 따라 승인을 받은	명·주소 6. 「국토의 계획 및 이용에 관한 법률 시행령」 제25조제6항 각 호의 사항 ④ 법 제9조제4항 및 제7항에 따라 실시계획 승인 관계 서류의 사본을 송부받은 관계 지방자치단체의 장은 14일 이상 이해관계인이 열람할 수 있게 하여야 한다. ⑤ 법 제9조제8항 전단에서 "대통령령으로 정	

법	시 행 령	시 행 규 칙
실시계획 중 대통령령으로 정하는 사항을 변경하려는 경우에는 국토교통부장관의 승인을 받아야 한다. 이 경우 제1항부터 제7항까지의 규정을 준용한다.〈개정 13·3·23〉	하는 사항"이란 다음 각 호의 어느 하나에 해당하지 아니하는 사항을 말한다. 1. 100분의 10의 범위에서의 노선 길이 또는 사업면적의 변경(기점·종점 및 주요 경유지의 변경이 수반되지 아니하는 경우만 해당한다) 2. 100분의 10의 범위에서의 사업비의 변경 3. 1년의 범위에서의 사업시행 기간의 변경 (철도건설기본계획에 따른 건설기간을 초과하지 아니하는 경우만 해당한다) 4. 100분의 10의 범위에서의 역 시설의 변경 (변경되는 연면적이 1천제곱미터 이하인 경우만 해당한다) 5. 설비·시설의 위치 및 구조의 변경(설비·시설의 위치 및 구조의 변경에 따른 사업비의 변경이 총사업비의 100분의 10을 초과하지 아니하는 경우만 해당한다)	
⑨ 사업시행자가 제4항에 따라 고시된 날부터 5년 이내에 실시계획에 따른 사업을 착공하지 아니한 경우에는 그 실시계획의 승인은 효력을 잃는다. [전문개정 09·3·25] 제10조(토지에의 출입 등) ① 사업시행자는 실시계획의 작성을 위한 조사, 측량 또는 철도건설사업을 하기 위하여 필요하면 다음 각 호에 해당하는 행위를 할 수 있다.	⑥ 국토교통부장관은 법 제9조제9항에 따라 실시계획의 승인이 효력을 잃은 경우에는 그 사실을 사업시행자 및 관계 행정기관의 장에게 통보하고, 고시(인터넷 게재를 포함한다)하여야 한다.〈개정 13·3·23〉 [전문개정 09·6·19]	

법	시 행 령	시 행 규 칙
1. 타인의 토지에 출입하는 행위 2. 타인의 토지를 재료 적치장(積置場), 통로 또는 임시도로로 일시 사용하는 행위 3. 나무·흙·돌 또는 그 밖의 장애물을 변경하거나 제거하는 행위 ② 제1항의 경우에는 「국토의 계획 및 이용에 관한 법률」 제130조제2항부터 제9항까지 및 제131조를 준용한다. [전문개정 09·3·25] 제11조(다른 법률에 따른 인가·허가 등의 의제) ① 제9조제1항에 따라 국토교통부장관이 실시계획을 승인한 경우에는 다음 각 호의 협의·승인·허가·인가·동의·해제·결정·신고·지정·면허·심의·처분 등(이하 "인·허가 등"이라 한다)이 있는 것으로 보고, 제9조제4항에 따른 실시계획의 승인 고시를 한 경우에는 관계 법률에 따른 인·허가등의 고시 또는 공고가 있는 것으로 본다.〈개정 09·6·9, 10·4·15, 10·5·31, 11·4·14, 13·3·23, 13·5·22, 14·1·14, 16·1·19, 17·1·17, 17·12·26, 20·3·31, 21·11·30, 22·12·27〉 1. 「건설기술 진흥법」 제5조에 따른 건설기술 심의위원회의 심의 2. 「건축법」 제4조에 따른 건축위원회의 심의, 같은 법 제11조에 따른 건축허가, 같은 법 제14조에 따른 건축신고, 같은 법 제20조에 따른 가설건축물(假設建築物)의 건축허가, 같은		

법	시 행 령	시 행 규 칙
법 제29조에 따른 공용건축물의 건축 협의 3.「공유수면 관리 및 매립에 관한 법률」제8조 에 따른 공유수면의 점용·사용허가, 같은 법 제17조에 따른 점용·사용 실시계획의 승인 또는 신고, 같은 법 제28조에 따른 공유수면의 매립면허, 같은 법 제35조에 따른 국가 등이 시행하는 매립의 협의 또는 승인 및 같은 법 제38조에 따른 공유수면매립실시계획의 승인 4. 삭제〈10·4·15〉 5.「군사기지 및 군사시설 보호법」제9조제1 항제1호에 따른 통제보호구역 등에의 출입 허가, 같은 법 제13조에 따른 행정기관의 허 가등에 관한 협의 6.「국토의 계획 및 이용에 관한 법률」제30 조에 따른 도시·군관리계획의 결정(같은 법 제2조제6호의 기반시설만 해당한다), 같 은 법 제56조에 따른 개발행위의 허가, 같은 법 제86조에 따른 도시·군계획시설사업시 행자의 지정 및 같은 법 제88조에 따른 실 시계획의 작성·인가 7.「광업법」제24조에 따른 광업권설정의 불 허가처분, 같은 법 제34조에 따른 광업권의 취소 및 광구(鑛口)의 감소처분 8.「농지법」제34조에 따른 농지전용의 허가 또는 협의 9.「도로법」제107조에 따른 도로관리청과의		

법	시 행 령	시 행 규 칙
협의 또는 승인(같은 법 제19조에 따른 도로 노선의 지정·고시, 같은 법 제25조에 따른 도로구역의 결정, 같은 법 제36조에 따른 도로관리청이 아닌 자에 대한 도로공사 시행의 허가 및 같은 법 제61조에 따른 도로의 점용 허가에 관한 것으로 한정한다) 10. 「대기환경보전법」 제23조, 「물환경보전법」 제33조 및 「소음·진동관리법」 제8조에 따른 배출시설 설치의 허가 또는 신고 11. 「사도법」 제4조에 따른 사도(私道) 개설의 허가 12. 「사방사업법」 제14조에 따른 사방지에서의 벌채 등의 허가, 같은 법 제20조에 따른 사방지지정의 해제 13. 「산업집적활성화 및 공장설립에 관한 법률」 제13조에 따른 공장설립등의 승인(철도건설사업에 직접 필요한 공사용시설로서 건설 기간 중에 설치되는 공장만 해당한다) 14. 「산지관리법」 제14조에 따른 산지전용허가, 같은 법 제15조에 따른 산지전용신고, 같은 법 제15조의2에 따른 산지일시사용허가·신고, 「산림자원의 조성 및 관리에 관한 법률」 제36조제1항·제4항에 따른 입목벌채 등의 허가·신고, 「산림보호법」 제9조제1항 및 제2항제1호·제2호에 따른 산림보호구역(산림유전자원보호구역은 제외한다)에서의		

법	시 행 령	시 행 규 칙
행위의 허가·신고와 같은 법 제11조제1항 제1호에 따른 산림보호구역의 지정해제 14. 「산지관리법」 제14조에 따른 산지전용허가, 같은 법 제15조에 따른 산지전용신고, 같은 법 제15조의2에 따른 산지일시사용허가·신고, 「산림자원의 조성 및 관리에 관한 법률」 제36조제1항·제5항에 따른 입목벌채 등의 허가·신고, 「산림보호법」 제9조제1항 및 제2항제1호·제2호에 따른 산림보호구역 (산림유전자원보호구역은 제외한다)에서의 행위의 허가·신고와 같은 법 제11조제1항 제1호에 따른 산림보호구역의 지정해제 [시행일: 2023년 6월 28일부터] 15. 「소방시설 설치 및 관리에 관한 법률」 제6조제1항에 따른 건축허가등의 동의, 「소방시설공사업법」 제13조제1항에 따른 소방시설공사의 신고, 「위험물안전관리법」 제6조제1항에 따른 제조소등의 설치허가 16. 「수도법」 제17조제1항에 따른 일반수도사업의 인가, 같은 법 제52조 및 제54조에 따른 전용수도설치의 인가 17. 「자연공원법」 제71조제1항에 따른 공원관리청의 협의(같은 법 제23조에 따른 공원구역에서의 행위허가에 관한 것만 해당한다) 18. 「장사 등에 관한 법률」 제27조제1항에 따른 무연분묘(無緣墳墓)의 개장(改葬) 허가		

법	시 행 령	시 행 규 칙
19.「전기안전관리법」제8조에 따른 자가용전기설비의 공사계획의 인가 또는 신고 20.「초지법」제21조의2에 따른 초지에서의 형질변경 등 같은 조 각 호의 행위에 대한 허가, 같은 법 제23조에 따른 초지전용의 허가 또는 협의 21.「폐기물관리법」제29조에 따른 폐기물처리시설설치의 승인 또는 신고 22.「하수도법」제16조에 따른 공공하수도 공사시행의 허가, 같은 법 제24조에 따른 공공하수도의 점용허가, 같은 법 제34조에 따른 개인하수처리시설의 설치신고 23.「하천법」제6조에 따른 하천관리청의 협의 또는 승인(같은 법 제30조에 따른 하천공사 시행의 허가, 같은 법 제33조에 따른 하천의 점용허가, 같은 법 제50조에 따른 하천수의 사용허가에 관한 것만 해당한다), 같은 법 제33조에 따른 하천의 점용허가, 같은 법 제50조에 따른 하천수의 사용허가,「소하천정비법」제14조에 따른 소하천 점용의 허가 24.「부동산 거래신고 등에 관한 법률」제11조에 따른 토지거래계약에 관한 허가 25.「공간정보의 구축 및 관리 등에 관한 법률」제86조제1항에 따른 사업의 착수ㆍ변경 또는 완료의 신고 ② 국토교통부장관은 제1항 각 호의 어느 하		

법	시 행 령	시 행 규 칙
나의 사항이 포함되어 있는 실시계획을 승인하려면 사업시행자가 제출한 관계 서류를 구비하여 미리 관계 행정기관의 장과 협의하여야 한다. 〈개정 13·3·23, 13·4·5〉 ③ 제2항에 따라 협의요청을 받은 관계 행정기관의 장은 그 요청을 받은 날부터 30일 이내에 국토교통부장관에게 의견을 제출하여야 한다. 이 경우 해당 기간 내에 의견을 제출하지 아니하면 그 협의가 이루어진 것으로 본다. 〈신설 13·4·5, 14·5·21〉 [전문개정 09·3·25] **제12조(수용 및 사용)** ① 사업시행자는 철도건설사업을 하기 위하여 필요하면 「공익사업을 위한 토지 등의 취득 및 보상에 관한 법률」 제3조에서 정하는 토지·물건 또는 권리(이하 "토지등"이라 한다)를 수용하거나 사용할 수 있다. ② 국토교통부장관이 실시계획을 승인·고시한 경우에는 「공익사업을 위한 토지 등의 취득 및 보상에 관한 법률」 제20조제1항에 따른 사업인정 및 같은 법 제22조에 따른 사업인정의 고시를 한 것으로 보며, 사업시행자의 재결 신청은 같은 법 제23조제1항 및 같은 법 제28조제1항에도 불구하고 실시계획에서 정하는 사업의 시행 기간 이내에 할 수 있다.〈개정 13·3·23〉 ③ 제1항에 따른 토지등의 수용 또는 사용에 관한 재결을 관할하는 토지수용위원회는 중앙		

법	시 행 령	시 행 규 칙
토지수용위원회로 한다. ④ 제1항에 따른 토지등의 수용 또는 사용에 관하여 이 법에 특별한 규정이 있는 것을 제외하고는 「공익사업을 위한 토지 등의 취득 및 보상에 관한 법률」을 준용한다. [전문개정 09·3·25] 제12조의2(토지의 지하부분 사용에 대한 보상) ① 사업시행자는 철도를 건설하기 위하여 다른 자의 토지의 지하부분을 사용하려는 경우에는 그 토지의 이용 가치, 지하의 깊이 및 토지 이용을 방해하는 정도 등을 고려하여 보상한다. ② 제1항에 따른 지하부분 사용에 대한 보상대상, 보상기준 및 보상방법 등에 관하여 필요한 사항은 대통령령으로 정한다.〈신설 13·4·5〉 제12조의3(구분지상권의 설정등기 등) ① 사업시행자는 「공익사업을 위한 토지 등의 취득 및 보상에 관한 법률」에 따라 토지등의 소유자 또는 그 권리자 사이에 토지의 지하부분 사용에 관한 협의가 성립된 경우에는 구분지상권을 설정하거나 이전하여야 한다. ② 사업시행자는 「공익사업을 위한 토지 등의 취득 및 보상에 관한 법률」에 따라 토지의 지하부분에 대하여 구분지상권을 설정하거나 이전하는 내용으로 수용 또는 사용의 재결을 받은 경우에는 「부동산등기법」 제99조를 준용하여 단독으로 구분지상권의 설정등기 또는 이	제14조의2(지하부분 사용에 대한 보상대상, 보상기준 및 보상방법) ① 법 제12조의2제1항에 따른 다른 자의 토지의 지하부분의 사용에 대한 보상대상은 철도시설의 설치 또는 보호를 위하여 사용되는 토지의 지하부분으로 한다. ② 제1항에 따른 토지의 지하부분 사용에 대한 보상금은 별표 1의 산정방법에 따라 산정한다.〈개정 19·3·12〉 ③ 사업시행자는 토지의 지하부분 사용에 따른 보상을 할 때에는 토지소유자에게 개인마다 일시불로 보상금을 지급하여야 한다. [본조신설 13·10·4]	

법	시 행 령	시 행 규 칙
전등기를 신청할 수 있다. ③ 토지의 지하부분 사용에 관한 구분지상권의 등기절차에 관하여 필요한 사항은 대법원규칙으로 정한다. ④ 제1항 및 제2항에 따른 구분지상권의 존속기간은 「민법」 제280조 또는 제281조에도 불구하고 철도시설이 존속하는 날까지로 한다.〈신설 13·4·5〉 제13조(국공유재산의 대부 등) ① 실시계획에 포함된 사업구역에 있는 국가나 지방자치단체 소유의 토지로서 철도건설사업에 필요한 토지는 철도건설사업 외의 목적으로 매각하거나 양도할 수 없다. ② 실시계획에 포함된 사업구역에 있는 국가나 지방자치단체 소유의 재산은 「국유재산법」 또는 「공유재산 및 물품 관리법」에도 불구하고 사업시행자에게 수의계약으로 대부하거나 매각할 수 있다. 이 경우 그 재산의 대부 또는 매각에 관하여는 국토교통부장관이 미리 관계 중앙행정기관 및 지방자치단체의 장과 협의하여야 한다.〈개정 13·3·23〉 ③ 제2항 후단에 따른 협의요청이 있으면 관계 행정기관의 장은 그 요청을 받은 날부터 90일 이내에 용도 폐지 및 매각이나 그 밖에 필요한 조치를 하여야 한다. ④ 제2항에 따라 사업시행자에게 매각하려는		

법	시 행 령	시 행 규 칙
재산 중 관리청을 알 수 없는 국유재산에 관하여는 다른 법령에도 불구하고 기획재정부장관이 이를 관리하거나 처분한다. [전문개정 09·3·25]		
제14조(토지매수사업 등의 위탁) ① 지방자치단체가 아닌 사업시행자는 철도건설사업을 위한 토지매수업무, 손실보상업무 및 이주대책업무 등을 대통령령으로 정하는 바에 따라 관할 지방자치단체의 장 또는 「공공기관의 운영에 관한 법률」에 따른 공공기관에 위탁할 수 있다. ② 제1항에 따라 토지매수업무, 손실보상업무 및 이주대책업무 등을 위탁할 때 드는 위탁수수료 등에 관하여는 대통령령으로 정한다. [전문개정 09·3·25]	제15조(토지매수업무 등의 위탁) ① 지방자치단체가 아닌 사업시행자가 법 제14조에 따라 토지매수업무, 손실보상업무 및 이주대책업무 등을 위탁하려는 경우에는 위탁 내용과 위탁 조건에 관하여 미리 해당 지방자치단체의 장 또는 공공기관의 장과 협의하여야 한다. ② 법 제14조제1항에 따라 토지매수업무, 손실보상업무 및 이주대책업무 등을 위탁하는 경우 지방자치단체가 아닌 사업시행자가 지급하여야 하는 위탁수수료의 요율은 「공익사업을 위한 토지 등의 취득 및 보상에 관한 법률 시행령」 제43조제4항에 따른 위탁수수료의 요율 기준에 따른다. [전문개정 09·6·19]	
제15조(대체공공시설등의 설치) ① 국토교통부장관은 철도건설사업에 편입되는 부지에 대통령령으로 정하는 공공시설, 군사시설 또는 공용건축물(철도시설은 제외하며, 이하 이 조에서 "공공시설등"이라 한다)이 있는 경우에는 그 공공시설등의 관리청 또는 소유자의 신청을 받아 사업시행자로 하여금 기존의 공공시설등을 대체하는 공공시설등(이하 이 조에서	제16조(대체공공시설등의 설치) 법 제15조제1항에서 "대통령령으로 정하는 공공시설, 군사시설 또는 공용건축물"이란 다음 각 호의 시설을 말한다. 〈개정 12·1·25, 13·3·23〉 1. 「국토의 계획 및 이용에 관한 법률」 제2조 제13호에 따른 공공시설 2. 「국방·군사시설 사업에 관한 법률」 제2조 제1호에 따른 국방·군사시설	제5조(대체공공시설등의 설치) 영 제16조제4호에서 "국토교통부령이 정하는 시설"이라 함은 「방송법」에 의한 방송사업자가 설치한 방송시설을 말한다. 〈개정 08·3·14, 13·3·23〉

법	시 행 령	시 행 규 칙
"대체공공시설등"이라 한다)을 설치하게 할 수 있다.〈개정 13·3·23〉 ② 국토교통부장관은 제1항에 따라 사업시행자로 하여금 대체공공시설등을 설치하게 하는 경우에는 대통령령으로 정하는 바에 따라 실시계획을 승인할 때에 그 사실을 분명히 밝혀야 한다.〈개정 13·3·23〉 ③ 제16조에 따라 대체공공시설등에 대한 준공확인을 받은 경우에는 「국유재산법」·「공유재산 및 물품 관리법」 또는 그 밖의 다른 법령에도 불구하고 다음 각 호의 구분에 따라 처리된다. 1. 기존의 공공시설등: 사업시행자에게 무상으로 귀속 2. 대체공공시설등: 국가·지방자치단체 또는 기존 공공시설등의 소유자에게 무상으로 귀속 3. 새로 설치되는 공공시설: 해당 시설을 관리할 관리청에 무상으로 귀속 또는 이관되거나 해당 시설을 관리할 지방자치단체에 무상으로 양여 ④ 제3항에 따른 대체공공시설등을 등기할 때에는 실시계획 인가서 또는 그 변경 인가서와 준공확인서로 「부동산등기법」에 따른 등기원인을 증명하는 서류를 갈음한다. [전문개정 09·3·25]	3. 국가 또는 지방자치단체의 청사와 그 부대시설 4. 그 밖에 제1호부터 제3호까지의 시설과 유사한 시설로서 국토교통부령으로 정하는 시설 [전문개정 09·6·19]	
제16조(준공확인) ① 사업시행자는 철도건설사	제17조(준공보고) ① 사업시행자는 법 제16조제	제6조(준공보고 등) ①영 제17조제1항의 규정에

법	시 행 령	시 행 규 칙
업에 관한 공사를 끝냈을 때에는 지체 없이 국토교통부장관에게 공사준공보고서를 제출하고 준공확인을 받아야 한다. 이 경우 준공확인 신청을 받은 국토교통부장관은 국토교통부령으로 정하는 기관의 장에게 준공확인에 필요한 검사를 의뢰할 수 있다.〈개정 13·3·23〉

② 국토교통부장관은 제1항에 따른 준공확인 신청을 받으면 준공확인을 한 후 그 공사가 승인된 내용대로 시행되었다고 인정되는 경우에는 이를 고시하여야 한다.〈개정 13·3·23〉
③ 국토교통부장관이 제2항에 따라 고시를 한 경우에는 제11조제1항 각 호에 따른 인·허가 등에 따른 해당 사업의 준공검사 또는 준공인가 등을 받은 것으로 본다.〈개정 13·3·23〉
④ 사업시행자는 제2항에 따른 준공 고시가 있기 전에 철도건설사업으로 조성 또는 설치된 토지 및 시설을 사용하여서는 아니 된다. 다만, 국토교통부장관으로부터 준공 전 사용허가를 받은 경우에는 그러하지 아니하다.〈개정 13·3·23〉
⑤ 사업시행자는 철도건설사업을 효율적으로 하기 | 1항에 따라 준공확인을 받으려면 국토교통부령으로 정하는 공사준공보고서에 다음 각 호의 서류를 첨부하여 국토교통부장관에게 제출하여야 한다.〈개정 13·3·23〉
1. 준공조서
2. 관계 행정기관의 사업 완료 확인에 관한 서류
3. 법 제15조제3항 및 제17조제1항에 따라 귀속·이관되거나 양여되는 공공시설에 관한 조서 및 관계 도면
4. 그 밖에 국토교통부령으로 정하는 서류
② 국토교통부장관은 법 제16조제2항에 따라 공사가 승인된 내용대로 시행되었다고 인정되는 경우에는 다음 각 호의 사항을 관보에 고시하여야 한다.〈개정 12·4·10, 13·3·23〉
1. 사업의 명칭
2. 사업시행자의 명칭 및 주소
3. 사업의 목적
4. 사업시행지역의 위치 및 면적
5. 사업의 내용
6. 사업 완료일
7. 법 제11조제1항제6호에 따른 도시·군관리계획의 결정에 관한 사항
8. 법 제15조제3항 및 제17조제1항에 따라 귀속·이관되거나 양여되는 공공시설에 관한 조서 및 관계 도면 | 의한 공사준공보고서는 별지 제5호서식에 의한다.
② 영 제17조제1항제4호에서 "국토교통부령으로 정하는 서류"란 다음 각 호의 서류를 말한다.〈개정 08·3·14, 13·3·23, 19·1·2, 19·3·20〉
1. 별지 제6호서식의 개별사업별 준공조서
2. 사업완료 구간의 노선도
3. 선로의 종·평면도
4. 선로일람(一覽) 약도
5. 거리표, 기울기표, 곡선표 등 선로표지
6. 배선(配線)약도를 포함한 정거장평면도
7. 건물배치도(역 및 철도차량기지로 한정한다)
8. 「환경영향평가법」 제25조, 「도시교통정비 촉진법」 제22조 및 「자연재해대책법」 제6조에 따른 협의내용의 이행현황 등을 적은 서류
9. 터널·교량 등의 구조물현황을 적은 서류
10. 토지세목조서
11. 공사착공 전 및 준공 후의 상황을 구분·인식할 수 있는 준공사진 또는 도면
12. 시공품질검사내역서
13. 그 밖에 준공확인에 필요하다고 국토교통부장관이 인정하는 서류
③ 법 제16조제1항 후단에서 "국토교통부령이 정하는 기관의 장"이라 함은 관계중앙행정기 |

법	시 행 령	시 행 규 칙
위하여 필요하면 실시계획의 범위에서 구간별 또는 시설물별로 구분하여 준공확인을 신청할 수 있다. [전문개정 09·3·25]	[전문개정 09·6·19]	관의 장, 지방자치단체의 장, 한국철도공사사장, 국가철도공단이사장 그 밖에 철도건설과 관련된 전문연구기관 또는 단체의 장을 말한다. 〈개정 08·3·14, 13·3·23, 20·9·9〉 ④사업시행자는 법 제16조제4항 단서의 규정에 의하여 철도건설사업으로 조성 또는 설치된 토지 및 시설의 준공전 사용의 허가를 받고자 하는 때에는 별지 제7호서식의 준공전사용허가신청서에 다음 각 호의 서류를 첨부하여 국토교통부장관에게 제출하여야 한다. 〈개정 08·3·14, 13·3·23, 19·3·20〉 1. 준공전 사용하려는 구간의 노선도 2. 선로 종·평면도 3. 선로일람 약도 4. 선로표지 현황 5. 배선약도를 포함한 정거장 평면도 6. 건물배치도(역 및 철도차량기지에 한한다) 7. 「환경영향평가법」 제25조, 「도시교통정비 촉진법」 제22조 및 「자연재해대책법」 제6조에 따른 협의내용의 이행현황 등을 적은 서류 8. 구조물현황을 기재한 서류 9. 공사착공전 및 준공전 사용허가신청 당시의 상황을 구분·인식할 수 있는 사진 또는 도면 10. 시공품질검사내역서 11. 그 밖에 준공전 사용허가 확인에 필요하

법	시 행 령	시 행 규 칙
		다고 국토교통부장관이 인정하는 서류
제17조(시설의 귀속 등) ① 철도건설사업으로 조성 또는 설치된 토지 및 시설은 준공과 동시에 국가에 귀속된다. 다만, 대통령령으로 정하는 토지 및 시설의 경우에는 그러하지 아니하다.	제18조(토지 및 시설의 귀속) ① 법 제17조제1항 단서에서 "대통령령으로 정하는 토지 및 시설"이란 다음 각 호의 어느 하나에 해당하는 토지 및 시설로서 실시계획에 반영된 것을 말한다. 1. 철도의 운영에 직접 사용되지 아니하는 토지 및 시설 2. 「한국철도공사법」에 따라 설립된 한국철도공사가 조성하거나 설치한 토지 및 시설 ② 사업시행자는 법 제17조제2항에 따라 국가에 귀속된 철도시설을 무상으로 사용·수익하려면 사업 목적, 사용·수익할 시설, 사용·수익 기간 등이 포함된 사업계획서를 작성하여 국토교통부장관에게 제출하여야 한다. 〈개정 13·3·23〉 [전문개정 09·6·19]	
② 국토교통부장관은 제1항에 따라 국가에 귀속된 고속철도시설의 사업시행자에게는 그가 투자한 총사업비의 범위에서 대통령령으로 정하는 바에 따라 그 시설을 무상으로 사용·수익하게 할 수 있다.〈개정 13·3·23〉 ③ 고속철도건설사업으로 조성 또는 설치되는 토지 및 시설의 귀속에 관하여는 사업시행자가 국가철도공단인 경우에는 「국가철도공단법」에서 정하는 바에 따르고, 사업시행자가 「사회	제19조(총사업비의 산정) ① 법 제17조제2항에 따른 총사업비는 철도건설사업의 준공 확인일을 기준으로 다음 각 호의 기준에 따라 산정한 비용을 합산한 금액으로 한다. 〈개정 09·12·14, 10·9·20, 11·1·17, 15·6·1, 16·1·22〉 1. 조사비: 철도건설사업 시행을 위한 측량비나 그 밖의 조사비로서 순공사비에 포함되지 아니한 비용을 말하며, 「엔지니어링산업진흥법」 제31조에 따른 엔지니어링사업대가	

법	시 행 령	시 행 규 칙
기반시설에 대한 민간투자법」에 따른 민자유치 사업의 시행자인 경우에는 「사회기반시설에 대한 민간투자법」에서 정하는 바에 따른다.〈개정 20·6·9〉	의 기준에 따른다. 다만, 측량비는 「공간정보의 구축 및 관리 등에 관한 법률」 제55조에 따른 측량용역대가의 기준에 따른다. 2. 설계비: 철도건설사업 시행을 위한 설계에 드는 비용을 말하며, 「엔지니어링산업진흥법」 제31조에 따른 엔지니어링사업대가의 기준 또는 「건축사법」 제19조의3에 따른 건축사 업무의 범위와 그 대가의 기준에 따른다. 3. 공사비:「국가를 당사자로 하는 계약에 관한 법률 시행령」 제9조에 따른 재료비·노무비·경비 및 일반관리비의 합계액을 말한다. 4. 보상비: 철도건설사업 시행을 위하여 지급되는 토지 매입비(건물, 입목 등의 매입비를 포함한다) 및 이주대책비와 영업권·어업권·광업권 등의 권리에 대한 보상비를 말한다. 5. 부대비: 환경영향평가비, 교통영향평가비, 시공감리비 등의 각종 비용을 말한다. 6. 건설 이자: 제1호부터 제5호까지의 사업비에 대한 이자를 말한다. 7. 제세공과금: 공사의 시행·준공 및 소유권 이전과 관련한 취득세·부가가치세 등 모든 세금 및 공과금과 그 밖에 법률에 따라 부과되는 각종 부담금을 말한다. 8. 이윤: 제1호부터 제5호까지의 비용의 15퍼	

법	시 행 령	시 행 규 칙
④ 제2항에 따른 총사업비의 산정 방법 및 무상으로 사용·수익할 수 있는 기간은 대통령령으로 정한다. [전문개정 09·3·25] 제18조(철도건설사업의 촉진 및 품질향상 등을 위한 특례⟨개정 13·8·6⟩) ① 고속철도시설이 다음 각 호의 어느 하나에 해당하는 경우 해당 고속철도시설에 대하여는 「건축법」 제49조·제50조·제53조, 「위험물안전관리법」 제5조 및 「소방시설 설치 및 관리에 관한 법률」 제12조제1항을 적용하지 아니한다.⟨개정 13·3·23, 21·11·30⟩ 1. 국토교통부장관이 위원회의 심의를 거쳐 인정한 특수기술 또는 특수장치를 이용한 경우 2. 국토교통부장관이 위원회의 심의를 거쳐 고속철도 시설의 구조 및 형태가 관계 법령에 따른 소방·방재·방화·대피 등에 관한 기준과 같은 수준 이상이라고 인정하는 경우 ② 사업시행자는 철도 역 시설 등 다양한 기능과 특성을 갖는 철도시설의 건설공사를 발주(發注)할 때 건축·궤도·전기·신호 및 정보통신 공사는 분리하여 발주할 수 있다. 다만, 공사의 성질상 또는 기술관리상 분리하여 발주하기 곤란한 경우로서 대통령령으로 정하는 경우에는 통합하여 발주할 수 있다.⟨개정 13·8·6⟩	센트에 상당하는 금액을 말한다. ② 법 제17조제4항에 따라 무상으로 사용·수익할 수 있는 기간은 해당 시설의 사용료 또는 수익이 제1항에 따라 산정한 총사업비에 달할 때까지로 한다. [전문개정 09·6·19] 제20조(공사 분리발주의 예외) 법 제18조제2항에서 "대통령령으로 정하는 경우"란 다음 각 호의 어느 하나에 해당하는 경우를 말한다. 1. 특허공법 등 특수한 기술을 이용하는 공사로서 분리발주하면 하자 책임의 구분이 불명확하게 되거나 하나의 목적물을 완성할 수 없게 되는 경우	

법	시 행 령	시 행 규 칙
③ 사업시행자는 철도건설사업에 드는 각종 건설자재의 생산시설로서 국토교통부장관이 철도건설사업에 직접 필요하다고 인정하는 시설을 「산업집적활성화 및 공장설립에 관한 법률」 제20조에도 불구하고 국토교통부장관이 지정한 실시계획에 포함된 사업구역이나 그 인근에 신설·증설 또는이전할 수 있다. 이 경우 그 건설자재의 생산시설은 공사용 목적 으로 건설 기간 중에 설치되는 것만 해당한 다.〈개정 13·3·23, 13·8·6〉 [전문개정 09·3·25] 제19조(철도시설의 기술기준) ① 철도건설사업 의 시행자는 국토교통부령으로 정하는 기술기 준에 맞게 철도시설을 설치하여야 한다.〈개정 13·3·23, 18·3·13〉 ② 철도시설관리자는 국토교통부령으로 정하는 바에 따라 제1항에 따른 기술기준에 맞게 철도 시설을 유지관리하여야 한다.〈신설 18·3·13〉 ③ 철도를 새로 건설하거나 개량하는 경우에 는 철도차량이 철도 노선 간을 상호 연계하여 운행할 수 있도록 국토교통부령으로 정하는 바에 따라 철도시설의 호환성과 안전성을 확 보하여야 한다.〈신설 18·3·13〉	2. 천재지변이나 재해로 인한 복구공사로서 발주가 시급하여 분리발주가 곤란한 경우 3. 국방·국가안보 등과 관련되는 공사로서 기 밀 유지를 위하여 분리발주가 곤란한 경우 4. 「국가를 당사자로 하는 계약에 관한 법률 시행령」 제79조제1항제5호에 따른 일괄입찰 로 시행되는 공사로서 분리발주가 곤란한 경우 [전문개정 09·6·19]	제7조(철도시설의 유지관리) ① 철도시설관리자 는 법 제19조제2항에 따라 다음 각 호의 기준 에 맞게 철도시설을 유지관리해야 한다.〈개정 21· 8·27〉 1. 철도시설관리자는 소관 철도시설의 위험성 을 파악하고 그 원인 및 영향을 분석하여 철도사고의 발생 가능성을 최소화할 수 있 도록 안전성 분석을 실시할 것 2. 선로에 열차의 안전운행 및 여객의 안전을 위해 노반(路盤)·교량·터널 등에 탈선방 지시설, 대피시설, 안전시설 등을 설치하고, 주기적으로 점검할 것 3. 역시설에 열차가 안전하게 정지·출발하고 여객이 안전하고 자유롭게 이동·대기할 수 있도록 승강장, 대기실, 피난로 등을 설치하

법	시 행 령	시 행 규 칙
		고, 주기적으로 점검할 것 4. 철도건널목의 이용자와 철도를 보호할 수 있도록 안전설비를 설치하고, 교통량 조사·관리원 배치 등 대책을 수립·시행할 것 5. 열차의 안전운행 및 수송의 효율성 향상에 적합하도록 전철전력설비, 철도신호제어설비 및 철도정보통신설비를 설치하고, 주기적으로 점검할 것 ② 국토교통부장관은 제1항에서 정한 기준의 시행에 필요한 세부기준을 정하여 고시할 수 있다. [본조신설 19·3·20] **제8조(철도시설의 호환성·안전성 확보)** ① 사업시행자 또는 철도시설관리자는 법 제19조제3항에 따라 철도를 새로 건설하거나 개량하는 경우 다음 각 호의 기준에 맞게 설치하여 호환성·안전성을 확보해야 한다. 1. 철도시설의 호환성·안전성 확보를 위해 철도시설의 구조 설계, 기술요건 및 적합여부 평가기준 등에 대한 계획을 수립할 것 2. 철도시설은 철도차량이 철도 노선간을 상호 연계하여 운행·이용될 수 있도록 안전성, 신뢰성, 가용성, 산업안전보건, 환경보호, 기술적 호환성과 교통약자의 접근성이 확보되도록 할 것 3. 철도시설과 다른 철도시설간 및 철도시설

법	시 행 령	시 행 규 칙
		과 철도차량간의 상호 작용을 고려할 것 ② 사업시행자 또는 철도시설관리자는 철도를 새로 건설하거나 개량하는 경우 철도의 설계, 제작, 시공 등 단계별로 철도시설의 호환성·안전성 여부를 확인해야 한다. ③ 국토교통부장관은 제1항 및 제2항에 따른 철도시설의 호환성·안전성 여부의 확인에 필요한 세부 기준을 정하여 고시할 수 있다. [본조신설 19·3·20]

제3절 철도건설 비용부담

제20조(비용부담의 원칙) ① 철도건설에 관한 비용은 이 법 또는 다른 법률에 특별한 규정이 있는 경우를 제외하고는 일반철도는 국고 부담으로 하고, 고속철도는 국고와 사업시행자 간의 분담으로 한다.
② 제1항에 따른 고속철도건설 비용에 대한 국고와 사업시행자 간의 분담 비율은 대통령령으로 정한다.
[전문개정 09·3·25]

제21조(수익자·원인자의 비용부담) ① 사업시행자는 국가 이외의 자가 철도건설사업으로 현저한 이익을 얻는 경우에는 국토교통부장관의 승인을 받아 그 이익을 얻는 자(이하 "수익자"라 한다)에게 철도건설사업 비용의 전부 또는 일부를 부담하게 할 수 있다.〈개정

제21조(비용부담의 원칙) 법 제20조제1항에 따른 고속철도건설 비용에 대한 국고와 사업시행자 간 분담 비율은 위원회에서 결정한 비율로 한다.
[전문개정 09·6·19]

제22조(원인자의 비용부담 비율) ① 법 제21조제3항에 따라 국가 외의 자로서 철도건설사업의 시행을 요구하는 자(이하 "원인자"라 한다)가 철도건설사업 비용의 전부 또는 일부를 부담하는 경우 그 부담 비율은 다음 각 호에 따른다. 〈개정 10·1·7〉

법	시 행 령	시 행 규 칙
13·3·23〉 ② 제1항에 따라 수익자가 부담하여야 할 비용은 사업시행자와 수익자가 협의하여 정한다. 이 경우 협의가 성립되지 아니하면 사업시행자 또는 수익자의 신청을 받아 위원회가 조정할 수 있다. ③ 국가 이외의 자의 요구에 의하여 철도건설사업을 하는 경우에는 필요한 비용의 전부 또는 일부를 요구자의 부담으로 한다. ④ 제3항에 따라 국가 이외의 자가 철도건설사업에 따른 비용의 전부 또는 일부를 부담하는 경우 그 부담 비율은 대통령령으로 정한다. [전문개정 09·3·25]	1. 원인자의 요구에 의하여 운영 중인 철도노선을 옮겨 설치하는 경우: 옮겨 설치하는 데 드는 비용의 전액을 원인자가 부담 2. 원인자의 요구에 의하여 새로 건설되고 있는 철도노선(해당 철도노선이 포함된 철도건설기본계획이 법 제7조제4항에 따라 고시된 이후의 철도노선을 말한다. 이하 제3호에서 같다)의 지하에 철도시설을 건설하는 경우: 경제적으로 가장 적합한 지점에 철도시설을 건설하는 경우의 건설비용과 비교하여 추가로 드는 건설비용의 전액을 원인자가 부담 3. 원인자의 요구에 의하여 새로 건설되고 있는 철도노선에 역 시설을 건설하는 경우: 「국가통합교통체계효율화법」 제18조제2항의 투자평가지침에 따라 산정된 역 시설 건설비용과 수입을 비교하여 수입을 초과하지 아니하는 건설비용의 100분의 50을 국가가 부담. 다만, 역사(驛舍) 진입도로의 설치비용은 원인자가 전액을 부담한다. 4. 원인자의 요구에 의하여 기존의 철도노선에 역 시설을 건설하거나 증축 또는 개축하는 경우: 건설·증축 또는 개축하는 데 드는 비용(역사 진입도로의 설치비용을 포함한다)의 전액을 원인자가 부담 ② 제1항제3호 및 제4호에 따른 철도건설사업	

법	시 행 령	시 행 규 칙
	은 「국가통합교통체계효율화법」 제18조제2항의 투자평가지침에 따라 타당성을 평가한 결과 경제성이 있다고 인정되는 경우에만 시행할 수 있다. 〈개정 10·1·7〉 [전문개정 09·6·19]	

제3장 역세권 개발

제22조 및 제23조 삭제 〈10·4·15〉

제23조의2(점용허가〈개정 19·11·26〉) ① 국토교통부장관은 다음 각 호의 경우에는 「국유재산법」 제24조제3항에도 불구하고 대통령령으로 정하는 바에 따라 설치하려는 건물이나 그 밖의 시설물(이하 "시설물"이라 한다)의 종류 및 기간 등을 정하여 점용허가를 할 수 있다. 〈개정 10·4·15, 13·3·23, 19·11·26, 20·6·9〉

1. 국가철도공단(국가철도공단이 출자한 법인을 포함한다), 제8조제1항 단서 및 같은 조 제2항에 따른 사업시행자가 철도시설의 활성화와 이용객 편의증진 등을 위하여 국가가 소유·관리하는 철도시설, 폐선로 및 폐역사(부지를 포함한다), 유휴지 등 철도 관련 국유재산(「철도산업발전기본법」 제22조제1항제1호의 운영자산은 제외한다)에 시설물을 설치하려는 경우

2. 삭제 〈10·4·15〉

② 제1항에 따른 점용허가와 관련하여 이 법

법	시 행 령	시 행 규 칙
에 특별한 규정이 있는 것을 제외하고는 「철도사업법」 제43조부터 제46조까지의 규정을 준용한다. [본조신설 09·3·25] **제4장 철도시설의 유지관리** 〈개정 18·3·13〉 **제1절 철도시설의 유지관리계획** 〈개정 18·3·13〉 제24조(철도시설의 유지관리 기본계획의 수립 등) ① 국토교통부장관은 철도시설이 안전하게 유지관리될 수 있도록 하기 위하여 철도시설의 유지관리 기본계획(이하 "유지관리기본계획"이라 한다)을 5년마다 수립·시행하여야 한다. ② 제1항에 따른 유지관리기본계획에는 다음 각 호의 사항이 포함되어야 한다. 1. 철도시설의 유지관리에 관한 기본목표 및 추진방향에 관한 사항 2. 철도시설의 유지관리 목표달성에 필요한 철도시설의 보수·보강 등에 관한 사항 3. 철도시설의 유지관리에 필요한 비용에 관한 사항 4. 철도시설의 점검 및 성능평가에 관한 사항 5. 철도시설의 유지관리를 위한 인력 및 장비의 확보에 관한 사항 6. 철도시설의 유지관리에 관한 정보관리체계의 구축·운영에 관한 사항		

법	시 행 령	시 행 규 칙

7. 철도시설의 유지관리에 필요한 기술의 연구·개발에 관한 사항

8. 그 밖에 철도시설의 유지관리에 관하여 대통령령으로 정하는 사항

③ 국토교통부장관은 유지관리기본계획을 수립하거나 변경하기 위하여 필요하다고 인정하면 관계 중앙행정기관의 장, 지방자치단체의 장, 철도시설관리자에게 관련 자료의 제출을 요구할 수 있다.

④ 국토교통부장관은 유지관리기본계획을 수립 또는 변경한 때에는 이를 고시하여야 한다.

[본조신설 18·3·13]

제25조(시·도 철도시설 유지관리계획의 수립 등) ① 제24조제1항에도 불구하고 시·도지사 소관 철도시설에 대하여는 시·도지사가 시·도 철도시설 유지관리계획(이하 "시·도 유지관리계획"이라 한다)을 5년마다 수립·시행하여야 한다.

② 시·도지사는 시·도 유지관리계획을 수립하거나 변경하기 위하여 필요하다고 인정하면 관계 중앙행정기관의 장, 지방자치단체의 장, 철도시설관리자에게 관련 자료의 제출을 요구할 수 있다.

③ 시·도지사는 시·도 유지관리계획을 수립하였을 때에는 이를 국토교통부장관에게 제출하여야 한다.

법	시 행 령	시 행 규 칙
④ 국토교통부장관은 제3항에 따라 시·도 유지관리계획을 제출받은 때에는 유지관리기본계획에 부합되는지의 여부 등을 검토하여 필요한 경우 시·도지사에게 수정 또는 보완을 요구할 수 있다. 이 경우 수정 또는 보완을 요구받은 자는 특별한 사유가 없으면 이에 따라야 한다. ⑤ 시·도지사는 제1항에 따라 시·도 유지관리계획을 수립하거나 제4항에 따라 변경하였을 때에는 이를 시·도의 공보에 고시하고 해당 철도시설관리자에게 통보하여야 한다. [본조신설 18·3·13] 제26조(철도시설 유지관리 시행계획의 수립 등) ① 철도시설관리자는 유지관리기본계획에 따라 소관 철도시설에 대하여 철도시설 유지관리 시행계획(이하 "시행계획"이라 한다)을 매년 수립·시행하여야 한다. 다만, 「도시철도법」 제2조제3호에 따른 도시철도시설의 철도시설관리자는 유지관리기본계획과 시·도 유지관리계획에 따라 시행계획을 매년 수립·시행하여야 한다. ② 철도시설관리자는 시행계획을 수립하였을 때에는 이를 다음 각 호에 해당하는 관계 행정기관의 장에게 제출하여야 한다. 1. 철도시설관리자가 「지방공기업법」에 따라 설립된 지방공사 또는 「도시철도법」에 따라	제23조(철도시설 유지관리 시행계획의 수립 등) 철도시설관리자는 법 제26조제1항에 따른 철도시설 유지관리 시행계획을 소관 철도시설별로 수립하여 매년 2월 15일까지 같은 조 제2항에 따라 관계 행정기관의 장에게 제출해야 한다. 이 경우 그 시행계획을 변경한 경우에는 변경한 날부터 30일 이내에 관계 행정기관의 장에게 제출해야 한다. [본조신설 19·3·12]	

법	시 행 령	시 행 규 칙
철도를 건설 또는 운영하는 법인인 경우에는 관할 시·도지사 2. 제1호 외의 철도시설관리자의 경우에는 국토교통부장관 ③ 제2항제1호에 따라 시행계획을 제출받은 시·도지사는 이를 국토교통부장관에게 제출하여야 한다. ④ 국토교통부장관 및 시·도지사는 제2항 및 제3항에 따라 시행계획을 제출받은 때에는 유지관리기본계획 및 시·도 유지관리계획에 부합되는지의 여부 등을 검토하여 필요한 경우 철도시설관리자에게 수정 또는 보완을 요구할 수 있다. 이 경우 수정 또는 보완을 요구받은 자는 특별한 사유가 없으면 이에 따라야 한다. ⑤ 그 밖에 시행계획의 수립시기·내용 등 시행계획의 수립·시행에 필요한 사항은 대통령령으로 정한다. [본조신설 18·3·13] 제27조(철도시설의 생애주기관리) ① 철도시설관리자는 소관 철도시설의 설치, 점검, 유지보수, 개량 등을 한 때에는 철도시설의 생애주기관리를 위하여 국토교통부령으로 정하는 철도시설의 이력정보를 제28조에 따른 철도시설정보관리체계에 등록하고, 해당 철도시설의 존속시기까지 보존하여야 한다. ② 철도시설관리자는 소관 철도시설의 생애주		제9조(철도시설의 생애주기관리) 법 제27조제1항에서 "국토교통부령으로 정하는 철도시설의 이력정보"란 다음 각 호의 사항을 말한다. 1. 철도시설의 명칭, 위치, 규격, 성능, 설치일자 및 설계도서 등에 관한 사항 2. 철도시설의 정기점검, 정밀진단, 긴급점검 및 성능평가 결과 등 철도시설의 점검 등에 관한 사항

법	시 행 령	시 행 규 칙
기 비용을 고려하여 시행계획을 수립·시행하여야 한다. ③ 철도시설관리자는 제1항에 따라 철도시설정보관리체계에 등록한 철도시설의 이력정보를 분석하여 그 결과를 제29조제5항에 따른 정기점검 실시에 관한 기준 갱신 등에 활용할 수 있다. [본조신설 18·3·13] 제28조(철도시설정보관리체계의 구축·운영 등) ① 철도시설관리자는 철도시설의 설치, 점검, 유지보수, 개량 등 철도시설의 전 생애주기에 걸친 이력정보를 체계적으로 관리하기 위하여 다음 각 호의 사항이 포함된 철도시설정보관리체계를 구축·운영하여야 한다. 1. 제26조제1항에 따른 시행계획 2. 제27조제1항에 따른 철도시설의 이력정보 3. 제29조에 따른 정기점검 결과 4. 제30조에 따른 긴급점검 결과 5. 제31조에 따른 정밀진단 결과 6. 제32조에 따른 사용제한·사용금지, 보수·보강 등 안전조치에 관한 사항 7. 제33조에 따른 성능평가 결과 8. 그 밖에 철도시설의 유지관리에 관한 사항으로 국토교통부령으로 정하는 사항 ② 제1항에 따른 철도시설정보관리체계의 구축·운영에 필요한 사항은 대통령령으로 정한다.	제24조(철도시설정보관리체계의 구축·운영 등) ① 철도시설관리자는 법 제28조에 따른 철도시설정보관리체계(이하 "철도시설정보관리체계"라 한다)에 같은 조 제1항 각 호의 이력정보를 그 이력정보가 완료된 날부터 30일 이내에 소관 철도시설별로 등록해야 한다. ② 철도시설관리자는 철도시설정보관리체계로 관리되는 정보가 훼손·멸실 또는 변조되지 않도록 하고, 전자적 침해행위를 방지하기 위해 필요한 조치를 해야 한다. ③ 제1항 및 제2항에서 규정한 사항 외에 철도시설정보관리체계의 이력정보 등록, 보존방법 및 정보공유 등 철도시설정보관리체계의 관리·운영에 필요한 사항은 국토교통부장관이 정하여 고시한다. [본조신설 19·3·12]	3. 철도시설의 고장·기능장애 등에 관한 사항 4. 철도시설의 보수·보강 등의 일시·비용 및 인력 등에 관한 사항 [본조신설 19·3·20]

법	시 행 령	시 행 규 칙
③ 철도시설관리자는 제1항 각 호의 이력정보를 국토교통부장관에게 매년 제출하여야 한다. ④ 국토교통부장관은 제3항에 따라 제출된 이력정보를 체계적으로 보존·관리하여야 한다. **제2절 철도시설의 점검 및 유지관리 체계** 제29조(정기점검의 실시 등) ① 철도시설관리자는 소관 철도시설의 안전과 성능을 유지하기 위하여 제5항에 따른 정기점검 실시에 관한 기준에 따라 철도시설에 대한 정기점검을 실시하여야 한다. ② 철도시설관리자는 정기점검 결과보고서를 대통령령으로 정하는 바에 따라 관계 행정기관의 장에게 제출하여야 한다. 이 경우 정기점검 결과보고서의 제출절차에 관하여는 제26조 제2항 및 제3항을 준용한다. ③ 국토교통부장관 및 시·도지사는 제2항에 따라 제출받은 정기점검 결과보고서를 검토·분석한 결과 정기점검을 부실하게 수행한 것	제25조(정기점검 결과보고서의 제출) 철도시설관리자는 법 제29조제2항 전단에 따라 다음 각 호의 사항이 포함된 정기점검 결과보고서를 매년 2월 15일까지 관계 행정기관의 장에게 제출해야 한다. 1. 대상 철도시설의 명칭, 위치, 규격 및 성능 등 철도시설의 개요 2. 정기점검 일시 및 정기점검을 실시한 사람 등 정기점검 개요 3. 현장조사 결과 및 그 분석 등에 관한 사항 4. 종합의견 [본조신설 19·3·12]	제10조(긴급점검의 실시 등) ① 국토교통부장관 및 특별시장·광역시장 또는 도지사(이하 "시·도지사"라 한다)는 법 제29조제3항·제

법	시 행 령	시 행 규 칙
으로 평가한 경우에는 국토교통부령으로 정하는 바에 따라 해당 철도시설에 대하여 긴급점검을 실시할 수 있다.		30조제2항 및 제31조제4항에 따라 긴급점검을 실시하려면 해당 철도시설관리자에게 긴급점검의 목적·일시 및 대상 등을 서면으로 통지해야 한다. 다만, 서면 통지로는 긴급점검의 목적을 달성할 수 없는 경우에는 구두 또는 전화 등으로 통지할 수 있다. ② 국토교통부장관 및 시·도지사는 제1항에 따라 긴급점검을 실시한 때에는 긴급점검을 종료한 날부터 5일 이내에 그 점검결과를 해당 철도시설관리자에게 서면으로 통지해야 한다. [본조신설 19·3·20]
④ 국토교통부장관은 대통령령으로 정하는 바에 따라 정기점검의 실시시기·방법·절차 등 정기점검에 관한 지침을 작성하여 고시하여야 한다.	제26조(정기점검에 관한 지침) 국토교통부장관은 법 제29조제4항에 따른 정기점검에 관한 지침을 다음 각 호의 기준에 따라 작성해야 한다. 1. 정기점검의 실시시기: 정기점검을 수행하는 데 필요한 인원·장비, 소요시간 및 현지 여건 등을 고려할 것 2. 정기점검의 방법: 철도시설의 상태 변화를 사전 진단하고, 철도시설의 사용요건을 갖추고 있는지를 확인할 것 3. 정기점검의 절차: 다음 각 목의 순서에 따라 정할 것 　가. 정기점검에 필요한 설계도면, 작업설명서 및 사용재료 명세 등 시공 관련 자료의 수집 및 검토	

법	시 행 령	시 행 규 칙
	나. 정기점검의 대상 장비, 항목별 점검방법 및 해당 철도시설에 사용된 재료의 시험 등 정기점검 계획의 수립 다. 현장조사 및 시험 등 정기점검 실시 라. 정기점검 결과보고서의 작성 마. 정기점검 결과의 평가 [본조신설 19·3·12]	
⑤ 철도시설관리자는 제4항에 따른 정기점검에 관한 지침에 따라 소관 철도시설별 정기점검의 실시시기·점검항목·점검기준 등 정기점검의 실시에 관한 기준을 작성하여야 한다. [본조신설 18·3·13] 제30조(긴급점검의 실시) ① 철도시설관리자는 철도시설의 붕괴·전도 등 재난이 발생할 우려가 있다고 판단하는 경우 제8항에 따른 긴급점검에 관한 기준에 따라 긴급점검을 실시하여야 한다. ② 국토교통부장관 또는 시·도지사는 철도시설의 구조상 공중의 안전한 이용에 중대한 영향을 미칠 우려가 있다고 판단되는 경우에는 소속 공무원으로 하여금 긴급점검을 하게 하거나 해당 철도시설관리자에게 긴급점검을 실시할 것을 요구할 수 있다. 이 경우 요구를 받은 자는 특별한 사유가 없으면 그 요구를 따라야 한다.〈개정 20·6·9〉 ③ 국토교통부장관 또는 시·도지사는 제2항	제27조(긴급점검의 실시 등) ① 법 제30조제1항 및 제2항에 따른 긴급점검에 관한 기준은 다음 각 호와 같다. 1. 법 제29조제5항에 따라 작성된 정기점검의 실시에 관한 기준에 따를 것 2. 긴급점검의 전문성·효율성을 높이기 위해 필요한 경우 관계 기관 또는 전문가와 함께 실시할 것 ② 철도시설관리자 또는 시·도지사는 긴급점검을 실시한 경우 법 제30조제7항에 따라 긴급점검을 완료한 날부터 5일 이내에 다음 각 호의 사항이 포함된 결과보고서를 국토교통부장관에게 제출해야 한다. 1. 긴급점검 대상 철도시설의 명칭, 위치, 규	

법	시 행 령	시 행 규 칙
에 따른 긴급점검을 실시하는 경우 점검의 효율성을 높이기 위하여 관계 기관 또는 전문가와 합동으로 긴급점검을 실시할 수 있다. ④ 제2항에 따라 긴급점검을 실시하는 공무원은 관계인에게 필요한 질문을 하거나 관계 서류 등을 열람할 수 있다. ⑤ 제2항에 따라 긴급점검을 실시하는 공무원은 그 권한을 나타내는 증표를 지니고 이를 관계인에게 보여주어야 한다. ⑥ 국토교통부장관 또는 시·도지사는 제2항에 따라 긴급점검을 실시한 경우 그 결과를 해당 철도시설관리자에게 통보하여야 하며, 철도시설의 안전 확보를 위하여 필요하다고 인정하는 경우에는 정밀진단의 실시, 보수·보강 등 필요한 조치를 취할 것을 명할 수 있다. ⑦ 철도시설관리자 또는 시·도지사는 제1항 및 제2항에 따라 긴급점검을 실시한 경우 그 결과보고서를 국토교통부장관에게 제출하여야 한다. ⑧ 긴급점검의 기준, 절차 및 방법 등 긴급점검 실시에 필요한 사항은 대통령령으로 정한다. [본조신설 18·3·13]	격 및 성능 등 철도시설의 개요 2. 긴급점검 일시 및 긴급점검을 실시한 사람 등 긴급점검 개요 3. 현장조사 결과 및 그 분석 등에 관한 사항 4. 종합의견 [본조신설 19·3·12]	
제31조(정밀진단의 실시) ① 철도시설관리자는 설치 후 10년 이상 지난 소관 철도시설에 대하여 제5항에 따라 정기적으로 정밀진단을 실시하여야 한다.〈개정 20·6·9〉	제28조(정밀진단의 실시) ① 법 제31조제1항에 따른 철도시설에 대한 정밀진단의 실시시기는 별표 2와 같다.	

법	시 행 령	시 행 규 칙
② 철도시설관리자는 제29조에 따른 정기점검 또는 제30조에 따른 긴급점검을 실시한 결과 재해 및 재난을 예방하기 위하여 필요하다고 인정되는 경우에는 정밀진단을 실시하여야 한다. ③ 철도시설관리자는 정밀진단 결과보고서를 대통령령으로 정하는 바에 따라 관계 행정기관의 장에게 제출하여야 한다. 이 경우 정밀진단 결과보고서의 제출절차에 관하여는 제26조 제2항 및 제3항을 준용한다. ④ 국토교통부장관 및 시·도지사는 제3항에 따라 제출받은 정밀진단 결과보고서를 검토·분석한 결과 정밀진단을 부실하게 수행한 것으로 평가한 경우에는 국토교통부령으로 정하는 바에 따라 해당 철도시설에 대해 긴급점검을 실시할 수 있다. ⑤ 정밀진단의 실시시기, 정밀진단을 실시할	② 법 제31조제1항 및 제2항에 따른 정밀진단을 실시할 수 있는 사람의 교육요건을 포함한 자격은 별표 3과 같다.〈개정 21·6·23〉 [본조신설 19·3·12] 제29조(정밀진단 결과보고서의 제출) 철도시설관리자는 법 제31조제3항 전단에 따라 다음 각 호의 사항이 포함된 정밀진단 결과보고서를 정밀진단을 완료한 날부터 30일 이내에 관계 행정기관의 장에게 제출해야 한다. 1. 정밀진단 대상 철도시설의 명칭, 위치, 규격 및 성능 등 철도시설의 개요 2. 정밀진단 일시 및 정밀진단을 실시한 사람 등 정밀진단 개요 3. 보수·보강, 고장·장애 이력 등에 관한 자료 및 그 분석 결과 4. 현장조사 결과 및 그 분석 등에 관한 사항 5. 안전조치 및 보수·보강 방법 등 6. 종합의견 및 건의사항 [본조신설 19·3·12]	

법	시 행 령	시 행 규 칙
수 있는 자의 교육요건을 포함한 자격 등 정밀진단 실시에 필요한 사항은 대통령령으로 정한다.〈개정 20·6·9〉 [본조신설 18·3·13] 제32조(안전조치 등) ① 철도시설관리자는 제29조에 따른 정기점검, 제30조에 따른 긴급점검, 제31조에 따른 정밀진단 등을 통하여 대통령령으로 정하는 결함 등 공중의 안전한 이용에 미치는 영향이 중대한 결함이 발견되는 경우에는 철도시설의 사용제한·사용금지 등의 안전조치를 하고, 해당 철도시설에 위험을 알리는 표지를 설치하여야 한다. ② 철도시설관리자는 제1항에 따라 공중의 안전한 이용에 미치는 영향이 중대하여 긴급한 조치가 필요하다고 인정되는 경우에는 지체 없이 해당 철도시설의 보수·보강 등 필요한 조치를 하여야 한다. ③ 철도시설관리자는 제1항에 따라 안전조치를 한 경우에는 그 사실을 국토교통부장관 및 시·도지사에게 통보하여야 한다. 이 경우 제26조제2항제2호에 해당하는 철도시설관리자는 국토교통부장관에게 통보하여야 한다. ④ 국토교통부장관 또는 시·도지사는 철도시설관리자가 제2항에 따른 철도시설의 보수·보강 등 필요한 조치를 하지 아니한 경우 이에 대하여 이행 및 시정을 명할 수 있다.	제30조(안전조치 등) ① 법 제32조제1항에서 "대통령령으로 정하는 결함"이란 다음 각 호의 어느 하나에 해당하는 결함을 말한다.〈개정 21·1·5〉 1. 시설물 기초의 세굴(洗掘: 단면이 물에 의해 깎이는 현상) 2. 교량교각의 부등침하(不等沈下: 기초지반이 침하함에 따라 구조물이 불균형하게 침하를 일으키는 현상) 3. 교량받침의 파손 4. 터널지반의 부등침하 5. 선로의 침하 6. 건축물의 기둥·보 또는 내력벽의 내력(耐力) 손실 7. 시설물의 철근콘크리트의 염해(鹽害: 염분피해) 또는 탄산화에 따른 내력 손실 8. 절토사면(깎기비탈면)·성토사면(쌓기비탈면)의 균열·이완 등에 따른 옹벽의 균열 또는 파손 9. 레일의 좌굴(挫屈: 휘는 현상) 10. 레일의 절손(切損) 11. 전차선의 탈락(脫落) 12. 그 밖에 철도시설의 구조안전 및 기능에	

법	시 행 령	시 행 규 칙
[본조신설 18·3·13] 제33조(철도시설의 성능평가) ① 철도시설관리자는 철도시설의 성능을 유지하기 위하여 제7항에 따른 성능평가 지침에 따라 소관 철도시설에 대한 성능평가를 시설별로 대통령령으로 정하는 기간마다 실시하여야 한다.〈개정 20·6·9〉 ② 제1항에도 불구하고 국토교통부장관 및 시·도지사는 철도시설의 안전 및 효율적인 유지관리를 위하여 필요한 경우 대통령령으로 정하는 바에 따라 해당 철도시설에 대한 성능평가를 실시할 수 있다. ③ 국토교통부장관 및 시·도지사는 제2항에 따른 성능평가를 실시한 경우 그 결과를 해당 철도시설관리자에게 통보하여야 하며, 철도시설의 성능 유지를 위하여 필요하다고 인정하는 경우에는 보수·보강 등 필요한 조치를 취할 것을 명할 수 있다. ④ 철도시설관리자는 제1항에 따른 성능평가 결과에 따라 대통령령으로 정하는 기준에 적합하게 해당 철도시설의 성능등급을 지정하여	영향을 미치는 결함으로서 국토교통부장관이 정하여 고시하는 결함 ② 철도시설관리자는 법 제32조제1항에 따라 안전조치를 한 경우에는 같은 조 제3항에 따라 국토교통부장관 및 시·도지사에게 그 안전조치를 한 날부터 5일 이내에 통보해야 한다. [본조신설 19·3·12] 제31조(철도시설의 성능평가) ① 법 제33조제1항에서 "대통령령으로 정하는 기간"이란 별표 4와 같다. ② 법 제33조제1항에 따른 성능평가를 실시할 수 있는 사람의 교육요건을 포함한 자격은 별표 3과 같다.〈신설 21·6·23〉 ③ 국토교통부장관 또는 시·도지사는 법 제33조제2항에 따라 성능평가를 실시하려면 성능평가 대상 철도시설의 철도시설관리자에게 성능평가의 목적·날짜·기간 및 대상 등을 서면으로 통지해야 한다.〈개정 21·6·23〉 ④ 국토교통부장관 또는 시·도지사는 제3항에 따라 성능평가를 실시한 경우에는 성능평가를 완료한 날부터 30일 이내에 그 결과를 해당 철도시설관리자에게 통보해야 한다.〈개정 21·6·23〉 ⑤ 법 제33조제4항에서 "대통령령으로 정하는 기준"이란 별표 4와 같다.〈개정 21·6·23〉 ⑥ 철도시설관리자는 성능평가를 하는 날부터	

법	시 행 령	시 행 규 칙
야 한다. ⑤ 철도시설관리자는 제1항에 따른 성능평가 결과보고서를 대통령령으로 정하는 바에 따라 국토교통부장관에게 제출하여야 한다. 이 경우 성능평가 결과보고서의 제출절차에 관하여는 제26조제2항 및 제3항을 준용한다. ⑥ 성능평가를 실시할 수 있는 자의 교육요건을 포함한 자격은 대통령령으로 정한다.〈신설 20·6·9〉 ⑦ 국토교통부장관은 대통령령으로 정하는 바에 따라 성능평가의 실시 방법·절차 등 성능평가에 관한 지침을 작성하여 고시하여야 한다.〈개정 20·6·9〉 [본조신설 18·3·13]	3년 이내에 해당 철도시설에 대해 실시한 정기점검·정밀진단 또는 다른 법령에 따른 점검·검사·진단 등의 자료가 있는 경우 그 내용을 성능평가에 활용할 수 있다.〈개정 21·6·23〉 ⑦ 철도시설관리자는 법 제33조제5항 전단에 따라 다음 각 호의 사항이 포함된 성능평가 결과보고서를 성능평가를 완료한 날부터 30일 이내에 관계 행정기관의 장에게 제출해야 한다.〈개정 21·6·23〉 1. 철도시설의 성능목표 및 관리지표 2. 철도시설의 성능등급에 관한 사항 3. 철도시설의 안전성 평가에 관한 사항 4. 철도시설의 내구성 평가에 관한 사항 5. 철도시설의 사용성 평가에 관한 사항 6. 철도시설의 성능목표를 고려한 유지관리 방안 ⑧ 국토교통부장관은 법 제33조제7항에 따른 성능평가에 관한 지침을 다음 각 호의 기준에 따라 작성해야 한다.〈개정 21·6·23〉 1. 성능평가 실시계획의 수립·제출 및 성능평가 실시자의 자격 등 성능평가 시행에 필요한 사항을 정할 것 2. 성능평가 대상 철도시설별 성능평가 항목과 그 기준 및 방법 등을 정할 것 3. 다음 각 목의 순서에 따라 성능평가의 절차를 정할 것	

법	시 행 령	시 행 규 칙
	가. 성능평가 대상 선정 나. 자료분석 다. 성능목표 설정 라. 성능평가 시행 마. 유지관리전략 제안 바. 종합의견 [본조신설 19·3·12]	

제33조의2(정밀진단·성능평가 결과보고서의 평가) ① 국토교통부장관은 정밀진단 및 성능평가의 기술수준을 향상시키고 부실 진단 및 평가를 방지하기 위하여 필요한 경우 제31조제3항 및 제33조제5항에 따라 제출받은 정밀진단 결과보고서 및 성능평가 결과보고서(이하 이 조에서 "결과보고서"라 한다)를 평가할 수 있다.

② 국토교통부장관은 철도시설관리자 또는 제44조에 따라 정밀진단 및 성능평가를 대행한 자에게 제1항에 따른 평가에 필요한 자료를 제출하도록 요구할 수 있다. 이 경우 자료의 제출을 요구받은 자는 특별한 사유가 없으면 이에 따라야 한다.

③ 국토교통부장관은 제1항에 따라 결과보고서를 평가한 결과 필요한 경우 철도시설관리자 또는 제44조에 따라 정밀진단과 성능평가를 대행한 자에게 해당 결과보고서의 수정이나 보완을 요구할 수 있다. 이 경우 철도시설관리자 또는 대행한 자는 해당 결과보고서를

제10조의2(결과보고서의 평가 방법 등) ① 법 제33조의2제1항에 따른 결과보고서의 평가항목은 다음 각 호와 같다.

1. 철도시설의 안전성 등의 조사·측정·평가 방법 및 그 결과
2. 철도시설 보수·보강 방법
3. 결과보고서의 종합 검토
4. 그 밖에 철도시설의 안전과 관련된 항목으로서 국토교통부장관이 평가할 필요가 있다고 인정하여 고시하는 항목

② 법 제33조의2제1항에 따른 평가등급은 적정, 미흡, 불량 및 매우 불량으로 구분한다. 이 경우 그 평가등급의 세부기준은 국토교통부장관이 정하여 고시한다.

③ 「국토안전관리원법」에 따른 국토안전관리원(이하 "국토안전관리원"이라 한다) 및 「한국교통안전공단법」에 따른 한국교통안전공단(이하 "한국교통안전공단"이라 한다)은 법 제33조의2제1항에 따른 평가를 한 경우 그 결과

법	시 행 령	시 행 규 칙
수정 또는 보완하여 국토교통부장관에게 제출하여야 한다. ④ 제1항에 따른 결과보고서 평가의 방법·절차에 관하여 필요한 사항은 국토교통부령으로 정한다. [본조신설 20·6·9]		를 다음 각 호의 자에게 통보해야 한다. 1. 철도시설관리자 2. 정밀진단 또는 성능평가를 대행한 철도시설 안전진단전문기관 3. 제1호 및 제2호의 기관을 지도·감독하는 중앙행정기관의 장 또는 지방자치단체의 장 ④ 제3항에 따른 통보를 받은 철도시설관리자 및 철도시설 안전진단전문기관은 통보를 받은 날부터 7일 이내에 국토안전관리원 및 한국교통안전공단에게 이의를 신청할 수 있다. ⑤ 제4항에 따른 이의신청을 받은 국토안전관리원 및 한국교통안전공단은 이의신청을 받은 날부터 14일 이내에 이의신청에 대한 결과를 이의를 신청하는 자 및 제3항제3호에 따른 중앙행정기관의 장 또는 지방자치단체의 장에게 통보해야 한다. ⑥ 법 제33조의2제3항에 따라 결과보고서의 수정이나 보완을 요구받은 자는 제3항에 따른 통보를 받은 날부터 다음 각 호의 구분에 따른 기간 내에 수정하거나 보완한 결과보고서를 제출해야 한다. 이 경우 그 기간을 산정할 때 제4항 및 제5항에 따른 이의신청기간은 제외한다. 1. 정밀진단 결과보고서: 3개월 이내 2. 성능평가 결과보고서: 2개월 이내 ⑦ 국토안전관리원 및 한국교통안전공단은 철

법	시 행 령	시 행 규 칙
		도시설이 공사 중이거나 정밀진단 또는 성능 평가를 대행한 자가 폐업하는 등 그 기간 내에 결과보고서를 수정하거나 보완할 수 없는 부득이한 사유가 있다고 인정하는 경우에는 제6항에 따른 제출기간을 연장할 수 있다. [본조신설 21·6·23]
제34조(철도역사의 안전 및 이용편의 수준평가 등) ① 국토교통부장관은 철도역사 이용자의 안전을 확보하고 이용편의 수준을 향상시키기 위하여 5년마다 철도역사의 안전 및 이용편의 수준을 평가(이하 "철도역사 평가"라 한다)할 수 있다. ② 국토교통부장관은 철도역사 평가 결과에 따라 철도시설관리자에게 시설 개선명령 등 필요한 조치를 할 수 있다. ③ 제2항에 따라 철도역사 시설 개선명령을 받은 철도시설관리자는 철도역사 시설개선 계획을 수립하고, 이를 국토교통부장관 또는 시·도지사에게 제출하여야 한다.		제11조(철도역사의 안전 및 이용편의 수준평가) ① 법 제34조제1항에 따른 철도역사의 안전 및 이용편의 수준평가(이하 "철도역사 평가"라 한다)의 항목은 다음 각 호와 같다. 1. 구조적 안전성 2. 여객의 안전사고 예방을 위한 안전시설 3. 이동편의성 4. 혼잡성 5. 그 밖에 국토교통부장관이 철도역사 평가 항목으로 필요하다고 인정하는 항목 ② 국토교통부장관은 철도역사 평가를 실시하려면 제1항 각 호에 따른 평가 항목과 그 기준·기간, 실지조사의 대상·기간 등이 포함된 철도역사 평가 실시계획을 수립하여 평가를 실시하기 2주 전까지 해당 철도시설관리자에게 통보해야 한다. ③ 국토교통부장관은 철도역사 평가의 객관성·공정성 확보를 위해 필요한 경우 철도역사 평가 등에 관한 전문지식과 경험이 풍부한 사람 등으로 철도역사평가단을 구성·운영할

법	시 행 령	시 행 규 칙
④ 국토교통부장관은 효율적인 철도역사 평가 체제를 구축하기 위하여 필요한 경우에는 대통령령으로 정하는 관계 전문기관 등에 철도역사의 안전 및 이용편의 수준에 대한 조사·평가·연구 등의 업무를 위탁할 수 있다. ⑤ 국토교통부장관이나 제4항에 따라 평가업무 등을 위탁받은 자는 철도역사 평가 등을 할 때 철도시설관리자에게 관련 자료 또는 의견의 제출 등을 요구하거나 철도역사의 안전 및 이용편의 수준에 대한 실지조사(實地調査)를 할 수 있다. ⑥ 제5항에 따라 자료 또는 의견 제출 등을 요구받은 철도시설관리자는 특별한 사유가 없으면 이에 따라야 한다. ⑦ 제1항에 따른 철도역사 평가의 항목, 절차, 실지조사의 실시 등에 필요한 사항은 국토교통부령으로 정한다. [본조신설 18·3·13] 제35조(철도시설의 보수·보강·교체 등의 조치) 철도시설관리자는 소관 철도시설의 안전과 성능을 유지하기 위하여 시행계획에 따른 보수·보강·교체 등 필요한 조치를 하여야 한다. [본조신설 18·3·13]	제32조(철도역사의 안전 및 이용편의 수준평가 등) 법 제34조제4항에서 "대통령령으로 정하는 관계 전문기관"이란 「한국교통안전공단법」에 따른 한국교통안전공단을 말한다. [본조신설 19·3·12]	수 있다. [본조신설 19·3·20]

법	시 행 령	시 행 규 칙
제36조(시정명령) ① 국토교통부장관 및 시·도지사는 철도시설관리자 또는 제44조에 따라 정기점검등을 대행한 자가 제29조제1항, 제30조제1항, 제31조제1항·제2항, 제33조제1항을 위반하여 정기점검, 긴급점검, 정밀진단, 성능평가 업무를 성실하게 수행하지 아니한 경우에는 기간을 정하여 해당 철도시설관리자 또는 제44조에 따라 정기점검등을 대행한 자에게 시정을 명할 수 있다.〈개정 20·6·9〉 ② 제1항에 따라 시정명령을 받은 철도시설관리자 또는 제44조에 따라 정기점검등을 대행한 자는 특별한 사유가 없으면 이에 따라야 한다.〈개정 20·6·9〉 [본조신설 18·3·13]		
제37조(업무의 정지) ① 국토교통부장관은 철도시설관리자가 다음 각 호의 어느 하나에 해당하는 경우에는 6개월 이내의 기간을 정하여 업무의 정지를 명할 수 있다. 1. 제29조제1항에 따른 정기점검, 제30조제1항에 따른 긴급점검 또는 제31조제1항·제2항에 따른 정밀진단을 실시하지 아니한 경우 2. 제30조제2항 또는 제6항을 위반하여 정당한 사유 없이 긴급점검을 실시하지 아니하거나 필요한 조치명령을 이행하지 아니한 경우 3. 제32조제1항을 위반하여 안전조치를 하지 아니한 경우		제12조(철도시설관리자의 업무정지) 법 제37조 제1항에 따른 철도시설관리자의 업무정지 기준은 별표와 같다. [본조신설 19·3·20]

법	시 행 령	시 행 규 칙
4. 제32조제2항 또는 제4항을 위반하여 보수·보강 등 필요한 조치를 하지 아니하거나 필요한 조치의 이행 및 시정 명령을 이행하지 아니한 경우 ② 제1항에 따른 업무의 정지 기준 및 절차 등에 관하여 필요한 사항은 국토교통부령으로 정한다. [본조신설 18·3·13] 제38조(과징금) ① 국토교통부장관은 제37조제1항에 따라 철도시설관리자에게 업무의 정지처분을 하여야 하는 경우로서 그 업무의 정지처분이 그 철도시설관리자가 제공하는 철도서비스의 이용자에게 심한 불편을 주거나 그 밖에 공익을 해칠 우려가 있을 때에는 그 업무의 정지처분을 갈음하여 1억원 이하의 과징금을 부과·징수할 수 있다. ② 제1항에 따라 과징금을 부과하는 위반행위의 종류, 과징금의 부과기준·징수방법 등에 필요한 사항은 대통령령으로 정한다. ③ 국토교통부장관은 제1항에 따른 과징금을 내야 할 자가 납부기한까지 과징금을 내지 아니하는 경우에는 국세 체납처분의 예에 따라 징수한다. [본조신설 18·3·13] 제39조(철도시설관리자에 대한 지원) 국가 및	제33조(과징금의 부과기준 등) ① 법 제38조제1항에 따른 위반행위의 종류와 과징금의 부과기준은 별표 5와 같다. ② 국토교통부장관은 법 제38조제1항에 따라 과징금을 부과하려면 위반행위의 종류와 해당 과징금의 금액을 구체적으로 적어 이를 납부할 것을 서면으로 통지해야 한다. ③ 제1항에 따라 통지를 받은 자는 통지를 받은 날부터 20일 이내에 국토교통부장관이 정하는 수납기관에 과징금을 내야 한다. 다만, 천재지변이나 그 밖의 부득이한 사유로 그 기간에 과징금을 낼 수 없는 경우에는 그 사유가 없어진 날부터 7일 이내에 내야 한다. ④ 제2항에 따라 과징금을 받은 수납기관은 과징금을 낸 자에게 영수증을 발급하고, 지체 없이 그 사실을 국토교통부장관에게 통보해야 한다. [본조신설 19·3·12]	

법	시 행 령	시 행 규 칙
지방자치단체는 공중의 생명과 안전을 확보하기 위하여 철도시설관리자에게 노후 철도시설 및 철도역사의 보수·보강에 필요한 비용의 일부를 예산의 범위에서 지원할 수 있다. [본조신설 18·3·13] 　　　　　제5장 보칙 〈개정 18·3·13〉 〈종전의 제24조〉〈개정 18·3·13〉 제40조(보고·검사 등) ① 국토교통부장관은 이 법을 시행하기 위하여 필요하면 사업시행자에게 철도건설사업에 관하여 필요한 보고를 하게 하거나 자료 제출을 명할 수 있으며, 소속 공무원에게 사업시행자의 사무실·사업장 또는 그 밖의 필요한 장소에 출입하여 철도건설사업에 관한 업무를 검사하게 할 수 있다.〈개정 13·3·23〉 ② 제1항에 따라 철도건설사업에 관한 업무를 검사하는 공무원은 그 권한을 표시하는 증표를 지니고 이를 관계인에게 내보여야 한다. ③ 제2항에 따른 증표에 관하여 필요한 사항은 국토교통부령으로 정한다.〈개정 13·3·23〉 [전문개정 09·3·25] 제41조(철도시설의 유지관리 실태점검 등) ① 국토교통부장관 및 시·도지사는 철도시설의 유지관리 실태를 점검할 수 있다. ② 국토교통부장관 및 시·도지사는 제1항에		〈종전의 제7조〉〈개정 19·3·20〉 제13조(검사 공무원의 증표) 법 제40조제2항에 따른 검사 공무원의 증표는 별지 제8호서식과 같다. [전문개정 19·3·20] 제14조(철도시설의 유지관리 실태점검 등) ① 법 제41조제1항에 따라 철도시설의 유지관리 실태를 점검하는 공무원은 별지 제9호서식의 실태점검 대장에 점검일시 및 점검내용 등을

법	시 행 령	시 행 규 칙
따른 실태점검 결과 필요한 사항을 철도시설관리자에게 권고하거나 시정하도록 요청할 수 있다. 이 경우 요청을 받은 자는 특별한 사유가 없으면 이에 따라야 한다. ③ 국토교통부장관 및 시·도지사는 제1항에 따른 실태점검을 실시하기 위하여 필요한 경우 철도시설관리자에게 관련 자료를 제출할 것을 요구할 수 있다. 이 경우 요구를 받은 자는 특별한 사유가 없으면 이에 따라야 한다. ④ 국토교통부장관 및 시·도지사는 제1항에 따른 실태점검의 효율성을 높이기 위하여 필요한 경우 관계 기관 및 전문가와 합동으로 현장조사를 실시할 수 있다. ⑤ 국토교통부장관 및 시·도지사는 필요한 경우 국토교통부령으로 정하는 바에 따라 실태점검 결과를 공표할 수 있다. [본조신설 18·3·13]		기록·관리해야 한다. ② 국토교통부장관 및 시·도지사는 법 제41조제1항에 따라 철도시설의 유지관리 실태를 점검한 결과 다음 각 호의 어느 하나에 해당하는 경우 그 결과를 법 제41조제5항에 따라 해당 기관의 인터넷 홈페이지나 신문·방송 등을 통해 공표할 수 있다. 1. 철도시설의 결함으로 인하여 긴급한 보수·보강 또는 사용제한 등의 조치가 필요한 경우 2. 관련 법령을 위반하여 철도시설의 유지관리를 성실하게 수행하지 않아 공중의 안전에 위해를 끼칠 우려가 있는 경우 ③ 국토교통부장관 및 시·도지사는 제2항에 따라 실태점검의 결과를 공표할 때에는 다음 각 호의 사항을 포함해야 한다. 1. 철도시설의 명칭 및 위치 2. 철도시설의 안전상태 및 철도시설관리자의 유지관리 실태 3. 조치나 시정이 필요한 사항 4. 그 밖에 해당 철도시설의 안전을 위해 필요한 사항 [본조신설 19·3·20]
⟨종전의 제25조⟩ ⟨개정 18·3·13⟩ 제42조(감독) ① 국토교통부장관은 사업시행자가 다음 각 호의 어느 하나에 해당하는 경우	⟨종전의 제25조⟩ ⟨개정 19·3·12⟩ 제34조(감독) 국토교통부장관이 법 제42조제1항에 따라 처분 또는 명령을 하였을 때에는 다	

법	시 행 령	시 행 규 칙
에는 실시계획의 승인을 취소하거나 공사의 중지·변경, 시설물 또는 물건의 개축·변경 또는 이전 등을 명할 수 있다.〈개정 13·3·23〉 　1. 거짓이나 그 밖의 부정한 방법으로 이 법에 따른 허가를 받거나 승인을 받은 경우 　2. 이 법 또는 이 법에 따른 명령이나 처분을 위반한 경우 　3. 사정이 변경되어 철도건설사업을 계속 할 수 없게 된 경우 　② 국토교통부장관은 제1항에 따른 처분 또는 명령을 한 경우에는 대통령령으로 정하는 바에 따라 고시하여야 한다.〈개정 13·3·23〉 　[전문개정 09·3·25] 〈종전의 제26조〉〈개정 18·3·13〉 제43조(청문)　국토교통부장관은 다음 각 호의 어느 하나에 해당하는 처분을 하려면 청문을 하여야 한다.〈개정 13·3·23, 20·6·9〉 　1. 제42조에 따른 실시계획 승인의 취소 　2. 제44조의6에 따른 철도시설 안전진단전문기관 등록의 취소 　[전문개정 09·3·25] 제44조(정기점검 등의 대행)　철도시설관리자는 제29조에 따른 정기점검, 제30조에 따른 긴급점검, 제31조에 따른 정밀진단 및 제33조에 따른 성능평가(이하 "정기점검등"이라 한다)를 제44조의3에 따라 등록한 철도시설 안전진단	음 각 호의 사항을 관보에 고시하여야 한다.〈개정 13·3·23, 19·3·12〉 　1. 사업의 명칭 　2. 사업시행자의 성명 및 주소(법인인 경우에는 법인의 명칭·주소 및 그 대표자의 성명·주소) 　3. 사업시행지역의 위치 및 면적 　4. 처분 또는 명령의 내용 및 사유 　[전문개정 09·6·19]	

법	시 행 령	시 행 규 칙
전문기관(이하 "철도시설 안전진단전문기관"이라 한다)에게 대행하게 할 수 있다.〈개정 20·6·9〉 [본조신설 18·3·13] **제44조의2(하도급 제한 등)** ① 철도시설 안전진단전문기관은 철도시설관리자로부터 정기점검 등의 도급을 받은 경우에는 이를 하도급할 수 없다. 다만, 총 도급금액의 100분의 50 이하의 범위에서 전문기술이 필요한 경우 등 대통령령으로 정하는 경우에는 분야별로 한 차례만 하도급할 수 있다. ② 제1항 단서에 따라 하도급을 한 자는 대통령령으로 정하는 바에 따라 철도시설관리자에게 통보하여야 한다. ③ 철도시설관리자는 철도시설 안전진단전문기관이 제1항을 위반하여 하도급을 하였다고 의심할 만한 상당한 사유가 있는 경우에는 국토교통부장관 또는 시·도지사에게 사실조사를 요청할 수 있다. ④ 국토교통부장관 또는 시·도지사는 제3항에 따른 요청을 받으면 필요한 사실조사를 하고 그 결과를 철도시설관리자에게 통보하여야 한다. ⑤ 국토교통부장관 또는 시·도지사는 제4항에 따른 사실조사의 결과 도급을 받은 자가 제1항을 위반하여 하도급을 한 사실을 확인한	제34조의2(허용되는 하도급의 범위 등) ① 법 제44조의2제1항 단서에서 "전문기술이 필요한 경우 등 대통령령으로 정하는 경우"란 하도급 하려는 분야가 다음 각 호의 어느 하나에 해당하는 검사·계측·분석·조사·시험·측정 등인 경우를 말한다. 1. 「건설기술 진흥법」 제14조에 따라 지정·고시된 신기술 또는 점검 로봇 등을 활용한 외관 조사 및 영상 분석 2. 「비파괴검사기술의 진흥 및 관리에 관한 법률」 제2조에 따른 비파괴검사 3. 강재(鋼材) 시료채취 및 시험 4. 누수탐사 또는 전위(電位)측정 및 그 분석 5. 내진성능 시험 및 그 상세평가 6. 수리·수문·수충격 조사 7. 조사선, 잠수부 등에 의한 교각기초조사 등 수중 조사 8. 시설물과 시설물 주변의 지반에 대한 침하·변위·거동, 차량주행안전성 및 승차감 등의 계측·분석 9. 콘크리트 재료시험 및 시추조사 10. 지표지질조사, 토질 및 암반시험 등 지반	**제15조(하도급의 통보)** 법 제44조의2제2항에 따라 하도급 사실을 통보하려는 자는 별지 제10호서식의 하도급 사실 통보서에 하도급계약서를 첨부하여 철도시설관리자에게 제출해야 한다. [전문개정 21·6·23]

법	시 행 령	시 행 규 칙
경우에는 제44조의6에 따른 처분 또는 처분의 요청 등 필요한 조치를 하여야 한다. ⑥ 국토교통부장관 또는 시·도지사는 제4항에 따른 사실조사를 위하여 필요한 경우에는 철도시설 안전진단전문기관과 그 밖의 관계인에게 필요한 자료의 제출을 요구할 수 있으며, 소속 공무원으로 하여금 그 사무실이나 사업장에 출입하여 장부·서류나 그 밖의 자료 또는 물건을 조사하게 할 수 있다. ⑦ 제6항에 따라 출입·조사를 하는 관계 공무원은 그 권한을 표시하는 증표를 지니고 이를 관계인에게 내보여야 한다. [본조신설 20·6·9]	조사 및 탐사 11. 토양부식환경 조사·시험 ② 법 제44조의2제2항에 따라 하도급한 사실을 통보하려는 자는 하도급계약을 체결한 날부터 10일 이내에 국토교통부령으로 정하는 하도급계약서를 철도시설관리자에게 제출해야 한다. [본조신설 21·6·23]	
제44조의3(철도시설 안전진단전문기관의 등록 등) ① 철도시설의 정기점검등을 대행하려는 자는 자본금 및 기술인력 등 대통령령으로 정하는 등록기준을 갖추어 시·도지사에게 철도시설 안전진단전문기관으로 등록을 하여야 한다. ② 시·도지사는 제1항에 따라 철도시설 안전진단전문기관으로 등록을 한 때에는 등록증을 발급하여야 한다. ③ 철도시설 안전진단전문기관은 대통령령으로 정하는 등록사항이 변경된 때에는 그 날부터 30일 이내에 시·도지사에게 신고하여야 한다. ④ 철도시설 안전진단전문기관은 제2항에 따	제34조의3(철도시설 안전진단전문기관의 등록 등) ① 법 제44조의3제1항에서 "자본금 및 기술인력 등 대통령령으로 정하는 등록기준"이란 별표 5의2의 등록기준을 말한다. ② 법 제44조의3제3항에서 "대통령령으로 정하는 등록사항"이란 다음 각 호의 사항을 말한다. 1. 상호 2. 대표자 3. 사무소 소재지 4. 기술인력 5. 장비 [본조신설 21·6·23]	제16조(철도시설 안전진단전문기관의 등록신청) ① 법 제44조의3제1항에 따라 철도시설 안전진단전문기관으로 등록하려는 자는 별지 제11호서식의 철도시설 안전진단전문기관 등록신청서(전자문서를 포함한다)에 다음 각 호의 서류(전자문서를 포함한다)를 첨부하여 시·도지사에게 제출해야 한다. 1. 법인의 대표자 및 임원의 명단과 그 대표자 및 임원이 법 제44조의4제1호부터 제5호까지에 해당하는지 여부를 적은 서류 2. 법인의 임원이 외국인인 경우에는 법 제44조의4제1호부터 제5호까지의 결격사유에 해당하지 아니함을 확인할 수 있는 서류(해당

법	시 행 령	시 행 규 칙
라 받은 등록증을 잃어버리거나 못 쓰게 된 때에는 등록증을 다시 발급받을 수 있다. ⑤ 철도시설 안전진단전문기관은 계속하여 1년 이상 휴업하거나 재개업 또는 폐업하려는 경우에는 시·도지사에게 신고하여야 한다. ⑥ 시·도지사는 제5항에 따라 폐업 신고를 받은 때에는 그 등록을 말소하여야 한다. ⑦ 시·도지사는 제1항·제3항 및 제5항에 따라 철도시설 안전진단전문기관으로 등록을 하거나 철도시설 안전진단전문기관으로부터 등록사항 변경의 신고, 휴업이나 재개업 또는 폐업의 신고를 받은 때에는 그 사실을 국토교통부장관에게 통보하여야 한다. ⑧ 제1항부터 제4항까지의 규정에 따른 철도시설 안전진단전문기관의 등록 및 등록증의 발급 및 재발급, 등록사항의 변경신고, 제5항에 따른 신고의 방법 및 절차 등에 관하여 필요한 사항은 국토교통부령으로 정한다. [본조신설 20·6·9]		국가의 정부 또는 그 밖의 권한이 있는 기관이 발행한 서류 또는 공증인이 공증한 그 임원의 진술서로서 해당 국가에 주재하는 우리나라 영사가 확인한 서류로 한정한다) 3. 등록분야별 별지 제12호서식의 기술인력 보유현황 및 기술인력에 관한 건설기술인 경력증명서 4. 등록분야별 별지 제13호서식의 장비 보유현황과 「국가표준기본법」 및 「계량에 관한 법률」에 따른 검정·교정을 받은 장비인지 확인할 수 있는 서류(검정·교정 대상에 해당되지 않는 경우에는 소요성능을 갖추었는지 증빙할 수 있는 서류) 5. 자본금을 증명하는 서류 ② 제1항에 따른 등록신청서를 받은 시·도지사는 「전자정부법」 제36조제1항에 따른 행정정보의 공동이용을 통하여 다음 각 호의 정보를 확인해야 한다. 다만, 신청인이 제1호의 정보를 확인하는 것에 동의하지 아니하는 경우에는 해당 정보가 적힌 서류를 첨부하도록 해야 한다. 1. 「출입국관리법」 제88조에 따른 외국인등록 사실증명(대표자·임원이나 기술인력이 국내에 체류하는 외국인인 경우만 해당한다) 2. 법인 등기사항증명서(신청인이 법인인 경우만 해당한다)

법	시 행 령	시 행 규 칙
		③ 제1항에 따른 등록신청을 받은 시·도지사는 그 신청내용을 확인한 후 별지 제14호서식의 등록증을 발급하고, 별지 제15호서식의 철도시설 안전진단전문기관 등록대장 및 별지 제16호서식의 등록증 발급대장에 그 등록사항 및 발급사실을 기록하고 유지·관리해야 한다. 이 경우 철도시설 안전진단전문기관 등록대장 및 등록증 발급대장은 전자적 처리가 불가능한 특별한 사유가 없으면 각각 전자적 처리가 가능한 방법으로 기록하고 유지·관리해야 한다. [본조신설 21·6·23] 제17조(철도시설 안전진단전문기관의 변경등록 등) ① 철도시설 안전진단전문기관은 법 제44조의3제3항에 따라 변경신고를 하려면 별지 제17호서식의 철도시설 안전진단전문기관 등록사항 변경신고서에 변경사항을 증명하는 서류를 첨부하여 시·도지사에게 제출해야 한다. ② 법 제44조의3제4항에 따라 등록증을 다시 발급받으려는 자는 별지 제11호서식의 신청서를 시·도지사에게 제출해야 한다. ③ 법 제44조의3제5항에 따라 휴업·재개업 또는 폐업 신고를 하려는 자는 별지 제18호서식의 철도시설 안전진단전문기관 휴업·재개업·폐업 신고서에 휴업·재개업 및 폐업을 증명하는 서류와 철도시설 안전진단전문기관 등록증 원본(폐업의 경우에만 해당한다)을 첨

법	시 행 령	시 행 규 칙
		부하여 시·도지사에게 제출해야 한다. [본조신설 21·6·23]
제44조의4(결격사유) 다음 각 호의 어느 하나에 해당하는 자는 철도시설 안전진단전문기관으로 등록할 수 없다. 1. 피성년후견인 2. 파산선고를 받고 복권되지 아니한 사람 3. 제44조의6에 따라 등록이 취소된 날부터 2년이 지나지 아니한 자. 다만, 같은 조 제8호에 해당하여 취소된 경우는 제외한다. 4. 이 법을 위반하여 금고 이상의 실형을 선고받고 그 형의 집행이 끝나거나(집행이 끝난 것으로 보는 경우를 포함한다) 집행을 받지 아니하기로 확정된 날부터 2년이 지나지 아니한 사람 5. 이 법을 위반하여 금고 이상의 집행유예를 선고받고 그 유예기간 중에 있는 사람 6. 임원 중에 제1호부터 제5호까지의 어느 하나에 해당하는 사람이 있는 법인 [본조신설 20·6·9] 제44조의5(명의대여의 금지 등) 철도시설 안전진단전문기관은 타인에게 자기의 명칭이나 상호(商號)를 사용하여 정기점검등의 업무를 하게 하거나 철도시설 안전진단전문기관 등록증을 빌려주어서는 아니 된다. 제44조의6(등록의 취소 등) 시·도지사는 철도	제34조의4(일시적인 등록기준의 미달) 법 제44	

법	시 행 령	시 행 규 칙
시설 안전진단전문기관이 다음 각 호의 어느 하나에 해당하면 그 등록을 취소하거나 1년 이내의 기간을 정하여 영업정지를 명할 수 있다. 다만, 제1호부터 제3호까지 및 제8호, 제9호 또는 제14호의 어느 하나에 해당하는 경우에는 그 등록을 취소하여야 한다. 1. 거짓이나 그 밖의 부정한 방법으로 등록한 경우 2. 최근 2년 이내에 두 번의 영업정지 처분을 받고 다시 영업정지 처분에 해당하는 행위를 한 경우 3. 영업정지 처분을 받고 그 영업정지 기간 중 정기점검등의 대행계약을 새로 체결한 경우 4. 국토교통부장관이 제33조의2에 따라 철도시설 안전진단전문기관의 정밀진단·성능평가 결과보고서를 평가한 결과 고의 또는 중대한 과실로 철도시설의 상태를 사실과 다르게 진단·평가하는 등 업무를 부실하게 수행한 것으로 평가한 경우 5. 정기점검등의 업무를 성실하게 수행하지 아니함으로써 철도시설의 손괴(損壞)나 중대한 결함을 발생시킨 경우 6. 제44조의2를 위반하여 정기점검등을 하도급한 경우 7. 제44조의3제1항에 따른 등록기준에 미치지	조의6제7호 단서에서 "일시적으로 등록기준에 미치지 못하게 된 경우 등 대통령령으로 정하는 경우"란 다음 각 호의 어느 하나에 해당하는 경우를 말한다. 1. 제34조의3제1항에 따른 등록기준 중 기술인력의 사망·실종 또는 퇴직으로 기술인력기준을 충족하지 못하는 경우로서 그 기간이 30일 이내인 경우 2. 제34조의3제1항에 따른 등록기준 중 자본금 기준을 충족하지 못하는 경우로서 해당 철도시설 안전진단전문기관에 대하여 「채무자 회생 및 파산에 관한 법률」에 따른 회생절차 또는 「기업구조조정 촉진법」 제8조에 따른 공동관리절차가 계속 중인 경우 [본조신설 21·6·23]	

법	시 행 령	시 행 규 칙
못하게 된 경우. 다만, 일시적으로 등록기준에 미치지 못하게 된 경우 등 대통령령으로 정하는 경우에는 그러하지 아니하다. 8. 제44조의4 각 호의 어느 하나에 해당하는 경우. 다만, 제44조의4제6호에 해당하는 법인이 6개월 이내에 그 임원을 바꾸어 임명한 경우에는 그러하지 아니하다. 9. 제44조의5를 위반하여 타인에게 자기의 명칭 또는 상호를 사용하여 정기점검등의 업무를 하게 하거나 그 등록증을 빌려준 경우 10. 최근 2년 이내에 제36조에 따른 시정명령을 두 차례 받고 새로 시정명령에 해당하는 사유가 발생한 경우 11. 정밀진단 또는 성능평가를 수행할 자격이 있는 자가 아닌 자에게 정밀진단 또는 성능평가 업무를 수행하게 한 경우 12. 소속 임직원인 기술자가 수행하여야 할 정기점검등의 업무를 소속 임직원이 아닌 기술자에게 수행하게 한 경우 13. 다른 행정기관으로부터 법령에 따라 영업정지 등의 요청이 있는 경우 14. 국토교통부장관, 주무부처의 장 또는 지방자치단체의 장이 폐업사실을 확인한 경우 [본조신설 20·6·9] **제44조의7(행정처분 후의 업무수행)** ① 제44조의6에 따라 등록의 취소 또는 영업정지 처분을		

법	시 행 령	시 행 규 칙
받은 철도시설 안전진단전문기관은 그 처분 전에 체결한 정기점검등의 대행계약에 한정하여 해당 업무를 계속할 수 있다. 이 경우 철도시설 안전진단전문기관은 그 처분을 받은 내용을 지체 없이 정기점검등의 대행계약을 체결한 철도시설관리자에게 문서로 알려야 한다. ② 철도시설관리자는 제1항에 따른 통지를 받거나 그 사실을 안 때에는 그 날부터 30일 이내에 해당 계약을 해지할 수 있다. ③ 제1항에 따라 업무를 계속하는 자는 그 업무를 끝낼 때까지 그 업무에 관하여는 철도시설 안전진단전문기관으로 본다. [본조신설 20·6·9] 제44조의8(철도시설 안전진단전문기관의 영업 양도 등) ① 철도시설 안전진단전문기관이 영업의 양도나 합병을 하려는 경우에는 국토교통부령으로 정하는 바에 따라 시·도지사에게 신고하여야 한다. ② 영업의 양수인이나 합병으로 설립 또는 존속하는 법인은 제1항에 따른 신고를 함으로써 철도시설 안전진단전문기관으로서의 지위를 승계한다. ③ 철도시설 안전진단전문기관의 영업을 상속받으려는 경우에는 제1항 및 제2항을 준용한다.		제18조(철도시설 안전진단전문기관의 양도신고 등) ① 철도시설 안전진단전문기관은 법 제44조의8제1항에 따른 영업의 양도를 신고하려는 경우에는 양수인과 공동으로 별지 제19호서식의 철도시설 안전진단전문기관 양도·양수 신고서에 다음 각 호의 서류를 첨부하여 관할 시·도지사에게 제출해야 한다. 1. 양도·양수계약서 사본 2. 양수인에 관한 제16조제1항 각 호의 서류 ② 철도시설 안전진단전문기관은 법 제44조의8제1항에 따른 합병 신고를 하려는 경우에는 그 대표자와 합병 후에 존속하는 법인 또는 합병으로 설립되는 법인의 대표자가 공동으로 별지 제20호서식의 철도시설 안전진단전문기

법	시 행 령	시 행 규 칙
		관 법인합병 신고서에 다음 각 호의 서류를 첨부하여 합병 후에 존속하는 법인 또는 합병으로 설립되는 법인의 관할 시·도지사에게 제출해야 한다. 1. 합병계약서 사본 2. 합병공고문 3. 합병에 관한 사항을 의결한 총회 또는 창립총회의 결의서 사본 4. 합병 후에 존속하는 법인 또는 합병으로 설립되는 법인에 관한 제16조제1항 각 호의 서류 [본조신설 21·6·23]
제44조의9(권한의 위탁) 국토교통부장관은 제33조의2에 따른 정밀진단·성능평가 결과보고서의 평가 업무를 대통령령으로 정하는 바에 따라 관계 전문기관 또는 단체에 위탁할 수 있다. [본조신설 20·6·9]	제34조의5(권한의 위탁) 국토교통부장관은 법 제44조의9에 따라 법 제33조의2에 따른 평가 업무를 다음 각 호의 구분에 따른 기관에 위탁한다. 1. 별표 5의2 제1호의 구조물 및 건축물 분야에 관한 평가업무: 「국토안전관리원법」에 따른 국토안전관리원 2. 별표 5의2 제1호의 궤도 및 같은 표 제2호의 전철전력, 신호제어, 정보통신 분야에 관한 평가업무: 「한국교통안전공단법」에 따른 한국교통안전공단 [본조신설 21·6·23]	

제6장 벌칙 〈개정 18·3·13〉

제45조(벌칙) ① 다음 각 호의 어느 하나에 해당하는 자는 2년 이하의 징역 또는 2천만원

법	시 행 령	시 행 규 칙
이하의 벌금에 처한다.〈개정 20·6·9〉 1. 제29조제1항에 따른 정기점검, 제30조제1항에 따른 긴급점검 또는 제31조제1항·제2항에 따른 정밀진단을 실시하지 아니하거나 성실하게 실시하지 아니함으로써 철도시설에 중대한 손괴를 일으킨 자 2. 제30조제2항 또는 제6항을 위반하여 정당한 사유 없이 긴급점검을 실시하지 아니하거나 필요한 조치명령을 이행하지 아니함으로써 철도시설에 중대한 손괴를 일으킨 자 3. 제32조제1항을 위반하여 안전조치를 하지 아니함으로써 철도시설에 중대한 손괴를 일으킨 자 4. 제32조제2항 또는 제4항을 위반하여 보수·보강 등 필요한 조치를 하지 아니하거나 필요한 조치의 이행 및 시정 명령을 이행하지 아니함으로써 철도시설에 중대한 손괴를 일으킨 자 ② 다음 각 호의 어느 하나에 해당하는 자는 1년 이하의 징역 또는 1천만원 이하의 벌금에 처한다. 1. 제32조제1항을 위반하여 안전조치를 하지 아니한 자 2. 제32조제2항 또는 제4항을 위반하여 보수·보강 등 필요한 조치를 하지 아니하거나 필요한 조치의 이행 및 시정 명령을 이행하지 아니한 자 ③ 다음 각 호의 어느 하나에 해당하는 자는		

법	시 행 령	시 행 규 칙
500만원 이하의 벌금에 처한다. 1. 제30조제2항에 따른 긴급점검을 거부·방해 또는 기피한 자 2. 제36조에 따른 시정명령을 이행하지 아니한 자 3. 제41조제1항에 따른 실태점검을 거부·방해 또는 기피한 자 4. 제41조제3항을 위반하여 정당한 사유 없이 자료 제출을 하지 아니하거나 거짓으로 자료를 제출한 자 ④ 제42조에 따른 명령을 위반한 자는 300만원 이하의 벌금에 처한다. [전문개정 18·3·13] 〈종전의 제28조〉〈개정 18·3·13〉 제46조(양벌규정) 법인의 대표자나 법인 또는 개인의 대리인, 사용인, 그 밖의 종업원이 그 법인 또는 개인의 업무에 관하여 제45조의 위반행위를 하면 그 행위자를 벌하는 외에 그 법인 또는 개인에게도 해당 조문의 벌금형을 과(科)한다. 다만, 법인 또는 개인이 그 위반행위를 방지하기 위하여 해당 업무에 관하여 상당한 주의와 감독을 게을리하지 아니한 경우에는 그러하지 아니하다. [전문개정 09·3·25] 〈종전의 제29조〉〈개정 18·3·13〉 제47조(과태료) ① 다음 각 호의 어느 하나에 해당하는 자에게는 2천만원 이하의 과태료를 부과한다.	제35조(과태료의 부과기준) 법 제47조제1항부터 제4항까지의 규정에 따른 과태료의 부과기준은 별표 6과 같다.	

법	시 행 령	시 행 규 칙
1. 제30조제1항에 따른 긴급점검을 실시하지 아니한 자 2. 제31조제1항 및 제2항에 따른 정밀진단을 실시하지 아니한 자 ② 다음 각 호의 어느 하나에 해당하는 자에게는 1천만원 이하의 과태료를 부과한다. 1. 제26조제1항·제2항에 따라 시행계획을 수립하지 아니하거나 시행계획을 제출하지 아니한 자 2. 제27조제1항에 따른 철도시설의 이력정보를 보존하지 아니한 자 3. 제32조제1항에 따라 위험을 알리는 표지를 설치하지 아니한 자 4. 제32조제3항에 따른 통보를 하지 아니한 자 5. 제33조제1항에 따른 성능평가를 실시하지 아니한 자 6. 제34조제2항에 따른 시설 개선명령을 이행하지 아니한 자 ③ 다음 각 호의 어느 하나에 해당하는 자에게는 500만원 이하의 과태료를 부과한다.〈개정 20·6·9〉 1. 제27조제1항에 따른 철도시설의 이력정보를 제28조에 따른 철도시설정보관리체계에 등록하지 아니한 자 2. 제30조제7항에 따라 긴급점검 결과보고서를 제출하지 아니한 자 3. 제33조의2제2항에 따른 자료를 제출하지 아니하거나 거짓으로 제출한 자	[본조신설 19·3·12]	

법	시 행 령	시 행 규 칙
4. 제33조의2제3항을 위반하여 결과보고서를 수정 또는 보완하여 제출하지 아니한 자 5. 제41조제2항을 위반하여 정당한 사유 없이 시정 요청에 따르지 아니한 자 6. 제44조의2제2항을 위반하여 하도급한 사실을 통보하지 아니한 자 7. 제44조의3제3항에 따른 등록사항 변경의 신고를 하지 아니한 자 8. 제44조의3제5항에 따른 휴업·재개업 또는 폐업의 신고를 하지 아니한 자 9. 제44조의7제1항 후단을 위반하여 등록의 취소 또는 영업정지 처분을 받은 사실을 정기점검등의 대행계약을 체결한 철도시설관리자에게 알리지 아니한 자 10. 제44조의8에 따른 영업의 양도나 합병 또는 상속의 신고를 하지 아니한 자 ④ 다음 각 호의 어느 하나에 해당하는 자에게는 300만원 이하의 과태료를 부과한다. 1. 정당한 사유 없이 제10조에 따른 사업시행자의 행위를 거부 또는 방해한 자 2. 제40조제1항에 따른 보고 또는 자료 제출을 하지 아니하거나 거짓으로 한 자 및 검사를 거부·방해 또는 기피한 자 ⑤ 제1항부터 제4항까지에 따른 과태료는 대통령령으로 정하는 바에 따라 국토교통부장관이 부과·징수한다. [전문개정 18·3·13]		

법	시 행 령	시 행 규 칙
부 칙	부 칙	부 칙

제1조(시행일) 이 법은 공포후 6월이 경과한 날부터 시행한다.
 	
제2조(다른 법률의 폐지) 고속철도건설촉진법 및 공공철도건설촉진법 은 이를 각각 폐지한다.
 	
제3조(철도망계획에 대한 심의위원회 심의에 관한 적용례) 제4조제3항의 규정중 심의위원회의 심의는 이 법 시행일 이후 입안하는 철도망계획부터 적용한다.
 	
제4조(실시계획 승인에 대한 위원회의 심의에 관한 적용례) 제9조제2항의 규정은 이 법 시행일 이후 승인을 신청하는 실시계획부터 적용한다.
 	
제5조(일반적인 경과조치) 이 법 시행전에 종전의 고속철도건설촉진법 및 공공철도건설촉진법의 규정에 의하여 행정기관(사업시행자를 포함한다)이 행한 처분·행위 또는 각종 신고 그 밖의 행정기관에 대한 행위는 그에 해당하는 이 법에 따른 행정기관(사업시행자를 포함한다)의 행위 또는 행정기관에 대한 행위로 본다.
 	
제6조(의제조항에 관한 경과조치) 이 법 시행 당시 종전의 고속철도건설촉진법 제7조 및 공공철도건설촉진법 제3조의 규정에 의한 실시계획의 승인을 신청한 경우에는 종전의 고속철도건설촉진법 제8조 및 공공철도건설촉진법 제6조의 의제조항을 각각 적용한다.
	제1조(시행일) 이 영은 2005년 7월 1일부터 시행한다.
	
	제2조(다른 법령의 폐지) 다음 각 호의 대통령령은 이를 각각 폐지한다.
	  1. 고속철도건설촉진법시행령
	  2. 공공철도건설촉진법시행령
	
	제3조(원인자의 철도건설비용 부담에 관한 적용례) 제22조의 규정은 이 영 시행 후 최초로 법 제9조의 규정에 의하여 철도건설사업실시계획의 승인을 받아 시행되는 철도건설사업부터 적용한다.
	
	제4조(다른 법령의 개정) ①개발이익환수에관한법률시행령 일부를 다음과 같이 개정한다.
	별표 1의2 제5호중 "철도법, 항만법, 항공법, 고속철도건설촉진법"을 "「항만법」, 「항공법」"으로 한다.
	②건축법시행령일부를 다음과 같이 개정한다.
	제27조제2항제3호중 "철도법 제2조제1항"을 "「철도건설법」 제2조제1호"로 한다.
	③농지법시행령 일부를 다음과 같이 개정한다
	별표 2의 표 제4호를 다음과 같이 한다.
	  4. 「철도건설법」 제2조제6호의 규정에 의한 철도시설
	④산지관리법시행령 일부를 다음과 같이 개정한다.
		①(시행일) 이 규칙은 공포한 날부터 시행한다.
		②(다른 법령의 폐지) 고속철도건설촉진법시행규칙 및 공공철도건설촉진법시행규칙은 이를 각각 폐지한다.
		③(다른 법령의 개정) 도시계획시설의결정·구조및설치기준에관한규칙 일부를 다음과 같이 개정한다.
		  제22조제1호중 "철도법 제2조제1항"을 "「철도건설법」 제2조제1호"로 하고, 동조제3호를 삭제하며, 동조제4호중 "국유철도의운영에관한특례법 제2조제1호의 규정에 의한 국유철도사업"을 "「한국철도시설공단법」 제7조 및 「한국철도공사법」 제9조제1항의 규정에 의한 사업"으로 한다.
		  제24조제2호중 "철도법·도시철도법·공공철도건설촉진법 또는 고속철도건설촉진법"을 "「철도건설법」 또는 「도시철도법」"으로 한다.
		
		부 칙 〈08·3·14〉
		
		제1조(시행일) 이 영은 2009년 6월 26일부터 시행한다.
		
		제2조(고속철도건설사업의 원인자 비용부담에 관한 적용례) 제22조제1항의 개정규정은 이

법	시 행 령	시 행 규 칙
제7조(계획에 관한 경과조치) 이 법 시행 당시 종전의 고속철도건설촉진법 또는 공공철도건설촉진법에 의하여 결정된 철도건설사업의 기본계획 및 실시계획은 이 법에 의한 계획으로 본다. 제8조(벌칙 등에 관한 경과조치) 이 법 시행전에 종전의 고속철도건설촉진법 및 공공철도건설촉진법을 위반한 행위에 대한 벌칙 및 과태료의 적용에 있어서는 종전의 규정에 의한다. 제9조(다른 법률과의 관계) 이 법 시행 당시 다른 법률에서 종전의 고속철도건설촉진법 또는 공공철도건설촉진법 및 그 규정을 인용하고 있는 경우 이 법 중 그에 해당하는 규정이 있는 때에는 종전의 규정에 갈음하여 이 법 또는 이 법의 해당 규정을 인용한 것으로 본다. 제10조(다른 법률의 개정 등) ①공익사업을위한 토지등의취득및보상에관한법률중 다음과 같이 개정한다. 제69조제1항 각호외의 부분중 "공공철도건설촉진법"은 "철도건설법"으로, "공공철도의 건설·개량사업"은 "철도의 건설사업"으로 한다. ②신항만건설촉진법 중 다음과 같이 개정한다. 제9조제2항제13호 중 "공공철도건설촉진법 제3조의 규정에 의한 공공철도의 건설·개량사업실시계획의 승인"을 "철도건설법 제9조의 규정에 의한 철도건설사업의 실시계획 승인"으로 한다.	제44조제2항제2호가목중 "공공철도건설촉진법"을 "「철도건설법」"으로 한다. ⑤장애인·노인·임산부등의편의증진보장에관한법률시행령 일부를 다음과 같이 개정한다. 제2조제2호중 "고속철도건설촉진법에 의한 고속철도역사"를 "「철도건설법」에 의하여 건설되는 철도역사"로 한다. ⑥주차장법시행령일부를 다음과 같이 개정한다. 제4조제1항6호중 "공공철도건설촉진법"을 "「철도건설법」"으로, "공공철도건설사업"을 각각 "철도건설사업"으로, "공공철도"를 "철도"로 한다. ⑦한국철도시설공단법시행령일부를 다음과 같이 개정한다. 제24조제2항중 "공공철도건설촉진법 제3조 및 고속철도건설촉진법 제7조"를 "「철도건설법」 제9조"로 한다. 제25조제1항중 "공공철도건설촉진법·고속철도건설촉진법"을 "「철도건설법」"으로 한다. ⑧환경·교통·재해등에관한영향평가법시행령 일부를 다음과 같이 개정한다. 별표 1 제1호사목의 대상사업 범위란 (1) 본문 및 단서중 "철도법 제2조제1항·제2항"을 각각 "「철도건설법」 제2조제1호"로, "철도법 제2조제2항"을 각각 "「철도사업법」 제2조제5	영 시행 후 최초로 고속철도건설사업의 시행을 요구하는 원인자부터 적용한다. 제3조(조성 또는 설치 중인 토지 및 시설의 귀속에 관한 경과조치) 이 영 시행 당시 철도건설사업실시계획에 반영되어 「한국철도공사법」에 따라 설립된 한국철도공사가 조성 중이거나 설치 중인 토지 및 시설의 귀속에 대하여는 제18조제1항의 개정규정에 따른다. 부 칙 〈12·6·11〉 제1조(시행일) 이 규칙은 공포한 날부터 시행한다. 제2조부터 제8조까지 생략 부 칙 〈13·3·23〉 제1조(시행일) 이 규칙은 공포한 날부터 시행한다.〈단서 생략〉 제2조부터 제6조까지 생략 부 칙 〈14·8·7〉 제1조(시행일) 이 규칙은 공포한 날부터 시행한다. 제2조(서식에 관한 경과조치) 이 규칙 시행 당시 종전의 규정에 따라 사용 중인 서식은 계속 사용하되, 이 규칙에 따라 주민등록번호가 삭제되거나 생년월일로 개정된 부분은 삭제하거나 수정하여 사용한다.

법	시 행 령	시 행 규 칙

법

③사회간접자본시설에대한민간투자법중 다음과 같이 개정한다.

제2조제13호의 라목을 다음과 같이 하고, 동호 소목을 삭제한다.

　라. 철도건설법

　　　부　칙 〈05·3·31〉

제1조(시행일) 이 법은 공포 후 1년이 경과한 날부터 시행한다.

제2조 내지 제6조 생략

　　　부　칙 〈05·8·4〉

제1조(시행일) 이 법은 공포 후 1년이 경과한 날부터 시행한다.

제2조 내지 제12조 생략

　　　부　칙 〈05·12·29〉

제1조(시행일)이 법은 2006년 7월 1일부터 시행한다.

제2조 내지 제6조 생략

　　　부　칙 〈06·9·27〉

제1조(시행일) 이 법은 공포 후 1년이 경과한 날부터 시행한다.

제2조 내지 제11조 생략

시 행 령

호"로 하고, 동목(1)의 평가서 제출시기 또는 협의요청시기란중 "공공철도건설촉진법 제3조"를 "「철도건설법」 제9조로, "철도법 제6조의 규정에 의한 사업계획의 인가 전"을 "「철도사업법」 제5조의 규정에 의한 철도사업의 면허를 받기 전"으로 하며, 동목의 대상사업의 범위란 (4)중 "고속철도건설촉진법 제2조제1호"를 "「철도건설법」 제2조제2호로, 동목(4)의 평가서 제출시기 또는 협의요청시기란중 "고속철도건설촉진법 제7조"를 "「철도건설법」 제9조"로 한다.

별표 1 제2호가목(6)의 대상사업의 범위란 (가)중 "철도법 제2조제1항 또는 공공철도건설촉진법 제2조"를 "「철도건설법」 제2조"로 하고, 동목(6)의 평가서 제출시기 또는 협의요청시기란중 "철도법 제6조의 규정에 의한 사업계획의 인가 전 또는 공공철도건설촉진법 제3조"를 "「철도사업법」 제5조의 규정에 의한 사업의 면허를 받기 전 또는 「철도건설법」 제9조"로 한다.

　　　부　칙 〈07·12·17〉

이 영은 공포한 날부터 시행한다.

시 행 규 칙

　　　부　칙 〈19·1·2〉

이 규칙은 공포한 날부터 시행한다.

　　　부　칙 〈19·3·20〉

제1조(시행일) 이 규칙은 공포한 날부터 시행한다.

제2조(다른 법령의 개정) ① 개발이익 환수에 관한 법률 시행규칙 일부를 다음과 같이 개정한다.

제4조제4항제1호 중 "「철도건설법」"을 "「철도의 건설 및 철도시설 유지관리에 관한 법률」"로 한다.

② 국토교통부와 그 소속기관 직제 시행규칙 일부를 다음과 같이 개정한다.

제14조제6항제3호 중 "「철도건설법」"을 "「철도의 건설 및 철도시설 유지관리에 관한 법률」"로 한다.

③ 도시·군계획시설의 결정·구조 및 설치기준에 관한 규칙 일부를 다음과 같이 개정한다.

제22조제1호를 다음과 같이 한다.

1. 「철도의 건설 및 철도시설 유지관리에 관한 법률」 제2조제1호에 따른 철도

제24조제2호 중 "「철도건설법」"을 "「철도의 건설 및 철도시설 유지관리에 관한 법률」"로 한다.

④ 여객자동차 운수사업법 시행규칙 일부를 다음과 같이 개정한다.

법	시 행 령	시 행 규 칙
부 칙 〈07·1·19〉 제1조(시행일) 이 법은 공포 후 3개월이 경과한 날부터 시행한다. 제2조 내지 제4조 생략 부 칙 〈07·4·6〉 제1조(시행일) 이 법은 공포 후 1년이 경과한 날부터 시행한다. 제2조 내지 제17조 생략 부 칙 〈07·4·11 제8352호〉 제1조(시행일) 이 법은 공포한 날부터 시행한다. 〈단서 생략〉 제2조 내지 제16조 생략 부 칙 〈07·4·11 제8355호〉 제1조(시행일) 이 법은 공포한 날부터 시행한다. 제2조 내지 제6조 생략 부 칙 〈07·4·11 제8369호〉 제1조(시행일) 이 법은 공포한 날부터 시행한다. 〈단서 생략〉 제2조 내지 제16조 생략	부 칙 〈08·2·29〉 제1조(시행일) 이 영은 공포한 날부터 시행한다. 다만, 부칙 제6조에 따라 개정되는 대통령령 중 이 영의 시행 전에 공포되었으나 시행일이 도래하지 아니한 대통령령을 개정한 부분은 각각 해당 대통령령의 시행일부터 시행한다. 제2조부터 제6조까지 생략 부 칙 〈08·12·31 제21214호〉 제1조(시행일) 이 영은 공포한 날부터 시행한다. 〈단서 생략〉 제2조부터 제5조까지 생략 부 칙 〈08·12·31 제21215호〉 이 영은 공포한 날부터 시행한다. 부 칙 〈08·12·31 제21231호〉 제1조(시행일) 이 영은 2009년 1월 1일부터 시행한다. 제2조부터 제5조까지 생략 부 칙 〈09·6·19〉 제1조(시행일) 이 영은 2009년 6월 26일부터 시행한다.	제13조제1호 중 "「철도건설법」"을 "「철도의 건설 및 철도시설 유지관리에 관한 법률」"로 한다. ⑤ 지속가능 교통물류 발전법 시행규칙 일부를 다음과 같이 개정한다. 제8조제4호 중 "「철도건설법」"을 "「철도의 건설 및 철도시설 유지관리에 관한 법률」"로 한다. ⑥ 지하안전관리에 관한 특별법 시행규칙 일부를 다음과 같이 개정한다. 별표 3 제1호의 세부내용란 각 목 외의 부분 중 "「철도건설법」"을 "「철도의 건설 및 철도시설 유지관리에 관한 법률」"로 한다. ⑦ 철도건설규칙 일부를 다음과 같이 개정한다. 제1조 중 "「철도건설법」"을 "「철도의 건설 및 철도시설 유지관리에 관한 법률」"로 한다. ⑧ 철도사업법 시행규칙 일부를 다음과 같이 개정한다. 제2조제1항 전단 중 "「철도건설법」 제9조의 규정에 의한"을 "「철도의 건설 및 철도시설 유지관리에 관한 법률」 제9조에 따른"으로 한다. ⑨ 철도안전법 시행규칙 일부를 다음과 같이 개정한다. 제42조를 삭제한다. 제44조제1호 중 "법 제7조제5항·제25조제1항"을 "법 제7조제5항"으로 한다. 제75조의2제1항제1호 중 "법 제25조제1항"을

법	시 행 령	시 행 규 칙
부 칙 〈07·4·11 제8370호〉 제1조(시행일) 이 법은 공포한 날부터 시행한다. 〈단서 생략〉 제2조 내지 제20조 생략 부 칙 〈07·4·11 제8371호〉 제1조(시행일) 이 법은 공포한 날부터 시행한다. 〈단서 생략〉 제2조 내지 제10조 생략 부 칙 〈07·4·27〉 제1조(시행일) 이 법은 공포한 날부터 시행한다. 〈단서 생략〉 제2조부터 제14조 생략 부 칙 〈07·5·17〉 제1조(시행일) 이 법은 공포 후 6개월이 경과한 날부터 시행한다. 제2조부터 제5조 생략 부 칙 〈07·12·21〉 제1조 (시행일) 이 법은 공포 후 9개월이 경과한 날부터 시행한다.〈단서 생략〉 제2조부터 제11조까지 생략	제2조(고속철도건설사업의 원인자 비용부담에 관한 적용례) 제22조제1항의 개정규정은 이 영 시행 후 최초로 고속철도건설사업의 시행을 요구하는 원인자부터 적용한다. 제3조(조성 또는 설치 중인 토지 및 시설의 귀속에 관한 경과조치) 이 영 시행 당시 철도건설사업실시계획에 반영되어 「한국철도공사법」에 따라 설립된 한국철도공사가 조성 중이거나 설치 중인 토지 및 시설의 귀속에 대하여는 제18조제1항의 개정규정에 따른다. 부 칙 〈09·12·14〉 제1조(시행일) 이 영은 공포한 날부터 시행한다. 〈단서 생략〉 제2조부터 제5조까지 생략 부 칙 〈10·1·7〉 제1조(시행일) 이 영은 공포한 날부터 시행한다. 제2조부터 제4조 생략 부 칙 〈10·5·4〉 제1조(시행일) 이 영은 2010년 5월 5일부터 시행한다. 제2조부터 제4조까지 생략	"「철도의 건설 및 철도시설 유지관리에 관한 법률」 제19조제1항 및 제2항"으로 한다.

법	시 행 령	시 행 규 칙
부　　　　칙 〈07·12·27 제8819호〉 제1조(시행일) 이 법은 공포 후 6개월이 경과한 날부터 시행한다.〈단서 생략〉 제2조부터 제9조까지 생략 부　　　　칙 〈07·12·27 제8820호〉 제1조(시행일) 이 법은 공포 후 6개월이 경과한 날부터 시행한다.〈단서 생략〉 제2조부터 제9조까지 생략 부　　　　칙 〈08·2·29〉 제1조(시행일) 이 법은 공포한 날부터 시행한다. 다만, ···〈생략〉···, 부칙 제6조에 따라 개정되는 법률 중 이 법의 시행 전에 공포되었으나 시행일이 도래하지 아니한 법률을 개정한 부분은 각각 해당 법률의 시행일부터 시행한다. 제2조부터 제7조까지 생략 부　　　　칙 〈08·3·21 제8974호〉 제1조(시행일) 이 법은 공포한 날부터 시행한다. 〈단서 생략〉 제2조부터 제14조까지 생략	부　　　　칙 〈10·9·20〉 제1조(시행일) 이 영은 2011년 1월 1일부터 시행한다. 제2조부터 제9조까지 생략 부　　　　칙 〈10·10·14〉 제1조(시행일) 이 영은 2010년 10월 16일부터 시행한다. 제2조 생략 부　　　　칙 〈10·12·13〉 제1조(시행일) 이 영은 공포한 날부터 시행한다. 〈단서 생략〉 제2조부터 제14조까지 생략 부　　　　칙 〈11·1·17〉 제1조(시행일) 이 영은 공포한 날부터 시행한다. 제2조부터 제5조까지 생략 부　　　　칙 〈12·1·25〉 제1조(시행일) 이 영은 2012년 1월 26일부터 시행한다. 제2조 및 제3조 생략	

법	시 행 령	시 행 규 칙
부　　칙〈08·3·21 제8976호〉 제1조(시행일) 이 법은 공포한 날부터 시행한다. 　〈단서 생략〉 제2조부터 제10조까지 생략 부　　칙〈08·12·31〉 제1조(시행일) 이 법은 공포한 날부터 시행한다. 제2조 및 제3조 생략 부　　칙〈09·1·30〉 제1조(시행일) 이 법은 공포 후 6개월이 경과한 　날부터 시행한다.〈단서 생략〉 제2조부터 제11조까지 생략 부　　칙〈09·3·25〉 제1조(시행일) 이 법은 공포 후 3개월이 경과한 　날부터 시행한다. 다만, 제28조의 개정규정은 　공포한 날부터, 부칙 제4조제2항은 2009년 7월 　31일부터 각각 시행한다. 제2조(위원회에 대한 경과조치) 이 법 시행 당 　시 종전의 규정에 따라 행하여진 철도건설심 　의위원회 및 고속철도건설에 관한 추진위원회 　의 행위 또는 철도건설심의위원회 및 고속철 　도건설에 관한 추진위원회에 대한 행위는 그 　에 해당하는 이 법에 따른 위원회의 행위 또 　는 위원회에 대한 행위로 본다.	부　　칙〈12·4·10〉 제1조(시행일) 이 영은 2012년 4월 15일부터 시 　행한다.〈단서 생략〉 제2조부터 제15조까지 생략 부　　칙〈13·3·23〉 제1조(시행일) 이 영은 공포한 날부터 시행한다. 　〈단서 생략〉 제2조부터 제6조까지 생략 부　　칙〈13·10·4〉 이 영은 2013년 10월 6일부터 시행한다. 부　　칙〈14·5·22〉 제1조(시행일) 이 영은 2014년 5월 23일부터 시 　행한다. 제2조부터 제13조까지 생략 부　　칙〈15·6·1〉 제1조(시행일) 이 영은 2015년 6월 4일부터 시 　행한다. 제2조 및 제3조 생략 부　　칙〈16·1·22〉 제1조(시행일) 이 영은 2016년 1월 25일부터 시	

법	시 행 령	시 행 규 칙
제3조(벌칙에 관한 경과조치) 이 법 시행 전의 행위에 대한 벌칙의 적용에 있어서는 종전의 규정에 따른다. 제4조(다른 법률의 개정) ① 철도산업발전기본법 일부를 다음과 같이 개정한다. 제6조제4항 및 제5항 중 "실무위원회"를 각각 "분과위원회"로 한다. ② 법률 제9401호 국유재산법 전부개정법률 일부를 다음과 같이 개정한다. 부칙 제10조제71항 중 "제23조제3항"을 "제23조의2 제1항"으로 한다. 　　　　부　　　칙 〈09·6·9 제9763호〉 제1조(시행일) 이 법은 공포 후 9개월이 경과한 날부터 시행한다. 〈단서 생략〉 제2조부터 제8조까지 생략 　　　　부　　　칙 〈09·6·9 제9770호〉 제1조(시행일) 이 법은 2010년 7월 1일부터 시행한다. 〈단서 생략〉 제2조부터 제7조까지 생략 　　　　부　　　칙 〈09·6·9 제9772호〉 제1조(시행일) 이 법은 공포 후 6개월이 경과한 날부터 시행한다. 제2조부터 제6조까지 생략	행한다. 제2조부터 제5조까지 생략	

법	시 행 령	시 행 규 칙
부　　　칙 〈10·4·15 제10266호〉 제1조(시행일) 이 법은 공포 후 6개월이 경과한 날부터 시행한다. 제2조 생략 **부　　　칙** 〈10·4·15 제10272호〉 제1조(시행일) 이 법은 공포 후 6개월이 경과한 날부터 시행한다. 제2조부터 제14조까지 생략 **부　　　칙** 〈10·5·31〉 제1조(시행일) 이 법은 공포 후 6개월이 경과한 날부터 시행한다. 〈단서 생략〉 제2조부터 제13조까지 생략 **부　　　칙** 〈11·4·14〉 제1조(시행일) 이 법은 공포 후 1년이 경과한 날부터 시행한다. 〈단서 생략〉 제2조부터 제9조까지 생략 **부　　　칙** 〈13·3·23〉 제1조(시행일) ① 이 법은 공포한 날부터 시행한다. ② 생략 제2조부터 제6조까지 생략		

법	시 행 령	시 행 규 칙
부 칙 〈13·4·5〉 제1조(시행일) 이 법은 공포 후 6개월이 경과한 날부터 시행한다. 제2조(인·허가등 의제의 협의간주에 관한 적용례) 제11조제3항의 개정규정은 이 법 시행 후 국토교통부장관이 관계 행정기관의 장에게 협의를 요청하는 것부터 적용한다. 제3조(토지의 지하부분 사용의 보상에 관한 적용례) 제12조의2의 개정규정은 이 법 시행 후 철도건설사업실시계획의 승인을 받아 다른 자의 토지의 지하부분을 사용하는 것부터 적용한다. 제4조(구분지상권의 존속기간에 관한 적용례) 제12조의3제4항의 개정규정은 이 법 시행 후 철도건설사업실시계획의 승인을 받아 다른 자의 토지의 지하부분 사용에 관한 구분지상권을 설정하거나 이전하는 것부터 적용한다. **부 칙** 〈13·5·22〉 제1조(시행일) 이 법은 공포 후 1년이 경과한 날부터 시행한다. 제2조부터 제26조까지 생략 **부 칙** 〈13·8·6〉 제1조(시행일) 이 법은 공포 후 6개월이 경과한		

법	시 행 령	시 행 규 칙
날부터 시행한다. 제2조(철도건설사업의 촉진 및 품질향상 등을 위한 특례에 관한 적용례) 제18조제2항의 개정규정은 이 법 시행 후 최초로 시행하는 철도시설의 건설공사부터 적용한다. 　　　부　　　칙 〈14·1·14〉 제1조(시행일) 이 법은 공포 후 6개월이 경과한 날부터 시행한다. 제2조부터 제25조까지 생략 　　　부　　　칙 〈14·5·21〉 제1조(시행일) 이 법은 공포 후 6개월이 경과한 날부터 시행한다. 제2조(적용례) 제11조제3항의 개정규정은 이 법 시행 후 최초로 협의요청을 받은 분부터 적용한다. 　　　부　　　칙 〈15·8·11〉 이 법은 공포 후 6개월이 경과한 날부터 시행한다. 　　　부　　　칙 〈16·1·19〉 제1조(시행일) 이 법은 공포 후 1년이 경과한 날부터 시행한다. 제2조부터 제11조까지 생략		

법	시 행 령	시 행 규 칙

부   칙 〈17 · 1 · 17〉

제1조(시행일) 이 법은 공포 후 1년이 경과한 날부터 시행한다. 다만, 부칙 제6조에 따라 개정되는 법률 중 이 법 시행 전에 공포되었으나 시행일이 도래하지 아니한 법률을 개정한 부분은 각각 해당 법률의 시행일부터 시행한다.

제2조부터 제7조까지 생략

부   칙 〈17 · 12 · 26〉

제1조(시행일) 이 법은 공포 후 6개월이 경과한 날부터 시행한다.

제2조(다른 법률에 따른 인가·허가 등의 의제에 관한 적용례) 제11조제1항제25호의 개정규정은 이 법 시행 후 최초로 실시계획을 승인하는 경우부터 적용한다.

부   칙 〈18 · 3 · 13〉

제1조(시행일) 이 법은 공포 후 1년이 경과한 날부터 시행한다.

제2조(다른 법률의 개정) ① 간선급행버스체계

부   칙 〈19 · 3 · 12〉

제1조(시행일) 이 영은 2019년 3월 14일부터 시행한다.

제2조(정밀진단의 실시시기에 관한 특례) 이 영

부   칙 〈20 · 9 · 9〉

이 규칙은 2020년 9월 10일부터 시행한다.

부   칙 〈21 · 6 · 23〉

법	시 행 령	시 행 규 칙
의 건설 및 운영에 관한 특별법 일부를 다음과 같이 개정한다. 제4조제3항제7호 중 "「철도건설법」"을 "「철도의 건설 및 철도시설 유지관리에 관한 법률」"로 한다. ② 경관법 일부를 다음과 같이 개정한다. 제26조제1항제2호 중 "「철도건설법」"을 "「철도의 건설 및 철도시설 유지관리에 관한 법률」"로 한다. ③ 공공주택 특별법 일부를 다음과 같이 개정한다. 제18조제1항제30호의2 중 "「철도건설법」"을 "「철도의 건설 및 철도시설 유지관리에 관한 법률」"로 한다. 제33조제1항제8호 중 "「철도건설법」"을 "「철도의 건설 및 철도시설 유지관리에 관한 법률」"로 한다. 제35조제4항제18호의2 중 "「철도건설법」"을 "「철도의 건설 및 철도시설 유지관리에 관한 법률」"로 한다. 제40조의4 제목 "(「철도건설법」 등에 대한 특례)"를 "(「철도의 건설 및 철도시설 유지관리에 관한 법률」 등에 대한 특례)"로 하고, 같은 조 제1항 중 "「철도건설법」"을 "「철도의 건설 및 철도시설 유지관리에 관한 법률」"로 한다.	시행 전에 법 제16조에 따른 준공확인(준공 전 사용허가를 받은 경우에는 사용허가를 말한다. 이하 같다)을 받은 철도시설에 대한 최초의 정밀진단의 실시시기는 별표 2 비고 제2호에도 불구하고 다음 각 호의 구분에 따른다. 〈개정 21·6·23〉 1. 준공확인을 받은 날부터 이 영 시행일까지의 기간이 10년 이상인 경우: 법 제24조제4항에 따라 철도시설의 유지관리 기본계획이 고시된 날부터 3년 이내 2. 준공확인을 받은 날부터 이 영 시행일까지의 기간이 8년 이상 10년 미만인 경우: 법 제24조제4항에 따라 철도시설의 유지관리 기본계획이 고시된 날부터 4년 이내 3. 준공확인을 받은 날부터 이 영 시행일까지의 기간이 8년 미만인 경우: 제2호에 따른 날과 별표 2 비고 제2호에 따른 날 중 늦은 날까지 제3조(성능평가의 실시시기에 관한 특례) 제31조에 따른 최초의 성능평가는 법 제24조제4항에 따라 철도시설의 유지관리 기본계획이 고시된 날부터 3년 이내에 실시한다.〈개정 21·6·23〉 제4조(다른 법령의 개정) ① 건축법 시행령 일부를 다음과 같이 개정한다. 제27조제2항제3호 중 "「철도건설법」"을 "「철도의 건설 및 철도시설 유지관리에 관한 법률」	이 규칙은 공포한 날부터 시행한다. 부 칙 〈21·6·23〉 이 규칙은 공포한 날부터 시행한다. 〈단서 생략〉

법	시 행 령	시 행 규 칙
④ 공익사업을 위한 토지 등의 취득 및 보상에 관한 법률 일부를 다음과 같이 개정한다. 제69조제1항 각 호 외의 부분 중 "「철도건설법」"을 "「철도의 건설 및 철도시설 유지관리에 관한 법률」"로 한다. ⑤ 교통시설특별회계법 일부를 다음과 같이 개정한다. 제2조제2호 및 제3호 중 "「철도건설법」"을 각각 "「철도의 건설 및 철도시설 유지관리에 관한 법률」"로 한다. ⑥ 국가통합교통체계효율화법 일부를 다음과 같이 개정한다. 제2조제7호나목 중 "「철도건설법」"을 "「철도의 건설 및 철도시설 유지관리에 관한 법률」"로 한다. 제5조제3항제4호 중 "「철도건설법」"을 "「철도의 건설 및 철도시설 유지관리에 관한 법률」"로 한다. ⑦ 노후거점산업단지의 활력증진 및 경쟁력강화를 위한 특별법 일부를 다음과 같이 개정한다. 제2조제4호가목7) 중 "「철도건설법」"을 "「철도의 건설 및 철도시설 유지관리에 관한 법률」"로 한다. ⑧ 법률 제15356호 민간임대주택에 관한 특별법 일부개정법률 일부를 다음과 같이 개정한다. 제2조제13호가목 중 "「철도건설법」"을 "「철도	"로 한다. ② 공간정보의 구축 및 관리 등에 관한 법률 시행령 일부를 다음과 같이 개정한다. 제83조제1항제12호 중 "「철도건설법」"을 "「철도의 건설 및 철도시설 유지관리에 관한 법률」"로 한다. 별표 3 제6호가목 본문 및 같은 호 라목 중 "「철도건설법」"을 각각 "「철도의 건설 및 철도시설 유지관리에 관한 법률」"로 한다. ③ 공공주택 특별법 시행령 일부를 다음과 같이 개정한다. 제34조제2항 중 "「철도건설법」"을 "「철도의 건설 및 철도시설 유지관리에 관한 법률」"로 한다. ④ 교통안전법 시행령 일부를 다음과 같이 개정한다. 별표 2 나목의 대상 교통시설란의 1), 같은 목의 법 제34조제2항에 따른 교통시설안전진단보고서 제출시기란의 1) 및 같은 목의 법 제34조제4항에 따른 교통시설안전진단보고서 제출시기란의 1) 중 "「철도건설법」"을 각각 "「철도의 건설 및 철도시설 유지관리에 관한 법률」"로 한다. ⑤ 국가통합교통체계효율화법 시행령 일부를 다음과 같이 개정한다. 제103조제1항제1호나목 중 "「철도건설법」"을	

법	시 행 령	시 행 규 칙
의 건설 및 철도시설 유지관리에 관한 법률」"로 한다. ⑨ 방송통신발전 기본법 일부를 다음과 같이 개정한다. 제40조의3 각 호 외의 부분 전단 중 "「철도건설법」"을 "「철도의 건설 및 철도시설 유지관리에 관한 법률」"로 한다. ⑩ 사회기반시설에 대한 민간투자법 일부를 다음과 같이 개정한다. 제2조제13호나목 중 "「철도건설법」"을 "「철도의 건설 및 철도시설 유지관리에 관한 법률」"로 한다. ⑪ 산지관리법 일부를 다음과 같이 개정한다. 제35조제1항제2호가목 중 "「철도건설법」"을 "「철도의 건설 및 철도시설 유지관리에 관한 법률」"로 한다. ⑫ 신항만건설 촉진법 일부를 다음과 같이 개정한다. 제9조제2항제11호 중 "「철도건설법」"을 "「철도의 건설 및 철도시설 유지관리에 관한 법률」"로 한다. ⑬ 여객자동차 운수사업법 일부를 다음과 같이 개정한다. 제4조제4항제1호 중 "「철도건설법」"을 "「철도의 건설 및 철도시설 유지관리에 관한 법률」"로 한다.	"「철도의 건설 및 철도시설 유지관리에 관한 법률」"로 한다. 별표 1 중 역세권개발사업란을 다음과 같이 한다. | 역세권개발사업	「역세권의 개발 및 이용에 관한 법률」 제4조1항에 따른역세권개발 구역지정 | 별표 3의 사업란 및 심의시기란 중 "「철도건설법」"을 각각 "「철도의 건설 및 철도시설 유지관리에 관한 법률」"로 한다. ⑥ 국토기본법 시행령 일부를 다음과 같이 개정한다. 별표 제2호라목의 국토계획평가 대상란 및 국토계획평가 요청서의 제출 시기란 중 "「철도건설법」"을 각각 "「철도의 건설 및 철도시설 유지관리에 관한 법률」"로 한다. ⑦ 대중교통의 육성 및 이용촉진에 관한 법률 시행령 일부를 다음과 같이 개정한다. 제10조제4호 중 "「철도건설법」에 의한"을 "「철도의 건설 및 철도시설 유지관리에 관한 법률」에 따른"으로 한다. ⑧ 도시교통정비 촉진법 시행령 일부를 다음과 같이 개정한다. 별표 1 제1호바목1)의 교통영향평가 대상사업의 범위란 및 같은 1)의 교통영향평가서의 제출·심의시기란 중 "「철도건설법」"을 각각 "「철도의 건설 및 철도시설 유지관리에 관한 법률」"로 한다.	

법	시 행 령	시 행 규 칙
⑭ 역세권의 개발 및 이용에 관한 법률 일부를 다음과 같이 개정한다. 제2조제1호 중 "「철도건설법」"을 "「철도의 건설 및 철도시설 유지관리에 관한 법률」"로 한다. 제12조제1항제7호 중 "「철도건설법」"을 "「철도의 건설 및 철도시설 유지관리에 관한 법률」""로 한다. 제17조제1항 각 호 외의 부분 단서 중 "「철도건설법」"을 "「철도의 건설 및 철도시설 유지관리에 관한 법률」"로 한다. ⑮ 지방세특례제한법 일부를 다음과 같이 개정한다. 제63조제2항제2호 중 "「철도건설법」"을 "「철도의 건설 및 철도시설 유지관리에 관한 법률」""로 한다. ⑯ 지진·화산재해대책법 일부를 다음과 같이 개정한다. 제14조제1항제22호 중 "「철도건설법」"을 "「철도의 건설 및 철도시설 유지관리에 관한 법률」""로 한다. ⑰ 철도물류산업의 육성 및 지원에 관한 법률 일부를 다음과 같이 개정한다. 제7조 중 "「철도건설법」"을 "「철도의 건설 및 철도시설 유지관리에 관한 법률」"로 한다. 제10조제1항 본문 및 같은 조 제2항 중 "「철도건설법」"을 각각 "「철도의 건설 및 철도시	⑨ 도시재정비 촉진을 위한 특별법 시행령 일부를 다음과 같이 개정한다. 제6조제2항제1호 및 제2호 중 "「철도건설법」"을 각각 "「철도의 건설 및 철도시설 유지관리에 관한 법률」"로 한다. ⑩ 도시철도법 시행령 일부를 다음과 같이 개정한다. 제21조제3호를 다음과 같이 한다. 3.「철도의 건설 및 철도시설 유지관리에 관한 법률」 ⑪ 민간인 통제선 이북지역의 산지관리에 관한 특별법 시행령 일부를 다음과 같이 개정한다. 제6조제3호 중 "「철도건설법」"을 "「철도의 건설 및 철도시설 유지관리에 관한 법률」"로 한다. ⑫ 민간임대주택에 관한 특별법 시행령 일부를 다음과 같이 개정한다. 제31조제3항제4호 중 "「철도건설법」"을 "「철도의 건설 및 철도시설 유지관리에 관한 법률」""로 한다. ⑬ 방송통신설비의 기술기준에 관한 규정 일부를 다음과 같이 개정한다. 제3조제1항제11호 중 "「철도건설법」"을 "「철도의 건설 및 철도시설 유지관리에 관한 법률」""로 한다. ⑭ 부가가치세법 시행령 일부를 다음과 같이 개정한다.	

법	시 행 령	시 행 규 칙
설 유지관리에 관한 법률」로 한다. 제11조제1항 중 "「철도건설법」"을 "「철도의 건설 및 철도시설 유지관리에 관한 법률」"로 한다. ⑱ 철도안전법 일부를 다음과 같이 개정한다. 제25조를 삭제한다. 제38조제2항 중 "제25조제1항"을 "「철도의 건설 및 철도시설 유지관리에 관한 법률」 제19조제1항"으로 한다. ⑲ 한국철도공사법 일부를 다음과 같이 개정한다. 제9조제1항제6호 중 "「철도건설법」"을 "「철도의 건설 및 철도시설 유지관리에 관한 법률」"로 한다. ⑳ 항만공사법 일부를 다음과 같이 개정한다. 제23조제1항제22호 중 "「철도건설법」"을 "「철도의 건설 및 철도시설 유지관리에 관한 법률」"로 한다. 제3조(다른 법령과의 관계) 이 법 시행 당시 다른 법령에서 「철도건설법」 또는 그 규정을 인용한 경우에 이 법 가운데 그에 해당하는 규정이 있으면 종전의 규정을 갈음하여 이 법 또는 이 법의 해당 조항을 인용한 것으로 본다. 　　　　부　　　칙 〈19·11·26〉 이 법은 공포 후 1개월이 경과한 날부터 시행한다.	제37조제1호라목 및 같은 조 제2호다목 중 "「철도건설법」"을 각각 "「철도의 건설 및 철도시설 유지관리에 관한 법률」"로 한다. 제46조제2호 중 "「철도건설법」"을 "「철도의 건설 및 철도시설 유지관리에 관한 법률」"로 한다. ⑮ 산지관리법 시행령 일부를 다음과 같이 개정한다. 제32조의3제1항제2호가목 중 "「철도건설법」"을 "「철도의 건설 및 철도시설 유지관리에 관한 법률」"로 한다. 별표 5 제1호라목의 대상시설란 중 "「철도건설법」"을 "「철도의 건설 및 철도시설 유지관리에 관한 법률」"로 한다. ⑯ 수목원·정원의 조성 및 진흥에 관한 법률 시행령 일부를 다음과 같이 개정한다. 제3조의2제1항제2호 중 "「철도건설법」"을 "「철도의 건설 및 철도시설 유지관리에 관한 법률」"로 한다. ⑰ 시설물의 안전 및 유지관리에 관한 특별법 시행령 일부를 다음과 같이 개정한다. 별표 1 비고란 제14호 본문 중 "「철도건설법」"을 "「철도의 건설 및 철도시설 유지관리에 관한 법률」"로 한다. ⑱ 에너지이용 합리화법 시행령 일부를 다음과 같이 개정한다. 별표 1 제1호마목1)의 구분 및 대상 범위란	

법	시　행　령	시　행　규　칙
부　　칙 〈20·3·31〉 제1조(시행일) 이 법은 공포 후 1년이 경과한 날부터 시행한다. 〈단서 생략〉 제2조부터 제7조까지 생략 **부　　칙** 〈제17447호, 20·6·9〉 제1조(시행일) 이 법은 공포 후 6개월이 경과한 날부터 시행한다. 제2조부터 제7조까지 생략 **부　　칙** 〈제17453호, 20·6·9〉 이 법은 공포한 날부터 시행한다. 〈단서 생략〉 **부　　칙** 〈제17458호, 20·6·9〉 제1조(시행일) 이 법은 공포 후 1년이 경과한 날부터 시행한다. 제2조(정밀진단·성능평가 결과보고서의 평가에 관한 적용례) 제33조의2의 개정규정은 이 법 시행 이후 제31조 또는 제33조에 따라 정밀진단 또는 성능평가를 실시하는 경우부터 적용한다. 제3조(하도급 제한 등에 관한 적용례) 제44조의2의 개정규정은 이 법 시행 이후 정기점검, 긴급점검, 정밀진단 또는 성능평가의 도급을 받는 경우부터 적용한다.	및 같은 1)의 에너지사용계획의 제출 시기란 중 "「철도건설법」"을 각각 "「철도의 건설 및 철도시설 유지관리에 관한 법률」"로 한다. ⑲ 자연재해대책법 시행령 일부를 다음과 같이 개정한다. 별표 1 제1호다목1)의 대상 행정계획란 및 같은 표 제2호라목1)의 대상 개발사업란 중 "「철도건설법」"을 각각 "「철도의 건설 및 철도시설 유지관리에 관한 법률」"로 한다. ⑳ 자연환경보전법 시행령 일부를 다음과 같이 개정한다. 별표 2 제2호사목(1) 본문 및 같은 목 (4) 중 "「철도건설법」"을 각각 "「철도의 건설 및 철도시설 유지관리에 관한 법률」"로 한다. ㉑ 저탄소 녹색성장 기본법 시행령 일부를 다음과 같이 개정한다. 별표 6 제48호 중 "「철도건설법」"을 "「철도의 건설 및 철도시설 유지관리에 관한 법률」"로 한다. ㉒ 조세특례제한법 시행령 일부를 다음과 같이 개정한다. 별표 6의2 제17호 중 "「철도건설법」"을 "「철도의 건설 및 철도시설 유지관리에 관한 법률」"로, "동법 제22조"를 "「역세권의 개발 및 이용에 관한 법률」 제4조"로 한다. ㉓ 주차장법 시행령 일부를 다음과 같이 개정	

법	시 행 령	시 행 규 칙
부　　칙 〈제17460호, 20·6·9〉 제1조(시행일) 이 법은 공포 후 3개월이 경과한 날부터 시행한다. 제2조부터 제4조까지 생략 **부　　칙** 〈제18522호, 21·11·30〉 제1조(시행일) 이 법은 공포 후 1년이 경과한 날부터 시행한다. 〈단서 생략〉 제2조부터 제15조까지 생략 **부　　칙** 〈제18787호, 22·1·21〉 이 법은 공포 후 6개월이 경과한 날부터 시행한다. **부　　칙** 〈제19117호, 22·12·27〉 제1조(시행일) 이 법은 공포 후 6개월이 경과한 날부터 시행한다. 제2조 및 제3조 생략	한다. 별표 1 비고란 제1호바목 중 "「철도건설법」"을 "「철도의 건설 및 철도시설 유지관리에 관한 법률」"로 한다. ㉔ 지방세기본법 시행령 일부를 다음과 같이 개정한다. 별표 3 제254호의 과세자료의 구체적인 범위란 중 "「철도건설법」"을 "「철도의 건설 및 철도시설 유지관리에 관한 법률」"로 한다. ㉕ 지방세법 시행령 일부를 다음과 같이 개정한다. 별표 제1종 제207호 본문, 같은 표 제2종 제160호 본문, 같은 표 제3종 제223호 본문 및 같은 표 제4종 제173호 중 "「철도건설법」"을 각각 "「철도의 건설 및 철도시설 유지관리에 관한 법률」"로 한다. ㉖ 지역 개발 및 지원에 관한 법률 시행령 일부를 다음과 같이 개정한다. 제2조제1호 중 "「철도건설법」"을 "「철도의 건설 및 철도시설 유지관리에 관한 법률」"로 한다. ㉗ 지진·화산재해대책법 시행령 일부를 다음과 같이 개정한다. 제5조제1항제6호 중 "「철도건설법」"을 "「철도의 건설 및 철도시설 유지관리에 관한 법률」"로 한다.	

법	시 행 령	시 행 규 칙
	제10조제1항제19호 중 "「철도건설법」"을 "「철도의 건설 및 철도시설 유지관리에 관한 법률」"로 한다. ㉘ 지하안전관리에 관한 특별법 시행령 일부를 다음과 같이 개정한다. 제2조제10호 중 "「철도건설법」"을 "「철도의 건설 및 철도시설 유지관리에 관한 법률」"로 한다. 별표 1 제7호다목의 대상사업의 종류 및 범위란 및 같은 목 2)의 협의 요청시기란 중 "「철도건설법」"을 "「철도의 건설 및 철도시설 유지관리에 관한 법률」"로 한다. ㉙ 철도물류산업의 육성 및 지원에 관한 법률 시행령 일부를 다음과 같이 개정한다. 제4조제1항 각 호 외의 부분 중 "「철도건설법」"을 "「철도의 건설 및 철도시설 유지관리에 관한 법률」"로 한다. ㉚ 철도안전법 시행령 일부를 다음과 같이 개정한다. 제24조제3호를 다음과 같이 한다. 3. 「철도의 건설 및 철도시설 유지관리에 관한 법률」 ㉛ 한국철도공사법 시행령 일부를 다음과 같이 개정한다. 제7조의2제1항제1호 중 "「철도건설법」 제2조제8호에 따른 역세권 개발"을 "「역세권의 개발 및 이용에 관한 법률」 제2조제2호에 따른	

법	시 행 령	시 행 규 칙
	역세권개발사업"으로 한다. ㉜ 한국철도시설공단법 시행령 일부를 다음과 같이 개정한다. 제24조제2항 중 "「철도건설법」"을 "「철도의 건설 및 철도시설 유지관리에 관한 법률」"로 한다. 제25조제1항 중 "「철도건설법」"을 "「철도의 건설 및 철도시설 유지관리에 관한 법률」"로 한다. ㉝ 환경영향평가법 시행령 일부를 다음과 같이 개정한다. 별표 2 제2호사목2)의 개발기본계획의 종류란 및 같은 2)의 협의 요청시기란 중 "「철도건설법」"을 각각 "「철도의 건설 및 철도시설 유지관리에 관한 법률」"로 한다. 별표 3 제7호가목의 환경영향평가대상사업의 종류 및 범위란 및 같은 목 나)의 협의 요청시기란 중 "「철도건설법」"을 각각 "「철도의 건설 및 철도시설 유지관리에 관한 법률」"로 한다. 별표 4 비고란 제11호 단서 및 같은 비고란 제11호의2 각 목 외의 부분 단서 중 "「철도건설법」"을 각각 "「철도의 건설 및 철도시설 유지관리에 관한 법률」"로 한다. 부　　칙 〈20·12·8〉 제1조(시행일) 이 영은 2020년 12월 10일부터 시행한다.	

법	시 행 령	시 행 규 칙
	제2조부터 제5조까지 생략 　　　　　부　　　칙 〈21·1·5〉 이 영은 공포한 날부터 시행한다. 〈단서 생략〉 　　　　　부　　　칙 〈21·1·26〉 제1조(시행일) 이 영은 공포한 날부터 시행한다. 〈단서 생략〉 제2조부터 제4조까지 생략 　　　　　부　　　칙 〈21·6·23〉 이 영은 공포한 날부터 시행한다.	

철도의 건설 및 철도시설 유지관리에 관한 법률 시행령 [별표]

[별표 1] 〈신설 13·10·4, 19·3·12〉

보상금의 산정방법(제14조의2제2항 관련)

> 보상금＝토지(토지의 지하부분의 면적과 수직으로 대응하는 지표의 토지를 말한다)의 적정가격×입체 이용저해율×구분지상권 설정면적

비고: 1. 토지의 적정가격은 「부동산 가격공시 및 감정평가에 관한 법률」 제2조 제5호에 따른 표준지공시지가를 기준으로 하여 같은 법 제28조에 따른 감정평가법인 중 국토교통부장관이 지정하는 감정평가법인이 평가한 가액(價額)으로 한다.
2. 입체 이용저해율 ＝ 건물의 이용저해율＋지하부분의 이용저해율＋그 밖의 이용저해율
  가. 건물의 이용저해율 ＝ α×저해층(沮害層)의 이용률
  나. 지하부분의 이용저해율 ＝ β×저해 지하심도의 이용률
  다. 그 밖의 이용저해율
   1) 지상·지하부분 양쪽의 그 밖의 이용을 저해하는 경우 ＝ ɤ
   2) 지상·지하부분 어느 한쪽의 그 밖의 이용을 저해하는 경우
     ＝ ɤ×V_{12}/(V_{12}＋V_{22}) 또는 ɤ×V_{22}/(V_{12}＋V_{22})
  라. α, β, ɤ는 각각 다음 산식에 따른다.

   V_{11} : 건물 지상층 이용가치
   V_{12} : 통신시설·광고탑 또는 굴뚝 등 이용가치
   V_{21} : 건물 지하층 이용가치
   V_{22} : 지하수 사용시설 또는 특수물의 매설 등 이용가치

   1) 입체 이용가치(A) ＝ 건물 이용가치(V_{11})＋지하 이용가치(V_{21})＋그 밖의 이용가치(V_{12}＋V_{22})
   2) 건물의 이용에 의한 이용률(α) ＝ V_{11}/A
   3) 지하부분의 이용에 의한 이용률(β) ＝ V_{21}/A
   4) 그 밖의 이용에 의한 이용률(ɤ) ＝ (V_{12}＋V_{22})/A
   5) 토지의 입체이용률: α＋β＋ɤ ＝ 1
3. 구분지상권 설정면적은 해당 토지의 부동산등기부에 설정된 구분지상권의 설정면적으로 한다.
4. 그 밖에 입체 이용저해율의 산정에 필요한 이용저해율, 저해층 또는 저해 지하심도의 이용률, 이용가치 등의 구체적인 산정기준은 해당 토지 및 인근 토지의 이용실태, 입지조건 및 그 밖의 지역적 특성을 고려하여 국토교통부장관이 정하여 고시한다.

[별표 2] 〈신설 19·3·12, 21·6·23〉

정밀진단의 실시시기(제28조제1항 관련)

성능등급	정밀진단의 실시시기
A등급	6년마다 1회
B·C등급	5년마다 1회
D·E등급	4년마다 1회

비고
1. "성능등급"이란 별표 4 제2호가목에 따른 성능등급을 말한다.
2. 최초로 실시하는 정밀진단은 법 제16조에 따른 준공확인을 받은 날(준공 전 사용허가를 받은 경우에는 사용허가를 받은 날을 말한다)을 기준으로 10년이 되는 날부터 1년 이내에 실시한다.
3. 정밀진단의 실시시기는 직전 정밀진단을 완료한 날을 기준으로 한다. 다만, 정밀진단의 실시시기가 도래하기 전에 성능평가를 시행하여 성능등급이 변경된 경우에는 변경된 성능등급에 따른 정밀진단 실시시기를 적용한다.
4. 철도시설의 증축, 개축이나 수리 등을 위한 공사 중에 정밀진단의 실시시기가 도래한 경우에는 그 공사가 완료된 후 1년 이내에 정밀진단을 실시한다.
5. 철도시설을 교체한 경우 해당 철도시설에 대한 정밀진단은 교체한 날부터 10년이 지난 날을 기준으로 1년 이내에 실시할 수 있다.
6. 「시설물의 안전 및 유지관리에 관한 특별법」 제12조에 따른 정밀안전진단을 실시한 경우에는 정밀진단을 실시한 것으로 보아 그 실시시기를 조정할 수 있다.
7. 「철도사업법」 제12조에 따라 사업계획이 변경되거나 「철도산업발전기본법」 제34조에 따라 특정노선 및 역이 폐지되어 철도시설의 사용이 중지된 경우에는 해당 철도시설의 사용이 재개되는 날 이전까지 정밀진단을 실시할 수 있다.

[별표 3] 〈신설 19·3·12, 21·6·23〉

정밀진단 및 성능평가를 실시할 수 있는 사람의 자격
(제28조제2항 및 제31조제2항 관련)

1. 자격요건

정밀진단 및 성능평가를 실시할 수 있는 사람은 다음 각 호와 같다. 이 경우 마목부터 아목까지에 해당하는 사람은 가목부터 라목까지에 해당하는 사람의 감독 하에서만 정밀진단 및 성능평가를 실시할 수 있다.

가. 「건설기술 진흥법 시행령」 별표 1 제3호가목부터 라목까지 및 아목의 기계, 전기·전자, 토목, 건축 및 안전관리 분야의 특급 기술인

나. 연면적 5천제곱미터 이상의 건축물에 대한 설계 또는 감리실적이 있는 「건축사법」 제2조제1호의 건축사

다. 「정보통신공사업법 시행령」 별표 2에 따른 특급 감리원 또는 별표 6 제1호에 따른 특급 기술자

라. 「철도안전법 시행령」 별표 5 제1호의 특급 철도안전전문기술자

마. 「건설기술 진흥법 시행령」 별표 1 제3호가목부터 라목까지 및 아목의 기계, 전기·전자, 토목, 건축 및 안전관리 분야의 고급·중급 또는 초급 기술인

바. 「건축사법」 제2조제1호의 건축사

사. 「정보통신공사업법 시행령」 별표 2에 따른 고급·중급·초급 감리원 또는 별표 6 제1호에 따른 고급·중급 또는 초급 기술자

아. 「철도안전법 시행령」 별표 5 제1호의 고급·중급 또는 초급 철도안전전문기술자

2. 교육요건

		교육내용	교육시간
가. 정밀 진단		1) 철도시설 일반 2) 정밀진단 방법 및 기술 3) 정밀진단 결과보고서 작성요령	1) 최초 교육은 70시간 2) 최초 교육을 받은 날부터 5년마다 14시간
나. 성능 평가		1) 철도시설 안전성, 내구성 및 사용성 평가방법 2) 성능등급 산정 등 종합평가 방법 3) 성능평가 결과보고서 작성 요령	1) 최초 교육은 14시간 2) 최초 교육을 받은 날부터 5년마다 7시간

비고

1. 정밀진단 및 성능평가 교육과정은 구조물, 궤도, 건축, 전철전력, 신호제어 및 정보통신분야로 구분한다.

2. 정밀진단을 실시하려는 자는 다음 각 목의 기관에서 실시하는 정밀진단에 관한 교육과정을 이수해야 하며, 성능평가를 실시하려는 자는 정밀진단에 관한 교육과정을 이수한 후 성능평가에 관한 교육과정을 이수해야 한다.

가. 「철도산업발전기본법」 제13조의2에 따른 철도협회

나. 「철도안전법」 제69조제5항에 따른 안전전문기관

다. 「정보통신공사업법」 제38조에 따른 정보통신기술인력의 양성기관 및 같은 법 제41조에 따른 정보통신공사협회

라. 그 밖에 정밀진단 및 성능평가에 대한 전문성을 가진 기관으로서 국토교통부장관이 정하여 고시하는 기관

3. 제1호 및 제2호에서 규정한 사항 외에 교육내용 및 교육방법 등에 관하여 필요한 세부사항은 국토교통부장관이 정하여 고시한다.

[별표 4] 〈신설 19·3·12, 21·6·23〉

성능평가의 실시시기 및 성능등급의 기준(제31조제1항 및 제5항 관련)

1. 성능평가의 실시시기

가. 성능평가는 5년마다 실시한다. 이 경우 기간의 계산은 직전 성능평가를 완료한 날을 기준으로 계산한다.
나. 철도시설의 증축, 개축이나 수리 등을 위한 공사 중에 성능평가의 실시시기가 도래한 경우에는 그 공사가 완료된 후 1년 이내에 성능평가를 실시한다.
다. 철도시설을 교체한 경우 교체한 날을 기준으로 계산한다.
라. 「시설물의 안전 및 유지관리에 관한 특별법」제33조에 따른 성능평가를 실시한 경우에는 성능평가를 실시한 것으로 보아 그 실시시기를 조정할 수 있다.
마. 「철도사업법」제12조에 따라 사업계획이 변경되거나 「철도산업발전기본법」제34조에 따라 특정노선 및 역이 폐지되어 철도시설의 사용이 중지된 경우에는 해당 철도시설의 사용이 재개되는 날 이전까지 성능평가를 실시할 수 있다.

2. 성능등급의 기준

가. 성능등급
성능등급은 나목의 세부 항목별 평가를 종합적으로 고려하여 다음 표의 구분에 따라 등급을 부여한다.

등급	평가내용	성능 수준
A	우수	외관상 결함, 손상 등이 없고 내구성이 떨어질 가능성이 낮으며 외부 환경조건 변화 등을 수용할 수 있는 성능 수준
B	양호	일부 부재(部材)·부품에서 경미한 결함이나 내구성이 떨어질 가능성이 발견되어 외부 환경조건 등을 고려해 그 진행 여부를 지속 관찰하고 보수 여부를 결정해야 하는 성능 수준
C	보통	광범위한 부재·부품에서 결함이나 내구성이 떨어질 가능성이 발견되고 기능 또는 사용상의 편의에 일부 문제점이 있으나, 전체적인 철도시설의 안전에는 지장이 없고 간단한 보수 또는 보강 및 개선이 필요한 성능 수준
D	미흡	성능이 기준에 미치지 못하여 철도시설의 지속적인 사용이 어려운 수준으로 긴급한 보수·보강 또는 개선이 필요한 성능 수준
E	불량	심각한 결함이나 떨어진 내구성으로 인해 철도시설의 안전에 위험이 있거나 기능을 발휘하지 못하는 수준으로 즉각 사용을 중단하고 보강 또는 개축을 해야 하는 성능 수준

나. 세부 항목별 평가

1) 안전성 평가: 조사 시점의 외관상 결함 정도 및 철도시설에 주어지는 하중 등으로 인해 철도시설에 발생할 수 있는 손상·붕괴 또는 기능장애에 견딜 수 있는 철도시설의 성능을 다음의 기준에 따라 평가한다.

등급	평가내용	성능 수준
A	우수	외관상 결함, 손상 또는 붕괴 등의 위험이 없는 성능 수준
B	양호	일부 부재·부품에서 경미한 결함이 발견되어 결함의 진행 여부를 지속적으로 관찰하고 보수 여부를 결정해야 하는 성능 수준
C	보통	광범위한 부재·부품에서 결함이 발견되었으나 전체적인 철도시설의 안전에는 지장이 없고, 간단한 보수 또는 보강이 필요한 성능 수준
D	미흡	심각한 결함에 대한 긴급한 보수·보강이 필요하며 일부 사용 제한이 요구되는 성능 수준
E	불량	심각한 결함으로 인해 철도시설의 안전에 위험이 있어 즉각 사용을 금지하고 보강 또는 교체가 필요한 수준

2) 내구성 평가: 철도시설 사용기간 경과 및 외부 환경조건에 따른 재료적 성질 변화로 발생할 수 있는 손상에 저항하는 철도시설의 성능을 다음의 기준에 따라 평가한다.

등급	평가내용	성능 수준
A	우수	외부 환경조건 등으로 인한 내구성이 떨어질 가능성이 낮은 성능 수준
B	양호	일부 부재·부품에서 내구성이 떨어질 가능성이 발견되어 외부 환경 등의 조건을 고려하여 보수 여부를 결정해야 하는 성능 수준
C	보통	광범위한 부재·부품에서 내구성이 떨어질 가능성이 발견되었거나 주의가 필요한 수준으로 진행되어 간단한 보수가 필요한 성능 수준
D	미흡	광범위한 부재·부품에서 내구성이 떨어지고 있어 긴급한 보수 또는 교체가 요구되는 성능 수준
E	불량	광범위한 부재·부품에서 내구성이 심각하게 떨어지고 있어 즉각 사용을 금지하고 보수 또는 교체가 필요한 성능수준

3) 사용성 평가: 철도시설의 예상 수요를 고려하여 사용기간 동안 확보해야 할 사용자 편의성 및 계획 당시의 설계기준에 근거한 사용 목적을 만족하기 위한 철도시설의 성능을 다음의 기준에 따라 평가한다.

등급	평가내용	성능 수준
A	우수	현재 수요 등을 만족하고 장래 수요 및 외부조건 변화 등을 수용할 수 있는 성능 수준
B	양호	현재 수요 등을 만족하나 장래 수요 및 외부조건 변화 등에 대한 관찰 및 주의가 필요한 성능 수준
C	보통	장래 수요 및 외부조건 변화 등에 대해 기능 발휘 또는 사용상 편의에 일부 문제점이 있어 개선이 필요한 성능 수준
D	미흡	대부분의 기능이 요구되는 기능에 미치지 못하거나 운영 및 사용상 편의가 심각하게 우려되는 수준으로 광범위한 부분에서 개선이 필요한 성능 수준
E	불량	기능 발휘 또는 사용상 편의를 기대할 수 없어 개선 또는 개량이 필요한 성능 수준

[별표 5] 〈신설 19·3·12〉

위반행위의 종류와 과징금의 부과기준(제33조제1항 관련)

1. 일반기준

가. 위반행위의 횟수에 따른 과징금의 가중된 부과기준은 최근 1년간 같은 위반행위로 과징금 부과처분을 받은 경우에 적용한다. 이 경우 기간의 계산은 위반행위에 대하여 과징금 부과처분을 받은 날과 그 처분 후 다시 같은 위반행위를 하여 적발된 날을 기준으로 한다.

나. 가목에 따라 가중된 부과처분을 하는 경우 가중처분의 적용 차수는 그 위반행위 전 부과처분 차수(가목에 따른 기간 내에 과징금 부과처분이 둘 이상 있었던 경우에는 높은 차수를 말한다)의 다음 차수로 한다.

다. 국토교통부장관은 다음의 어느 하나에 해당하는 경우에는 제2호에 따른 과징금 금액의 2분의 1 범위에서 그 금액을 줄일 수 있다. 다만, 과징금을 체납하고 있는 위반행위자의 경우에는 그렇지 않다.

1) 위반행위가 사소한 부주의나 오류로 인한 것으로 인정되는 경우

2) 위반행위자가 법 위반상태를 시정하거나 해소하기 위해 노력한 사실이 인정되는 경우

3) 그 밖에 위반행위의 정도·동기 및 그 결과 등을 고려하여 과징금을 줄일 필요가 있다고 인정되는 경우

라. 국토교통부장관은 다음의 어느 하나에 해당하는 경우에는 제2호에 따른 과징금 금액의 2분의 1 범위에서 그 금액을 늘릴 수 있다. 다만, 법 제38조제1항에 따른 과징금의 상한을 넘을 수 없다.

1) 위반의 내용·정도가 중대하여 철도서비스의 이용자 등에게 미치는 피해가 크다고 인정되는 경우

2) 법 위반상태의 기간이 6개월 이상인 경우

3) 그 밖에 위반행위의 정도·동기 및 그 결과 등을 고려하여 과징금을 늘릴 필요가 있다고 인정되는 경우

2. 개별기준

(단위: 만원)

위반행위	근거 법조문	과징금 금액		
		1차 위반	2차 위반	3차 이상 위반
가. 법 제29조제1항에 따른 정기점검을 실시하지 않은 경우	법 제37조제1항 제1호	1,500	5,000	10,000
나. 법 제30조제1항에 따른 긴급점검을 실시하지 않은 경우	법 제37조제1항 제1호	5,000	10,000	10,000

위반행위	근거 법조문	과징금 금액		
		1차 위반	2차 위반	3차 이상 위반
다. 법 제30조제2항 또는 제6항을 위반하여 정당한 사유 없이 긴급점검을 실시하지 않거나 필요한 조치명령을 이행하지 않은 경우	법 제37조제1항 제2호	5,000	10,000	10,000
라. 법 제31조제1항·제2항에 따른 정밀진단을 실시하지 않은 경우	법 제37조제1항 제1호	5,000	10,000	10,000
마. 법 제32조제1항을 위반하여 안전조치를 하지 않은 경우	법 제37조제1항 제3호	1,500	5,000	10,000
바. 법 제32조제2항 또는 제4항을 위반하여 보수·보강 등 필요한 조치를 하지 않거나 필요한 조치의 이행 및 시정 명령을 이행하지 않은 경우	법 제37조제1항 제4호	5,000	10,000	10,000

[별표 5의2] 〈신설 21·6·23〉

철도시설 안전진단전문기관의 등록기준(제34조의3제1항 관련)

1. 구조물, 궤도, 건축물 분야

구 분		구조물	궤도	건축물
가. 자본금		1억원 이상		
나. 기술 인력	1) 특급 기술인, 또는 건축사 이상	2명 이상	2명 이상	2명 이상
	2) 중급 기술인 이상	3명 이상	3명 이상	3명 이상
	3) 초급 기술인 이상	3명 이상	3명 이상	3명 이상
다. 장비		공통		
		가. 균열폭측정기(7배율 이상이고, 라이트부착형일 것)		
		나. 반발경도측정기(교정장치를 포함할 것)		
		다. 초음파측정기(초음파 전달시간을 0.1㎲까지 분해가 가능할 것)		
		라. 철근탐사장비		
		마. 철근부식도측정장비(자연전위법 또는 전기저항법으로 측정이 가능할 것)		
		바. 염분측정장비		
		사. 코어채취기		
		아. 도막(塗膜)두께측정장비(측정범위가 0.1mm 이하일 것)		
		자. 측량기[수준(水準)·각도·거리 측정용]		
		차. 강재비파괴시험장비		
		1) 자분(磁粉)탐상기(Magnetic Testing, MT)		
		2) 초음파시험기(Ultrasonic Testing, UT)		
		구조물	궤도	건축물
		가. 정적 변형 측정장치 나. 동적 변형 측정장치 다. 내공변위측	가. 궤도검측기 (트랙마스터) 나. 레일탐상기 다. 도상저항력 측정기	가. 진동측정기 나. 정적 변형 측정장치

정기(정밀도가 0.01mm 이상일 것)	라. 레일직진도 검사기 마. 선로게이지(궤간게이지) 바. 토크렌치(디지털) 사. 레일 단면 측정기(rail profile recorder: 레일의 마모 상태를 조사하기 위한 단면 측정기) 아. 동적 변형 측정 장치(DAQ 및 윤중검정기) 자. 도상 체가름기(22.4mm)

비고
1. "기술인"이란 다음 각 호의 구분에 따른 사람을 말한다.
  가. 구조물 및 건축물 분야: 「건설기술 진흥법」 제2조제8호의 건설기술인 중 직무분야가 다음의 구분에 따른 직무분야인 건설기술인
    1) 구조물 분야: 「건설기술 진흥법 시행령」 별표 1 제3호다목1), 2), 4), 5), 9) 또는 10)의 직무분야
    2) 건축물 분야: 「건설기술 진흥법 시행령」 별표 1 제3호다목1), 5) 또는 10)의 직무분야 또는 같은 표 제3호라목1), 3), 5) 또는 6)의 직무분야
  나. 궤도 분야: 「철도안전법 시행령」 제59조제1항제2호다목의 철도궤도 분야 철도안전전문기술자
2. 구조물 및 건축물 분야 기술인의 등급은 「건설기술 진흥법 시행령」 별표 1 제2호에 따르고, 궤도 분야 기술인의 등급은 「철도안전법 시행령」 별표 5에 따른다.

3. "건축사"란 「건축사법」 제2조제1호의 건축사 중 연면적 5천 제곱미터 이상의 건축물에 대한 설계 또는 감리 실적이 있는 사람을 말한다.
4. 철도시설 안전진단전문기관이 다른 안전진단 분야를 추가로 등록하려는 경우에는 종전에 등록된 중급 기술인 및 초급 기술인 각 1명을 추가로 등록하려는 안전진단 분야의 기술인력으로 중복하여 등록할 수 있다.
5. 법 제44조의3제1항에 따라 철도시설 안전진단전문기관으로 등록하려는 외국법인에 소속된 외국인 구조물 및 건축물 분야 기술인력은 해당 외국인의 국가와 우리나라 간 상호인정 협정 등에서 정하는 바에 따라 인정하되, 그 인정범위 및 등급에 관하여는 「건설기술 진흥법 시행령」 별표 1 제1호 및 제2호를 따른다.
6. 진단측정 장비는 「국가표준기본법」 및 「계량에 관한 법률」에 따른 검정·교정을 받아야 한다. 다만, 「국가표준기본법」 및 「계량에 관한 법률」에 따른 검정·교정 대상에 해당되지 않는 경우에는 소요성능을 갖춘 장비여야 한다.

2. 전철전력, 신호제어, 정보통신 분야

구 분		전철전력	신호제어	정보통신
가. 자본금		1억원 이상		
나. 기술인력	1) 특급 기술인	2명 이상	2명 이상	2명 이상
	2) 중급 기술인 이상	3명 이상	3명 이상	3명 이상
	3) 초급 기술인 이상	3명 이상	3명 이상	3명 이상
다. 장비		가. 절연저항측정기 나. 적외선 열화상 카메라 다. 차단기 동작분석기 라. 절연유가스분석기 마. 육불화유황(SF6) 분석기 바. 접촉저항측정기 사. 콘크리트강도	가. 열화상 카메라 나. 절연저항계[직류(DC) 500V 이상] 다. 궤도단락저항측정기 라. 두께 측정기(Thickness Gauge) 마. TTM(TI21 Test Meter: 무	가. 절연저항계[직류(DC) 500V 이상] 나. 저항, 컨덕턴스 측정기 다. 멀티미터 라. 열화상 카메라 마. 광(원)파워메타 바. 전계강도측정기 사. 스펙트럼 애널라이저

	측정기 아. 가선측정기 자. 각도측정기 차. 거리측정기	절연 가청주파수 궤도회로 시험장비) 바. 내부저항측정기 사. 광(원)파워미터 아. 멀티미터 자. 버니어캘리퍼스 (vernier callipers : 아들자가 달려 두께나 지름을 재는 기구) 차. 전환력측정기	아. 비트 오류율(Bit Error Rate) 측정기 자. 네트워크 애널라이저	5. 진단측정 장비는 「국가표준기본법」 및 「계량에 관한 법률」에 따른 검정·교정을 받아야 한다. 다만, 「국가표준기본법」 및 「계량에 관한 법률」에 따른 검정·교정 대상에 해당되지 않는 경우에는 소요성능을 갖춘 장비여야 한다.

비고
1. "기술인"이란 다음 각 호의 구분에 따른 사람을 말한다.
    가. 전철전력 및 신호제어 분야: 다음의 구분에 따른 기술자
        1) 전철전력 분야: 「철도안전법 시행령」 제59조제1항제2호가목의 전기철도 분야 철도안전전문기술자
        2) 신호제어 분야: 「철도안전법 시행령」 제59조제1항제2호나목의 철도신호 분야 철도안전전문기술자
    나. 정보통신 분야: 「정보통신공사업법」 제2조제10호의 감리원 및 같은 조 제16호의 정보통신기술자
2. 전철전력 및 신호제어 분야 기술인의 등급은 「철도안전법 시행령」 별표 5에 따르고, 정보통신 분야 기술인 중 「정보통신공사업법」 제2조제10호에 따른 감리원의 등급은 같은 법 시행령 별표 2에 따르며, 같은 법 제2조제16호에 따른 정보통신기술자의 등급은 같은 법 시행령 별표 6 제1호에 따른다.
3. 철도시설 안전진단전문기관이 다른 안전진단 분야를 추가로 등록하려는 경우에는 종전에 등록된 중급 기술인 및 초급 기술인 각 1명을 추가로 등록하려는 안전진단 분야의 기술인력으로 중복하여 등록할 수 있다.
4. 법 제44조의3제1항에 따라 철도시설 안전진단전문기관으로 등록하려는 외국법인에 소속된 외국인인 정보통신 분야 기술인력의 인정범위 및 등급에 관하여는 「정보통신공사업법 시행령」 별표 2 비고 제5호, 별표 6 제1호 비고 제5호에 따른다.

[별표 6] 〈신설 19·3·12, 21·6·23〉

과태료의 부과기준(제35조 관련)

1. 일반기준

가. 위반행위의 횟수에 따른 과태료의 가중된 부과기준은 최근 1년간 같은 위반행위로 과태료 부과처분을 받은 경우에 적용한다. 이 경우 기간의 계산은 위반행위에 대하여 과태료 부과처분을 받은 날과 그 처분 후 다시 같은 위반행위를 하여 적발된 날을 기준으로 한다.

나. 가목에 따라 가중된 부과처분을 하는 경우 가중처분의 적용 차수는 그 위반행위 전 부과처분 차수(가목에 따른 기간 내에 과태료 부과처분이 둘 이상 있었던 경우에는 높은 차수를 말한다)의 다음 차수로 한다.

다. 국토교통부장관은 다음의 어느 하나에 해당하는 경우에는 제2호에 따른 과태료 금액의 2분의 1 범위에서 그 금액을 줄일 수 있다. 다만, 과태료를 체납하고 있는 위반행위자의 경우에는 그렇지 않다.

1) 위반행위자가 「질서위반행위규제법 시행령」 제2조의2제1항 각 호의 어느 하나에 해당하는 경우

2) 위반행위가 사소한 부주의나 오류로 인한 것으로 인정되는 경우

3) 위반행위자가 법 위반상태를 시정하거나 해소하기 위해 노력한 사실이 인정되는 경우

4) 그 밖에 위반행위의 정도·동기 및 그 결과 등을 고려하여 과태료를 줄일 필요가 있다고 인정되는 경우

라. 국토교통부장관은 다음의 어느 하나에 해당하는 경우에는 제2호에 따른 과태료 금액의 2분의 1 범위에서 그 금액을 늘릴 수 있다. 다만, 법 제47조제1항부터 제4항까지의 규정에 따른 과태료의 상한을 넘을 수 없다.

1) 위반의 내용·정도가 중대하여 철도서비스의 이용자 등에게 미치는 피해가 크다고 인정되는 경우

2) 법 위반상태의 기간이 6개월 이상인 경우

3) 그 밖에 위반행위의 정도·동기 및 그 결과 등을 고려하여 과태료를 늘릴 필요가 있다고 인정되는 경우

2. 개별기준

(단위: 만원)

위반행위	근거 법조문	과태료 금액
가. 정당한 사유 없이 법 제10조에 따른 사업시행자의 행위를 거부 또는 방해하는 경우	법 제47조제4항제1호	300
나. 법 제26조제1항·제2항에 따라 시행계획을 수립하지 않거나 시행계획을 제출하지 않은 경우	법 제47조제2항제1호	
1) 지연기간이 1개월 미만인 경우		300
2) 지연기간이 1개월 이상 3개월 미만인 경우		500
3) 지연기간이 3개월 이상인 경우		1,000
다. 법 제27조제1항에 따른 철도시설의 이력정보를 보존하지 않은 경우	법 제47조제2항제2호	1,000
라. 법 제27조제1항에 따른 철도시설의 이력정보를 법 제28조에 따른 철도시설정보관리체계에 등록하지 않은 경우	법 제47조제3항제1호	500
마. 법 제30조제1항에 따른 긴급점검을 실시하지 않은 경우	법 제47조제1항제1호	2,000
바. 법 제30조제7항에 따라 긴급점검 결과보고서를 제출하지 않은 경우	법 제47조제3항제2호	500
사. 법 제31조제1항 및 제2항에 따른 정밀진단을 실시하지 않은 경우	법 제47조제1항제2호	
1) 지연기간이 6개월 미만인 경우		1,000
2) 지연기간이 6개월 이상 12개월 미만인 경우		1,500
3) 지연기간이 12개월 이상인 경우		2,000
아. 법 제32조제1항에 따라 위험을 알리는 표지를 설치하지 않은 경우	법 제47조제2항제3호	1차 위반: 300 2차 위반: 500 3차 위반: 1,000
자. 법 제32조제3항에 따른 통보를 하지 않은 경우	법 제47조제2항제4호	
1) 지연기간이 1개월 미만인 경우		300

위반행위	근거 법조문	과태료 금액
2) 지연기간이 1개월 이상 3개월 미만인 경우		500
3) 지연기간이 3개월 이상인 경우		1,000
차. 법 제33조제1항에 따른 성능평가를 실시하지 않은 경우	법 제47조제2항제5호	
1) 지연기간이 1개월 미만인 경우		300
2) 지연기간이 1개월 이상 3개월 미만인 경우		500
3) 지연기간이 3개월 이상인 경우		1,000
카. 법 제33조의2제2항에 따른 자료를 제출하지 않거나 거짓으로 제출한 경우	법 제47조제3항제3호	300
타. 법 제33조의2제3항을 위반하여 결과보고서를 수정 또는 보완하여 제출하지 않은 경우	법 제47조제3항제4호	
1) 지연기간이 1개월 미만인 경우		200
2) 지연기간이 1개월 이상 2개월 미만인 경우		300
3) 지연기간이 2개월 이상인 경우		500
파. 법 제34조제2항에 따른 시설 개선명령을 이행하지 않는 경우	법 제47조제2항제6호	1,000
하. 법 제40조제1항에 따른 보고 또는 자료 제출을 하지 않거나 거짓으로 한 경우 및 검사를 거부·방해 또는 기피한 경우	법 제47조제4항제2호	300
거. 법 제41조제2항을 위반하여 정당한 사유 없이 시정 요청에 따르지 않은 경우	법 제47조제3항제3호	500
너. 법 제44조의2제2항을 위반하여 하도급한 사실을 통보하지 않은 경우	법 제47조제3항제6호	
1) 지연기간이 1개월 미만인 경우		100
2) 지연기간이 1개월 이상 3개월 미만인 경우		300
3) 지연기간이 3개월 이상인 경우		500
더. 법 제44조의3제3항에 따른 등록사항 변경의 신고를 하지 않은 경우	법 제47조제3항제7호	
1) 지연기간이 1개월 미만인 경우		100
2) 지연기간이 1개월 이상 3개월 미만인 경우		200
3) 지연기간이 3개월 이상인 경우		300
러. 법 제44조의3제5항에 따른 휴업·재개업 또는 폐업의 신고를 하지 않은 경우	법 제47조제3항제8호	200
머. 법 제44조의7제1항 후단을 위반하여 등록의 취소 또는 영업정지 처분을 받은 사실을 정기점검등의 대행계약을 체결한 철도시설관리자에게 알리지 않은 경우	법 제47조제3항제9호	200
버. 법 제44조의8에 따른 영업의 양도나 합병 또는 상속의 신고를 하지 않은 경우	법 제47조제3항제10호	200

철도의 건설 및 철도시설 유지관리에 관한 법률 시행규칙 [별표·별지]

[별표] 〈신설 19·3·20〉

업무정지의 기준(제12조 관련)

1. 일반기준

가. 법 위반행위에 대한 업무정지는 다른 법률에 별도의 처분기준이 있는 경우 외에는 이 기준에 따르며 업무정지처분기간 1개월은 30일로 본다.

나. 위반행위가 둘 이상인 경우로서 그에 해당하는 각각의 업무정지기준이 다른 경우에는 그 중 무거운 처분기준의 2분의 1까지 늘릴 수 있다. 이 경우 각 처분기준을 합산한 기간을 초과할 수 없다.

다. 하나의 위반행위에 대한 처분기준이 둘 이상인 경우에는 그 중 무거운 처분기준에 따라 처분한다.

라. 업무정지 기준에 따른 위반행위의 횟수 산정에 따른 업무정지 기준은 최근 1년 이내에 같은 위반행위로 업무정지를 받은 경우에 적용한다. 이 경우 기간의 계산은 같은 위반행위에 대하여 업무정지를 한 날과 그 처분 후 다시 같은 위반행위를 하여 적발된 날을 기준으로 한다.

마. 라목에 따라 가중된 업무정지를 하는 경우 가중된 업무정지의 적용 차수는 그 위반행위 전 업무정지 차수(라목에 따른 기간 내에 업무정지가 둘 이상 있었던 경우에는 높은 차수를 말한다)의 다음 차수로 한다.

바. 처분권자는 위반행위의 동기·내용 및 위반의 정도 등 다음에 해당하는 사유를 고려하여 그 처분이 업무정지인 경우에는 업무정지기준의 2분의 1 범위에서 감경할 수 있다.

  1) 위반행위가 고의나 중대한 과실이 아닌 사소한 부주의나 오류로 인한 것으로 인정되는 경우
  2) 위반의 내용 및 정도가 경미하여 철도시설에 미치는 피해가 적다고 인정되는 경우
  3) 위반 행위자가 처음 해당 위반행위를 한 경우로서 해당 업무를 성실히 해온 사실이 인정되는 경우

2. 개별기준

위반행위	근거 법조문	업무정지기준		
		1차 위반	2차 위반	3차 이상 위반
가. 법 제29조제1항에 따른 정기점검을 실시하지 않은 경우	법 제37조제1항제1호	업무정지 1개월	업무정지 3개월	업무정지 6개월
나. 법 제30조제1항에 따른 긴급점검을 실시하지 않은 경우	법 제37조제1항제1호	업무정지 3개월	업무정지 6개월	업무정지 6개월
다. 법 제30조제2항 또는 제6항을 위반하여 정당한 사유 없이 긴급점검을 실시하지 않거나 필요한 조치명령을 이행하지 않은 경우	법 제37조제1항제2호	업무정지 3개월	업무정지 6개월	업무정지 6개월
라. 법 제31조제1항·제2항에 따른 정밀진단을 실시하지 않은 경우	법 제37조제1항제1호	업무정지 3개월	업무정지 6개월	업무정지 6개월
마. 법 제32조제1항을 위반하여 안전조치를 하지 않은 경우	법 제37조제1항제3호	업무정지 1개월	업무정지 3개월	업무정지 6개월
바. 법 제32조제2항 또는 제4항을 위반하여 보수·보강 등 필요한 조치를 하지 않거나 필요한 조치의 이행 및 시정 명령을 이행하지 않은 경우	법 제37조제1항제4호	업무정지 3개월	업무정지 6개월	업무정지 6개월

철도의 건설 및 철도시설 유지관리에 관한 법률 시행규칙 [별표·별지] 362

[별지 제1호서식] 〈개정 08·3·14, 13·3·23, 19·3·20, 21·8·27〉

철도건설사업시행자 지정신청서

접수번호		접수일	처리기간 30일

신청인	명 칭	
	주 소	
	대표자	전화번호

사업의 명칭				
사업의 목적				
사업시행지역		면 적		㎡
사업의 내용		자금조달계획	합 계	
			내자	소 계	
			국 고	
			지방비	
			자기자금	
			융자금	
			기 타	
		외국자본	소 계	
사업기간			차 관	
사업비			기 타	

「철도의 건설 및 철도시설 유지관리에 관한 법률 시행령」 제13조제1항 및 같은 법 시행규칙 제3조제1항에 따라 위와 같이 철도건설사업시행자 지정을 신청합니다.

년   월   일

신청인   (서명 또는 인)

국토교통부장관   귀하

첨부서류	1. 사업계획서 2. 자금조달계획서 3. 철도의 건설 예정 노선을 표시한 지형도	수수료 없음

처리절차

신청서 작성 → 접 수 → 검 토 → 결 재 → 지정서교부

| 신청인 | 국토교통부
(철도건설사업
담당부서) | 국토교통부
(철도건설사업
담당부서) | 국토교통부
(철도건설사업
담당부서) | 국토교통부
(철도건설사업
담당부서) |

210mm×297mm[백상지 80g/㎡(재활용품)]

[별지 제2호서식] 〈개정 08·3·14, 13·3·23, 19·3·20〉

제   호

철도건설사업시행자 지정서

시행자 명칭 :

주   소 :

대표자 성명 :

귀하를 「철도의 건설 및 철도시설 유지관리에 관한 법률 시행령」 제13조 및 같은 법 시행규칙 제3조제2항에 따라 아래와 같이 철도건설사업시행자로 지정합니다.

1. 사업의 명칭 :
2. 사업의 목적 :
3. 사업시행지역 :
4. 사업내용 :
5. 사업기간 :
6. 시행자 지정조건 :

년   월   일

국토교통부장관 직인

80mm×120mm[백상지(150g/㎡)]

[별지 제3호서식] 〈개정 08·3·14, 13·3·23, 19·3·20, 21·8·27〉 (뒤쪽)

철도건설사업실시계획승인 신청서

접수번호	접수일	처리기간 90일

신청인	명 칭		
	주 소		
	대표자		전화번호

사업의 명칭	
사업의 목적	
사업시행지역	면 적 ㎡

사업의 내용	자금조달계획		합 계	
		내자	소 계	
			국 고	
			지방비	
			자기자금	
			융자금	
			기 타	
		외국자본	소 계	
			차 관	
			기 타	

사업기간	

「철도의 건설 및 철도시설 유지관리에 관한 법률」 제9조제1항, 같은 법 시행령 제14조제1항 및 같은 법 시행규칙 제4조제1항에 따라 위와 같이 철도건설사업실시계획의 승인을 신청합니다.

년 월 일

신청인 (서명 또는 인)

국토교통부장관 귀하

210mm×297mm[백상지 80g/㎡(재활용품)]

| 첨부서류 | 다음 각 호의 사항이 포함된 철도건설사업실시계획서 1부
1. 사업시행지역의 위치도
2. 수용하거나 사용할 토지·물건 또는 권리의 소재지·지번·지목 및 면적, 소유권과 소유권 외의 권리의 명세와 그 소유자 및 권리자의 성명·주소
3. 계획평면도·단면도 및 공사설명서 등 설계도서
4. 사업시행 기간
5. 연도별 투자계획 및 재원조달계획과 연도별 투자비 회수 등에 관한 계획이 포함된 자금계획 및 이를 증명할 수 있는 서류(공공기관 사업시행자인 경우와 고속철도건설사업실시계획의 경우만 해당한다)
6. 사업시행지역에 있는 수용하거나 사용할 토지·물건 또는 권리의 매수·보상계획 및 주민의 이주대책
7. 교통영향평가 및 환경영향평가에 대한 관계 행정기관의 장과의 협의 결과
8. 문화재 현황 조사 결과
9. 지진피해 경감대책
10. 「철도의 건설 및 철도시설 유지관리에 관한 법률」 제9조제1항 후단에 따라 철도건설사업실시계획을 구간별 또는 시설별로 작성한 경우에는 그 내용
11. 「철도의 건설 및 철도시설 유지관리에 관한 법률」 제9조제2항 및 제18조제1항제1호·제2호에 따라 「철도산업발전 기본법」 제6조에 따른 철도산업위원회의 심의를 거쳐야 하는 사항이 포함되어 있는 경우에는 그 심의 내용
12. 「철도의 건설 및 철도시설 유지관리에 관한 법률」 제11조제1항 각 호에 따라 의제되는 인·허가 등이 있는 경우에는 그 내용
13. 「철도의 건설 및 철도시설 유지관리에 관한 법률」 제11조제2항에 따른 관계 행정기관의 장과의 협의에 필요한 서류
14. 「철도의 건설 및 철도시설 유지관리에 관한 법률」 제15조제1항에 따라 기존의 공공시설등을 대체하는 대체공공시설등을 설치하는 경우에는 기존 공공시설등의 이전 및 철거계획과 대체공공시설등의 설치계획
15. 「철도의 건설 및 철도시설 유지관리에 관한 법률」 제17조제1항 단서에 따라 국가에 귀속되지 않는 토지 및 시설이 있는 경우에는 그 토지 및 시설의 처분에 관한 계획
16. 「건설기술 진흥법 시행령」 제19조제4항에 따른 기술자문위원회의 심의 대상 사업인 경우에는 설계 심의에 필요한 서류 | 수수료
없음 |

처리절차

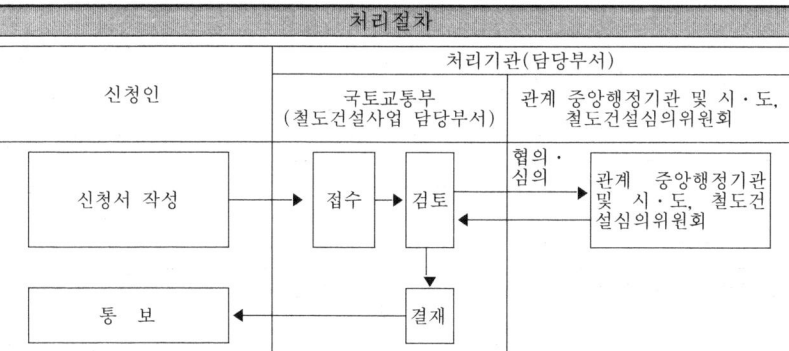

철도의 건설 및 철도시설 유지관리에 관한 법률 시행규칙 [별표·별지] 364

[별지 제4호서식] 〈개정 08·3·14, 13·3·23, 19·3·20〉

철도건설사업실시계획변경승인 신청서

접수번호		접수일		처리기간 90일

신청인	명 칭	
	주 소	
	대표자	전화번호

사업의 명칭	
사업의 목적	

사업시행지역	면 적	㎡

사업시행기간	
변 경 내 용	

「철도의 건설 및 철도시설 유지관리에 관한 법률」 제9조제8항 및 같은 법 시행
규칙 제4조제2항에 따라 위와 같이 철도건설사업실시계획의 변경승인을 신청합
니다.

년 　 월 　 일

신청인 　 　 　 (서명 또는 인)

국토교통부장관 　 귀하

첨부서류	1. 실시계획의 변경내용 및 변경사유 2. 실시계획의 변경내용을 설명할 수 있는 서류	수수료 없음

처리절차			

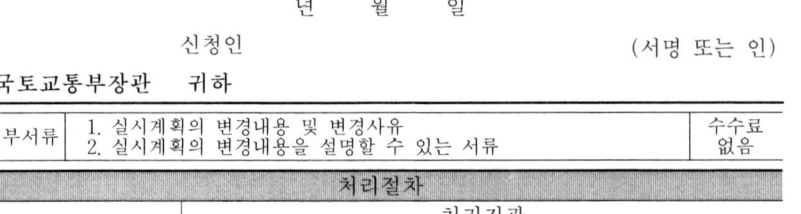

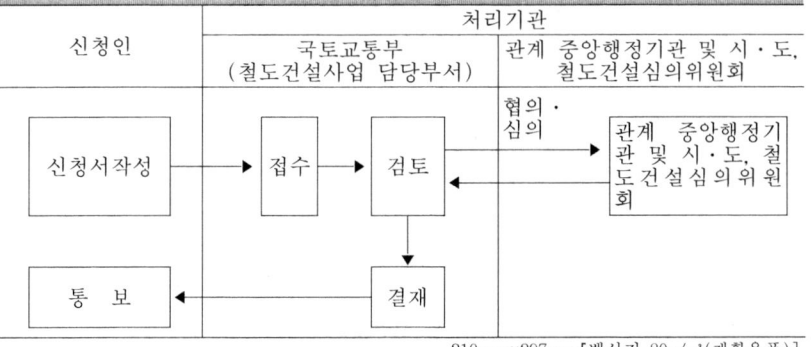

210mm×297mm「백상지 80g/㎡(재활용품)]

[별지 제5호서식] 〈개정 08·3·14, 12·6·12, 13·3·23, 19·3·20〉

공사준공 보고서

접수번호		접수일		처리기간 50일

보고인 (사업시행자)	명 칭	
	주 소	
	대표자	전화번호

사업의 명칭		
사업의 목적		

사업시행지역	면 적	㎡

사 업 내 용	사업비
사업시행기간	사업완료일자

「철도의 건설 및 철도시설 유지관리에 관한 법률」 제16조제1항, 같은 법 시행
령 제17조제1항 및 같은 법 시행규칙 제6조제1항에 따라 위와 같이 철도건설사
업의 공사준공보고서를 제출합니다.

년 　 월 　 일

보고인 　 　 　 (서명 또는 인)

국토교통부장관 　 귀하

첨부 서류	1. 준공조서 2. 관계 행정기관의 사업완료 확인에 관한 서류 3. 「철도의 건설 및 철도시설 유지관리에 관한 법률」 제15조제3항 및 제17조제1항에 　 따라 귀속·이관되거나 양여되는 공공시설에 관한 조서 및 관계 도면 4. 별지 제6호서식의 개별사업별 준공조서 5. 사업완료 구간의 노선도 6. 선로의 종·평면도 7. 선로일람(一覽) 약도 8. 거리표, 기울기표, 곡선표 등 선로표지에 관한 사항 9. 배선(配線)약도를 포함한 정거장평면도 10. 건물배치도(역 및 철도차량기지로 한정합니다) 11. 「환경영향평가법」 제25조, 「도시교통정비 촉진법」 제22조 및 「자연재해 　 대책법」 제6조에 따른 협의내용의 이행현황 등을 적은 서류 12. 터널·교량 등의 구조물현황을 적은 서류 13. 토지세목조서 14. 공사착공 전 및 준공 후의 상황을 구분·인식할 수 있는 준공사진 또는 도면 15. 시공품질검사내역서 16. 그 밖에 준공확인에 필요하다고 국토교통부장관이 인정하는 서류	수수료 없음

처리절차		

210mm×297mm「백상지 80g/㎡(재활용품)]

[별지 제6호서식]〈개정 19·3·20〉

개별사업별 준공조서

사업의 명칭												
사업 시행자	성명				전화번호							
	주소											
착공연월일					준공연월일							
사업비(백만원)		총체	용지	노반	궤도	건물	전철	전력	통신	신호	설계	감리	기타
사업의 목적												
주요 경유지 및 역					사업연장거리							
주요 시설물 현황												
그 밖의 특이사항												

「철도의 건설 및 철도시설 유지관리에 관한 법률 시행령」제17조 및 같은 법 시행규칙 제6조제2항에 따라 개별사업별 준공조서를 제출합니다.

년   월   일

제출인   (서명 또는 인)

210mm×297mm[백상지 80g/㎡(재활용품)]

[별지 제7호서식] 〈개정 08·3·14, 13·3·23, 14·8·7, 19·3·20〉

준공전사용허가 신청서

접수번호		접수일		처리기간	15일
신청인	업체명				
	주 소			전화번호	
	대표자 성명			대표자 생년월일	
사업내역	사업의 명칭			실시계획 승인일	
	사업의 위치			준공예정일	
신청내역	신청내용				
	사용기간 년 월 일 ~ 년 월 일 (일간)				

「철도의 건설 및 철도시설 유지관리에 관한 법률」제16조제4항 단서 및 같은 법 시행규칙 제6조제4항에 따라 위와 같이 준공 전 사용허가를 신청합니다.

년   월   일

신청인   (서명 또는 인)

국토교통부장관   귀하

첨부서류	1. 준공 전 사용하려는 구간의 노선도 2. 선로 종·평면도 3. 선로일람 약도 4. 선로표지 현황 5. 배선약도를 포함한 정거장 평면도 6. 건물배치도(역 및 철도차량기지에 한정합니다) 7. 「환경영향평가법」제25조, 「도시교통정비 촉진법」제22조 및 「자연재해대책법」제6조에 따른 협의내용의 이행현황 등을 적은 서류 8. 구조물현황을 적은 서류 9. 공사착공 전 및 준공 전 사용허가신청 당시의 상황을 구분·인식할 수 있는 사진 또는 도면 10. 시공품질검사내역서 11. 그 밖에 준공 전 사용허가 확인에 필요하다고 국토교통부장관이 인정하는 서류	수수료 없음

처리절차				
신청서 작성 →	접 수 →	검 토 →	결 재 →	통 보
신청인	국토교통부장관	국토교통부장관	국토교통부장관	국토교통부장관

210mm×297mm[백상지 80g/㎡(재활용품)]

철도의 건설 및 철도시설 유지관리에 관한 법률 시행규칙 [별표·별지] 366

[별지 제8호서식] 〈개정 08·3·14, 13·3·23, 19·3·20〉

검사공무원증
(철도건설사업)

1. 소속/직급:

2. 성   명:

3×4cm
(모자를 벗은 상반신으로 뒤 그림 없이 6개월 이내에 촬영한 것)

3. 생년월일:

위 사람은 「철도의 건설 및 철도시설 유지관리에 관한 법률」 제40조 및 같은 법 시행규칙 제13조에 따른 조사공무원임을 증명합니다.

년   월   일

기 관 장   직인

1. 이 증표를 휴대한 사람은 철도건설사업을 하는 자의 사무실·사업장 또는 그 밖의 필요한 장소에 출입하여 철도건설사업에 관한 업무를 검사할 권한이 있습니다.
2. 이 증표는 다른 사람에게 대여하거나 양도할 수 없습니다.
3. 이 증표를 습득한 경우에는 가까운 우체통에 넣어 주십시오.

80mm×120mm「백상지(150g/㎡)」

[별지 제9호서식] 〈신설 19·3·20〉

실태점검 대장

점검대상 (주소)	점검일시	점검목적	점검내용	점검자			
				소속	직급	성명	서명

210mm×297mm「백상지(80g/㎡)」

[별지 제10호서식] 〈신설 21·6·23〉

하도급 사실 통보서

시설물명(시설물번호)	
시설물 소재지	

수급인	상호 및 대표자	
	사무소 소재지	

하수급인	상호 및 대표자	
	업종 및 등록번호	
	사무소 소재지	

하도급 내용	분야	
	기 간	. . . ~ . . .
	하도급 액수	천원
	주요과업내용	

「철도의 건설 및 철도시설 유지관리에 관한 법률」 제44조의2제2항에 따라 하도급 사실을 통보합니다.

년   월   일

수급인   (서명 또는 인)

철도시설관리자 귀하

첨부서류	하도급계약서(변경계약서를 포함) 사본 1부.

210㎜×297㎜[백상지(80g/㎡) 또는 중질지(80g/㎡)]

[별지 제11호서식] 〈신설 21·6·23〉   정부24(www.gov.kr)에서도 신청할 수 있습니다.

철도시설 안전진단전문기관 [ ] 신규등록 / [ ] 등록증 재발급 신청서

※ 색상이 어두운 칸은 신청인이 작성하지 않으며, [ ]에는 해당되는 곳에 √표를 합니다.

접수번호	접수일	처리기간 15일

신청인	상호		전화번호	
	대표자		생년월일	
	사무소 소재지			

신청분야	
위 신청업종 외에 따로 신청한 업종	

「철도의 건설 및 철도시설 유지관리에 관한 법률」 제44조의3제1항 및 제4항에 따라 철도시설 안전진단전문기관의 ([ ] 신규등록 [ ] 등록증 재발급)을 신청합니다.

년   월   일

신청인   (서명 또는 인)

시·도지사 귀하

신청인 (대표자) 제출서류	1. 법인의 대표자 및 임원의 명단과 그 대표자 및 임원이 법 제44조의4제1호부터 제5호까지에 해당하는지 여부를 적은 서류 1부 2. 법인의 임원이 외국인인 경우에는 법 제44조의4제1호부터 제5호까지의 결격사유에 해당하지 아니함을 확인할 수 있는 서류(해당 국가의 정부 또는 그 밖의 권한이 있는 기관이 발행한 서류 또는 공증인이 공증한 그 임원의 진술서로서 해당 국가에 주재하는 우리나라 영사가 확인한 서류로 한정한다) 1부 3. 등록분야별 별지 제12호서식의 기술인력 보유현황 및 기술인력에 관한 건설기술인 경력증명서 1부 4. 등록분야별 별지 제13호서식의 장비 보유현황과 「국가표준기본법」 및 「계량에 관한 법률」에 따른 검정·교정을 받은 장비인지 확인할 수 있는 서류(검정·교정 대상에 해당되지 않는 경우에는 소요 성능을 갖추었는지 증빙할 수 있는 서류) 1부 5. 자본금을 증명하는 서류 1부	수수료 없음
담당 공무원 확인사항	1. 「출입국관리법」 제88조에 따른 외국인등록사실증명(대표자·임원이나 기술인력이 국내에 체류하는 외국인인 경우만 해당하며, 신청인이 확인에 동의하지 않는 경우 해당 정보가 적힌 서류를 첨부하여야 합니다.) 2. 법인 등기사항증명서(신청인이 법인인 경우만 해당합니다)	

행정정보 공동이용 동의서

본인은 이 건 업무처리와 관련하여 담당 공무원이 「전자정부법」 제36조제1항에 따른 행정정보의 공동이용을 통하여 위의 담당 공무원 확인 사항 제1호 및 제2호를 확인하는 것에 동의합니다. * 동의하지 아니하는 경우에는 신청인이 직접 관련 서류를 제출하여야 합니다.

외국인등록번호: 신청인(대표자)   (서명 또는 인)

처리절차

신고서 작성	→	접수	→	서면심사	→	기안·결재	→	등록결과 통보
신고인		처리기관(시·도)						

210㎜×297㎜[백상지(80g/㎡) 또는 중질지(80g/㎡)]

철도의 건설 및 철도시설 유지관리에 관한 법률 시행규칙 [별표·별지] 368

[별지 제12호서식] 〈신설 21·6·23〉

기술인력 보유현황

진단업체명(등록번호) :

| 등록분야 | 구분 | 성명 | 생년월일 | 직무분야 | | 전문분야 | | 교육수료 | 입사연월일 | 퇴사연월일 | 비고 |
				분야	등급	분야	등급				
	가급										
	나급										
	다급										
	기타										

작성방법

1. 보유기술자 중 정밀진단 및 성능평가를 수행하는 기술자는 모두 등록해야 하며, 구분은 「철도의 건설 및 철도시설 유지관리에 관한 법률 시행령」 별표 5의2 분야별 기술인력 기준의 특급기술인(또는 건축사) 이상, 중급기술인 이상 및 초급기술인 이상을 각각 가급, 나급 및 다급으로 표시해야 합니다.
2. 직무분야 및 전문분야는 「철도의 건설 및 철도시설 유지관리에 관한 법률 시행령」 별표 5의2에 따른 직무분야 및 전문분야에 따라 구분하고 분야 및 등급을 모두 표시해야 합니다. 다만, 기술등급이 초급인 기술자는 직무분야만 표시하고, 「건축사법」에 따른 건축사는 직무분야란에 건축사로만 적습니다.
3. 기술등급은 구조물, 건축분야는 「건설기술 진흥법 시행령」 별표 1, 궤도·전철전력·신호제어 분야는 「철도안전법 시행령」 별표 5, 정보통신분야는 「정보통신공사업법 시행령」 별표 6의 직무분야의 등급에 따라 표시합니다.
4. 교육수료는 「철도의 건설 및 철도시설 유지관리에 관한 법률」에 따라 수료한 정밀진단 및 성능평가 교육과정명과 해당 교육의 교육수료일을 기재합니다.
5. 입사 연월일에는 처음 근무일을 기재하고, 퇴사 연월일에는 마지막 근무일의 다음 날(4대보험 상실일)을 기재합니다.

210㎜×297㎜[백상지(80g/㎡) 또는 중질지(80g/㎡)]

[별지 제13호서식] 〈신설 21·6·23〉

장비 보유현황

진단업체명(등록번호) :

구분	장비명	규격 및 모델번호	장비고유번호	검사유효기간	등록일 및 등록해제일	보관장소	비고

작성방법

1. 구분란에는 공통 또는 진단분야를 적습니다.
2. 비고란에는 자기소유 또는 임차 등의 내용을 적습니다.

210㎜×297㎜[백상지(80g/㎡) 또는 중질지(80g/㎡)]

[별지 제14호서식] 〈신설 21·6·23〉

등록번호 제   호

철도시설 안전진단전문기관 등록증

1. 상호:

2. 대표자:

3. 사무소 소재지:

4. 등록 분야:

5. 등록 연월일:

「철도의 건설 및 철도시설 유지관리에 관한 법률」 제44조의3에 따른 철도시설 안전진단전문기관으로 등록합니다.

년   월   일

시 · 도지사 [직인]

210mm×297mm[백상지(150g/㎡)]

[별지 제15호서식] 〈신설 21·6·23〉

철도시설 안전진단전문기관 등록대장

분야		등록 제 호		등록일자	
상호				전화번호	
대표자		(한자:)		생년월일	
사무소소재지					
관련면허업종		제 호		겸업사항	
자본금					
납입자본금		변경 연월일		실질자본금	
기재사항 변경					
구분		변경 내용		변경 연월일	

210mm×297mm[백상지(80g/㎡)]

철도의 건설 및 철도시설 유지관리에 관한 법률 시행규칙 [별표·별지] 370

[별지 제16호서식] 〈신설 21·6·23〉

철도시설 안전진단전문기관 등록증 발급대장

구분	등록 번호	등록 연월일	상호	대표자	사무소 소재지	등록증 발급	
						일자	수령인 (서명 또는 인)

210mm×297mm[백상지(120g/㎡)]

[별지 제17호서식] 〈신설 2021. 6. 23.〉

철도시설 안전진단전문기관 등록사항 변경신고서

※ 색상이 어두운 칸은 신청인이 작성하지 않습니다.

접수번호		접수일		처리기간	10일
신고인	① 상호			전화번호	
	② 대표자			생년월일	
	③ 사무소 소재지				
등록분야				등록번호 및 등록일	

	구분	변경 연월일	변경 전	변경 후
변경사항				

「철도의 건설 및 철도시설 유지관리에 관한 법률」 제44조의3제3항에 따라 위와 같이 신고합니다.

년   월   일

신고인   (서명 또는 인)

시·도지사 귀하

첨부서류	변경사항을 증명하는 서류 각 1부

작성방법

① 상호란, ② 대표자란, ③ 사무소 소재지란은 변경 전의 사항을 적으시기 바랍니다.

처리절차

신고서 작성	→	접수	→	서면심사	→	기안·결재	→	등록결과 통보
신고인		처리기관 (시·도)		처리기관 (시·도)		처리기관 (시·도)		처리기관 (시·도)

210mm×297mm[백상지(80g/㎡) 또는 중질지(80g/㎡)]

[별지 제18호서식] 〈신설 21·6·23〉

철도시설 안전진단전문기관 [ ] 휴업 / [ ] 재개업 / [ ] 폐업 신고서

※ 색상이 어두운 칸은 신청인이 작성하지 않으며, [ ]에는 해당되는 곳에 √표를 합니다.

접수번호		접수일	
신고인	상호		전화번호
	대표자		생년월일
	사무소 소재지		
등록분야		등록번호 및 등록일	
신고내용	휴업예정기간	. . ~ . . (년 월)	
	재개업일	. . .	
	폐업일	. . .	
	휴업·폐업 사유		

「철도의 건설 및 철도시설 유지관리에 관한 법률」 제44조의3제5항에 따라 위와 같이 신고합니다.

년 월 일

신고인 (서명 또는 인)

시·도지사 귀하

첨부서류	1. 휴업·재개업 또는 폐업을 증명하는 서류 1부 2. 철도시설 안전진단전문기관 등록증 원본(폐업의 경우에만 제출합니다)

처리절차

신고서 작성(신고인) → 접수(처리기관 시·도) → 서면심사(처리기관 시·도) → 기안·결재(처리기관 시·도) → 등록결과 통보(처리기관 시·도)

210㎜×297㎜[백상지(80g/㎡) 또는 중질지(80g/㎡)]

[별지 제19호서식] 〈신설 21·6·23〉

철도시설 안전진단전문기관 양도·양수 신고서

※ 색상이 어두운 칸은 신청인이 작성하지 않습니다.

접수번호		접수일		발급일		처리기간	10일
양도인	상호			대표자			
	주소			(전화번호:)			
	등록번호			국적 또는 소속국가명			
	종별			등록번호			
양수인	상호			대표자			
	주소			(전화번호:)			
	등록번호			국적 또는 소속국가명			
	종별			등록번호			

「철도의 건설 및 철도시설 유지관리에 관한 법률」 제44조의8제1항에 따라 철도시설 안전진단전문기관의 양도·양수를 신고합니다.

년 월 일

양도인 (서명 또는 인)
양수인 (서명 또는 인)

시·도지사 귀하

첨부서류	1. 양도양수계약서 사본 1부 2. 양수인에 관한 「철도의 건설 및 철도시설 유지관리에 관한 법률 시행규칙」 제16조제1항 각 호의 서류 각 1부	수수료 없음

처리절차

신고서 작성(신고인) → 접수(처리기관 시·도) → 서면심사(처리기관 시·도) → 현장확인(처리기관 시·도) → 기안결재(처리기관 시·도) → 통보(처리기관 시·도)

210㎜×297㎜[백상지(80g/㎡) 또는 중질지(80g/㎡)]

철도의 건설 및 철도시설 유지관리에 관한 법률 시행규칙 [별표·별지] 372

[별지 제20호서식] 〈신설 21·6·23〉

철도시설 안전진단전문기관 법인합병 신고서

※ 색상이 어두운 칸은 신청인이 작성하지 않습니다.

접수번호		접수일	발급일	처리기간	10일
합병전 법인	상호		대표자		
	주소		(전화번호:)		
	법인등록번호		국적 또는 소속국가명		
	종별		등록번호		
합병전 법인	상호		대표자		
	주소		(전화번호:)		
	법인등록번호		국적 또는 소속국가명		
	종별		등록번호		
합병후 존속 또는 설립된 법인	상호		대표자		
	주소		(전화번호:)		
	법인등록번호		국적 또는 소속국가명		
	종별		등록번호		

「철도의 건설 및 철도시설 유지관리에 관한 법률」 제44조의8제1항에 따라 철도시설 안전진단전문기관의 합병을 신고합니다.

년   월   일

합병 전 법인   (서명 또는 인)

합병 전 법인   (서명 또는 인)

합병 후 존속(설립) 법인   (서명 또는 인)

시·도지사 귀하

첨부서류	1. 합병계약서 사본 1부 2. 합병공고문 1부 3. 합병에 관한 사항을 의결한 총회 또는 창립총회의 결의서 사본 1부 4. 합병 후 존속 또는 신설되는 법인에 관한 「철도의 건설 및 철도시설 　유지관리에 관한 법률 시행규칙」 제16조제1항 각 호의 서류 각 1부	수수료 없음

210㎜×297㎜[백상지(80g/㎡) 또는 중질지(80g/㎡)]

철도건설규칙 [2009·9·1 국토해양부령 제163호 전부개정]

개정 2013· 3·23 국토교통부령 제1호
(국토교통부와 그 소속기관직제 시행규칙)
2019· 3·20 국토교통부령 제609호
(철도건설법시행규칙 일부개정령)
2021· 8·27 국토교통부령 제882호
(어려운 법령용어 정비를 위한 80개 국토교통부령 일부개정령)

제1장 총 칙

제1조(목적) 이 규칙은 「철도의 건설 및 철도시설 유지관리에 관한 법률」 제19조에 따라 철도의 건설기준에 관하여 필요한 사항을 정함을 목적으로 한다.〈개정 19·3·20〉

제2조(정의) 이 규칙에서 사용하는 용어의 뜻은 다음과 같다.
1. "차량"이란 선로를 운행할 목적으로 제작된 동력차·객차(客車)·화차(貨車) 및 특수차를 말한다.
2. "열차"란 동력차에 객차 또는 화차 등을 연결하여 본선을 운행할 목적으로 조성한 차량을 말한다.
3. "본선"이란 열차운행에 상용(常用)할 목적으로 설치한 선로를 말한다.
4. "측선"이란 본선 외의 선로를 말한다.
5. "설계속도"란 해당 선로를 설계할 때 기준이 되는 상한속도를 말한다.
6. "선로"란 차량을 운행하기 위한 궤도와 이를 받치는 노반(路盤) 또는 인공구조물로 구성된 시설을 말한다.
7. "궤간"이란 양쪽 레일 안쪽 간의 거리 중 가장 짧은 거리를 말하며, 레일의 윗면으로부터 14밀리미터 아래 지점을 기준으로 한다.
8. "캔트"(Cant)란 차량이 곡선구간을 원활하게 운행할 수 있도록 안쪽 레일을 기준으로 바깥쪽 레일을 높게 부설하는 것을 말한다.
9. "정거장"이란 여객 또는 화물의 취급을 위한 철도시설 등을 설치한 장소[조차장(열차의 조성 또는 차량의 입환(入換)을 위하여 철도시설 등이 설치된 장소를 말한다) 및 신호장(열차의 교차 통행 또는 대피를 위하여 철도시설 등이 설치된 장소를 말한다)을 포함한다]를 말한다.
10. "선로전환기"란 차량 또는 열차 등의 운행 선로를 변경시키기 위한 기기를 말한다.
11. "종곡선(縱曲線)"이란 차량이 선로 기울기의 변경지점을 원활하게 운행할 수 있도록 종단면에 두는 곡선을 말한다.
12. "궤도"란 레일·침목 및 도상(道床)과 이들의 부속품으로 구성된 시설을 말한다.
13. "도상"이란 레일 및 침목으로부터 전달되는 차량 하중을 노반에 넓게 분산시키고 침목을 일정한 위치에 고정시키는 기능을 하는 자갈 또는 콘크리트 등의 재료로 구성된 구조부분을 말한다.
14. "슬랙"(Slack)이란 차량이 곡선구간의 선로를 원활하게 통과하도록 바깥쪽 레일을 기준으로 궤간을 넓히는 것을 말한다.
15. "건축한계"란 차량이 안전하게 운행될 수 있도록 궤도상에 설정한 일정한 공간을 말한다.
16. "전차선로"란 동력차에 전기에너지를 공급하기 위하여 선로를 따라 설치한 시설물로서 전선, 지지물(支持物) 및 관련 부속 설비를 총괄하여 말한다.
17. "기지"란 화물의 취급 또는 차량의 유치 등을 목적으로 시설한 장소로서 화물기지, 차량기지, 주박기지(駐泊基地), 보수기지 및 궤도기

지 등을 말한다.

18. "신호소"란 열차의 교차 통행 및 대피를 위한 시설이 없이 열차의 운행에만 필요한 상치신호기(常置信號機)(열차제어시스템을 포함한다)를 취급하기 위하여 시설한 장소를 말한다.

19. "건널목보안장치"란 도로와 철도가 평면교차하는 건널목에 열차, 자동차 및 사람 등의 통행에 안전을 확보하기 위하여 설치하는 각종 보안설비를 말한다.

20. "열차제어시스템"이란 열차운행을 직접적으로 제어하기 위하여 연동장치 및 열차자동제어장치 등을 유기적으로 결합하여 하나의 시스템을 구성하는 것을 말한다.

21. "궤도회로"란 열차 등의 궤도점유 유무를 감지하기 위하여 전기적으로 구성한 회로를 말한다.

22. "신호기"란 폐색구간(閉塞區間)의 경계지점 및 측선의 시점 등 필요한 곳에 설치하여 열차운행의 가능 여부 등을 지시하는 신호기 및 신호표지 등의 장치를 말한다.

23. "폐색구간"이란 선로를 여러 개의 구간으로 나누어 반드시 하나의 열차만 점유하도록 정한 구간을 말한다.

24. "연동장치"란 신호기 · 선로전환기 · 궤도회로 등의 제어 또는 조작이 일정한 순서에 따라 연쇄적으로 동작되는 장치를 말한다.

25. "통신설비"란 열차운행 및 철도운영에 관한 정보(음성, 부호, 문자 및 영상 등)를 송수신하거나 표출하기 위한 통신선로 등의 통신설비와 이에 부속되는 설비 등을 말한다.

26. "전기동차전용선"이란 도시교통 처리를 주목적으로 전기동차가 운행되는 선로로서 디젤기관 등에 의한 여객열차 · 화물열차는 운행되지 아니하는 선로를 말한다.

제3조(다른 법령과의 관계) 이 규칙에서 정하지 아니한 전기동차전용선에 관한 사항은 「도시철도건설규칙」을 준용한다.

제4조(세부기준) 국토교통부장관은 이 규칙에서 정한 기준의 시행에 필요한 세부기준을 정하여 고시할 수 있다.〈개정 13 · 3 · 23〉

제2장 선   로

제5조(설계속도) 선로의 설계속도는 해당 선로의 경제적 · 사회적 여건, 건설비, 선로의 기능 및 앞으로의 교통수요 등을 고려하여 정하여야 한다. 다만, 철도운행의 안정성 등이 확보된다고 인정되는 경우에는 철도건설의 경제성 또는 지형적 여건을 고려하여 해당 선로의 구간별로 설계속도를 다르게 정할 수 있다.

제6조(궤간) 궤간의 표준치수는 1천435밀리미터로 한다.

제7조(곡선반경) 곡선반경은 열차운행의 안전성 및 승차감을 확보할 수 있도록 설계속도 등을 고려하여 정하여야 한다. 다만, 정거장 전후 구간 및 측선과 분기기(分岐器)에 연속되는 경우에는 곡선반경을 축소할 수 있다.

제8조(캔트) ① 곡선구간에는 열차운행의 안전성 및 승차감을 확보하고 궤도에 주는 압력을 균등하게 하기 위하여 곡선반경 및 운행속도 등에 대응한 캔트를 두어야 하며, 일정 길이 이상에서 점차적으로 늘리거나 줄여야 한다.

② 제1항에도 불구하고 분기기 내의 곡선, 그 전 후의 곡선, 측선 내의 곡선 등 캔트를 부설하기 곤란한 곳에는 캔트를 설치하지 아니할 수 있다.

제9조(완화곡선의 삽입) 본선의 직선과 원곡선 사이 또는 두 개의 원곡선의 사이에는 열차운행의 안전성 및 승차감을 확보하기 위하여 완화곡선을 두되, 곡선반경이 큰 곡선 또는 분기기에 연속되는 경우에는 그러하지 아니하며, 그 밖에 완화곡선을 두기 곤란한 구간에서는 필요한 조치를 마련하여야 한다.

제10조(직선 및 원곡선의 최소 길이) 본선의 경우 직선과 원곡선의 최소 길이는 설계속도를 고려하여 일정 길이 이상으로 하여야 한다.

제11조(선로의 기울기) 선로의 기울기는 해당 선로의 성격과 기능 및 운행 차량의 특성 등을 고려하여 정하여야 한다.

제12조(종곡선) 선로의 기울기가 변화하는 곳에는 열차의 운행속도 및 차량의 구조 등을 고려하여 열차운행의 안전성 및 승차감에 지장을 주지 않도록 종곡선을 설치하여야 한다. 다만, 열차운행의 안전에 지장을 줄 우려가 없는 경우에는 그러하지 아니하다.

제13조(슬랙) 원곡선에는 선로의 곡선반경 및 차량의 고정축간거리 등을 고려하여 궤도에 과도한 횡압(橫壓)이 가해지는 것을 방지할 수 있도록 슬랙을 두어야 한다. 다만, 궤도에 과도한 횡압이 발생할 우려가 없는 경우는 그렇지 않다.〈개정 21·8·27〉

제14조(건축한계) ① 직선구간의 건축한계의 범위는 별표 1과 같다.
② 건축한계 내에는 건물이나 그 밖의 구조물을 설치해서는 아니 된다. 다만, 가공전차선(架空電車線) 및 그 현수장치(懸垂裝置)와 선로 보수 등의 작업에 필요한 일시적인 시설로서 열차 및 차량운행에 지장이 없는 경우에는 그러하지 아니하다.
③ 곡선구간의 건축한계는 캔트 및 슬랙 등을 고려하여 확대하여야 하며, 캔트의 크기에 따라 경사시켜야 한다.

제15조(궤도의 중심간격) ① 직선구간의 경우 궤도의 중심간격은 차량한계(철도차량의 안전을 확보하기 위하여 궤도 위에 정지된 상태에서 측정한 철도차량의 길이·너비 및 높이의 한계를 말한다)의 최대 폭과 차량의 안전운행 및 유지보수 편의성 등을 고려하여 정하여야 한다.
② 곡선구간의 경우 궤도 중심간격은 곡선반경에 따라 건축한계 확대량에 상당하는 값을 추가하여 정하여야 한다.

제16조(시공기면의 폭) 직선구간의 경우 시공기면(노반을 조성하는 기준이 되는 면을 말한다)의 폭은 궤도구조의 기능을 유지하고, 전철주 및 공동관로 등의 설치와 유지보수 요원의 안전한 대피 공간 확보가 가능하도록 정하여야 하며, 곡선구간의 경우 캔트의 영향을 고려하여 정하여야 한다.

제17조(선로 설계 시 유의사항) ① 선로구조물은 표준 열차하중을 고려하는 등 열차운행의 안전성이 확보되도록 설계하여야 한다.
② 도상의 종류 및 두께와 레일의 중량 등 궤도구조는 해당 선로의 설계속도와 열차의 통과 톤수에 따라 정하여야 한다.
③ 선로구조물을 설계할 때에는 생애주기(生涯週期) 비용을 고려하여야 한다.
④ 교량, 터널 등의 선로구조물에는 안전설비 및 재난대비설비를 설치하여야 하고, 열차 안전에 지장을 줄 우려가 있는 장소에는 방호설비를 설치하여야 한다.
⑤ 선로를 설계할 때에는 향후 인접 선로(계획 중인 선로를 포함한다)와 원활한 열차운행이 가능하도록 인접 선로와 연결되는 구조, 차량의 동력방식, 승강장의 형식 및 신호방식 등을 고려하여야 한다.

제18조(철도 횡단시설) ① 도로와 철도가 교차하는 곳은 입체화 시설로 설치하는 것을 원칙으로 한다. 다만, 공사 등 일시적으로 필요한 곳에는 임시로 평면건널목을 설치할 수 있다.
② 평면건널목 또는 정거장 구내를 횡단하는 전선로는 지중(地中)에 설치하여야 한다. 다만, 지형 여건 등으로 부득이한 경우에는 시설물관리기관과 협의하여 이를 지상에 설치할 수 있다.

제19조(선로표지) 선로에는 선로의 유지관리 및 열차의 안전운행에 필요한 선로표지를 설치하여야 한다.

제3장 정거장 및 기지

제20조(정거장의 설치) 정거장은 지형 조건, 교통수요, 경제성 및 인근

정거장과의 거리 등을 고려하여 적정 위치에 설치하여야 한다.

제21조(정거장 및 신호소의 설비) ① 정거장 및 신호소에는 그 기능 등에 따라 필요한 설비를 하여야 한다.

② 정거장 중 간이역은 여객을 위한 설비만을 설치한다.

제22조(정거장 안의 선로 배선) ① 정거장 안의 선로는 열차운행에 적합하게 배선하여야 한다.

② 정거장 안의 선로에는 열차운영에 적합하도록 유효장(有效長)(인접 선로의 열차 및 차량 출입에 지장을 주지 아니하고 열차를 수용할 수 있는 해당 선로의 최대 길이)을 확보하여야 한다.

③ 단선구간의 정거장 내 및 2개 이상의 열차·차량이 동시 출발하거나 진입하는 정거장 내에는 안전측선을 설치하여야 한다. 다만 운전보안설비가 설치되어 있어 안전측선이 불필요한 경우에는 설치하지 아니할 수 있다.

④ 정거장 또는 신호소 외의 곳에서 선로를 분기(分岐)하거나 평면교차를 시켜서는 아니 된다. 다만, 운전보안설비 등 안전설비를 한 경우에는 그러하지 아니하다.

제23조(승강장) ① 승강장은 직선구간에 설치하여야 한다. 다만, 지형 여건 등으로 부득이한 경우에는 곡선구간에도 설치할 수 있다.

② 승강장의 수 및 길이는 수송수요, 열차운행 횟수 및 열차의 종류 등을 고려하여 산출한 규모로 설치하여야 한다.

③ 승강장의 높이는 정차하는 차량의 종류 등을 고려하여 정하여야 한다.

④ 승강장의 폭은 수송수요, 승강장 내에 세우는 구조물 및 설비 등을 고려하여 설치하여야 한다.

⑤ 승강장에 세우는 각종 기둥과 벽체로 된 구조물은 선로 쪽 승강장 끝으로부터 일정한 거리를 두어 설치하여야 한다.

제24조(승강장의 편의·안전설비) ① 승강장의 통로 및 계단은 여객의 안전을 고려하여 설치되어야 한다.

② 승강장 지붕의 폭 및 길이는 승강장의 규모, 열차의 길이 및 열차의 종류 등을 고려하여 설치하여야 한다.

제25조(전차대) 동력차용 전차대(기관차의 앞뒤 방향을 바꾸는 장치를 말한다)의 길이는 27미터 이상으로 한다.

제26조(차막이 및 구름방지설비 등) ① 선로의 종점에는 차량이 선로구간을 벗어나지 않도록 차막이를 설치하여야 한다.

② 차량이 정해진 위치를 벗어나서 구르거나 열차가 정차 위치를 지나쳐 피해를 끼칠 위험이 있는 장소에는 안전설비를 하여야 한다.

제4장 전철 전력

제27조(수전전압) 전철변전소 수전선로(受電線路)의 전압은 수전용량, 수전거리 및 이와 연계된 전력계통을 고려하여 정하여야 한다.

제28조(수전선로) ① 전철변전소 수전선로의 방식과 구성은 부하(負荷)의 크기 및 특성, 지리적 조건, 환경적 조건, 전력조류(電力潮流), 전압강하, 수전 안정도, 회로의 공진(共振) 및 운용의 합리성 등을 고려하여 정하여야 한다.

② 수전선로는 지형적 여건 등 시설조건에 따라 가공(架空) 또는 지중 방식으로 시설하며, 비상시를 대비하여 예비선로를 확보하여야 한다.

제29조(전철변전소의 위치) ① 전철변전소나 급전구분소(給電區分所) 등의 위치는 급전구간의 부하중심으로 하되, 건설 및 운영 측면을 고려하여 정하여야 한다.

② 전철변전소의 간격은 전차선 전압의 최저한도를 유지할 수 있고 급전계통에서 발생하는 사고전류를 검출할 수 있는 간격으로 정하되, 열차운행계획, 선로구간의 중요도, 앞으로의 수송수요 등을 고려하여야 한다.

제30조(전철변전소의 용량) 전철변전소의 용량은 앞으로의 수송수요와 정상 급전 및 연장 급전을 고려하여 정하여야 한다.

제31조(전철변전소 등의 형식) 전철변전소, 급전구분소, 보조 급전구분소 및 병렬 급전구분소 등은 옥내형으로 하되, 환경 및 경제성 등을 고려하여 옥외형으로 할 수 있다.

제32조(급전계통구성) 급전계통은 부하의 크기·성질 및 전압강하를 고려하여 구성하고, 전철변전소 간에는 급전구분소를 설치하여 방면별로 급전하여야 한다.

제33조(전철변전소 등의 제어) 전철변전소나 급전구분소 등의 제어 및 감시는 중앙집중 원방감시제어 방식으로 전기사령실에서 이루어질 수 있도록 하여야 하며, 이에 필요한 설비를 설치하여야 한다.

제34조(전차선로의 공칭전압) 전차선로의 공칭전압(公稱電壓)은 표준 전기철도 전압 중에서 해당 전압에 대한 안전성 및 설비의 경제성 등을 갖춘 전압으로 하여야 한다.

제35조(전차선로의 가선 방식) 전차선로의 가선(架線)은 안전성과 신뢰성을 인정받고 있는 시스템 중에서 경제성 및 유지보수의 용이성을 갖춘 방식을 사용하여야 한다.

제36조(전차선로의 설비 표준화 등) ① 전차선로의 설비 규격 및 시스템의 제원(諸元)은 적절한 속도 등급으로 구분하여 표준화를 유도함으로써 설비의 품질 향상이 가능하도록 하여야 한다.
② 전차선로는 설계 속도에 적합한 성능을 갖도록 설계하여야 한다.

제37조(전차선의 높이) 전차선의 공칭 높이(곡선당김금구가 설치되는 지점의 레일의 상부면으로 부터 전차선까지의 높이)는 모든 온도 조건에서 5천밀리미터 이상 5천4백밀리미터 이하의 범위에 있어야 하며, 해당 선로의 공칭 높이는 차량한계 및 화물 높이, 안전성, 경제성 등과 집전 성능을 고려하여 정하여야 한다. 다만, 기존 운행선의 경우 터널, 구름다리, 교량 등의 구조물이 이미 설치되어 있는 구간 또는 이에 인접한 구간에서는 전차선의 높이를 축소할 수 있다.

제38조(전차선의 편위) 전차선의 편위(偏位)(곡선당김금구 또는 지지물이 설치되는 지점의 레일 윗면에 수직인 궤도 중심으로부터 좌우로 벗어난 거리)는 열차 정지 및 운행 시 최악의 운영환경에서도 전차선이 팬터그래프 집전판의 집전 범위를 벗어나지 않도록 하되, 팬터그래프 집전판이 최대한 고르게 마모되도록 시설하여야 한다.

제39조(접지시설) ① 전차선 지락(地絡)과 같은 사고 시에도 레일 전위(電位)의 상승을 억제하여 사람 등을 보호하고, 낙뢰에 의한 피해 및 유도에 의한 감전을 방지하기 위하여 적절한 접지 설비를 하여야 한다.
② 모든 접지는 서로 연결되는 공용 접지방식으로 하여야 한다.

제40조(절연 이격거리) 전차선로에서 상시 전압이 인가되는 가압부는 대지, 구조물, 다른 전선 또는 식물 등과 최악의 조건에서도 전압 레벨 및 오염지구 여부에 따른 최소 절연 이격 거리가 확보되도록 하여야 한다.

제41조(가공 급전선의 높이) 나전선(裸電線)으로 시설하는 가공 급전선의 높이는 전차선 높이 이상이고 적절한 절연 이격거리가 확보되는 높이 이상이어야 한다.

제42조(가공 전차선로 설비의 강도) 가공 전차선로의 지지물 및 설비는 최대 풍속과 강설(降雪), 최고 및 최저 온도 조건 등에 대한 안전율과 지형 특성 등을 반영하여 설계하여야 하며, 지진하중 등을 고려하여야 한다.

제43조(전기적 구분장치) 전차선로는 이상 발생 시 급전 정지 구간의 한정과 보수작업을 위하여 일정 거리마다 또는 운영상 필요한 곳에 전기적으로 구분할 수 있는 구분장치를 두어야 하며, 전기적으로 구분되는 설비 사이에는 적절한 이격거리를 두어야 한다.

제44조(가공 송배전 전선과의 교차) 교류 가공 전차선로는 원칙적으로 전압 레벨이 다른 가공 송배전 전선(철도 전용 부지 외의 곳에 시설하는 것은 제외한다)이나 가공 약전류(弱電流) 전선과 교차하여 설치하지 않아야 하며, 현장 여건상 교차 설치가 부득이한 경우에는 시설기준

을 따로 정하여 허용할 수 있다.

제45조(건널목 및 과선교의 안전시설) ① 자동차가 통행할 수 있는 건널목에 전차선로를 가설하는 경우에는 선로의 양측 또는 도로의 위쪽에 빔 또는 스팬선(span-wire)을 설치하고, 위험 표지를 부착하여야 한다.
② 가공 전차선로를 과선교나 고상(高床) 승강장 또는 교량 아래 등에 시설하는 경우로서 일반인에게 위해(危害)를 미칠 우려가 있는 경우에는 안전 설비를 하여야 한다.

제46조(터널조명) 철도의 안전운행 및 비상시 승객의 안전을 위하여 일정 길이 이상의 터널 내에는 조명 설비와 유도등 설비를 시설하여야 한다. 다만, 건축 또는 소방 관련 법령 등에서 방재기준을 따로 정한 경우에는 그에 따른다.

제5장 신호 및 통신

제47조(신호기장치) ① 철도신호의 현시장치(現示裝置) 및 표시장치의 구조와 형상은 오인될 우려가 없도록 하여야 한다.
② 신호방식은 지상신호 또는 차내 신호방식 등으로 하되, 열차운행 간격, 선로용량(선로상에서 운행할 수 있는 1일 최대 열차 횟수) 등과 열차운행의 안전성 및 효율성을 고려하여 최적의 방식을 선정하여야 한다.
③ 차내 신호방식 및 통신기반열차제어시스템을 채택한 구간에서는 열차운행에 필요한 각종 신호정보를 기관사에게 전달하는 설비를 설치하여야 한다.

제48조(선로전환기장치) 선로가 분기되는 본선 및 주요 측선에는 열차의 안전을 확보하기 위하여 전기 선로전환기를 설치하여야 한다. 다만, 중요하지 않은 측선에는 수동식 기계 선로전환기를 설치할 수 있다.

제49조(궤도회로의 설치) ① 신호기, 선로전환기를 포함한 연동장치와 그 밖의 신호설비를 제어하기 위하여 열차 또는 차량의 점유 유무를 감지하는 궤도회로를 설치하여야 한다. 다만, 통신기반열차제어장치의 경우에는 그에 적합한 설비로 대체할 수 있다.
② 궤도회로는 폐전로식(閉電路式) 궤도회로 구성방식으로 하여야 한다. 다만, 필요에 따라 개전로식(開電路式) 궤도회로를 조합하여 설비할 수 있다.

제50조(연동장치) 열차운행과 차량의 입환을 능률적이고 안전하게 하기 위하여 신호기와 선로전환기가 있는 정거장, 신호소 및 기지에는 그에 적합한 연동장치를 설치하여야 한다.

제51조(열차제어시스템) 열차운행의 안전도를 높이고 열차의 속도를 향상시켜 선로용량을 증대시키기 위하여 연동장치와 여러 제어장치로 구성된 열차제어시스템을 설치하여야 한다.

제52조(열차 자동 정지장치) 열차의 충돌 및 추돌사고를 방지하기 위하여 열차 자동 정지장치를 설치하여야 한다. 다만, 열차 자동 정지장치의 기능을 포함하고 있는 설비를 설치하는 경우에는 이를 생략할 수 있다.

제53조(폐색장치) 폐색을 확보하는 장치는 진로상의 폐색구간의 조건에 따른 신호를 나타내거나 폐색을 보증할 수 있는 것이어야 한다.

제54조(열차집중제어장치 등) ① 일정 구간 단위로 신호설비의 취급과 열차운행의 통제를 집중하여 시행하는 것이 유리한 구간에는 열차집중제어장치를 설치한다.
② 한 역에서 다른 역의 신호설비를 취급하는 것이 유리한 경우에는 신호원격제어장치를 설비할 수 있다.

제55조(건널목 보안장치) 도로와 철로가 평면교차하는 곳에는 열차와 보행인 및 차량의 안전운행이 확보되도록 건널목 보안장치를 설치하여야 한다.

제56조(신호기기의 보호) ① 낙뢰 및 전차선 지락에 의한 이상전압 발생

시 신호기기의 소손(燒損)을 방지하기 위하여 보안기 등을 설치하여야 한다.

② 신호설비에는 필요한 경우 인명 보호 및 신호기기의 소손 방지를 위하여 접지설비를 하여야 하며, 공동접지방식을 원칙으로 한다.

③ 교류전차선 구간의 신호설비는 전력유도전압 또는 전자파 등으로부터 장애가 없도록 설치하여야 한다.

제57조(신호설비의 전원방식) 신호설비의 전원방식은 이중으로 설치하는 것을 원칙으로 한다.

제58조(통신설비 등) 통신설비 및 통신선은 설비의 안정성을 확보하고 이용자가 편리하게 사용할 수 있도록 설치하여야 한다.

제59조(전송설비) 전송설비는 열차운행 및 철도운영에 필요한 음성, 부호, 문자 및 영상 등 각종 정보를 안정적으로 전송할 수 있도록 설치하여야 한다.

제60조(열차 무선설비) 열차 무선설비는 안전하고 효율적인 열차운행을 도모하고 철도운영자 및 유지보수요원 간의 효율적인 업무활동이 가능하도록 설치하여야 한다.

제61조(역무 자동화설비) 철도 역사(驛舍)에는 승차권 판매, 개표·집표 및 이와 관련된 각종 회계·통계 등의 역 업무를 자동화하기 위한 설비를 설치하여야 한다.

제62조(통신설비의 보호) 유무선 통신설비는 전력유도전압, 전자파 및 낙뢰 등으로부터 장애가 없도록 설치하여야 한다.

부　　　칙

제1조(시행일) 이 규칙은 공포한 날부터 시행한다.
제2조(설계 중이거나 건설 중인 철도 등에 대한 경과조치) 종전의 규정에 따라 설계 중이거나 건설 중인 철도는 개정규정에 따른다.

부　　　칙 〈13·3·23〉

제1조(시행일) 이 규칙은 공포한 날부터 시행한다. 다만, 부칙 제6조제121항은 2013년 7월 1일부터 시행한다.
제2조부터 제6조까지 생략

부　　　칙 〈19·3·20〉

제1조(시행일) 이 규칙은 공포한 날부터 시행한다.
제2조 생략

부　　　칙 〈21·8·27〉

이 규칙은 공포한 날부터 시행한다.〈단서 생략〉

철도건설규칙 380

[별표 1]

직선구간의 건축한계(제14조제1항 관련)

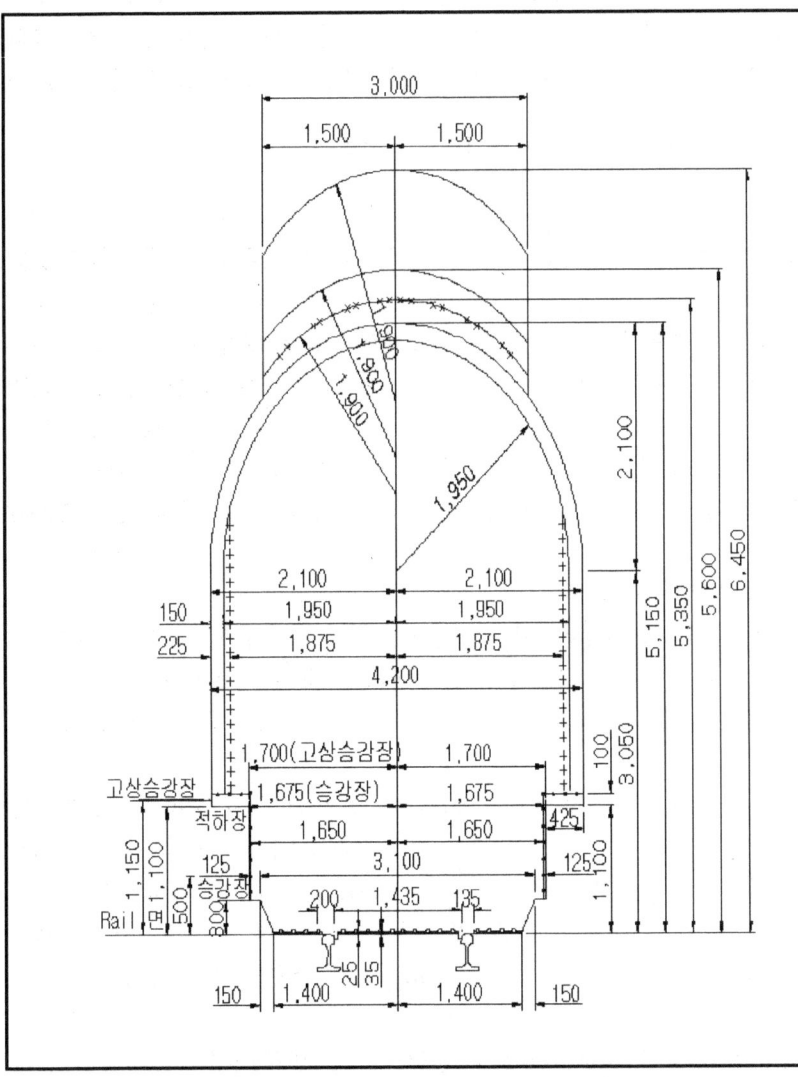

건축한계 레일부 상세

a, a1 또는 a2 ‥‥‥‥‥ 후렌지 웨이
S ‥‥‥‥‥ 슬랙

1. 일반의 경우　‥‥‥‥‥‥‥‥　a = 75 + S
2. 한쪽에 가드레일이 있는 경우
　가드레일이 있는쪽　‥‥‥‥‥‥　a = 40 + S
　가드레일이 없는쪽　‥‥‥‥‥‥　a = 75 + S
3. 텅레일의 경우　‥‥‥‥‥‥‥　a = 70 + S
4. 크로싱부의 경우　a1 ‥‥‥‥‥　크로싱 가드레일이 있는쪽
　　　　　　　　　a2 ‥‥‥‥‥　크로싱 윙레일이 있는쪽
　　　　　　　　　a1 + a2 ‥‥‥90 + 2S 로서　　a = 40 + S
5. 가드레일이 있는 건널목의 경우　　　　　a = 65 + S

보　기

──── 일반의 경우에 대한 건축한계. 다만, 철도를 횡단하는 시설물이 설치되는 구간에는
7,010 밀리미터 이상을 확보하여야 한다.

─‥─‥─ 가공전차선 및 그 현수장치를 제외한 상부에 대한 한계.
이 한계는 교량, 터널, 구름다리 및 그 앞뒤에 있어서 필요한 경우에는 ──── 까지,
기설된 교량, 터널, 눈덮개, 구름다리 및 그 앞뒤에 있어서 필요한 경우에는 개수를 따까지
잠정적으로 ＊＊ 로써 표시된 한도까지 사전승인을 받은 후 축소할 수 있다.

─ ─ ─ ─ 측선에 있어서 급수, 급탄, 전차, 계중, 세차 등의 설비 신호주, 전차선로지지주, 차고의 문
및 내부장치 또는 본선(중앙, 태백, 영동, 횡지, 고한 각선과 함백선에 한함)에
있어서 기설된 교량, 터널, 구름다리 및 그 앞뒤에 있어서 부득이한 경우에는 가공전차선
지지물에 대한 건축한계를 축소할 수 있는 한계.

＋＋＋＋＋＋ 선로전환기 표지 등에 대하여 건축한계를 줄일 수 있는 한계.

●∗∗∗∗● 승강장 및 적하장에 대하여 건축한계를 줄일 수 있는 한계.

○○○○○○ 터닝기 부문에 대하여 건축한계를 줄일 수 있는 한계(단 a1 = a2 = 70)

치수단위 : 밀리미터

철도의 건설기준에 관한 규정

제정 2009 · 9 · 1 국토해양부 고시 제2009-832호
개정 2012 · 8 · 22 국토해양부 고시 제2012-553호
　　 2013 · 5 · 16 국토교통부 고시 제2013-236호
　　 2014 · 10 · 15 국토교통부 고시 제2014-607호
　　 2018 · 3 · 21 국토교통부 고시 제2018-175호
　　 2020 · 7 · 7 국토교통부 고시 제2020-503호
　　 2022 · 12 · 22 국토교통부 고시 제2022-774호

제 1 장 총 칙

제1조(목적) 이 규정은 「철도건설규칙」 제4조에 따라 철도건설 기준의 시행에 필요한 세부기준을 정함을 목적으로 한다.

제2조(정의) 이 규정에서 사용하는 용어의 뜻은 다음과 같다.〈개정 14 · 10 · 15〉

1. "차량"이란 선로를 운행할 목적으로 제작된 동력차 · 객차 · 화차 및 특수차를 말한다.
2. "열차"란 동력차에 객차 또는 화차 등을 연결하여 본선을 운행할 목적으로 조성한 차량을 말한다.
3. "본선"이란 열차운행에 상용할 목적으로 설치한 선로를 말한다.
4. "부본선(정차본선)" 이란 정거장내에서 동일방향의 열차를 운전하는 본선으로서, 여객 및 화물열차 취급, 대피 등을 목적으로 계획한 선로를 말한다.
5. "측선"이란 본선 외의 선로를 말한다.
6. "설계속도"란 해당 선로를 설계할 때 기준이 되는 상한속도를 말한다.
7. "선로"란 차량을 운행하기 위한 궤도와 이를 받치는 노반 또는 인공구조물로 구성된 시설을 말한다.
8. "궤간"이란 양쪽 레일 안쪽 간의 거리 중 가장 짧은 거리를 말하며, 레일의 윗면으로부터 14밀리미터 아래 지점을 기준으로 한다.
9. "캔트"(Cant)란 차량이 곡선구간을 원활하게 운행할 수 있도록 안쪽 레일을 기준으로 바깥쪽 레일을 높게 부설하는 것을 말한다.
10. "정거장"이란 여객 또는 화물의 취급을 위한 철도시설 등을 설치한 장소[조차장(열차의 조성 또는 차량의 입환을 위하여 철도시설 등이 설치된 장소를 말한다) 및 신호장(열차의 교차 통행 또는 대피를 위하여 철도시설 등이 설치된 장소를 말한다)을 포함한다]를 말한다.
11. "선로전환기"란 차량 또는 열차 등의 운행 선로를 변경시키기 위한 기기를 말한다.
12. "종곡선"이란 차량이 선로 기울기의 변경지점을 원활하게 운행할 수 있도록 종단면에 두는 곡선을 말한다.
13. "궤도"란 레일 · 침목 및 도상과 이들의 부속품으로 구성된 시설을 말한다.
14. "도상"이란 레일 및 침목으로부터 전달되는 차량 하중을 노반에 넓게 분산시키고 침목을 일정한 위치에 고정시키는 기능을 하는 자갈 또는 콘크리트 등의 재료로 구성된 구조부분을 말한다.
15. "시공기면"이란 노반을 조성하는 기준이 되는 면을 말한다.
16. "슬랙"(Slack)이란 차량이 곡선구간의 선로를 원활하게 통과하도록 바깥쪽 레일을 기준으로 안쪽 레일을 조정하여 궤간을 넓히는 것을 말한다.
17. "건축한계"란 차량이 안전하게 운행될 수 있도록 궤도상에 설정한 일정한 공간을 말한다.
18. "차량한계"란 철도차량의 안전을 확보하기 위하여 궤도 위에 정지된 상태에서 측정한 철도차량의 길이 · 너비 및 높이의 한계를 말한다.

19. "유효장"이란 인접 선로의 열차 및 차량 출입에 지장을 주지 아니하고 열차를 수용할 수 있는 해당 선로의 최대 길이를 말한다.

20. "전차대"란 기관차의 앞뒤 방향을 바꾸거나, 한 선로에서 다른 선로로 차량의 위치를 이동시키는 장치를 말한다.

21. "전차선로"란 동력차에 전기에너지를 공급하기 위하여 선로를 따라 설치한 시설물로서 전선, 지지물 및 관련 부속 설비를 총괄하여 말한다.

22. "기지"란 화물의 취급 또는 차량의 유치 등을 목적으로 시설한 장소로서 화물기지, 차량기지, 주박기지, 보수기지 및 궤도기지 등을 말한다.

23. "심플 커티너리(Simple Catenary)"란 전차선로 종류의 하나로서, 단일 조가선과 단일 전차선만으로 전차선로를 가공 현수하는 구조를 갖는 가선 형태를 말하며, 헤비 심플 커티너리(Heavy Simple Catenary)를 포함한다.

24. "운전시격"이란 선행열차와 후속열차간의 운전을 위한 배차시간 간격을 말하며, 운전시격의 최소값을 최소운전시격이라 한다.

25. "신호소"란 열차의 교차 통행 및 대피를 위한 시설이 없이 열차의 운행에만 필요한 상치신호기(열차제어시스템을 포함한다)를 취급하기 위하여 시설한 장소를 말한다.

26. "건널목안전설비"란 도로와 철도가 평면교차하는 건널목에 열차, 자동차 및 사람 등의 통행에 안전을 확보하기 위하여 설치하는 각종 안전설비를 말한다.

27. "열차제어시스템"이란 열차운행을 직접적으로 제어하기 위하여 연동장치 및 열차자동제어장치 등을 유기적으로 결합하여 하나의 시스템을 구성하는 것을 말한다.

28. "궤도회로"란 열차 등의 궤도점유 유무를 감지하기 위하여 전기적으로 구성한 회로를 말한다.

29. "신호기"란 폐색구간의 경계지점 및 측선의 시점 등 필요한 곳에 설치하여 열차운행의 가능 여부 등을 지시하는 신호기 및 신호표지 등의 장치를 말한다.

30. "절대신호기"란 신호기에 정지신호가 현시된 경우 반드시 열차를 정차한 후 관계자의 승인을 얻어야만 진입할 수 있는 신호기를 말한다.

31. "허용신호기"란 신호기에 정지신호가 현시된 경우 열차를 정차한 후 승인 없이도 제한속도 이하로 진입할 수 있는 신호기를 말한다.

32. "폐색구간"이란 선로를 여러 개의 구간으로 나누어 반드시 하나의 열차만 점유하도록 정한 구간을 말한다.

33. "연동장치"란 신호기·선로전환기·궤도회로 등의 제어 또는 조작이 일정한 순서에 따라 연쇄적으로 동작되는 장치를 말한다.

34. "통신설비"란 열차운행 및 철도운영에 관한 정보(음성, 부호, 문자 및 영상 등)를 송수신하거나 표출하기 위한 통신선로 등의 통신설비와 이에 부속되는 설비 등을 말한다.

35. "철도교통관제설비"(이하 "관제설비"라 한다)란 열차 및 차량의 운행을 집중 제어·통제·감시하는 설비로 열차집중제어장치(CTC), 열차무선설비, 관제전화설비 및 영상감시장치(CCTV) 등을 말한다.

36. "전기동차전용선"이란 도시교통 처리를 주목적으로 전기동차가 운행되는 선로로서 기관차 등에 의해 견인되는 여객열차·화물열차 및 간선형 전기동차 운행에는 적합하지 않게 건설되는 선로를 말한다.

37. "고속철도전용선"이란 철도건설법 제2조제2호에 따른 고속철도 구간의 선로를 말한다.

38. "고속화"란 기존선로의 선형, 노반, 궤도, 신호체계 등을 개량하여 열차 운행속도를 향상시키는 것을 말한다.

제3조(다른 규정과의 관계) 철도의 건설기준에 관하여 다른 규정 등에 특별한 규정이 있는 경우를 제외하고는 이 규정이 정하는 바에 따른다.

제 2 장 선 로

제4조(설계속도) ①신설 및 개량노선의 설계속도를 정하기 위해서는 다음 각 호의 사항을 고려하여 속도별 비용 및 효과분석을 실시하여야 한다.
1. 초기 건설비, 운영비, 유지보수비용 및 차량구입비 등의 총비용 대비 효과 분석
2. 역간 거리
3. 해당 노선의 기능
4. 장래 교통수요 등

②도심지 통과구간, 시·종점부, 정거장 전후 및 시가화 구간 등 노선 내 타 구간과 동일한 설계속도를 유지하기 어렵거나, 동일한 설계속도 유지에 따르는 경제적 효용성이 낮은 경우에는 구간별로 설계속도를 다르게 정할 수 있다.

제5조(궤간) 궤간의 표준치수는 1천435밀리미터로 한다.

제6조(곡선반경) ① 본선의 곡선반경은 설계속도에 따라 다음 표의 값 이상으로 하여야 한다. 〈개정 20·7·7, 22·12·22〉

설계속도 V (킬로미터/시간)	최소 곡선반경(미터)	
	자갈도상 궤도	콘크리트도상 궤도
400	-(1)	6,100
350	6,100	4,700
300	4,500	3,500
250	2,900	2,400
200	1,900	1,600
150	1,100	900
120	700	600
70	400	400

(1) 설계속도 350 < V ≤ 400킬로미터/시간 구간에서는 콘크리트도상 궤도를 적용하는 것을 원칙으로 하고, 자갈도상 궤도 적용시에는 별도로 검토하여 정한다.
㈜ 이 외의 값 및 기존선을 250킬로미터/시간까지 고속화하는 경우에는 제7조의 최대 설정캔트와 최대 부족캔트를 적용하여 다음 공식에 의해 산출한다.

$$R \geq \frac{11.8 V^2}{C_{max} + C_{d,max}}$$

여기서, R : 곡선반경(미터)
V : 설계속도(킬로미터/시간)
C_{max} : 최대 설정캔트(밀리미터)
$C_{d,max}$: 최대 부족캔트(밀리미터)

다만, 곡선반경은 400미터 이상으로 하여야 한다.

②제1항에도 불구하고 다음 각 호와 같은 경우에는 다음 각 호에서 정하는 크기까지 곡선반경을 축소할 수 있다.〈개정 20·7·7〉

1. 정거장의 전후구간 등 부득이한 경우

설계속도 V(킬로미터/시간)	최소 곡선반경(미터)
200< V ≤400	운영속도고려 조정
150< V ≤200	600
120< V ≤150	400
70< V ≤120	300
V ≤ 70	250

2. 전기동차전용선의 경우 : 설계속도에 관계없이 250미터

③부본선, 측선 및 분기기에 연속되는 경우에는 곡선반경을 200미터까지 축소할 수 있다. 다만, 고속철도전용선의 경우에는 다음 표와 같이 축소할 수 있다.

구 분	최소 곡선반경(미터)
주본선 및 부본선	1,000(부득이한 경우 500)
회송선 및 착발선	500(부득이한 경우 200)

제7조(캔트) ① 곡선구간의 궤도에는 열차의 운행 안정성 및 승차감을 확보하고 궤도에 주는 압력을 균등하게 하기 위하여 다음 공식에 의하여 산출된 캔트를 두어야 하며, 이때 설정캔트 및 부족캔트는 다음 표의 값 이하로 하여야 한다.〈개정 20·7·7, 22·12·22〉

$$C = 11.8\frac{V^2}{R} - C_d$$

C : 설정캔트(밀리미터)

V : 설계속도(킬로미터/시간)

R : 곡선반경(미터)

C_d : 부족캔트(밀리미터)

설계속도 V (킬로미터/시간)	자갈도상 궤도		콘크리트도상 궤도	
	최대 설정캔트 (밀리미터)	최대 부족캔트[1] (밀리미터)	최대 설정캔트 (밀리미터)	최대 부족캔트[1] (밀리미터)
350< V ≤400	-[2]	-[2]	180	130
250< V ≤350	160	80	180	130
V ≤250	160	100[3]	180	130

[1] 최대 부족캔트는 완화곡선이 있는 경우. 즉, 부족캔트가 점진적으로 증가하는 경우에 한한다.

[2] 설계속도 350 < V ≤ 400킬로미터/시간 구간에서는 콘크리트도상 궤도를 적용하는 것을 원칙으로 하고, 자갈도상 궤도 적용 시에는 별도로 검토하여 정한다.

[3] 기존선을 250킬로미터/시간까지 고속화하는 경우에는 최대 부족캔트를 120밀리미터까지 할 수 있다.

② 열차의 실제 운행속도와 설계속도의 차이가 큰 경우에는 다음 공식에 의해 초과캔트를 검토하여야 하며, 이때 초과캔트는 110밀리미터를 초과하지 않도록 하여야 한다.

$$C_e = C - 11.8\frac{V_o^2}{R}$$

C_e : 초과캔트(밀리미터)

C : 설정캔트(밀리미터)

V_o : 열차의 운행속도(킬로미터/시간)

R : 곡선반경(미터)

③제1항에도 불구하고 분기기 내의 곡선, 그 전 후의 곡선, 측선 내의 곡선과 그 밖에 캔트를 부설하기 곤란한 개소에 있어서 열차의 운행

안전성을 확보한 경우에는 캔트를 두지 아니할 수 있다.

④제1항에 따른 캔트는 다음 각 호의 구분에 따른 길이 내에서 체감하여야 한다.

1. 완화곡선이 있는 경우 : 완화곡선 전체 길이

2. 완화곡선이 없는 경우 : 최소 체감길이(미터)는 $0.6\Delta C$ 보다 작아서는 아니 된다. 여기서 ΔC는 캔트변화량(밀리미터)이다.

구 분	체감 위치
곡선과 직선	곡선의 시·종점에서 직선구간으로 체감[1]
복심곡선	곡선반경이 큰 곡선에서 체감

[1] 직선구간에서 체감을 원칙으로 한다. 다만, 선로의 개량 등으로 부득이 한 경우에는 곡선부에서 체감할 수 있다.

제8조(완화곡선〈개정 22 · 12 · 22〉) ① 본선의 경우 설계속도에 따라 다음 표의 값 미만의 곡선반경을 가진 곡선과 직선이 접속하는 곳에는 완화곡선을 두어야 한다. 다만, 분기기에 연속되는 경우이거나 기존선을 고속화하는 경우에는 제2항의 부족캔트 변화량 한계값을 적용할 수 있다.〈개정 20 · 7 · 7, 22 · 12 · 22〉

설계속도 V(킬로미터/시간)	완화곡선을 삽입하지 않는 최소곡선반경(미터)
250	24,000
200	12,000
150	5,000
120	2,500
100	1,500
70	600

(주) 이외의 값은 다음의 공식에 의해 산출한다.

$$R = \frac{11.8V^2}{\Delta C_{d,\lim}}$$

여기서, R : 완화곡선을 삽입하지 않는 최소 곡선반경(미터)

V : 설계속도(킬로미터/시간)

$C_{d,\lim}$: 부족캔트 변화량 한계값(밀리미터)

부족캔트 변화량은 인접한 선형간 균형캔트 차이를 의미하며, 이의 한계값은 다음과 같고, 이외의 값은 선형 보간에 의해 산출한다.

설계속도 V(킬로미터/시간)	부족캔트 변화량 한계값(밀리미터)
400	20
350	23
300	27
250	32
200	40
150	57
120	69
100	83
$V \leq 70$	100

②분기기 내에서 부족캔트 변화량이 다음 표의 값을 초과하는 경우에는 완화곡선을 두어야 한다.

1. 고속철도전용선

분기속도 V (킬로미터/시간)	$V \leq 70$	$70 < V \leq 170$	$170 < V \leq 230$
부족캔트 변화량 한계값(밀리미터)	120	105	85

2. 그 외

분기속도 V (킬로미터/시간)	$V \leq 100$	$100 < V \leq 170$	$170 < V \leq 230$
부족캔트 변화량 한계값(밀리미터)	120	$141 - 0.21V$	$161 - 0.33V$

③본선의 경우 두 원곡선이 접속하는 곳에서는 완화곡선을 두어야 하며, 이때 양쪽의 완화곡선을 직접 연결할 수 있다. 다만 부득이한 경우에는 완화곡선을 두지 않고 두 원곡선을 직접 연결하거나 중간직선을 두어 연결할 수 있으며, 이때 아래 각 호에서 정하는 바에 따라 산정된 부족캔트 변화량은 제1항 표의 값 이하로 하여야 한다.〈개정 20·7·7〉

1. 중간직선이 없는 경우

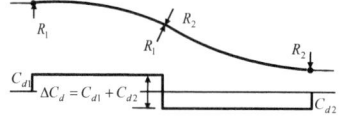 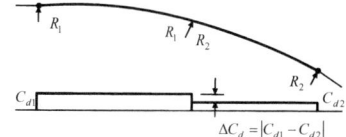

2. 중간직선이 있는 경우로서 중간 직선의 길이가 기준값보다 작은 경우

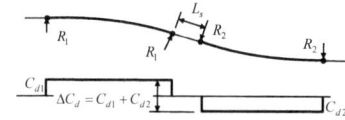 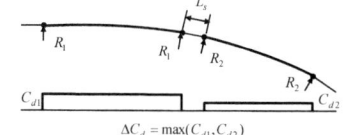

중간직선이 있는 경우, 중간직선 길이의 기준값은 설계속도에 따라 다음 표와 같다.

설계속도 V(킬로미터/시간)	중간직선 길이 기준값(미터)
$200 < V \leq 400$	$0.5V$
$100 < V \leq 200$	$0.3V$
$70 < V \leq 100$	$0.25V$
$V \leq 70$	$0.2V$

3. 중간직선이 있는 경우로서 중간 직선의 길이가 제2호에서 규정한 기준값 보다 크거나 같은 경우는 직선과 원곡선이 접하는 경우로 보아 제1항에 따른 기준에 따른다.

④ 제1항에 따른 완화곡선의 길이(미터)는 다음 공식에 의하여 산출된 값 중 큰 값 이상으로 하여야 한다. 다만 제6조제2항 각 호의 경우에는 곡선반경에 따라 축소할 수 있다.〈개정 22·12·22〉

$$L_{T1} = C_1 \Delta C \qquad L_{T2} = C_2 \Delta C_d$$

L_{T1} : 캔트 변화량에 대한 완화곡선 길이(미터)

L_{T2} : 부족캔트 변화량에 대한 완화곡선 길이(미터)

C_1 : 캔트 변화량에 대한 배수

C_2 : 부족캔트 변화량에 대한 배수

ΔC : 캔트 변화량(밀리미터)

ΔC_d : 부족캔트 변화량(밀리미터)

설계속도 V(킬로미터/시간)	캔트 변화량에 대한 배수(C_1)	부족캔트 변화량에 대한 배수(C_2)
400	2.95	2.50
350	2.55	2.15
300	2.20	1.85
250	1.85	1.55
200	1.45	1.25
150	1.10	0.95
120	0.90	0.75
70	0.60	0.45

㉮ 이외의 값 및 기존선을 250킬로미터/시간까지 고속화하는 경우에는 다음의 공식에 의해 산출한다.

구 분	캔트 변화량에 대한 배수(C_1)	부족캔트 변화량에 대한 배수(C_2)
이외의 값	$7.31\,V/1{,}000$	$6.18\,V/1{,}000$
기존선을 250킬로미터/시간 까지 고속화하는 경우	$6.46\,V/1{,}000$	$5.56\,V/1{,}000$

⑤완화곡선의 형상은 3차 포물선으로 하여야 한다.

제9조(직선 및 원곡선〈개정 22·12·22〉) 본선의 두 개의 캔트 변화구간 사이의 직선 및 원곡선의 길이(이하 "직선 및 원곡선의 길이"라 한다)는 설계속도에 따라 다음 표의 값 이상으로 하여야 한다. 다만 부본선, 측

선 및 분기기에 연속되는 경우에는 직선 및 원곡선의 길이를 다르게 정할 수 있다.〈개정 22·12·22〉

설계속도 V(킬로미터/시간)	직선 및 원곡선의 최소길이(미터)
400	200
350	180
300	150
250	130
200	100
150	80
120	60
70	40

㉮ 이외의 값 및 기존선을 250킬로미터/시간까지 고속화하는 경우에는 다음의 공식에 의해 산출한다.

이외의 값	기존선을 250킬로미터/시간까지 고속화하는 경우
$L \geq 0.5\,V$	$L \geq 0.4\,V$

여기서 L : 직선 및 원곡선의 길이(미터)

V : 설계속도(킬로미터/시간)

다만, 직선 및 원곡선의 길이는 20미터 이상으로 하여야 한다.

제10조(기울기〈개정 22·12·22〉) ① 본선의 기울기는 설계속도에 따라 다음 표의 값 이하로 하여야 한다.〈개정 20·7·7, 22·12·22〉

설계속도 V(킬로미터/시간)		최대 기울기 (천분율)
여객전용선	$V \leq 400$	35[1],[2]
여객화물혼용선	$V \leq 250$	25
전기동차전용선		35

[1] 연속한 선로 10킬로미터에 대해 평균기울기는 1천분의 25 이하로 하여야 한다.
[2] 기울기가 1천분의 35인 구간은 연속하여 6킬로미터를 초과할 수 없다.
㉮ 다만, 선로용량이 최적이 되도록 본선 기울기를 결정하여야 한다.

② 본선의 기울기 중에 곡선이 있을 경우에는 제1항에 따른 기울기에서 다음 공식에 의하여 산출된 환산기울기의 값을 뺀 기울기 이하로 하여야 한다.〈개정 20·7·7, 22·12·22〉

$$G_c = \frac{700}{R}$$

G_c : 환산기울기(천분율)

R : 곡선반경(미터)

③ 정거장 안에서 승강장 구간의 본선 및 그 외의 열차정차구간의 선로의 기울기는 제1항 및 제2항의 규정에도 불구하고 1천분의 2 이하로 하여야 한다. 다만, 열차를 분리 또는 연결을 하지 않는 본선으로서 전기동차전용선인 경우에는 1천분의 10까지, 그 외의 선로인 경우에는 1천분의 8까지 할 수 있으며, 열차를 유치하지 아니하는 측선은 1천분의 35까지 할 수 있다.〈개정 22·12·22〉

④ 같은 기울기의 선로길이는 설계속도에 따라 다음 값 이상으로 하여야 한다.〈개정 20·7·7, 22·12·22〉

$$L = 1.5\,V/3.6$$

여기서, L : 같은 기울기의 선로길이(미터)

V : 설계속도(킬로미터/시간)

⑤ 제1항·및 제3항에도 불구하고 운행할 열차의 특성을 고려하여 정지 후 재기동 및 설계속도로의 연속주행 가능성과 비상 제동시 제동거리 확보 등 열차의 운행 안전성이 확보되는 경우에는 본선 또는 기존 전기동차 전용선에 정거장을 설치 시 기울기를 다르게 적용할 수 있다. 〈개정 14·10·15, 22·12·22〉

제11조(종곡선) ① 선로의 기울기가 변화하는 개소의 기울기 차이가 설계속도에 따라 다음 표의 값 이상인 경우에는 종곡선을 설치하여야 한다.〈개정 20·7·7〉

설계속도 V(킬로미터/시간)	기울기 차(천분율)
200< V ≤400	1
70< V ≤200	4
V ≤70	5

② 종곡선 반경은 설계속도에 따라 다음 표의 값 이상으로 하여야 한다.〈개정 20·7·7, 22·12·22〉

설계속도 V (킬로미터/시간)	종곡선 최소 반경(미터)	
	자갈도상 궤도	콘크리트도상 궤도
400	-⁽¹⁾	40,000
350	25,000	40,000
300	25,000	32,000
250	22,000	
200	14,000	
150	8,000	
120	5,000	
70	1,800	

⁽¹⁾ 설계속도 350< V ≤400 킬로미터/시간 구간에서는 콘크리트도상 궤도를 적용하는 것을 원칙으로 하고, 자갈도상 궤도 적용 시에는 별도로 검토하여 정한다.

⁽²⁾ 이외의 값은 다음의 공식에 의해 산출한다.

$$R_v \geq 0.35\,V^2$$

여기서 R_v : 종곡선 반경(미터),

V : 설계속도(킬로미터/시간)

다만, 종곡선 반경은 1,800미터 이상으로 하여야 하며, 자갈도상 궤도는 25,000미터, 콘크리트도상 궤도는 40,000미터 이하로 하여야 한다.

③ 제2항에도 불구하고 도심지 통과구간 및 시가화 구간 등 부득이한 경우에는 설계속도에 따라 다음 표의 값까지 종곡선 반경을 축소할 수 있다.〈개정 20·7·7, 22·12·22〉

설계속도 V(킬로미터/시간)	종곡선 최소 반경(미터)
250	16,000
200	10,000
150	6,000
120	4,000
70	1,300

㈜ 설계속도 250킬로미터/시간 이하에 대한 이외의 값은 다음의 공식에 의해 산출한다.

$$R_v \geq 0.25 V^2$$

여기서　R_v : 종곡선 반경(미터)

　　　　V : 설계속도(킬로미터/시간)

다만, 종곡선 반경은 500미터 이상으로 하여야 한다.

④ 종곡선 연장은 20미터 이상으로 하여야 한다.〈신설 20・7・7〉

⑤ 종곡선은 직선 또는 원의 중심이 1개인 곡선구간에 부설해야한다. 다만, 부득이한 경우에는 콘크리트도상 궤도에 한하여 완화곡선 또는 직선에서 완화곡선과 원의 중심이 1개인 곡선구간까지 걸쳐서 둘 수 있다.〈개정 20・7・7〉

제12조(슬랙)　①곡선반경 300미터 이하인 곡선구간의 궤도에는 궤간에 다음의 공식에 의하여 산출된 슬랙을 두어야 한다. 다만, 슬랙은 30밀리미터 이하로 한다.

$$S = \frac{2400}{R} - S'$$

　　S : 슬랙(밀리미터)

　　R : 곡선반경(미터)

　　S' : 조정치(0 ~ 15밀리미터)

②제1항에 따른 슬랙은 제7조제4항에 따른 캔트의 체감과 같은 길이 내에서 체감하여야 한다.

제13조(건축한계)　①직선구간의 건축한계는 철도건설규칙(이하 "규칙"이라 한다) 제14조제1항에 정한 건축한계로 한다.

② 건축한계 내에는 구조물이나 시설물을 설치해서는 아니 된다. 다만, 가공전차선 및 그 현수장치, 승강장 안전문 및 안전펜스 설비와 선로보수 등의 작업에 필요한 일시적인 시설로서 열차 및 차량운행에 지장이 없는 경우에는 그러하지 아니하다.〈개정 22・12・22〉

③곡선구간의 건축한계는 직선구간의 건축한계에 다음 각 호의 값을 더하여 확대하여야 한다. 다만, 가공전차선 및 그 현수장치를 제외한 상부에 대한 건축한계는 이에 따르지 아니한다.

1. 곡선에 따른 확대량

$$W = \frac{50,000}{R} \text{(전기동차전용선인 경우 } W = \frac{24,000}{R})$$

　　W : 선로중심에서 좌우측으로의 확대량(밀리미터)

　　R : 곡선반경(미터)

2. 캔트 및 슬랙에 따른 편기량

　　곡선 내측 편기량 $A = 2.4C + S$

　　곡선 외측 편기량 $B = 0.8C$

　　A : 곡선 내측 편기량(밀리미터)

　　B : 곡선 외측 편기량(밀리미터)

　　C : 설정캔트(밀리미터)

　　S : 슬랙(밀리미터)

④제3항에 따른 건축한계 확대량은 다음 각 호의 구분에 따른 길이내에서 체감하여야 한다.

1. 완화곡선의 길이가 26미터 이상인 경우 : 완화곡선 전체의 길이

2. 완화곡선의 길이가 26미터 미만인 경우 : 완화곡선구간 및 직선구간을 포함하여 26미터 이상의 길이

3. 완화곡선이 없는 경우 : 곡선의 시・종점으로부터 직선구간으로 26미터 이상의 길이

4. 복심곡선의 경우 : 26미터 이상의 길이. 이 경우 체감은 곡선반경이 큰 곡선에서 행한다.

⑤ 제1항부터 제4항까지에도 불구하고 궤도상에 일정한 공간을 설정함으로써 열차운행의 안전성의 확보가 가능한 경우에는 발주처의 승인을 받아 건축한계를 다르게 적용할 수 있다.〈신설 22・12・22〉

제14조(궤도의 중심간격)　① 정거장 외의 구간에서 2개의 선로를 나란히

설치하는 경우에 궤도의 중심간격은 설계속도에 따라 다음 표의 값 이상으로 하여야 하며, 고속철도전용선의 경우에는 다음 각 호를 고려하여 궤도의 중심간격을 다르게 적용할 수 있다. 다만, 궤도의 중심간격이 4.3미터 미만인 구간에 3개 이상의 선로를 나란히 설치하는 경우에는 서로 인접하는 궤도의 중심간격 중 하나는 4.3미터 이상으로 하여야 한다.〈개정 20·7·7, 22·12·22〉

설계속도 V(킬로미터/시간)	궤도의 최소 중심간격(미터)
350< V≤400	4.8
250< V≤350	4.5
200< V≤250	4.3
70< V≤200	4.0
V≤70	3.8

1. 차량교행시의 압력
2. 열차풍에 따른 유지보수요원의 안전(선로사이에 대피소가 있는 경우에 한한다)
3. 궤도부설 오차
4. 직선 및 곡선부에서 최대 운행속도로 교행하는 차량 및 측풍 등에 따른 탈선 안전도
5. 유지보수의 편의성 등

② 정거장(기지를 포함한다) 안에 나란히 설치하는 주본선의 궤도의 중심간격은 원칙적으로 정거장 외의 궤도의 중심간격과 동일하게 한다. 다만, 설계속도 70킬로미터/시간 이하인 경우에는 정거장 안의 궤도의 중심간격은 4.0미터 이상으로 한다. 주본선과 나란히 설치하는 부본선 및 측선의 궤도 중심간격은 4.3미터 이상으로 하며, 6개 이상의 선로를 나란히 설치하는 경우에는 5개 선로마다 궤도의 중심간격을 6.0미터 이상 확보하여야 하고, 고속철도전용선의 경우에는 통과선과 부본선간의 궤도의 중심간격은 6.5미터로 하되 방풍벽 등을 설치하는 경우에는 이를 축소할 수 있다.〈개정 22·12·22〉

③ 제1항 및 제2항에 따른 경우 선로 사이에 전차선로 지지주 및 신호기 등을 설치하여야 하는 때에는 궤도의 중심간격을 그 부분만큼 확대하여야 한다.

④ 곡선구간 궤도의 중심간격은 제1항부터 제3항까지의 규정에 따른 궤도의 중심간격에 제13조제3항에 따른 건축한계 확대량을 더하여 확대하여야 한다. 다만, 열차 교행시 기울어진 차량 사이의 여유 폭이 확대량보다 큰 경우에는 확대량을 생략할 수 있다.〈개정 22·12·22〉

⑤ 선로를 고속화하는 경우의 궤도의 중심간격은 설계속도 및 제1항 각 호에서 정한 사항을 고려하여 다르게 적용할 수 있다.

제15조(시공기면의 폭) ① 토공구간에서의 궤도중심으로부터 시공기면의 한쪽 비탈머리까지의 거리(이하 "시공기면의 폭"이라 한다)는 다음 각 호에 따른다.〈개정 14·10·15, 20·7·7, 22·12·22〉

1. 직선구간 : 설계속도에 따라 다음 표의 값 이상(다만, 설계속도가 150킬로미터/시간 이하인 전철화 구간의 시공기면 폭은 4.0미터 이상으로 함)

설계속도 V (킬로미터/시간)	시공기면의 최소폭(미터)	
	전철	비전철
350< V≤400	4.50	-
250< V≤350	4.25	-
200< V≤250	4.0	-
150< V≤200	4.0	3.7
70< V≤150	4.0	3.3
V≤70	4.0	3.0

2. 곡선구간 : 제1호에 따른 폭에 도상의 경사면이 캔트에 의하여 늘어난 폭만큼 더하여 확대(다만, 콘크리트도상의 경우에는 확대하지 않음)

②제1항에도 불구하고 선로를 고속화하는 경우에는 유지보수요원의 안전 및 열차안전운행이 확보되는 범위내에서 시공기면의 폭을 다르게 적용할 수 있다.

제16조(선로 설계 시 유의사항) ①선로 구조물 설계 시 여객/화물 혼용선은 별표1의 KRL2012 표준활하중, 여객전용선은 KRL2012 표준활하중의 75퍼센트를 적용한 별표2의 KRL2012 여객전용 표준활하중, 전기동차전용선은 별표 3의 EL 표준활하중을 적용하여야 한다. 다만, 필요한 경우에는 실제 운행될 열차의 하중 및 향후 운행될 가능성이 있는 열차의 하중에 대하여 안전성이 확보되는 열차하중을 적용할 수 있다.
②도상의 종류 및 두께와 레일의 중량 등의 궤도구조를 설계할 때에는 다음 각 호에 따라 구조적 안전성 및 열차의 운행 안전성이 확보되도록 하여야 한다.〈개정 14·10·15〉

1. 도상의 종류는 해당 선로의 설계속도, 열차의 통과 톤수, 열차의 운행 안전성 및 경제성을 고려하여 정하여야 한다.
2. 자갈도상의 두께는 설계속도에 따라 다음 표의 값 이상으로 하여야 한다. 다만, 자갈도상이 아닌 경우의 도상의 두께는 부설되는 도상의 특성 등을 고려하여 다르게 적용할 수 있다.

설계속도 V(킬로미터/시간)	최소 도상두께(밀리미터)
230< V≤350	350(도상매트 포함)
120< V≤230	300
70< V≤120	270[1]
V≤70	250[1]

[1] 장대레일인 경우 300밀리미터로 한다.
(주) 최소 도상두께는 도상매트를 포함한다.

3. 레일의 중량은 설계속도에 따라 다음 표의 값 이상으로 하는 것을 원칙으로 하되, 열차의 통과 톤수, 축중 및 운행속도 등을 고려하여 다르게 조정할 수 있다.

설계속도 V(킬로미터/시간)	레일의 중량(킬로그램/미터)	
	본 선	측 선
V>120	60	50
V≤120	50	50

③선로구조물을 설계할 때에는 건설비 및 유지보수비 등을 포함한 생애주기 비용을 고려하여야 한다.
④교량, 터널 등의 선로구조물에는 안전 및 재난 등에 대비할 수 있는 설비를 설치하여야 하고, 열차운행의 안전에 지장을 줄 우려가 있는 장소에는 방호설비를 설치하여야 한다.
⑤선로를 설계할 때에는 향후 인접 선로(계획 중인 선로를 포함한다)와 원활한 열차운행이 가능하도록 인접 선로와 연결되는 구조, 차량의 동력방식, 승강장의 형식 및 신호방식 등을 고려하여야 한다.

제17조(철도횡단시설) ①규칙 제18조에 따라 도로와 철도가 교차하는 곳은 입체화 시설을 설치하는 것을 원칙으로 한다. 다만, 장래 폐선 혹은 이설이 계획되어 있는 개소의 경우에는 경제성 등을 고려하여 입체화하지 않을 수 있다.
②제1항 단서에 따른 횡단시설 및 기존의 건널목 또는 공사 중 일시적으로 설치하는 임시건널목에는 건널목 안전설비 및 안전시설을 설치하여야 한다.
③평면건널목 또는 정거장 구내를 횡단하는 전선로는 지중에 설치하여야 한다. 다만, 지형 여건 등으로 부득이한 경우에는 시설물 관리기관과 협의하여 이를 지상에 설치할 수 있다.

제18조(선로표지) 선로에는 선로의 유지관리 및 열차의 안전운행에 필요한 다음 각 호의 표지를 설치하여야 한다.

1. 매 200미터 및 매 킬로미터마다 그 거리를 표시하는 표지
2. 선로의 기울기가 변경되는 장소에는 그 기울기를 표시하는 표지
3. 열차속도를 제한하거나 그 밖에 운전상 특히 주의하여야 할 곳에는

이를 표시하는 표지
4. 선로가 분기하는 곳에는 차량의 접촉한계를 표시하는 표지
5. 장내신호기가 설치되지 않아 정거장 내외의 경계를 표시하기 곤란한 정거장에는 그 한계를 표시하는 표지
6. 건널목에는 필요에 따라 통행인에게 주의를 환기시키는 표지
7. 전차선로 구간 중 감전에 대한 주의가 필요한 곳에 전기위험 표지
8. 정거장 중심표 등 철도운영상 필요한 표지

제3장 정거장 및 기지

제19조(정거장의 설치) ①정거장의 위치를 선정할 때에는 다음 각 호의 사항을 고려하여야 한다.
1. 지형, 전후의 선로상황, 열차의 운전 등 기술적인 사항과 해당 지역의 경제, 교통상황과의 적합 여부
2. 시가지 또는 교통·경제의 중심지에 가깝도록 하고, 정거장 내의 기울기 제한 등

②정거장간 거리는 열차의 운전조건 및 경제성 등을 고려하여 정하여야 한다.

제20조(정거장 및 신호소의 설비) 정거장에는 열차를 정지·출발시키는 운전설비, 여객이 철도를 이용하는데 필요한 여객취급설비 및 화물을 수송하는데 필요한 화물취급설비 등 다음 각 호의 설비를 갖추어야 한다. 다만, 간이역의 경우에는 여객취급에 필요한 최소한의 시설만을 설치한다.
1. 운전설비 : 열차운전에 직접 관계되는 선로(전차선 포함), 신호기(신호표지 포함), 표지류(차량접촉한계표지, 가선중단표지 등), 선로전환기, 신호조작반 등
2. 여객취급설비 : 여객설비(대합실, 여객통로, 승강장), 역무설비(역무실, 매표실 등), 이동편의 설비, 부대설비(냉난방, 조명) 등
3. 화물취급설비 : 화물 적하설비(적하장), 화물 운송통로, 화물 분류 및 보관설비, 화물 운반설비 등

제21조(정거장 안의 선로 배선) ①정거장 안의 선로 배선은 열차의 운행계획, 운전의 효율성 및 안전 확보와 장래의 확장 가능성 등을 고려하여야 하며, 다음 각 호의 사항을 반영하여야 한다.
1. 구내전반에 걸쳐 투시를 좋게 하고 운전보안상 구내배선은 가급적 직선
2. 본선상에 설치하는 분기기의 수는 가능한 적게 하고 분기기의 번수는 열차속도를 고려
3. 구내작업이 서로 경합됨이 없이 효율적인 입환 작업
4. 측선은 가급적 한쪽으로 배치하여 본선 횡단을 최소화
5. 유지보수상 필요한 정거장에는 장비유치선 및 재료 야적장을 설치

②정거장 안의 선로는 다음 각 호에서 정하는 유효장을 확보하여야 한다. 유효장은 출발신호기로부터 신호 주시거리, 과주 여유거리, 기관차 길이, 여객열차 편성 길이 및 레일 절연이음매로부터의 제동 여유거리를 더한 길이보다 길어야 하며 전기동차나 디젤동차를 전용 운전하는 선로에서는 기관차 길이는 제외 한다.
1. 본선의 유효장
   가. 선로의 양단에 차량접촉한계표가 있을 때는 양 차량접촉한계표의 사이
   나. 출발신호기가 있는 경우 그 선로의 차량접촉한계표에서 출발신호기의 위치까지
   다. 차막이가 있는 경우는 차량접촉한계표 또는 출발신호기에서 차막이의 연결기받이 전면 위치까지
2. 측선의 유효장
   가. 양단에 분기기가 있는 경우는 전후의 차량접촉한계표의 사이
   나. 선로의 끝에 차막이가 있는 경우는 차량접촉한계표에서 차막이

의 연결기 받이 전면까지

다. 분기기 부근에 있어 유효장의 시종단의 측정은 최내방 분기기가 열차에 대하여 대향인 경우 보통분기기에서는 포인트 전단

③단선구간 또는 2개 이상의 열차 또는 차량이 동시 출발·진입하는 정거장 구내에는 안전측선을 설치하여야 한다. 다만 운전보안설비가 설치되어 있어 안전측선이 불필요한 경우에는 설치하지 아니할 수 있다.

④정거장 또는 신호소 외의 곳에서 선로를 분기하거나 평면교차를 시켜서는 아니 된다. 다만, 운전보안설비 등 안전설비를 한 경우에는 그러하지 아니하다.

제22조(승강장) ①승강장은 직선구간에 설치하여야 한다. 다만, 지형여건 등으로 부득이한 경우에는 곡선반경 600미터 이상의 곡선구간에 설치할 수 있다.

② 승강장의 수는 수송수요, 열차운행 횟수 및 열차의 종류 등을 고려하여 산출한 규모로 설치하여야 하며, 승강장 길이는 여객열차 최대 편성길이(일반여객열차는 기관차를 포함한다)에 다음 각 호에 따른 여유 길이를 확보하여야 한다. 다만, 기존 승강장의 길이가 양단 출입문간의 거리보다는 길고, 기관사 및 여객의 안전과 원활한 승하차에 지장이 없도록 조치한 곳은 발주처의 승인을 받아 그러하지 아니할 수 있다.〈개정 14·10·15, 22·12·22〉

1. 지상구간의 일반여객열차·간선형 전기동차는 10미터

2. 지하구간의 일반여객열차·간선형 전기동차는 5미터

3. 지상구간의 전기동차는 5미터

4. 지하구간의 전기동차는 1미터

③승강장의 높이는 다음 각 호에 따른다.〈개정 22·12·22〉

1. 일반여객 열차로 객차에 승강계단이 있는 열차가 정차하는 구간의 승강장의 높이는 레일면에서 500밀리미터

2. 화물 적하장의 높이는 레일면에서 1천100밀리미터

3. 전기동차전용선 등 객차에 승강계단이 없는 열차가 정차하는 구간의 승강장(이하 "고상 승강장"이라 한다)의 높이는 레일면에서 콘크리트도상 궤도인 경우 1천135밀리미터 다만, 자갈도상 궤도인 경우 1천150밀리미터

4. 곡선구간에 설치하는 고상 승강장의 높이는 캔트에 따른 차량 경사량을 고려

④승강장의 폭은 수송수요, 승강장 내에 세우는 구조물 및 설비 등을 고려하여 설치하여야 한다.

⑤승강장에 세우는 조명전주·전차선전주 등 각종 기둥은 선로쪽 승강장 끝으로부터 1.5미터 이상, 승강장에 있는 역사·지하도·출입구·통신기기실 등 벽으로 된 구조물은 선로쪽 승강장 끝으로부터 2.0미터 이상의 통로 유효폭을 확보하여 설치하여야 한다. 다만, 여객이 이용하지 않는 개소내 구조물은 1.0미터 이상의 유효폭을 확보하여 설치할 수 있다.

⑥직선구간에서 선로중심으로부터 승강장 또는 적하장 끝까지의 거리는 콘크리트도상 궤도인 경우 1천675밀리미터, 자갈도상 궤도인 경우 1천700밀리미터로 하여야 하며, 곡선구간에서는 곡선에 따른 확대량과 캔트에 따른 차량 경사량 및 슬랙량을 더한 만큼 확대하여야 한다.〈개정 22·12·22〉

⑦ 전기동차전용선의 콘크리트도상 및 자갈도상 궤도의 선로중심으로부터 승강장 끝까지의 거리는 다음 표의 값으로 하여야 한다. 다만, 통과열차가 있는 경우, 차량의 동요를 고려하여 확대할 수 있다.〈개정 22·12·22〉

선로중심으로부터 승강장 끝까지의 거리(밀리미터)	
콘크리트도상 궤도	자갈도상 궤도
1,610	1,700

제23조(승강장의 편의·안전설비) ①승강장의 통로 및 계단은 여객의 안전을 고려하여 다음 각 호와 같이 설치하여야 한다.〈개정 14·10·15〉

1. 여객용 통로 및 여객용 계단의 폭은 3미터 이상으로 하며 부득이한 경우 2미터 이상으로 설치
2. 여객용 계단에는 높이 3미터 마다 계단참 설치
3. 여객용 계단에는 손잡이 설치
4. 화재에 대비하여 통로에 방향 유도등을 설치 등

②승강장 지붕의 폭 및 길이는 승강장의 규모, 열차의 길이 및 열차의 종류 등을 고려하여 설치하여야 한다.

제24조(철도역사의 설치) ①철도역사의 규모는 해당 역사를 이용하는 여객의 수 및 종사원의 수를 기준으로 그에 적합하게 설치하여야 한다.
②여객시설(대합실, 화장실 등), 역무시설 및 지원시설(현업사무소, 승무원 숙소 등) 등을 통합하여 설치하는 경우에는 복합적 시설 이용 및 배치 방안 등을 고려하여 전체 시설의 규모가 최소화되도록 하여야 한다.

제25조(전차대) ①전차대의 길이는 27미터 이상으로 하여야 한다.
②전차대는 철도차량의 진출입이 원활하여야 하며, 전차대를 선로 끝단에 설치할 때에는 대항선과 차막이 설비를 할 수 있다.
③전차대 구조물에는 배수계획이 포함되어야 한다.

제26조(차막이 및 구름방지설비 등) ①선로의 종점에는 과주한 열차 및 차량이 궤도위에서 벗어나는 것을 방지하기 위하여 차막이를 설치하여야 한다.
②차량이 정해진 위치를 벗어나서 구르거나 열차가 정차 위치를 지나쳐 피해를 끼칠 위험이 있는 장소에는 안전설비를 하여야 한다.

제27조(차량기지의 설치) ①차량기지의 위치를 선정할 때에는 다음 각 호의 사항을 고려하여야 한다.
1. 회송시간 및 회송거리
2. 차량기지 시설배치에 필요한 면적 확보 가능성 및 장래 확장성
3. 상하수도, 전력, 연료공급 등 기반시설과의 연계성 등

②차량기지에는 검수전후 차량이 대기할 수 있도록 다음 각 호의 유치선을 확보하여야 한다.
1. 단량검수시설 유치선(유치차량의 수에 따라 유치선 길이를 산정하여야 한다)
2. 편성검수시설 유치선(유치차량 편성수에 따라 유치선수를 산정하여야 한다)

③차량기지 궤도배선은 차량의 입출고 동선을 최소화하여 원활히 이동할 수 있도록 배선이 되어야 하며, 유치선의 기울기는 수평을 원칙으로 한다. 다만, 불가피한 경우 기울기를 1천분의 2이내로 하되 중력에 의해 유치차량이 정해진 위치를 벗어나거나 구르지 않아야 한다.
④차량기지 선로에는 유치선, 시험선, 검수선, 청소선, 차륜전삭선, 세척선, 입출고선 및 착발선 등을 계획하여야 하며, 특히 차륜전삭선은 차륜전삭기 전후로 차량 1편성 길이의 유효장을 확보하여야 한다.
⑤차량기지에는 대상차량과 검수정도에 따라 검수시설, 청소시설, 환경시설, 복지시설, 운전시설 및 검수보조시설, 기타설비 등을 배치하여야 한다.
⑥차량기지의 유치량은 현재 또는 향후 운행 대상차량의 소요량과 열차운행계획에 의거 판단하며, 향후 열차운행계획은 검토 시점 후 30년을 기준으로 한다.
⑦차량기지 검수고내 각 선로의 전차선에는 급전여부 확인과 차단을 위한 안전설비를 설치하여야 한다. 다만, 작업자의 안전을 위해 설치하는 작업대는 제13조에 따른 건축한계를 적용하지 않을 수 있다.

제 4 장 전철전력

제28조(수전전압) 전철변전소 수전선로의 전압은 수전용량, 수전거리 및 이와 연계된 전력계통을 고려하여야 하며, 전력공급자와 협의하여 적용하되 다음 표의 공칭 전압 중 하나를 선정한다.

공칭 전압 (킬로볼트)	22.9, 154, 345

제29조(수전선로) ①수전선로의 계통 구성에는 3상 단락 전류, 3상 단락 용량, 전압강하, 전압불평형률 및 전압왜형률을 고려하여야 하며, 보호계전기는 전력공급자와 협의하여 적절한 값으로 정정되어야 한다.

②수전계통의 고조파 등에 대한 허용기준은 전기사업자의 공급약관을 준용한다.

③수전선로의 방식은 지형적 여건 등 시설 조건과 지역적 특성(도심, 전원, 산간 등) 및 민원 발생 요인 등을 감안하여 가공 또는 지중으로 시설하며, 비상시를 대비하여 예비선로를 확보하여야 한다.

제30조(전철변전소의 위치) 전철변전소나 급전구분소 등의 위치는 다음 각 호의 사항을 고려하여 결정하여야 한다.

1. 전원에 가까운 곳(변전소에만 해당)
2. 변압기 등 변전기기와 시설자재의 운반이 편리한 곳
3. 공해, 염해 등 각종 재해의 영향이 최소화 되는 곳
4. 보호지구(개발제한지구, 문화재보호지구, 군사시설보호지구 등) 또는 보호시설물에 가급적 지장을 주지 아니하는 곳
5. 변전소나 구분소 앞 절연구간에서 열차의 타행운전(동력을 주지 아니하고 관성으로 운전하는 것을 말한다)이 가능한 곳
6. 민원발생 요인이 적은 곳

제31조(전철변전소의 용량) ①전철변전소의 급전용 주변압기는 앞으로의 수송수요 등을 감안하여 뱅크를 구성하고 예비용 변압기를 두어야 한다.

②급전구간별 정상적인 열차부하 조건에서 1시간 최대출력 또는 순간 최대출력을 기준으로 한다.

제32조(전철변전소 등의 형식) 전철변전소, 급전구분소, 보조 급전구분소 및 병렬 급전구분소 등은 옥내형으로 하는 것을 원칙으로 하되, 다음 각 호의 어느 하나에 해당하는 경우에는 옥외형으로 할 수 있다.

1. 주택 등과 멀리 떨어져 민원발생 등의 우려가 적은 지역의 경우
2. 공해·염해 등의 우려가 적은 지역의 경우

3. 인구밀집지역이 아닌 지역의 경우
4. 그 밖에 옥내형으로 건설이 곤란한 경우

제33조(급전계통구성) ①변전소의 급전용 변압기는 스코트 결선을 사용하며, 급전용 변압기의 2차 회로는 인접하는 변전소와 동상이 되도록 구성하는 것을 원칙으로 한다. 다만, 이미 시설된 선로에 접속할 경우 등 부득이한 경우에는 그러하지 않을 수 있다.

②급전방식은 교류 단상 2만5천볼트(공칭전압) 단권변압기(AT, Auto Transformer) 방식으로 한다.

③급전구분소는 한 변전소 구간에서 다른 변전소 구간으로 연장 급전이 가능하도록 시설하여야 한다.

④변전소와 급전구분소 사이에 전압 강하로 열차운행에 지장이 예상되는 곳에는 단권변압기와 구분장치를 갖는 보조급전구분소를 두어야 한다.

⑤급전구분소와 보조급전구분소에는 상선과 하선의 급전계통을 병렬 회로로 연결시킬 수 있도록 시설하여야 한다. 다만, 급전계통의 구성에 있어서 분리가 필요한 경우나 전압 강하 측면에서 필요하지 않는 경우에는 병렬 회로로 연결시키는 시설을 하지 않을 수 있다.

제34조(전철변전소 등의 제어) ①전철변전소나 급전구분소에는 전기사령실에서 제어 및 감시가 이루어질 수 있도록 관련 설비를 설치하여야 하며, 비상 상황이 발생한 경우나 현지 제어가 필요한 경우를 대비하여 소규모 제어 또는 현장 판넬 제어가 가능하도록 하여야 한다.

②전기사령실, 전철변전소 및 급전구분소 또는 그 밖에 관제 업무에 필요한 장소에는 상호 연락할 수 있는 통신설비를 시설하고, 전기사령실에는 전철전력설비의 운영을 지원하고 운전 이력을 기록하고 관리할 정보처리장치를 시설하여야 한다.

제35조(전차선로의 공칭전압) ①전차선로의 공칭전압은 단상 교류 2만5천볼트 시스템(전차선과 레일사이 및 급전선과 레일 사이는 2만5천볼트가 급전되고 전차선과 급전선 사이는 5만볼트가 급전되는 시스템)을 표준으

로 한다. 다만, 직류방식으로 시행할 경우에는 1천500볼트로 한다.

②공칭전압이 단상 교류 2만5천볼트인 시스템에서 전차선의 연속 최고 전압은 2만7천500볼트로 하고, 연속 최저 전압은 1만9천볼트로 한다. 다만, 5분간 허용되는 최고 전압은 2만9천볼트로 하며 이러한 전압 기준에 적합하도록 전차선로를 설비하여야 한다.

제36조(전차선로의 가선 방식) 전차선로의 가선은 심플 커터너리(Simple Catenary) 방식 또는 강체 가공 방식으로 하여야 한다.

제37조(전차선로의 설비 표준화 등) ① 전차선로 설비의 표준화와 품질 확보를 위하여 전차선로 속도 등급은 다음 표와 같이 7등급으로 구분한다.〈개정 20·7·7〉

전차선로 속도 등급	설계속도 V(킬로미터/시간)
400킬로급	400
350킬로급	350
300킬로급	300
250킬로급	250
200킬로급	200
150킬로급	150
120킬로급	120
70킬로급	70

②전차선로의 동적 성능은 해당 등급의 설계속도에서 이선률이 1퍼센트 이내이어야 한다.

제38조(전차선의 높이) ①가공 전차선로의 전차선 공칭 높이는 전차선로 속도 등급에 따라 5천밀리미터에서 5천200밀리미터를 표준으로 한다. 다만, 전차선로 속도 등급 200킬로급 이하에 대하여 해당 노선의 특수 화물 적재 높이를 고려하여 전 구간을 5천400밀리미터까지 높일 수 있다.

②제1항에도 불구하고 선로를 고속화하는 경우나 컨테이너를 2단으로 적재하여 운송하는 선로 등의 경우에는 열차안전운행이 확보되는 범위 내에서 해당 선로의 전차선 공칭 높이를 다르게 적용할 수 있다.

③건널목 구간 등에서 안전을 위하여 전차선 높이를 부분적으로 높일 수 있으며, 기존에 시설되어 있는 터널이나 과선교 및 교량 등의 구조물을 통과하여야 하는 경우에 전차선 높이를 부분적으로 낮출 수 있다.

④경간 내에서 전차선의 처짐은 가장 낮은 지점의 전차선 높이가 공칭 높이보다 경간 길이의 1천분의 1이내이어야 한다.

⑤전차선 기울기는 해당 구간의 설계속도에 따라 다음 표의 값 이내로 하여야 한다. 다만 에어섹션, 에어조인트 또는 분기 구간에는 기울기를 주지 않는다.

설계속도 V(킬로미터/시간)	기울기(천분율)
$V>250$	0
250	1
200	2
150	3
120	4
$V\leq70$	10

제39조(전차선의 편위) ①전차선의 편위는 오버랩이나 분기 구간 등 특수 구간을 제외하고 좌우 200밀리미터 이내로 하여야 한다.

②팬터그래프 집전판의 고른 마모를 위하여 선로의 곡선반경 및 궤도 조건, 열차 속도, 차량의 편위량, 바람과 온도의 영향, 전차선로 시공 오차 등의 영향을 반영하여 경간 길이별로 최적의 편위 기준을 마련하여 시설하여야 한다.

③분기 구간 등 특수 구간의 편위 기준은 별도로 마련할 수 있으며, 최악의 운영환경에서도 전차선이 팬터그래프 집전판의 집전 범위를 벗어나지 않도록 시설하여야 한다.

제40조(접지시설) ①접지시설은 다음 각 호의 기준을 만족하도록 하여야 한다.

1. 사람이 접촉되었을 때 인체 통과 전류가 15밀리암페어 이하일 것
2. 일반인이 접근하기 쉬운 지역에 있는 경우 연속 정격 전위가 60볼

트 이하일 것

3. 일반인이 접근하기 어려운 지역에 있는 경우 연속 정격 전위가 150볼트 이하일 것

4. 순간 정격(1천분의 200초 이내) 전위가 650볼트 이하일 것

②접지시설을 설치할 때에는 낙뢰로 부터 보호를 위하여 다음 각 호의 사항을 반영하여야 한다.

1. 비절연 보호선을 가공으로 설치할 것

2. 선로를 따라 공동 매설 접지선을 시설할 것

3. 선로의 레일과 비절연 보호선 및 매설 접지선을 연결하는 횡단 접속선을 평균 1천미터, 최대 1천2백미터 간격으로 주기적으로 시설할 것

4. 선로변 철도 시설물의 금속제 외함, 금속제 관로, 금속 구조물 및 철제 울타리 등은 공동 매설 접지선에 연결할 것 다만, 지형 또는 주위조건에 따라 공동 매설접지선에 접속이 곤란한 개소의 금속체 등은 「전기설비기술기준의 판단기준(전기설비)」에 따라 접지공사를 할 수 있다.

5. 2백5십미터 정도의 간격으로 접지 단자함을 설치할 것

③교류 전차선로가 시설되는 전기철도의 철도부지 내에 있는 금속 설비로서 일반인이 닿을 수 있거나, 철도 유지보수요원이 전차선로를 단전하지 않은 상태에서 작업할 때 닿을 수 있는 부분은 모두 접지를 하여야 한다.

제41조(절연 이격거리) 2만5천볼트 또는 5만볼트 공칭 전압이 인가되는 부분에 적용하는 최소 절연 이격 거리는 다음 표의 값과 같다.

구 분	최소 이격 거리(밀리미터)	
	2만5천볼트	5만볼트
일반 지구	250	500
오염 지구	300	550

(주) 오염지구 : 염해의 영향이 예상되는 해안 지역 및 분진 농도가 높은 터널 지역 또는 산업화 등으로 인해 오염이 심한 지역을 말한다.

제42조(가공 급전선의 높이) 건널목 등과 같이 열차의 운행 및 일반인 등의 안전에 위해를 미칠 우려가 있는 경우에는 가공 급전선의 높이를 전차선 높이 이상으로 하여야 한다.

[전문개정 22·12·22]

제43조(가공 전차선로 설비의 강도) ①가공 전차선로 지지물의 강도 설계에서 적용하는 최대 풍속(10분 평균값)은 그 지역의 과거 40년간의 최대 풍속의 기록 중에서 1번째에서 3번째 순위에 있는 풍속의 평균값을 기준으로 하거나, 다음 표의 값에 따른다(이 표에서 지표면으로부터 높이는 전차선 높이를 기준으로 하며, 해안 지구는 해안선으로부터 30킬로미터 이내인 지역 또는 별도로 정한 지역을 말한다). 다만, 터널은 최대풍속을 초속 40미터로 적용한다.

지표면으로부터 높이	일반지구(미터/초)	해안지구(미터/초)
10미터 이하	35	40
30미터 이하	40	45
30미터 초과	45	50

②주위 온도의 최고 온도는 섭씨 40도로 하고 최저 온도는 섭씨 영하 25도로 하며 설치 기준 온도는 섭씨 10도 조건으로 한다. 다만, 그 지역의 과거 40년간에 최저 온도가 섭씨 영하 25도 또는 30도 아래로 내려간 기록이 있는 경우에는 최저 온도를 섭씨 영하 30도 또는 35도로 하고, 터널 입구로부터 400미터 이상 들어간 터널 구간은 주위 온도의 최고 온도는 섭씨 30도로 하고 최저 온도는 섭씨 영하 5도로 하며 설치 기준 온도는 섭씨 15도 조건으로 설계한다.

③ 지지물 및 기초는 구조물과의 동적상호 작용을 고려하여 내진설계를 하여야 한다.〈개정 22·12·22〉

제44조(전기적 구분 장치) ①전기적 구분 장치인 에어섹션은 두개의 평행한 합성 전차선 사이에 300밀리미터 이상의 정적 수평 이격 거리를 두어야 한다.

②전기적으로 구분할 수 있는 개폐기를 설치하여야 하며, 절연 구간에서 열차가 정지하였을 때 자력으로 나올 수 있도록 절연 구간에 전원을 투입할 수 있는 개폐 설비를 하여야 한다.

③절연 구간의 길이는 운행될 열차의 최대 길이와 그 열차의 팬터그래프 사이 거리(동일 회로로 연결되는 팬터그래프간 거리) 등을 고려하여 급전 구분 구간 사이를 전기적으로 단락시키지 않을 길이 이상으로 설치하여야 한다.

④전기 차량이 상시 정차하는 곳이나 열차 제어 또는 신호기 운용을 위하여 피해야 하는 곳에는 구분 장치를 두지 않는다.

제45조(가공 송배전 전선과의 교차) 교류 가공 전차선로와 고압의 가공 송배전 전선과의 교차는 다음 각 호를 만족하는 경우에 한하여 허용한다.
 1. 고압의 가공 송배전 전선에 케이블을 사용하는 경우
 2. 고압의 가공 송배전 전선에 단면적 38제곱밀리미터의 경동연선 또는 이와 동등 이상의 강도를 가진 전선을 사용하는 경우
 3. 가공 송배전 전선의 지지물 상호간의 거리를 120미터 이하로 줄이는 경우
 4. 전차선로의 가압 부분과 가공 송배전 전선과의 이격거리를 2미터 이상으로 하는 경우

제46조(건널목 및 과선교의 안전시설) ①전차선로가 가설되는 건널목에 시설하는 빔 또는 스팬선 시설은 전차선로와 충분한 거리를 확보하여야 하며, 구조물이 철제인 경우에는 접지를 하고 사람 등이 감전되지 아니하도록 위험방지 시설을 하여야 한다.

②제1항에 따른 빔 또는 스팬선의 도로 윗면으로부터의 높이는 전차선의 높이에서 500밀리미터를 내린 값 이하로 하여야 한다.

③가공 전차선로를 과선교나 고상 승강장 또는 교량 아래 등에 설치할 때에는 전차선로의 가압 부분과 과선교 등과의 이격거리는 300밀리미터 이상으로 하고, 조가선이나 급전선은 피복 전선으로 하거나 절연 방호관을 씌워야 한다.

④가공 전차선로가 지나가는 과선교나 고상 승강장 또는 교량에는 다음 각 호의 안전시설을 하여야 한다.〈개정 14·10·15〉
 1. 과선교, 고상 승강장 등의 경우에는 안전벽 혹은 보호망 등을 설치할 것. 다만, 과선도로교의 경우에는 강성방호울타리를 설치하고, 3미터 이상 높이의 투척방지용 안전막 등을 시설할 것
 2. 교량의 난간, 거더 등의 금속부분은 접지할 것
 3. 안전상 필요한 장소에는 위험표지를 설치할 것

제47조(배전선로 시설) ①배전선로의 전원은 전철변전소로부터 공급 받거나, 전력공급자로부터 교류 3상 2만2천9백볼트 또는 6천6백볼트를 직접 공급받아 사용할 수 있다.

②배전선로는 안정된 전력을 공급하기 위하여 다음 각 호의 경우에는 다중 회선으로 시설하여야 하며, 다중 회선의 가설 루트는 분리함을 원칙으로 한다.
 1. 단선 구간 : 1회선(필요시 2회선)
 2. 복선 전철구간 : 2회선
 3. 지하구간 및 2복선 이상 구간 : 3회선

③신호용 전원의 구성은 철도 고압배전선로에서 신호용 변압기를 통하여 공급하고 계통은 상용 및 예비의 2중화 이상으로 하며, 전용 배전선로를 상용으로 수전할 수 없는 경우에는 계통을 달리하는 2개 이상의 상시전원으로 하여야 한다.

④배전선로를 케이블로 시설하는 경우에는 전선관, 공동관로, 공동구를 사용하여 케이블을 보호하며, 케이블의 접속, 분기점, 선로 횡단 개소에는 맨홀 또는 핸드홀을 설치하고, 철도 또는 도로를 횡단하는 개소에는 예비관로를 시설하여야 한다.

제48조(터널조명) ①다음 각 호에 해당되는 터널에는 조명 설비를 갖추어야 한다.

1. 직선구간: 단선철도 120미터 이상, 복선철도 150미터 이상, 고속철도전용선 200미터 이상
2. 곡선반경 600미터 이상 구간: 단선철도 100미터 이상, 복선철도 130미터 이상
3. 곡선반경 600미터 미만 구간: 단선철도 80미터 이상, 복선철도 110미터 이상

②정전된 경우 60분 이상 계속하여 켜질 수 있는 유도등을 설치하여야 한다.

제 5 장 신호 및 통신

제49조(신호기장치) 신호기는 소속선의 바로 위 또는 왼쪽에 세우며, 2개 이상의 진입선에 대해서는 같은 종류의 신호기를 같은 지점에 세우는 경우 각 신호기의 배열방법은 진입선로의 배열과 같게 한다. 다만, 지형 또는 그밖에 특별한 사유가 있을 때는 예외로 한다.

제50조(장내신호기 및 절대신호표지) ①정거장으로 열차를 진입시키는 선로에는 장내신호기 또는 절대신호표지를 설치하여야 한다. 다만, 폐색구간의 중간에 있는 정거장에 있어서는 그러하지 아니하다.
②장내신호기는 1주에 1기로 하고, 진로표시기를 설치한다, 다만, 선로전환기를 설치한 장소 등 부득이한 경우에는 진입선을 구분하여 장내신호기를 2기 이상 설치 할 수 있다.

제51조(출발신호기 및 절대신호표지) ①정거장에서 열차를 진출시키는 선로에는 출발신호기 또는 절대신호표지를 설치하여야 한다. 다만, 선로전환기가 설치되어 있지 아니한 정거장에는 그러하지 아니하다.
②동일 출발선에서 진출하는 선로가 2 이상 있는 경우 출발신호기는 1기로 하고 진로표시기를 설치한다. 다만, 선로전환기의 설치장소 등 부득이한 경우에는 예외로 할 수 있다.
③정거장의 서로 다른 출발선이 2 이상 있는 경우에는 선로의 배열순

에 따라 각각 별도로 설치한다. 다만, 주본선에 해당하는 신호기는 부본선에 해당하는 신호기보다 높게 설치한다.

제52조(입환신호기 및 유도신호기) 정거장에는 입환 및 열차가 있는 선로에 다른 열차를 진입시키는 등의 필요에 따라 입환신호기 또는 유도신호기를 설치하여야 한다.

제53조(폐색신호기) 폐색구간의 시점에는 폐색신호기를 설치하여야 한다. 다만, 다음 각 호의 어느 하나에 해당하는 경우에는 그러하지 아니하다.
1. 출발신호기 또는 장내신호기를 설치한 경우
2. 절대신호표지를 설치한 경우
3. 그 밖의 열차운행횟수가 극히 적은 구간 등 폐색신호기를 설치할 필요가 없다고 인정되는 경우

제54조(엄호신호기) 정거장 또는 폐색구간 도중의 평면교차분기를 하는 지점 그 밖의 특수한 시설로 인하여 열차의 방호를 요하는 지점에는 엄호신호기를 설치하여야 한다.

제55조(원방신호기 및 중계신호기) 주신호기(장내신호기·출발신호기·폐색신호기 및 엄호신호기를 말한다)의 신호를 중계할 필요가 있는 경우에는 그 바깥쪽 상당한 거리에 원방신호기(주신호기에 대하여 운행조건을 예고 또는 지시할 목적으로 설치하는 신호기를 말한다) 또는 중계신호기를 설치하여야 한다.

제56조(신호의 확인거리) 신호기는 다음 각 호의 확인거리를 확보할 수 있도록 설치하여야 한다.
1. 장내신호기·출발신호기·엄호신호기 : 600미터 이상. 다만, 해당 폐색구간이 600미터 이하인 경우에는 그 길이 이상으로 할 수 있다.
2. 수신호등 : 400미터 이상
3. 원방신호기·입환신호기·중계신호기 : 200미터 이상
4. 유도신호기 : 100미터 이상

5. 진로표시기 : 주신호용 200미터 이상, 입환신호용 100미터 이상

제57조(선로전환기장치) ①선로전환기의 종류 및 설치장소는 다음 각호의 기준에 따른다.
1. 전기선로전환기 : 본선 및 측선
2. 기계선로전환기(표지 포함) : 중요하지 않은 측선
3. 차상선로전환기 : 정거장 측선 또는 각 기지내의 빈번한 입환작업 장소

②주요 전기선로전환기의 분기부에는 다음 각 호의 안전장치를 설치할 수 있다.
1. 첨단 끝이 정하여진 값 이상으로 벌어졌을 경우 이를 검지하는 장치
2. 유지보수요원 이외의 자가 쉽게 밀착조절간의 너트를 풀 수 없도록 하는 장치

제58조(궤도회로의 설치) 궤도회로는 해당 선로에 적합하도록 다음 각 호에 따라 설치한다.
1. 직류 전철구간 : 가청주파수 궤도회로, 고전압임펄스 궤도회로, 상용주파수 궤도회로
2. 교류 전철구간 : 가청주파수 궤도회로, 고전압임펄스 궤도회로, 직류바이어스 궤도회로
3. 비전철구간 : 가청주파수 궤도회로, 직류바이어스 궤도회로

제59조(연동장치) 열차운행과 차량의 입환을 능률적이고 안전하게 하기 위하여 신호기와 선로전환기가 있는 정거장, 신호소 및 기지에는 그에 적합한 연동장치를 설치하여야 하며 연동장치는 다음 각 호와 같다.
1. 마이크로프로세서에 의해 소프트웨어 로직으로 상호조건을 쇄정시킨 전자연동장치
2. 계전기 조건을 회로별로 조합하여 상호조건을 쇄정시킨 전기연동장치

제60조(열차제어시스템) 열차제어시스템은 연동장치와 다음 각 호의 장치를 유기적으로 구성하여야 한다.

1. 열차집중제어장치(CTC : Centralized Traffic Control)
2. 열차자동제어장치(ATC : Automatic Train Control)
3. 열차자동방호장치(ATP : Automatic Train Protection)
4. 열차자동운전장치(ATO : Automatic Train Operation)
5. 통신기반열차제어장치(CBTC : Communication Based Train Control)
6. 기타 제어장치

제61조(열차자동정지장치) 열차종류 및 신호현시에 적합하도록 설치하는 열차자동정지장치는 다음 각 호와 같다.
1. 열차가 정지신호를 무시하고 운행할 때 열차를 정지시키기 위한 점 제어식
2. 신호현시(4현시 이상)별 제한속도에 따라 열차속도를 제한 또는 정지시키기 위한 속도조사식

제62조(폐색장치) 폐색구간을 설정하는 경우 다음 각 호의 방식 중에서 선로의 운전조건에 적합하도록 설치하여야 한다.
1. 자동폐색식
2. 연동폐색식
3. 차내신호폐색식

제63조(열차집중제어장치와 신호원격제어장치) ①열차집중제어장치는 중앙장치, 역장치, 통신네트워크 등으로 구성한다.
②열차집중제어장치의 예비관제설비를 구축하여 비상시 열차운용에 대비하여야 한다.
③신호원격제어장치는 1개역에서 1개 또는 여러 역을 제어할 수 있도록 설치한다.

제64조(건널목안전설비) ①건널목안전설비는 경보기와 차단기를 설치하는 것을 기본으로 하나 필요한 경우 경보기만을 설치할 수 있다.
②건널목안전설비는 다음 각 호에서 정한 장치를 말하며 현장 여건에 적합하게 설치하여야 한다.

1. 건널목경보기(고장표시기 포함)

2. 전동차단기

3. 고장감시 및 원격감시장치

4. 출구측차단봉검지기

5. 지장물검지기

6. 정시간제어기

7. 건널목정보분석기

제65조(신호기기의 보호) ①신호용 보안기는 전원용 및 입·출력회로용 등으로 구분하여 설치한다.

②접지설비는 공동접지망(전력·신호·통신)을 구성하여 사용하는 것을 원칙으로 한다. 다만, 단독으로 할 필요가 있을 경우에는 그 설비에 적합한 접지설비를 한다.

③신호설비는 전력유도 전압 또는 전자파 등으로부터 장애를 예방하기 위하여 필요시 광 또는 차폐케이블을 사용하거나 전자파 보호기기를 사용할 수 있다.

④제어케이블을 설치할 때에 동물의 피해가 우려되는 경우에는 필요한 보호대책을 강구하여야 한다.

제66조(신호설비의 전원방식) ①신호설비의 전원은 저압을 사용하고, 무정전전원장치 또는 축전지 등의 예비전원을 확보하여야 한다.

②건널목안전설비의 전원은 역에서 송전 또는 인접 변압기에서 직접 수전하고 용량에 적합한 축전지를 설치하여야 한다.

제67조(안전설비) 열차의 안전운행과 유지보수요원의 안전을 위하여 고속철도전용선 구간에는 위치 및 여건을 고려하여 다음 각 호의 안전설비를 설치하여야 한다. 다만, 일반철도 구간에도 해당선로의 여건을 고려하여 필요한 경우에는 안전설비를 설치할 수 있다.〈개정 22·12·22〉

1. 차축 온도검지장치

2. 터널 경보장치

3. 보수자 선로횡단장치

4. 분기기 히팅장치

5. 레일온도 검지장치

6. 지장물 검지장치

7. 기상 검지장치(강우량 검지장치, 풍향·풍속 검지장치, 적설량 검지장치)

8. 끌림 검지장치

9. 선로변 지진감시설비

제68조(통신설비 등) ①열차운행 및 유지보수와 여객 취급 등을 위한 통신설비는 각 호에서 정한 설비를 말한다.

1. 통신선로설비(연선전화기를 포함한다)

2. 전송설비

3. 열차무선설비

4. 역무용 통신설비

5. 역무자동화 설비

6. 전원 및 기타 부대설비

②통신설비용 전원은 일반 역사전기용 전원과 회로가 다른 전원으로 설치하여야 하며, 응급시 비상전원으로 절체되어 전원공급이 가능하여야 한다.

③통신용 전원설비는 정전시 별도로 정하는 시간이상 설비가 정상동작 될 수 있도록 축전지, 무정전전원장치 등의 예비전원을 확보하여야 한다.

제69조(전송설비) 철도운영 및 열차운행에 필요한 모든 유·무선 통신정보(음성, 부호, 문자 및 영상 등 각종 정보)를 안정적으로 전송할 수 있도록 다음 각 호와 같은 전송설비를 역사의 통신실에 설치하여야 하며, 전체 통신망의 백본장비는 이중화하여야 한다.

1. 광전송장치

2. 다중통신장치

3. PCM단국 등

제70조(열차 무선설비) ①열차 무선설비의 음성 또는 데이터 정보는 신뢰도 및 정확성을 갖추어야 하며 간섭 없이 송·수신이 가능하여야 한다.
②열차 무선설비는 시스템 자동화, 모듈 및 패키지화로 기능을 최대한 안정화하여야 한다.
③열차 무선설비는 모든 지상설비간 또는 지상설비와 차상설비 사이에 음성 또는 데이터의 통신을 위한 충분한 용량을 가져야 한다.
④열차 무선설비 중 무인기지국 및 터널무선중계장치 등 인력이 상주하지 않는 개소는 고장 정보 및 장비의 이상 유무를 원격으로 진단하고 고장 정보를 통합하여 감시할 수 있는 설비를 시설하여야 한다.

제71조(통신설비의 보호) 선로변 및 통신실에 설치되는 통신설비 및 케이블 등은 전력유도전압 또는 전자파 등으로부터 장애가 없도록 설치하여야 한다.

제72조(재검토기한) 국토교통부장관은 「훈령·예규 등의 발령 및 관리에 관한 규정」에 따라 이 고시에 대하여 2021년 1월 1일 기준으로 매3년이 되는 시점(매 3년째의 12월 31일까지를 말한다)마다 그 타당성을 검토하여 개선 등의 조치를 하여야 한다.

부 칙

제1조(시행일) 이 규정은 고시한 날부터 시행한다.
제2조(경과규정) 종전의 규정에 따라 시행중인 용역이나 공사에 대하여 발주기관의 장이 필요하다고 인정하는 경우에는 개정규정에 따른다.

부 칙 〈개정 14·10·15〉

제1조(시행일) 이 고시는 발령한 날부터 시행한다.
제2조(경과조치) 이 고시 시행 당시 종전의 규정에 따라 시행중인 용역이나 공사에 대하여는 종전 규정을 적용한다. 다만, 발주기관의 장이 특별히 필요하다고 인정하는 경우에는 개정 규정을 적용할 수 있다.

부 칙 〈개정 18·3·21〉

이 고시는 발령한 날부터 시행한다.

부 칙 〈개정 20·7·7〉

제1조(시행일) 이 고시는 발령한 날부터 시행한다.
제2조(일반적 경과조치) 이 고시 시행 당시 종전의 규정에 따라 시행중인 용역이나 공사에 대하여는 종전의 규정을 적용한다. 다만, 발주기관의 장이 특별히 필요하다고 인정하는 경우에는 개정규정에 따른다.

부 칙 〈개정 22·12·22〉

제1조(시행일) 이 고시는 발령한 날부터 시행한다.
제2조(일반적 경과조치) 이 고시 시행 당시 종전의 규정에 따라 시행중인 용역이나 공사에 대하여는 종전의 규정을 적용한다. 다만, 발주기관의 장이 특별히 필요하다고 인정하는 경우에는 개정규정에 따른다.

철도의 건설기준에 관한 규정 [별표] 402

[별표 1]

KRL2012표준활하중(제16조제1항관련)

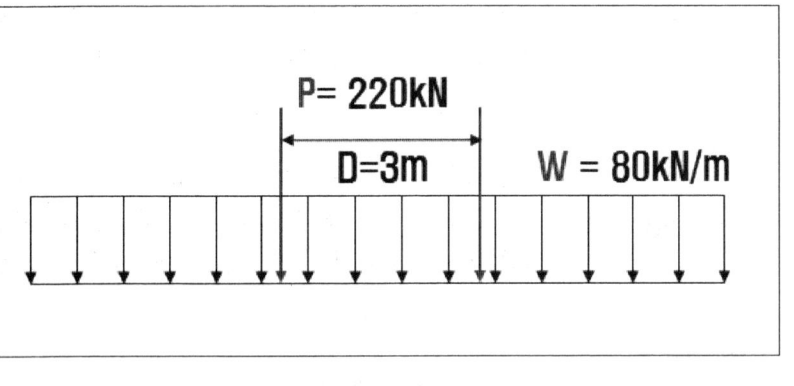

[별표 2]

KRL2012여객전용표준활하중(제16조제1항관련)

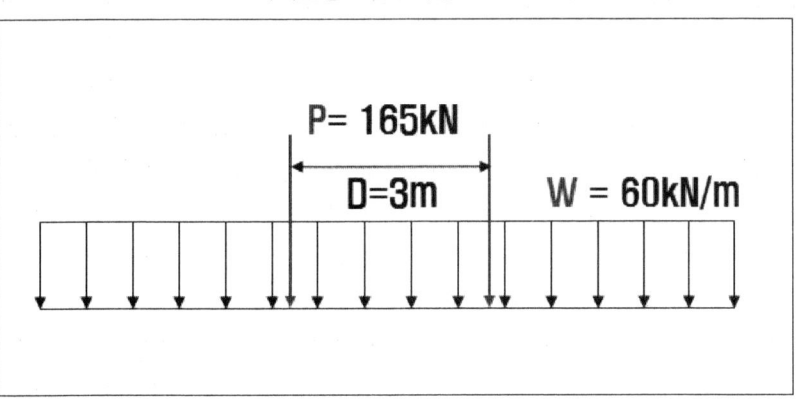

[별표 3]

EL표준활하중(제16조제1항관련)

축중단위: kN
길이단위: m

도시철도법 · 시행령 · 시행규칙

도시철도법 · 시행령 · 시행규칙 목차

법	시 행 령	시 행 규 칙
제1조(목적) ······ 411	제1조(목적) ······ 411	제1조(목적) ······ 411
제2조(정의) ······ 411	제2조(도시철도시설) ······ 412	
제3조(적용 범위) ······ 414	제2조의2(도시철도부대사업) ······ 413	
제3조의2(국가 및 지방자치단체의 책무) ······ 414		
제4조(다른 법률과의 관계) ······ 415		
제2장 도시철도의 건설		
제5조(도시철도망구축계획의 수립 등) ······ 415	제3조(도시철도망구축계획 및 노선별 도시철도기본계획의 제출) ······ 415	제2조(도시철도망구축계획의 내용) ··· 416
	제4조(도시철도망계획 중 경미한 사항 변경) ······ 417	
제6조(노선별 도시철도기본계획의 수립 등) ······ 417	제5조(기본계획의 주요 사항) ······ 418	제3조(노선별 도시철도기본계획의 내용) ······ 418
	제6조(기본계획 중 경미한 사항 변경) ······ 419	
제7조(사업계획의 승인 등) ······ 419	제7조(도시철도사업계획의 승인신청) ······ 419	
	제8조(사업계획 승인신청의 공고 등) ······ 421	
제8조(다른 법률에 따른 인가·허가등의 의제) ······ 422	제9조(일괄협의회) ······ 425	
제9조(지하부분에 대한 보상 등) ······ 425	제10조(지하부분 사용에 대한 보상기준) ······ 425	
	제11조(지하부분 사용에 대한 보상방법 등) ······ 426	
제10조(토지 등의 수용 또는 사용) ······ 426		
제11조(국유지·공유지의 처분 제한 등) ······ 427		
제12조(구분지상권의 설정등기 등) ······ 427		
제13조(행위 제한) ······ 428		
제14조(토지에의 출입 등) ······ 428		
제15조(공사장애물의 이전 등에 관한 협의 등) ······ 428		
제16조(이주대책 등) ······ 429		

법	시 행 령	시 행 규 칙
제17조(피해 건축물의 개축 시 주차장의 설치기준) ······· 429		
제18조(도시철도의 건설 및 운전) ············· 429		
제18조의2(노면전차의 건설·운전 및 전용로의 설치 등) ············· 429		
제19조(도시철도의 건설 및 운영을 위한 자금조달) ······· 430		
제20조(도시철도채권의 발행) ············· 430	제12조(도시철도채권의 발행절차) ············· 430	
	제13조(도시철도채권의 발행 방법 및 이율) ············· 431	
제21조(도시철도채권의 매입) ············· 432	제14조(도시철도채권의 매입 대상 및 금액) ············· 432	
	제15조(도시철도채권의 사무취급기관 등) ············· 432	
	제16조(도시철도채권 발행원부의 비치) ············· 433	
제22조(정부 지원 등) ············· 433	제17조(도시철도기술연구기관) ············· 433	제3조의2(노후화된 도시 철도차량) ······· 434
	제18조(보조금 또는 출연금의 지급 등) ············· 434	
제23조(지원자금의 목적 외 사용금지 등) ············· 435		
제24조(도시철도건설사업의 위탁) ············· 435	제19조(도시철도건설사업의 위탁승인신청 등) ············· 435	
	제20조(도시철도 시설물의 귀속절차) ············· 436	
제25조(도시철도의 연계망 구축) ············· 436		
제3장 도시철도운송사업 등		
제26조(면허 등) ············· 437		제4조(사업의 면허 절차 및 면허증 발급 등) ········· 437
		제5조(면허의 기준) ··· 439
제27조(면허의 기준) ············· 439		
제28조(결격사유) ············· 439	제21조(철도 및 도시철도 관계 법령) ············· 439	제5조의2(도시철도부 대사업의 승인 신청 등) ········· 440
제28조의2(도시철도부대사업의 승인 등) ············· 440		
제29조(도시철도공사의 설립 등 협의) ············· 440		
제30조(운송개시의 의무) ············· 440		
제31조(운임의 신고 등) ············· 441	제22조(도시철도운임의 조정 및 협의 등) ············· 441	제5조의3(운임 신고의 수리기간) ········· 441
제32조(도시철도운송약관) ············· 441		제5조의4(도시철도운송 약관 신고의 수리기간) ········· 441

법	시 행 령	시 행 규 칙
제33조(도시철도운송사업계획의 변경) ………… 442		제5조의5(도시철도운송 　　　　사업계획 변경신고 　　　　의 수리기간) …… 442
제34조(연락운송) ………………………………… 442 제35조(사업의 양도·양수 등) ………………… 443 제36조(사업의 휴업·폐업) …………………… 443	제23조(사업의 휴업·폐업 내용의 게시) ………… 443	제6조(사업의 휴업 또는 　　　폐업 절차) …… 443
제37조(면허의 취소 등) ………………………… 444		제7조(행정처분의 세부 　　　기준) ………… 444
제38조(과징금의 부과) ………………………… 446 제39조(사업개선명령) …………………………… 446 제40조(명의대여의 금지) ……………………… 447 제41조(폐쇄회로 텔레비전의 설치·운영) …… 447 제41조의2(보안요원의 배치·운영) …………… 448 제42조(도시철도운송사업의 위탁) …………… 448 제43조(「철도사업법」의 준용) ………………… 449	제24조(과징금의 부과 및 납부) ………………… 446 제25조(폐쇄회로 텔레비전의 설치기준) ………… 447 제26조(폐쇄회로 텔레비전의 안내판 설치 등) … 447 제27조(도시철도운송사업의 위탁) ……………… 448	
제4장 보칙		
제44조(감독 등) ………………………………… 449 제45조(보고 및 검사) …………………………… 450 제46조(권한의 위임) …………………………… 450	제28조(권한의 위임) ……………………………… 450 제29조(규제의 재검토) …………………………… 452	
제5장 벌칙		
제47조(벌칙) ……………………………………… 453 제48조(양벌규정) ………………………………… 454 제49조(과태료) …………………………………… 454 제50조(과태료 규정의 적용 특례) …………… 455		
부　　　칙 ………………………………………… 456	부　　　칙 ………………………………………… 456	부　　　칙 ………… 456

도시철도법·시행령·시행규칙 목차　407

법	시 행 령	시 행 규 칙

도시철도법

[제명개정 05 · 12 · 7]

```
  1979 · 4 · 17
法律 第3167號 制定
```

改正 1986 · 5 · 12 法律 第3846號
　　1990 · 12 · 31 法律 第4308號
　　1991 · 5 · 31 法律 第4371號(서울特別市行政特例에관한法律)
　　1991 · 12 · 14 法律 第4419號(消防法)
　　1991 · 12 · 14 法律 第4429號(水道法)
　　1991 · 12 · 14 法律 第4434號(旅客自動車터미널法)
　　1992 · 12 · 8 法律 第4533號(都市交通整備促進法)
　　1993 · 8 · 5 法律 第4578號(索道 · 軌道法)
　　1995 · 1 · 5 法律 第4924號
　　1995 · 12 · 29 法律 第5112號
　　1997 · 12 · 13 法律 第5453號(行政節次法의施行에따른公認
　　　　　　會計士法등의整備에관한法律)
　　1997 · 12 · 13 法律 第5454號(政府部處名稱등의변경에따른
　　　　　　建築法등의整備에관한法律)
　　1999 · 2 · 8 法律 第5893號(河川法)
　　1999 · 4 · 15 法律 第5967號
　　2002 · 1 · 26 법률 제6642호(도시교통정비촉진법)
　　2002 · 2 · 4 법률 제6656호(공익사업을위한토지등의취득
　　　　　　및보상에관한법률)
　　2002 · 12 · 30 법률 제6841호(산지관리법)
　　2003 · 5 · 29 법률 제6893호(소방기본법)
　　2003 · 5 · 29 법률 제6917호
　　2003 · 12 · 31 법률 제7053호
　　2004 · 10 · 22 법률 제7245호(철도안전법)
　　2004 · 12 · 31 법률 제7303호(철도사업법)
　　2005 · 8 · 4 법률 제7678호(산림자원의 조성 및 관리에
　　　　　　관한 법률)
　　2005 · 12 · 7 법률 제7713호
　　2006 · 9 · 27 법률 제8014호(下水道法 전부개정법률)
　　2007 · 4 · 6 법률 제8338호(하천법 전부개정법률)
　　2007 · 4 · 11 법률 제8352호(농지법 전부개정법률)

도시철도법 시행령

[제명개정 07 · 10 · 15]

```
  1979 · 10 · 13
대통령령 제9641호 제정
```

개정 1980 · 3 · 6 대통령령 제 9803호
　　1980 · 7 · 9 대통령령 제 9955호
　　1981 · 7 · 25 대통령령 제10423호
　　1981 · 8 · 24 대통령령 제10448호(주택건설촉진법시행령)
　　1982 · 3 · 30 대통령령 제10777호
　　1983 · 12 · 31 대통령령 제11315호(주택건설촉진법시행령)
　　1986 · 12 · 29 대통령령 제12023호
　　1988 · 5 · 7 대통령령 제12445호(지방재정법시행령)
　　1990 · 9 · 20 대통령령 제13106호
　　1991 · 7 · 1 대통령령 제13413호(서울특별시행정특례
　　　　　　에관한법률시행령)
　　1991 · 7 · 25 대통령령 제13434호
　　1992 · 12 · 21 대통령령 제13782호(식품위생법시행령)
　　1993 · 12 · 27 대통령령 제14030호
　　1994 · 11 · 30 대통령령 제14420호
　　1994 · 12 · 23 대통령령 제14438호(재정경제원과그소속기관직제)
　　1994 · 12 · 23 대통령령 제14447호(건설교통부와그소속기관직제)
　　1995 · 7 · 6 대통령령 제14722호
　　1996 · 6 · 29 대통령령 제15091호(공중위생법시행령)
　　1996 · 7 · 19 대통령령 제15125호
　　1997 · 2 · 22 대통령령 제15282호(전기통신기본법시행령)
　　1997 · 10 · 28 대통령령 제15502호
　　1997 · 12 · 31 대통령령 제15598호(행정절차법의시행에따
　　　　　　른관세법시행령등의개정령)
　　1999 · 1 · 29 대통령령 제16093호(정부출연연구기관등
　　　　　　의설립 · 운영및육성에관한법률시행령)
　　1999 · 5 · 10 대통령령 제16301호
　　2000 · 3 · 24 대통령령 제16757호(농업협동조합법시행령)
　　2000 · 8 · 2 대통령령 제16933호(도시개발법시행령)
　　2001 · 3 · 27 대통령령 제17175호(정부출연연구기관등의
　　　　　　설립 · 운영및육성에관한법률시행령)

도시철도법 시행규칙

```
  2007 · 11 · 2
건설교통부령 제588호 제정
```

개정 2008 · 3 · 14 국토해양부령 제 4호
　　(정부조직법의 개정에 따른 감정
　　평가에 관한 규칙 등 일부개정령)
　　2009 · 2 · 12 국토해양부령 제 99호
　　2011 · 3 · 30 국토해양부령 제347호
　　2013 · 3 · 23 국토교통부령 제 1호
　　(국토교통부와 그 소속기관 직
　　제 시행규칙)
　　2014 · 3 · 19 국토교통부령 제 81호
　　(철도안전법 시행규칙 일부개정령)

법	시 행 령	시행규칙
2007· 4·11 법률 제8370호(수도법 전부개정법률) 2007· 5·25 법률 제8486호(산업표준화법 전부개정법률) 2007· 7·13 법률 제8509호 2008· 2·29 법률 제8852호(정부조직법 전부개정법률) 2008· 3·21 법률 제8976호(도로법 전부개정법률) 2008· 3·28 법률 제9071호(도시교통정비 촉진법 일부개정법률) 2009· 1·30 법률 제9401호(國有財産法 전부개정법률) 2009· 4· 1 법률 제9607호 2009· 4·22 법률 제9636호(삭도·궤도법 전부개정법률) 2009· 6· 9 법률 제9772호(교통체계효율화법 전부개정법률) 2010· 4·15 법률 제10266호(역세권의 개발 및 이용에 관한 법률) 2010· 5·31 법률 제10331호(산지관리법 일부개정법률) 2011· 4·12 법률 제10580호(부동산등기법 전부개정법률) 2011· 4·14 법률 제10599호(국토의 계획 및 이용에 관한 법률 일부개정법률) 2011· 8· 4 법률 제11037호(소방시설설치유지 및 안전관리에 관한 법률 일부개정법률) 2012·12·18 법률 제11591호(철도안전법 일부개정법률) 2013· 3·23 법률 제11690호(정부조직법 전부개정법률)	2002·10·14 대통령령 제17760호(도시교통정비촉진법시행령) 2002·12·30 대통령령 제17854호(공익사업을위한토지등의취득및보상에관한법률시행령) 2004· 3·17 대통령령 제18312호(전자적민원처리를위한가석방자관리규정등중개정령) 2004· 8· 7 대통령령 제18512호 2004·11· 3 대통령령 제18580호(한국철도공사법시행령) 2004·12· 3 대통령령 제18594호(과학기술분야정부출연연구기관등의설립·운영및육성에관한법률시행령) 2005· 7·27 대통령령 제18978호(식품위생법시행령) 2006· 6·12 대통령령 제19507호(행정정보의 공동이용 및 문서감축을 위한 국가채권관리법 시행령 등 일부개정령) 2007·10·15 대통령령 제20325호 2008· 2·29 대통령령 제20722호(국토해양부와 그 소속기관 직제) 2008· 7·29 대통령령 제20947호(자본시장과 금융투자업에 관한 법률 시행령) 2008·12·31 대통령령 제21214호(행정안전부와 그 소속기관 직제 일부개정령) 2008·12·31 대통령령 제21232호 2009· 4· 6 대통령령 제21417호 2009· 6·30 대통령령 제21589호 2009· 7·27 대통령령 제21641호(국유재산법 시행령 전부개정령) 2010· 5· 4 대통령령 제22151호(전자정부법 시행령 전부개정령) 2010·10·14 대통령령 제22448호(역세권의 개발 및 이용에 관한 법률 시행령) 2012· 3·13 대통령령 제23669호 2012· 4·17 대통령령 제23734호(고엽제후유의증 환자지원 등에 관한 법률 시행령 일부개정령) 2012·12·21 대통령령 제24247호(고엽제후유의증 등 환자지원 및 단체설립에 관한 법률 시행령 일부개정령) 2013· 3·23 대통령령 제24443호(국토교통부와 그 소속기관 직제) 2013· 6·11 대통령령 제24594호 2013·12·30 대통령령 제25050호(행정규제기본법 개정에 따른 규제 재검토기한 설정을 위한 주택법 시행령 등 일부개정령) 2014· 3·18 대통령령 제25264호(철도안전법 시행령 일부개정령)	

법	시 행 령	시 행 규 칙
전부개정 2014· 1· 7 법률 제12216호 2014· 1·14 법률 제12248호(도로법 전부개정법률) 2014· 5·21 법률 제12643호(도시철도법 일부개정법률) 2014·11·19 법률 제12844호(정부조직법 일부개정법률) 2015· 2· 3 법률 제13183호 2015·12·29 법률 제13688호(철도사업법 일부개정법률) 2016· 1· 6 법률 제13726호(옥외광고물 등 관리법 일 　　　　　　부개정법률) 2016· 3·22 법률 제14090호 2016·12· 2 법률 제14339호 2016·12·27 법률 제14476호(지방세징수법) 2017· 1·17 법률 제14532호(수질 및 수생태계 보전에 　　　　　　관한 법률 일부개정법률) 2017· 7·26 법률 제14839호(정부조직법 일부개정법률) 2017·12·26 법률 제15318호 2018·12·18 법률 제15996호(대도시권 광역교통 관리 　　　　　　에 관한 특별법 일부개정법률) 2018·12·31 법률 제16146호(철도사업법 일부개정법률) 2020· 3·31 법률 제17171호(전기안전관리법) 2020· 6· 9 법률 제17450호 2021· 1·12 법률 제17899호 2021·11·30 법률 제18522호(화재예방, 소방시설 설치· 　　　　　　유지 및 안전관리에 관한 법률 전부개정법률) 2022· 6·10 법률 제18943호 2022·12·27 법률 제19117호(산림자원의 조성 및 관리에 　　　　　　관한 법률 일부개정법률)	전부개정 2014· 7· 7 대통령령 제25448호 2014·11·19 대통령령 제25743호 2014·11·19 대통령령 제25751호(행정자치부와 그 　　　　　　소속기관 직제 2014·12· 9 대통령령 제25840호(규제 재검토기한 　　　　　　설정 등 규제정비를 위한 건축법 시행령 　　　　　　등 일부개정령) 2016· 1·22 대통령령 제26928호(도시교통정비 촉 　　　　　　진법 시행령 일부개정령) 2016· 3·29 대통령령 제27067호 2016· 7· 6 대통령령 제27323호(옥외광고물 등 　　　　　　관리법 시행령 일부개정령) 2016· 8·31 대통령령 제27471호(부동산 가격공시 　　　　　　및 감정평가에 관한 법률 시행령 전부개정령) 2016· 8·31 대통령령 제27472호(감정평가 및 감 　　　　　　정평가사에 관한 법률 시행령) 2016·12·30 대통령령 제27751호(규제 재검토기한 　　　　　　설정 등을 위한 가맹사업거래의 공정화 　　　　　　에 관한 법률 시행령 등 일부개정령) 2017· 3·20 대통령령 제27945호 2017· 7·26 대통령령 제28211호(행정안전부와 그 　　　　　　소속기관 직제) 2018·12·18 대통령령 제29388호 2018·12·18 대통령령 제29395호(지방분권 강화를 　　　　　　위한 20개 법령의 일부개정에 관한 대통령령) 2019· 3·12 대통령령 제29617호(철도건설법 시행 　　　　　　령 일부개정령) 2019· 3·19 대통령령 제29634호(대도시권 광역교 　　　　　　통 관리에 관한 특별법 시행령 일부개정령) 2019· 3·26 대통령령 제29657호(환경친화적 자동 　　　　　　차의 개발 및 보급 촉진에 관한 법률 시 　　　　　　행령 일부개정령) 2019· 6·25 대통령령 제29892호(주식·사채 등의 　　　　　　전자등록에 관한 법률 시행령) 2020· 9·10 대통령령 제31012호(한국철도시설공 　　　　　　단법 시행령 일부개정령) 2021· 3·23 대통령령 제31551호 2021· 4· 6 대통령령 제31614호(5·18민주유공자 　　　　　　예우에 관한 법률 시행령 일부개정령) 2022· 1·21 대통령령 제32352호(감정평가 및 감정 　　　　　　평가사에 관한 법률 시행령 일부개정령) 2022·12·20 대통령령 제33107호	전부개정 2014· 7· 8 국토교통부령 제106호 2014·11·21 국토교통부령 제142호 2019·10·14 국토교통부령 제657호 2020· 9· 8 국토교통부령 제757호 2021· 7·13 국토교통부령 제872호 2021·11·10 국토교통부령 제911호

법	시 행 령	시 행 규 칙

제1장 총 칙
 	
제1조(목적) 이 법은 도시교통권역의 원활한 교통 소통을 위하여 도시철도의 건설을 촉진하고 그 운영을 합리화하며 도시철도차량 등을 효율적으로 관리함으로써 도시교통의 발전과 도시교통 이용자의 안전 및 편의 증진에 이바지함을 목적으로 한다.
 	
제2조(정의) 이 법에서 사용하는 용어의 뜻은 다음과 같다.
〈개정 14·5·21, 16·1·6〉
1. "도시교통권역"이란 「도시교통정비 촉진법」 제4조에 따라 지정·고시된 교통권역(交通圈域)을 말한다.
2. "도시철도"란 도시교통의 원활한 소통을 위하여 도시교통권역에서 건설·운영하는 철도·모노레일·노면전차(路面電車)·선형유도전동기(線形誘導電動機)·자기부상열차(磁氣浮上列車) 등 궤도(軌道)에 의한 교통시설 및 교통수단을 말한다.
3. "도시철도시설"이란 다음 각 목의 어느 하나에 해당하는 시설(부지를 포함한다)을 말한다.
  가. 도시철도의 선로(線路), 역사(驛舍) 및 역 시설(물류시설, 환승시설 및 역사와 같은 건물에 있는 판매시설·업무시설·근린생활시설·숙박시설·문화 및 집회시설 등을 포함한다)
  나. 선로 및 도시철도차량을 보수·정비하기 위한 선로보수기지, 차량정비기지, 차량유치시설, 창고시설 및 기지시설
  다. 도시철도의 전철전력설비, 정보통신설비, 신호 및
	제1조(목적) 이 영은 「도시철도법」에서 위임된 사항과 그 시행에 필요한 사항을 규정함을 목적으로 한다.	제1조(목적) 이 규칙은 「도시철도법」 및 같은 법 시행령에서 위임된 사항과 그 시행에 필요한 사항을 규정함을 목적으로 한다.

법	시 행 령	시 행 규 칙
열차제어설비 라. 도시철도 기술의 개발·시험 및 연구를 위한 시설 마. 도시철도 경영연수 및 철도전문인력을 양성하기 위한 교육훈련시설 바. 그 밖에 도시철도의 건설, 유지보수 및 운영을 위한 시설로서 대통령령으로 정하는 시설	제2조(도시철도시설) 「도시철도법」(이하 "법"이라 한다) 제2조제3호바목에서 "대통령령으로 정하는 시설"이란 다음 각 호의 어느 하나에 해당하는 시설을 말한다. 1. 도시철도의 건설 및 유지보수에 필요한 자재(資材)를 가공·조립·운반 또는 보관하기 위하여 해당 사업기간 동안 사용되는 시설 2. 도시철도의 건설 및 유지보수를 위한 공사에 사용되는 진입도로, 주차장, 야적장, 토석채취장 및 사토장(捨土場)과 그 설치 또는 운영에 필요한 시설 3. 도시철도의 건설 및 유지보수를 위하여 해당 사업기간 동안 사용되는 장비와 그 장비의 정비·점검 또는 수리를 위한 시설 4. 그 밖에 도시철도 안전 관련 시설, 안내시설 등 도시철도의 건설·유지보수 및 운영을 위하여 필요한 시설로서 국토교통부장관이 정하는 시설	
4. "도시철도사업"이란 도시철도건설사업, 도시철도운송사업 및 도시철도부대사업을 말한다. 5. "도시철도건설사업"이란 새로운 도시철도시설의 건설, 기존 도시철도시설의 성능 및 기능 향상을 위한 개량, 도시철도시설의 증설 및 도시철도시설의 건설 시 수반되는 용역 업무 등에 해당하는 사업을 말한다. 6. "도시철도운송사업"이란 도시철도와 관련된 다음 각 목의 어느 하나에 해당하는 사업을 말한다.		

법	시 행 령	시 행 규 칙
가. 도시철도시설을 이용한 여객 및 화물 운송 나. 도시철도차량의 정비 및 열차의 운행 관리 다. 삭제 〈14·5·21〉 6의2. "도시철도부대사업"이란 도시철도시설·도시철도차량·도시철도부지 등을 활용한 다음 각 목의 어느 하나에 해당하는 사업을 말한다. 　가. 도시철도와 다른 교통수단의 연계운송사업 　나. 도시철도 차량·장비와 도시철도용품의 제작·판매·정비 및 임대사업 　다. 도시철도시설의 유지·보수 등 국가·지방자치단체 또는 공공법인 등으로부터 위탁받은 사업 　라. 역세권 및 도시철도시설·부지를 활용한 개발·운영 사업으로서 대통령령으로 정하는 사업 　마. 「국가통합교통체계효율화법」에 따른 복합환승센터 개발사업으로서 대통령령으로 정하는 사업 　바. 「물류정책기본법」에 따른 물류사업으로서 대통령령으로 정하는 사업 　사. 「관광진흥법」에 따른 관광사업으로서 대통령령으로 정하는 사업 　아. 「옥외광고물 등의 관리와 옥외광고산업 진흥에 관한 법률」에 따른 옥외광고사업으로서 대통령령으로 정하는 사업 　자. 가목부터 아목까지의 사업과 관련한 조사·연구, 정보화, 기술 개발 및 인력 양성에 관한 사업 　차. 가목부터 자목까지의 사업에 딸린 사업으로서 대통령령으로 정하는 사업	제2조의2(도시철도부대사업) ① 법 제2조제6호의2라목에서 "대통령령으로 정하는 사업"이란 다음 각 호의 사업을 말한다. 　1. 「역세권의 개발 및 이용에 관한 법률」 제2조제2호에 따른 역세권개발사업 　2. 도시철도 이용객을 위한 편의시설의 설치·운영사업 ② 법 제2조제6호의2마목에서 "대통령령으로 정하는 사업"이란 「국가통합교통체계효율화법」 제2조제15호에 따른 복합환승센터의 개발사업을 말한다. ③ 법 제2조제6호의2바목에서 "대통령령으로 정하는 사업"이란 「물류정책기본법 시행령」 제3조에 따른 물류사업 중 도시철도운영이나 도시철도와 다른 교통수단과의 연계 수송을 위한 사업을 말한다. ④ 법 제2조제6호의2사목에서 "대통령령으로 정하는 사업"이란 「관광진흥법」 제3조에서 정한 관광사업(카지노업은 제외한다)으로서 도시철도운영과 관련된 사업을 말한다. ⑤ 법 제2조제6호의2아목에서 "대통령령으로 정하는 사업"이란 「옥외광고물 등의 관리와 옥외광고산업 진흥에 관한 법률」 제2조제3호에 따른 옥외광고사업으로서 같은 법 시행령 제2조제1호다목에 따른 지하철역 또는 같은 조 제2호가목에 따른 도시철도차량에 광고물이나 게시시설을 제작·표시·설치하거나 옥외광고를 대행하는 사업을 말한다.〈개정 16·7·6〉	

법	시 행 령	시 행 규 칙
7. "도시철도건설자"란 도시철도건설사업을 하는 자로서 제7조제1항에 따라 도시철도사업계획의 승인을 받은 자를 말한다. 8. "도시철도운영자"란 도시철도운송사업을 하는 자로서 국가, 지방자치단체 및 제26조에 따라 도시철도운송사업 면허를 받은 자(「사회기반시설에 대한 민간투자법」에 따른 사업시행자로서 도시철도에 관한 민간투자사업을 하는 자를 포함한다)를 말한다. 9. "도시철도종사자"란 도시철도차량의 운전·운행관리 및 정비 업무, 도시철도 이용자를 상대로 하는 승무 및 역무서비스 업무, 도시철도시설의 유지보수 업무, 그 밖에 도시철도차량의 안전운행 또는 질서유지에 관한 업무에 종사하는 자를 말한다. 제3조(적용 범위) 이 법은 다음 각 호의 도시철도에 대하여 적용한다. 1. 국가가 이 법에 따라 건설 또는 운영하는 도시철도 2. 제7조제1항에 따라 도시철도사업계획의 승인을 받은 지방자치단체, 도시철도사업을 위하여 「지방공기업법」에 따라 설립된 지방공사(이하 "도시철도공사"라 한다) 또는 다른 법인이 이 법에 따라 건설 또는 운영하는 도시철도 3. 제24조 또는 제42조에 따라 국가나 지방자치단체로부터 도시철도건설사업 또는 도시철도운송사업을 위탁받은 법인이 건설 또는 운영하는 도시철도 제3조의2(국가 및 지방자치단체의 책무) 국가 및 지방자치단체는 도시철도 이용자의 권익보호를 위하여 다음 각 호	⑥ 법 제2조제6호의2차목에서 "대통령령으로 정하는 사업"이란 다음 각 호의 사업을 말한다. 1. 「엔지니어링산업 진흥법」 제2조제3호에 따른 엔지니어링사업 중 도시철도운영과 관련한 사업 2. 도시철도운영과 관련한 정기간행물 사업, 정보매체 사업 3. 그 밖에 도시철도운영의 전문성과 효율성을 높이기 위하여 필요한 사업 [본조신설 14·11·19]	

법	시 행 령	시 행 규 칙
의 시책을 강구하여야 한다. 1. 도시철도 이용자의 권익보호를 위한 홍보·교육 및 연구 2. 도시철도 이용자의 생명·신체 및 재산상의 위해 방지 3. 도시철도 이용자의 불만 및 피해에 대한 신속·공정한 구제조치 4. 그 밖에 도시철도 이용자 보호와 관련된 사항 [본조신설 21·1·12] 제4조(다른 법률과의 관계) 도시철도의 안전에 관하여는 「철도안전법」을 적용한다. ## 제2장 도시철도의 건설 제5조(도시철도망구축계획의 수립 등) ① 특별시장·광역시장·특별자치시장·도지사 및 특별자치도지사(이하 "시·도지사"라 한다)는 관할 도시교통권역에서 도시철도를 건설·운영하려면 관계 시·도지사와 협의하여 10년 단위의 도시철도망구축계획(이하 "도시철도망계획"이라 한다)을 수립하여야 한다. 이를 변경하려는 경우에도 또한 같다. ② 도시철도망계획에는 다음 각 호의 사항이 포함되어야 한다. 1. 해당 도시교통권역의 특성·교통상황 및 장래의 교통 수요 예측 2. 도시철도망의 중기·장기 건설계획 3. 다른 교통수단과 연계한 교통체계의 구축 4. 필요한 재원(財源)의 조달방안과 투자 우선순위	제3조(도시철도망구축계획 및 노선별 도시철도기본계획의 제출) 특별시장·광역시장·특별자치시장·도지사 및 특별자치도지사(이하 "시·도지사"라 한다)는 법 제5조제1항에 따른 도시철도망구축계획(이하 "도시철도망계획"이라 한다) 또는 법 제6조제1항에 따른 노선별 도시철도기본계획(이하 "기본계획"이라 한다)을 수립하였을 때에는 이를 해당 계획의 계획기간이 시작되는 해의 전년도 2월 말일까지 국토교통부장관에게 제출하여야 한다	

법	시 행 령	시 행 규 칙
5. 그 밖에 체계적인 도시철도망 구축을 위하여 필요한 사항으로서 국토교통부령으로 정하는 사항	.	제2조(도시철도망구축계획의 내용) 「도시철도법」 (이하 "법"이라 한다) 제5조제2항제5호에서 "국토교통부령으로 정하는 사항"이란 다음 각 호의 사항을 말한다. 1. 도시철도망구축계획의 노선별 우선순위 설정을 위한 종합평가 2. 도시철도의 건설 방식 3. 도시철도차량의 종류 및 운행계획
③ 도시철도망계획은 다음 각 호의 계획과 조화를 이루도록 수립되어야 한다. 1. 「국가통합교통체계효율화법」 제4조에 따른 국가기간교통망계획 2. 「국가통합교통체계효율화법」 제6조에 따른 중기 교통시설투자계획 3. 「대도시권 광역교통 관리에 관한 특별법」 제3조에 따른 대도시권 광역교통기본계획 4. 「대도시권 광역교통 관리에 관한 특별법」 제3조의2에 따른 대도시권 광역교통시행계획 5. 「도시교통정비 촉진법」 제5조에 따른 도시교통정비 기본계획 6. 「도시교통정비 촉진법」 제8조에 따른 도시교통정비 중		

법	시 행 령	시 행 규 칙
기계획 7. 「대중교통의 육성 및 이용촉진에 관한 법률」 제5조에 따른 대중교통기본계획 ④ 시·도지사는 도시철도망계획을 수립하거나 변경하려면 국토교통부장관의 승인을 받아야 한다. ⑤ 국토교통부장관은 도시철도망계획의 내용 중 필요한 사항을 조정하여 관계 행정기관의 장과 협의한 후 「국가통합교통체계효율화법」 제106조에 따른 국가교통위원회의 심의를 거쳐 승인하고, 이를 관보에 고시하여야 한다. 다만, 대통령령으로 정하는 경미한 사항의 변경을 승인하는 경우에는 국가교통위원회의 심의 및 관보에의 고시를 생략한다. ⑥ 시·도지사는 도시철도망계획이 수립된 날부터 5년마다 도시철도망계획의 타당성을 재검토하여 필요한 경우 이를 변경하여야 한다. 제6조(노선별 도시철도기본계획의 수립 등) ① 시·도지사는 도시철도망계획에 포함된 도시철도 노선 중 건설을 추진하려는 노선에 대해서는 관계 시·도지사와 협의하여 노선별 도시철도기본계획(이하 "기본계획"이라 한다)을 수립하여야 한다. 이를 변경하려는 경우에도 또한 같다. 다만, 「사회기반시설에 대한 민간투자법」에 따라 민간투자사업으로 추진하는 도시철도의 경우에는 시·도지사가 국토교통부장관과 협의하여 기본계획의 수립을 생략할 수 있다.	제4조(도시철도망계획 중 경미한 사항 변경) ① 법 제5조제5항 단서에서 "대통령령으로 정하는 경미한 사항의 변경"이란 다음 각 호의 어느 하나에 해당하는 변경을 말한다. 1. 도시철도망계획에 포함된 도시철도 노선별 노선 연장을 100분의 10 범위에서 변경하는 것 2. 도시철도망계획에 포함된 도시철도 노선별 사업기간을 3년의 범위에서 변경하는 것 ② 국토교통부장관은 제1항 각 호에 따른 경미한 사항의 변경을 승인하였을 때에는 지체 없이 그 내용을 관계 행정기관의 장에게 통보하여야 한다.	

법	시 행 령	시 행 규 칙
② 기본계획에는 다음 각 호의 사항이 포함되어야 한다. 1. 해당 도시교통권역의 특성·교통상황 및 장래의 교통 수요 예측 2. 도시철도의 건설 및 운영의 경제성·재무성 분석과 그 밖의 타당성의 평가 3. 노선명(路線名), 노선 연장, 기점(起點)·종점(終點), 정거장 위치, 차량기지 등 개략적인 노선망(路線網) 4. 사업기간 및 총사업비 5. 지방자치단체의 재원 분담비율을 포함한 자금의 조달 방안 및 운용계획 6. 건설기간 중 도시철도건설사업 지역의 도로교통대책 7. 다른 교통수단과의 연계 수송체계 구축에 관한 사항 8. 그 밖에 필요한 사항으로서 국토교통부령으로 정하는 사항		제3조(노선별 도시철도기본계획의 내용) 법 제6조제2항제8호에서 "국토교통부령으로 정하는 사항"이란 다음 각 호의 사항을 말한다. 1. 도시철도의 건설 방식 2. 도시철도차량의 종류 및 운행계획
③ 시·도지사는 기본계획의 내용 중 대통령령으로 정하는 주요 사항에 대하여는 국토교통부장관과 협의한 후 공청회를 열어 주민 및 관계 전문가 등으로부터 의견을 듣고 해당 지방의회의 의견을 들어 기본계획을 국토교통부장관에게 제출하여야 한다. 다만, 대통령령으로 정하는 경	제5조(기본계획의 주요 사항) 법 제6조제3항 본문에서 "대통령령으로 정하는 주요 사항"이란 다음 각 호의 어느 하나에 해당하는 사항을 말한다. 1. 법 제6조제2항제2호부터 제5호까지에 해당하는 사항 2. 도시철도의 건설 방식	

법	시 행 령	시 행 규 칙
미한 사항을 변경하려는 경우에는 사전협의, 공청회, 지방의회 의견청취의 절차를 생략할 수 있다. ④ 국토교통부장관은 제3항에 따라 기본계획을 제출받으면 건설 노선, 사업기간, 총사업비, 지방자치단체의 재원 분담비율을 포함한 자금의 조달방안 등 필요한 사항을 조정하여 관계 행정기관의 장과 협의를 거쳐 기본계획을 승인하여야 한다. ⑤ 국토교통부장관은 제4항에 따라 기본계획을 승인하면 이를 관보에 고시하여야 한다. 다만, 대통령령으로 정하는 경미한 사항의 변경을 승인하는 경우에는 그러하지 아니하다. 제7조(사업계획의 승인 등) ① 기본계획에 따라 도시철도를 건설하려는 자는 대통령령으로 정하는 바에 따라 도시철도사업계획(이하 "사업계획"이라 한다)을 수립하여 국토교통부장관의 승인을 받아야 한다. 이를 변경하려는 경우에도 또한 같다.	3. 도시철도차량의 종류 및 운행계획 제6조(기본계획 중 경미한 사항 변경) ① 법 제6조제3항 단서에서 "대통령령으로 정하는 경미한 사항을 변경하려는 경우" 및 같은 조 제5항 단서에서 "대통령령으로 정하는 경미한 사항의 변경"이란 각각 다음 각 호의 어느 하나에 해당하는 변경을 말한다. 1. 노선 연장을 100분의 10 범위에서 변경하는 것 2. 사업기간을 1년의 범위에서 변경하는 것 3. 총사업비를 100분의 10 범위에서 변경하는 것 ② 국토교통부장관은 제1항 각 호에 따른 경미한 사항의 변경을 승인하였을 때에는 지체 없이 그 내용을 관계 행정기관의 장에게 통보하여야 한다. 제7조(도시철도사업계획의 승인신청) 법 제7조제1항에 따라 도시철도사업계획(이하 "사업계획"이라 한다)의 승인을 신청하려는 자는 사업계획 승인신청서에 다음 각 호의 서류를 첨부하여 시·도지사를 거쳐 국토교통부장관에게 제출하여야 한다.〈개정 16·1·22〉	

법	시 행 령	시 행 규 칙
	1. 공사시행계획서 및 공사 종류별 공정계획서 2. 도시철도 건설의 기본설계서 3. 다음 각 목의 축적에 따른 계획평면도 및 종단면도 　가. 축척 500분의 1부터 2만5천분의 1까지의 것[노선의 　　실측도면(實測圖面)에 표시한 것을 말한다] 　나. 축척 200분의 1부터 5천분의 1까지의 것 4. 도시철도시설의 개요 5. 연도별 투자계획 및 재원조달계획에 관한 서류 6. 도시철도 건설기간 중 건설지역의 도로교통대책에 관 　한 서류 7. 교통영향평가 및 환경영향평가에 대한 관계 행정기관 　의 장과의 협의 결과에 관한 서류 8. 법 제7조제2항에 따른 사업계획의 공고 결과 제출된 　의견 중 사업계획에 반영하지 아니한 의견을 적은 서류 9. 법 제8조제2항에 따른 관계 행정기관의 장과의 협의에 　필요한 서류 10. 법 제9조·제10조·제15조 및 제16조에 따른 토지의 　지하부분 사용, 토지·물건 및 권리(「공익사업을 위한 　토지 등의 취득 및 보상에 관한 법률」 제3조에 따른 토 　지·물건 및 권리를 말한다. 이하 "토지등"이라 한다) 　의 수용 및 사용, 공사장애물의 이전 등에 따른 매수· 　보상계획 및 이주대책에 관한 서류 11. 수용하거나 사용할 토지등의 소재지·지번(地番)·지 　목(地目) 및 면적을 적은 서류 12. 도시철도 부지를 표시한 도면(축척 500분의 1부터 5 　천분의 1까지의 것만 해당한다)	

법	시 행 령	시 행 규 칙
② 기본계획에 따라 도시철도를 건설하려는 자가 제1항에 따라 사업계획의 승인을 신청할 때에는 미리 그 뜻을 공고(公告)하고 관계 서류의 사본을 20일 이상 일반인이 열람할 수 있게 하여야 한다. 이 경우 도시철도시설 부지에 편입되는 토지의 소유자 및 「공익사업을 위한 토지 등의 취득 및 보상에 관한 법률」 제2조제5호에 따른 관계인(이하 "소유자등"이라 한다)에게 그 사실을 통보하여야 한다. 다만, 소유자등을 알 수 없거나 주소 불명(不明) 등 대통령령으로 정하는 경우에는 통보하지 아니할 수 있다. ③ 소유자등은 사업계획의 승인을 신청하는 자에게 제2항에 따른 열람 기간에 의견서를 제출할 수 있다. ④ 사업계획의 승인을 신청하는 자는 제3항에 따라 제출된 의견이 타당하다고 인정하면 사업계획 승인신청 내용에 이를 반영하여야 하고, 반영하지 아니한 의견은 신청서에 첨부하여야 한다. ⑤ 국토교통부장관은 사업계획을 승인할 때 제4항에 따라 첨부된 의견이 타당하다고 인정할 때에는 이를 반영하여야 한다. ⑥ 국토교통부장관은 제1항에 따라 사업계획을 승인하면 이를 관보에 고시하여야 한다. ⑦ 지방자치단체의 장은 제1항에 따른 사업계획 승인 내용 중 도시·군관리계획 결정사항이 포함되어 있는 경우에는 「국토의 계획 및 이용에 관한 법률」 제32조 및 「토지이용규제 기본법」 제8조에 따라 지형도면의 고시 등 필요한 조치를 하여야 한다. ⑧ 제6조제1항 후단에 따라 기본계획 중 사업기간 또는 사업비에 관한 사항을 변경한 경우에는 제1항에 따른 사	제8조(사업계획 승인신청의 공고 등) ① 법 제7조제2항에 따라 사업계획의 승인을 신청하기 전에 그 뜻을 공고하려는 자는 다음 각 호의 사항을 해당 지역에서 발간되는 일간신문과 특별시·광역시·특별자치시·도 및 특별자치도(이하 "시·도"라 한다) 공보에 각각 한 번 이상 공고하여야 한다. 1. 신청인의 성명·주소(법인인 경우에는 법인의 명칭·주소와 대표자의 성명·주소를 말한다) 2. 도시철도 부지의 위치 3. 노선의 기점·종점, 정거장 위치, 차량기지 위치 4. 도시철도 건설의 착공 예정일 및 준공 예정일 5. 제2항에 따른 관계 서류 사본을 열람할 수 있는 일시 및 장소 ② 법 제7조제2항에 따라 일반인이 열람할 수 있게 하여야 하는 관계 서류는 제7조제3호나목·제11호 및 제12호에 해당하는 서류를 말한다. ③ 법 제7조제2항 단서에서 "소유자등을 알 수 없거나 주소 불명(不明) 등 대통령령으로 정하는 경우"란 다음 각 호의 어느 하나에 해당하는 경우를 말한다. 1. 소유자등을 알 수 없는 경우 2. 소유자등의 주소·거소, 그 밖에 통보할 장소를 알 수 없는 경우 ④ 법 제7조제6항에 따른 고시는 같은 조 제1항에 따라 사업계획을 승인한 날부터 7일 이내에 하여야 한다.	

법	시　행　령	시　행　규　칙
업계획의 변경승인을 받은 것으로 본다. 제8조(다른 법률에 따른 인가·허가등의 의제) ① 도시철도를 건설하려는 자가 제7조제1항에 따라 사업계획의 승인 또는 변경승인을 받은 경우에는 다음 각 호의 협의·승인·허가·인가·동의·해제·결정·신고·지정·면허·심의 등(이하 "인가·허가등"이라 한다)이 있는 것으로 보고, 제7조제6항에 따라 사업계획의 승인 고시를 한 경우에는 관계 법률에 따른 인가·허가등의 고시 또는 공고가 있는 것으로 본다. 〈개정 14·1·14, 17·1·17, 20·3·31, 21·11·30, 22·12·27〉 1.「건설기술관리법」제5조에 따른 건설기술심의위원회의 심의 2.「건축법」제4조에 따른 건축위원회의 심의, 같은 법 제11조에 따른 건축허가, 같은 법 제14조에 따른 건축신고, 같은 법 제20조에 따른 가설건축물(假設建築物)의 건축허가, 같은 법 제29조에 따른 공용건축물의 건축 협의 3.「공유수면 관리 및 매립에 관한 법률」제8조에 따른 공유수면의 점용·사용허가, 같은 법 제10조에 따른 협의 또는 승인, 같은 법 제17조에 따른 점용·사용 실시계획의 승인 또는 신고, 같은 법 제28조에 따른 매립면허, 같은 법 제35조에 따른 협의 또는 승인, 같은 법 제38조에 따른 매립실시계획의 승인 4.「국토의 계획 및 이용에 관한 법률」제30조에 따른 도시·군관리계획의 결정(같은 법 제2조제6호에 따른 기반시설의 경우만 해당한다), 같은 법 제86조에 따른 도시·군계획시설사업 시행자의 지정, 같은 법 제88조에 따른 도시·군계획시설사업 실시계획의 인가		

법	시 행 령	시 행 규 칙
5. 「군사기지 및 군사시설 보호법」 제9조제1항제1호에 따른 통제보호구역 등에의 출입허가, 같은 법 제13조에 따른 행정기관의 허가등에 관한 협의 6. 「농지법」 제34조에 따른 농지전용의 허가 또는 협의 7. 「도로법」 제36조에 따른 도로공사 시행의 허가, 같은 법 제61조에 따른 도로 점용허가 8. 「대기환경보전법」 제23조, 「물환경보전법」 제33조 및 「소음·진동관리법」 제8조에 따른 배출시설의 설치 허가 또는 신고 9. 「사도법」 제4조에 따른 사도(私道) 개설의 허가 10. 「사방사업법」 제14조에 따른 사방지에서의 벌채 등의 허가, 같은 법 제20조에 따른 사방지 지정의 해제 11. 「산업집적활성화 및 공장설립에 관한 법률」 제13조에 따른 공장설립등의 승인(철도건설사업에 직접 필요한 공사용 시설로서 건설기간에 설치되는 공장만 해당한다) 12. 「산지관리법」 제14조에 따른 산지전용허가, 같은 법 제15조에 따른 산지전용신고, 같은 법 제15조의2에 따른 산지일시사용허가·신고, 「산림자원의 조성 및 관리에 관한 법률」 제36조제1항 및 제4항에 따른 입목벌채 등의 허가 및 신고 12. 「산지관리법」 제14조에 따른 산지전용허가, 같은 법 제15조에 따른 산지전용신고, 같은 법 제15조의2에 따른 산지일시사용허가·신고, 「산림자원의 조성 및 관리에 관한 법률」 제36조제1항 및 제5항에 따른 입목벌채 등의 허가 및 신고 [시행일: 2023년 6월 28일부터] 13. 「소방시설 설치 및 관리에 관한 법률」 제6조제1항에 따른 건축허가등의 동의		

법	시 행 령	시 행 규 칙
14. 「수도법」 제52조에 따른 전용상수도 인가, 같은 법 제54조에 따른 전용공업용수도 인가 15. 「자연공원법」 제71조제1항에 따른 공원관리청과의 협의(같은 법 제23조에 따른 공원구역에서의 행위허가에 관한 것만 해당한다) 16. 「장사 등에 관한 법률」 제27조제1항에 따른 무연분묘(無緣墳墓)의 개장(改葬) 허가 17. 「전기사업법」 제61조에 따른 전기사업용전기설비 공사계획의 인가 또는 신고, 「전기안전관리법」 제8조에 따른 자가용전기설비 공사계획의 인가 또는 신고 18. 「초지법」 제21조의2에 따른 초지에서의 형질변경 등 같은 조 각 호의 행위에 대한 허가, 같은 법 제23조에 따른 초지전용의 허가 또는 협의 19. 「폐기물관리법」 제29조에 따른 폐기물처리시설 설치의 승인 또는 신고 20. 「하수도법」 제16조에 따른 공공하수도 사업의 허가, 같은 법 제24조에 따른 공공하수도의 점용허가 21. 「하천법」 제30조에 따른 하천공사 시행의 허가, 같은 법 제33조에 따른 하천의 점용허가, 같은 법 제50조에 따른 하천수의 사용허가 ② 국토교통부장관이 제7조제1항에 따라 사업계획을 승인할 때에는 제1항 각 호에 해당하는 내용이 있는 경우 관계 행정기관의 장과 미리 협의하여야 한다. ③ 제2항에 따라 협의 요청을 받은 관계 행정기관의 장은 협의 요청을 받은 날부터 20일 이내에 의견을 제출하여야 한다. 이 경우 기한까지 의견을 제출하지 아니한 경우에는 협의된 것으로 본다.		

법	시 행 령	시 행 규 칙
④ 국토교통부장관 또는 시·도지사는 제2항에 따른 협의를 위하여 대통령령으로 정하는 바에 따라 일괄협의회를 개최하여야 한다. 이 경우 관계 행정기관의 장은 소속 공무원을 일괄협의회에 참석하게 하여야 한다.	제9조(일괄협의회) ① 국토교통부장관 또는 시·도지사는 법 제8조제4항에 따라 일괄협의회를 개최하려는 경우에는 회의 개최일 7일 전까지 회의 개최 사실을 관계 행정기관의 장에게 알려야 한다. ② 제1항에 따라 통지를 받은 관계 행정기관의 장은 일괄협의회의 회의에서 법 제8조제1항에 따른 인가·허가등(이하 이 조에서 "인가·허가등"이라 한다)의 의제에 대한 의견을 제출하여야 한다. 다만, 관계 행정기관의 장은 법령 검토 및 사실 확인 등을 위한 추가 검토가 필요하여 해당 인가·허가등에 대한 의견을 일괄협의회의 회의에서 제출하기 곤란한 경우에는 일괄협의회의 회의를 개최한 날부터 5일 이내에 그 의견을 제출할 수 있다. ③ 제1항 및 제2항에서 규정한 사항 외에 일괄협의회의 운영 등에 필요한 사항은 국토교통부장관 또는 시·도지사가 정한다.	
제9조(지하부분에 대한 보상 등) ① 도시철도건설자가 도시철도건설사업을 위하여 타인 토지의 지하부분을 사용하려는 경우에는 그 토지의 이용 가치, 지하의 깊이 및 토지이용을 방해하는 정도 등을 고려하여 보상한다. ② 제1항에 따른 지하부분 사용에 대한 구체적인 보상의 기준 및 방법에 관한 사항은 대통령령으로 정한다.	제10조(지하부분 사용에 대한 보상기준) ① 법 제9조제1항에 따른 토지의 지하부분 사용에 대한 보상대상은 도시철도시설의 건설 및 보호를 위하여 사용되는 토지의 지하부분으로 한다. ② 법 제9조제1항에 따른 토지의 지하부분 사용에 대한 보상금액은 다음 제1호의 면적에 제2호의 적정가격과 제3호의 입체이용저해율을 곱하여 산정한 금액으로 한다. 1. 법 제12조에 따른 구분지상권 설정 또는 이전 면적 2. 제3항에 따른 해당 토지(지하부분의 면적과 수직으로 대응하는 지표의 토지를 말한다)의 적정가격 3. 도시철도건설사업으로 인하여 해당 토지의 이용을 방	

법	시 행 령	시 행 규 칙
	해하는 정도에 따른 다음 각 목의 이용저해율을 합산한 것(이하 "입체이용저해율"이라 한다)으로서 별표 1에 따라 산정되는 입체이용저해율 　가. 건물의 이용저해율 　나. 지하부분의 이용저해율 　다. 건물 및 지하부분을 제외한 그 밖의 이용저해율 ③ 제2항제2호에 따른 해당 토지의 적정가격은 「부동산 가격공시에 관한 법률」 제3조에 따른 표준지공시지가를 기준으로 하여 「감정평가 및 감정평가사에 관한 법률」에 따른 감정평가법인등 중 시·도지사가 지정하는 감정평가법인등이 평가한 가액(價額)으로 한다.〈개정 16·8·31, 22·1·21〉 제11조(지하부분 사용에 대한 보상방법 등) ① 도시철도건설자가 법 제9조제1항에 따라 토지의 지하부분 사용에 대한 보상을 할 때에는 토지소유자에게 개인마다 일시불로 보상금액을 지급하여야 한다. ② 도시철도건설자는 제1항에 따라 보상한 보상금액, 보상면적 및 토지의 지하부분 사용의 세부 내용을 관할 지방자치단체의 장에게 통보하여야 한다.	
제10조(토지 등의 수용 또는 사용) ① 도시철도건설자는 도시철도건설사업을 위하여 필요하면 「공익사업을 위한 토지 등의 취득 및 보상에 관한 법률」 제3조에 따른 토지·물건 및 권리(이하 "토지등"이라 한다)를 수용 또는 사용할 수 있다. ② 제7조제1항에 따른 사업계획의 승인과 같은 조 제6항에 따른 고시는 「공익사업을 위한 토지 등의 취득 및 보상에 관한 법률」 제20조제1항 및 제22조에 따른 사업인정		

법	시 행 령	시 행 규 칙
및 사업인정고시로 보며, 재결신청(裁決申請)의 기한은 같은 법 제23조제1항 및 제28조제1항에도 불구하고 제7조제1항에 따라 승인을 받은 사업계획에서 정한 도시철도사업기간의 종료일로 한다. ③ 토지등의 수용 또는 사용에 관하여는 이 법에 규정이 있는 경우를 제외하고는 「공익사업을 위한 토지 등의 취득 및 보상에 관한 법률」을 준용한다. 제11조(국유지·공유지의 처분 제한 등) ① 국가나 지방자치단체 소유의 토지로서 도시철도건설사업에 필요한 토지는 도시철도건설사업 목적 외의 목적으로 매각하거나 양여(讓與)할 수 없다. ② 제1항에 따른 토지는 「국유재산법」 제33조, 제39조 및 제44조와 「공유재산 및 물품 관리법」 제29조 및 제36조에도 불구하고 도시철도건설자에게 무상양여(無償讓與)하거나 수의계약으로 매각할 수 있다. 제12조(구분지상권의 설정등기 등) ① 도시철도건설자는 토지의 지하부분 사용이 필요한 경우에는 해당 부분에 대하여 구분지상권(區分地上權)을 설정하거나 이전하여야 한다. ② 도시철도건설자는 「공익사업을 위한 토지 등의 취득 및 보상에 관한 법률」에 따라 구분지상권을 설정하거나 이전하는 내용으로 수용 또는 사용의 재결을 받은 경우에는 「부동산등기법」 제99조를 준용하여 단독으로 그 구분지상권의 설정등기 또는 이전등기를 신청할 수 있다. ③ 토지의 지하부분 사용에 관한 구분지상권의 등기절차에 관하여 필요한 사항은 대법원규칙으로 정한다. ④ 제1항과 제2항에 따른 구분지상권의 존속기간은 「민법」		

법	시 행 령	시 행 규 칙

제281조에도 불구하고 도시철도시설이 존속하는 날까지로 한다.
 	
제13조(행위 제한) 도시철도건설자가 지하부분 사용에 대하여 보상을 한 후에는 소유자등은 보상받은 지하부분의 범위에서 도시철도시설의 안전을 해칠 우려가 있는 다음 각 호의 행위를 할 수 없다.
  1. 인공구조물의 신축(新築)·개축(改築) 또는 증축(增築)
  2. 땅을 파거나 뚫는 행위
 	
제14조(토지에의 출입 등) ① 도시철도건설자는 도시철도건설사업을 위하여 필요하면 다음 각 호에 해당하는 행위를 할 수 있다.
  1. 타인의 토지에 출입하는 행위
  2. 타인의 토지를 일시 사용하는 행위
  3. 나무·흙·돌 또는 그 밖의 장애물을 변경하거나 제거하는 행위
  ② 제1항의 경우에는 「국토의 계획 및 이용에 관한 법률」 제130조 및 제131조를 준용한다.
 	
제15조(공사장애물의 이전 등에 관한 협의 등) ① 도시철도건설자는 도시철도건설사업에 지장을 주는 장애물을 이전함으로써 생기는 손실이나 그 밖에 공사를 시행함으로써 생기는 손실의 보상에 대하여 소유자등과 협의하여야 한다.
  ② 제1항에 따른 협의를 할 수 없거나 협의가 성립되지 아니한 경우에는 그 소유자등 및 도시철도건설자는 「공익사업을 위한 토지 등의 취득 및 보상에 관한 법률」 제51조에 따라 관할 토지수용위원회에 재결을 신청할 수 있다.
  ③ 도시철도건설자는 제2항에 따른 재결이 있는 경우에는		

법	시 행 령	시 행 규 칙

그 공사장애물의 이전 등에 대한 보상금을 공탁(供託)하고 공사장애물 이전 등을 할 수 있다.
제16조(이주대책 등) 도시철도건설사업의 시행에 필요한 토지 등을 제공함으로써 생활근거를 잃게 되는 자를 위한 이주대책(移住對策) 등에 관하여는 「공익사업을 위한 토지 등의 취득 및 보상에 관한 법률」에서 정하는 바에 따른다.
제17조(피해 건축물의 개축 시 주차장의 설치기준) 도시철도건설사업으로 피해를 입은 건축물을 개축하는 경우 기존 건축물에 설치되었던 규모와 같은 크기의 주차장을 설치하는 경우에는 이를 「주차장법」 제19조에 따른 부설주차장 설치기준에 적합한 것으로 본다.
제18조(도시철도의 건설 및 운전) 도시철도의 건설 및 운전에 관한 사항은 국토교통부령으로 정한다.
제18조의2(노면전차의 건설·운전 및 전용로의 설치 등) ① 도시철도건설자는 노면전차를 도로에 건설하는 경우 다음 각 호의 노면전차 전용도로 또는 전용차로를 설치하여야 한다.
  1. 노면전차 전용도로: 노면전차만이 통행할 수 있도록 분리대, 연석, 그 밖에 이와 유사한 시설물에 의하여 차도 및 보도와 구분하여 설치한 노면전차도로
  2. 노면전차 전용차로: 차도의 일정 부분을 노면전차만 통행하도록 안전표지 등으로 다른 자동차 등이 통행하는 차로와 구분한 차로
② 제1항에도 불구하고 노면전차 전용도로 또는 전용차로의 설치로 인하여 도로 교통이 현저하게 혼잡해질 우려가		

법	시 행 령	시 행 규 칙
있는 등 국토교통부령으로 정하는 사유에 해당하는 경우에는 노면전차와 다른 자동차 등이 함께 통행하는 혼용차로를 설치할 수 있다. ③ 제1항에 따른 노면전차 전용도로와 전용차로 및 제2항에 따른 혼용차로의 설치와 노면전차의 건설·운전 등에 필요한 사항은 국토교통부령으로 정한다. [본조신설 16·12·2] 제19조(도시철도의 건설 및 운영을 위한 자금조달) 도시철도의 건설 및 운영에 필요한 자금은 다음 각 호의 재원 및 방법으로 조달한다.〈개정 14·5·21〉 　1. 도시철도건설자 또는 도시철도운영자의 자기자금(自己資金) 　2. 도시철도를 건설·운영하여 생긴 수익금 　3. 제20조에 따른 도시철도채권의 발행 　4. 국가 또는 지방자치단체로부터의 차입 및 보조 　5. 국가 및 지방자치단체 외의 자(외국 정부 및 외국인을 포함한다)로부터의 차입·출자 및 기부 　6. 「역세권의 개발 및 이용에 관한 법률」에 따른 역세권개발사업으로 생긴 수익금 　7. 도시철도부대사업으로 발생하는 수익금 제20조(도시철도채권의 발행) ① 국가, 지방자치단체 및 도시철도공사는 도시철도채권을 발행할 수 있다. ② 지방자치단체의 장은 제1항에 따른 도시철도채권을 발행하기 위하여 행정안전부장관의 승인을 받으려는 경우에는 미리 국토교통부장관과 협의하여야 한다.〈개정 14·11·19, 17·7·26〉	제12조(도시철도채권의 발행절차) ① 국가가 법 제20조제1항에 따라 도시철도채권을 발행하려면 국토교통부장관이 다음 각 호의 사항을 명시하여 그 발행을 기획재정부장관에게 요청하여야 한다. 　1. 발행 금액 　2. 발행 방법	

법	시 행 령	시 행 규 칙
③ 도시철도공사는 도시철도채권을 발행하려면 관계 지방자치단체의 장 및 국토교통부장관과 협의하여야 한다. ④ 도시철도채권의 원금 및 이자의 소멸시효(消滅時效)는 상환일(償還日)부터 기산(起算)하여 5년으로 한다. ⑤ 도시철도채권은 기본계획이 확정된 연도부터 그 연도의 도시철도 운영수입금이 그 연도의 도시철도 운영비용(원리금 상환액을 포함한다)을 최초로 초과하는 연도까지 발행할 수 있다.	3. 발행 조건 4. 상환 방법 및 절차 5. 그 밖에 도시철도채권의 발행을 위하여 필요한 사항 ② 국가·지방자치단체 또는 도시철도공사(도시철도사업을 위하여 「지방공기업법」에 따라 설립된 지방공사를 말한다. 이하 같다)가 법 제20조제1항에 따라 도시철도채권을 발행하려면 다음 각 호의 사항을 공고하여야 한다. 1. 발행 총액 2. 발행 기간 3. 도시철도채권의 이율 4. 원금 상환의 방법 및 시기 5. 이자 지급의 방법 및 시기 ③ 지방자치단체의 장이 법 제20조제2항에 따라 행정안전부장관의 승인을 받거나 국토교통부장관과 협의하는 경우와 도시철도공사가 같은 조 제3항에 따라 관계 지방자치단체의 장 및 국토교통부장관과 협의하는 경우에는 각각 제1항 각 호의 사항을 명시하여 승인 또는 협의를 요청하여야 한다.〈개정 14·11·19, 17·7·26〉 제13조(도시철도채권의 발행 방법 및 이율) ① 법 제20조에 따른 도시철도채권은 「주식·사채 등의 전자등록에 관한 법률」에 따라 전자등록하여 발행한다.〈개정 19·6·25〉 ② 도시철도채권의 이율은 다음 각 호와 같다.〈개정 14·11·19, 17·7·26, 18·12·18〉 1. 국가가 발행하는 경우: 기획재정부장관이 국토교통부장관과 협의하여 정하는 이율	

법	시 행 령	시 행 규 칙
	2. 지방자치단체가 발행하는 경우: 연 10퍼센트의 범위에서 해당 지방자치단체의 조례로 정하는 이율 3. 도시철도공사가 발행하는 경우: 연 10퍼센트의 범위에서 관계 지방자치단체의 장과 협의하여 해당 도시철도공사의 규칙으로 정하는 이율	
제21조(도시철도채권의 매입) ① 다음 각 호의 자 중 대통령령으로 정하는 자는 도시철도채권을 매입하여야 한다. 1. 국가나 지방자치단체로부터 면허·허가·인가를 받는 자 2. 국가나 지방자치단체에 등기·등록을 신청하는 자. 다만, 「자동차관리법」 제3조에 따른 자동차로서 국토교통부령으로 정하는 경형자동차(이륜자동차는 제외한다)의 등록을 신청하는 자는 제외한다. 3. 국가, 지방자치단체 또는 「공공기관의 운영에 관한 법률」 제4조에 따른 공공기관과 건설도급계약(建設都給契約)을 체결하는 자 4. 도시철도건설자 또는 도시철도운영자와 도시철도 건설·운영에 필요한 건설도급계약, 용역계약 또는 물품구매계약을 체결하는 자 ② 제1항에 따른 도시철도채권의 매입 금액과 절차 등에 관하여 필요한 사항은 대통령령으로 정한다.	제14조(도시철도채권의 매입 대상 및 금액) 법 제21조에 따른 도시철도채권의 매입 대상 및 대상별 매입 금액은 별표 2에서 정한 범위에서 시·도의 조례로 정한다. 제15조(도시철도채권의 사무취급기관 등) ① 국가가 발행하는 도시철도채권의 매출 및 상환업무의 사무취급기관은 「한국은행법」에 따른 한국은행으로 한다. ② 지방자치단체 및 도시철도공사가 발행하는 도시철도채권의 매출 및 상환업무의 사무취급기관은 해당 지방자치단체가 지정하는 금융기관 또는 「자본시장과 금융투자업에 관한 법률」 제294조에 따라 설립된 한국예탁결제원으로 한다. ③ 제1항과 제2항에 따른 도시철도채권의 사무취급기관(이하 "사무취급기관"이라 한다)이 도시철도채권을 매출할 때에는 도시철도채권 매입확인증(이하 "매입확인증"이라 한다)을 매입자에게 발급하여야 한다. ④ 사무취급기관은 도시철도채권 매입확인증 발행대장을 갖추어 두고, 매입확인증의 발급에 관한 사항을 적어야 한다. ⑤ 도시철도채권 매입자가 매입확인증을 멸실 또는 도난 등의 사유로 분실한 경우에 그 매입자가 해당 매입확인증을 매입한 목적에 사용하지 아니하였음을 해당 도시철도	

법	시 행 령	시 행 규 칙
	채권을 발행한 자가 확인한 경우에만 이를 재발급할 수 있다. ⑥ 사무취급기관이 제5항에 따라 매입확인증을 재발급할 때에는 그 매입확인증에 재발급 표시를 하여야 하고, 매입확인증 재발급대장에 재발급한 사실을 적어야 한다. ⑦ 제3항부터 제6항까지의 규정에 따른 도시철도채권의 매출 등은 전자적으로 처리할 수 있다. 이 경우 전자적 처리의 절차 및 방법은 해당 도시철도채권을 발행한 국가, 지방자치단체 또는 도시철도공사가 정한다. 제16조(도시철도채권 발행원부의 비치) 사무취급기관은 도시철도채권 발행원부를 갖추어 두고, 다음 각 호의 사항을 적어야 한다. 1. 도시철도채권 매입자의 성명·주소 및 주민등록번호 2. 도시철도채권의 금액 3. 도시철도채권의 이율 4. 도시철도채권의 발행일 및 상환일	
제22조(정부 지원 등) ① 정부는 지방자치단체나 도시철도공사가 시행하는 도시철도건설사업을 위하여 재정적 지원이 필요하다고 인정되면 소요자금(所要資金)의 일부를 보조하거나 융자할 수 있다. ② 정부는 제3조제3호에 따른 법인이 시행하는 도시철도건설사업을 위하여 필요하다고 인정되면 소요자금의 일부를 융자할 수 있다. ③ 정부는 도시철도기술의 발전을 위하여 대통령령으로 정하는 도시철도기술을 연구하는 기관 또는 단체(이하 "연구기관등"이라 한다)에 보조 등 재정적 지원을 할 수 있다.	제17조(도시철도기술연구기관) 법 제22조제3항에서 "대통령령으로 정하는 도시철도기술을 연구하는 기관 또는 단체"란 다음 각 호의 기관, 법인 또는 단체를 말한다.	

법	시 행 령	시 행 규 칙
④ 지방자치단체는 제1항에 따라 정부의 지원을 받은 경우 도시철도기술의 발전을 위하여 대통령령으로 정하는 바에 따라 연구기관등에 보조하거나 출연(出捐)할 수 있다. ⑤ 정부는 지방자치단체, 도시철도공사 또는 제3조제3호에 따른 법인이 건설·운영하고 있는 도시철도의 승강장에 전동차 출입문과 연동되어 열리고 닫히는 승하차용 출입문 설비를 설치하기 위한 소요자금의 일부를 보조할 수 있다.〈신설 15·2·3〉 ⑥ 정부는 「사회기반시설에 대한 민간투자법」에 따라 건설한 도시철도로 인한 지방자치단체의 재정상 부담을 경감할 수 있도록 행정적 지원을 할 수 있다.〈신설 16·3·22〉 ⑦ 정부는 도시철도 이용자의 안전을 위하여 도시철도운	1. 「과학기술분야 정부출연연구기관 등의 설립·운영 및 육성에 관한 법률」 제8조에 따라 설립된 다음 각 목의 기관 　가. 한국철도기술연구원 　나. 한국전자통신연구원 　다. 한국기계연구원 　라. 한국전기연구원 　마. 한국생산기술연구원 2. 그 밖에 도시철도기술의 육성·발전을 위하여 국토교통부장관이 필요하다고 인정하는 법인 또는 단체 제18조(보조금 또는 출연금의 지급 등) ① 제17조에 따른 기관, 법인 또는 단체가 법 제22조제4항에 따라 보조금이나 출연금을 지급받으려면 보조금 또는 출연금의 지급신청서에 사업계획서와 예산집행계획서를 첨부하여 지방자치단체의 장에게 제출하여야 한다. ② 제1항에 따른 신청을 받은 지방자치단체의 장은 해당 사업계획 및 예산집행계획이 타당하다고 인정하는 경우에는 보조금이나 출연금을 지급할 수 있다. ③ 제2항에 따라 보조금이나 출연금을 지급받은 기관 또는 단체가 다음 각 호의 어느 하나에 해당할 때에는 해당 보조사업 또는 출연사업의 실적을 적은 보고서를 작성하여 지방자치단체의 장에게 제출하여야 한다. 1. 보조사업 또는 출연사업을 완료하였을 때 2. 보조사업 또는 출연사업의 폐지를 승인받았을 때 3. 회계연도가 끝났을 때	 제3조의2(노후화된 도시 철

법	시 행 령	시 행 규 칙
영자가 국토교통부령으로 정하는 노후화된 도시철도차량을 교체하는 경우 필요한 소요자금의 일부를 보조할 수 있다.〈신설 21·1·12〉		도차량) 법 제22조제7항에서 "국토교통부령으로 정하는 노후화된 도시철도차량"이란 「철도안전법 시행규칙」 제75조의13제1항 각 호에 따른 정밀안전진단기간의 다음 날부터 5년이 지난 도시철도차량을 말한다. [본조신설 21·7·13]
제23조(지원자금의 목적 외 사용금지 등) ① 도시철도건설자는 제22조에 따라 지급받은 지원자금을 그 지원 목적 외의 용도로 사용하지 못한다. ② 정부는 도시철도건설자가 지급받은 지원자금을 그 지원 목적 외의 용도로 사용하거나 부정한 방법으로 제22조에 따른 지원자금을 지급받은 경우에는 지급받은 지원자금을 회수한다.		
제24조(도시철도건설사업의 위탁) ① 국가나 지방자치단체가 도시철도건설자인 경우에는 도시철도건설사업을 법인에 위탁할 수 있다. 이 경우 지방자치단체인 도시철도건설자는 국토교통부장관의 승인을 받아야 한다. ② 제1항의 위탁에 필요한 사항은 대통령령으로 정한다.	제19조(도시철도건설사업의 위탁승인신청 등) ① 지방자치단체인 도시철도건설자가 법 제24조제1항 후단에 따라 국토교통부장관의 승인을 받으려면 미리 위탁받을 법인과 협의한 후 위탁의 내용과 기간 등 위탁사항을 명시한 위탁승인 신청서를 국토교통부장관에게 제출하여야 한다. ② 법 제24조제1항에 따라 도시철도건설사업을 위탁받은 수탁법인(이하 이 조 및 제20조에서 "건설사업수탁법인"이라 한다)은 도시철도건설사업을 시행하기 전에 다음 각호의 사항에 대하여 도시철도건설사업을 위탁한 국가 또	

법	시 행 령	시 행 규 칙
	는 지방자치단체의 승인을 받아야 한다. 승인받은 사항을 변경하려는 경우에도 또한 같다. 1. 도시철도건설사업 계획 2. 도시철도시설의 설계 등 도시철도 건설에 관한 각종 설계 3. 도시철도 건설공사의 계약 및 관리·감독에 관한 사항 ③ 건설사업수탁법인이 도시철도 건설공사를 준공하였을 때에는 해당 도시철도건설사업을 위탁한 국가 또는 지방자치단체의 준공검사를 받아야 한다. ④ 국가나 지방자치단체는 건설사업수탁법인이 시행하는 도시철도건설사업에 대하여 필요한 지시를 할 수 있다.	
③ 제1항에 따라 수탁자가 건설한 도시철도의 시설물(도시철도의 차량·기계·기구 등을 포함한다. 이하 같다)은 위탁한 국가 또는 지방자치단체에 귀속(歸屬)한다. ④ 제3항에 따른 도시철도 시설물의 귀속절차는 대통령령으로 정한다. ⑤ 제1항에 따라 도시철도건설사업을 수탁한 자는 그 건설에 관하여 책임을 진다. 제25조(도시철도의 연계망 구축) ① 지방자치단체는 도시철도 노선망이 유기적인 기능을 발휘할 수 있도록 도시철도 노선 간 또는 도시철도 노선과 철도 노선 간 연계망 구축을 위하여 노력하여야 한다. ② 국가는 필요한 경우 지방자치단체 간의 도시철도 연계망 구축에 필요한 재원의 일부를 예산의 범위에서 지원할 수 있다.	제20조(도시철도 시설물의 귀속절차) ① 건설사업수탁법인은 법 제24조제3항에 따라 국가 또는 지방자치단체에 귀속되는 도시철도의 시설물의 목록을 작성하여 국가 또는 지방자치단체에 제출하여야 한다. ② 법 제24조제3항에 따라 국가 또는 지방자치단체에 귀속되는 도시철도의 시설물은 도시철도 건설공사의 준공과 동시에 국가 또는 지방자치단체에 귀속된다.	

법	시 행 령	시 행 규 칙
제3장 도시철도운송사업 등 제26조(면허 등) ① 국가 또는 지방자치단체가 아닌 법인으로서 도시철도운송사업을 하려는 자는 국토교통부령으로 정하는 바에 따라 도시철도운송사업계획을 제출하여 시·도지사에게 면허를 받아야 한다. ② 도시철도운송사업의 사업구간이 인접한 시·도에 걸쳐 있는 경우에는 해당 시·도지사 간 협의에 따라 면허를 줄 시·도지사를 정하되 협의가 성립되지 아니한 경우에는 국토교통부장관이 조정할 수 있다. 이 경우 시·도지사는 특별한 사유가 없으면 국토교통부장관의 조정에 따라야 한다. ③ 시·도지사는 제1항에 따라 면허를 주기 전 도시철도운송사업계획에 대하여 국토교통부장관과 미리 협의하여야 한다. ④ 시·도지사는 제1항에 따라 면허를 줄 때에는 도시교통의 원활화와 이용자의 안전 및 편의 증진을 위하여 필요한 조건을 붙일 수 있다.		제4조(사업의 면허 절차 및 면허증 발급 등) ① 법 제26조제1항에 따라 도시철도운송사업의 면허를 받으려는 자는 별지 제1호서식의 도시철도운송사업 면허신청서에 다음 각 호의 서류를 첨부하여 특별시장·광역시장·특별자치시장·도지사 및 특별자치도지사(이하 "시·도지사"라 한다)에게 제출하여야 한다. 이 경우 시·도지사는 「전자정부법」 제36조제1항에 따른 행정정보의 공동이용을 통하여 법인 등기사항증명서(설립예정 법인인 경우를 제외한다)를 확인하여야 한다. 1. 도시철도운송사업계획서 2. 법인설립계획서(설립예정 법인인 경우에 한정한다) 3. 해당 운송사업을 경영하고자 하는 취지를 설명하는 서류 4. 신청인이 법 제28조제1항 각 호의 결격사유에 해당하지 아니함을 증명하는 서류 ② 제1항제1호에 따른 도시철도운송사업계획서에는 다음 각 호의 사항이 포함되어야 한다.

법	시 행 령	시 행 규 칙
		1. 운행구간의 기점·종점·정거장
		2. 여객운송·화물운송 등 도시철도 운송사업의 종류
		3. 사용할 도시철도차량의 대수·종류 및 확보계획
		4. 운행횟수, 운행시간계획 및 선로 용량 사용계획
		5. 해당 도시철도운송사업을 위하여 필요한 자금의 내역과 조달방법
		6. 도시철도의 역·차량정비기지 등 도시철도의 운영을 위한 시설 개요
		7. 도시철도차량의 운전·운행관리 종사자의 자격사항, 확보 현황 및 확보 방안
		8. 여객·화물의 취급예정수량 및 그 산출의 기초와 예상 사업수지
		③ 시·도지사는 제1항에 따른 면허신청을 받은 경우에는 법 제27조에 따른 면허기준에의 적합 여부, 법 제28조제1항 각 호의 결격사유에 해당하는지 여부 및 도시철도운송사업계획서의 타당성 여부 등을 종합적으로 심사하여 면허 여부를 결정하여야 한다.
		④ 시·도지사는 도시철도운송사업의 면허를 하기로 결정한 경우에는 신청인에게 별지 제2호서식의 도시철도운

법	시 행 령	시 행 규 칙
		송사업 면허증을 발급하여야 한다. ⑤ 시·도지사는 제4항에 따라 도시철도운송사업 면허증을 발급할 때에는 해당 면허증 사본과 별지 제3호서식의 면허대장에 이를 기재·관리하여야 하며, 해당 면허대장을 국토교통부장관 또는 「대도시권 광역교통 관리에 관한 특별법」 제8조에 따른 대도시권광역교통위원회(도시철도운송사업 사업구간의 전부 또는 일부가 「대도시권 광역교통 관리에 관한 특별법」 제2조제1호에 따른 대도시권 안에 있는 경우에 한정한다. 이하 "대도시광역교통위원회"라 한다)에 제출해야 한다.〈개정 19·10·14〉
제27조(면허의 기준) 도시철도운송사업의 면허기준은 다음 각 호와 같다. 1. 해당 사업이 도시교통의 수송수요에 적합할 것 2. 해당 사업을 수행하는 데 필요한 도시철도차량 및 운영인력 등이 국토교통부령으로 정하는 기준에 맞을 것		제5조(면허의 기준) 법 제27조제2호에서 "국토교통부령으로 정하는 기준"이란 별표 1에서 정하는 기준을 말한다.
제28조(결격사유) ① 임원 중에 다음 각 호의 어느 하나에 해당하는 사람이 있는 법인은 도시철도운송사업의 면허를 받을 수 없다. 1. 피성년후견인 또는 피한정후견인 2. 파산선고를 받고 복권되지 아니한 사람 3. 이 법 또는 대통령령으로 정하는 철도 및 도시철도 관	제21조(철도 및 도시철도 관계 법령) 법 제28조제1항제3호 및 제4호에서 "대통령령으로 정하는 철도 및 도시철도 관계 법령"이란 각각 다음 각 호의 법령을 말한다.〈개정 19·3·12, 20·9·10〉 1. 「건널목 개량촉진법」	

법	시 행 령	시 행 규 칙
계 법령을 위반하여 금고 이상의 실형을 선고받고 그 집행이 끝나거나(끝난 것으로 보는 경우를 포함한다) 면제된 날부터 2년이 지나지 아니한 사람 4. 이 법 또는 대통령령으로 정하는 철도 및 도시철도 관계 법령을 위반하여 금고 이상의 형의 집행유예를 선고받고 그 유예기간 중에 있는 사람 ② 이 법에 따라 도시철도운송사업의 면허가 취소된 후 그 취소일부터 2년이 지나지 아니한 법인은 도시철도운송사업의 면허를 받을 수 없다. 다만, 제1항제1호 및 제2호에 해당하여 제37조제1항제3호에 따라 도시철도운송사업의 면허가 취소된 경우는 제외한다.〈개정 17·12·26〉 제28조의2(도시철도부대사업의 승인 등) ① 도시철도운영자는 도시철도의 건설 및 운영에 드는 자금을 충당하기 위하여 시·도지사의 승인을 받아 도시철도부대사업을 할 수 있다. ② 제1항에 따른 승인의 절차 등에 필요한 사항은 국토교통부령으로 정한다. [본조신설 14·5·21] 제29조(도시철도공사의 설립 등 협의) 지방자치단체가 「지방공기업법」 제49조에 따라 도시철도공사를 설립하려는 경우에는 미리 국토교통부장관과 협의하여야 한다. 제30조(운송개시의 의무) ① 제26조제1항에 따라 도시철도운송사업의 면허를 받은 자(이하 "도시철도운송사업자"라 한다)는 시·도지사가 정하는 날짜 또는 기간 내에 운송을 개시하여야 한다. 다만, 천재지변이나 그 밖의 불가피한 사유로 시·도지사가 정하는 날짜 또는 기간 내에 운송을 개시할 수 없는 경우에는 시·도지사의 승인을 받아	2. 「지방공기업법」 3. 「철도의 건설 및 철도시설 유지관리에 관한 법률」 4. 「철도사업법」 5. 「철도산업발전기본법」 6. 「철도안전법」 7. 「한국철도공사법」 8. 「국가철도공단법」 9. 「항공·철도 사고조사에 관한 법률」	제5조의2(도시철도부대사업의 승인 신청 등) ① 도시철도운영자는 법 제28조의2제1항에 따라 도시철도부대사업의 승인을 받으려는 경우에는 다음 각 호의 사항을 포함한 사업계획서를 시·도지사에게 제출하여야 한다. 1. 도시철도부대사업의 명칭 및 목적 2. 사업기간 3. 사업비 4. 자금조달 방안 5. 도시철도부대사업에서 발생한 수익금의 활용계획 ② 제1항에 따라 사업계획서를 제출받은 시·도지사는 제1항 각 호의 사항에 대하여 타당성과 적정성 등을 검토

법	시 행 령	시 행 규 칙
날짜를 연기하거나 기간을 연장할 수 있다. ② 시·도지사가 제1항 단서에 따라 운송개시 변경의 승인을 할 때에는 국토교통부장관과 미리 협의하여야 한다. 제31조(운임의 신고 등) ① 도시철도운송사업자는 도시철도의 운임을 정하거나 변경하는 경우에는 원가(原價)와 버스 등 다른 교통수단 운임과의 형평성 등을 고려하여 시·도지사가 정한 범위에서 운임을 정하여 시·도지사에게 신고하여야 하며, 신고를 받은 시·도지사는 그 내용을 검토하여 이 법에 적합하면 신고를 받은 날부터 국토교통부령으로 정하는 기간 이내에 신고를 수리하여야 한다.〈개정 20·6·9〉 ② 도시철도운영자는 도시철도의 운임을 정하거나 변경하는 경우 그 사항을 시행 1주일 이전에 예고하는 등 도시철도 이용자에게 불편이 없도록 필요한 조치를 하여야 한다. 제32조(도시철도운송약관) 도시철도운영자는 도시철도운송약관을 정하여야 하고, 도시철도운송사업자인 도시철도운	제22조(도시철도운임의 조정 및 협의 등) ① 시·도지사는 법 제31조제1항에 따른 도시철도 운임의 범위를 정하려면 해당 시·도에 운임조정위원회를 설치하여 도시철도 운임의 범위에 관한 의견을 들어야 한다. ② 제1항에 따른 운임조정위원회는 민간위원이 전체 위원의 2분의 1 이상이어야 한다. ③ 법 제26조제1항에 따라 도시철도운송사업의 면허를 받은 자(이하 "도시철도운송사업자"라 한다)가 해당 도시철도를 「한국철도공사법」에 따라 설립된 한국철도공사(이하 "한국철도공사"라 한다)가 운영하는 철도 또는 다른 도시철도운영자가 운영하는 도시철도와 연결하여 운행하려는 경우에는 법 제31조제1항에 따라 도시철도의 운임을 신고하기 전에 그 운임 및 시행 시기에 관하여 미리 한국철도공사 또는 다른 도시철도운영자와 협의하여야 한다. ④ 시·도지사는 법 제31조제1항에 따라 운임의 신고를 받으면 신고받은 사항을 기획재정부장관 및 국토교통부장관에게 각각 통보하여야 한다.	하여 승인 여부를 결정하여야 한다. [본조신설 14·11·21] 제5조의3(운임 신고의 수리기간) 법 제31조제1항에서 "국토교통부령으로 정하는 기간"이란 60일을 말한다. [본조신설 20·9·8] 제5조의4(도시철도운송약관 신고의 수리기간) 법 제32조 전단에서 "국토교

법	시 행 령	시 행 규 칙
영자는 이를 시·도지사에게 신고하여야 하며, 신고를 받은 시·도지사는 그 내용을 검토하여 이 법에 적합하면 신고를 받은 날부터 국토교통부령으로 정하는 기간 이내에 신고를 수리하여야 한다. 이를 변경하려는 경우에도 또한 같다.〈개정 20·6·9〉 제33조(도시철도운송사업계획의 변경) ① 도시철도운송사업자는 도시철도운송사업계획을 변경하려는 경우에는 시·도지사에게 신고하여야 하며, 신고를 받은 시·도지사는 그 내용을 검토하여 이 법에 적합하면 신고를 받은 날부터 국토교통부령으로 정하는 기간 이내에 신고를 수리하여야 한다.〈개정 20·6·9〉 ② 시·도지사는 도시철도운송사업자로부터 도시철도운송사업계획에 대한 변경신고를 받거나 소관 도시철도운송사업계획을 변경한 경우에는 지체 없이 국토교통부장관에게 알려야 한다. 제34조(연락운송) ① 도시철도운영자가 다른 도시철도운영자 또는 「철도사업법」 제2조제8호에 따른 철도사업자(이하 이 조에서 "철도사업자"라 한다)와 연계하여 운송을 하는 경우 노선의 연결, 도시철도시설 운영의 분담, 운임수입의 배분, 승객의 갈아타기 등에 관한 사항은 당사자 간의 협의로 정한다.〈개정 22·6·10〉 ② 제1항에 따른 협의가 성립되지 아니하거나 협의 결과를 해석하는 데 분쟁이 있을 때에는 당사자의 신청을 받아 국토교통부장관이 결정한다. ③ 도시철도운영자 또는 철도사업자는 운임수입의 배분에 관한 사항에 대하여 해당 운임수입이 발생한 날이 속하는 연도의 다음 연도 12월 31일까지 제1항에 따른 협의를 완		통부령으로 정하는 기간"이란 60일을 말한다. [본조신설 20·9·8] 제5조의5(도시철도운송사업계획 변경신고의 수리기간) 법 제33조제1항에서 "국토교통부령으로 정하는 기간"이란 60일을 말한다. [본조신설 20·9·8]

법	시 행 령	시 행 규 칙
료하거나 제2항에 따른 결정을 신청하여야 한다. 다만, 운임수입의 배분과 관련되는 모든 도시철도운영자 및 철도사업자가 동의하는 경우에는 1회에 한하여 6개월의 범위에서 그 기간을 연장할 수 있다. 〈신설 22·6·10〉 ④ 도시철도운영자 또는 철도사업자가 운임수입을 배분하는 경우에는 제1항에 따른 협의가 완료된 날(국토교통부장관이 제2항에 따라 운임수입의 배분을 결정한 경우에는 그 결정이 있은 날을 말한다)에서 30일이 경과한 날부터 운임수입을 배분하는 날까지의 기간에 대하여 배분하여야 하는 운임수입에 대한 이자를 가산하여 지급하여야 한다. 〈신설 22·6·10〉		
제35조(사업의 양도·양수 등) ① 도시철도운송사업자가 도시철도운송사업을 양도·양수하거나 합병하려는 경우에는 시·도지사의 인가를 받아야 한다. ② 시·도지사는 제1항에 따라 인가를 하려면 미리 국토교통부장관과 협의하여야 한다. ③ 제1항에 따른 인가가 있는 때에는 도시철도운송사업을 양수한 자는 도시철도운송사업을 양도한 자의 도시철도운송사업자로서의 지위를 승계하며, 합병으로 설립되거나 존속하는 법인은 합병으로 소멸되는 법인의 도시철도운송사업자로서의 지위를 승계한다. 제36조(사업의 휴업·폐업) ① 도시철도운송사업자가 사업의 전부 또는 일부를 휴업 또는 폐업하려면 국토교통부령으로 정하는 바에 따라 시·도지사의 허가를 받아야 한다. 다만, 선로 또는 교량의 파괴, 도시철도시설의 개량, 그 밖의 정당한 사유로 인한 휴업의 경우에는 국토교통부령으로 정하는 바에 따라 시·도지사에게 신고하여야 하며, 신	제23조(사업의 휴업·폐업 내용의 게시) 도시철도운송사업자는 법 제36조제1항 본문에 따라 휴업 또는 폐업의 허가를 받은 경우에는 휴업 또는 폐업 시작일 5일 이전에 법 제36조제5항에 따라 다음 각 호의 사항을 인터넷 홈페이지와 관계 역·영업소 및 사업소의 일반인이 보기 쉬운 곳에 게시하여야 한다. 다만, 법 제36조제1항 단서에 따라 휴업을 신고하는 경우에는 해당 휴업 사유가 발생하였을 때에 즉시 게시하여야 한다. 1. 휴업 또는 폐업하는 도시철도운송사업의 내용 및 그 사유 2. 휴업기간(휴업하는 경우만 해당한다) 3. 대체교통수단의 안내 4. 그 밖에 휴업 또는 폐업과 관련하여 도시철도운송사업자가 일반인에게 알려야 할	제6조(사업의 휴업 또는 폐업 절차) ① 도시철도운송사업자가 법 제36조제1항 본문에 따라 도시철도운송사업의 전부 또는 일부에 대하여 휴업 또는 폐업의 허가를 받으려는 경우에는 휴업 또는 폐업예정일 3개월 전에 별지 제4호서식의 도시철도운송사업휴업(폐업) 허가신청서에 다음 각 호의 서류를 첨부하여 시·도지사에게 제출하여야 한다. 1. 도시철도운송사업의 휴업 또는 폐업에 관한 총회 또는 이사회의 의결서 사본 2. 휴업 또는 폐업하려는 도시철도노선, 정거장, 도시철도차량의 종류 등에 관한 사항을 적은 서류 3. 휴업 또는 폐업 시 대체교통수단

법	시 행 령	시 행 규 칙
고를 받은 시·도지사는 그 내용을 검토하여 이 법에 적합하면 신고를 받은 날부터 국토교통부령으로 정하는 기간 이내에 신고를 수리하여야 한다.〈개정 20·6·9〉 ② 시·도지사가 제1항 본문에 따라 허가하려는 경우에는 미리 국토교통부장관과 협의하여야 한다. ③ 제1항에 따른 휴업기간은 6개월을 넘지 못한다. 다만, 제1항 단서에 따른 휴업의 경우에는 해당 사유가 소멸할 때까지 휴업할 수 있다. ④ 제1항에 따라 허가를 받거나 신고한 휴업기간 중이라도 휴업 사유가 소멸되었을 때에는 시·도지사에게 신고하고 사업을 재개(再開)할 수 있다. 이 경우 신고를 받은 시·도지사는 그 내용을 검토하여 이 법에 적합하면 신고를 받은 날부터 국토교통부령으로 정하는 기간 이내에 신고를 수리하여야 한다.〈개정 20·6·9〉 ⑤ 도시철도운영자는 도시철도운송사업의 전부 또는 일부를 휴업 또는 폐업하려는 경우에는 대통령령으로 정하는 바에 따라 휴업 또는 폐업하는 사업의 내용과 기간 등을 인터넷 홈페이지, 역 등 일반인이 보기 쉬운 곳에 게시하여야 한다. 제37조(면허의 취소 등) ① 시·도지사는 도시철도운송사업자가 다음 각 호의 어느 하나에 해당하는 경우에는 그 면	필요성이 있다고 인정하는 사항	의 이용에 관한 사항을 적은 서류 ② 시·도지사는 제1항에 따른 도시철도운송사업의 휴업 또는 폐업 허가의 신청을 받은 때에는 허가신청을 받은 날부터 2개월 이내에 신청인에게 허가 여부를 통지하여야 하며, 그 결과를 즉시 국토교통부장관 또는 대도시권광역교통위원회에 통보해야 한다.〈개정 19·10·14〉 ③ 도시철도운송사업자가 법 제36조제1항 단서에 따라 도시철도운송사업의 휴업을 신고하려는 경우에는 휴업 사유가 발생하는 즉시 별지 제4호서식의 도시철도운송사업 휴업신고서에 제1항제2호 및 제3호의 서류를 첨부하여 시·도지사에게 제출하여야 한다. ④ 법 제36조제1항 단서에서 "국토교통부령으로 정하는 기간"이란 60일을 말한다.〈신설 20·9·8〉 ⑤ 법 제36조제4항 후단에서 "국토교통부령으로 정하는 기간"이란 60일을 말한다.〈신설 20·9·8〉 제7조(행정처분의 세부기준) 법 제37조제2항에 따른 행정처분의 세부기준은 별표 2와 같다.

법	시 행 령	시 행 규 칙
허가를 취소하거나 6개월 이내의 기간을 정하여 그 사업의 정지를 명할 수 있다. 다만, 제1호에 해당하는 경우에는 그 면허를 취소하여야 한다.〈개정 21·1·12〉 1. 거짓이나 그 밖의 부정한 방법으로 제26조에 따른 도시철도운송사업 면허를 받은 경우 2. 제27조에 따른 도시철도운송사업의 면허기준을 위반한 경우 3. 도시철도운송사업자가 제28조의 결격사유에 해당하는 경우. 다만, 법인의 임원 중에 그 사유에 해당하는 사람이 있는 경우로서 3개월 이내에 그 임원을 개임(改任)하였을 때에는 제외한다. 4. 제30조제1항을 위반하여 시·도지사가 정한 날짜 또는 기간 내에 운송을 개시하지 아니한 경우 5. 제35조에 따른 인가를 받지 아니하고 양도·양수하거나 합병한 경우 6. 제36조제1항에 따른 허가를 받지 아니하거나 신고를 하지 아니하고 도시철도운송사업을 휴업 또는 폐업하거나 같은 조 제3항에 따른 휴업기간이 지난 후에도 도시철도운송사업을 재개하지 아니한 경우 7. 제39조의 사업개선명령을 따르지 아니한 경우 8. 제41조제1항을 위반하여 도시철도차량에 폐쇄회로 텔레비전을 설치하지 아니한 경우 9. 사업경영의 불확실 또는 자산상태의 현저한 불량이나 그 밖의 사유로 사업을 계속함이 적합하지 아니한 경우 ② 제1항에 따른 행정처분의 세부기준은 위반행위의 종류와 위반 정도 등을 고려하여 국토교통부령으로 정한다. ③ 시·도지사는 제1항에 따라 도시철도운송사업의 면허를 취소하거나 사업의 정지를 명할 때에는 청문을 하여야 한다.		

법	시 행 령	시 행 규 칙
제38조(과징금의 부과) ① 시·도지사는 도시철도운송사업자가 제37조제1항 각 호의 어느 하나에 해당하여 사업정지처분을 하여야 할 경우로서 해당 사업의 정지가 그 사업의 이용자 등에게 심한 불편을 주거나 공익을 해칠 우려가 있을 때에는 대통령령으로 정하는 바에 따라 사업정지처분을 갈음하여 2천만원 이하의 과징금을 부과할 수 있다. ② 제1항에 따른 과징금을 내야 할 자가 납부기한까지 과징금을 내지 아니하면 「지방세징수법」에 따른 지방세 체납처분의 예에 따라 징수한다.〈개정 16·12·27〉 ③ 제1항과 제2항에 따라 징수한 과징금은 다음 각 호의 용도로만 사용하여야 한다. 1. 도시철도 관련 시설의 확충 및 정비 2. 도시철도기술의 연구개발 3. 도시철도 이용자의 서비스 개선사업 4. 도시철도종사자의 양성·교육훈련이나 그 밖에 자질 향상을 위한 교육훈련시설의 건설 및 운영 5. 도시철도운송사업의 경영개선이나 그 밖에 도시철도운송사업의 발전을 위하여 필요한 사항 ④ 제1항에 따른 과징금을 부과하는 위반행위의 종류, 위반 정도 등에 따른 과징금의 금액, 그 밖에 필요한 사항은 대통령령으로 정한다. 제39조(사업개선명령) 시·도지사는 도시교통의 원활화와 도시철도 이용자의 안전 및 편의 증진을 위하여 필요하다고 인정하면 도시철도운송사업자에게 다음 각 호의 사항을 명할 수 있다. 1. 도시철도운송사업계획 및 도시철도운송약관의 변경 2. 운임의 조정	제24조(과징금의 부과 및 납부) ① 법 제38조제1항에 따라 과징금을 부과하는 위반행위의 종류와 과징금의 금액은 별표 3과 같다. ② 시·도지사는 사업의 규모, 사업지역의 특수성, 위반행위의 정도 및 횟수 등을 고려하여 제1항에 따른 과징금의 금액을 2분의 1 범위에서 늘리거나 줄일 수 있다. 이 경우 과징금을 늘리는 경우에도 과징금의 총액은 법 제38조제1항의 금액을 넘을 수 없다. ③ 시·도지사는 법 제38조제1항에 따라 과징금을 부과하려면 그 위반행위의 종류와 해당 과징금의 금액을 명시하여 이를 낼 것을 서면으로 알려야 한다. ④ 제3항에 따른 통지를 받은 자는 통지를 받은 날부터 20일 이내에 시·도지사가 정하는 수납기관에 과징금을 내야 한다. 다만, 천재지변이나 그 밖의 부득이한 사유로 그 기간에 과징금을 낼 수 없을 때에는 그 사유가 없어진 날부터 7일 이내에 내야 한다. ⑤ 제4항에 따라 과징금을 받은 수납기관은 과징금을 낸 자에게 과징금 영수증을 발급하고, 시·도지사에게 영수확인통지서를 보내야 한다.	

법	시 행 령	시 행 규 칙
3. 도시철도차량이나 그 밖의 시설의 개선 4. 도시철도 노선의 연락운송 5. 도시철도차량 및 도시철도 사고에 관한 손해배상을 위한 보험에의 가입 6. 안전운송의 확보 및 서비스의 향상을 위하여 필요한 조치 7. 도시철도종사자의 양성 및 자질 향상을 위한 교육 제40조(명의대여의 금지) 도시철도운영자는 타인에게 자신의 상호를 사용하여 도시철도운송사업을 경영하게 하여서는 아니 된다. 제41조(폐쇄회로 텔레비전의 설치·운영) ① 도시철도운영자는 범죄 예방 및 교통사고 상황 파악을 위하여 도시철도차량에 대통령령으로 정하는 기준에 따라 폐쇄회로 텔레비전을 설치하여야 한다. ② 도시철도운영자는 승객이 폐쇄회로 텔레비전 설치를 쉽게 인식할 수 있도록 대통령령으로 정하는 바에 따라 안내판 설치 등 필요한 조치를 하여야 한다.	제25조(폐쇄회로 텔레비전의 설치기준) 법 제41조제1항에 따른 폐쇄회로 텔레비전의 설치 기준은 다음 각 호와 같다. 1. 해당 도시철도차량 내에 사각지대가 없도록 설치할 것 2. 해상도는 범죄 예방 및 교통사고 상황 파악에 지장이 없도록 할 것 3. 도시철도를 이용하는 승객 누구나 쉽게 인식할 수 있는 위치에 설치할 것 제26조(폐쇄회로 텔레비전의 안내판 설치 등) ① 도시철도운영자는 법 제41조제2항에 따라 승객이 도시철도차량 내 폐쇄회로 텔레비전의 설치를 쉽게 인식할 수 있도록 폐쇄회로 텔레비전이 설치된 위치 부근에 다음 각 호의 사항이 포함된 안내판을 설치하여야 한다. 이 경우 안내판에는 한글과 영문을 함께 표기하여야 한다. 1. 설치 목적 2. 설치 장소 3. 촬영 범위 4. 촬영 시간 5. 담당 부서, 책임자 및 연락처	

법	시 행 령	시 행 규 칙
③ 도시철도운영자는 설치 목적과 다른 목적으로 폐쇄회로 텔레비전을 임의로 조작하거나 다른 곳을 비춰서는 아니 되며, 녹음기능은 사용할 수 없다. ④ 도시철도운영자는 다음 각 호의 어느 하나에 해당하는 경우 외에는 폐쇄회로 텔레비전으로 촬영한 영상기록을 이용하거나 다른 자에게 제공하여서는 아니 된다. 1. 범죄 예방 및 교통사고 상황 파악을 위하여 필요한 경우 2. 범죄의 수사와 공소의 제기 및 유지에 필요한 경우 3. 법원의 재판업무수행을 위하여 필요한 경우 ⑤ 도시철도운영자는 폐쇄회로 텔레비전 운영으로 얻은 영상기록이 분실·도난·유출·변조 또는 훼손되지 아니하도록 폐쇄회로 텔레비전의 운영·관리 지침을 마련하여야 한다. 제41조의2(보안요원의 배치·운영) 도시철도운영자는 승객의 안전 확보와 편의 증진을 위하여 역사 및 도시철도차량에 보안요원을 배치하여 운영할 수 있다. [본조신설 21·1·12] 제42조(도시철도운송사업의 위탁) ① 국가나 지방자치단체가 도시철도운영자인 경우에는 도시철도운송사업을 법인에 위탁할 수 있다. ② 제1항에 따라 제2조제6호가목 또는 나목의 사업을 위탁받은 법인은 제26조에 따라 도시철도운송사업 면허를 받아야 한다.	6. 그 밖에 도시철도운영자가 필요하다고 인정하는 사항 ② 도시철도운영자는 법 제41조제2항에 따라 도시철도차량에 폐쇄회로 텔레비전이 설치되었다는 사실을 주기적인 안내방송 등을 통하여 승객에게 알려야 한다. 제27조(도시철도운송사업의 위탁) ① 지방자치단체인 도시철도운영자가 법 제42조제1항에 따라 도시철도운송사업을 법인에 위탁하는 경우에는 그 사실을 국토교통부장관에게 통보하여야 한다. ② 법 제42조제1항에 따라 도시철도운송사업을 위탁받은 수탁법인(이하 이 조에서 "운송사업수탁법인"이라 한다)	

법	시 행 령	시 행 규 칙
③ 제1항의 위탁에 필요한 사항은 대통령령으로 정한다. 제43조(「철도사업법」의 준용) 도시철도운영자의 준수사항, 도시철도종사자의 준수사항, 도시철도차량 관리에 대한 책임, 도시철도 서비스 향상 등에 관하여는 「철도사업법」 제10조, 제20조, 제22조 및 제25조부터 제33조까지의 규정을 준용한다. 이 경우 "철도"는 "도시철도"로, "철도사업자"는 "도시철도운영자"로, "철도사업약관"은 "도시철도운송약관"으로, "철도운수종사자"는 "도시철도종사자"로, "철도차량"은 "도시철도차량"으로 본다.〈개정 18·12·31〉 ## 제4장 보칙 제44조(감독 등) ① 국토교통부장관은 도시철도건설자 및 도시철도운영자(국가는 제외한다. 이하 이 조 및 제45조에서 같다)를 감독한다. ② 국토교통부장관은 필요하다고 인정하면 도시철도건설자 및 도시철도운영자에게 업무에 관하여 감독상 필요한 명령을 할 수 있다. ③ 시·도지사는 국가·지방자치단체나 도시철도공사가	은 도시철도운송사업을 시행하기 전에 다음 각 호의 사항에 대하여 도시철도운송사업을 위탁한 국가 또는 지방자치단체의 승인을 받아야 한다. 승인받은 사항을 변경하는 경우에도 또한 같다. 1. 연도별 도시철도운송사업의 계획 및 결산 2. 운송사업수탁법인의 정관의 제정 또는 변경에 관한 사항 3. 도시철도운송사업에 필요한 시설의 유지관리 계획에 관한 사항 ③ 국가나 지방자치단체는 운송사업수탁법인이 시행하는 도시철도운송사업에 대하여 필요한 지시를 할 수 있다.	

법	시 행 령	시 행 규 칙
아닌 도시철도건설자 및 도시철도운영자에 대하여 제1항 및 제2항의 감독 및 명령을 할 수 있다. 제45조(보고 및 검사) ① 국토교통부장관은 필요하다고 인정하면 도시철도건설자 및 도시철도운영자로 하여금 그 업무 및 자산 상태에 관하여 보고를 하게 하거나 소속 공무원에게 도시철도건설자 및 도시철도운영자의 사무소나 그 밖의 사업소에 출입하여 업무 상황 또는 장부·서류나 그 밖에 필요한 물건을 검사하게 할 수 있다. ② 국가·지방자치단체나 도시철도공사가 아닌 도시철도건설자 및 도시철도운영자에 대한 경우에는 시·도지사가 도시철도건설자 및 도시철도운영자로 하여금 보고를 하게 하거나 도시철도건설자 및 도시철도운영자를 검사할 수 있다. ③ 제1항 및 제2항에 따라 사무소나 그 밖의 사업소에 출입하여 검사를 하는 공무원은 그 권한을 표시하는 증표를 지니고 관계인에게 보여주어야 한다. 제46조(권한의 위임) 이 법에 따른 국토교통부장관의 권한은 대통령령으로 정하는 바에 따라 그 일부를 「대도시권 광역교통 관리에 관한 특별법」 제9조의2에 따른 대도시권 광역교통위원장 또는 시·도지사에게 위임할 수 있다.〈개정 18·12·18〉	제28조(권한의 위임) ① 국토교통부장관은 법 제46조에 따라 다음 각 호의 권한(도시철도운송사업 사업구간의 전부 또는 일부가 「대도시권 광역교통 관리에 관한 특별법」 제2조제1호에 따른 대도시권 안에 있는 경우에 한정한다)을 「대도시권 광역교통 관리에 관한 특별법」 제8조에 따른 대도시권광역교통위원회에 위임한다.〈신설 19·3·19〉 1. 법 제6조제1항 단서에 따른 기본계획 수립의 생략 협의, 같은 조 제3항에 본문에 따른 기본계획 중 주요 사항에 대한 협의 및 기본계획의 접수, 같은 조 제4항에 따른 기본계획의 승인, 같은 조 제5항 본문에 따른 기본계획의 고시	

법	시 행 령	시 행 규 칙
	2. 법 제7조제1항에 따른 사업계획의 승인 및 변경 승인, 같은 조 제6항에 따른 고시(제2항에 따라 시·도지사에게 위임한 권한은 제외한다)	
	3. 법 제8조제2항에 따른 인·허가 의제 등에 관한 협의 및 같은 조 제4항 전단에 따른 일괄협의회의 개최	
	4. 법 제20조제2항 및 제3항에 따른 도시철도채권 발행 협의	
	5. 법 제22조에 따른 지원	
	6. 법 제23조제2항에 따른 지원자금의 회수	
	7. 법 제24조제1항 후단에 따른 도시철도건설사업의 위탁 승인	
	8. 법 제25조제2항에 따른 도시철도 연계망 구축 지원	
	9. 법 제26조제2항 전단에 따른 도시철도운송사업계획의 조정 및 같은 조 제3항에 따른 도시철도운송사업계획에 관한 협의	
	10. 법 제30조제2항에 따른 운송개시 변경 승인의 협의	
	11. 법 제33조제2항에 따른 도시철도운송사업계획 변경 신고 및 변경의 접수	
	12. 법 제34조제2항에 따른 연락운송 분쟁에 대한 결정	
	13. 법 제35조제2항에 따른 도시철도운송사업 양도·양수 및 합병 인가 협의	
	14. 법 제36조제2항에 따른 도시철도운송사업 휴업 및 폐업 허가 협의	
	15. 법 제44조제1항 및 제2항에 따른 도시철도건설자 및 도시철도운영자에 대한 감독 및 명령	
	16. 법 제45조제1항에 따른 도시철도건설자 및 도시철	

법	시 행 령	시 행 규 칙
	운영자에 대한 보고요구 및 검사	
	17. 제12조제1항 및 제2항에 따른 도시철도채권 발행 요청 및 공고	
	18. 제13조제2항제1호에 따른 도시철도채권 이율에 대한 협의	
	② 국토교통부장관은 법 제46조에 따라 다음 각 호의 권한을 시·도지사에게 위임한다.〈개정 19·3·19〉	
	1. 도시철도건설자가 지방자치단체나 도시철도공사인 경우에 해당 도시철도건설자에 대한 다음 각 목의 권한	
	가. 법 제7조제1항 후단에 따른 사업계획의 변경사항 중 다음의 어느 하나에 해당하는 사항에 관한 변경승인	
	1) 노선 연장을 100분의 10의 범위에서 변경	
	2) 도시철도 부지를 100분의 10의 범위에서 변경과 그 범위에서의 도시철도시설의 위치 등의 변경	
	나. 가목의 변경사항에 대한 법 제7조제6항에 따른 고시	
	2. 국가·지방자치단체나 도시철도공사가 아닌 도시철도건설자에 대한 다음 각 목의 권한	
	가. 법 제7조제1항에 따른 승인 및 변경승인	
	나. 법 제7조제6항에 따른 고시	
	③ 시·도지사는 제2항에 따라 위임받은 업무를 처리하였을 때에는 그 내용을 지체 없이 국토교통부장관에게 보고하여야 한다.〈개정 19·3·19〉	
	제29조(규제의 재검토) 국토교통부장관은 다음 각 호의 사항에 대하여 다음 각 호의 기준일을 기준으로 3년마다(매 3년이 되는 해의 기준일과 같은 날 전까지를 말한다) 그 타당성을 검토하여 개선 등의 조치를 하여야 한다.	

법	시 행 령	시 행 규 칙
	1. 제14조 및 별표 2에 따른 도시철도채권의 매입 대상 및 대상별 매입 금액: 2017년 1월 1일 2. 제19조제2항에 따른 건설사업수탁법인이 승인을 받아야 하는 사항: 2017년 1월 1일 3. 제27조제2항에 따른 운송사업수탁법인이 승인을 받아야 하는 사항: 2017년 1월 1일 [전문개정 16·12·30]	

제5장 벌칙

제47조(벌칙) ① 다음 각 호의 어느 하나에 해당하는 자는 2년 이하의 징역 또는 2천만원 이하의 벌금에 처한다.
 1. 제26조에 따른 면허를 받지 아니하고 도시철도운송사업을 경영한 자
 2. 거짓이나 그 밖의 부정한 방법으로 제26조에 따른 도시철도운송사업의 면허를 받은 자
 3. 제37조에 따른 사업정지 기간에 도시철도운송사업을 경영한 자
 4. 제40조를 위반하여 타인에게 자신의 상호를 대여한 자
 5. 제43조에 따라 준용되는 「철도사업법」 제31조를 위반하여 도시철도운영자의 공동활용에 관한 요청을 정당한 사유 없이 거부한 자
② 다음 각 호의 어느 하나에 해당하는 자는 1년 이하의 징역 또는 1천만원 이하의 벌금에 처한다.
 1. 제41조제3항을 위반하여 설치 목적과 다른 목적으로 폐쇄회로 텔레비전을 임의로 조작하거나 다른 곳을 비춘 자 또는 녹음기능을 사용한 자

법	시 행 령	시 행 규 칙
2. 제41조제4항을 위반하여 영상기록을 목적 외의 용도로 이용하거나 다른 자에게 제공한 자 ③ 다음 각 호의 어느 하나에 해당하는 자는 1천만원 이하의 벌금에 처한다. 1. 제39조에 따른 사업개선명령을 위반한 자 2. 제43조에 따라 준용되는 「철도사업법」 제28조제3항을 위반하여 우수서비스마크 또는 이와 유사한 표지를 도시철도차량 등에 붙이거나 인증사실을 홍보한 자 3. 제44조제2항에 따른 감독상 필요한 명령을 위반한 자 제48조(양벌규정) 법인의 대표자나 법인 또는 개인의 대리인, 사용인, 그 밖의 종업원이 그 법인 또는 개인의 업무에 관하여 제47조의 어느 하나에 해당하는 위반행위를 하면 그 행위자를 벌하는 외에 그 법인 또는 개인에게도 해당 조문의 벌금형을 과(科)한다. 다만, 법인 또는 개인이 그 위반행위를 방지하기 위하여 해당 업무에 관하여 상당한 주의와 감독을 게을리하지 아니한 경우에는 그러하지 아니하다. 제49조(과태료) ① 제43조에 따라 준용되는 「철도사업법」 제32조제1항 또는 제2항을 위반하여 회계를 구분하여 경리하지 아니한 자에게는 500만원 이하의 과태료를 부과한다.〈개정 15·12·29〉 ② 제41조제1항을 위반하여 도시철도차량에 폐쇄회로 텔레비전을 설치하지 아니한 자에게는 300만원 이하의 과태료를 부과한다.〈신설 21·1·12〉 ③ 다음 각 호에 해당하는 자에게는 100만원 이하의 과태료를 부과한다.〈개정 21·1·12〉		

법	시 행 령	시 행 규 칙

1. 제43조에 따라 준용되는 「철도사업법」 제20조제2항부터 제4항까지에 따른 준수사항을 위반한 자
2. 제43조에 따라 준용되는 「철도사업법」 제25조제2항을 위반하여 도시철도차량의 점검·정비에 관한 책임자를 선임하지 아니한 자

④ 제43조에 따라 준용되는 「철도사업법」 제22조를 위반한 도시철도종사자 및 그가 소속된 도시철도운영자에게는 50만원 이하의 과태료를 부과한다. 〈개정 21·1·12〉

제50조(과태료 규정의 적용 특례) 제49조의 과태료에 관한 규정을 적용할 때 제38조에 따라 과징금을 부과한 행위에 대해서는 과태료를 부과할 수 없다.

[본조신설 21·1·12]

법	시 행 령	시 행 규 칙
附　　　則	부　　　칙	부　　　칙
이 法은 公布한 날로부터 施行한다.	①(시행일) 이 영은 공포한 날로부터 시행한다. ②(경과조치) 이 영 시행당시의 서울특별시지하철공채조례는 이 영에 의한 것으로 보며, 당해 조례에 의한 서울특별시지하철공채를 매입한 자는 이 영에 의한 지하철도건설채권을 매입한 것으로 본다.	이 규칙은 공포한 날부터 시행한다.
附　　　則 〈86·5·12〉	③(다른 법령의 개정) 주택건설촉진법시행령중 [별표3] 제3호 "마"목을 삭제한다.	부　　　칙 〈08·3·14〉
①(施行日) 이 法은 公布한 날로부터 施行한다. ②(地下鐵道公社에 관한 經過措置) 이 法 施行당시의 地下鐵道公社는 地方公企業法에 의하여 設立된 地方公社로 본다. ③(地下鐵道建設債券에 관한 經過措置) 이 法 施行전에 발행된 地下鐵道建設債券은 第12條의 改正規定에 의한 地下鐵道債券으로 본다.	부　　　칙 〈80·3·6〉 이 영은 공포한 날로부터 시행한다.	이 규칙은 공포한 날부터 시행한다. 부　　　칙 〈09·2·12〉
	부　　　칙 〈80·7·9〉 이 영은 1980년 4월 1일부터 적용한다.	제1조(시행일) 이 규칙은 공포한 날부터 시행한다. 제2조(경과조치) 이 규칙 시행 전의 위반행위에 대한 행정처분기준은 별표의 개정규정에 따른다.
附　　　則 〈90·12·31〉	부　　　칙 〈81·7·25〉	
第1條(施行日) 이 法은 公布한 날부터 施行한다. 第2條(地下補償에 관한 適用例) 第4條의6의 改正規定은 이 法 施行후 최초로 사용하는 土地의 地下部分부터 適用한다. 第3條(地下鐵道의 免許등에 관한 經過措置) 이 法 施行당시 종전의 第4條의2의 規定에 의하여 鐵道法 第5條 및 同法 第6條의 規定에 따라 地下鐵道를 建設·運營하고 있는 者는 第4條의 改正規定에 의한 都市鐵道事業의 免許 및 第4條의3의 改正規定에 의한 事業計劃의 승인을 얻은 것으로 본다.	이 영은 공포한 날로부터 시행한다. 다만, 별표의 제5호의 가. 나. 다. 라의 개정규정은 1981년 7월 2일부터 적용한다. 부　　　칙 〈81·8·24〉 제1조(시행일) 이 영은 공포한 날로부터 시행한다.〈단서 생략〉 제2조 내지 제6조 생략 부　　　칙 〈82·3·30〉 ①(시행일) 이 영은 공포한 날로부터 시행한다.	부　　　칙 〈11·3·30〉 이 규칙은 공포한 날부터 시행한다. 부　　　칙 〈13·3·23〉 제1조(시행일) 이 규칙은 공포한 날부터 시행한다. 〈단서 생략〉 제2조부터 제6조까지 생략

법	시 행 령	시 행 규 칙
第4條(地下鐵道債券에 관한 經過措置) 이 法 施行당시 종전의 第12條의 규정에 의하여 발행된 地下鐵道債券은 第12條의 改正規定에 의하여 발행된 都市鐵道債券으로 본다. 第5條(다른 法律의 改正) ①租稅減免規制法중 다음과 같이 改正한다. 　第73條第3號중 "地下鐵道의建設및運營에관한法律"을 "都市鐵道法"으로, "地下鐵道公社"를 "都市鐵道公社"로, "地下鐵道建設用役"을 "都市鐵道建設用役"으로 한다. ②釜山交通公團法중 다음과 같이 改正한다. 　第26條第2項중 "地下鐵道의建設및運營에관한法律"을 "都市鐵道法"으로 하고, "地下鐵道債券"을 각각 "都市鐵道債券"으로 한다. 　　　　附　　　則〈91·5·31〉 第1條(施行日) 이 法은 서울특별시議會의 構成日부터 施行한다. 第2條 省略 　　　　附　　　則〈91·12·14 법제4419호〉 第1條(施行日) 이 법은 1992년 7월 1일부터 施行한다.〈但書 省略〉 第2條 내지 第8條 省略 　　　　附　　　則〈91·12·14 법제4429호〉 第1條(施行日) 이 法은 公布후 1년이 경과한 날부터 施行한다. 第2條 내지 第6條 省略	②(법령의 폐지) 관광숙박시설심사위원회규정은 이를 폐지한다. 　　　　부　　　칙〈83·12·31〉 ①(시행일) 이 영은 1984년 1월 1일부터 시행한다. ②생략 　　　　부　　　칙〈86·12·29〉 ①(시행일) 이 영은 공포후 20일이 경과한 날로부터 시행한다. ②(사업면허등에 관한 경과조치) 이 영 시행당시 종전의 규정에 의하여 사업면허 및 인가를 받은 것은 이 영에 의하여 사업면허 및 인가를 받은 것으로 보며, 이 영 시행전에 건설인가를 받고 보상절차가 이행되지 아니한 사항에 대하여는 제5조제1항의 개정규정에 의한 보상기준을 적용한다. ③(다른 법령의 개정) 주택건설촉진법시행령중 다음과 같이 개정한다. 　[별표 3] 제2호에 단서를 다음과 같이 신설한다. 　다만, 지하철도의건설및운영에관한법률시행령 별표 제2호 내지 제6호·제8호 내지 제16호 및 제20호의 규정에 의하여 지하철도채권을 매입한 자는 당해 호에 상응하는 부표 제1호 내지 제6호·제13호·제18호 내지 제22호·제25호·제26호 및 제28호의 규정에 의한 국민주택채권을 매입하지 아니한다. 　　　　부　　　칙〈88·5·7〉 제1조(시행일) 이 영은 공포한 날로부터 시행한다. 제2조 내지 제7조 생략	부　　　칙〈14·3·19〉 제1조(시행일) 이 규칙은 2014년 3월 19일부터 시행한다. 제2조 및 제3조 생략

법	시 행 령	시 행 규 칙

법 (法)

附　　則 〈91·12·14 법제4434호〉

第1條(施行日) 이 法은 公布후 6月이 경과한 날부터 施行한다.
第2條 내지 第5條 省略

附　　則 〈92·12·8〉

第1條(施行日) 이 法은 公布후 6月이 경과한 날부터 施行한다.
第2條 및 第3條 省略

附　　則 〈93·8·5〉

第1條(施行日) 이 法은 公布후 6月이 경과한 날부터 施行한다.
第2條 내지 第5條 省略

附　　則 〈95·1·5〉

①(施行日) 이 法은 公布후 6月이 경과한 날부터 施行한다.
②(區分地上權의 設定登記등에 관한 適用例) 第5條의2의 改正規定은 이 法 施行후 최초로 사용에 관하여 協議 또는 裁決申請하는 土地의 地下部分부터 적용한다.

附　　則 〈95·12·29〉

이 法은 公布후 6月이 경과한 날부터 施行한다. 다만, 第22條의2의 改正規定에 의한 安全基準과 第22條의3의 改正規定에 의한 性能試驗은 1999年 1月 1日이후에 運行(試驗運行을 포함한다)을 시작하는 都市鐵道車輛부터 적용한다.

시 행 령

부　　칙 〈90·9·20〉

①(시행일) 이 영은 공포한 날로부터 시행한다.
②(적용례) 이 영은 이 영 시행후 최초로 자동차의 등록 또는 수렵면허를 신청하는 것부터 적용한다.

부　　칙 〈91·7·1〉

제1조(시행일) 이 영은 서울특별시의회의 구성일부터 시행한다.
제2조 및 제4조 생략

부　　칙 〈91·7·25〉

①(시행일) 이 영은 공포한 날부터 시행한다.
②(다른 법령의 개정) 부산교통공단법시행령중 다음과 같이 개정한다.
제10조중 "지하철도·지하철도차량 및 지하철도용지"를 "도시철도·도시철도차량 및 도시철도용지"로 한다.
제11조중 "지하철도용지 및 철도용지의 소유권과 지하철도"를 "도시철도용지 및 철도용지의 소유권과 도시철도"로 한다.
제25조제4항중 "지하철도채권"을 "도시철도채권"으로 한다.
제27조제1항중 "지하철도채권"을 "도시철도채권"으로,"지하철도의건설및운영에관한법률시행령"을 "도시철도법시행령"으로 한다.

부　　칙 〈92·12·21〉

제1조(시행일) 이 영은 공포한 날부터 시행한다. 다만, 제7조 내지 제9조, 제15조제1호, 부칙 제2조 및 부칙 제5조의 개정규정은 공포후 6월이 경과한 날부터 시행한다.
제2조 내지 제5조 생략

법	시 행 령	시 행 규 칙
附　　則 〈97·12·13 법제5453호〉 第1條(施行日) 이 法은 1998年 1月 1日부터 施行한다.〈但書 省略〉 第2條 省略 附　　則 〈97·12·13 법제5454호〉 이 法은 1998年 1月 1日부터 施行한다.〈但書 省略〉 附　　則 〈99·2·8〉 第1條(施行日) 이 法은 公布後 6月이 경과한 날부터 施行한다. 第2條 내지 第6條 省略 附　　則 〈99·4·15〉 ①(施行日) 이 法은 公布한 날부터 施行한다. ②(都市鐵道事業의 運賃에 관한 經過措置) 이 法 施行당시 종전의 第15條의2의 規定에 의하여 建設交通部長官의 認可를 받은 都市鐵道事業에 관한 運賃은 이 法에 의하여 市·道知事에게 申告한 것으로 본다. 부　　칙 〈02·1·26〉 제1조(시행일) 이 법은 공포 후 6월이 경과한 날부터 시행한다. 제2조 내지 제8조 생략	부　　칙 〈93·12·27〉 이 영은 1994년 1월 1일부터 시행한다. 부　　칙 〈94·11·30〉 이 영은 공포한 날부터 시행한다. 부　　칙 〈94·12·23 제14438호〉 제1조(시행일) 이 영은 공포한 날부터 시행한다. 제2조 내지 제5조 생략 부　　칙 〈94·12·23 제14447호〉 제1조(시행일) 이 영은 공포한 날부터 시행한다.〈단서 생략〉 제2조 내지 제5조 생략 부　　칙 〈95·7·6〉 이 영은 1995년 7월 6일부터 시행한다. 부　　칙 〈96·6·29〉 제1조(시행일) 이 영은 1996년 6월 30일부터 시행한다. 제2조 및 제3조 생략 부　　칙 〈96·7·19〉 이 영은 공포한 날부터 시행한다. 부　　칙 〈97·2·22〉 제1조(시행일) 이 영은 공포한 날부터 시행한다. 제2조 생략	

법	시 행 령	시 행 규 칙

법

부   칙 〈02 · 2 · 4〉

제1조(시행일) 이 법은 2003년 1월 1일부터 시행한다.
제2조 내지 제12조 생략

부   칙 〈02 · 12 · 30〉

제1조(시행일) 이 법은 공포 후 9월이 경과한 날부터 시행
  한다.
제2조 내지 제12조 생략

부   칙 〈03 · 5 · 29 법제6893호〉

제1조(시행일) 이 법은 공포후 1년이 경과한 날부터 시행한다.
제2조 내지 제6조 생략

부   칙 〈03 · 5 · 29 법제6917호〉

이 법은 공포한 날부터 시행한다.

부   칙 〈03 · 12 · 31〉

이 법은 공포한 날부터 시행한다.

부   칙 〈04 · 10 · 22〉

제1조(시행일) 이 법은 2005년 1월 1일부터 시행한다.〈단서
  생략〉
제2조 내지 제13조 생략

시 행 령

부   칙 〈97 · 10 · 28〉

이 영은 공포한 날부터 시행한다.

부   칙 〈97 · 12 · 31〉

이 영은 1998년 1월 1일부터 시행한다.

부   칙 〈99 · 1 · 29〉

제1조(시행일) 이 영은 공포한 날부터 시행한다.
제2조 및 제4조 생략

부   칙 〈99 · 5 · 10〉

①(시행일) 이 영은 공포한 날부터 시행한다. 다만, 별표 2
제1호 가목·나목 및 라목의 개정규정은 2000년 1월 1일부
터 시행한다.
②(도시철도채권 발행방법의 변경에 관한 경과조치) 이 영 시
행일부터 3월까지는 종전의 제10조의 규정에 의하여 도시철도
채권을 발행할 수 있다.
③(다른 법령의 개정) 부산교통공단법시행령중 다음과 같이
개정한다.
  제25조제2항을 다음과 같이 한다.
  ②부산교통채권은 공사채등록법 제3조의 규정에 의한 등
록기관에 등록하여 발행한다.
  제26조를 삭제한다.
  제28조제1항중 "금융기관"을 "금융기관 또는 증권거래법

법	시 행 령	시 행 규 칙
부　　　칙 〈04·12·31〉 제1조(시행일) 이 법은 공포 후 6월이 경과한 날부터 시행한다. 제2조 내지 제7조 생략 부　　　칙 〈05·8·4〉 제1조(시행일) 이 법은 공포 후 1년이 경과한 날부터 시행한다. 제2조 내지 제12조 생략 부　　　칙 〈05·12·7〉 이 법은 공포한 날부터 시행한다. 부　　　칙 〈06·9·27〉 제1조(시행일) 이 법은 공포 후 1년이 경과한 날부터 시행한다. 제2조 내지 제11조 생략 부　　　칙 〈07·4·6〉 제1조(시행일) 이 법은 공포 후 1년이 경과한 날부터 시행한다. 제2조 내지 제17조 생략	제173조의 규정에 의하여 설립된 증권예탁원"으로 하고, 동조제2항제1호 및 제2호를 각각 다음과 같이 하며, 동항 제5호를 삭제한다. 　1. 채권매입자의 성명·주소 및 주민등록번호 　2. 채권의 금액 부　　　칙 〈00·3·24〉 제1조(시행일) 이 영은 2000년 7월 1일부터 시행한다.[단서 생략] 제2조 내지 제6조 생략 부　　　칙 〈00·8·2〉 제1조(시행일) 이 영은 공포한 날부터 시행한다. 제2조 및 제5조 생략 부　　　칙 〈01·3·27〉 제1조(시행일) 이 영은 공포한 날부터 시행한다. 제2조 및 제3조 생략 부　　　칙 〈02·10·14〉 제1조(시행일) 이 영은 공포한 날부터 시행한다. 제2조 내지 제7조 생략 부　　　칙 〈02·12·30〉 제1조(시행일) 이 영은 2003년 1월 1일부터 시행한다. 제2조 내지 제8조 생략	

법	시 행 령	시 행 규 칙

법

　　　　　부　　　칙 〈07 · 4 · 11 제8352호〉

제1조(시행일) 이 법은 공포한 날부터 시행한다.〈단서 생략〉
제2조 내지 제16조 생략

　　　　　부　　　칙 〈07 · 4 · 11 제8370호〉

제1조(시행일) 이 법은 공포한 날부터 시행한다.〈단서 생략〉
제2조 내지 제20조 생략

　　　　　부　　　칙 〈07 · 5 · 25〉

제1조(시행일) 이 법은 공포 후 1년이 경과한 날부터 시행
　　한다.
제2조부터 제10조 생략

　　　　　부　　　칙 〈07 · 7 · 13〉

①(시행일) 이 법은 공포 후 3개월이 경과한 날부터 시행한
다. 다만, 제22조 · 제22조의2 및 제22조의3의 개정규정은 공
포 후 1년이 경과한 날부터 시행한다.
②(도시철도채권 이자의 소멸시효에 관한 적용례) 제12조제4
항의 개정규정에 따른 도시철도채권 이자의 소멸시효는 이 법
시행 후 최초로 발행되는 도시철도채권부터 적용한다.
③(도시철도시설의 표준규격 등에 관한 적용례) 제22조 · 제
22조의2 및 제22조의3의 개정규정에 따른 도시철도시설의
표준규격 · 안전기준 및 성능시험은 이 법 시행 후 최초로
기본설계에 착수하는 도시철도시설부터 적용한다.

시 행 령

　　　　　부　　　칙 〈04 · 3 · 17〉

이 영은 공포한 날부터 시행한다.

　　　　　부　　　칙 〈04 · 8 · 7〉

이 영은 공포한 날부터 시행한다. 다만, 별표 2 제1호 가목
(1)의 (나) 및 (다)의 개정규정은 2005년 7월 1일부터 시행
한다.

　　　　　부　　　칙 〈04 · 11 · 3〉

제1조(시행일) 이 영은 2005년 1월 1일부터 시행한다.
제2조 및 제3조 생략

　　　　　부　　　칙 〈04 · 12 · 3〉

제1조(시행일) 이 영은 공포한 날부터 시행한다.
제2조 및 제5조 생략

　　　　　부　　　칙 〈05 · 7 · 27〉

제1조(시행일) 이 영은 2005년 7월 28일부터 시행한다.
제2조 내지 제4조 생략

　　　　　부　　　칙 〈06 · 6 · 12〉

이 영은 공포한 날부터 시행한다.

　　　　　부　　　칙 〈07 · 10 · 15〉

제1조(시행일) 이 영은 공포한 날부터 시행한다. 다만, 별표 2
　　제1호가목(1)(개란 및 (2)(개란의 개정규정은 2008년 1월 1일
　　부터 시행하고, 제24조, 제25조제2항, 제25조의2부터 제25

법	시 행 령	시 행 규 칙

법	시 행 령
부 칙 〈08·2·29〉 제1조(시행일) 이 법은 공포한 날부터 시행한다. 다만, ···〈생략〉···, 부칙 제6조에 따라 개정되는 법률 중 이 법의 시행 전에 공포되었으나 시행일이 도래하지 아니한 법률을 개정한 부분은 각각 해당 법률의 시행일부터 시행한다. 제2조부터 제7조까지 생략 **부 칙** 〈08·3·21〉 제1조(시행일) 이 법은 공포한 날부터 시행한다.〈단서 생략〉 제2조부터 제10조까지 생략 **부 칙** 〈08·3·28〉 제1조(시행일) 이 법은 2009년 1월 1일부터 시행한다.〈단서 생략〉 제2조부터 제11조까지 생략 **부 칙** 〈09·1·30〉 제1조(시행일) 이 법은 공포 후 6개월이 경과한 날부터 시행한다.〈단서 생략〉 제2조부터 제11조까지 생략 **부 칙** 〈09·4·1〉 이 법은 공포 후 3개월이 경과한 날부터 시행한다. 다만, 제26조의5의 개정규정은 공포한 날부터 시행한다.	조의5까지의 개정규정은 2008년 7월 14일부터 시행한다. 제2조(도시철도채권의 매입에 관한 경과조치) 이 영 시행 전에 법 제13조에 따른 면허·허가·인가 및 등기·등록 등을 신청한 경우에는 별표 2의 개정규정에 불구하고 종전의 규정에 따른다. **부 칙** 〈08·2·29〉 제1조(시행일) 이 영은 공포한 날부터 시행한다. 다만, 부칙 제6조에 따라 개정되는 대통령령 중 이 영의 시행 전에 공포되었으나 시행일이 도래하지 아니한 대통령령을 개정한 부분은 각각 해당 대통령령의 시행일부터 시행한다. 제2조부터 제6조까지 생략 **부 칙** 〈08·7·29〉 제1조(시행일) 이 영은 2009년 2월 4일부터 시행한다.〈단서 생략〉 제2조부터 제28조까지 생략 **부 칙** 〈08·12·31 제21214호〉 제1조(시행일) 이 영은 공포한 날부터 시행한다.〈단서 생략〉 제2조부터 제5조까지 생략 **부 칙** 〈08·12·31 제21232호〉 이 영은 2009년 1월 1일부터 시행한다.

법	시 행 령	시 행 규 칙
부　　　칙 〈09·4·22〉 제1조(시행일) 이 법은 공포 후 6개월이 경과한 날부터 시행한다. 제2조부터 제8조까지 생략 부　　　칙 〈09·6·9〉 제1조(시행일) 이 법은 공포 후 6개월이 경과한 날부터 시행한다. 제2조부터 제6조까지 생략 부　　　칙 〈10·4·15〉 제1조(시행일) 이 법은 공포 후 6개월이 경과한 날부터 시행한다. 제2조 생략 부　　　칙 〈10·5·31〉 제1조(시행일) 이 법은 공포 후 6개월이 경과한 날부터 시행한다.〈단서 생략〉 제2조부터 제13조까지 생략 부　　　칙 〈11·4·12〉 제1조(시행일) 이 법은 공포 후 6개월이 경과한 날부터 시행한다.〈단서 생략〉 제2조부터 제5조까지 생략	부　　　칙 〈09·4·6〉 제1조(시행일) 이 영은 2009년 7월 1일부터 시행한다. 제2조(도시철도채권의 매입의무 면제에 관한 유효기간) 별표 2 비고란 제2호카목의 개정규정은 2012년 12월 31일까지 효력을 가진다. 부　　　칙 〈09·6·30〉 제1조(시행일) 이 영은 2009년 7월 2일부터 시행한다. 다만, 제19조제1항의 개정규정은 2009년 7월 1일부터 시행한다. 제2조(경과조치) 이 영 시행 전 위반행위에 대하여 과징금을 부과할 때에는 별표 3의 개정규정에 따른다. 부　　　칙 〈09·7·27〉 제1조(시행일) 이 영은 2009년 7월 31일부터 시행한다. 〈단서 생략〉 제2조부터 제15조까지 생략 부　　　칙 〈10·5·4〉 제1조(시행일) 이 영은 2010년 5월 5일부터 시행한다. 제2조부터 제4조까지 생략 부　　　칙 〈10·10·14〉 제1조(시행일) 이 영은 2010년 10월 16일부터 시행한다. 제2조 생략	

법	시 행 령	시행규칙
부 칙 〈11·4·14〉 제1조(시행일) 이 법은 공포 후 1년이 경과한 날부터 시행한다. 〈단서 생략〉 제2조부터 제9조까지 생략 부 칙 〈11·8·4〉 제1조(시행일) 이 법은 공포 후 6개월이 경과한 날부터 시행한다. 제2조부터 제6조까지 생략 부 칙 〈12·12·18〉 제1조(시행일) 이 법은 공포 후 1년 3개월이 경과한 날부터 시행한다. 제2조부터 제18조까지 생략 부 칙 〈13·3·23〉 제1조(시행일) ① 이 법은 공포한 날부터 시행한다. ② 생략 제2조부터 제7조까지 생략	부 칙 〈12·3·13〉 제1조(시행일) 이 영은 공포한 날부터 시행한다. 제2조 생략 부 칙 〈12·4·17〉 제1조(시행일) 이 영은 2012년 4월 18일부터 시행한다. 제2조 및 제3조 생략 부 칙 〈12·12·21〉 제1조(시행일) 이 영은 공포한 날부터 시행한다. 제2조 및 제3조 생략 부 칙 〈12·3·13〉 제1조(시행일) 이 영은 공포한 날부터 시행한다. 제2조 생략 부 칙 〈12·4·17〉 제1조(시행일) 이 영은 2012년 4월 18일부터 시행한다. 제2조 및 제3조 생략 부 칙 〈12·12·21〉 제1조(시행일) 이 영은 공포한 날부터 시행한다. 제2조 및 제3조 생략	

법	시 행 령	시 행 규 칙
	부 칙 〈13·3·23.〉	
	제1조(시행일) 이 영은 공포한 날부터 시행한다.〈단서 생략〉 제2조부터 제6조까지 생략	
	부 칙 〈13·6·11〉	
	제1조(시행일) 이 영은 공포한 날부터 시행한다. 제2조(도시철도채권의 매입의무 일부 면제에 관한 유효기간) 별표 2의 비고 제2호파목의 개정규정은 2014년 12월 31일까지 효력을 가진다. 제3조(도시철도채권의 매입의무 일부 면제에 관한 적용례) 별표 2의 비고 제2호파목의 개정규정은 2013년 1월 1일 이후 신규등록 또는 이전등록한 경우에 대해서도 적용한다.	
	부 칙 〈13·12·30〉	
	이 영은 2014년 1월 1일부터 시행한다.〈단서 생략〉	
	부 칙 〈14·3·18〉	
	제1조(시행일) 이 영은 2014년 3월 19일부터 시행한다. 제2조 및 제3조 생략	
부 칙 〈14·1·7〉	부 칙 〈14·7·7〉	부 칙 〈14·7·8〉
제1조(시행일) 이 법은 공포 후 6개월이 경과한 날부터 시행한다. 제2조(폐쇄회로 텔레비전의 설치·운영에 관한 적용례) 제41조의 개정규정은 이 법 시행 후 최초로 구매하는 도시	제1조(시행일) 이 영은 2014년 7월 8일부터 시행한다. 제2조(사업계획의 승인 신청에 관한 경과조치) 이 영 시행 전에 사업계획의 승인을 신청한 경우에는 제7조의 개정규정에도 불구하고 종전의 규정에 따른다.	제1조(시행일) 이 규칙은 2014년 7월 8일부터 시행한다. 제2조(다른 법령의 개정)

법	시 행 령	시 행 규 칙
철도차량부터 적용한다. 제3조(처분 등에 관한 일반적 경과조치) 이 법 시행 당시 종전의 규정에 따른 행정기관의 행위나 행정기관에 대한 행위는 그에 해당하는 이 법에 따른 행정기관의 행위나 행정기관에 대한 행위로 본다. 제4조(도시철도운송사업 면허에 관한 경과조치) 이 법 시행 당시 종전의 규정에 따라 도시철도운송사업에 해당하는 사업을 실제로 영위하고 있는 자는 이 법에 따른 도시철도운송사업 면허를 받은 것으로 본다. 제5조(다른 법률의 개정) ① 공중화장실 등에 관한 법률 일부를 다음과 같이 개정한다. 제3조제8호 중 "「도시철도법」 제3조제3호가목에 따른 도시철도시설 중 역사 및 역무시설"을 "「도시철도법」 제2조제3호가목에 따른 도시철도시설 중 역사 및 역 시설"로 한다. ② 교통시설특별회계법 일부를 다음과 같이 개정한다. 제2조제4호 중 "「도시철도법」 제3조제1호"를 "「도시철도법」 제2조제2호"로 한다. ③ 교통약자의 이동편의 증진법 일부를 다음과 같이 개정한다. 제2조제2호나목 및 같은 조 제3호나목 중 "「도시철도법」 제3조제1호"를 각각 "「도시철도법」 제2조제2호"로 한다. 제15조제1항 중 "「도시철도법」 제4조에 따라 도시철도사업의 면허를 받은 자"를 "「도시철도법」 제26조에 따라 도시철도운송사업의 면허를 받은 자"로 한다. ④ 법률 제11665호 다중이용시설 등의 실내공기질관리법	제3조(다른 법령의 개정) ① 119구조·구급에 관한 법률 시행령 일부를 다음과 같이 개정한다. 제5조제1항제2호마목을 다음과 같이 한다. 마. 지하철구조대: 「도시철도법」 제2조제3호가목에 따른 도시철도의 역사(驛舍) 및 역 시설 ② 5·18민주유공자예우에 관한 법률 시행령 일부를 다음과 같이 개정한다. 제51조제1항 중 "「도시철도법」 제2조제1항제2호"를 "「도시철도법」 제3조제2호"로 한다. ③ 감염병의 예방 및 관리에 관한 법률 시행령 일부를 다음과 같이 개정한다. 제24조제3호 중 "역무시설"을 "역 시설"로 한다. ④ 공공토지의 비축에 관한 법률 시행령 일부를 다음과 같이 개정한다. 제2조제5호를 다음과 같이 한다. 5. 「도시철도법」 제5조제1항에 따른 도시철도망구축계획 ⑤ 공중화장실 등에 관한 법률 시행령 일부를 다음과 같이 개정한다. 제6조의3제7호 및 별표 제18호다목 중 "「도시철도법」 제3조제1호"를 각각 "「도시철도법」 제2조제2호"로 한다. ⑥ 교통안전법 시행령 일부를 다음과 같이 개정한다. 별표 2 나목2)의 대상 교통시설란 중 "「도시철도법」 제3조제1호"를 "「도시철도법」 제2조제2호"로 하고, 같은 목 2) 교통안전진단보고서 제출시기란 중 "「도시철도법」 제4조의3"을 "「도시철도법」 제7조"로 한다. ⑦ 교통약자의 이동편의 증진법 시행령 일부를 다음과 같	① 감염병의 예방 및 관리에 관한 법률 시행규칙 일부를 다음과 같이 개정한다. 별표 7 제3호 중 "역무시설"을 "역 시설"로 한다. ② 개발이익환수에 관한 법률 시행규칙 일부를 다음과 같이 개정한다. 제4조제4항제1호 중 "「도시철도법」 제3조제4호에 따른 도시철도 사업"을 "「도시철도법」 제2조제5호에 따른 도시철도건설사업"으로 한다. ③ 도시·군계획시설의 결정·구조 및 설치기준에 관한 규칙 일부를 다음과 같이 개정한다. 제22조제2호를 다음과 같이 한다. 2. 「도시철도법」 제2조제2호에 따른 도시철도 ④ 도시철도건설규칙 일부를 다음과 같이 개정한다.

법	시 행 령	시 행 규 칙
일부개정법률 일부를 다음과 같이 개정한다. 제3조제3항제1호 중 "「도시철도법」 제3조제1호"를 "「도시철도법」 제2조제2호"로 한다. ⑤ 대도시권 광역교통 관리에 관한 특별법 일부를 다음과 같이 개정한다. 제10조제2항제3호 중 "「도시철도법」 제14조제1항"을 "「도시철도법」 제22조제1항"으로 한다. ⑥ 대중교통의 육성 및 이용촉진에 관한 법률 일부를 다음과 같이 개정한다. 제2조제2호나목 중 "도시철도법 제3조제1호의 규정에 의한"을 "「도시철도법」 제2조제2호에 따른"으로 하고, 같은 조 제3호나목 중 "도시철도법 제3조제1호의 규정에 의한 도시철도중 차량을 제외한"을 "「도시철도법」 제2조제3호에 따른"으로 한다. 제10조의5제1호 중 "「도시철도법」 제3조제7호"를 "「도시철도법」 제2조제8호"로 한다. ⑦ 도시교통정비 촉진법 일부를 다음과 같이 개정한다. 제11조제1호를 다음과 같이 한다. 1.「도시철도법」 제5조에 따른 도시철도망구축계획 제50조제1항제2호 중 "「도시철도법」 제3조의2에 따른 도시철도기본계획 및 노선별 도시철도기본계획"을 "「도시철도법」 제5조에 따른 도시철도망구축계획 및 같은 법 제6조에 따른 노선별 도시철도기본계획"으로 한다. ⑧ 사회기반시설에 대한 민간투자법 일부를 다음과 같이 개정한다. 제2조제1호다목 중 "「도시철도법」 제3조제1호"를 "「도시	이 개정한다. 별표 1 제1호가목 중 "「도시철도법」 제3조제1호"를 "「도시철도법」 제2조제2호"로, 같은 표 제2호나목 중 "「도시철도법」 제3조제3호"를 "「도시철도법」 제2조제3호"로 한다. ⑧ 국가유공자 등 예우 및 지원에 관한 법률 시행령 일부를 다음과 같이 개정한다. 제85조제3항 중 "「도시철도법」 제2조제1항제2호"를 "「도시철도법」 제3조제2호"로 한다. ⑨ 국가정보화 기본법 시행령 일부를 다음과 같이 개정한다. 별표 1 제1호사목 중 "「도시철도법」 제3조제1호"를 "「도시철도법」 제2조제2호"로 한다. ⑩ 국가통합교통체계효율화법 시행령 일부를 다음과 같이 개정한다. 제106조제6항제4호를 다음과 같이 한다. 4. 「도시철도법」 제5조제1항에 따른 도시철도망구축계획에 관한 사항 ⑪ 농지법 시행령 일부를 다음과 같이 개정한다. 별표 2 제3호아목1) 중 "「도시철도법」 제3조제3호가목부터 다목"을 "「도시철도법」 제2조제3호가목부터 다목"으로 하고, 같은 목 2) 중 "「도시철도법」 제3조제3호라목 또는 마목"을 "「도시철도법」 제2조제3호라목 또는 마목"으로 한다. ⑫ 대중교통의 육성 및 이용촉진에 관한 법률 시행령 일부를 다음과 같이 개정한다. 제22조제2항제1호를 다음과 같이 한다. 1.「도시철도법」 제2조제6호에 따른 도시철도운송사업	제1조 중 "「도시철도법」 제10조의2"를 "「도시철도법」 제18조"로 한다. 제3조 단서 중 "「도시철도법」제3조의2에 따른 도시철도기본계획"을 "「도시철도법」 제6조에 따른 노선별 도시철도기본계획"으로 한다. ⑤ 도시철도운전규칙 일부를 다음과 같이 개정한다. 제1조 중 "「도시철도법」 제10조의2"를 "「도시철도법」 제18조"로 한다. ⑥ 도시철도채권 매입사무 취급규칙 일부를 다음과 같이 개정한다. 제4조의2 중 "「도시철도법」 제13조제1항제2호 단서"를 "「도시철도법」 제21조제1항제2호 단서"로 한다. 제5조제2항 중 "영 제12조제2항의 규정에 의하여 채권을 매입하게 하

법	시 행 령	시 행 규 칙
철도법」 제2조제2호"로 한다. ⑨ 수도권신공항건설 촉진법 일부를 다음과 같이 개정한다. 제8조제1항제7호를 다음과 같이 한다. 7. 「도시철도법」 제7조제1항에 따른 도시철도사업계획의 승인 ⑩ 전기통신사업법 일부를 다음과 같이 개정한다. 제68조제1항제3호 중 "「도시철도법」 제3조제1호"를 "「도시철도법」 제2조제2호"로 한다. ⑪ 법률 제11591호 철도안전법 일부개정법률 일부를 다음과 같이 개정한다. 제41조제2항 전단 중 "「도시철도법」 제2조제1항제2호"를 "「도시철도법」 제3조제2호"로, "같은 법 제15조"를 "같은 법 제24조"로 한다. ⑫ 항공법 일부를 다음과 같이 개정한다. 제96조제1항제6호를 다음과 같이 한다. 6. 「도시철도법」 제7조제1항에 따른 도시철도사업계획의 승인 제6조(다른 법률과의 관계) 이 법 시행 당시 다른 법률에서 종전의 「도시철도법」 또는 그 규정을 인용한 경우에 이 법 가운데 그에 해당하는 규정이 있으면 종전의 규정을 갈음하여 이 법 또는 이 법의 해당 규정을 인용한 것으로 본다. 부 칙 〈14 · 1 · 14〉 제1조(시행일) 이 법은 공포 후 6개월이 경과한 날부터 시행한다.	⑬ 도로법 시행령 일부를 다음과 같이 개정한다. 제31조제9호 중 "「도시철도법」 제3조제1호"를 "「도시철도법」 제2조제2호"로 한다. ⑭ 도시교통정비 촉진법 시행령 일부를 다음과 같이 개정한다. 제17조제1항제16호 중 "「도시철도법」 제3조제3호"를 "「도시철도법」 제2조제3호"로 한다. 별표 1 제1호바목2) 중 "「도시철도법」 제3조제1호"를 "「도시철도법」 제2조제2호"로, "「도시철도법」 제4조의3"을 "「도시철도법」 제7조"로 한다. ⑮ 산지관리법 시행령 일부를 다음과 같이 개정한다. 별표 5 제1호자목 중 "「도시철도법」 제3조제1호"를 "「도시철도법」 제2조제2호"로 한다. ⑯ 에너지이용 합리화법 시행령 일부를 다음과 같이 개정한다. 별표 1 제1호마목2)의 구분 및 대상 범위란 중 "「도시철도법」 제3조제1호"를 "「도시철도법」 제2조제2호"로 하고, 같은 목 2)의 에너지사용계획의 제출 시기란 중 "「도시철도법」 제4조의3제1항"을 "「도시철도법」 제7조제1항"으로 한다. ⑰ 응급의료에 관한 법률 시행령 일부를 다음과 같이 개정한다. 제26조의2제2항제1호 중 "「도시철도법」 제3조제1호"를 "「도시철도법」 제2조제2호"로 한다. ⑱ 자연재해대책법 시행령 일부를 다음과 같이 개정한다. 제16조제1항제25호를 다음과 같이 한다.	여야 할 의무가 있는자"를 "국가 또는 지방자치단체의 장"으로 한다. 별표 중 2. 경제개발 또는 공익을 목적으로 제정된 특별법에 의하여 설립된 법인과 그 소속 단체의 대상자의 범위란 중 제35호를 다음과 같이 한다. 35. 「도시철도법」에 따라 도시철도건설사업 또는 도시철도운송사업을 위탁받은 법인 ⑦ 매장문화재 보호 및 조사에 관한 법률 시행규칙 일부를 다음과 같이 개정한다. 별표 1의 제7호나목을 다음과 같이 한다. 나. 「도시철도법」 제2조제5호에 따른 도시철도건설사업 ○ 「도시철도법」 제7조에 따른 도시철도사업계획 수립 완료 전

법	시 행 령	시 행 규 칙
제2조부터 제25조까지 생략 부 칙 〈14·5·21〉 이 법은 공포 후 6개월이 경과한 날부터 시행한다. 부 칙 〈14·11·19〉 제1조(시행일) 이 법은 공포한 날부터 시행한다. 다만, 부칙 제6조에 따라 개정되는 법률 중 이 법 시행 전에 공포되었으나 시행일이 도래하지 아니한 법률을 개정한 부분은 각각 해당 법률의 시행일부터 시행한다. 제2조부터 제7조까지 생략 부 칙 〈15·2·3〉 이 법은 공포한 날부터 시행한다. 부 칙 〈15·12·29〉 제1조(시행일) 이 법은 공포 후 6개월이 경과한 날부터 시행한다. 제2조 및 제3조 생략 부 칙 〈16·1·6〉 제1조(시행일) 이 법은 공포 후 6개월이 경과한 날부터 시행한다. 〈단서 생략〉 제2조부터 제7조까지 생략 부 칙 〈16·3·22〉 이 법은 공포한 날부터 시행한다.	25. 「도시철도법」 제2조제5호에 따른 도시철도건설사업 (부지조성이 수반되는 경우만 해당한다) 제17조제10호 중 "「도시철도법」 제2조"를 "「도시철도법」 제2조제2호"로 한다. 제30조제1항제3호 중 "「도시철도법」 제3조제1호"를 "「도시철도법」 제2조제2호"로 한다. 별표 1 제1호다목2) 중 "「도시철도법」 제3조의2에 따른 도시철도기본계획"을 "「도시철도법」 제5조에 따른 도시철도망구축계획"으로 하고, 같은 표 제2호라목2) 중 "「도시철도법」 제4조의3"을 "「도시철도법」 제7조"로 한다. ⑲ 자연환경보전법 시행령 일부를 다음과 같이 개정한다. 별표 2 제2호사목(2) 중 "「도시철도법」 제3조제1호"를 "「도시철도법」 제2조제2호"로 한다. ⑳ 주택법 시행령 일부를 다음과 같이 개정한다. 별표 12 제2호 단서 중 "「도시철도법 시행령」 별표 2의 제2호부터 제5호까지, 제7호, 제9호부터 제14호까지, 제17호"를 "「도시철도법 시행령」 별표 2의 제2호부터 제5호까지, 제7호, 제9호부터 제14호까지"로 한다. ㉑ 지방세법 시행령 일부를 다음과 같이 개정한다. 별표 〈제1종〉 제102호를 다음과 같이 한다. 102. 「도시철도법」 제26조에 따른 도시철도운송사업 면허 ㉒ 지진재해대책법 시행령 일부를 다음과 같이 개정한다. 제10조제10호 중 "「도시철도법」 제3조제3호"를 "「도시철도법」 제2조제3호"로 한다. ㉓ 철도사업법 시행령 일부를 다음과 같이 개정한다. 제3조제2항 중 "도시철도사업자"를 각각 "도시철도운영자"로 한다.	⑧ 지속가능 교통물류발전법 시행규칙 일부를 다음과 같이 개정한다. 제8조제5호를 다음과 같이 한다. 5. 「도시철도법」 제2조제3호가목에 따른 역 시설 제3조(다른 법령과의 관계) 이 규칙 시행 당시 다른 법령에서 종전의 「도시철도법 시행규칙」 또는 그 규정을 인용한 경우에 이 규칙 가운데 그에 해당하는 규정이 있으면 종전의 규정을 갈음하여 이 규칙 또는 이 규칙의 해당 규정을 인용한 것으로 본다. 부 칙 〈14·11·21〉 이 규칙은 2014년 11월 22일부터 시행한다. 부 칙 〈19·10·14〉 이 규칙은 공포한 날부터 시행한다.

법	시 행 령	시 행 규 칙
부 칙 〈16·12·2〉 이 법은 공포 후 1년이 경과한 날부터 시행한다. **부 칙** 〈16·12·27〉 제1조(시행일) 이 법은 공포 후 3개월이 경과한 날부터 시행한다. 〈단서 생략〉 제2조부터 제5조까지 생략 **부 칙** 〈17·1·17〉 제1조(시행일) 이 법은 공포 후 1년이 경과한 날부터 시행한다. 다만, 부칙 제6조에 따라 개정되는 법률 중 이 법 시행 전에 공포되었으나 시행일이 도래하지 아니한 법률을 개정한 부분은 각각 해당 법률의 시행일부터 시행한다. 제2조부터 제7조까지 생략 **부 칙** 〈17·7·26〉 제1조(시행일) ① 이 법은 공포한 날부터 시행한다. 다만, 부칙 제5조에 따라 개정되는 법률 중 이 법 시행 전에 공포되었으나 시행일이 도래하지 아니한 법률을 개정한 부분은 각각 해당 법률의 시행일부터 시행한다. 제2조부터 제6조까지 생략 **부 칙** 〈17·12·26〉 이 법은 공포한 날부터 시행한다. **부 칙** 〈18·12·18〉 제1조(시행일) 이 법은 공포 후 3개월이 경과한 날부터 시	제4조제6항 중 "「도시철도법」제15조의2"를 "「도시철도법」제31조제1항"으로 한다. ㉔ 철도안전법 시행령 일부를 다음과 같이 개정한다. 제62조제1항 각 호 외의 부분 중 "「도시철도법」제2조제1항제2호"를 "「도시철도법」제3조제2호"로, "같은 법 제15조에 따라 지방자치단체로부터 도시철도의 건설과 운영을 위탁받은"을 "같은 법 제24조 또는 제42조에 따라 도시철도건설사업 또는 도시철도운송사업을 위탁받은"으로 한다. ㉕ 측량·수로조사 및 지적에 관한 법률 시행령 일부를 다음과 같이 개정한다. 별표 3 제6호나목 중 "「도시철도법」제3조제1호 및 제3호"를 "「도시철도법」제2조제2호"로 한다. ㉖ 특수임무유공자 예우 및 단체설립에 관한 법률 시행령 일부를 다음과 같이 개정한다. 제57조제1항 중 "「도시철도법」제2조제1항제2호"를 "「도시철도법」제3조제2호"로 한다. ㉗ 화재로 인한 재해보상과 보험가입에 관한 법률 시행령 일부를 다음과 같이 개정한다. 제2조제1항제17호 중 "「도시철도법」제3조제3호에 따른 도시철도시설 중 역사(驛舍) 및 역무시설"을 "「도시철도법」제2조제3호가목에 따른 도시철도의 역사(驛舍) 및 역시설"로 한다. ㉘ 환경영향평가법 시행령 일부를 다음과 같이 개정한다. 별표 2 제2호사목1)을 다음과 같이 한다. | 1) 「도시철도법」제6조제1항에 따른 노선별 도시철도기본계획 | 「도시철도법」제6조제4항에 따라 국토교통부장관이 관계 행정기관의 장과 협의하는 때 |	**부 칙** 〈20·9·8〉 이 규칙은 2020년 9월 10일부터 시행한다. **부 칙** 〈21·7·13〉 이 규칙은 2021년 7월 13일부터 시행한다. **부 칙** 〈21·11·10〉 이 규칙은 공포한 날부터 시행한다.

법	시 행 령	시 행 규 칙
행한다. 제2조 및 제3조 생략 부 칙 〈18·12·31〉 제1조(시행일) 이 법은 공포 후 6개월이 경과한 날부터 시행한다. 제2조 및 제3조 생략 부 칙 〈20·3·31〉 제1조(시행일) 이 법은 공포 후 1년이 경과한 날부터 시행한다. 〈단서 생략〉 제2조부터 제7조까지 생략 부 칙 〈20·6·9〉 이 법은 공포 후 3개월이 경과한 날부터 시행한다. 부 칙 〈21·1·12〉 이 법은 공포 후 6개월이 경과한 날부터 시행한다. 부 칙 〈21·11·30〉 제1조(시행일) 이 법은 공포 후 1년이 경과한 날부터 시행한다. 〈단서 생략〉 제2조부터 제15조까지 생략 부 칙 〈22·6·10〉 제1조(시행일) 이 법은 공포 후 3개월이 경과한 날부터 시행한다. 제2조(운임수입의 배분에 관한 적용례) 제34조의 개정규정은	별표 3 제7호나목의 환경영향평가대상사업의 종류 및 범위란 중 "「도시철도법」 제3조제1호 및 제3호"를 "「도시철도법」 제2조제2호 및 제3호"로 하고, 같은 목의 협의 요청시기란 중 "「도시철도법」 제4조의3"을 "「도시철도법」 제7조"로 한다. 제4조(다른 법령과의 관계) 이 영 시행 당시 다른 법령에서 종전의 「도시철도법 시행령」 또는 그 규정을 인용한 경우에 이 영 가운데 그에 해당하는 규정이 있으면 종전의 규정을 갈음하여 이 영 또는 이 영의 해당 규정을 인용한 것으로 본다. 부 칙 〈14·11·19, 제25743호〉 제1조(시행일) 이 영은 2014년 11월 22일부터 시행한다. 제2조(다른 법령의 개정) 자연재해대책법 시행령 일부를 다음과 같이 개정한다. 별표 1 제1호다목2)의 대상 행정계획란을 다음과 같이 한다. 2) 「도시철도법」 제6조에 따른 노선별 도시철도 기본계획 부 칙 〈14·11·19, 제25751호〉 제1조(시행일) 이 영은 공포한 날부터 시행한다. 다만, 부칙 제5조에 따라 개정되는 대통령령 중 이 영 시행 전에 공포되었으나 시행일이 도래하지 아니한 대통령령을 개정한 부분은 각각 해당 대통령령의 시행일부터 시행한다. 제2조부터 제5조까지 생략	

법	시 행 령	시 행 규 칙
이 법 시행 이후 운임수입이 발생한 경우부터 적용한다. 　　　　　　부　칙 〈22·12·27〉 제1조(시행일) 이 법은 공포 후 6개월이 경과한 날부터 시행한다. 제2조 및 제3조 생략	부　칙 〈14·12·9〉 제1조(시행일) 이 영은 2015년 1월 1일부터 시행한다. 제2조부터 제16조까지 생략 　　　　　　부　칙 〈16·1·22〉 제1조(시행일) 이 영은 2016년 1월 25일부터 시행한다. 제2조부터 제5조까지 생략 　　　　　　부　칙 〈16·3·29〉 제1조(시행일) 이 영은 공포한 날부터 시행한다. 제2조(도시철도채권의 매입에 관한 적용례) 별표 2의 개정규정은 이 영 시행 이후 허가 또는 등록을 신청하는 경우부터 적용한다. 　　　　　　부　칙 〈16·7·6〉 제1조(시행일) 이 영은 2016년 7월 7일부터 시행한다. 제2조부터 제4조까지 생략 　　　　　　부　칙 〈제27471호, 16·8·31〉 제1조(시행일) 이 영은 2016년 9월 1일부터 시행한다. 제2조 및 제3조 생략 　　　　　　부　칙 〈제27472호, 16·8·31〉 제1조(시행일) 이 영은 2016년 9월 1일부터 시행한다. 제2조부터 제7조까지 생략	

법	시 행 령	시 행 규 칙
	부　　칙 〈16·12·30〉 제1조(시행일) 이 영은 2017년 1월 1일부터 시행한다. 〈단서 생략〉 제2조부터 제12조까지 생략 **부　　칙** 〈17·3·20〉 이 영은 공포한 날부터 시행한다. **부　　칙** 〈17·7·26〉 제1조(시행일) 이 영은 공포한 날부터 시행한다. 다만, 부칙 제8조에 따라 개정되는 대통령령 중 이 영 시행 전에 공포되었으나 시행일이 도래하지 아니한 대통령령을 개정한 부분은 각각 해당 대통령령의 시행일부터 시행한다. 제2조부터 제8조까지 생략 **부　　칙** 〈18·12·18, 제29388호〉 이 영은 2019년 1월 1일부터 시행한다. **부　　칙** 〈18·12·18, 제29395호〉 이 영은 공포한 날부터 시행한다. 〈단서 생략〉 **부　　칙** 〈19·3·12, 제29617호〉 제1조(시행일) 이 영은 2019년 3월 14일부터 시행한다. 제2조부터 제4조까지 생략	

법	시 행 령	시 행 규 칙
	부 칙 〈19·3·16, 제29634호〉 제1조(시행일) 이 영은 2019년 3월 19일부터 시행한다. 제2조 및 제3조 생략 부 칙 〈19·3·26, 제29657호〉 제1조(시행일) 이 영은 2019년 4월 1일부터 시행한다. 제2조 생략 부 칙 〈19·6·25, 제29892호〉 제1조(시행일) 이 영은 2019년 9월 16일부터 시행한다. 〈단서 생략〉 제2조부터 제10조까지 생략 부 칙 〈20·9·10, 제31012호〉 제1조(시행일) 이 영은 2020년 9월 10일부터 시행한다. 제2조 및 제3조 생략 부 칙 〈21·3·23, 제31551호〉 제1조(시행일) 이 영은 공포한 날부터 시행한다. 제2조(도시철도채권 매입의무 면제에 관한 적용례) 별표 2 비고 제2호차목 및 카목의 개정규정은 이 영 시행 이후「환경친화적 자동차의 개발 및 보급 촉진에 관한 법률」제2조제3호·제5호 및 제6호에 따른 전기자동차·하이브리드자동차 및 수소전기자동차의 신규등록이나 이전등록을 신청하는 경우부터 적용한다.	

법	시 행 령	시 행 규 칙
	부 칙 〈21·4·6, 제31614호〉 제1조(시행일) 이 영은 2021년 4월 6일부터 시행한다. 제2조 및 제3조 생략 부 칙 〈22·1·21, 제32352호〉 제1조(시행일) 이 영은 2022년 1월 21일부터 시행한다. 제2조부터 제5조까지 생략 부 칙 〈22·12·20, 제33107호〉 이 영은 공포한 날부터 시행한다.	

도시철도법 시행령 [별표] · 시행규칙 [별표 · 별지]

【시행령 별표】

[별표 1]
입체이용저해율의 산정기준(제10조제2항제2호 관련)

1. 입체이용저해율은 건물의 이용저해율, 지하부분의 이용저해율, 건물 및 지하부분을 제외한 그 밖의 이용저해율을 합산하여 산정한다.

2. 제1호에 따른 건물의 이용저해율, 지하부분의 이용저해율, 건물 및 지하부분을 제외한 그 밖의 이용저해율은 다음 각 목의 산식에 따라 산정한다.
  가. 건물의 이용저해율 = $\alpha \times$ 이용이 저해되는 지상층의 이용률
  나. 지하부분의 이용저해율 = $\beta \times$ 이용이 저해되는 지하층 또는 지하 심도(深度)의 이용률
  다. 그 밖의 이용저해율
   1) 지상·지하부분 양쪽의 그 밖의 이용을 저해하는 경우 = γ
   2) 지상·지하부분 어느 한쪽의 그 밖의 이용을 저해하는 경우
   $= \gamma \times \dfrac{V_{12}}{V_{12}+V_{22}}$ 또는 $\gamma \times \dfrac{V_{22}}{V_{12}+V_{22}}$

3. 제2호 각 목의 α, β, γ는 각각 다음 산식에 따라 산정한다.
  〈토지의 입체이용 분포도〉

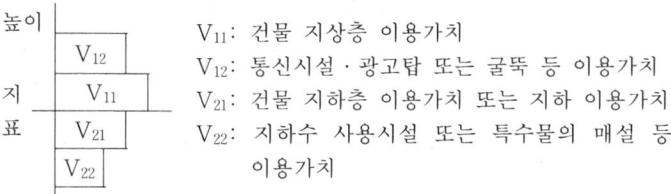

V_{11}: 건물 지상층 이용가치
V_{12}: 통신시설·광고탑 또는 굴뚝 등 이용가치
V_{21}: 건물 지하층 이용가치 또는 지하 이용가치
V_{22}: 지하수 사용시설 또는 특수물의 매설 등 이용가치

  가. 입체이용가치(A) = 건물 지상층 이용가치(V_{11}) + 건물 지하층 이용가치 또는 지하 이용가치(V_{21}) + 그 밖의 이용가치($V_{12}+V_{22}$)
  나. 건물 지상층 이용에 따른 이용률(α) = $\dfrac{V_{11}}{A}$
  다. 건물 지하층 또는 지하 이용에 따른 이용률(β) = $\dfrac{V_{21}}{A}$
  라. 그 밖의 이용에 따른 이용률(γ) = $\dfrac{V_{12}+V_{22}}{A}$
  마. 토지의 입체이용률: $\alpha + \beta + \gamma = 1$

4. 제3호 각 목의 입체이용가치 및 입체이용률 등의 구체적인 산정기준은 해당 토지 및 인근 토지의 이용실태, 입지조건과 그 밖의 지역적 특성을 고려하여 시·도의 조례로 정한다.

[별표 2] 〈개정 16·3·29, 17·3·20, 18·12·18, 19·3·26, 21·3·23, 21·4·6, 22·12·20〉

도시철도채권의 매입 대상 및 대상별 매입 금액의 범위 (제14조 관련)

매입 대상	매입 금액의 범위
1. 자동차등록(법 제21조제1항제2호 단서에 따른 경형자동차 및 이륜자동차는 제외한다)을 신청하는 자	
가. 비사업용 승용자동차(승차정원이 7명 이상인 자동차는 제외한다)	
1) 신규등록	
가) 전기자동차 및 수소전기자동차	
(1) 소형(길이 4.7미터, 너비 1.7미터, 높이 2.0미터 이하인 것)	취득세 과세표준액의 100분의 9
(2) 중형(길이·너비·높이 중 어느 하나라도 소형을 초과하는 것. 다만, 길이·너비·높이 모두 소형을 초과하는 것은 제외한다)	취득세 과세표준액의 100분의 12
(3) 대형(길이·너비·높이 모두 소형을 초과하는 것)	취득세 과세표준액의 100분의 20
나) 전기자동차 및 수소전기자동차 외의 자동차	
(1) 소형(배기량 1,000시시 이상 1,600시시 미만인 것으로서 길이 4.7미터, 너비 1.7미터, 높이 2.0미터 이하인 것)	취득세 과세표준액의 100분의 9
(2) 중형(배기량 1,600시시 이상 2,000시시 미만이거나, 길이·너비·높이 중 어느 하나라도 소형을 초과하는 것. 다만, 길이·너비·높이 모두 소형을 초과하는 것은 제외한다)	취득세 과세표준액의 100분의 12
(3) 대형(배기량 2,000시시 이상이거나, 길이·너비·높이 모두 소형을 초과하는 것)	취득세 과세표준액의 100분의 20
(4) 다목적형	취득세 과세표준액의 100분의 5
2) 이전등록	취득세 과세표준액의 100분의 6
나. 사업용 승용자동차(사업용 다목적형 자동차와 승차정원이 7명 이상인 자동차는 제외한다)의 신규등록 및 이전등록	취득세 과세표준액의 100분의 3
다. 사업용 다목적형 자동차의 신규등록 및 이전등록	취득세 과세표준액의 100분의 2

매입 대상	매입 금액의 범위
라. 승차정원이 7명 이상인 승용자동차 및 승합자동차	
1) 승차정원이 7명 이상인 승용자동차 및 소형 승합자동차(승차정원이 11명 이상 15명 이하인 승합자동차로서 길이 4.7미터, 너비 1.7미터, 높이 2.0미터 이하인 것)	
가) 신규등록	
(1) 비사업용	대당 390,000원
(2) 사업용	대당 130,000원
나) 이전등록	
(1) 비사업용	대당 130,000원
(2) 사업용	대당 45,000원
2) 중형 승합자동차(승차정원이 16명 이상 35명 이하이거나, 길이·너비·높이 중 어느 하나라도 소형을 초과하고 길이가 9미터 미만인 것)	
가) 신규등록	
(1) 비사업용	대당 650,000원
(2) 사업용	대당 215,000원
나) 이전등록	
(1) 비사업용	대당 215,000원
(2) 사업용	대당 70,000원
3) 대형 승합자동차(승차정원이 36명 이상이거나, 길이·너비·높이가 모두 소형을 초과하고 길이가 9미터 이상인 것)	
가) 신규등록	
(1) 비사업용	대당 1,300,000원
(2) 사업용	대당 435,000원
나) 이전등록	
(1) 비사업용	대당 435,000원
(2) 사업용	대당 145,000원
마. 화물자동차	
1) 소형(최대 적재량이 1톤 이하인 것으로서 총중량이 3.5톤 이하인 것)	
가) 신규등록	
(1) 비사업용	대당 195,000원
(2) 사업용	대당 65,000원
나) 이전등록	

매입 대상	매입 금액의 범위
(1) 비사업용	대당 65,000원
(2) 사업용	대당 20,000원
2) 중형(최대 적재량이 1톤 초과 5톤 미만이거나, 총중량이 3.5톤 초과 10톤 미만인 것)	
가) 신규등록	
(1) 비사업용	대당 390,000원
(2) 사업용	대당 130,000원
나) 이전등록	
(1) 비사업용	대당 130,000원
(2) 사업용	대당 45,000원
3) 대형(최대 적재량이 5톤 이상이거나, 총중량이 10톤 이상인 것)	
가) 신규등록	
(1) 비사업용	대당 650,000원
(2) 사업용	대당 215,000원
나) 이전등록	
(1) 비사업용	대당 215,000원
(2) 사업용	대당 70,000원
(2) 사업용	대당 70,000원
바. 특수자동차	
1) 소형(총중량이 3.5톤 이하인 것)	
가) 신규등록	
(1) 비사업용	대당 195,000원
(2) 사업용	대당 65,000원
나) 이전등록	
(1) 비사업용	대당 65,000원
(2) 사업용	대당 20,000원
2) 중형(총중량이 3.5톤 초과 10톤 미만인 것)	
가) 신규등록	
(1) 비사업용	대당 390,000원
(2) 사업용	대당 130,000원
나) 이전등록	
(1) 비사업용	대당 130,000원
(2) 사업용	대당 45,000원
3) 대형(총중량이 10톤 이상인 것)	
가) 신규등록	
(1) 비사업용	대당 650,000원
(2) 사업용	대당 215,000원
나) 이전등록	
(1) 비사업용	대당 215,000원
(2) 사업용	대당 70,000원
2. 화물자동차 운송주선사업 허가를 받는 자	750,000원
3. 자동차정비업 및 자동차매매업 등록을 신청하는 자	
가. 자동차정비업(자동차종합정비업만 해당한다)	
1) 신규등록	450,000원
2) 이전등록	150,000원
나. 자동차매매업	
1) 신규등록	300,000원
2) 이전등록	100,000원
4. 건설기계등록을 신청하는 자	취득세 과세표준액의 1,000분의 5
5. 식품영업 허가를 받는 자	
가. 유흥주점영업	
1) 신규허가	2,100,000원
2) 영업소의 소재지 변경허가	1,050,000원
나. 단란주점영업	
1) 신규허가	1,500,000원
2) 영업소의 소재지 변경허가	750,000원
6. 관광숙박업(「관광진흥법」을 적용받는 숙박업만 해당한다) 등록을 신청하는 자	
가. 신규등록 및 명의변경등록	등록된 객실당 30,000원
나. 장소 변경등록	등록된 객실당 15,000원
7. 일반게임제공업의 허가를 받는 자	
가. 신규허가	300,000원
나. 영업소의 소재지 변경허가	150,000원
7의2. 청소년게임제공업, 인터넷컴퓨터게임시설제공업 또는 복합유통게임제공업의 등록을 신청하는 자	
가. 신규등록	200,000원
나. 영업소의 소재지 변경등록	100,000원

매입 대상	매입 금액의 범위
7의3. 유원시설업(遊園施設業)의 허가를 받는 자	
가. 신규허가	300,000원
나. 영업소의 소재지 변경허가	150,000원
8. 사행행위영업 허가를 받는 자	
가. 복권발행업 및 현상업(懸賞業)	750,000원
나. 그 밖의 사행행위업	
1) 신규허가	900,000원
2) 영업소의 소재지 변경허가	450,000원
9. 체육시설업 등록(골프장업만 해당한다)을 신청하는 자	
가. 신규등록	7,500,000원
나. 장소 이전등록	3,750,000원
10. 엽총 소지 허가를 받는 자	45,000원
11. 수렵면허를 받는 자	
가. 제1종 수렵면허	150,000원
나. 제2종 수렵면허	75,000원
12. 주류판매업 면허(도매업만 해당한다)를 받는 자	150,000원
13. 주류제조업 면허를 받는 자	450,000원
14. 건설공사 도급계약의 체결하는 자	
가. 건설공사 도급계약(도시철도채권 발행자와 도시철도건설자 및 도시철도운영자의 발주분만 해당한다)	도급액의 100분의 5
나. 도시철도건설자 또는 도시철도운영자와 체결하는 도시철도건설·운영에 필요한 용역계약 및 물품구매계약(조달청장이 관리하는 단가계약물품과 국제입찰에 의하여 구입하는 물품의 경우는 제외한다)	용역계약액 또는 물품구매계약액의 100분의 2
15. 토지형질 변경허가를 받는 자	3.3제곱미터당 30,000원
16. 카지노업 허가를 받는 자	
가. 신규허가	4,500,000원
나. 영업소의 위치 변경허가	2,250,000원

※ 비고

1. 다음 각 목의 어느 하나에 해당하는 자에 대해서는 국토교통부령으로 정하는 바에 따라 도시철도채권 매입의무를 면제한다.
   가. 국가기관
   나. 지방자치단체
   다. 「공공기관의 운영에 관한 법률」 제4조에 따른 공공기관 중 정부가 100분의 50 이상의 지분을 가지고 있는 공공기관
   라. 금융회사
   마. 주한 외국정부기관
   바. 「사립학교법」 제2조에 따른 사립학교

2. 다음 각 목의 어느 하나에 해당하는 경우에는 해당 각 목의 구분에 따라 도시철도채권 매입의무를 면제한다.
   가. 다음의 경우에는 위 표 중 제1호 및 제4호에 따른 도시철도채권의 매입의무를 면제한다.
      1) 농업인이 「농업협동조합법」에 따른 농업협동조합중앙회 또는 조합의 장으로부터 농촌소득 증대를 위한 농업자금 또는 축산자금에서의 융자금임을 확인받은 자금으로 취득한 자동차 또는 건설기계의 등록신청을 하는 경우
      2) 어업인이 「수산업협동조합법」에 따른 수산업협동조합중앙회 또는 조합의 장으로부터 어촌소득 증대를 위한 어업자금에서의 융자금임을 확인받은 자금으로 취득한 자동차 또는 건설기계의 등록신청을 하는 경우
      3) 「전통사찰의 보존 및 지원에 관한 법률」에 따라 지정·등록된 전통사찰 또는 「민법」 제32조에 따라 설립된 종교단체가 종교용으로 사용하는 자동차 또는 건설기계의 등록신청을 하는 경우
      4) 「사회복지사업법」에 따라 사회복지법인이 사회복지사업용으로 사용하는 자동차 또는 건설기계의 등록신청을 하는 경우
   나. 다음의 어느 하나에 해당하는 자에 대해서는 국토교통부령으로 정하는 바에 따라 도시철도채권 매입 대상 항목의 일부를 면제할 수 있다.
      1) 외국인
      2) 경제개발 또는 공익을 목적으로 제정된 특별법에 따라 설립된 법인과 그 소속 단체
      3) 「민법」 제32조에 따라 설립된 비영리법인으로서 국고보조 또는 지방비의 보조를 받는 법인
      4) 「외국인투자 촉진법」 제2조제1항제6호에 따른 외국인투자기업
      5) 언론기관
      6) 「정당법」에 따라 설립된 정당
      7) 대중교통수단에 사용되는 시내버스·마을버스 및 농어촌버스의 운송사업자와 주택 건설을 목적으로 토지형질 변경허가를 신청하는 자
      8) 「상법」에 따라 합병으로 설립되는 법인 또는 합병 후 존속하는 법인으로서 그 합병에 따른 등록을 신청하는 자
      9) 합명회사에서 합자회사로, 합자회사에서 합명회사로, 주식회사에서 유한회사로, 또는 유한회사에서 주식회사로 조직을 변경하는 경우 그 조직변경에 따른 등록을 신청하는 자
      10) 제조업, 광업, 건설업, 운수업 또는 수산업을 하는 자로서 해당 사업에 1년 이상 사용한 사업용 자산을 현물출자(現物出資)하여 법인을 설립하

기 위하여 등록을 신청하는 자(「조세특례제한법」 제32조에 따른 양도소득세의 이월과세를 적용받는 자만 해당한다)
다. 도시철도채권을 이미 매입했으나 다른 이유로 다시 도시철도채권을 매입해야 하는 경우로서 다음의 요건을 모두 갖춘 경우에는 그 중 낮은 기준의 매입액의 도시철도채권 매입의무를 면제한다. 이 경우 낮은 기준의 매입액의 도시철도채권을 먼저 매입하였을 때에는 그 중 가장 높은 기준의 매입액과의 차액을 추가하여 매입하게 한다.
  1) 같은 사업 또는 같은 목적물일 것
  2) 도시철도채권을 매입한 날부터 1년이 지나지 않았을 것
  3) 동일인일 것
라. 다음의 어느 하나에 해당하는 경우에는 위 표 중 제1호에 따른 도시철도채권을 매입의무를 면제한다.
  1) 「자동차관리법」 제53조제1항에 따라 자동차매매업의 등록을 한 자가 판매할 목적으로 말소등록된 자동차를 매수하여 자기 명의로 신규등록하거나 자기 명의로 이전등록하는 경우
  2) 말소등록한 자동차를 말소등록 당시의 소유자가 회수하여 신규등록하는 경우
  3) 「자동차관리법」 제47조의5에 따른 자동차안전·하자심의위원회의 교환·환불중재 판정에 따라 교환받은 신차로서 하자차량과 종류가 같은 자동차(「자동차관리법」 제3조에 따른 종류가 같은 자동차를 말한다)를 신규 등록하는 경우
마. 「중소기업기본법」 제2조에 따른 중소기업자가 도시철도건설자 또는 도시철도운영자와 도시철도의 건설·운영과 관련한 용역계약 또는 물품구매계약을 체결하는 경우 그 계약금액이 각각 1천만원 미만이면 위 표 중 제14호나목에 따른 도시철도채권 매입의무를 면제한다.
바. 다음의 어느 하나에 해당하는 자(이하 "국가유공자등"이라 한다)가 본인 명의로 또는 국가유공자등과 주민등록표 등본상 세대를 같이 하는 보호자(배우자, 직계존비속, 직계존비속의 배우자, 배우자의 직계존비속 또는 형제·자매를 말한다. 이하 이 목에서 같다)와 공동명의로 구입하여 등록하는 보철용 차량 1대에 대해서는 위 표 중 제1호가목, 같은 호 라목1)·마목1) 및 바목1)의 도시철도채권 매입의무를 면제한다. 다만, 국가유공자등이 본인 명의로 구입하거나 국가유공자등과 주민등록표 등본상 세대를 같이 하는 보호자와 공동명의로 구입하여 소유·사용하는 보철용 차량을 교체하거나 폐차하기 위하여 다른 보철용 차량을 구입하여 등록함으로써 1인 2대가 되는 경우에는 등록일로부터 60일까지는 1대로 보며, 이 경우에 국가유공자등 또는 보호자는 새로 구입한 차량의 등록일로부터 60일 이내에 기존에 소유·사용하던 차량에 대한 자동차양도증명서 또는 말소등록사실증명서(사본을 포함한다)를 관할관청에 제출하여야 한다.
  1) 「국가유공자 등 예우 및 지원에 관한 법률」 제4조, 제73조 및 제74조에 해당하는 사람(법률 제11041호로 개정되기 전의 「국가유공자 등 예우 및 지원에 관한 법률」 제73조의2에 해당하는 사람을 포함한다) 과 「보훈보상대상자 지원에 관한 법률」 제2조에 해당하는 사람 중 상이등급 1급부터 7급까지의 판정을 받은 사람
  2) 「독립유공자예우에 관한 법률」 제6조에 따라 독립유공자로 등록된 사람
  3) 「5·18민주유공자예우 및 단체설립에 관한 법률」에 따른 5·18민주화운동부상자
  4) 「고엽제후유의증 등 환자지원 및 단체설립에 관한 법률」에 따른 고엽제후유의증환자 중 장애등급의 판정을 받은 사람
  5) 「장애인복지법」에 따라 장애인으로 등록된 사람
사. 「농지법」 제2조제1호에 따른 농지로 형질변경허가를 받은 자는 위 표 중 제15호에 따른 도시철도채권 매입의무를 면제한다.
아. 「사회기반시설에 대한 민간투자법」 제2조제1호가목부터 타목까지에 해당하는 사회기반시설의 건설을 목적으로 토지형질 변경허가를 받은 사업자는 위 표 중 제15호에 따른 도시철도채권 매입의무를 면제한다.
자. 위 표 제14호가목에 따른 건설공사 도급계약과 관련하여 도시개발채권을 매입한 경우에는 매입 상당액에 해당하는 도시철도채권 매입의무를 면제한다.
차. 「환경친화적 자동차의 개발 및 보급 촉진에 관한 법률」 제2조제3호에 따른 전기자동차 및 같은 조 제6호에 따른 수소전기자동차로서 같은 조 제2호 각 목의 요건을 모두 갖춘 자동차를 등록(2024년 12월 31일까지 등록하는 경우로 한정한다)하려는 자가 위 표 제1호가목부터 다목까지의 어느 하나에 해당하여 도시철도채권을 매입해야 하는 경우에는 250만원(매입해야 하는 도시철도채권의 매입금액이 250만원 이하인 경우에는 해당 도시철도채권의 매입금액 전부를 말한다)에 해당하는 도시철도채권 매입의무를 면제한다.
카. 「환경친화적 자동차의 개발 및 보급 촉진에 관한 법률」 제2조제5호에 따른 하이브리드자동차로서 같은 조 제2호 각 목의 요건을 모두 갖춘 자동차를 등록(2024년 12월 31일까지 등록하는 경우로 한정한다)하려는 자가 위 표 제1호가목부터 다목까지의 어느 하나에 해당하여 도시철도채권을 매입해야 하는 경우에는 200만원(매입해야 하는 도시철도채권의 매입금액이 200만원 이하인 경우에는 해당 도시철도채권의 매입금액 전부를 말한다)에 해당하는 도시철도채권의 매입의무를 면제한다.
타. 시·도지사는 천재지변이나 그 밖의 재해로 인하여 도시철도채권의 매입이 부적당하다고 인정하는 경우에는 매입대상 항목의 일부를 지정하여 매입의무를 면제할 수 있다.
3. 도시철도채권의 최저 매입 금액은 5천원으로 한다. 이 경우 2,500원 미만은 버리고, 2,500원 이상은 5천원으로 올린다.

[별표 3]

위반행위의 종류와 과징금의 금액(제24조제1항 관련)

위반행위	근거 법조문	과징금
1. 법 제27조에 따른 도시철도운송사업의 면허기준을 위반한 경우	법 제37조제1항제2호	500만원
2. 도시철도운송사업자가 법 제28조의 결격사유에 해당하는 경우. 다만, 법인의 임원 중에 그 사유에 해당하는 사람이 있는 경우로서 3개월 이내에 그 임원을 개임(改任)하였을 때에는 제외한다.	법 제37조제1항제3호	500만원
3. 법 제30조제1항을 위반하여 시·도지사가 정한 날짜 또는 기간 내에 운송을 개시하지 않은 경우	법 제37조제1항제4호	300만원
4. 법 제35조에 따른 인가를 받지 않고 양도·양수하거나 합병한 경우	법 제37조제1항제5호	300만원
5. 법 제36조제1항에 따른 허가를 받지 않거나 신고를 하지 않고 도시철도운송사업을 휴업하거나 같은 조 제3항에 따른 휴업기간이 지난 후에도 도시철도운송사업을 재개하지 않은 경우	법 제37조제1항제6호	500만원
6. 법 제39조의 사업개선명령을 따르지 않은 경우	법 제37조제1항제7호	300만원
7. 사업경영의 불확실 또는 자산상태의 현저한 불량이나 그 밖의 사유로 사업을 계속함이 적합하지 않은 경우	법 제37조제1항제8호	500만원

【시행규칙 별표】

[별표 1]

도시철도운송사업의 면허기준(제5조 관련)

구분	면허기준
도시철도 차량의 대수	법 제6조에 따라 시·도지사가 수립한 노선별 도시철도기본계획에서 정한 도시철도차량의 대수 또는 법 제7조제1항에 따라 국토교통부장관의 승인을 받은 도시철도사업계획에서 정한 도시철도차량의 대수
운영인력	도시철도운송사업계획서에 포함된 도시철도차량의 종류·대수 및 운행계획 등을 고려할 때 도시철도운송사업의 안전 및 이용자 편의를 보장할 수 있다고 인정되는 도시철도종사자를 보유할 것

비고 : 시·도지사는 도시철도운송사업의 여건변동 등으로 인하여 위 표의 도시철도차량의 대수를 적용하는 것이 현저하게 불합리하다고 인정하는 경우에는 위 표에서 정한 기준의 2분의 1 범위에서 이를 가중 또는 경감하여 적용할 수 있다.

[별표 2] 〈개정 21·11·10〉

행정처분의 세부기준(제7조 관련)

I. 일반 기준

1. 위반행위가 둘 이상인 경우로서 그에 해당하는 각각의 처분기준이 다른 경우에는 그 중 무거운 처분기준에 따른다. 다만, 둘 이상의 처분기준이 모두 사업정지인 경우에는 각각의 처분기준을 합산한 기간을 넘지 아니하는 범위에서 무거운 처분기준의 2분의 1 범위에서 가중할 수 있다. 이 경우 각 처분기준을 합산한 기간은 6개월을 넘을 수 없다.
2. 위반행위의 횟수에 따른 행정처분의 기준은 최근 1년간 같은 위반행위로 행정처분을 받은 경우에 적용한다. 이 경우 행정처분 기준의 적용은 같은 위반행위에 대하여 최초로 행정처분을 한 날을 기준으로 한다.
3. 다음 각 목의 어느 하나에 해당하는 경우에는 제1호 및 제2호의 기준에도 불구하고 그 처분기간을 2분의 1 범위에서 감경할 수 있다.
   가. 그 위반의 정도가 경미하거나 고의성이 없는 행위로서 신속히 사후 조치를 취한 경우
   나. 위반행위에 대하여 처분을 하는 것이 도시철도 이용자에게 심한 불편을 줄 우려가 있는 경우
   다. 그 밖에 공익을 위하여 특별히 처분을 감경할 필요가 있는 경우

II. 개별 기준

위반행위	근거 법조문	처분기준 1차	2차	3차	4차 이상
1. 거짓이나 그 밖의 부정한 방법으로 법 제26조에 따른 도시철도운송사업의 면허를 받은 경우	법 제37조제1항제1호	사업면허 취소			
2. 법 제27조에 따른 도시철도운송사업의 면허 기준을 위반한 경우	법 제37조제1항제2호	사업정지 15일	사업정지 30일	사업정지 60일	
3. 도시철도운송사업자가 법 제28조의 결격사유에 해당하는 경우. 다만, 법인의 임원 중에 그 사유에 해당하는 사람이 있는 경우로서 3개월 이내에 그 임원을 개임(改任)하였을 때에는 제외한다.	법 제37조제1항제3호	사업면허 취소			
4. 법 제30조제1항을 위반하여 시·도지사가 정한 날짜 또는 기간 내에 운송을 개시하지 않는 경우	법 제37조제1항제4호	경고	사업정지 15일	사업정지 30일	사업정지 60일
5. 법 제35조에 따른 인가를 받지 않고 양도·양수하거나 합병한 경우	법 제37조제1항제5호	경고	사업정지 15일	사업정지 30일	사업정지 60일

6. 법 36제1항에 따른 허가를 받지 않거나 신고를 하지 않고 도시철도운송사업을 휴업 또는 폐업하거나 같은 조 제3항에 따른 휴업기간이 지난 후에도 도시철도운송사업을 재개하지 않는 경우	법 제37조제1항제6호	사업정지 15일	사업정지 30일	사업정지 60일	
7. 법 제39조의 사업개선명령에 따르지 않는 경우	법 제37조제1항제7호	경고	사업정지 15일	사업정지 30일	사업정지 60일
8. 법 제41조제1항을 위반하여 도시철도차량에 폐쇄회로 텔레비전을 설치하지 않은 경우	법 제37조제1항제8호	경고	사업정지 15일	사업정지 30일	사업정지 60일
9. 사업경영의 불확실 또는 자산상태의 현저한 불량이나 그 밖의 사유로 사업을 계속함이 적합하지 않은 경우	법 제37조제1항제9호	경고	사업정지 15일	사업정지 30일	사업면허 취소

[별지 제1호서식]

(앞쪽)

도시철도운송사업 면허신청서

접수번호	접수일자		처리기간 90일
신청인	상호(법인명)	성명(대표자)	법인등록번호
	주소(소재지) (전화번호 :)		
신청내용	경영하려는 도시철도운송사업의 종류 (운행형태 :)		
	운송예정노선 또는 예정사업구역		
	운송개시 예정일		
	사업에 사용할 차량의 대수		
	임원의 명단		
	사업소의 명칭 및 소재지		
	사업의 범위 또는 기간		

「도시철도법」 제26조제1항 및 같은 법 시행규칙 제4조제1항에 따라 도시철도운송사업면허를 신청합니다.

년 월 일

신청인 (서명 또는 인)

시 · 도지사 귀하

신청(신고)인 제출서류	1. 도시철도운송사업계획서 1부 2. 법인설립계획서(설립예정 법인인 경우에만 제출합니다) 1부 3. 해당 도시철도운송사업을 경영하려는 취지를 설명하는 서류 1부 4. 「도시철도법」 제28조제1항 각 호의 결격사유에 해당하지 않음을 증명하는 서류 1부
담당공무원 확인사항	법인 등기사항증명서(설립예정법인을 제외한 법인인 경우만 해당합니다)

210mm×297mm[백상지 80g/㎡(재활용품)]

(뒤쪽)

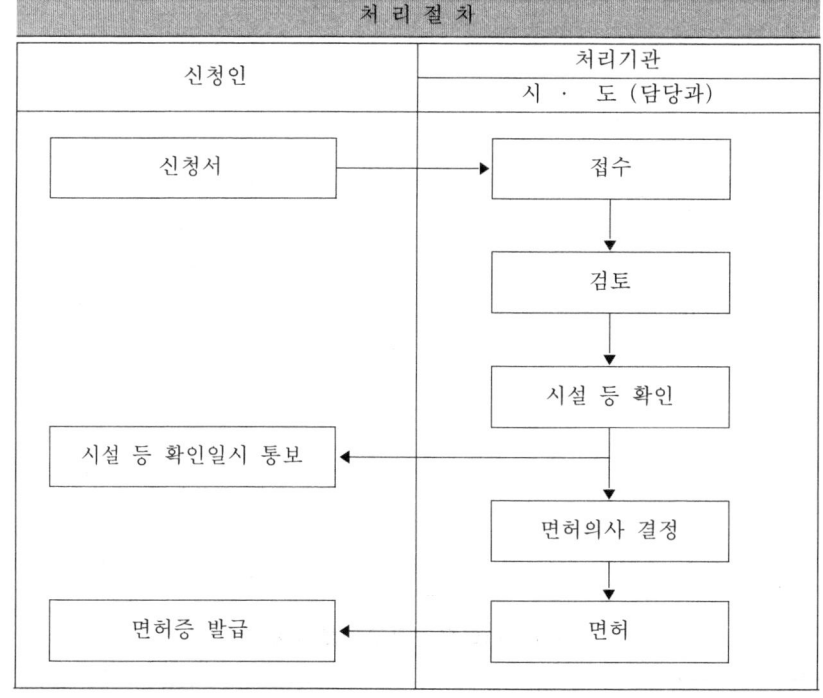

도시철도법 시행규칙 [별지] 488

[별지 제2호서식]

제   호

도시철도운송사업 면허증

1. 상 호(법인명)

2. 주 소

3. 성 명(대표자)

4. 법인등록번호

5. 노 선 명

6. 사업구간

7. 도시철도운송사업의 종류(면허내용)

8. 주영업소 및 주소

9. 면허연월일

　「도시철도법」 제26조제1항 및 같은 법 시행규칙 제4조제4항에 따라 위와 같이 도시철도운송사업을 면허합니다.

년   월   일

시 · 도지사 [직인]

210mm×297mm[백상지 120g/㎡]

[별지 제3호서식]

도시철도운송사업면허 대장

면허번호	
면허연월일	
상호(법인명) 및 주소	
법인등록번호	
성명(대표자)	
주영업소 명칭 및 주소	
노선명	
사업구간	
도시철도운송사업의 종류(면허내용)	
자본금	
도시철도차량 종류별 대수	
그 밖에 필요한 사항	

210mm×297(인쇄용지(특급) 80g/㎡)

[별지 제4호서식] 〈개정 20·9·8〉 (뒤쪽)

도시철도운송사업 [ ] 휴업 [ ] 허가신청서
[ ] 폐업 [ ] 신고서

(앞쪽)

접수번호	접수일자		처리기간	60일
신청인 (신고인)	법인의 명칭 및 대표자 성명		법인등록번호	
	주소 (전화번호 :)			

휴업 또는 폐업 내용	노선 또는 사업의 범위
	휴업예정기간 . . .부터 . . 까지 (년 월)
	사업폐업일자
휴업 또는 폐업사유	

「도시철도법」 제36조 및 같은 법 시행규칙 제6조제1항에 따라 도시철도 운송사업의 [휴업] [[ ] 허가를 신청합니다.
                 [폐업] [[ ] 신고를 합니다.

년 월 일

신청(신고)인 (서명 또는 인)

시·도지사 귀하

구비서류	「도시철도법」
	제36조제1항 본문
	에 해당하는 경우
		1. 도시철도운송사업의 휴업 또는 폐업에 관한 총회
		   또는 이사회의 의결서 사본 1부
		2. 휴업 또는 폐업하려는 도시철도노선, 정거장, 도
		   시철도차량의 종류 등에 관한 사항을 적은 서류
		   1부
		3. 휴업 또는 폐업 시 대체교통수단의 이용에 관한
		   사항을 적은 서류 1부

	「도시철도법」
	제36조제1항 단서
	에 해당하는 경우
		1. 휴업하려는 도시철도노선, 정거장, 도시철도차량
		   의 종류 등에 관한 사항을 적은 서류 1부
		2. 휴업 시 대체교통수단의 이용에 관한 사항을 적
		   은 서류 1부

210mm×297mm[백상지 80g/㎡(재활용품)]

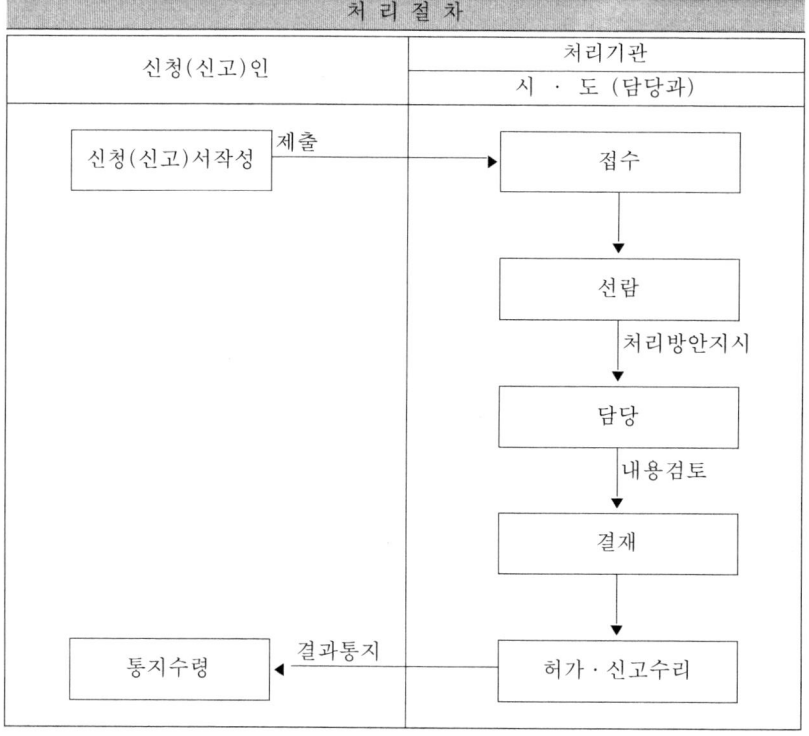

도시철도건설규칙 [1994·5·9 교통부령 제1025호 제정]

개정 2000·3·18 건설교통부령 제231호
(도시철도차량안전기준에관한규칙)
2004·12·4 건설교통부령 제412호
2008·3·14 국토해양부령 제 4호
(정부조직법의 개정에 따른 감정평가에 관한 규칙 등 일부개정령)
2010·10·8 국토해양부령 제290호
2013·3·23 국토교통부령 제1호
(국토교통부와 그 소속기관 직제 시행 규칙)
2014·7·8 국토교통부령 제106호
(도시철도법 시행규칙 전부개정령)
2021·8·27 국토교통부령 제882호
(어려운 법령용어 정비를 위한 80개 국토교통부령 일부개정령)
2021·11·3 국토교통부령 제910호

제1장 총 칙

제1조(목적) 이 규칙은 「도시철도법」 제18조에 따라 도시교통권역에 건설하는 도시철도의 건설기준 등에 관하여 필요한 사항을 규정함을 목적으로 한다.〈개정 14·7·8〉
[전문개정 10·10·8]

제2조(정의) 이 규칙에서 사용하는 용어의 뜻은 다음과 같다.〈개정 21·8·27〉
 1. "궤간"이란 다음 각 목의 구분에 따른 궤도사이의 간격을 말한다.
  가. 철제차륜을 사용하는 도시철도차량(이하 "차량"이라 한다)의 경우: 레일의 맨 위쪽 부분으로부터 14밀리미터 아래 지점에 위치한 양쪽 레일의 안쪽 간의 가장 짧은 거리
  나. 고무차륜을 사용하는 차량의 경우: 차륜 중심 간의 거리
  다. 자기부상추진방식을 사용하는 차량의 경우: 부상레일 중심 간의 거리
 2. "본선(本線)"이란 열차의 운전에 상용(常用)되는 선로(정거장 안에 있는 대피선과 반복운전선을 포함한다)를 말한다.
 3. "측선(側線)"이란 본선 외의 선로를 말한다.
 4. "정거장"이란 승객이 열차(본선에서 운행할 목적으로 편성된 차량을 말한다. 이하 같다)를 타고 내리는데 사용되는 장소를 말한다.
 5. "차량기지"란 차량을 유치·검수 및 정비 등을 하기 위하여 설치한 시설을 말한다.
 6. "경량전철"이란 모노레일형식, 노면전차형식, 철제차륜형식, 고무차륜형식, 선형유도전동기형식, 자기부상추진형식 등으로 운행되고, 차량 최대 설계축하중 13.5톤 이하[분포하중(分布荷重)의 경우 단위 미터당 2.8톤 이하를 말한다]의 전기철도를 말한다.
 7. "제3레일"이란 전차선(電車線)의 한 종류로서 레일 또는 주행면과 평행하게 부설하여 차량의 옆면이나 밑면에서 차량에 전기를 공급하는 시설물을 말한다.
 8. "제3레일방식"이란 제3레일을 이용하여 차량에 전기를 공급하는 방식을 말한다.
[전문개정 10·10·8]

제3조(선로의 형식) 본선은 복선(複線)으로 한다. 다만, 「도시철도법」 제6조에 따른 노선별 도시철도기본계획에서 정하는 특수한 구간에 대해서는 단선(單線)으로 할 수 있다.〈개정 14·7·8〉
[전문개정 10·10·8]

제4조 삭제〈04·12·4〉

제5조(열차의 운전 진로) 상행·하행 열차를 구별하여 운전하는 한 쌍의 선로의 경우 열차의 운전 진로는 오른쪽으로 한다. 다만, 국유철도와

직접 연결되는 선로의 경우에는 왼쪽으로 할 수 있다.

[전문개정 10·10·8]

제2장 선 로
제1절 궤 간

제6조(궤간) 궤간의 치수는 1천435밀리미터로 한다.

제7조(확대궤간) ① 선로가 곡선인 구간(이하 "곡선구간"이라 한다)의 궤간에는 제6조에도 불구하고 확대궤간을 두어야 한다.

② 제1항에 따른 확대궤간은 곡선부분의 안쪽 레일에 두어야 하며, 그 치수는 25밀리미터를 초과하지 아니하는 범위에서 해당 곡선의 반경 등을 고려하여 특별시장·광역시장·도지사·특별자치도지사·시장 또는 군수(이하 "시·도지사등"이라 한다)가 정한다.

[전문개정 10·10·8]

제8조(확대궤간의 체감거리) ① 제7조에 따른 확대궤간은 선로가 나누어지는 지점(이하 "분기부"라 한다)의 경우를 제외하고는 다음 각 호의 거리에서 체감(遞減)시켜야 한다.

 1. 완화곡선이 있는 경우: 그 곡선 전체의 거리

 2. 완화곡선이 없는 경우: 제12조에 따른 캔트의 체감거리(遞減距離) 와 같게 하되, 캔트를 두지 아니하는 경우에는 원곡선의 시작점·끝점으로부터 5미터 이상의 거리

② 반경이 다른 같은 방향의 곡선이 접속하는 경우에는 반경이 큰 곡선 안에서 확대궤간의 차를 제1항제1호 및 제2호에 준하여 체감하여야 한다.

[전문개정 10·10·8]

제9조(궤간의 공차) ① 궤간에는 다음 각 호에서 정하는 공차(公差)를 허용한다.

 1. 크로싱의 경우: 증(增) 3밀리미터, 감(減) 2밀리미터

 2. 그 밖의 경우: 증 10밀리미터, 감 2밀리미터

② 제1항에 따른 허용치에 확대궤간을 더한 치수는 30밀리미터를 초과해서는 아니 된다.

[전문개정 10·10·8]

제2절 곡 선

제10조(선로의 곡선반경 등) ① 선로의 곡선반경은 선로의 구간 및 기능 등에 따라 그 크기를 다르게 할 수 있다.

② 제1항에 따른 곡선반경의 크기는 시·도지사등이 정한다.

[전문개정 10·10·8]

제11조(캔트) ① 곡선구간의 바깥쪽 레일에는 열차의 안전운행을 위하여 캔트(열차의 원심력에 의한 탈선이나 전복을 막기 위하여 바깥쪽 레일을 안쪽 레일보다 높게 부설하는 것을 말한다. 이하 같다)를 두어야 한다. 다만, 분기부에 연속되는 곡선의 경우에는 그러하지 아니하다.

② 제1항에 따른 캔트의 크기는 해당 곡선의 반경, 열차의 운행속도 등을 고려하여 시·도지사등이 정하되, 최대 160밀리미터를 초과할 수 없다.

[전문개정 10·10·8]

제12조(캔트의 체감거리) 캔트의 체감거리는 다음 각 호와 같다.

 1. 완화곡선이 있는 경우: 그 곡선 전체의 거리

 2. 완화곡선이 없는 경우: 제11조제2항에 따른 캔트(이하 "표준캔트"로 한다)의 600배 이상의 거리

 3. 복심(複心)곡선이 있는 경우: 반경이 큰 곡선상에서의 캔트 차의 600배 이상의 거리

 4. 제1호부터 제3호까지의 경우로서 시·도지사등이 정하는 부득이한 경우: 표준캔트의 450배 이상의 거리

[전문개정 10·10·8]

제13조(완화곡선) ① 본선의 경우에 곡선반경이 800미터 이하인 곡선과

직선이 접속하는 곳에는 적절한 완화곡선을 삽입하여야 한다. 다만, 분기부에 연속되는 곡선인 경우에는 그러하지 아니하다.
② 제1항에 따른 완화곡선의 길이는 표준캔트의 600배 이상으로 한다. 다만, 부득이한 경우에는 표준캔트의 450배까지 줄일 수 있다.
[전문개정 10·10·8]

제14조(직선의 삽입 등) ① 본선의 경우에 인접하여 두 개의 곡선이 있는 선로에는 캔트 체감 후에 20미터 이상의 직선을 삽입하여야 한다.
② 제1항의 경우에 반대방향의 두 개의 곡선인 선로가 인접되어 있는 경우로서 지형상 직선을 삽입할 수 없는 부득이한 때에는 직선을 삽입하지 아니할 수 있으며, 같은 방향의 두 개의 곡선인 선로가 인접되어 있는 경우에는 시·도지사등이 정하는 범위에서 복심곡선으로 할 수 있다.
③ 제1항 및 제2항에도 불구하고 분기부에 연속하는 경우와 측선의 경우로서 안전에 지장이 없는 경우에는 직선을 삽입하지 아니하거나 제2항의 기준과 다른 복심곡선으로 할 수 있다.
[전문개정 10·10·8]

제3절 기 울 기

제15조(정거장 밖의 기울기한도) ① 정거장 밖의 지역에 있는 본선의 기울기는 1천분의 35를 초과해서는 아니 된다.
② 곡선인 선로에 기울기를 두는 경우에는 제1항에 따른 한도에 적절한 곡선보정을 한 기울기를 한도로 한다.
[전문개정 10·10·8]

제16조(정거장 안의 기울기 한도) 정거장 안에 있는 본선의 기울기는 다음 각 호의 구분에 따른 한도를 초과해서는 아니 된다.
  1. 본선이 차량을 분리·연결 또는 유치하는 용도로 사용되는 경우: 1천분의 3
  2. 제1호 외의 경우: 1천분의 8(부득이한 경우에는 1천분의 10)
[전문개정 10·10·8]

제17조(측선의 기울기) 측선의 기울기는 1천분의 3을 초과해서는 아니 된다. 다만, 차량을 유치하지 아니하는 측선의 경우에는 1천분의 45까지로 할 수 있다.
[전문개정 10·10·8]

제18조(종곡선) 선로의 기울기가 변하는 경우로서 인접 기울기의 변화가 1천분의 5를 초과하는 경우에는 반경 3천미터 이상의 종곡선(從曲線)을 삽입하여야 한다.
[전문개정 10·10·8]

제4절 건축한계

제19조(건축한계) 도시철도에는 차량의 흔들림이나 선로의 비틀림 등을 고려하여 차량의 안전운행에 필요한 공간(이하 "건축한계"라 한다)을 두고 이에 건물이나 그 밖의 시설을 설치해서는 아니 된다. 다만, 가공전차선(架空電車線) 및 그 현수장치(懸垂裝置)와 선로 보수 등의 작업에 필요한 일시적인 시설로서 열차의 안전운행에 지장이 없는 경우에는 그러하지 아니하다.
[전문개정 10·10·8]

제20조(직선구간의 건축한계) 선로가 직선인 구간(이하 "직선구간"라 한다)의 건축한계는 시·도지사등이 정한다.
[전문개정 10·10·8]

제21조(곡선구간의 건축한계) ① 곡선구간의 건축한계는 제11조제2항에 따른 캔트의 크기에 따라 기울게 하여야 한다.
② 제1항에 따른 곡선구간의 건축한계는 직선구간의 건축한계를 궤도 중심의 각 측(側)에 일정한 치수 이상으로 확대한 것으로 하되, 그 범위는 곡선반경 등을 고려하여 시·도지사등이 정한다. 다만, 가공전차선 및 그 현수장치를 제외한 상부의 건축한계는 이에 따르지 아니할

수 있다.

③ 제2항에 따른 확대치수는 완화곡선에 따라 체감하여야 한다. 다만, 완화곡선의 길이가 20미터 이하인 경우 또는 완화곡선이 없는 경우에는 원곡선 끝으로부터 20미터 이상의 거리에서 체감하여야 하며, 원곡선이 복심곡선인 경우 확대치수의 차는 반경이 큰 곡선으로부터 20미터 이상의 거리에서 체감하여야 한다.

[전문개정 10 · 10 · 8]

제5절 궤 도

제22조(궤도의 **중심 간격**) ① 열차가 서로 반대방향으로 운행되는 본선 궤도의 경우에는 열차 및 승객 등의 안전을 위하여 궤도 간의 간격을 충분히 두어야 한다.

② 제1항에 따른 궤도의 간격은 해당 궤도의 지상부, 지하부, 궤도 병설 수 및 차체규격 등을 고려하여 시 · 도지사등이 기준을 정한다. 이 경우 궤도 사이에 가공전차선 지주(支柱)나 신호기 지주 등을 설치하는 경우에는 해당 부분만큼 궤도의 간격을 확대하여야 한다.

[전문개정 10 · 10 · 8]

제23조(곡선인 궤도의 **중심 간격**) 곡선인 궤도의 중심 간격은 제21조제2항에 따른 치수의 두 배 이상으로 확대하여야 한다.

[전문개정 10 · 10 · 8]

제24조(레일) 레일의 중량은 열차의 종류, 설계하중 및 통과톤수 등에 따라 시 · 도지사등이 정한다.

[전문개정 10 · 10 · 8]

제25조(도상의 **두께 등**) ① 도상[레일의 침목(枕木) 밑면부터 시공기면(施工基面)까지에 설치하는 콘크리트나 자갈 등을 말한다. 이하 같다]의 두께 및 너비의 기준은 시 · 도지사등이 정하는 기준 이상으로 하여야 한다. 다만, 기술상 또는 지형상 불가능한 경우로서 안전에 지장이

없다고 인정되는 경우에는 도상의 두께를 달리하거나 도상을 설치하지 아니할 수 있다.

② 시 · 도지사등은 제1항의 기준을 정할 때에는 지상이나 지하의 필요 공간과 지반의 특성 등을 고려하되, 해당 도상을 자갈로 하는 경우와 콘크리트로 하는 경우를 구분하여 정할 수 있다.

[전문개정 10 · 10 · 8]

제6절 구 조 물

제26조(건축한계 외의 **여유 공간**) 구조물과 건축한계 사이에는 시 · 도지사등이 정하는 바에 따라 전기, 신호, 통신, 통로 또는 그 밖의 시설을 설치하는 데 필요한 여유 공간을 두어야 한다.

[전문개정 10 · 10 · 8]

제27조(도로면 **등으로부터의 간격**) ① 도로면과 지하구조물 윗면과의 사이 또는 도로면과 고가구조물 밑면과의 사이에는 안전 확보와 통신 · 배관 등 지하매설물이나 지상가설물의 설치 등에 필요한 일정 기준 이상의 깊이 또는 높이를 확보하여야 한다. 다만, 개구부(開口部) 등 지형상 부득이한 경우로서 안전에 지장이 없다고 인정되는 경우에는 그러하지 아니하다.

② 제1항에 따른 깊이 또는 높이의 기준은 지질 등을 고려하여 시 · 도지사등이 정한다.

③ 하천의 밑을 지나는 터널의 윗면과 하천의 계획준설면 사이에는 하천의 유지 · 관리 및 도시철도 시설물의 보호 등을 위하여 시 · 도지사등이 정하는 기준 이상의 깊이를 확보하여야 한다.

[전문개정 10 · 10 · 8]

제28조 삭제 〈00 · 3 · 18〉

제7절 분 기

제29조(분기) 본선으로부터의 선로의 분기(分岐)는 정거장 안에서 하거

나 신호소가 있는 곳에서 하여야 한다. 다만, 적절한 보안설비를 하는 경우에는 그러하지 아니하다.
[전문개정 10·10·8]

제3장 정 거 장

제30조(정거장의 시설·설비) 정거장에는 승강장·대합실·화장실 및 통로 등 승객의 도시철도 이용에 필요한 시설과 전기·통신설비 등을 설치하여야 하며, 이에 필요한 세부적인 사항은 국토교통부장관이 정하여 고시한다.〈개정 13·3·23〉
[전문개정 10·10·8]

제30조의2(승강장의 안전시설) ① 승강장에는 승객의 안전사고를 방지하기 위하여 다음 각 호의 어느 하나에 해당하는 안전시설을 설치해야 한다.〈개정 21·8·27〉
 1. 안전울타리
 2. 전동차 출입문과 연동되어 열리고 닫히는 승하차용 출입문 설비(이하 "스크린도어"라 한다)
② 스크린도어는 다음 각 호의 기준에 적합하게 설치하여야 한다.
 1. 승객이 전동차와 스크린도어 사이에 끼는 것을 방지할 수 있도록 승강장의 연단으로부터 스크린도어의 출입문까지의 거리를 최소로 할 것
 2. 제1호에 따른 조치에도 불구하고 승객이 전동차와 스크린도어 사이에 끼는 경우에 대비할 수 있도록 승객의 끼임을 감지하여 승무원과 역무원에게 인지시킬 수 있는 경보장치를 설치할 것
 3. 스크린도어의 재질은 「도시철도차량 안전기준에 관한 규칙」 제10조제1항에 따른 불연재료 또는 같은 조 제3항에 따른 재료를 사용할 것
 4. 화재 발생 등 비상 상황이 발생하는 경우 손으로 출입문을 열 수 있도록 할 것
 5. 승강장의 구조와 승강장의 바닥구조물의 강도를 고려하여 설치할 것
③ 차량과 승강장 연단의 간격이 10센티미터가 넘는 부분에는 안전발판 등 승객의 실족사고를 방지하는 설비를 설치하여야 한다.
[전문개정 10·10·8]

제30조의3(정거장 간의 거리) 도시철도의 정거장 간 거리는 1킬로미터 이상으로 하되, 교통수요·경제성·지형여건 및 다른 교통수단과의 연계성 등을 종합적으로 고려하여 조정할 수 있다.
[전문개정 10·10·8]

제31조(승강장의 너비 등〈개정 21·11·3〉) ① 승강장의 너비는 다음 각 호의 기준에 따른다. 다만, 승객의 이용이 적은 승강장의 양 끝 지역이나 승강장의 구조 등을 고려하여 국토교통부장관이 고시하는 경우에는 승강장의 너비를 다음 각 호의 기준보다 좁게 할 수 있다.〈개정 21·11·3〉
 1. 본선과 본선 사이에 설치된 승강장의 경우: 8미터 이상
 2. 본선의 양옆에 설치된 승강장의 경우: 4미터 이상
② 승강장의 연단으로부터 너비 1.5미터, 높이 2미터 이내에는 승객의 실족·추락 방지시설, 대피시설 등 안전시설만을 설치할 수 있다. 다만, 시·도지사등은 해당 승강장의 여건상 불가피하다고 인정되는 경우에는 기둥이나 계단 또는 「승강기 안전관리법 시행령」 제3조에 따른 승강기를 설치하게 할 수 있다.〈개정 21·11·3〉
③ 삭제〈21·11·3〉
[전문개정 10·10·8]

제32조(승강장 연단의 높이) 승강장의 연단은 레일의 윗면으로부터 1.135미터 높이에 설치하는 것을 표준으로 한다.
[전문개정 10·10·8]

제33조(승강장 연단과 차량한계와의 간격) ① 승강장의 연단은 제51조에 따른 차량한계로부터 50밀리미터의 간격을 두고 설치하여야 한다.

② 선로가 곡선으로 되어 있는 승강장은 제1항에 따른 간격에 제21조 제2항에 따른 치수를 더하여 설치하여야 한다.

[전문개정 10·10·8]

제34조(승강장의 길이 및 통로의 폭) 승강장의 유효길이 및 통로의 폭은 해당 노선의 수송수요 및 운전계획 등을 고려하여 정하되, 이에 필요한 세부적인 사항은 국토교통부장관이 정하여 고시한다.〈개정 13·3·23〉

[전문개정 10·10·8]

제35조(노면 출입구 및 지상보행로) 노면 출입구를 지상보도에 설치하는 경우에는 해당 출입구를 제외한 지상보행로의 폭이 2미터 이상이 되도록 하여야 한다.

[전문개정 10·10·8]

제35조의2(특별피난계단) ① 지하 3층 이하의 승강장에는 비상시 승객이 쉽게 대피할 수 있도록 승강장과 지상을 계단으로 직접 연결한 별도의 비상계단(이하 "특별피난계단"이라 한다)을 설치하되, 본선과 본선 사이에 설치된 승강장에는 한 군데 이상, 본선의 양옆에 설치된 승강장에는 승강장별로 한 군데 이상을 설치하여야 한다.

② 제1항에 따라 특별피난계단을 설치하는 경우 제69조에 따른 유도등과 제70조에 따른 비상조명등을 각각 설치하여야 한다.

[전문개정 10·10·8]

제35조의3(정거장의 구조물 등의 마감재료) ① 정거장의 각 구조물 등에 사용되는 마감재료 등은 다음 각 호의 기준을 따른다.

1. 승강장 및 대합실에 사용되는 마감재료는 「건축법 시행령」 제2조제10호에 따른 불연재료(이하 이 조에서 "불연재료"라 한다)를 사용하여야 한다. 다만, 냉방장치 등 기계설비가 설치된 장소의 바닥에 사용되는 마감재료는 불연재료를 사용하지 아니할 수 있다.

2. 복도·계단 및 통로에 사용되는 마감재료는 불연재료를 사용하여야 한다.

3. 조립식 칸막이의 외부에 사용되는 마감재료는 불연재료를 사용하여야 하며, 조립식 칸막이의 내부에 사용되는 재료는 불연재료 또는 「건축법 시행령」 제2조제11호에 따른 준불연재료(이하 이 조에서 "준불연재료"라 한다)를 사용하여야 한다.

4. 실내장식물은 불연재료·준불연재료 또는 「소방시설 설치유지 및 안전관리에 관한 법률」 제12조제1항에 따른 물품을 사용하여야 한다.

5. 가판대·안내소·공중전화부스 등의 편의시설에 사용되는 마감재료는 불연재료를 사용하여야 한다.

② 제1항에 따른 마감재료는 정거장 구조물의 균열·누수 또는 노후화를 쉽게 점검할 수 있도록 적절한 방법에 따라 설치하여야 한다.

[전문개정 10·10·8]

제4장 설 비

제1절 전기설비

제36조(전기방식) 선로에 공급하는 전압 및 전기방식은 다음 각 호에서 정하는 바에 따르되, 전력은 해당 도시철도를 관할하는 도시철도 변전소로부터 공급받는 것을 원칙으로 한다.

1. 전차선로: 직류 1천500볼트 가공선식(架空線式)

2. 고압배전선: 교류 3상 6천600볼트, 2만2천볼트 또는 2만2천900볼트

3. 선로 안의 조명 및 동력시설: 교류 단상(單相) 220볼트 또는 3상 380볼트

4. 신호용 배전선: 교류 100볼트 이상 400볼트 이하

[전문개정 10·10·8]

제37조(전선로) ① 조명 및 동력용 고압배전선은 2회선 이상으로 하여야 한다.

② 지상부 전차선은 별도의 급전선(給電線)을 설치하여 구간별로 전기

를 공급하여야 하고, 지하부 전차선은 강체전차선(剛體電車線) 또는 커티너리 조가선(弔架線)이 급전선을 겸하도록 하여야 한다. 다만, 제3레일방식의 경우에는 제3레일이 급전선을 겸하도록 하여야 한다.
[전문개정 10·10·8]

제38조(전식방지대책) 주행레일을 귀선(歸線)으로 이용하는 경우에는 누설전류에 의하여 케이블, 금속제 지중관로 및 선로 구조물 등에 미칠 장애를 방지하기 위한 적절한 시설을 설치하여야 한다.
[전문개정 10·10·8]

제39조 삭제 〈04·12·4〉

제40조(급전선의 차단) 급전선에 설치하는 자동차단설비는 사고 등의 비상시에 신속히 사고전류를 검지하여 전원을 차단할 수 있어야 한다.
[전문개정 10·10·8]

제41조(예비전원설비) 지하선로에는 예비전원설비 또는 2중계 이상의 공급선로를 설치하여야 한다.
[전문개정 10·10·8]

제42조(전차선로) ① 전차선의 가선방식, 레일 윗면으로부터의 높이 및 편차에 관한 사항은 열차의 종류, 전차선의 설치장소 및 지역 여건 등을 고려하여 시·도지사등이 정한다.
② 전차선은 본선과 측선과의 경계지점, 변전소 부근 등 보안 및 운전에 필요한 곳에서는 전기 공급이 자동으로 차단될 수 있도록 급단전(給斷電) 설비를 갖추어야 한다.
③ 전차선이 제3레일방식인 경우에는 승강장·궤도·차량기지 등에 승객·승무원·역무원·보수점검원 등이 고압에 감전되는 위험을 최소화할 수 있도록 적절한 설비를 갖추어야 한다.
[전문개정 10·10·8]

제43조(전차선의 기울기) 가공전차선의 레일면에 대한 기울기는 본선의 경우에는 1천분의 3 이하로 하고, 측선의 경우에는 1천분의 10 이하로 하여야 한다. 다만, 지형상 부득이한 경우 본선의 경우에는 1천분의 5 이하로 할 수 있고, 측선의 경우에는 1천분의 15 이하로 할 수 있다.
[전문개정 10·10·8]

제2절 환기·배수 및 통신설비

제44조(환기설비) 지하선로에는 지하 공간의 크기, 도시철도의 운행계획, 이용객의 편익 등을 고려하여 적절한 환기설비를 하여야 한다.
[전문개정 10·10·8]

제45조(배수설비) 선로에는 적절한 배수설비를 하여야 한다.

제46조(통신설비의 설치 등) ① 통신설비는 열차의 운행과 시설물의 운용 및 유지·관리에 지장이 없도록 설치하여야 한다.
② 무선통신설비는 승무원·역무원·보수원 및 관제 업무에 종사하는 사람 등 도시철도 관련 업무에 종사하는 사람 간에 양방향 통신을 할 수 있고, 도시철도 관련 업무에 종사하는 사람과 경찰서·소방서·의료기관 등 외부 재난 관련 기관과도 양방향 통신을 할 수 있도록 설치하여야 한다.
③ 관제실과 역무실에는 승강장, 대합실 등의 안전이 취약한 장소의 상황을 화상을 통하여 실시간으로 감시할 수 있는 설비를 설치하여야 한다.
④ 역무실에는 화재경보가 감지된 지역을 화상으로 나타낼 수 있는 설비를 설치하여야 한다.
⑤ 운전실에는 차량이 승강장에 진입하여 정차한 후 출발할 때까지의 승강장 상황을 화상을 통하여 실시간으로 감시할 수 있는 설비를 설치하여야 한다. 다만, 역사 전체에 스크린도어가 설치되어 있거나 「도시철도운전규칙」 제3조제11호에 따른 무인운전을 적용하는 경우에는 그러하지 아니하다.
⑥ 승강장에는 승객이 역무실과 양방향 통화를 할 수 있는 비상통신장치를 승강장의 바닥에서 1.5미터 높이로 세 군데 이상의 장소에 분산하여 설치하여야 한다.

⑦ 제2항에 따른 무선통신설비를 이용한 음성통화 내용은 녹음장치에 녹음하여 1개월 이상 보관하고, 제3항에 따른 화상기록은 녹화장치에 녹화하여 1주일 이상 보관하여야 한다.

[전문개정 10·10·8]

제3절 신호·보안설비 등

제47조(본선 열차의 신호방식) ① 본선을 운행하는 열차의 신호는 차내 신호방식을 원칙으로 한다. 다만, 지상신호기가 설치되어 있는 선로· 출발역 및 차량기지 등의 특수한 경우에는 지상신호방식으로 할 수 있다.

② 제1항에 따라 신호방식을 차내신호방식으로 하는 경우에도 정거장 의 출발지역이나 역 간의 폐색구간 등 필요한 지역에 대해서는 신호표 지를 설치할 수 있다.

[전문개정 10·10·8]

제48조(신호장치 등의 설치) 분기부가 설치된 정거장이나 차량기지 등에 는 차량의 입환(入換)에 필요한 신호장치와 진로표지를 설치하여야 한다.

[전문개정 10·10·8]

제49조(선로전환기와 신호장치와의 연동) 선로의 진로를 변경시키는 선 로전환기와 열차의 진행방향을 안내하는 신호장치는 서로 연동되도록 설치하여야 한다.

[전문개정 10·10·8]

제50조(보안장치) 선로에는 신호장치와 연동하여 자동으로 열차를 제어 하거나 정지시킬 수 있는 보안장치를 설치하여야 한다. 다만, 측선의 경우에는 설치하지 아니할 수 있다.

[전문개정 10·10·8]

제50조의2(자동요금징수설비) 자동요금징수설비를 설치하는 경우에는 전 자교통카드 및 승차권의 매표·개집표(開集票)·회계·통계 등의 요금 징수 업무를 전산화하여 처리하고, 연계된 교통수단과의 환승 시 관련 요금의 정산이 가능하도록 설치하여야 한다.

[본조신설 10·10·8]

제5장(제51조 내지 제60조) 삭제 〈00·3·18〉

제6장 선로표지 등의 안전설비

제61조(선로의 표지) 선로에는 다음 각 호의 표지를 설치하여야 한다.

1. 100미터 구간마다 그 거리를 표시하는 표지
2. 기울기가 변경되는 장소에는 그 기울기를 표시하는 표지
3. 분기부에는 차량의 접속한계를 표시하는 표지
4. 곡선의 반경 및 시작점·끝점과 완화곡선의 시작점·끝점을 표시하 는 표지
5. 열차속도를 제한하거나 그 밖에 전기 및 열차의 운행상 특히 주의 하여야 할 곳에는 이를 표시하는 표지
6. 정거장의 중심을 표시하는 표지

[전문개정 10·10·8]

제62조(차막이시설) 선로의 종점에는 차막이시설을 설치하여야 한다.

제63조(대피시설) 선로에는 다음 각 호의 대피시설을 설치하여야 한다.

1. 다리 및 고가부의 양쪽에 순회통로 및 손잡이 시설
2. 중간기둥이 있는 지하부에 중간기둥 손잡이 시설
3. 지하분기부의 양쪽 벽면에 통로 및 손잡이 시설
4. 터널 안이나 차량기지 등 필요한 곳에 순회통로 및 손잡이 시설
5. 지하 본선에 지상 출입구 시설

[전문개정 10·10·8]

제64조(침수방지설비) 구조물의 개구부에는 필요에 따라 침수방지설비를 하여야 한다.

제65조(방화설비 및 방재설비) 구조물에는 방화설비 및 방재설비를 하여야 한다.
[전문개정 10·10·8]

제66조(환기구 내부의 설비) 환기구 내부에는 출입이 쉽도록 계단이나 사다리 등의 장치를 하여야 하며, 안전에 필요한 철책을 설치하여야 한다.
[전문개정 10·10·8]

제67조(제연설비) ① 정거장 및 터널 안에는 화재가 발생할 경우 승객이 쉽게 대피할 수 있도록 화재 발생 장소를 고려하여 유독가스 배출방향을 조절할 수 있는 제연(制煙)설비를 설치하여야 한다.
② 제연설비 중 전동기·배풍기·배출풍도 및 배풍막(배풍기와 배출풍도를 연결하는 막을 말한다)은 섭씨 250도에서 1시간 이상 정상적으로 기능을 유지할 수 있어야 한다. 다만, 배풍기와 분리 설치되어 배출가스의 영향을 받지 아니하는 전동기의 경우에는 그러하지 아니하다.
③ 터널 안에 설치하는 제연설비는 승객이 대피하는 반대방향으로 연기가 배출될 수 있도록 연기의 배출방향을 조절할 수 있는 성능을 갖추어야 하며, 비상시 배출되는 연기의 기류속도는 초속 2.5미터 이상이 되도록 하여야 한다.
④ 특별피난계단의 승강장 쪽 입구와 승강장에서 대합실로 통하는 계단 또는 에스컬레이터의 입구에는 제연 경계벽 등 유독가스의 확산을 지연시키거나 방지하는 설비를 각각 설치하여야 한다.
[전문개정 10·10·8]

제68조(물을 사용하는 소화설비) 정거장에 설치하는 옥내소화전, 살수장치(sprinkler) 등 물을 사용하는 소화설비는 전기 공급이 중단된 때에도 작동할 수 있도록 상수도 소화용수설비와 연결하여 설치되어야 한다.
[전문개정 10·10·8]

제69조(유도등) ① 정거장의 승강장·대합실·통로·계단 등에는 평상시에는 항상 켜져 있고, 정전되었을 경우 60분 이상 계속하여 켜질 수 있는 유도등을 설치하여야 한다.
② 정거장 안의 주요 대피로에는 비상시 청각장애인이 쉽게 대피할 수 있도록 점멸(點滅)기능을 가진 유도등을 설치하거나 유도등의 인근에 시각경보기를 설치하여야 한다.
[전문개정 10·10·8]

제70조(비상조명등) ① 정거장이나 터널에는 정전되었을 경우 60분 이상 계속하여 켜질 수 있는 비상조명등을 설치하여야 한다.
② 정거장 안의 주요 대피로에 설치하는 비상조명등은 바닥의 평균조명도(照明度)가 5럭스(lux) 이상이 되도록 하여야 한다.
③ 터널 안의 비상조명등은 바닥으로부터 1미터 이상 1.5미터 이하의 높이에 설치하고, 바닥의 평균조명도가 1럭스 이상이 되도록 하여야 한다.
[전문개정 10·10·8]

제71조(터널 안의 연결송수관설비 등) ① 터널 안에는 비상시 소화용으로 활용할 수 있도록 연결송수관설비를 설치하여야 하며, 방수구(防水口)는 터널의 동일 선로 연결방향으로 50미터 이내의 간격으로 설치하여야 한다.
② 제1항에 따른 연결송수관설비는 평상시에는 터널 안 살수용으로 활용할 수 있다.
[전문개정 10·10·8]

제72조(터널로 통하는 진입로) 승강장에서 터널로 통하는 진입로는 너비가 90센티미터 이상이 되어야 하며, 비상시 승객이 쉽게 대피할 수 있도록 계단 등 안전시설을 설치하여야 한다.
[전문개정 10·10·8]

제73조(내진설계기준) 「지진재해대책법」 제14조제10호에 따른 도시철도 내진설계기준은 국토교통부장관이 정하여 고시한다.〈개정 13·3·23〉
[전문개정 10·10·8]

제7장 경량전철에 관한 특례 〈신설 10·10·8〉

제74조(궤간에 관한 특례) ① 제6조에도 불구하고 경량전철 중 철제차륜을 사용하는 경우 궤간의 치수는 1천435밀리미터를 표준으로 하고, 고무차륜을 사용하는 경우 궤간의 치수는 1천700밀리미터, 안내면 간 거리(차량의 궤도 이탈을 막는 안내레일 안쪽 간의 거리 중 가장 짧은 거리를 말한다)의 치수는 2천900밀리미터를 표준으로 한다. 그 밖에 다른 형식의 경우 궤간은 차량의 구조, 궤도 등의 특성을 고려하여 시·도지사등이 정한다.

② 제9조에도 불구하고 경량전철 궤간의 공차는 차량의 형식 및 궤도의 특성을 고려하여 시·도지사등이 정한다.

[본조신설 10·10·8]

제75조(확대궤간에 관한 특례) ① 제7조 및 제8조에도 불구하고 경량전철 확대궤간의 치수 및 체감거리는 해당 곡선의 반경 등을 고려하여 시·도지사등이 정한다.

② 자기부상추진형식의 경우에는 확대궤간을 두지 아니한다.

[본조신설 10·10·8]

제76조(캔트, 완화곡선 등에 관한 특례) 제11조부터 제18조까지 및 제21조제3항에도 불구하고 경량전철의 경우 캔트(고무차륜형식의 경우에는 횡기울기를 말한다)의 크기 및 체감거리, 완화곡선의 삽입기준 및 길이, 직선의 삽입길이, 본선의 기울기 한도, 측선의 기울기 한도, 종곡선의 삽입기준 및 길이, 곡선구간의 건축한계 등에 관하여는 차량의 형식 및 선로의 특성 등을 고려하여 시·도지사등이 다르게 정할 수 있다.

[본조신설 10·10·8]

제77조(곡선인 궤도의 중심 간격에 관한 특례) 제23조에도 불구하고 자기부상추진형식의 경우 곡선인 궤도의 중심 간격은 건축한계의 안쪽 확대치수와 바깥쪽 확대치수를 더한 값 이상으로 확대하여야 한다.

[본조신설 10·10·8]

제78조(정거장의 시설 등에 관한 특례) 제30조, 제30조의2, 제30조의3 및 제31조부터 제35조까지의 규정에도 불구하고 경량전철의 정거장에 설치하는 승강장·통로·출입구 등 승객의 도시철도 이용에 필요한 시설과 전기·통신설비 등의 세부기준은 국토교통부장관이 정하여 고시한다.〈개정 13·3·23〉

[본조신설 10·10·8]

제79조(전기방식에 관한 특례) 제36조제1호에도 불구하고 경량전철의 경우 전차선로에 공급하는 전압 및 전기방식은 직류 750볼트 또는 1천500볼트 제3레일방식을 원칙으로 하되, 차량의 형식 또는 선로의 특성에 따라 다르게 할 수 있다.

[본조신설 10·10·8]

제80조(전선로에 관한 특례) 제37조제1항에도 불구하고 경량전철의 경우 조명 및 동력용 전원 공급이 이중화(二重化) 된 경우에는 전선로의 구성을 다르게 할 수 있다.

[본조신설 10·10·8]

제81조(전차선로의 기울기에 관한 특례) 제43조에도 불구하고 경량전철 전차선의 레일면에 대한 기울기 한도는 차량의 운행 조건 등을 고려하여 시·도지사등이 정한다.

[본조신설 10·10·8]

제82조(비상통신장치의 설치에 관한 특례) 제46조제6항에도 불구하고 경량전철의 승강장에는 승객이 관제실과 양방향 통화를 할 수 있도록 비상통신장치를 바닥에서 1.5미터 높이로 설치하여야 한다. 이 경우 설치 개소 및 위치 등은 정거장 규모를 고려하여 시·도지사등이 정한다.

[본조신설 10·10·8]

제83조(선로의 표지에 관한 특례) 제61조에도 불구하고 경량전철의 무인운전을 적용하는 선로에는 필요에 따라 표지를 선택적으로 설치할 수 있다.

[본조신설 10·10·8]

제84조(선로의 대피시설에 관한 특례) 제63조에도 불구하고 경량전철 차

량에 방재기능을 갖추었거나 비상탈출 설비를 구비하는 등 비상시 승객이 안전하게 대피할 수 있도록 조치한 경우에는 선로에 대피시설을 설치하지 아니할 수 있다.
[본조신설 10·10·8]

제85조(무인운전 안전설비) 경량전철에 무인운전을 적용하려는 경우에는 「산업표준화법」 제11조에 따라 고시된 한국산업표준 KS C IEC PAS62267의 자동도시철도교통(AUGT) 안전 요구사항에 따라 적절한 안전설비를 갖추어야 한다.
[본조신설 10·10·8]

제86조(노면전차형식에 관한 특례) 노면전차형식의 경량전철인 경우에는 다른 도로교통과 함께 주행하는 특성을 고려하여 시·도지사등이 이 규칙의 내용과 다르게 정할 수 있다.
[본조신설 10·10·8]

부   칙 〈94·5·9〉

①(시행일) 이 규칙은 공포한 날부터 시행한다.
②(폐지법령) 교통부령 제679호 서울도시철도건설규칙, 교통부령 제681호 부산도시철도건설규칙 및 교통부령 제957호 대구도시철도건설규칙은 이를 각각 폐지한다.
③(경과조치) 이 규칙 시행당시 건설되었거나 건설중인 도시철도는 종전의 규정에 의한다.

부   칙 〈00·3·18〉

①(시행일) 이 규칙은 공포한 날부터 시행한다.
②생략
③(다른 법령의 개정) 도시철도건설규칙중 다음과 같이 개정한다.
  제28조를 삭제한다.

제5장(제51조 내지 제60조)을 삭제한다.

부   칙 〈04·12·4〉

①(시행일) 이 규칙은 공포 후 3월이 경과한 날부터 시행한다.
②(경과조치) 이 규칙 시행 당시 건설되었거나 건설중인 도시철도에 관하여는 종전의 규정에 의한다.

부   칙 〈08·3·14〉

이 규칙은 공포한 날부터 시행한다.

부   칙 〈10·10·8〉

이 규칙은 공포한 날부터 시행한다.

부   칙 〈13·3·23〉

제1조(시행일) 이 규칙은 공포한 날부터 시행한다. 〈단서 생략〉
제2조부터 제6조까지 생략

부   칙 〈14·7·8〉

제1조(시행일) 이 규칙은 2014년 7월 8일부터 시행한다.
제2조 및 제3조 생략

부   칙 〈21·8·27〉

이 규칙은 공포한 날부터 시행한다. 〈단서 생략〉

부   칙 〈21·11·3〉

이 규칙은 공포한 날부터 시행한다.

도시철도운전규칙

제정 1995 · 7 · 27 건설교통부 제 23호
개정 2004 · 12 · 4 건설교통부 제413호(도시철도차량안전기준에관
한규칙중개정령)
2006 · 6 · 21 건설교통부 제522호(항공·철도 사고조사에 관한
법률 시행규칙)
2010 · 8 · 9 국토해양부 제272호
2014 · 7 · 8 국토교통부 제106호(도시철도법 시행규칙 전부
개정령)
2018 · 1 · 18 국토교통부령 제483호(시설물의 안전관리에 관한
특별법 시행규칙 전부개정령)
2021 · 8 · 27 국토교통부령 제882호(어려운 법령용어 정비를
위한 80개 국토교통부령 일부개정령)

제1장 총칙 〈개정 10 · 8 · 9〉

제1조(목적) 이 규칙은 「도시철도법」 제18조에 따라 도시철도의 운전과 차량 및 시설의 유지·보전에 필요한 사항을 정하여 도시철도의 안전운전을 도모함을 목적으로 한다. 〈개정 14 · 7 · 8〉
[전문개정 10 · 8 · 9]

제2조(적용범위) 도시철도의 운전에 관하여 이 규칙에서 정하지 아니한 사항이나 도시교통권역별로 서로 다른 사항은 법령의 범위에서 도시철도운영자가 따로 정할 수 있다.
[전문개정 10 · 8 · 9]

제3조(정의) 이 규칙에서 사용하는 용어의 뜻은 다음과 같다.〈개정 21 · 8 · 27〉

1. "정거장"이란 여객의 승차·하차, 열차의 편성, 차량의 입환(入換) 등을 위한 장소를 말한다.
2. "선로"란 궤도 및 이를 지지하는 인공구조물을 말하며, 열차의 운전에 상용(常用)되는 본선(本線)과 그 외의 측선(側線)으로 구분된다.
3. "열차"란 본선에서 운전할 목적으로 편성되어 열차번호를 부여받은 차량을 말한다.
4. "차량"이란 선로에서 운전하는 열차 외의 전동차·궤도시험차·전기시험차 등을 말한다.
5. "운전보안장치"란 열차 및 차량(이하 "열차등"이라 한다)의 안전운전을 확보하기 위한 장치로서 폐색장치, 신호장치, 연동장치, 선로전환장치, 경보장치, 열차자동정지장치, 열차자동제어장치, 열차자동운전장치, 열차종합제어장치 등을 말한다.
6. "폐색(閉塞)"이란 선로의 일정구간에 둘 이상의 열차를 동시에 운전시키지 아니하는 것을 말한다.
7. "전차선로"란 전차선 및 이를 지지하는 인공구조물을 말한다.
8. "운전사고"란 열차등의 운전으로 인하여 사상자(死傷者)가 발생하거나 도시철도시설이 파손된 것을 말한다.
9. "운전장애"란 열차등의 운전으로 인하여 그 열차등의 운전에 지장을 주는 것 중 운전사고에 해당하지 아니하는 것을 말한다.
10. "노면전차"란 도로면의 궤도를 이용하여 운행되는 열차를 말한다.
11. "무인운전"이란 사람이 열차 안에서 직접 운전하지 아니하고 관제실에서의 원격조종에 따라 열차가 자동으로 운행되는 방식을 말한다.
12. "시계운전(視界運轉)"이란 사람의 맨눈에 의존하여 운전하는 것을 말한다.

[전문개정 10 · 8 · 9]

제4조(직원 교육) ① 도시철도운영자는 도시철도의 안전과 관련된 업무에 종사하는 직원에 대하여 적성검사와 정해진 교육을 하여 도시철도

운전 지식과 기능을 습득한 것을 확인한 후 그 업무에 종사하도록 하여야 한다. 다만, 해당 업무와 관련이 있는 자격을 갖춘 사람에 대해서는 적성검사나 교육의 전부 또는 일부를 면제할 수 있다.

② 도시철도운영자는 소속직원의 자질 향상을 위하여 적절한 국내연수 또는 국외연수 교육을 실시할 수 있다.

[전문개정 10·8·9]

제5조(안전조치 및 유지·보수 등) ① 도시철도운영자는 열차등을 안전하게 운전할 수 있도록 필요한 조치를 하여야 한다.

② 도시철도운영자는 재해를 예방하고 안전성을 확보하기 위하여 「시설물의 안전 및 유지관리에 관한 특별법」에 따라 도시철도시설의 안전점검 등 안전조치를 하여야 한다.〈개정 18·1·18〉

[전문개정 10·8·9]

제6조(응급복구용 기구 및 자재 등의 정비) 도시철도운영자는 차량, 선로, 전력설비, 운전보안장치, 그 밖에 열차운전을 위한 시설에 재해·고장·운전사고 또는 운전장애가 발생할 경우에 대비하여 응급복구에 필요한 기구 및 자재를 항상 적당한 장소에 보관하고 정비하여야 한다.

[전문개정 10·8·9]

제7조 삭제 〈06·6·21〉

제8조(안전운전계획의 수립 등) 도시철도운영자는 안전운전과 이용승객의 편의 증진을 위하여 장기·단기계획을 수립하여 시행하여야 한다.

[전문개정 10·8·9]

제9조(신설구간 등에서의 시험운전) 도시철도운영자는 선로·전차선로 또는 운전보안장치를 신설·이설(移設) 또는 개조한 경우 그 설치상태 또는 운전체계의 점검과 종사자의 업무 숙달을 위하여 정상운전을 하기 전에 60일 이상 시험운전을 하여야 한다. 다만, 이미 운영하고 있는 구간을 확장·이설 또는 개조한 경우에는 관계 전문가의 안전진단을 거쳐 시험운전 기간을 줄일 수 있다.

[전문개정 10·8·9]

제2장 선로 및 설비의 보전

제1절 선로 〈개정 10·8·9〉

제10조(선로의 보전) ① 선로는 열차등이 도시철도운영자가 정하는 속도(이하 "지정속도"라 한다)로 안전하게 운전할 수 있는 상태로 보전(保全)하여야 한다.

[전문개정 10·8·9]

제11조(선로의 점검·정비) ① 선로는 매일 한 번 이상 순회점검 하여야 하며, 필요한 경우에는 정비하여야 한다.

② 선로는 정기적으로 안전점검을 하여 안전운전에 지장이 없도록 유지·보수하여야 한다.

[전문개정 10·8·9]

제12조(공사 후의 선로 사용) 선로를 신설·개조 또는 이설하거나 일시적으로 사용을 중지한 경우에는 이를 검사하고 시험운전을 하기 전에는 사용할 수 없다. 다만, 경미한 정도의 개조를 한 경우에는 그러하지 아니하다.

[전문개정 10·8·9]

제2절 전력설비

제13조(전력설비의 보전) 전력설비는 열차등이 지정속도로 안전하게 운전할 수 있는 상태로 보전하여야 한다.

[전문개정 10·8·9]

제14조(전차선로의 점검) 전차선로는 매일 한 번 이상 순회점검을 하여야 한다.

[전문개정 10·8·9]

제15조(전력설비의 검사) 전력설비의 각 부분은 도시철도운영자가 정하는 주기에 따라 검사를 하고 안전운전에 지장이 없도록 정비하여야 한다.

[전문개정 10·8·9]

제16조(공사 후의 전력설비 사용) 전력설비를 신설·이설·개조 또는 수리하거나 일시적으로 사용을 중지한 경우에는 이를 검사하고 시험운전을 하기 전에는 사용할 수 없다. 다만, 경미한 정도의 개조 또는 수리를 한 경우에는 그러하지 아니하다.
[전문개정 10·8·9]

제3절 통신설비

제17조(통신설비의 보전) 통신설비는 항상 통신할 수 있는 상태로 보전하여야 한다.
[전문개정 10·8·9]

제18조(통신설비의 검사 및 사용) ① 통신설비의 각 부분은 일정한 주기에 따라 검사를 하고 안전운전에 지장이 없도록 정비하여야 한다.
② 신설·이설·개조 또는 수리한 통신설비는 검사하여 기능을 확인하기 전에는 사용할 수 없다.
[전문개정 10·8·9]

제4절 운전보안장치

제19조(운전보안장치의 보전) 운전보안장치는 완전한 상태로 보전하여야 한다.
[전문개정 10·8·9]

제20조(운전보안장치의 검사 및 사용) ① 운전보안장치의 각 부분은 일정한 주기에 따라 검사를 하고 안전운전에 지장이 없도록 정비하여야 한다.
② 신설·이설·개조 또는 수리한 운전보안장치는 검사하여 기능을 확인하기 전에는 사용할 수 없다.
[전문개정 10·8·9]

제5절 건축한계안의 물품유치금지

제21조(물품유치 금지) 차량 운전에 지장이 없도록 궤도상에 설정한 건축한계 안에는 열차등 외의 다른 물건을 둘 수 없다. 다만, 열차등을 운전하지 아니하는 시간에 작업을 하는 경우에는 그러하지 아니하다.
[전문개정 10·8·9]

제22조(선로 등 검사에 관한 기록보존) 선로·전력설비·통신설비 또는 운전보안장치의 검사를 하였을 때에는 검사자의 성명·검사상태 및 검사일시 등을 기록하여 일정 기간 보존하여야 한다.
[전문개정 10·8·9]

제3장 열차등의 보전

제23조(열차등의 보전) 열차등은 안전하게 운전할 수 있는 상태로 보전하여야 한다.
[전문개정 10·8·9]

제24조(차량의 검사 및 시험운전) ① 제작·개조·수선 또는 분해검사를 한 차량과 일시적으로 사용을 중지한 차량은 검사하고 시험운전을 하기 전에는 사용할 수 없다. 다만, 경미한 정도의 개조 또는 수선을 한 경우에는 그러하지 아니하다.
② 차량의 각 부분은 일정한 기간 또는 주행거리를 기준으로 하여 그 상태와 작용에 대한 검사와 분해검사를 하여야 한다.
③ 제1항 및 제2항에 따른 검사를 할 때 차량의 전기장치에 대해서는 절연저항시험 및 절연내력시험을 하여야 한다.
[전문개정 10·8·9]

제25조(편성차량의 검사) 열차로 편성한 차량의 각 부분은 검사하여 안전운전에 지장이 없도록 하여야 한다.

제26조 삭제 〈04·12·4〉

제27조(검사 및 시험의 기록) 제24조 및 제25조에 따라 검사 또는 시험을 하였을 때에는 검사 종류, 검사자의 성명, 검사 상태 및 검사일 등

을 기록하여 일정 기간 보존하여야 한다.

[전문개정 10·8·9]

제4장 운전 〈개정 10·8·9〉

제1절 열차의 편성

제28조(열차의 편성) 열차는 차량의 특성 및 선로 구간의 시설 상태 등을 고려하여 안전운전에 지장이 없도록 편성하여야 한다.

[전문개정 10·8·9]

제29조(열차의 비상제동거리) 열차의 비상제동거리는 600미터이하로 하여야 한다.

제30조(열차의 제동장치) 열차에 편성되는 각 차량에는 제동력이 균일하게 작용하고 분리 시에 자동으로 정차할 수 있는 제동장치를 구비하여야 한다.

[전문개정 10·8·9]

제31조(열차의 제동장치시험) 열차를 편성하거나 편성을 변경할 때에는 운전하기 전에 제동장치의 기능을 시험하여야 한다.

[전문개정 10·8·9]

제2절 열차의 운전

제32조(열차등의 운전) ① 열차등의 운전은 열차등의 종류에 따라 『철도안전법』 제10조제1항에 따른 운전면허를 소지한 사람이 하여야 한다. 다만, 제32조의 2에 따른 무인운전의 경우에는 그러하지 아니하다.

② 차량은 열차에 함께 편성되기 전에는 정거장 외의 본선을 운전할 수 없다. 다만, 차량을 결합·해체하거나 차선을 바꾸는 경우 또는 그 밖에 특별한 사유가 있는 경우에는 그러하지 아니하다.

[전문개정 10·8·9]

제32조의2(무인운전 시의 안전 확보 등) 도시철도운영자가 열차를 무인운전으로 운행하려는 경우에는 다음 각 호의 사항을 준수하여야 한다.

1. 관제실에서 열차의 운행상태를 실시간으로 감시 및 조치할 수 있을 것
2. 열차 내의 간이운전대에는 승객이 임의로 다룰 수 없도록 잠금장치가 설치되어 있을 것
3. 간이운전대의 개방이나 운전 모드(mode)의 변경은 관제실의 사전 승인을 받을 것
4. 운전 모드를 변경하여 수동운전을 하려는 경우에는 관제실과의 통신에 이상이 없음을 먼저 확인할 것
5. 승차·하차 시 승객의 안전 감시나 시스템 고장 등 긴급상황에 대한 신속한 대처를 위하여 필요한 경우에는 열차와 정거장 등에 안전요원을 배치하거나 안전요원이 순회하도록 할 것
6. 무인운전이 적용되는 구간과 무인운전이 적용되지 아니하는 구간의 경계 구역에서의 운전 모드 전환을 안전하게 하기 위한 규정을 마련해 놓을 것
7. 열차 운행 중 다음 각 목의 긴급상황이 발생하는 경우 승객의 안전을 확보하기 위한 조치 규정을 마련해 놓을 것
   가. 열차에 고장이나 화재가 발생하는 경우
   나. 선로 안에서 사람이나 장애물이 발견된 경우
   다. 그 밖에 승객의 안전에 위험한 상황이 발생하는 경우

[본조신설 10·8·9]

제33조(열차의 운전위치) 열차는 맨 앞의 차량에서 운전하여야 한다. 다만, 추진운전, 퇴행운전 또는 무인운전을 하는 경우에는 그러하지 아니하다.

[전문개정 10·8·9]

제34조(열차의 운전 시각) 열차는 도시철도운영자가 정하는 열차시간표에 따라 운전하여야 한다. 다만, 운전사고, 운전장애 등 특별한 사유가 있는 경우에는 그러하지 아니하다.

[전문개정 10·8·9]

제35조(운전 정리) 도시철도운영자는 운전사고, 운전장애 등으로 열차를 정상적으로 운전할 수 없을 때에는 열차의 종류, 도착지, 접속 등을 고려하여 열차가 정상운전이 되도록 운전 정리를 하여야 한다.
[전문개정 10·8·9]

제36조(운전 진로) ① 열차의 운전방향을 구별하여 운전하는 한 쌍의 선로에서 열차의 운전 진로는 우측으로 한다. 다만, 좌측으로 운전하는 기존의 선로에 직통으로 연결하여 운전하는 경우에는 좌측으로 할 수 있다.
② 다음 각 호의 어느 하나에 해당하는 경우에는 제1항에도 불구하고 운전 진로를 달리할 수 있다.
1. 선로 또는 열차에 고장이 발생하여 퇴행운전을 하는 경우
2. 구원열차(救援列車)나 공사열차(工事列車)를 운전하는 경우
3. 차량을 결합·해체하거나 차선을 바꾸는 경우
4. 구내운전(構內運轉)을 하는 경우
5. 시험운전을 하는 경우
6. 운전사고 등으로 인하여 일시적으로 단선운전(單線運轉)을 하는 경우
7. 그 밖에 특별한 사유가 있는 경우
[전문개정 10·8·9]

제37조(폐색구간) ① 본선은 폐색구간으로 분할하여야 한다. 다만, 정거장 안의 본선은 그러하지 아니하다.
② 폐색구간에서는 둘 이상의 열차를 동시에 운전할 수 없다. 다만, 다음 각 호의 어느 하나에 해당하는 경우에는 그러하지 아니하다.
1. 고장난 열차가 있는 폐색구간에서 구원열차를 운전하는 경우
2. 선로 불통으로 폐색구간에서 공사열차를 운전하는 경우
3. 다른 열차의 차선 바꾸기 지시에 따라 차선을 바꾸기 위하여 운전하는 경우
4. 하나의 열차를 분할하여 운전하는 경우
[전문개정 10·8·9]

제38조(추진운전과 퇴행운전) ① 열차는 추진운전이나 퇴행운전을 하여서는 아니 된다. 다만, 다음 각 호의 어느 하나에 해당하는 경우에는 그러하지 아니하다.
1. 선로나 열차에 고장이 발생한 경우
2. 공사열차나 구원열차를 운전하는 경우
3. 차량을 결합·해체하거나 차선을 바꾸는 경우
4. 구내운전을 하는 경우
5. 시설 또는 차량의 시험을 위하여 시험운전을 하는 경우
6. 그 밖에 특별한 사유가 있는 경우
② 노면전차를 퇴행운전하는 경우에는 주변 차량 및 보행자들의 안전을 확보하기 위한 대책을 마련하여야 한다.
[전문개정 10·8·9]

제39조(열차의 동시출발 및 도착의 금지) 둘 이상의 열차는 동시에 출발시키거나 도착시켜서는 아니 된다. 다만, 열차의 안전운전에 지장이 없도록 신호 또는 제어설비 등을 완전하게 갖춘 경우에는 그러하지 아니하다.
[전문개정 10·8·9]

제40조(정거장 외의 승차·하차금지) 정거장 외의 본선에서는 승객을 승차·하차시키기 위하여 열차를 정지시킬 수 없다. 다만, 운전사고 등 특별한 사유가 있을 때에는 그러하지 아니하다.
[전문개정 10·8·9]

제41조(선로의 차단) 도시철도운영자는 공사나 그 밖의 사유로 선로를 차단할 필요가 있을 때에는 미리 계획을 수립한 후 그 계획에 따라야 한다. 다만, 긴급한 조치가 필요한 경우에는 운전업무를 총괄하는 사람

(이하 "관제사"라 한다)의 지시에 따라 선로를 차단할 수 있다.

[전문개정 10·8·9]

제42조(열차등의 정지) ① 열차등은 정지신호가 있을 때에는 즉시 정지시켜야 한다.

② 제1항에 따라 정차한 열차등은 진행을 지시하는 신호가 있을 때까지는 진행할 수 없다. 다만, 특별한 사유가 있는 경우 관제사의 속도제한 및 안전조치에 따라 진행할 수 있다.

[전문개정 10·8·9]

제43조(열차등의 서행) ① 열차등은 서행신호가 있을 때에는 지정속도 이하로 운전하여야 한다.

② 열차등이 서행해제신호가 있는 지점을 통과한 후에는 정상속도로 운전할 수 있다.

[전문개정 10·8·9]

제44조(열차등의 진행) 열차등은 진행을 지시하는 신호가 있을 때에는 지정속도로 그 표시지점을 지나 다음 신호기까지 진행할 수 있다.

제44조의2(노면전차의 시계운전) 시계운전을 하는 노면전차의 경우에는 다음 각 호의 사항을 준수하여야 한다.

1. 운전자의 가시거리 범위에서 신호 등 주변상황에 따라 열차를 정지시킬 수 있도록 적정 속도로 운전할 것
2. 앞서가는 열차와 안전거리를 충분히 유지할 것
3. 교차로에서 앞서가는 열차를 따라서 동시에 통과하지 않을 것

[본조신설 10·8·9]

제3절 차량의 결합·해체등

제45조(차량의 결합·해체 등) ① 차량을 결합·해체하거나 차량의 차선을 바꿀 때에는 신호에 따라 하여야 한다.

② 본선을 이용하여 차량을 결합·해체하거나 열차등의 차선을 바꾸는 경우에는 다른 열차등과의 충돌을 방지하기 위한 안전조치를 하여야

한다.

[전문개정 10·8·9]

제46조(차량결합 등의 장소) 정거장이 아닌 곳에서 본선을 이용하여 차량을 결합·해체하거나 차선을 바꾸어서는 아니 된다. 다만, 충돌방지 등 안전조치를 하였을 때에는 그러하지 아니하다.

[전문개정 10·8·9]

제4절 선로전환기의 취급 〈개정 10·8·9〉

제47조(선로전환기의 쇄정 및 정위치 유지) ① 본선의 선로전환기는 이와 관계있는 신호장치와 연동쇄정(聯動鎖錠)을 하여 사용하여야 한다.

② 선로전환기를 사용한 후에는 지체 없이 미리 정하여진 위치에 두어야 한다.

③ 노면전차의 경우 도로에 설치하는 선로전환기는 보행자 안전을 위해 열차가 충분히 접근하였을 때에 작동하여야 하며, 운전자가 선로전환기의 개통 방향을 확인할 수 있어야 한다.

[전문개정 10·8·9]

제5절 운전속도

제48조(운전속도) ① 도시철도운영자는 열차등의 특성, 선로 및 전차선로의 구조와 강도 등을 고려하여 열차의 운전속도를 정하여야 한다.

② 내리막이나 곡선선로에서는 제동거리 및 열차등의 안전도를 고려하여 그 속도를 제한하여야 한다.

③ 노면전차의 경우 도로교통과 주행선로를 공유하는 구간에서는 「도로교통법」 제17조에 따른 최고속도를 초과하지 않도록 열차의 운전속도를 정하여야 한다.

[전문개정 10·8·9]

제49조(속도제한) 도시철도운영자는 다음 각 호의 어느 하나에 해당하는 경우에는 운전속도를 제한하여야 한다.

1. 서행신호를 하는 경우
2. 추진운전이나 퇴행운전을 하는 경우
3. 차량을 결합·해체하거나 차선을 바꾸는 경우
4. 쇄정(鎖錠)되지 아니한 선로전환기를 향하여 진행하는 경우
5. 대용폐색방식으로 운전하는 경우
6. 자동폐색신호의 정지신호가 있는 지점을 지나서 진행하는 경우
7. 차내신호의 "0" 신호가 있은 후 진행하는 경우
8. 감속·주의·경계 등의 신호가 있는 지점을 지나서 진행하는 경우
9. 그 밖에 안전운전을 위하여 운전속도제한이 필요한 경우

[전문개정 10·8·9]

제6절 차량의 유치

제50조(차량의 구름 방지) ① 차량을 선로에 두는 경우에는 저절로 구르지 않도록 필요한 조치를 하여야 한다.

② 동력을 가진 차량을 선로에 두는 경우에는 그 동력으로 움직이는 것을 방지하기 위한 조치를 마련하여야 하며, 동력을 가진 동안에는 차량의 움직임을 감시하여야 한다.

[전문개정 10·8·9]

제5장 폐색방식

제1절 통칙 〈개정 10·8·9〉

제51조(폐색방식의 구분) ① 열차를 운전하는 경우의 폐색방식은 일상적으로 사용하는 폐색방식(이하 "상용폐색방식"이라 한다)과 폐색장치의 고장이나 그 밖의 사유로 상용폐색방식에 따를 수 없을 때 사용하는 폐색방식(이하 "대용폐색방식"이라 한다)에 따른다.

② 제1항에 따른 폐색방식에 따를 수 없을 때에는 전령법(傳令法)에 따르거나 무폐색운전을 한다.

[전문개정 10·8·9]

제2절 상용폐색방식

제52조(상용폐색방식) 상용폐색방식은 자동폐색식 또는 차내신호폐색식에 따른다.

[전문개정 10·8·9]

제53조(자동폐색식) 자동폐색구간의 장내신호기, 출발신호기 및 폐색신호기에는 다음 각 호의 구분에 따른 신호를 할 수 있는 장치를 갖추어야 한다.
1. 폐색구간에 열차등이 있을 때: 정지신호
2. 폐색구간에 있는 선로전환기가 올바른 방향으로 되어 있지 아니할 때 또는 분기선 및 교차점에 있는 다른 열차등이 폐색구간에 지장을 줄 때: 정지신호
3. 폐색장치에 고장이 있을 때: 정지신호

[전문개정 10·8·9]

제54조(차내신호폐색식) 차내신호폐색식에 따르려는 경우에는 폐색구간에 있는 열차등의 운전상태를 그 폐색구간에 진입하려는 열차의 운전실에서 알 수 있는 장치를 갖추어야 한다.

[전문개정 10·8·9]

제3절 대용폐색방식

제55조(대용폐색방식) 대용폐색방식은 다음 각 호의 구분에 따른다.
1. 복선운전을 하는 경우: 지령식 또는 통신식
2. 단선운전을 하는 경우: 지도통신식

[전문개정 10·8·9]

제56조(지령식 및 통신식) ① 폐색장치 및 차내신호장치의 고장으로 열차의 정상적인 운전이 불가능할 때에는 관제사가 폐색구간에 열차의 진입을 지시하는 지령식에 따른다.

② 상용폐색방식 또는 지령식에 따를 수 없을 때에는 폐색구간에 열차를 진입시키려는 역장 또는 소장이 상대 역장 또는 소장 및 관제사와 협의하여 폐색구간에 열차의 진입을 지시하는 통신식에 따른다.

③ 제1항 또는 제2항에 따른 지령식 또는 통신식에 따르는 경우에는 관제사 및 폐색구간 양쪽의 역장 또는 소장은 전용전화기를 설치·운용하여야 한다. 다만, 부득이한 사유로 전용전화기를 설치할 수 없거나 전용전화기에 고장이 발생하였을 때에는 다른 전화기를 이용할 수 있다.

[전문개정 10·8·9]

제57조(지도통신식) ① 지도통신식에 따르는 경우에는 지도표 또는 지도권을 발급받은 열차만 해당 폐색구간을 운전할 수 있다.

② 지도표와 지도권은 폐색구간에 열차를 진입시키려는 역장 또는 소장이 상대 역장 또는 소장 및 관제사와 협의하여 발행한다.

③ 역장이나 소장은 같은 방향의 폐색구간으로 진입시키려는 열차가 하나뿐인 경우에는 지도표를 발급하고, 연속하여 둘 이상의 열차를 같은 방향의 폐색구간으로 진입시키려는 경우에는 맨 마지막 열차에 대해서는 지도표를, 나머지 열차에 대해서는 지도권을 발급한다.

④ 지도표와 지도권에는 폐색구간 양쪽의 역 이름 또는 소(所) 이름, 관제사, 명령번호, 열차번호 및 발행일과 시각을 적어야 한다.

⑤ 열차의 기관사는 제3항에 따라 발급받은 지도표 또는 지도권을 폐색구간을 통과한 후 도착지의 역장 또는 소장에게 반납하여야 한다.

[전문개정 10·8·9]

제4절 전령법

제58조(전령법의 시행) ① 열차등이 있는 폐색구간에 다른 열차를 운전시킬 때에는 그 열차에 대하여 전령법을 시행한다.

② 제1항에 따른 전령법을 시행할 경우에는 이미 폐색구간에 있는 열차등은 그 위치를 이동할 수 없다.

[전문개정 10·8·9]

제59조(전령자의 선정 등) ① 전령법을 시행하는 구간에는 한 명의 전령자를 선정하여야 한다.

② 제1항에 따른 전령자는 백색 완장을 착용하여야 한다.

③ 전령법을 시행하는 구간에서는 그 구간의 전령자가 탑승하여야 열차를 운전할 수 있다. 다만, 관제사가 취급하는 경우에는 전령자를 탑승시키지 아니할 수 있다.

[전문개정 10·8·9]

제6장 신호 〈개정 10·8·9〉

제1절 통칙 〈개정 10·8·9〉

제60조(신호의 종류) 도시철도의 신호의 종류는 다음 각 호와 같다.

1. 신호: 형태·색·음 등으로 열차등에 대하여 운전의 조건을 지시하는 것

2. 전호(傳號): 형태·색·음 등으로 직원 상호간에 의사를 표시하는 것

3. 표지: 형태·색 등으로 물체의 위치·방향·조건을 표시하는 것

[전문개정 10·8·9]

제61조(주간 또는 야간의 신호) ① 주간과 야간의 신호방식을 달리하는 경우에는 일출부터 일몰까지는 주간의 방식, 일몰부터 다음날 일출까지는 야간방식에 따라야 한다. 다만, 일출부터 일몰까지의 사이에 기상상태로 인하여 상당한 거리로부터 주간방식에 따른 신호를 확인하기 곤란할 때에는 야간방식에 따른다.

② 차내신호방식 및 지하구간에서의 신호방식은 야간방식에 따른다.

[전문개정 10·8·9]

제62조(제한신호의 추정) ① 신호가 필요한 장소에 신호가 없을 때 또는 그 신호가 분명하지 아니할 때에는 정지신호가 있는 것으로 본다.

② 상설신호기 또는 임시신호기의 신호와 수신호가 각각 다를 때에는

열차등에 가장 많은 제한을 붙인 신호에 따라야 한다. 다만, 사전에 통보가 있었을 때에는 통보된 신호에 따른다.

[전문개정 10·8·9]

제63조(신호의 겸용금지) 하나의 신호는 하나의 선로에서 하나의 목적으로 사용되어야 한다. 다만, 진로표시기를 부설한 신호기는 그러하지 아니하다.

제2절 상설신호기

제64조(상설신호기) 상설신호기는 일정한 장소에서 색등 또는 등열에 의하여 열차등의 운전조건을 지시하는 신호기를 말한다.

제65조(상설신호기의 종류) 상설신호기의 종류와 기능은 다음 각 호와 같다.

1. 주신호기

   가. 차내신호기

주간·야간별 \ 신호의 종류	정지신호	진행신호
주간 및 야간	"0"속도를 표시	지령속도를 표시

   나. 장내신호기, 출발신호기 및 폐색신호기

방식	주간·야간별 \ 신호의 종류	정지신호	경계신호	주의신호	감속신호	진행신호
색등식	주간 및 야간	적색등	상하위 등황색등	등황색등	상위는 등황색등 하위는 녹색등	녹색등

   다. 입환신호기

방식	주간·야간별 \ 신호의 종류	정지신호	진행신호
색등식	주간 및 야간	적색등	등황색등

2. 종속신호기

   가. 원방신호기

방식	주간·야간별 \ 신호의 종류	주신호기가 정지신호를 할 경우	주신호기가 진행을 지시하는 신호를 할 경우
색등식	주간 및 야간	등황색등	녹색등

   나. 중계신호기

방식	주간·야간별 \ 신호의 종류	주신호기가 정지신호를 할 경우	주신호기가 진행을 지시하는 신호를 할 경우
색등식	주간 및 야간	적색등	주신호기가 한 진행을 지시하는 색등

3. 신호부속기

   가. 진로표시기

방식	주간·야간별 \ 개통방향	좌측진로	중앙진로	우측진로
색등식	주간 및 야간	흑색바탕에 좌측방향 백색화살표 ←	흑색바탕에 수직방향 백색화살표	흑색바탕에 우측방향 백색화살표
문자식	주간 및 야간	4각 흑색바탕에 문자 **A** **1**		

   나. 진로개통표시기

방식	주간·야간별 \ 개통방향	진로가 개통되었을 경우	진로가 개통되지 아니한 경우
색등식	주간 및 야간	등황색등 ● ○	적색등 ○ ●

[전문개정 10·8·9]

제3절 임시신호기

제67조(임시신호기의 설치) 선로가 일시 정상운전을 하지 못하는 상태일 때에는 그 구역의 앞쪽에 임시신호기를 설치하여야 한다.

제68조(임시신호기의 종류) 임시신호기의 종류는 다음 각 호와 같다.

1. 서행신호기

서행운전을 필요로 하는 구역에 진입하는 열차등에 대하여 그 구간을 서행할 것을 지시하는 신호기

2. 서행예고신호기

서행신호기가 있을 것임을 예고하는 신호기

3. 서행해제신호기

서행운전구역을 지나 운전하는 열차등에 대하여 서행 해제를 지시하는 신호기

[전문개정 10·8·9]

제69조(임시신호기의 신호방식) ① 임시신호기의 형태·색 및 신호방식은 다음과 같다.

신호의 종류 / 주간·야간별	서행신호	서행예고신호	서행해제신호
주간	백색 테두리의 황색 원판	흑색 삼각형 무늬 3개를 그린 3각형판	백색 테두리의 녹색 원판
야간	등황색등	흑색 삼각형 무늬 3개를 그린 백색등	녹색등

② 임시신호기 표지의 배면(背面)과 배면광(背面光)은 백색으로 하고, 서행신호기에는 지정속도를 표시하여야 한다.

[전문개정 10·8·9]

제4절 수신호

제70조(수신호방식) 신호기를 설치하지 아니한 경우 또는 신호기를 사용하지 못할 경우에는 다음 각 호의 방식으로 수신호를 하여야 한다.

1. 정지신호

가. 주간: 적색기. 다만, 부득이한 경우에는 두 팔을 높이 들거나 또는 녹색기 외의 물체를 급격히 흔드는 것으로 대신할 수 있다.

나. 야간: 적색등. 다만, 부득이한 경우에는 녹색등 외의 등을 급격히 흔드는 것으로 대신할 수 있다.

2. 진행신호

가. 주간: 녹색기. 다만, 부득이한 경우에는 한 팔을 높이 드는 것으로 대신할 수 있다.

나. 야간: 녹색등

3. 서행신호

가. 주간: 적색기와 녹색기를 머리 위로 높이 교차한다. 다만, 부득이한 경우에는 양 팔을 머리 위로 높이 교차하는 것으로 대신할 수 있다.

나. 야간: 명멸(明滅)하는 녹색등

[전문개정 10·8·9]

제71조(선로 지장 시의 방호신호) 선로의 지장으로 인하여 열차등을 정지시키거나 서행시킬 경우, 임시신호기에 따를 수 없을 때에는 지장지점으로부터 200미터 이상의 앞 지점에서 정지수신호를 하여야 한다.

[전문개정 10·8·9]

제5절 전호 〈개정 10·8·9〉

제72조(출발전호) 열차를 출발시키려 할 때에는 출발전호를 하여야 한다. 다만, 승객안전설비를 갖추고 차장을 승무(乘務)시키지 아니한 경우에는 그러하지 아니하다.

[전문개정 10·8·9]

제73조(기적전호) 다음 각 호의 어느 하나에 해당하는 경우에는 기적전호를 하여야 한다.

1. 비상사고가 발생한 경우

2. 위험을 경고할 경우

[전문개정 10·8·9]

제74조(입환전호) 입환전호방식은 다음과 같다.
1. 접근전호
    가. 주간: 녹색기를 좌우로 흔든다. 다만, 부득이한 경우에는 한 팔을 좌우로 움직이는 것으로 대신할 수 있다.
    나. 야간: 녹색등을 좌우로 흔든다.
2. 퇴거전호
    가. 주간: 녹색기를 상하로 흔든다. 다만, 부득이한 경우에는 한 팔을 상하로 움직이는 것으로 대신할 수 있다.
    나. 야간: 녹색등을 상하로 흔든다.
3. 정지전호
    가. 주간: 적색기를 흔든다. 다만, 부득이한 경우에는 두 팔을 높이 드는 것으로 대신할 수 있다.
    나. 야간: 적색등을 흔든다.

[전문개정 10·8·9]

제6절 표지 〈개정 10·8·9〉

제75조(표지의 설치) 도시철도운영자는 열차등의 안전운전에 지장이 없도록 운전관계표지를 설치하여야 한다.

[전문개정 10·8·9]

제7절 노면전차 신호 〈신설 10·8·9〉

제76조(노면전차 신호기의 설계) 노면전차의 신호기는 다음 각 호의 요건에 맞게 설계하여야 한다.
1. 도로교통 신호기와 혼동되지 않을 것
2. 크기와 형태가 눈으로 볼 수 있도록 뚜렷하고 분명하게 인식될 것

[본조신설 10·8·9]

부 칙 〈95·7·27〉

①(시행일) 이 규칙은 공포한 날부터 시행한다.
②(폐지법령) 서울특별시도시철도운전규칙 및 부산도시철도운전규칙은 이를 각각 폐지한다.

부 칙 〈04·12·4〉

①(시행일) 이 규칙은 공포 후 3월이 경과한 날부터 시행한다. 〈단서 생략〉
②생략
③(다른 법령의 개정) 도시철도운전규칙중 다음과 같이 개정한다.
제26조 를 삭제한다.

부 칙 〈06·6·21〉

제1조(시행일) 이 규칙은 2006년 7월 9일부터 시행한다.
    제2조부터 (다른 법령의 개정) ①생략
    ②도시철도운전규칙 일부를 다음과 같이 개정한다.
    제7조를 삭제한다.

부 칙 〈10·8·9〉

이 규칙은 공포한 날부터 시행한다.

부 칙 〈14·7·8〉

제1조(시행일) 이 규칙은 2014년 7월 8일부터 시행한다.
제2조 및 제3조 생략

부 칙 〈18·1·18〉

제1조(시행일) 이 규칙은 2018년 1월 18일부터 시행한다.
제2조부터 제7조까지 생략

부 칙 〈21·8·27〉

이 규칙은 공포한 날부터 시행한다. 〈단서 생략〉

도시철도법 등에 의한 구분지상권 등기규칙

2009· 9· 28 대법원규칙 제2248호
2017· 2· 2 대법원규칙 제2718호
2019· 1· 9 대법원규칙 제2824호
2021·10·29 대법원규칙 제3005호

제1조(목적) 이 규칙은 「도시철도법」 제12조제3항, 「도로법」 제28조제5항, 「전기사업법」 제89조의2제3항, 「농어촌정비법」 제110조의3제3항, 「철도의 건설 및 철도시설 유지관리에 관한 법률」 제12조의3제3항, 「지역 개발 및 지원에 관한 법률」 제28조제4항, 「수도법」 제60조의3제3항, 「전원개발촉진법」제6조의4제3항 및 「하수도법」제10조의3제3항에 따른 부동산등기의 특례를 규정함을 목적으로 한다. 〈개정 04·7·26, 09·9·28, 17·2·2, 19·1·9, 21·10·29〉

제2조(수용·사용의 재결에 의한 구분지상권설정등기〈개정 09·9·28〉) ①「도시철도법」 제2조제7호의 도시철도건설자(이하 "도시철도건설자"라 한다), 「도로법」 제2조제5호의 도로관리청(이하 "도로관리청"이라 한다), 「전기사업법」 제2조제2호의 전기사업자(이하 "전기사업자"라 한다), 「농어촌정비법」 제10조의 농업생산기반 정비사업 시행자(이하 "농업생산기반 정비사업 시행자"라 한다), 「철도의 건설 및 철도시설 유지관리에 관한 법률」 제8조의 철도건설사업의 시행자(이하 "철도건설사업 시행자"라 한다), 「지역 개발 및 지원에 관한 법률」 제19조의 지역개발사업을 시행할 사업시행자(이하 "지역개발사업 시행자"라 한다), 「수도법」제3조제21호의 수도사업자(이하 "수도사업자"라 한다), 「전원개발촉진법」 제3조의 전원개발사업자(이하 "전원개발사업자"라 한다) 및 「하수도법」 제10조의3의 공공하수도를 설치하려는 자(이하 "공공하수도를 설치하려는 자"라 한다)가 「공익사업을 위한 토지 등의 취득 및 보상에 관한 법률」에 따라 구분지상권의 설정을 내용으로 하는 수용·사용의 재결을 받은 경우 그 재결서와 보상 또는 공탁을 증명하는 정보를 첨부정보로서 제공하여 단독으로 권리수용이나 토지사용을 원인으로 하는 구분지상권설정등기를 신청할 수 있다. 〈개정 09·9·28, 17·2·2, 19·1·9, 21·10·29〉

②제1항의 구분지상권설정등기를 하고자 하는 토지의 등기기록에 그 토지를 사용·수익하는 권리에 관한 등기 또는 그 권리를 목적으로 하는 권리에 관한 등기가 있는 경우에도 그 권리자들의 승낙을 받지 아니하고 구분지상권설정등기를 신청할 수 있다. 〈개정 09·9·28〉

제3조(수용재결에 의한 구분지상권이전등기) ①도시철도건설자, 도로관리청, 전기사업자, 농업생산기반 정비사업 시행자, 철도건설사업 시행자, 지역개발사업 시행자, 수도사업자, 전원개발사업자 및 공공하수도를 설치하려는 자가 「공익사업을 위한 토지 등의 취득 및 보상에 관한 법률」에 따라 이미 등기되어 있는 구분지상권을 수용하는 내용의 재결을 받은 경우 그 재결서와 보상 또는 공탁을 증명하는 정보를 첨부정보로서 제공하여 단독으로 권리수용을 원인으로 하는 구분지상권이전등기를 신청할 수 있다. 〈개정 04·7·26, 09·9·28, 17·2·2, 19·1·9, 21·10·29〉

②제1항의 구분지상권이전등기 신청이 있는 경우 수용의 대상이 된 구분지상권을 목적으로 하는 권리에 관한 등기가 있거나 수용의 개시일 이후에 그 구분지상권에 관하여 제3자 명의의 이전등기가 있을 때에는 직권으로 그 등기를 말소하여야 한다. 〈개정 09·9·28〉

제4조(강제집행 등과의 관계〈개정 09·9·28〉) 제2조에 따라 마친 구분지상권설정등기 또는 제3조의 수용의 대상이 된 구분지상권설정등기(이하 "구분지상권설정등기"라 한다)는 다음 각 호의 경우에도 말소할 수

없다. 〈개정 09·9·28, 17·2·2, 19·1·9〉

1. 구분지상권설정등기보다 먼저 마친 강제경매개시결정의 등기, 근저당권 등 담보물권의 설정등기, 압류등기 또는 가압류등기 등에 기하여 경매 또는 공매로 인한 소유권이전등기를 촉탁한 경우

2. 구분지상권설정등기보다 먼저 가처분등기를 마친 가처분채권자가 가처분채무자를 등기의무자로 하여 소유권이전등기, 소유권이전등기말소등기, 소유권보존등기말소등기 또는 지상권·전세권·임차권설정등기를 신청한 경우

3. 구분지상권설정등기보다 먼저 마친 가등기에 의하여 소유권 이전의 본등기 또는 지상권·전세권·임차권설정의 본등기를 신청한 경우

부 칙 〈96·9·30〉

이 규칙은 공포한 날부터 시행한다.

부 칙 〈99·2·27〉

이 규칙은 공포한 날로부터 시행한다.

부 칙 〈04·7·26〉

이 규칙은 공포한 날부터 시행한다.

부 칙 〈09·9·28〉

이 규칙은 2009년 11월 22일부터 시행한다.

부 칙 〈17·2·2〉

제1조(시행일) 이 규칙은 공포한 날부터 시행한다.
제2조(적용례) 「농어촌정비법」 제110조의3에 따른 구분지상권의 설정·이전등기에 관한 개정규정은 「농어촌정비법」(법률 제14480호, 2016.12.

27. 시행) 시행 후 토지의 지상 또는 지하 공간의 사용에 관하여 협의하거나 재결을 신청한 경우부터 적용한다.

부 칙 〈19·1·9〉

이 규칙은 공포한 날부터 시행한다.

부 칙 〈21·10·29〉

제1조(시행일) 이 규칙은 2021년 12월 16일부터 시행한다. 다만, 「하수도법」 제10조의3에 관한 개정규정은 2022년 1월 6일부터 시행한다.
제2조(적용례) 「전원개발촉진법」 제6조의4에 관한 개정규정은 2021년 12월 16일 이후 전원개발사업자가 구분지상권의 등기를 신청하는 경우(2021년 12월 15일 이전에 「전원개발촉진법」에 따라 구분지상권에 관한 수용·사용 재결을 완료하였으나 등기를 마치지 못한 경우를 포함한다)부터 적용한다.

도시철도채권 매입사무 취급규칙

제정 1980· 4·18 교통부령 제655호
개정 1982· 8·12 교통부령 제744호
　　 1987·10·22 교통부령 제869호
　　 1990· 7·30 교통부령 제932호
　　 1991· 7·27 교통부령 제953호
　　 1998· 6·29 건설교통부 제 140호
　　 2000· 3·27 건설교통부 제1360호(농업협동조합법시행규칙)
　　 2003· 7·16 건설교통부 제 365호
　　 2008· 3·14 국토해양부 제   4호(정부조직법의 개정에 따른 감정평가에 관한 규칙 등 일부 개정령)
　　 2009· 7· 2 국토해양부 제 146호
　　 2013· 3·23 국토교통부 제   1호(국토교통부와 그 소속기관 직제 시행규칙)
　　 2014· 7· 8 국토교통부 제 106호(도시철도법 시행규칙 전부개정령)
　　 2015· 2·25 국토교통부령 제185호
　　 2017· 5· 2 국토교통부령 제419호(법령서식 일괄 개정을 위한 역세권의 개발 및 이용에 관한 법률 시행규칙 등 일부개정령)
　　 2021· 8·27 국토교통부령 제882호(어려운 법령용어 정비를 위한 80개 국토교통부령 일부개정령)

제1조(목적) 이 규칙은 「도시철도법」 및 같은 법 시행령에 따른 도시철도채권의 매입등에 관하여 필요한 사항을 정함을 목적으로 한다. 〈개정 91·7·27, 03·7·16, 15·2·25〉
[전문개정 87·10·22]

제2조(도시철도채권의 중도상환〈개정 03·7·16〉) ① 도시철도채권(이하 "채권"이라 한다)은 다음 각 호의 어느 하나에 해당하는 경우를 제외하고는 중도에 상환할 수 없다. 〈개정 87·10·22, 91·7·27, 03·7·16, 09·7·2〉

1. 채권의 매입사유가 된 면허, 허가 또는 인가가 채권매입자의 귀책사유없이 취소된 경우
2. 국가, 지방자치단체, 도시철도건설자 및 도시철도운영자와 건설공사 도급계약(도시철도채권발행자, 도시철도건설자 및 도시철도운영자의 발주분만 해당한다. 이하 같다)을 체결하거나, 도시철도의 건설·운영에 필요한 용역계약 또는 물품구매계약(도시철도건설자 또는 도시철도운영자의 발주분만 해당한다)을 체결한 자가 그의 귀책사유 없이 계약을 취소당한 경우
3. 채권매입대상자가 아닌 자가 착오로 채권을 매입하였거나 매입하여야 할 금액을 초과하여 매입한 경우

② 제1항에 따라 중도상환을 받으려는 자는 해당 사무를 취급하는 국가 또는 지방자치단체의 장, 도시철도건설자 또는 도시철도운영자가 발행하는 제1항 각 호의 어느 하나에 해당함을 증명하는 서류를 갖추어 채권의 매출 및 상환업무의 사무취급기관(이하 "사무취급기관"이라 한다)에 신청하여야 한다. 〈개정 87·10·22, 91·7·27, 09·7·2〉

제3조(과세표준액) 도시철도법시행령(이하 "영"이라 한다) 별표 2에서 "과세표준액"이라 함은 지방세법에 의한 과세표준액을 말한다.
[전문개정 03·7·16]

제4조(채권매입의무면제자의 범위) 영 별표 2의 비고란 제1호에 따라 도시철도채권매입의무를 면제하는 대상자의 범위는 다음 각 호와 같다. 〈개정 82·8·12, 87·10·22, 98·6·29, 00·3·27, 03·7·16, 08·3·14, 09·7·

2, 13 · 3 · 23, 15 · 2 · 25〉

1. 국가기관 : 헌법 · 정부조직법 기타 특별법에 의하여 설립된 기관과 그 소속기관

2. 지방자치단체 : 지방자치단체 및 그 소속기관

3. 공공기관 : 「공공기관의 운영에 관한 법률」 제4조에 따른 공공기관 중 정부가 100분의 50 이상의 지분을 가지고 있는 공공기관

4. 금융회사

가. 한국은행법 · 한국산업은행법 기타 특별법에 의하여 설립된 은행 및 은행법에 의한 은행

나. 농업협동조합법에 의하여 설립된 조합 및 농업협동조합중앙회

다. 수산업협동조합법에 의하여 설립된 수산업협동조합 및 수산업협동조합중앙회

라. 삭제 〈00 · 3 · 27〉

마. 기타 특별법에 의하여 설립된 조합 또는 기관으로서 국토교통부장관이 기획재정부장관과 협의하여 지정하는 조합 또는 기관

5. 주한 외국정부기관

가. 외국정부의 공관 및 사절단

나. 국제기구(대한민국 국민이 아닌 그 구성원을 포함한다)

다. 미합중국 군대 및 국제연합군(대한민국 국민이 아닌 그 구성원과 군속을 포함한다)

6. 사립학교법 제2조의 규정에 의한 사립학교

제4조의2(채권매입의무 면제대상 자동차의 범위) 「도시철도법」 제21조제1항제2호 단서에서 "국토교통부령이 정하는 경형자동차"라 함은 자동차관리법시행규칙 별표 1의 경형자동차를 말한다. 〈개정 08 · 3 · 14, 13 · 3 · 23, 14 · 7 · 8〉

[본조신설 03 · 7 · 16]

제5조(채권매입의무일부면제대상자 및 그 면제대상항목) ① 영 별표 2의 비고란 제2호나목에 따라 채권매입의무가 일부면제되는 대상자의 범위, 면제대상항목 및 제출서류는 별표와 같다. 〈개정 09 · 7 · 2〉

②채권매입의무의 일부면제를 받으려는 자는 별지 제1호서식에 따른 도시철도채권 매입의무 일부면제 신청서를 국가 또는 지방자치단체의 장(이하 "매입확인증징구의무자"라 한다)에게 제출하여야 한다. 〈개정 14 · 7 · 8, 15 · 2 · 25〉

③매입필증징구의무자가 제2항에 따른 일부면제신청서를 받은 경우에 해당 신청인과 면제신청항목이 별표 1에 규정된 면제대상자와 면제대상항목에 해당하는 때에는 채권의 매입을 면제하고, 이를 별지 제2호서식에 따른 도시철도채권 매입의무 일부면제자기록부에 기재하여야 한다. 〈개정 15 · 2 · 25〉

제6조(매입확인증의 발급〈개정 09 · 7 · 2, 15 · 2 · 25〉**)** ① 사무취급기관은 채권을 매출하는 때에는 채권매입확인증(이하 "매입확인증"이라 한다)을 매입자에게 발급하여야 한다. 〈개정 09 · 7 · 2, 15 · 2 · 25〉

②매입확인증에는 다음 각 호의 사항을 기재하고 사무취급기관의 장이 기명 · 날인하여야 한다. 〈개정 15 · 2 · 25〉

1. 채권의 기호 및 번호

2. 매입금액

3. 매입자의 주소 및 성명

4. 매입목적

5. 매입확인증징구의무자

③사무취급기관은 별지 제3호서식에 따른 도시철도채권 매입확인증 발행대장을 비치하고, 매입확인증의 발급에 관한 사항을 기재하여야 한다. 〈개정 15 · 2 · 25〉

④매입확인증은 그 매입확인증에 기재된 매입자 · 매입목적 및 매입확인증징구의무자에 한하여 이를 사용할 수 있다. 〈개정 15 · 2 · 25〉

⑤매입확인증의 기재사항에 착오 또는 누락이 있는 경우에는 그 채권

의 매입자는 채권의 매입일로부터 1개월 안에 별지 제4호서식에 따른 도시철도채권 매입확인증 기재사항 정정신청서를 사무취급기관에 제출하여야 한다.〈개정 15·2·25〉

⑥사무취급기관이 제5항에 따른 정정신청서를 받은 경우에는 그 착오 또는 누락 여부를 확인한 후 착오 또는 누락이 있을 때에는 이를 정정하고, 그 매입확인증에 정정의 표시와 함께 날인을 하여야 한다.〈개정 15·2·25〉

제7조(매입확인증의 재발급) ① 채권의 매입자는 매입확인증을 멸실하거나 도난 등의 사유로 분실한 경우에 영 제15조제5항에 따라 매입확인증을 재발급받으려면 별지 제5호서식에 따른 도시철도채권 매입확인증 재발급 신청서에 매입확인증징구의무자로부터 발급받은 별지 제6호서식에 따른 도시철도채권 매입확인증 미사용 증명서를 첨부하여 사무취급기관에 제출하여야 한다.

② 매입확인증징구의무자는 제1항에 따라 매입확인증 미사용 증명서를 발급하였을 때에는 별지 제7호서식에 따른 도시철도채권 매입확인증 미사용 증명서 발급대장에 증명서 발급사실을 기재하여야 한다.

③ 사무취급기관이 제1항에 따라 매입확인증을 재발급하는 경우에는 매입확인증의 우측상단에 재발급의 표시를 하고, 별지 제8호서식에 따른 도시철도채권 매입확인증 재발급대장에 재발급사실을 기재하여야 한다.

[전문개정 15·2·25]

제8조(매입확인증의 징구〈개정 15·2·25〉) ① 매입확인증징구의무자는 다음 각 호의 구분에 따라 매입확인증을 징구하여야 한다.〈개정 87·10·22, 98·6·29, 15·2·25〉

1. 면허·허가 또는 인가를 하는 경우 : 해당 면허증·허가증 또는 인가증을 교부할 때에 매입확인증을 징구한다.
2. 등기 또는 등록을 하는 경우 : 해당 등기신청서 또는 등록신청서를 접수할 때에 매입확인증을 징구한다.
3. 건설공사도급계약·용역계약 또는 물품 구매계약을 체결하는 경우 : 해당 건설공사도급계약·용역계약 또는 물품구매계약을 체결할 때에 매입확인증을 징구한다. 다만, 공사기간이 2년이상인 건설공사나 단가계약에 의한 물품구매의 경우에는 그 대금을 지급할 때에 매입필증(대금을 분할하여 지급할 때에는 그 분할대금에 해당하는 매입필증)을 징구한다.

② 매입확인증징구의무자가 매입확인증을 징구하였을 때에는 별표 2에 따른 소인(消印)의 표시를 하고, 별지 제9호서식에 따른 도시철도채권 매입확인증 징구대장에 다음 각 호의 사항을 기재하여야 한다.〈개정 15·2·25〉

1. 채권의 기호 및 번호
2. 매입금액
3. 매입자의 주소 및 성명
4. 매입목적

③ 매입확인증징구의무자는 매입확인증을 징구한 경우에는 그 징구일로부터 5년간 이를 보관하고, 국토교통부장관, 사무취급기관의 장이나 그 밖의 관계기관의 요구가 있을 때에는 이를 제시하여야 한다.〈개정 98·6·29, 08·3·14, 13·3·23, 15·2·25〉

제9조(매입대상자) ① 채권의 매입대상자는 면허·허가·인가 또는 등기·등록을 신청하는 자, 건설공사도급계약·용역계약 및 물품구매계약의 수급인으로 한다.〈개정 87·10·22〉

②1개의 면허·허가·인가 또는 등기·등록이나 건설공사도급계약·용역계약 및 물품구매계약에 관하여 2인이상이 공동으로 채권을 매입하여야 하는 경우에는 공동신청인 전부를 채권매입대상자로 한다.〈개정 87·10·22〉

③제2항의 경우에 신청인중 1인이 채권매입면제대상자인 때에는 신청

인 전부에 대하여 채권매입을 면제한다. 다만, 면제대상자의 매입상당 금액이나 그 공유지분이 명백할 경우에는 해당금액의 채권매입만을 면제한다.

부   칙 〈80·4·18〉

이 규칙은 공포한 날로부터 시행한다.

부   칙 〈82·8·12〉

①(시행일) 이 규칙은 공포한 날로부터 시행한다.
②(적용시한) 별표의 대상자의 구분란의 제7호중 면제항목란의 제2호 가목의 개정규정은 1983년 12월 31일까지 그 효력을 가진다.

부   칙 〈87·10·22〉

이 규칙은 공포한 날로부터 시행한다.

부   칙 〈90·7·30〉

이 규칙은 공포한 날부터 시행한다.

부   칙 〈91·7·27〉

제1조(시행일) 이 규칙은 공포한 날부터 시행한다.
제2조(다른 법령의 개정) ①서울특별시지하철운전규칙중 다음과 같이 개정한다.
　제명 "서울특별시지하철운전규칙"을 "서울특별시도시철도운전규칙"으로 한다.
　제1조·제2조·제3조·제12조 및 제98조중 "지하철도"를 각각 "도시철도"로 한다.
②부산교통채권사무취급규칙중 다음과 같이 개정한다.

제2조중 "지하철도채권매입사무취급규칙"을 "도시철도채권매입사무취급규칙"으로 한다.

부   칙 〈98·6·29〉

이 규칙은 공포한 날부터 시행한다.

부   칙 〈00·3·27〉

제1조 (시행일) 이 규칙은 2000년 7월 1일부터 시행한다.
제2조부터 제4조까지 생략

부   칙 〈03·7·16〉

이 규칙은 공포한 날부터 시행한다.

부   칙 〈08·3·14〉

이 규칙은 공포한 날부터 시행한다.

부   칙 〈09·7·2〉

이 규칙은 공포한 날부터 시행한다.

부   칙 〈13·3·23〉

제1조(시행일) 이 규칙은 공포한 날부터 시행한다.〈단서 생략〉
제2조부터 제6조까지 생략

부   칙 〈14·7·8〉

제1조(시행일) 이 규칙은 2014년 7월 8일부터 시행한다.
제2조 및 제3조 생략

부   칙 〈15·2·25〉

제1조(시행일) 이 규칙은 공포한 날부터 시행한다.
제2조(서식에 관한 경과조치) 이 규칙 시행 당시 종전의 규정에 따른 서식은 이 규칙에 따른 서식과 함께 사용할 수 있다.

부   칙 〈17·5·2〉

이 규칙은 공포한 날부터 시행한다.

부   칙 〈21·10·29〉

이 규칙은 공포한 날부터 시행한다. 〈단서 생략〉

[별표 1] 〈개정 14·7·8, 15·2·25, 21·8·27〉

도시철도채권매입의무의 일부면제대상자의 범위 및 그 면제항목(제5조관련)

대상자의 구분	대상자의 범위	면제항목	면제대상자임을 확인받고자 하는 자가 제출할 서류
1. 외국인	1. 출입국관리법제34조의 규정에 의하여 외국인 등록을 한 외국인으로서 영업에 종사하지 아니하는 자 2. 비영리외국법인 또는 비영리외국단체 3. 경제개발계획의 수행에 긴요하다고 인정되는 사업에 참여하는 외국법인 또는 외국단체	1. 비사업용자동차의 신규등록 또는 이전등록 2. 건설기계의 신규등록 또는 이전등록	1. 거류신고증 사본 1부(대상자의 범위중 제1호의 자에 한한다) 2. 주무부장관이 비영리외국법인 또는 비영리외국단체임을 확인하는 서류(대상자의 범위중 제2호의 자에 한한다) 3. 주무부장관이 경제개발계획의 수행에 긴요하다고 인정하는 사업에 참여하는 외국단체임을 확인하는 외국법인 또는 외국단체임을 확인하는 서류(대상자의 범위중 제3호의 자에 한한다)
2. 경제개발 또는 공익을 목적으로 제정된 특별법에 의하여 설립된 법인과 그 소속 단체	1. 상공회의소법에 의한 상공회의소와 대한상공회의소 2. 중소기업협동조합법에 의한 중소기업협동조합·중소기업협동조합연합회 및 중소기업협동조합중앙회 3. 공업배치및공장설립에 관한법률에 의한 산업단지관리공단 4. 노동조합및노동관계조정법에 의한 노동조합 5. 한국해운조합법에 의한 한국해운조합 6. 사회복지사업법에 의한 사회복지법인	1. 삭제〈2009.7.2〉 2. 삭제〈2009.7.2〉 3. 『조세특례제한법』 또는 『지방세법』 등에 따라 등록세가 면제되는 등록 4. 비사업용자동차의 신규등록 또는 이전등록 5. 건설기계의 신규등록(대상자의 범위중 제35호의 자에 한한다) 6. 토지형질변경허가(대상자의 범위중 제6호의 자에 한한다)	1. 등록 또는 등기 목적물을 업무용으로 취득하는 것임을 주무부장관이 확인하는 서류(면제항목중 제1호의 경우에 한한다) 2. 법인등기부등본 또는 주무부장관이 대상자의 범위에 속하는 자임을 증명하는 서류
	7. 보호관찰등에관한법률에 의한 한국갱생보호공단 8. 산업연구원법에 의한 산업연구원 9. 국방과학연구소법에 의한 국방과학연구소 10. 대한민국재향군인회법에 의한 대한민국재향군인회 11. 건설산업기본법에 의한 건설공제조합 12. 변호사법에 의한 변호사회와 대한변호사협회 13. 엽연초생산협동조합법에 의한 엽연초생산협동조합과 엽연초생산협동조합중앙회 14. 대한교원공제회법에 의한 대한교원공제회 15. 한국자유총연맹 육성에관한법률에의한 한국자유총연맹 16. 대한적십자사조직법에 의한 대한적십자사 17. 국가유공자등단체설립에관한법률에 의한 대한민국상이군경회·대한민국전몰군경유족회·대한민국전몰군경미망인회·광복회·4.19의거상이자회·4.19의거희생자유족회 및 재일학도의용군동지회		

대상자의 구분	대상자의 범위	면제항목	면제대상자임을 확인받고자 하는 자가 제출할 서류
	18. 한국교육개발원육성법에 의한 한국교육개발원		
	19. 한국개발연구원법에 의한 한국개발연구원		
	20. 신용협동조합법에 의한 신용협동조합·신용협동조합연합회 및 신용협동조합중앙회		
	21. 새마을금고법에 의한 새마을금고 및 새마을금고연합회		
	22. 한국보건사회연구원법에 의한 한국보건사회연구원		
	23. 수산업협동조합법에 의한 어촌계		
	24. 문화예술진흥법에 의한 한국문화예술진흥원		
	25. 스카우트활동육성에 관한법률에 의한 스카우트 주관단체		
	26. 특정연구기관육성법에 의한 특정연구기관		
	27. 유네스코활동에관한법률에 의한 유네스코 한국위원회		
	28. 임업협동조합법에 의한 임업협동조합과 임업협동조합중앙회		
	29. 농지개량조합법에 의한 농지개량조합		
	30. 한국마사회법에 의한 한국마사회		
	31. 한국과학재단법에 의한 한국과학재단		

대상자의 구분	대상자의 범위	면제항목	면제대상자임을 확인받고자 하는 자가 제출할 서류
	32. 한국공항공단법에 의한 한국공항공단		
	33. 교통안전공단법에 의한 교통안전공단		
	34. 한국농촌경제연구원육성법에 의한 한국농촌경제연구원		
	35. 「도시철도법」에 따라 도시철도건설사업 또는 도시철도운송사업을 위탁받은 법인		
	36. 중소기업진흥및제품구매촉진에관한법률에 의한 중소기업진흥공단		
	37. 공업발전법에 의하여 설립된 한국섬유산업연합회		
	38. 한국지방행정연구원육성법에 의한 한국지방행정연구원		
	39. 한국여성개발원법에 의한 한국여성개발원		
	40. 한국산업인력관리공단법에 의한 한국산업인력관리공단		
	41. 서울대학교병원설치법에 의한 서울대학교병원		
	42. 한국해양소년단연맹육성에관한법률에 의한 한국해양소년단연맹		
	43. 소비자보호법에 의한 한국소비자보호원		
	44. 공무원연금법에 의한 공무원연금관리공단		

대상자의 구분	대상자의 범위	면제항목	면제대상자임을 확인받고자 하는 자가 제출할 서류
	45. 사립학교교원연금법에 의한 사립학교교원연금관리공단 46. 도시교통정비촉진법에 의한 교통개발연구원 47. 법률구조법에 의한 대한법률구조공단 48. 한국법제연구원법에 의한 한국법제연구원 49. 군인공제회법에 의한 군인공제회 50. 2002년월드컵축구대회지원법에 의한 재단법인 2002년월드컵축구대회조직위원회 51. 환경관리공단법에 의한 환경관리공단 52. 한국자원재생공사법에 의한 한국자원재생공사 53. 예금자보호법에 의한 예금보험공사 54. 「도로교통법」에 따른 도로교통공단		
3. 「민법」 제32조에 따른 비영리법인으로서 국고보조 또는 지방비의 보조를 받는 법인	해당 연도 현재 국고보조 또는 지방비보조를 받고 있는 비영리법인	「조세특례제한법」 또는 「지방세법」 등에 따라 등록세가 면제되는 등록	해당 연도 현재 국고보조 또는 지방비보조를 받고 있음을 주무부장관이 확인하는 서류
4. 「외국인투자 촉진법」에 따른 외국인투자기업 또는 차관을 도입한 차관기업체	「외국인투자 촉진법」에 따라 인가를 받은 외국인투자기업으로서 외국인투자인가일부터 3년이내인 기업체	1. 비사업용자동차의 신규등록 또는 이전등록 2. 관광숙박업(관광사업법의 적용을 받는 숙박업)의 신규등록 및 명의변경	1. 주무부장관이 발행하는 외국인투자인가서의 사본 2. 법인등기부등본
5. 언론기관	1. 일간신문사 2. 일간통신사 3. 주간신문사 4. 월간(순간·계간을 포함한다)잡지사 5. 방송국(방송국의 출자에 의하여 설립되어 전파탑만을 관리하는 법인을 포함한다)	1. 언론사업수행에 직접 사용되는 비사업용자동차의 신규등록 또는 이전등록 2. 삭제 〈09·7·2〉	1. 법인등기부등본 2. 삭제 〈09·7·2〉
6. 정당법의 규정에 의하여 설립된 정당	정당법에 의한 정당	1. 비사업용자동차의 신규등록 또는 이전등록 2. 조세감면규제법 또는 지방세법에 의하여 등록세가 면제되는 등기 또는 등록	정당등록증의 사본
7. 대중교통수단에 제공되는 시내버스의 운송사업자와 주택건	1. 대중교통수단에 제공되는 시내버스의 운송사업자 2. 주택건설을 목적으로 토지형질변경허가를 신청하는 자	1. 시내버스 신규등록 및 이전등록(대상자의 범위중 제1호의 자에 한한다) 2. 다음 각목의 1에	1. 각 시·도지사가 시내버스운송사업용으로 취득하는 것임을 증명하는 서류(대상자의 범위중 제1호의 자에 한한다) 2. 주무부장관 또는 지방자

대상자의 구분	대상자의 범위	면제항목	면제대상자임을 확인받고자 하는 자가 제출할 서류
설을 목적으로 토지형질변경허가를 신청하는 자		해당되는 토지형질변경허가(대상자의 범위중 제2호의 자에 한한다) 가. 주택건설촉진법제3조제5호에 규정된 사업주체가 전용면적 60제곱미터(공용면적을 포함하는 경우에는 70제곱미터)이하인 주택(임대를 목적으로 하는 주택을 포함한다)을 건설하기 위한 토지형질변경의 허가 나. 가목외의 주택을 건설하기 위한 토지형질변경허가. 다만, 토질형질변경허가를 신청한 토지면적 중 국가 또는 지방자치단체에 귀속(기부채납을 포함한다)되는 토지의 면적에 한한다.	치단체의 장이 면제항목 제2호 각목의 1에 해당하는 토지형질변경임을 증명하는 서류(대상자의 범위중 제2호의 자에 한한다)

대상자의 구분	대상자의 범위	면제항목	면제대상자임을 확인받고자 하는 자가 제출할 서류
8. 「상법」에 따라 합병으로 설립되는 법인 또는 합병 후 존속하는 법인으로서 그 합병에 따른 등록을 신청하는 자와 합명회사에서 합자회사로, 합자회사에서 합명회사로, 주식회사에서 유한회사로 또는 유한회사에서 주식회사로 조직을 변경하는 경우 그 조직변경에 따라 등록을 신청하는 자	1. 「상법」에 따른 합병으로 등록을 신청하는 회사 2. 상법에 따라 합명회사에서 합자회사로, 합자회사에서 합명회사로, 주식회사에서 유한회사로 또는 유한회사에서 주식회사로 조직을 변경하는 경우 그 조직변경에 따른 등록을 신청하는 회사	1. 법인설립이나 조직변경에 따른 등록 2. 해당 회사가 합병 또는 조직변경으로 소멸한 회사로부터 승계한 자동차의 이전등록	1. 합병 또는 조직변경내용이 포함된 주주총회의 회의록 사본 2. 해당 자동차가 합병 또는 조직변경으로 소멸된 회사의 재산임을 증명하는 등록원부등본
9. 제조업·광업·건설업·운수업 또는 수산업을 영위하는 자가 해당 사업에 1년 이상	개인기업자가 해당 사업에 1년 이상 사용한 사업용 자산을 현물출자하여 법인을 설립하기 위하여 「상법」에 따른 등록을 신청하는 회사	1. 법인설립에 따른 등록 2. 해당 회사가 개인 기업으로부터 승계한 자동차의 이전등록	1. 개인기업을 1년 이상 영위하였음을 증명할 수 있는 관계 증명서류 2. 법인전환의 내용이 포함된 주주총회의 회의록사본(발기설립의 경우에는 감사인의 선임 및 감사인의 설립경과조사서 사본)

대상자의 구분	대상자의 범위	면제항목	면제대상자임을 확인받고자 하는 자가 제출할 서류
사용한 사업용 자산을 현물출자하여 법인을 설립하기 위하여 등록을 신청하는 자(「조세특례제한법」 제32조에 따른 양도소득세의 이월과세를 적용받는 자만 해당한다)			3. 해당 자동차가 법인전환으로 소멸된 개인기업의 재산임을 증명하는 등록원부등본

[별표 2] 〈신설 15·2·25〉

도시철도채권 매입확인증의 소인(제8조제2항 관련)

가. 소인의 모양

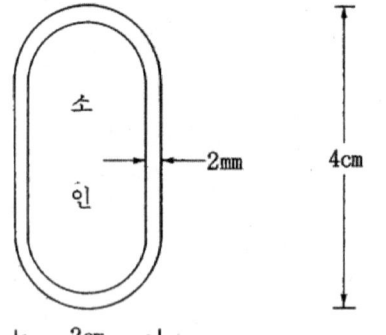

나. 소인의 위치

매입확인증의 우측상단에 적색 또는 청색의 스탬프를 사용하여 소인한다.

[별지 제1호서식] 〈개정 91·7·27, 15·2·25〉

도시철도채권 매입의무 일부면제 신청서

(앞쪽)

접수번호		접수일		처리기간	1일
신청인	성명(법인명 및 대표자 성명)				
	주소				
신청내용	매입대상항목				
	매입대상금액				
	면제근거				

「도시철도채권 매입사무 취급규칙」 제5조제2항에 따라 위와 같이 도시철도채권의 매입의무 일부면제를 신청합니다.

　　　　　　　　　　　년　　월　　일
　　　　　　　　　　　신청인　　　　　　　(서명 또는 인)

국토교통부장관
특별시장·광역시장
특별자치시장·특별자치도지사　귀하
시장·군수·구청장

첨부서류	「도시철도채권 매입사무 취급규칙」 별표 1에 따른 제출서류	수수료 없음

210㎜×297㎜[백상지 80g/㎡(재활용품)]

(뒤쪽)

처리절차

이 신청서는 아래와 같이 처리됩니다.

신 청 인	처 리 기 관
	국토교통부, 특별시·광역시·특별자치시·특별자치도 및 시·군·구(담당부서)

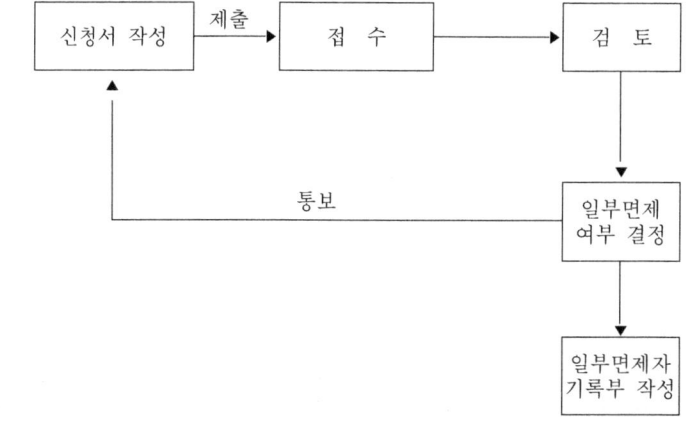

도시철도채권 매입사무 취급규칙 [별지] 528

[별지 제2호서식] 〈개정 91·7·27, 15·2·25〉

도시철도채권 매입의무 일부면제자 기록부

일련 번호	신청인(매입자)		면제대상항목	면제금액	면제근거	면제 사유
	성명	주 소				

210㎜×297㎜[백상지 80g/㎡(재활용품)]

[별지 제3호서식] 〈개정 91·7·27, 15·2·25, 21·8·27〉

도시철도채권 매입확인증 발행대장

일련 번호	신청인(매입자)		채권 및 매입확인증			매입 목적	청구 기관
	성명	주 소	채권 종류별	기호 및 번호	매입금액		

210㎜×297㎜[백상지 80g/㎡(재활용품)]

[별지 제4호서식] 〈개정 91·7·27, 15·2·25, 17·5·2〉

(앞쪽)

도시철도채권 매입확인증 기재사항 정정신청서

접수번호		접수일		처리기간	즉시
신청인	성명(법인명 및 대표자 성명)		법인등록번호		
	주소				

신청내용	당초	채권 기호 및 번호		채권 금액	
		매입자 성명	정정	매입자 성명	
		매입목적		매입목적	
		징구기관		징구기관	
		발행일자		발행일자	

「도시철도채권 매입사무 취급규칙」 제6조제5항에 따라 위와 같이 도시철도채권 매입확인증 기재사항의 정정을 신청합니다.

년 월 일

신청인 (서명 또는 인)

사무취급기관의 장 귀하

첨부서류	매입확인증 1부	수수료 없음

210㎜×297㎜[백상지 80g/㎡]

(뒤쪽)

처리절차	
	이 신청서는 아래와 같이 처리됩니다.
신 청 인	처 리 기 관
	한국은행, 해당 지방자치단체가 지정하는 금융기관, 한국예탁결제원

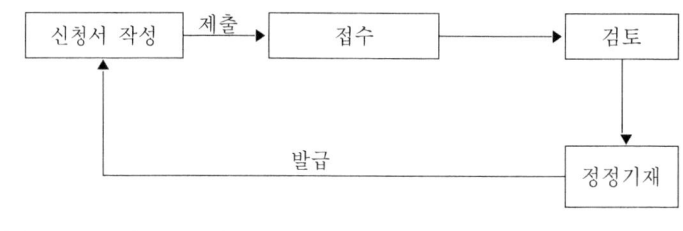

[별지 제5호서식] 〈개정 91·7·27, 15·2·25, 17·5·2, 21·8·27〉

(뒤쪽)

도시철도채권 매입확인증 재발급 신청서

(앞쪽)

접수번호			접수일		처리기간	1일
신청인	성명(법인명 및 대표자 성명)			법인등록번호		
	주소					

신청내용	채권 및 매입 확인 증	기호 및 번호(채권 종류별)
		매입금액
		매입목적
		징구기관
		발행점포
		발행일자

「도시철도법 시행령」 제15조제5항 및 「도시철도채권 매입사무 취급규칙」 제7조제1항에 따라 위와 같이 도시철도채권 매입확인증 재발급을 신청합니다.

년   월   일

신청인   (서명 또는 인)

사무취급기관의 장 귀하

첨부서류	도시철도채권 매입확인증 미사용 증명서 1부	수수료 없음

210㎜×297㎜[백상지 80g/㎡]

처리절차

이 신청서는 아래와 같이 처리됩니다.

신 청 인	처 리 기 관
	한국은행, 해당 지방자치단체가 지정하는 금융기관, 한국예탁결제원

신청서 작성 →(제출)→ 접수 → 검토 → 매입확인증 재발행 →(발급)→ 신청서 작성

매입확인증 재발행 → 재발급대장 기록

[별지 제6호서식] <개정 91·7·27, 15·2·25, 17·5·2, 21·8·27>

(앞쪽)

도시철도채권 매입확인증 미사용 증명서

접수번호		접수일		처리기간	1일
신청인	성명(법인명 및 대표자 성명)		법인등록번호		
	주소				
신청내용	채권 및 매입확인증	기호 및 번호(채권 종류별)			
		매입금액			
		매입목적			
		징구기관			
		발행점포			
		발행일자			

「도시철도채권 매입사무 취급규칙」 제7조제1항에 따라 위 기재사항의 도시철도채권 매입확인증을 사용한 사실이 없음을 증명하여 주시기 바랍니다.

　　　　　　　　　년　월　일
　　　　　　　　　　신청인　　　　　　　　(서명 또는 인)

국토교통부장관
특별시장·광역시장
특별자치시장·특별자치도지사　귀하
시장·군수·구청장

첨부서류	분실공고문 1부	수수료 없음

「도시철도채권 매입사무 취급규칙」 제7조제1항에 따라 위 사실을 증명합니다.

　　　　　　　　　년　월　일

　　　　　　　국토교통부장관
　　　　　　　특별시장·광역시장
　　　　　　　특별자치시장·특별자치도지사　　직인
　　　　　　　시장·군수·구청장

210㎜×297㎜[백상지 80g/㎡]

(뒤쪽)

처리절차

이 신청서는 아래와 같이 처리됩니다.

신청인	처리기관
	국토교통부, 특별시·광역시·특별자치시·특별자치도 및 시·군·구(담당부서)

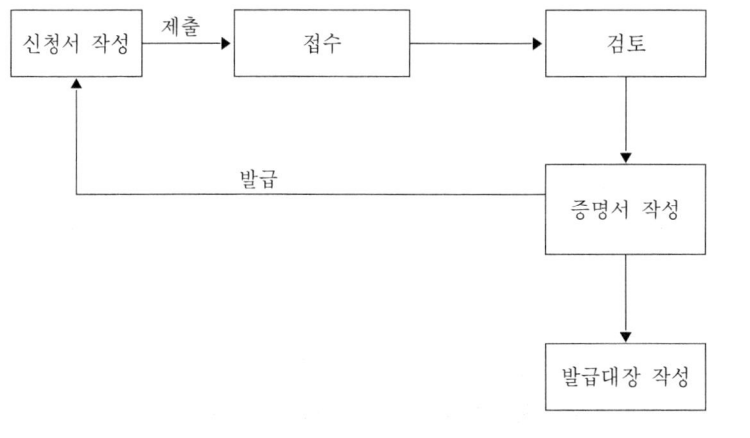

도시철도채권 매입사무 취급규칙 [별지] 532

[별지 제7호서식] 〈개정 91·7·27, 15·2·25, 21·8·27〉

도시철도채권 매입확인증 미사용 증명서 발급대장

일련번호	신청인(매입자)		채권 및 매입확인증			사유
	성명	주소	채권종류별	기호 및 번호	매입금액	

210㎜×297㎜[백상지 80g/㎡(재활용품)]

[별지 제8호서식] 〈개정 91·7·27, 15·2·25, 21·8·27〉

도시철도채권 매입확인증 재발급대장

일련번호	신청인(매입자)		채권 및 매입확인증			매입목적	징구기관
	성명	주소	채권종류별	기호 및 번호	매입금액		

210㎜×297㎜[백상지 80g/㎡(재활용품)]

[별지 제9호서식] 〈개정 91·7·27, 15·2·25〉

[별지 제10호서식] 삭제 〈15·2·25〉

도시철도채권 매입확인증 징구대장

일련번호	징구일자	매입목적	신청인(매입자)		채권 및 매입확인증		비고
			성명	주소	기호 및 번호	금액	

210㎜×297㎜[백상지 80g/㎡(재활용품)]

역세권의 개발 및 이용에 관한 법·시행령·시행규칙

역세권의 개발 및 이용에 관한 법·시행령·시행규칙 목차

법	시 행 령	시 행 규 칙
제1장 총 칙		
제1조(목적) ············· 541	제1조(목적) ············· 541	제1조(목적) ············· 541
제2조(정의) ············· 541		
제3조(다른 법률과의 관계) ············· 542		
제4조(개발구역의 지정 등) ············· 542	제2조(개발구역의 지정 등) ············· 542	제2조(개발구역의 지정 또는 변경 요청) ············· 542
	제3조(개발구역의 경미한 사항의 변경) ············· 543	
	제4조(개발구역의 지정 또는 변경 요청 등) ······ 545	
제4조의2(개발구역의 분할 및 결합) ············· 546	제4조의2(개발구역의 분할 및 결합) ············· 546	
제5조(개발구역의 지정 제안) ············· 548	제5조(개발구역의 지정 제안) ············· 548	제3조(개발구역의 지정제안서) ············· 548
제5조의2(기초조사 등) ············· 549	제5조의2(기초조사의 내용) ············· 549	
제6조(주민 등의 의견 청취) ············· 549	제6조(주민 등의 의견 청취) ············· 549	
	제7조(주민 등의 의견청취의 제외사항) ············· 551	
	제8조(공청회) ············· 551	
제7조(사업계획의 수립 등) ············· 552	제9조(사업계획에 포함될 사항) ············· 552	
	제10조(사업계획의 수립 및 변경 절차) ············· 552	
제7조의2(사업협의회의 구성) ············· 553		
제8조(「국토의 계획 및 이용에 관한 법률」에 관한 특례) ············· 554	제11조(「국토의 계획 및 이용에 관한 법률」에 관한 특례) ············· 554	
제9조(개발구역 지정의 고시 등) ············· 554	제12조(개발구역 지정의 고시) ············· 554	
제10조(개발구역 지정의 해제 등) ············· 555	제13조(개발구역 지정의 해제의 고시) ············· 555	
제11조(행위 등의 제한) ············· 556	제14조(행위허가의 대상 등) ············· 556	제4조(공사 등의 신고서) ············· 557
제12조(사업시행자의 지정 등) ············· 557	제15조(사업시행자 지정 신청) ············· 557	제5조(사업시행자 지정신청서 등) ······ 557
	제16조(사업시행자의 범위) ············· 558	
	제17조(사업시행자의 변경 또는 지정취소의 사유) ············· 560	

법	시 행 령	시 행 규 칙
	제18조(사업시행자의 지정 등에 관한 고시) …… 561	
제13조(실시계획의 승인 등) ………………… 561	제19조(실시계획의 승인 등) ……………… 561	제6조(실시계획 승인신청) ……………… 561
	제20조(실시계획의 고시) …………………… 563	
	제20조의2(토지 등이 수용·사용) ………… 563	
제14조(타인의 토지에의 출입 등) ………… 564		제7조(타인의 토지에의 출입 등) …… 565
제15조(토지에의 출입 등에 따른 손실보상) …… 566		
제16조(관련 인·허가등의 의제) ………… 566		
제17조(토지 등의 수용·사용) ………… 570		
제18조(토지상환채권의 발행) ………… 572	제21조(토지상환채권의 발행) ………… 572	
	제22조(토지상환채권의 발행계획) ………… 573	
	제23조(토지상환채권의 발행조건) ………… 573	
	제24조(토지상환채권의 청약 등) ………… 573	
	제25조(토지상환채권의 기재사항) ………… 574	
	제26조(토지상환채권 원부의 비치) ………… 574	
	제27조(토지상환채권의 이전 등) ………… 574	
	제28조(토지상환채권의 소유자에 대한 통지) …… 575	
제19조(선수금) ……………………………… 575	제29조(선수금) ……………………………… 575	
제20조(조성토지등의 공급계획) ………… 578	제30조(조성토지등의 공급계획의 내용) ………… 578	
	제31조(조성토지등의 공급 절차·기준 등) …… 578	제8조(토지의 공급 기준) ……………… 579
		제9조(복합개발시행자에 대한 토지 공급) …………………… 579
제21조(준공검사) ………………………… 581	제32조(준공검사 등) ……………………… 581	제10조(준공검사 신청 등) ……………… 581
	제33조(준공 전 사용 허가) ……………… 582	제11조(준공 전 사용 허가 신청서) …… 582
제22조(공사완료의 공고 등) ……………… 582	제34조(공사완료의 공고사항) …………… 582	
제23조(공공시설 등의 귀속) ……………… 583		
제24조(국유지·공유지의 처분제한 등) ………… 583	제35조(철도시설에 대한 점용허가의 기간) …… 584	
제25조(역세권개발이익의 환수 등) ………… 584		
제26조(비용의 부담) ……………………… 585	제36조(비용의 보조 또는 융자) ………… 585	

법	시 행 령	시 행 규 칙
제27조(공공시설의 설치 및 비용부담 등) ·········· 586		
제28조(채권의 발행) ················· 586	제37조(채권의 발행절차) ················· 586	
제29조(채권의 매입) ················· 587	제38조(채권의 발행방법 등) ················· 587	
	제39조(채권 발행 원부의 비치) ················· 589	
	제40조(채권 매입확인증의 발급 등) ················· 589	제12조(역세권개발채권 매입확인증 등) ················· 589
	제41조(채권의 중도상환) ················· 590	제13조(역세권개발채권의 중도상환 신청서) ················· 590
	제42조(채권의 매입) ················· 591	
	제43조(채권 소지인 등에 대한 통지 등) ·········· 591	
제30조(조세 및 부담금의 감면 등) ················· 591		
제31조(행정처분) ················· 591	제44조(행정처분) ················· 591	
제32조(토지매수업무 등의 위탁) ················· 593	제45조(토지매수업무 등의 위탁시행) ················· 593	
	제45조의2(규제의 재검토) ················· 594	
제33조(청문) ················· 594		
제34조(권한의 위임) ················· 595		
제35조(벌칙) ················· 595		
제36조(벌칙) ················· 595		
제37조(벌칙) ················· 596		
제38조(양벌규정) ················· 596		
제39조(과태료) ················· 596	제46조(과태료의 부과기준) ················· 596	
부 칙 ················· 597	부 칙 ················· 597	부 칙 ················· 597

법	시 행 령	시 행 규 칙
역세권의 개발 및 이용에 관한 법률 〔2010 · 4 · 15 법률 제10266호 제정〕	**역세권의 개발 및 이용에 관한 법률 시행령** 〔2010 · 10 · 14 대통령령 제22448호 제정〕	**역세권의 개발 및 이용에 관한 법률 시행규칙** 〔2010 · 10 · 15 국토해양부령 제299호 제정〕

법	시 행 령	시 행 규 칙
2011 · 4 · 14 법률 제10599호(국토의 계획 및 이 용에 관한 법률 일부개정법률) 2012 · 6 · 1 법률 제11475호 2013 · 3 · 23 법률 제11690호 (정부조직법 전부개정법률) 2014 · 1 · 14 법률 제12248호 (도로법 전부개정법률) 2014 · 11 · 19 법률 제12844호 (정부조직법 일부개정법률) 2016 · 1 · 19 법률 제13797호 (부동산 거래신고 등에 관한 법률) 2016 · 1 · 19 법률 제13805호 (주택법 전부개정법률) 2016 · 12 · 27 법률 제14480호 (농어촌정비법 일부개정법률) 2017 · 7 · 26 법률 제14839호 (정부조직법 일부개정법률) 2018 · 3 · 13 법률 제15460호 (철도건설법 일부개정법률) 2018 · 12 · 18 법률 제16004호 2020 · 3 · 31 법률 제17171호 (전기안전관리법) 2020 · 6 · 9 법률 제17453호 (법률용어 정비를 위한 국토교통위 원회 소관 78개 법률 일부개정을 위한 법률) 2020 · 6 · 9 법률 제17460호 (한국철도시설공단법 일부개정법률) 2021 · 11 · 30 법률 제18522호 (화재예방, 소방시설 설치 · 유지 및 안전관리에 관한 법률 전부개정법률) 2022 · 12 · 27 법률 제19117호	2012 · 4 · 10 대통령령 제23718호(국토의 계획 및 이용에 관한 법률 시행령 일부개정령) 2012 · 8 · 31 대통령령 제24078호 2012 · 4 · 10 대통령령 제23718호(국토의 계획 및 이용에 관한 법률 시행령 일부개정령) 2012 · 8 · 31 대통령령 제24078호 2013 · 3 · 23 대통령령 제24443호(국토교통부와 그 소속기관 직제) 2013 · 12 · 30 대통령령 제25050호(행정규제기본법 개정에 따른 규제 재검토기한 설정을 위한 주택법 시행령 등 일부개정령) 2014 · 6 · 17 대통령령 제25390호 2014 · 11 · 19 대통령령 제25751호(행정자치부와 그 소속기관 직제) 2016 · 8 · 11 대통령령 제27444호(주택법 시행령 전부개정령) 2016 · 8 · 31 대통령령 제27471호(부동산 가격공 시 및 감정평가에 관한 법률 시행 령 전부개정령) 2016 · 8 · 31 대통령령 제27472호(감정평가 및 감정평가사에 관한 법률 시행령) 2016 · 8 · 31 대통령령 제27473호(한국감정원법 시행령) 2017 · 1 · 17 대통령령 제27792호(수질 및 수생태계 보전에 관한 법률 시행령 일부개정령) 2017 · 7 · 26 대통령령 제28211호(행정안전부와 그 소속기관 직제) 2018 · 10 · 30 대통령령 제29269호(주식회사의 외부 감사에 관한 법률 시행령 전부개정령) 2018 · 12 · 18 대통령령 제29395호(지방분권 강화를 위한 20개 법령의 일부개정에 관한 대통령령) 2019 · 6 · 18 대통령령 제29878호	2013 · 3 · 23 국토교통부령 제1호 (국토교통부와 그 소속기관 직제) 2016 · 1 · 27 국토교통부령 제282호 (도시교통정비 촉진법 시행규칙 일부개정령) 2017 · 5 · 2 국토교통부령 제419호 (법령서식 일괄 개정을 위한 역세 권의 개발 및 이용에 관한 법률 시행규칙 등 일부개정령) 2021 · 8 · 27 국토교통부령 제882호 (어려운 법령용어 정비를 위한 80 개 국토교통부령 일부개정령) 2022 · 1 · 21 국토교통부령 제1099호 (감정평가 및 감정평가사에 관한 법률 시행규칙 일부개정령)

법	시 행 령	시 행 규 칙
(산림자원의 조성 및 관리에 관한 법률 일부개정법률)	2019 · 6 · 25 대통령령 제29892호(주식 · 사채 등의 전자등록에 관한 법률 시행령) 2020 · 9 · 10 대통령령 제31012호(한국철도시설공단법 시행령 일부개정령) 2020 · 12 · 8 대통령령 제31243호(한국감정원법 시행령 일부개정령) 2022 · 1 · 21 대통령령 제32352호(감정평가 및 감정평가사에 관한 법률 시행령 일부개정령)	

제1장 총 칙

법	시 행 령	시 행 규 칙
제1조(목적) 이 법은 역세권을 체계적이고 효율적으로 개발하기 위하여 필요한 사항을 정함으로써 역세권의 개발을 활성화하고 역세권과 인접한 도시환경을 개선하는 데 이바지하는 것을 목적으로 한다. 제2조(정의) 이 법에서 사용하는 용어의 뜻은 다음과 같다.〈개정 18 · 3 · 13, 18 · 12 · 18〉 1. "역세권"이란 「철도의 건설 및 철도시설 유지관리에 관한 법률」, 「철도산업발전 기본법」 및 「도시철도법」에 따라 건설 · 운영되는 철도역과 인근의 다음 각 목의 철도시설(이하 "철도역 등 철도시설"이라 한다) 및 그 주변지역 중 국토교통부장관이 필요하다고 인정하여 지정한 지역을 말한다. 가. 철도운영을 위한 건축물 · 건축설비 나. 철도차량 및 선로를 보수 · 정비하기 위한 선로보수기지, 차량정비기지, 차량유치시설	제1조(목적) 이 영은 「역세권의 개발 및 이용에 관한 법률」에서 위임된 사항과 그 시행에 필요한 사항을 규정함을 목적으로 한다.	제1조(목적) 이 규칙은 「역세권의 개발 및 이용에 관한 법률」 및 같은 법 시행령에서 위임된 사항과 그 시행에 필요한 사항을 규정함을 목적으로 한다.

법	시 행 령	시 행 규 칙
다. 철도역 등 철도시설의 개·발에 따라 설치·이전·폐지가 필요한 철도의 선로 및 선로에 부대되는 시설. 2. "역세권개발사업"이란 역세권개발구역에서 철도역 등 철도시설 및 주거·교육·보건·복지·관광·문화·상업·체육 등의 기능을 가지는 단지조성 및 시설설치를 위하여 시행하는 사업을 말한다. 3. "역세권개발구역"이란 역세권개발사업을 시행하기 위하여 제4조 및 제9조에 따라 지정·고시된 구역을 말한다. 제3조(다른 법률과의 관계) 이 법 중 역세권개발사업에 적용되는 규제에 관한 특례는 다른 법률의 규정에 우선하여 적용한다. 다만, 다른 법률에 이 법의 규제에 관한 특례보다 완화된 규정이 있으면 그 법률에서 정하는 바에 따른다. 제4조(개발구역의 지정 등) ① 특별시장·광역시장 또는 도지사(이하 "시·도지사"라 한다)는 역세권개발사업이 필요하다고 인정하는 경우에는 역세권개발구역(이하 "개발구역"이라 한다)을 지정할 수 있다. 다만, 다음 각 호의 어느 하나에 해당하는 경우에는 국토교통부장관이 개발구역을 지정할 수 있다.〈개정 13·3·23, 18·12·18〉 1. 철도역 등 철도시설(「도시철도법」에 따라 지방자치단체가 건설·운영하는 역은 제외한다)이 신설되거나 대통령령으로 정하는 규모 이상	제2조(개발구역의 지정 등) ① 「역세권의 개발 및 이용에 관한 법률」(이하 "법"이라 한다) 제4조제1항제1호에서 "대통령령으로 정하는 규모"란 대지면적 3만제곱미터를 말한다. ② 법 제4조제1항제2호에서 "대통령령으로 정하는 규모"란 대지면적 30만제곱미터를 말한다.	제2조(개발구역의 지정 또는 변경 요청) ① 「역세권의 개발 및 이용에 관한 법률 시행령」(이하 "영"이라 한다) 제4조 각 호 외의 부분 전단에 따른 개발구역 지정(변경) 신청서는 별지 제1호서식에 따른다. ② 영 제4조제1호에 따른 개발구역 조사서는 별지 제2호서식에 따른다.

법	시 행 령	시 행 규 칙
으로 증축 또는 개량되는 경우 2. 지정하고자 하는 개발구역이 대통령령으로 정하는 규모 이상인 경우 3. 철도역 등 철도시설의 체계적인 개발을 위하여 국토교통부장관이 필요하다고 인정하는 경우 ② 개발구역은 다음 각 호의 어느 하나에 해당하는 경우에 지정할 수 있다. 1. 철도역이 신설되어 역세권의 체계적·계획적인 개발이 필요한 경우 2. 철도역의 시설 노후화 등으로 철도역을 증축·개량할 필요가 있는 경우 3. 노후·불량 건축물이 밀집한 역세권으로서 도시환경 개선을 위하여 철도역과 주변지역을 동시에 정비할 필요가 있는 경우 4. 철도역으로 인한 주변지역의 단절 해소 등을 위하여 철도역과 주변지역을 연계하여 개발할 필요가 있는 경우 5. 도시의 기능 회복을 위하여 역세권의 종합적인 개발이 필요한 경우 6. 그 밖에 대통령령으로 정하는 경우 ③ 국토교통부장관 또는 시·도지사(이하 "지정권자"라 한다)가 개발구역을 지정하려는 경우에는 미리 관계 중앙행정기관의 장 및 해당 지방자치단체의 장과 협의한 후 「국토의 계획 및 이용에 관한 법률」에 따른 도시계획위원회(이하 "도시계획위원회"라 한다)의 심의를 거쳐야 한다. 지	제3조(개발구역의 경미한 사항의 변경) 법 제4조제3항에서 "대통령령으로 정하는 경미한 사항의 변경"이란 다음 각 호의 어느 하나에 해당하는 변경을 말한다.〈개정 12·8·31〉 1. 역세권개발구역(이하 "개발구역"이라 한다)의 명칭 변경	

법	시 행 령	시 행 규 칙
정된 개발구역을 변경(대통령령으로 정하는 경미한 사항의 변경은 제외한다)하려는 경우에도 또한 같다.〈개정 12·6·1, 13·3·23〉	2. 개발구역 면적의 100분의 10 미만의 변경 3. 역세권개발사업 사업기간의 변경 4. 법 제12조제1항에 따른 역세권개발사업의 사업시행자(이하 "사업시행자"라 한다)의 변경 5. 재원조달계획의 변경 6. 단순한 착오 또는 확정측량 결과에 따른 면적의 증감(增減) 7. 이미 계획한 기반시설(「국토의 계획 및 이용에 관한 법률」 제2조제6호에 따른 기반시설을 말한다. 이하 같다)의 세부 시설계획의 변경 8. 너비가 12미터 미만인 도로의 변경 9. 제2호에 따른 개발구역 면적의 변경에 따른 용도지역·용도지구·용도구역의 변경 또는 토지이용계획 및 기반시설계획의 변경 10. 수용 또는 사용의 대상이 되는 토지·건축물 또는 토지에 정착한 물건과 이에 관한 소유권 외의 권리, 광업권, 어업권, 물의 사용에 관한 권리(이하 "토지등"이라 한다)가 있는 경우에는 그 세목(細目)의 변경 11. 「환경영향평가법」에 따른 환경영향평가에 대한 협의 결과 및 「도시교통정비 촉진법」에 따른 교통영향분석·개선대책 검토 결과를 반영하는 사업계획의 변경 12. 면적으로 표시되는 기반시설의 경우 각 시설면적의 100분의 10 미만의 변경. 다만, 녹지의 경우에는 시설면적의 100분의 2 미만으로	

법	시 행 령	시 행 규 칙
④ 시장·군수·구청장(자치구의 구청장을 말한다. 이하 같다)은 대통령령으로 정하는 바에 따라 지정권자에게 개발구역의 지정 또는 변경을 요청할 수 있다.	서 1천500제곱미터 미만을 변경하는 경우만 해당한다. 13. 제9조제1호에 따른 도시정보화계획의 변경 14. 개발구역 안의 토지 소유자의 부담이 증가되지 아니하는 범위에서 기반시설의 설치에 필요한 비용부담계획의 변경 제4조(개발구역의 지정 또는 변경 요청 등) 법 제4조제4항에 따라 시장·군수·구청장(자치구의 구청장을 말한다. 이하 같다)이 법 제4조제3항에 따른 지정권자(이하 "지정권자"라 한다)에게 개발구역의 지정 또는 변경을 요청하려면 「국토의 계획 및 이용에 관한 법률」 제113조제2항에 따른 시·군·구도시계획위원회의 자문을 거친 후 국토교통부령으로 정하는 개발구역 지정(변경) 신청서에 다음 각 호의 서류 및 도서(圖書)를 첨부하여 지정권자에게 제출하여야 한다. 이 경우 지정권자는 「전자정부법」 제36조제1항에 따른 행정정보의 공동이용을 통하여 지적도 및 임야도를 확인하여야 한다.〈개정 12·4·10, 13·3·23〉 1. 국토교통부령으로 정하는 개발구역 조사서 2. 법 제6조제1항에 따른 주민 및 관계 전문가 의견 청취에 관한 서류 3. 법 제7조제1항에 따른 사업계획(이하 "사업계획"이라 한다)의 내용에 관한 서류 4. 축척 2만5천분의 1 또는 5만분의 1의 위치도 5. 개발구역의 경계를 표시한 축척 1천분의 1부	

법	시 행 령	시 행 규 칙
⑤ 제1항 및 제3항에 따라 개발구역을 지정 또는 변경하는 절차, 구비서류, 그 밖에 필요한 사항은 대통령령으로 정한다. 제4조의2(개발구역의 분할 및 결합) ① 지정권자는 개발사업의 효율적인 추진을 위하여 필요하다고 인정하는 경우에는 개발구역을 둘 이상의 사업시행지구로 분할하거나 서로 떨어진 둘 이상의 지역을 결합하여 하나의 개발구역으로 지정할 수 있다. 이 경우 떨어진 개발구역은 역세권이 아닌 지역도 포함할 수 있다. ② 제1항 후단에서 역세권이 아닌 지역은 전체 개발구역 면적의 1/3 을 초과해서는 아니 된다. ③ 제1항에 따라 개발구역을 분할 또는 결합하여 지정하는 요건과 절차 등에 필요한 사항은 대통령령으로 정한다. [본조신설 18 · 12 · 18]	터 5천분의 1까지의 지형도와 경계 설정의 이유를 적은 서류 6. 「국토의 계획 및 이용에 관한 법률」 제113조 제2항에 따른 시 · 군 · 구도시계획위원회의 자문 결과 및 이에 대한 검토의견서(법 제4조제3항 단서에 따라 시 · 군 · 구도시계획위원회의 자문을 거치지 아니하는 경우는 제외한다) 7. 법 제9조제2항에 따른 도시 · 군관리계획의 결정에 필요한 도서 8. 편입농지 및 임야 현황에 관한 조사자료 제4조의2(개발구역의 분할 및 결합) ① 법 제4조의2제1항에 따라 개발구역을 둘 이상의 사업시행지구로 분할할 수 있는 경우는 지정권자가 역세권 개발사업의 효율적인 추진을 위하여 필요하다고 인정하는 경우로서 분할 후 각 사업시행지구의 면적이 1만제곱미터 이상인 경우로 한다. ② 법 제4조의2제1항에 따라 서로 떨어진(동일 또는 연접한 특별시 · 광역시 · 도로 한정한다) 둘 이상의 지역을 결합하여 하나의 개발구역(이하 "결합개발구역"이라 한다)으로 지정할 수 있는 경우는 면적이 1만제곱미터 이상인 다음 각 호의 어느 하나에 해당하는 지역이 개발구역에 포함된 경우로 한다.	

법	시 행 령	시 행 규 칙
	1. 도시경관, 문화재, 군사시설 및 항공시설 등을 관리하거나 보호하기 위하여 「국토의 계획 및 이용에 관한 법률」, 「문화재보호법」, 「군사기지 및 군사시설 보호법」 및 「공항시설법」 등 관계 법령에 따라 토지이용이 제한되는 지역 2. 「국토의 계획 및 이용에 관한 법률 시행령」 제55조제1항 각 호에서 정한 용도구역별 개발행위허가 규모 이상의 기반시설, 공장, 공공청사 및 관사, 군사시설 등이 철거되거나 이전되는 지역(해당 시설물의 주변지역을 포함한다) 3. 다음 각 목의 어느 하나에 해당하는 지역·지구 (역세권개발사업으로 재해예방시설 또는 주민안전시설 등을 설치하여 재해 등을 장기적으로 예방하거나 복구할 수 있는 경우로 한정한다) 　가. 「국토의 계획 및 이용에 관한 법률」 제37조제1항제3호에 따른 방화지구 또는 같은 항 제4호에 따른 방재지구 　나. 「자연재해대책법」 제12조에 따라 지정된 자연재해위험개선지구 　다. 「재난 및 안전관리 기본법」 제60조에 따라 선포된 특별재난지역 　라. 「도시재생 활성화 및 지원에 관한 특별법」 제35조에 따라 지정된 특별재생지역 4. 「국토의 계획 및 이용에 관한 법률」 제2조제10호에 따른 도시·군계획시설사업의 시행이 필요한 지역(「국가재정법 시행령」 제14조에 따른	

법	시 행 령	시 행 규 칙
	총사업비 이상인 경우로 한정한다) 5. 그 밖에 지정권자가 역세권개발사업의 효율적인 시행을 위하여 결합개발구역으로 지정할 필요가 있다고 인정하는 지역 [본조신설 19·6·18]	
제5조(개발구역의 지정 제안) ① 제12조제1항 각 호의 어느 하나에 해당하는 자는 지정권자에게 개발구역의 지정을 제안할 수 있다. ② 개발구역의 지정 제안에 따른 절차, 구비서류, 그 밖에 필요한 사항은 대통령령으로 정한다.	제5조(개발구역의 지정 제안) ① 법 제5조제2항에 따라 개발구역의 지정을 제안하려는 자는 국토교통부령으로 정하는 개발구역의 지정제안서에 다음 각 호의 서류 및 도서를 첨부하여 지정권자에게 제출하여야 한다. 이 경우 지정권자는 「전자정부법」 제36조제1항에 따른 행정정보의 공동이용을 통하여 지적도 및 임야도를 확인하여야 한다. 〈개정 13·3·23, 19·6·18〉 1. 제4조제1호부터 제4호까지 및 제8호의 서류 및 도면 2. 철도역의 증축 또는 개량계획(법 제4조제1항제1호에 따라 국토교통부장관에게 개발구역 지정을 제안하는 경우만 해당한다) 3. 제4조의2제2항에 따른 결합개발구역 지정을 제안하는 경우에는 개발구역에 포함될 서로 떨어진 지역별 대상 구역 토지면적의 3분의 2 이상에 해당하는 토지 소유자(지상권자를 포함한다)의 동의서	제3조(개발구역의 지정제안서) 영 제5조제1항에 따른 개발구역의 지정제안서는 별지 제3호서식에 따른다.

법	시 행 령	시 행 규 칙
제5조의2(기초조사 등) ① 제12조에 따른 사업시행자로 지정받거나 지정을 받으려는 자는 제4조 또는 제5조에 따라 개발구역의 지정을 요청 또는 제안하려는 경우 개발구역으로 지정될 구역의 토지, 건축물, 공작물, 그 밖에 필요한 사항에 관하여 대통령령으로 정하는 바에 따라 조사하거나 측량할 수 있다. ② 제1항에 따라 조사나 측량을 하려는 자는 관계 행정기관, 지방자치단체, 「공공기관의 운영에 관한 법률」에 따른 공공기관, 정부출연기관, 그 밖의 관계 기관의 장에게 필요한 자료를 요청할 수 있다. 이 경우 자료를 요청받은 기관의 장은 정당한 사유가 없으면 요청에 따라야 한다. [본조신설 12·6·1] 제6조(주민 등의 의견 청취) ① 제4조에 따라 지정권자가 개발구역을 지정하려는 경우 또는 시장·	② 지정권자는 제1항에 따라 개발구역의 지정제안서를 제출받은 경우에는 제안내용의 수용 여부를 3개월 이내에 제안자에게 통보하여야 한다. 제5조의2(기초조사의 내용) ① 법 제5조의2제1항에 따라 사업시행자로 지정받거나 지정을 받으려는 자가 조사하거나 측량할 수 있는 사항은 다음 각 호와 같다. 1. 개발구역으로 지정하려는 지역과 생활권이 같은 지역의 인구 변동 상황 및 추이 2. 개발구역의 인구, 토지이용, 지장물 및 각종 개발사업 현황 3. 주변지역의 교통 및 교통시설물 현황 4. 풍수해, 산사태, 지반 붕괴, 그 밖의 재해의 발생 빈도 및 현황 5. 「국토의 계획 및 이용에 관한 법률」 제2조제1호에 따른 광역도시계획과 같은 조 제3호에 따른 도시·군기본계획 등 상위계획에 관한 사항 6. 문화재 분포 현황 7. 공원 및 녹지 분포 현황 8. 자연환경 및 생활환경 등의 환경 현황 ② 제1항에 따라 조사·측량할 사항에 관하여 다른 법령에 근거하여 이미 조사·측량한 자료가 있으면 그 자료를 활용할 수 있다. [본조신설 12·8·31] 제6조(주민 등의 의견 청취) ① 지정권자는 법 제6조제1항에 따라 개발구역의 지정에 관하여 주민	

법	시 행 령	시 행 규 칙
군수·구청장이 개발구역 지정을 요청하려는 경우에는 공람이나 공청회를 통하여 주민이나 관계 전문가 등의 의견을 들어야 하며, 지방의회의 의견 청취를 거쳐야 한다. 이 경우 지방의회는 지정권자 또는 시장·군수·구청장이 개발구역 지정에 관한 의견을 요청한 날부터 60일 이내에 의견을 제시하여야 하며, 의견제시 없이 60일이 지난 경우 이의가 없는 것으로 본다. 개발구역을 변경(대통령령으로 정하는 경미한 사항은 제외한다)하려는 경우에도 또한 같다.〈개정 20·6·9〉 ② 제1항에 따른 공람의 대상 또는 공청회의 개최 대상 및 주민이나 관계 전문가 등의 의견청취 방법에 필요한 사항은 대통령령으로 정한다.	등과 지방의회의 의견을 청취하려면 관계 서류 사본을 시장·군수·구청장에게 송부하여야 한다. ② 시장·군수·구청장은 제1항에 따라 관계 서류 사본을 받거나, 법 제6조제1항에 따라 직접 개발구역의 지정을 요청하려는 경우에는 다음 각 호의 사항을 전국 또는 해당 지방을 주된 보급지역으로 하는 둘 이상의 일간신문과 해당 시·군 또는 자치구의 인터넷 홈페이지에 공고하고, 14일 이상 일반인이 열람할 수 있도록 하여야 한다. 다만, 개발구역의 면적이 10만제곱미터 미만인 경우에는 일간신문에 공고하지 아니하고 공보와 해당 시·군 또는 자치구의 인터넷 홈페이지에 공고할 수 있다. 1. 입안할 개발구역의 지정 및 사업계획의 개요 2. 사업시행자 및 역세권개발사업의 시행방식에 관한 사항 3. 열람기간 ③ 제2항에 따라 공고된 내용에 관하여 의견이 있는 자는 열람기간 내에 개발구역 지정에 관한 공고를 한 자에게 의견서를 제출할 수 있다. ④ 시장·군수·구청장은 법 제6조제1항 및 이 조 제1항에 따라 지정권자로부터 관계 서류를 송부받아 제2항에 따른 공고를 한 때에는 제2항 및 제3항의 결과를 지정권자에게 제출하여야 한다. ⑤ 지정권자 또는 시장·군수·구청장은 제3항에 따라 제출된 의견을 개발구역의 지정 또는 지정의	

법	시 행 령	시 행 규 칙
	요청을 위하여 공고한 내용에 반영할 것인지를 검토하여 그 결과를 열람기간이 끝난 날부터 30일 이내에 그 의견을 제출한 자에게 통보하여야 한다. 제7조(주민 등의 의견청취의 제외사항) 법 제6조제1항에서 "대통령령으로 정하는 경미한 사항"이란 다음 각 호의 어느 하나에 해당하는 사항을 말한다.〈개정 12·4·10〉 1. 개발구역 면적의 100분의 10 미만의 변경 2. 단순한 착오에 따른 면적 등의 정정을 위한 변경 3. 「국토의 계획 및 이용에 관한 법률」에 따른 도시·군관리계획 결정, 「환경영향평가법」에 따른 환경영향평가 및 「도시교통정비 촉진법」에 따른 교통영향분석·개선대책 등에 대한 관계 기관과의 협의 결과를 반영한 개발구역의 변경 제8조(공청회) ① 지정권자 또는 시장·군수·구청장은 법 제6조제1항에 따라 공청회를 개최하려면 다음 각 호의 사항을 전국 또는 해당 지방을 주된 보급지역으로 하는 일간신문과 인터넷 홈페이지에 공청회 개최 예정일 14일 전까지 한 번 이상 공고하여야 한다. 1. 공청회의 개최목적 2. 공청회의 개최 예정 일시 및 장소 3. 입안하려는 개발구역 지정 및 사업계획의 개요 4. 의견발표의 신청에 관한 사항 5. 그 밖에 공청회에 필요한 사항	

법	시 행 령	시 행 규 칙
제7조(사업계획의 수립 등) ① 지정권자가 개발구역을 지정하려는 경우에는 다음 각 호의 사항을 포함하는 역세권개발사업계획(이하 "사업계획"이라 한다)을 수립하여야 한다. 다만, 제11호에 해당하는 사항은 개발구역을 지정한 후에 사업계획에 포함할 수 있다.〈개정 11·4·14〉 1. 역세권개발사업의 명칭 2. 개발구역의 명칭·위치·면적 및 지정목적 3. 역세권기능의 재편 또는 정비계획 4. 역세권개발사업의 시행방식 및 시행자에 관한 사항 5.「국토의 계획 및 이용에 관한 법률」제2조제7호에 따른 도시·군계획시설(이하 "도시·군계획시설"이라 한다)의 설치계획 6.「국토의 계획 및 이용에 관한 법률」제2조제13호에 따른 공공시설(이하 "공공시설"이라 한다)의 설치계획 7. 도시경관과 환경보전 및 재난방지에 관한 계획 8. 토지이용계획·교통계획 및 공원녹지계획 9. 역세권개발사업의 시행기간 10. 재원조달계획 11. 수용 또는 사용할 토지·물건 또는 권리(이하 "토지등"이라 한다)의 세목과 그 소유자 및 권리자의 성명·주소	② 공청회는 공청회를 개최하는 자가 지명한 사람이 주관한다. 제9조(사업계획에 포함될 사항) 법 제7조제1항제15호에서 "대통령령으로 정하는 사항"이란 다음 각 호의 사항을 말한다.〈개정 12·4·10〉 1. 도시정보화계획 2. 문화재보호계획 3. 공동구(共同溝) 등 지하매설물계획 4. 존치하는 건축물 및 공작물 등에 관한 계획 5. 기반시설에 관한 사항 6.「국토의 계획 및 이용에 관한 법률」에 따른 도시·군관리계획(지구단위계획을 포함한다. 이하 "도시·군관리계획"이라 한다)의 수립 또는 결정에 관한 사항 제10조(사업계획의 수립 및 변경 절차) 법 제7조제1항 및 제2항에 따라 사업계획을 수립 또는 변경하는 절차는 법 제4조에 따른 개발구역의 지정 및 변경절차에 따른다.	

법	시 행 령	시 행 규 칙
12. 임대주택 건설 등 세입자 등의 주거대책 13. 역세권개발사업의 용도지역 변경계획 및 용적율·건폐율에 관한 사항 14. 철도와 다른 교통수단과의 연계수송체계 구축에 관한 사항 15. 그 밖에 역세권개발사업의 시행에 필요한 사항으로서 대통령령으로 정하는 사항 ② 지정권자는 직접 또는 관계 중앙행정기관의 장이나 제12조제1항에 따라 사업시행자로 지정받은 자의 요청을 받아 사업계획을 변경할 수 있다. ③ 제1항 및 제2항에 따라 사업계획을 수립 또는 변경하는 절차, 그 밖에 필요한 사항은 대통령령으로 정한다. 제7조의2(사업협의회의 구성) ① 지정권자는 다음 각 호의 사항에 관한 협의 또는 자문을 위하여 사업협의회를 구성·운영할 수 있다. 1. 사업계획의 수립 및 시행을 위하여 필요한 사항 2. 지역주민의 의견조정을 위하여 필요한 사항 3. 그 밖에 대통령령으로 정하는 사항 ② 사업협의회는 지정권자를 포함하여 15인 이내의 위원으로 구성하며, 위원은 지정권자가 다음 각 호의 어느 하나에 해당하는 자 중에서 임명 또는 위촉한다. 1. 해당 지방자치단체의 관계 공무원 2. 사업시행자(제5조에 따른 개발구역의 지정을 제안한 자를 포함한다)		

법	시 행 령	시 행 규 칙
3. 관계 전문가 4. 주민대표자 ③ 지정권자는 다음 각 호의 어느 하나에 해당하는 경우에 사업협의회를 개최한다. 1. 사업협의회 위원의 과반수가 요청하는 경우 2. 지정권자가 필요하다고 판단하는 경우 ④ 이 법에 규정된 사항 외에 사업협의회의 구성·운영 등에 관하여 필요한 사항은 고시 또는 지방자치단체의 조례로 정한다. [본조신설 12·6·1] 제8조(「국토의 계획 및 이용에 관한 법률」에 관한 특례) ① 지정권자는 개발구역의 복합적·입체적인 개발을 촉진하기 위하여 필요하다고 인정하는 경우에는 「국토의 계획 및 이용에 관한 법률」 제36조, 제77조 및 제78조에도 불구하고 개발구역을 고밀도의 개발이 가능한 용도지역으로 변경하거나 건폐율 및 용적률 제한을 완화하는 사업계획을 수립할 수 있다. ② 제1항에 따른 건폐율 및 용적률은 「국토의 계획 및 이용에 관한 법률」 제77조 및 제78조에서 정하는 용도지역별 건폐율 및 용적률의 범위를 초과하여서는 아니 된다. ③ 제1항에 따른 용도지역 변경, 건폐율 및 용적률 제한 완화 등에 필요한 사항은 대통령령으로 정한다. 제9조(개발구역 지정의 고시 등) ① 지정권자가 개	제11조(「국토의 계획 및 이용에 관한 법률」에 관한 특례) 지정권자는 법 제8조제1항에 따라 그 용도지역에서 적용되는 건폐율 및 용적률(법 제8조제1항에 따라 용도지역이 변경된 경우 그 변경된 건폐율 및 용적률을 기준으로 한다)의 100분의 150을 초과하지 않는 범위에서 개발구역에서의 건폐율 및 용적률을 달리 정할 수 있다. 제12조(개발구역 지정의 고시) 지정권자는 개발구역	

법	시 행 령	시 행 규 칙
발구역을 지정하거나 변경하는 경우에는 사업계획을 관보나 공보에 고시하고, 관계 서류의 사본을 관할 시·도지사(국토교통부장관이 지정권자인 경우에 한정한다) 및 시장·군수·구청장에게 송부하여야 한다. 이 경우 관계 서류의 사본을 송부받은 시·도지사 및 시장·군수·구청장은 관할 지역의 주민이 이를 14일 이상 열람할 수 있도록 하여야 한다.〈개정 13·3·23, 20·6·9〉 ② 제1항에 따라 사업계획이 고시된 경우 그 고시된 내용 중 「국토의 계획 및 이용에 관한 법률」에 따라 도시·군관리계획(지구단위계획을 포함한다. 이하 같다)으로 결정하여야 하는 사항은 같은 법에 따른 도시관리계획이 결정되어 고시된 것으로 본다.〈개정 11·4·14〉	을 지정하거나 변경하는 경우에는 법 제9조제1항에 따라 다음 각 호의 사항을 관보 또는 공보에 고시하여야 한다. 다만, 제6호에 해당하는 사항은 그 내용이 확정된 후 고시할 수 있다.〈개정 12·4·10〉 1. 역세권개발사업의 명칭 2. 개발구역의 명칭, 위치, 면적 및 지정목적 3. 사업시행자(사업시행자가 지정되지 아니한 경우에는 제안자를 말한다)의 성명(법인인 경우에는 법인의 명칭 및 대표자의 성명) 및 주소 4. 역세권개발사업의 시행기간 및 시행방법 5. 토지이용계획 및 기반시설계획(기반시설을 개발구역 밖에 설치할 필요가 있는 경우에는 개발구역 밖의 기반시설계획을 포함한다) 6. 토지등의 세목과 그 소유자 및 「공익사업을 위한 토지 등의 취득 및 보상에 관한 법률」 제2조제5호에 따른 관계인의 성명 및 주소 7. 관계 도서의 열람방법 8. 도시·군관리계획의 수립 또는 변경에 관한 사항 9. 그 밖에 고시가 필요한 사항	
제10조(개발구역 지정의 해제 등) ① 지정권자는 제4조에 따라 지정된 개발구역이 다음 각 호의 어느 하나에 해당되면 도시계획위원회의 심의를 거쳐 그 지정을 해제할 수 있다. 1. 제4조에 따라 개발구역이 지정된 날부터 2년 이내에 제12조에 따른 사업시행자를 지정하지	제13조(개발구역 지정의 해제의 고시) 지정권자는 법 제10조제1항에 따라 개발구역 지정을 해제하는 경우에는 같은 조 제2항에 따라 다음 각 호의 사항을 관보 또는 공보에 고시하여야 한다.〈개정 12·4·10〉 1. 개발구역의 명칭	

법	시 행 령	시 행 규 칙
아니한 경우 2. 제12조제1항에 따른 사업시행자가 사업시행자로 지정된 날부터 2년 이내에 제13조에 따른 실시계획의 승인을 신청하지 아니한 경우 3. 제12조제1항에 따른 사업시행자가 제13조에 따른 실시계획의 승인을 받은 날부터 1년 이내에 역세권개발사업에 착수하지 아니한 경우 ② 지정권자는 제1항에 따라 개발구역 지정을 해제하는 경우 대통령령으로 정하는 바에 따라 그 내용을 관보나 공보에 고시하여야 한다. 제11조(행위 등의 제한) ① 제4조 및 제9조에 따라 지정·고시된 개발구역 안에서 건축물의 건축, 공작물의 설치, 토지의 형질변경, 토석의 채취, 토지분할 및 물건을 쌓아놓는 행위, 죽목의 벌채 및 식재 등 그 밖에 대통령령으로 정하는 행위를 하려는 자는 관할 시·도지사 또는 시장·군수·구청장의 허가를 받아야 한다. 허가받은 사항을 변경하려는 경우에도 또한 같다.〈개정 12·6·1〉 ② 제1항에 따라 관할 시·도지사 또는 시장·군수·구청장이 허가 또는 변경허가를 하는 경우 그 대상 행위 등이 역세권개발사업에 중대한 지장을 줄 우려가 있는 것으로서 대통령령으로 정하는 행위에 해당하는 경우에는 미리 지정권자의 의견을 들어야 한다. ③ 제1항에도 불구하고 재해복구 또는 재난수습에 필요한 응급조치를 위하여 하는 행위는 허가	2. 개발구역의 위치 및 면적 3. 개발구역의 해제 사유 4. 「국토의 계획 및 이용에 관한 법률」에 따른 용도지역·용도지구·용도구역 및 도시·군계획시설의 환원 또는 폐지에 관한 사항 제14조(행위허가의 대상 등) ① 법 제11조제1항 전단에서 "대통령령으로 정하는 행위"란 다음 각 호의 행위를 말한다.〈개정 12·8·31〉 1. 「건축법」에 따른 건축물(가설건축물을 포함한다)의 대수선 또는 용도 변경 2. 토지의 굴착 또는 공유수면의 매립 3. 삭제〈12·8·31〉 ② 특별시장·광역시장 또는 도지사(이하 "시·도지사"라 한다) 또는 시장·군수·구청장은 법 제11조제1항에 따라 행위의 허가를 하려는 경우에는 법 제12조에 따라 사업시행자가 이미 지정되어 있으면 미리 그 사업시행자의 의견을 들어야 한다. ③ 법 제11조제2항에서 "대통령령으로 정하는 행위"란 선로의 이설 또는 신설이 예정되어 있는 부지에서의 법 제11조제1항에 따른 행위를 말한다.	

법	시 행 령	시 행 규 칙
를 받지 아니하고 할 수 있다. ④ 제1항에 따라 허가를 받아야 하는 행위로서 제4조 및 제9조에 따라 개발구역이 지정·고시된 당시 이미 관계 법령에 따라 행위허가를 받았거나 허가를 받을 필요가 없는 행위에 관하여 그 공사 또는 사업에 착수한 자는 대통령령으로 정하는 바에 따라 관할 시·도지사 또는 시장·군수·구청장에게 신고한 후 계속 시행할 수 있다. ⑤ 관할 시·도지사 또는 시장·군수·구청장은 제1항을 위반한 자에 대하여 원상회복을 명할 수 있다. 이 경우 명령을 받은 자가 그 의무를 이행하지 아니하는 경우에는 관할 시·도지사 또는 시장·군수·구청장은 「행정대집행법」에 따라 대집행할 수 있다. ⑥ 제1항에 따른 허가에 관하여 이 법에서 규정하는 것을 제외하고는 「국토의 계획 및 이용에 관한 법률」 제57조부터 제60조까지 및 제62조를 준용한다. ⑦ 제1항에 따라 허가를 받은 경우에는 「국토의 계획 및 이용에 관한 법률」 제56조에 따라 허가를 받은 것으로 본다.	④ 법 제11조제4항에 따라 공사나 사업을 신고하려는 자는 개발구역이 지정·고시된 날부터 30일 이내에 국토교통부령으로 정하는 신고서에 그 공사 또는 사업의 진행 사항과 시행계획을 첨부하여 관할 시·도지사 또는 시장·군수·구청장에게 제출하여야 한다.〈개정 13·3·23〉	제4조(공사 등의 신고서) 영 제14조제4항에 따른 공사 등의 신고서는 별지 제4호서식에 따른다.
제12조(사업시행자의 지정 등) ① 지정권자는 다음 각 호의 자 중에서 역세권개발사업의 사업시행자(이하 "사업시행자"라 한다)를 지정하여야 한다.〈개정 12·6·1, 18·3·13, 20·6·9〉 1. 국가 또는 지방자치단체	제15조(사업시행자 지정 신청) ① 법 제12조제1항에 따라 사업시행자로 지정받으려는 자는 다음 각 호의 사항을 적은 사업시행자 지정신청서를 지정권자에게 제출하여야 한다. 1. 신청인의 성명(법인인 경우에는 법인의 명칭	제5조(사업시행자 지정신청서 등) ① 영 제15조제1항에 따른 사업시행자 지정신청서는 별지 제5호서식에 따른다. ② 지정권자는 「역세권의 개발 및 이용에 관한 법률」(이하 "법"이라 한다) 제

법	시 행 령	시 행 규 칙
2. 「국가철도공단법」에 따라 설립된 국가철도공단(이하 "국가철도공단"이라 한다) 또는 국가철도공단이 역세권개발사업을 시행할 목적으로 출자하여 설립한 법인 3. 「한국철도공사법」에 따라 설립된 한국철도공세사(이하 "한국철도공사"라 한다) 또는 한국철도공사가 역세권개발사업을 시행할 목적으로 출자하여 설립한 법인	및 대표자의 성명) 및 주소 2. 사업의 명칭, 면적 및 위치 3. 사업의 시행목적, 내용, 시행기간 및 시행방법 ② 제1항에 따른 사업시행자 지정신청서에는 다음 각 호의 서류 및 도면을 첨부하여야 한다. 1. 사업계획서 2. 자금조달계획서 3. 축척 2만5천분의 1 또는 5만분의 1의 개발구역 위치도 4. 법 제12조제1항 각 호의 어느 하나에 해당하는지를 확인할 수 있는 서류 ③ 제1항 및 제2항에서 규정한 사항 외에 사업시행자의 지정 등에 필요한 사항은 국토교통부령으로 정한다.〈개정 13·3·23〉	12조제1항에 따라 사업시행자를 지정한 경우 별지 제6호서식의 사업시행자 지정서를 신청인에게 발급하여야 한다.
4. 「공공기관의 운영에 관한 법률」에 따른 공공기관(이하 "공공기관"이라 한다) 중 대통령령으로 정하는 공공기관 5. 「지방공기업법」에 따른 지방공기업 6. 「철도사업법」 제5조에 따른 철도사업의 면허를 받은 자로서 대통령령으로 정하는 요건을 갖춘 자 7. 「철도의 건설 및 철도시설 유지관리에 관한 법률」 제8조에 따른 철도건설사업시행자로서 대통령령으로 정하는 요건을 갖춘 자	제16조(사업시행자의 범위) ① 법 제12조제1항제4호에서 "대통령령으로 정하는 공공기관"이란 다음 각 호의 공공기관을 말한다. 1. 「한국토지주택공사법」에 따른 한국토지주택공사 2. 「한국관광공사법」에 따른 한국관광공사 ② 법 제12조제1항제6호에서 "대통령령으로 정하는 요건을 갖춘 자"란 개발구역에서 철도사업을 운영 중이거나 운영한 경험이 있는 자를 말한다. ③ 법 제12조제1항제7호에서 "대통령령으로 정하는 요건을 갖춘 자"란 개발구역에서 철도건설사업 시행자로 지정되거나 지정된 경험이 있는 자를 말한다.	

법	시 행 령	시 행 규 칙
8. 「도시철도법」에 따른 도시철도사업의 면허를 받은 자 또는 도시철도건설자로서 대통령령으로 정하는 요건을 갖춘 자 9. 법인 중 다음 각 목의 어느 하나에 해당하는 자 　가. 「건설산업기본법」에 따른 토목공사업 또는 토목건축공사업의 등록을 하는 등 사업계획에 맞게 역세권개발사업을 시행할 능력이 있다고 인정되는 자로서 대통령령으로 정하는 요건에 해당하는 자 　나. 「부동산투자회사법」에 따라 설립된 자기관리 부동산투자회사 또는 위탁관리 부동산투자회사로서 대통령령으로 정하는 요건에 해당하는 자(제1호부터 제8호까지의 규정에 해당하는 자와 공동으로 시행하는 경우에만 해당한다) 10. 제1호부터 제9호까지의 규정에 해당하는 자 둘 이상이 역세권개발사업을 시행할 목적으로 출자하여 설립한 법인 11. 그 밖에 재무건전성 등에 관하여 대통령령으로 정하는 기준에 적합한 「민법」에 따라 설립된 재단법인 또는 「상법」에 따라 설립된 법인	④ 법 제12조제1항제8호에서 "대통령령으로 정하는 요건을 갖춘 자"란 개발구역에서 도시철도사업을 운영 중이거나 운영한 경험이 있는 자 또는 사업계획을 승인받은 자를 말한다. ⑤ 법 제12조제1항제9호가목에서 "대통령령으로 정하는 요건에 해당하는 자"란 다음 각 호의 어느 하나에 해당하는 자를 말한다.〈개정 18·10·30〉 　1. 「건설산업기본법」에 따라 종합공사를 시공하는 업종(토목공사업 및 토목건축공사업만 해당한다)에 등록한 자로서 같은 법 제23조에 따라 공시된 시공능력 평가액이 해당 역세권개발사업에 드는 연평균 사업비(보상비는 제외한다) 이상인 자 　2. 「자본시장과 금융투자업에 관한 법률」에 따른 신탁업자 중 「주식회사 등의 외부감사에 관한 법률」 제4조에 따른 외부감사의 대상이 되는 자 ⑥ 법 제12조제1항제9호나목에서 "대통령령으로 정하는 요건에 해당하는 자"란 다음 각 호의 어느 하나에 해당하는 자를 말한다. 　1. 「부동산투자회사법」에 따른 부동산투자회사로서 부동산 또는 부동산개발사업에 대한 투자실적이 있는 자기관리 부동산투자회사 　2. 「부동산투자회사법」에 따른 부동산투자회사로서 자산관리회사와 자산관리위탁계약을 체결한 위탁관리 부동산투자회사 ⑦ 법 제12조제1항제11호에서 "대통령령으로 정	

법	시 행 령	시 행 규 칙
	하는 기준에 적합한 「민법」에 따라 설립된 재단법인 또는 「상법」에 따라 설립된 법인"이란 다음 각 호의 법인 중 해당 연도 손익계산서상 매출액이 해당 역세권개발사업에 드는 연평균 사업비(보상비는 제외한다) 이상인 법인을 말한다. 해당 연도 손익계산서가 공시되지 아니한 경우에는 직전 연도의 손익계산서에 따르되, 「채무자 회생 및 파산에 관한 법률」에 따른 회생절차가 진행 중인 법인은 제외한다.〈신설 12·8·31, 18·10·30〉 1. 「민법」에 따라 설립된 재단법인: 「공익법인의 설립·운영에 관한 법률」 제4조제3항에 따라 주무 관청의 승인을 받은 법인으로서 같은 법 제12조제2항에 따라 주무 관청에 보고된 해당 연도의 손익계산서상 당기순손실이 발생하지 아니한 법인 2. 「상법」에 따라 설립된 법인: 사업시행자 지정 신청일을 기준으로 「주식회사 등의 외부감사에 관한 법률」 제23조제5항에 따라 공시된 해당 연도의 손익계산서상 당기순손실이 발생하지 아니한 법인	
② 지정권자는 사업시행자가 다음 각 호의 어느 하나에 해당하면 사업시행자를 변경하거나 그 지정을 취소할 수 있다. 1. 제1항에 따라 사업시행자로 지정된 날부터 2년 이내에 제13조에 따른 실시계획의 승인을 신청하지 아니한 경우	제17조(사업시행자의 변경 또는 지정취소의 사유) 법 제12조제2항제4호에서 "대통령령으로 정하는 사유"란 사업시행자가 경영상의 이유 등으로 스스로 변경 또는 지정의 취소를 신청하는 경우를 말한다.	

법	시 행 령	시 행 규 칙
2. 제13조제1항에 따른 실시계획의 승인을 받은 후 1년 이내에 역세권개발사업을 착수하지 아니한 경우 3. 제13조제1항에 따른 실시계획의 승인이 취소된 경우 4. 사업시행자의 파산이나 그 밖에 대통령령으로 정하는 사유로 인하여 역세권개발사업의 목적을 달성하기 어렵다고 인정되는 경우 ③ 지정권자가 제1항 및 제2항에 따라 사업시행자를 지정하거나 변경 또는 취소한 경우에는 대통령령으로 정하는 바에 따라 고시하여야 한다.	제18조(사업시행자의 지정 등에 관한 고시) 지정권자는 사업시행자를 지정하거나 변경 또는 취소한 경우에는 법 제12조제3항에 따라 관보 또는 공보에 다음 각 호의 내용을 고시하여야 한다. 1. 사업시행자의 성명(법인인 경우에는 법인의 명칭 및 대표자의 성명) 및 주소 2. 사업시행자의 변경 또는 취소 사유(사업시행자를 변경 또는 취소한 경우만 해당한다)	
제13조(실시계획의 승인 등) ① 사업시행자가 역세권개발사업을 시행하려면 대통령령으로 정하는 바에 따라 역세권개발사업실시계획(이하 "실시계획"이라 한다)을 작성하여 지정권자의 승인을 받아야 한다. 승인을 받은 실시계획을 변경하려는 경우에도 또한 같다. 다만, 대통령령으로 정하는 경미한 사항을 변경하는 경우에는 그러하지 아니하다. ② 실시계획에는 사업계획의 내용이 반영되어야 하며, 다음 각 호의 사항이 포함되어야 한다. 1. 역세권개발사업의 명칭, 개발구역의 위치 및	제19조(실시계획의 승인 등) ① 법 제13조제1항에 따라 사업시행자가 실시계획의 승인을 받으려는 경우에는 실시계획 승인신청서에 국토교통부령으로 정하는 서류를 첨부하여 지정권자에게 제출하여야 한다.〈개정 13·3·23〉 ② 법 제13조제1항 단서에서 "대통령령으로 정하는 경미한 사항"이란 다음 각 호의 사항을 말한다.〈개정 12·4·10〉 1. 사업시행자의 성명(법인인 경우에는 법인의 명칭 및 대표자의 성명) 및 주소의 변경	제6조(실시계획 승인신청) 사업시행자[법 제4조제3항에 따른 지정권자(이하 "지정권자"라 한다)가 사업시행자인 경우는 제외한다]는 영 제19조제1항에 따라 실시계획의 승인을 받으려는 경우에는 별지 제7호서식의 실시계획 승인신청서에 다음 각 호의 서류를 첨부하여 지정권자에게 제출하여야 한다.〈개정 16·1·27, 22·1·21〉 1. 사업비에 관한 자금조달계획서(연차별 투자계획을 포함한다)

법	시 행 령	시 행 규 칙
면적 2. 사업시행자의 성명 또는 명칭(주소와 대표자의 성명을 포함한다) 3. 역세권개발사업의 시행기간 4. 토지이용·교통처리 및 환경관리에 관한 계획 5. 재원조달계획 및 연차별 투자계획 6. 기반시설의 설치계획(비용부담계획을 포함한다) 7. 조성토지의 처분계획서 8. 그 밖에 대통령령으로 정하는 사항 ③ 지정권자가 실시계획을 승인하려는 경우에는 대통령령으로 정하는 바에 따라 관할 시·도지사(국토교통부장관이 지정권자인 경우에 한정한다) 및 시장·군수·구청장과 협의하여야 한다.〈개정 12·6·1, 13·3·23, 20·6·9〉	2. 사업시행 지역의 변동이 없는 범위에서의 착오·누락 등에 따른 사업시행 면적의 정정 3. 사업시행 면적의 100분의 10의 범위에서의 면적의 감소 4. 사업비의 100분의 10의 범위에서의 사업비의 증감 5. 단순한 착오 또는 확정측량 결과를 반영한 「국토의 계획 및 이용에 관한 법률」에 따른 도시·군계획시설 부지면적 등의 변경 ③ 지정권자는 법 제13조제3항에 따라 협의하기 위하여 실시계획 관계 서류 사본을 관할 시·도지사 및 시장·군수·구청장에게 보내야 하고, 관계 서류를 받은 관할 시·도지사 및 시장·군수·구청장은 지정권자가 지정한 기간 내에 지정권자에게 실시계획에 대한 협의를 하여야 한다.〈개정 12·8·31〉 ④ 지정권자는 결합개발구역의 실시계획을 제4조의2제2항 각 호에 해당하는 지역을 우선적으로 개발하는 조건으로 승인할 수 있다.〈신설 19·6·18〉	2. 존치하려는 기존 공장이나 건축물 등의 명세서 3. 보상계획서(이주대책을 포함한다) 4. 역세권개발사업에 따라 새로 설치하는 공공시설 또는 기존의 공공시설의 조서(調書) 및 도면(법 제12조제1항제1호부터 제5호까지의 규정에 해당하는 자가 사업시행자인 경우만 해당한다) 5. 역세권개발사업의 시행으로 용도폐지되는 국가 또는 지방자치단체의 재산에 대한 둘 이상의 감정평가법인등의 감정평가서(법 제12조제1항제6호부터 제10호까지의 규정에 해당하는 자가 사업시행자인 경우만 해당한다) 6. 역세권개발사업에 따라 새로 설치하는 공공시설의 조서 및 도면과 그 설치비용 계산서(법 제12조제1항제6호부터 제10호까지의 규정에 해당하는 자가 사업시행자인 경우만 해당한다). 이 경우 새로운 공공시설의 설치에 필요한 토지와 종래의 공공시설이 설치되어 있는 토지가 같은 토지인 경우에는 그 토지가격을 뺀 설치비용만을 계산한다. 7. 「환경영향평가법」 제2조제1호에 따

법	시 행 령	시 행 규 칙
		른 환경영향평가, 「도시교통정비 촉진법」 제2조제5호에 따른 교통영향평가, 「자연재해대책법」 제4조제1항에 따른 사전재해영향성 검토협의 등과 관련된 서류 8. 법 제16조제2항에 따른 관계 행정기관의 장과의 협의에 필요한 서류 9. 축척 2만5천분의 1 또는 5만분의 1의 위치도 10. 계획평면도 및 개략설계도
④ 지정권자가 실시계획을 승인한 경우에는 대통령령으로 정하는 바에 따라 이를 관보나 공보에 고시하고, 관할 시·도지사(국토교통부장관이 지정권자인 경우에 한정한다) 및 시장·군수·구청장에게 관계 서류의 사본을 송부하여야 한다. 이 경우 관계 서류의 사본을 송부받은 관할 시·도지사 및 시장·군수·구청장은 이를 14일 이상 일반인이 열람할 수 있도록 하여야 한다.〈개정 13·3·23, 20·6·9〉 ⑤ 제4항에 따라 관계 서류의 사본을 송부받은 관할 시·도지사 및 시장·군수·구청장은 관계 서류에 「국토의 계획 및 이용에 관한 법률」 제2조제4호에 따른 도시·군관리계획의 결정에 관한 사항이 포함되어 있는 경우 같은 법 제32조제2항에 따른 지형도면 승인 신청 등 필요한 조치를 하여야 한다. 이 경우 사업시행자는 지형도면의	제20조(실시계획의 고시) 지정권자는 실시계획을 작성하거나 승인한 경우에는 법 제13조제4항에 따라 다음 각 호의 사항을 고시하여야 한다.〈개정 12·4·10〉 1. 사업의 명칭 및 목적 2. 개발구역의 위치 및 면적 3. 사업시행자의 성명(법인인 경우에는 법인의 명칭 및 대표자의 성명) 및 주소 4. 사업시행기간 5. 승인된 실시계획에 관한 도서의 공람기간 및 공람장소 6. 도시·군관리계획의 결정 내용 7. 법 제16조에 따라 실시계획의 고시로 의제되는 인가·허가 등의 고시 또는 공고 사항 제20조의2(토지 등의 수용·사용) ① 법 제17조제4항에서 "취득하여야 할 토지가격이 변동되었다고	

법	시 행 령	시 행 규 칙
고시 등에 필요한 서류를 해당 지방자치단체의 장에게 송부하여야 한다.〈개정 11·4·14〉 제14조(타인의 토지에의 출입 등) ① 사업시행자는 실시계획의 작성 등을 위한 조사·측량 또는 역세권개발사업의 시행을 위하여 필요한 경우에는 타인이 소유하거나 점유하는 토지에 출입하거나	인정되는 등 대통령령으로 정하는 요건에 해당하는 경우"란 개발구역에 대한 감정평가의 기준이 되는 표준지공시지가(『부동산 가격공시에 관한 법률』 제3조에 따른 표준지공시지가를 말한다. 이하 같다)의 평균변동률이 해당 개발구역에 속하는 시·군 또는 자치구 전체 표준지공시지가의 평균변동률보다 30퍼센트 이상 높은 경우를 말한다.〈개정 16·8·31〉 ② 제1항에 따른 평균변동률은 법 제6조제1항에 따른 주민 등의 의견청취 공고일 당시 공시된 공시지가 중 그 공고일에 가장 가까운 시점에 공시된 공시지가의 공시기준일부터 법 제9조제1항에 따른 개발구역 지정의 고시일 당시 공시된 공시지가 중 그 고시일에 가장 가까운 시점에 공시된 공시지가의 공시기준일까지의 변동률로 한다. ③ 제1항에 따른 평균변동률을 산정할 때 개발구역이 둘 이상의 시·군 또는 자치구에 속하는 경우에는 해당 개발구역이 속한 시·군 또는 자치구별로 평균변동률을 산정한 후 이를 해당 시·군 또는 자치구에 속한 주택지구 면적의 비율로 가중평균(加重平均)한다. [본조신설 12·8·31]	

법	시 행 령	시 행 규 칙
타인이 소유하거나 점유하는 토지를 재료적치장·임시통로 또는 임시도로로 일시 사용할 수 있으며, 특히 필요한 경우에는 나무·흙·돌이나 그 밖의 장애물을 변경하거나 제거할 수 있다. 이 경우 토지의 소유자 또는 점유자는 정당한 사유 없이 이를 방해하거나 거부할 수 없다. ② 제1항에 따라 타인의 토지에 출입하려는 자는 미리 해당 토지의 소유자 또는 점유자에게 통지하여야 하며, 그 동의를 받아야 한다. 다만, 해당 토지의 소유자 또는 점유자의 부재나 주소불명 등으로 동의를 받을 수 없는 때에는 관할 시·도지사 또는 시장·군수·구청장의 허가를 받아 출입하여야 한다. ③ 해 뜨기 전 또는 해 진 후에는 해당 토지의 소유자 또는 점유자의 승낙 없이 택지 또는 담으로 둘러싸인 타인의 토지에 출입할 수 없다. ④ 제1항에 따라 타인의 토지에 출입하려는 자는 그 권한을 표시하는 국토교통부령으로 정하는 바에 따른 증표를 지니고 이를 관계인에게 내보여야 한다.〈개정 13·3·23〉 ⑤ 사업시행자는 실시계획의 승인을 받은 때에는 역세권개발사업이 예정된 토지에 출입하거나 이를 일시 사용할 수 있다. 이 경우 토지에 대한 권리를 가진 자는 정당한 사유 없이 해당 토지에 대한 사업시행자의 출입 또는 일시 사용을 가로막거나 방해하여서는 아니 된다.		제7조(타인의 토지에의 출입 등) ① 법 제14조제2항의 단서에 따라 관할 특별시장·광역시장 또는 도지사, 시장·군수·구청장(구청장은 자치구의 구청장을 말한다. 이하 같다)의 허가를 받아 타인의 토지에 출입하려는 사람은 별지 제8호서식의 허가증을 지녀야 한다. ② 법 제14조제4항에 따른 증표는 별지 제9호서식에 따른다.

법	시 행 령	시 행 규 칙
제15조(토지에의 출입 등에 따른 손실보상) ① 제14조에 따른 행위로 인하여 손실을 입은 자가 있는 경우에는 사업시행자가 그 손실을 보상하여야 한다. ② 사업시행자는 제1항에 따라 손실을 보상하려는 경우에는 손실을 입은 자와 협의하여야 한다. ③ 사업시행자 또는 손실을 입은 자는 제2항에 따른 협의가 성립되지 아니하거나 협의를 할 수 없는 경우에는 관할 토지수용위원회에 재결을 신청할 수 있다. 이 경우 재결의 신청은 「공익사업을 위한 토지 등의 취득 및 보상에 관한 법률」 제23조제1항 및 같은 법 제28조제1항에도 불구하고 해당 역세권개발사업의 시행기간 안에 할 수 있다. 제16조(관련 인·허가등의 의제) ① 지정권자가 실시계획의 승인 또는 변경승인을 하는 경우 그 실시계획에 대한 다음 각 호의 허가·인가·결정·면허·협의·동의·승인·신고·변경·지정·등록 또는 해제 등(이하 "인·허가등"이라 한다)에 관하여 제3항에 따라 관계 행정기관의 장과 협의한 사항은 해당 인·허가등을 받은 것으로 보며, 제13조제4항에 따라 실시계획이 고시된 경우에는 다음 각 호의 법률에 따른 인·허가등이 고시 또는 공고된 것으로 본다.〈개정 11·4·14, 14·1·14, 16·1·19, 16·12·27, 20·3·31, 20·6·9, 21·11·30, 22·12·27〉 1. 「건축법」 제11조에 따른 건축허가, 같은 법 제		

법	시 행 령	시 행 규 칙
14조에 따른 건축신고, 같은 법 제16조에 따른 허가·신고사항의 변경, 같은 법 제20조에 따른 가설건축물의 허가·신고 및 같은 법 제29조에 따른 건축협의 2. 「공유수면 관리 및 매립에 관한 법률」 제8조에 따른 공유수면의 점용·사용허가, 같은 법 제17조에 따른 점용·사용 실시계획의 승인 또는 신고, 같은 법 제28조에 따른 매립면허, 같은 법 제35조에 따른 협의 또는 승인 및 같은법 제38조에 따른 공유수면매립실시계획의 승인 3. 「공유재산 및 물품 관리법」 제20조제1항에 따른 사용·수익의 허가 4. 「관광진흥법」 제15조에 따른 사업계획의 승인, 같은 법 제52조에 따른 관광지의 지정(역세권개발사업의 일부로 관광지를 개발하는 경우만 해당한다), 같은 법 제54조에 따른 조성계획의 승인 및 같은 법 제55조에 따른 조성사업시행의 허가 5. 「국유재산법」 제30조에 따른 사용허가 6. 「국토의 계획 및 이용에 관한 법률」 제30조에 따른 도시·군관리계획의 결정, 같은 법 제56조에 따른 개발행위허가, 같은 법 제86조에 따른 도시·군계획시설사업의 시행자 지정 및 같은 법 제88조에 따른 도시·군계획시설사업 실시계획의 인가 7. 「농어촌정비법」 제23조에 따른 농업생산기반시설의 사용허가 및 같은 법 제82조에 따른 농어촌관광휴양단지 개발사업계획의 승인		

법	시 행 령	시 행 규 칙
8. 「농지법」 제34조에 따른 농지의 전용허가 또는 협의, 같은 법 제35조에 따른 농지의 전용신고, 같은 법 제36조에 따른 농지의 타용도 일시 사용허가·협의 및 같은 법 제40조에 따른 용도변경의 승인 9. 「도로법」 제107조에 따른 도로관리청과의 협의 또는 승인(같은 법 제19조에 따른 도로 노선의 지정·고시, 같은 법 제25조에 따른 도로구역의 결정, 같은 법 제36조에 따른 도로관리청이 아닌 자에 대한 도로공사 시행의 허가 및 같은 법 제61조에 따른 도로의 점용 허가에 관한 것으로 한정한다) 10. 「도시개발법」 제17조에 따른 도시개발사업 실시계획의 승인 11. 「물류시설의 개발 및 운영에 관한 법률」 제22조에 따른 물류단지의 지정(역세권개발사업의 일부로 물류단지를 개발하는 경우만 해당한다) 및 같은 법 제28조에 따른 물류단지개발실시계획의 승인 12. 「사방사업법」 제14조에 따른 벌채, 토석의 채취 등의 허가 및 같은 법 제20조에 따른 사방지의 지정 해제 13. 「산지관리법」 제14조 및 제15조에 따른 산지전용허가 및 산지전용신고, 「산림자원의 조성 및 관리에 관한 법률」 제36조제1항 및 제4항에 따른 입목벌채등의 허가·신고 13. 「산지관리법」 제14조 및 제15조에 따른 산지		

법	시 행 령	시 행 규 칙
전용허가 및 산지전용신고, 「산림자원의 조성 및 관리에 관한 법률」 제36조제1항 및 제4항에 따른 입목벌채등의 허가·신고 [시행일: 2023년 6월 28일부터] 14. 「소방시설 설치 및 관리에 관한 법률」 제6조제1항에 따른 건축허가등의 동의, 「소방시설공사업법」 제13조제1항에 따른 소방시설공사의 신고 및 「위험물안전관리법」 제6조제1항에 따른 제조소등의 설치허가 15. 「수도법」 제17조제1항에 따른 일반수도사업의 인가, 같은 법 제49조에 따른 공업용수도사업의 인가, 같은 법 제52조에 따른 전용상수도설치의 인가 및 같은 법 제54조에 따른 전용공업용수도설치의 인가 16. 「유통산업발전법」 제8조에 따른 대규모점포의 개설등록 17. 「전기안전관리법」 제8조에 따른 자가용전기설비 공사계획의 인가 또는 신고 18. 「주택법」 제15조에 따른 사업계획의 승인 19. 「체육시설의 설치·이용에 관한 법률」 제12조에 따른 사업계획의 승인 20. 「초지법」 제21조의2에 따른 초지 안에서의 형질변경 등 같은 조 각 호의 행위에 대한 허가 및 같은 법 제23조에 따른 초지전용의 허가 또는 협의 21. 「택지개발촉진법」 제9조에 따른 택지개발사		

법	시 행 령	시 행 규 칙
업실시계획의 승인 22.「하수도법」제16조에 따른 공공하수도공사의 시행허가, 같은 법 제24조에 따른 공공하수도의 점용허가 및 같은 법 제34조에 따른 개인하수처리시설의 설치신고 23.「하천법」제6조에 따른 하천관리청과의 협의 또는 승인(같은 법 제30조에 따른 하천공사시행의 허가 및 같은 법 제33조에 따른 하천의 점용 등의 허가에 관한 것에 한정한다) 및「소하천정비법」제14조에 따른 소하천점용의 허가 24.「부동산 거래신고 등에 관한 법률」제11조에 따른 토지거래계약에 관한 허가 ② 제1항에 따른 인·허가등의 의제를 받으려는 사업시행자가 실시계획의 승인 또는 변경승인의 신청을 하는 경우에는 해당 법률에서 정하는 관련 서류를 함께 제출하여야 한다. ③ 지정권자는 제13조제1항에 따라 실시계획의 승인 또는 변경승인을 할 때 그 내용에 제1항 각 호의 어느 하나에 해당하는 사항이 포함되어 있는 경우에는 관계 행정기관의 장과 미리 협의하여야 한다.〈개정 20·6·9〉 ④ 제3항에 따라 지정권자로부터 협의를 요청받은 관계 행정기관의 장은 협의요청을 받은 날부터 20일 이내에 의견을 제출하여야 한다. 제17조(토지 등의 수용·사용) ① 사업시행자는 역세권개발사업의 시행을 위하여 필요한 경우「공		

법	시 행 령	시 행 규 칙
익사업을 위한 토지 등의 취득 및 보상에 관한 법률」 제3조에 따른 토지·물건 또는 권리를 수용 또는 사용(이하 "수용등"이라 한다)할 수 있다. 다만, 다음 각 호의 어느 하나에 해당하는 사업시행자는 토지면적의 3분의 2 이상에 해당하는 토지를 소유하고(「철도의 건설 및 철도시설 유지관리에 관한 법률」에 따른 철도시설의 부지 또는 「도시철도법」에 따른 도시철도시설의 부지에 해당하는 경우에는 해당 토지 소유자의 동의로 대신할 수 있다) 토지 소유자 총수의 2분의 1 이상에 해당하는 자의 동의를 받아야 한다.〈개정 12·6·1, 18·3·13, 20·6·9〉 1. 제12조제1항제2호 및 제3호에 해당하는 사업시행자 중 국가철도공단 및 한국철도공사가 100분의 50 미만으로 출자한 법인 2. 제12조제1항제6호부터 제11호까지의 규정에 해당하는 사업시행자(국가, 지방자치단체, 공공기관 및 「지방공기업법」에 따른 지방공기업이 100분의 50 이상 출자한 경우는 제외한다) ② 제4조 및 제9조에 따른 개발구역의 지정·고시가 있는 경우에는 「공익사업을 위한 토지 등의 취득 및 보상에 관한 법률」 제20조제1항 및 제22조에 따른 사업인정 및 그 고시가 있는 것으로 본다. 다만, 재결의 신청은 같은 법 제23조제1항 및 제28조제1항에도 불구하고 해당 역세권개발사업의 시행기간 안에 할 수 있다.		

법	시 행 령	시 행 규 칙
③ 사업시행자는 「공익사업을 위한 토지 등의 취득 및 보상에 관한 법률」에서 정하는 바에 따라 역세권개발사업의 시행에 필요한 주거용 건축물을 제공함에 따라 생활의 근거를 상실하게 되는 자에 대한 이주대책 등을 수립·시행하여야 한다. ④ 제6조에 따른 주민 등의 의견 청취 공고로 인하여 취득하여야 할 토지가격이 변동되었다고 인정되는 등 대통령령으로 정하는 요건에 해당하는 경우에는 「공익사업을 위한 토지 등의 취득 및 보상에 관한 법률」 제70조제1항에 따른 공시지가는 같은 조 제3항부터 제5항까지의 규정에도 불구하고 제6조에 따른 주민 등의 의견 청취 공고일 전의 시점을 공시기준일로 하는 공시지가로서 해당 토지의 가격시점 당시 공시된 공시지가 중 주민 등의 의견 청취 공고일에 가장 가까운 시점에 공시된 공시지가로 한다.〈신설 12·6·1〉 ⑤ 제1항에 따른 토지 등의 수용등에 관하여 이 법에 특별한 규정이 있는 것을 제외하고는 「공익사업을 위한 토지 등의 취득 및 보상에 관한 법률」을 준용한다.〈개정 12·6·1〉		
제18조(토지상환채권의 발행) ① 사업시행자는 토지소유자가 원하는 경우에는 토지 등에 대한 매수대금의 일부를 지급하기 위하여 대통령령으로 정하는 바에 따라 사업시행으로 조성된 토지·건축물로 상환하는 채권(이하 "토지상환채권"이라 한다)을 발행할 수 있다.	제21조(토지상환채권의 발행) ① 법 제18조제1항에 따른 토지상환채권(이하 "토지상환채권"이라 한다)의 발행 규모는 그 토지상환채권으로 상환할 토지·건축물이 해당 역세권개발사업으로 조성되는 토지 또는 건축물 면적의 2분의 1을 초과하지 아니하도록 하여야 한다.	

법	시 행 령	시 행 규 칙
② 사업시행자(지정권자가 사업시행자인 경우는 제외한다)가 제1항에 따라 토지상환채권을 발행하고자 하는 경우에는 대통령령으로 정하는 바에 따라 토지상환채권의 발행계획을 작성하여 미리 지정권자의 승인을 받아야 한다. ③ 토지상환채권의 발행 방법·절차·조건, 그 밖에 필요한 사항은 대통령령으로 정한다.	② 사업시행자가 제1항에 따라 토지상환채권을 발행하는 경우에는 토지상환채권의 명칭과 제22조 각 호의 사항을 공고하여야 한다. 제22조(토지상환채권의 발행계획) 법 제18조제2항에 따른 토지상환채권의 발행계획에는 다음 각 호의 사항이 포함되어야 한다. 1. 사업시행자의 명칭 2. 토지상환채권의 발행총액 3. 토지상환채권의 이율 4. 원금 상환의 방법 및 시기 5. 이자 지급의 방법 및 시기 6. 토지상환채권의 발행가액 및 발행시기 7. 상환대상 지역 또는 상환대상 토지의 용도 8. 토지가격의 추산방법 9. 보증부발행인 경우에는 보증기간 및 보증의 내용 10. 그 밖에 사업시행자가 필요하다고 인정하는 사항 제23조(토지상환채권의 발행조건) ① 토지상환채권의 이율은 발행 당시의 「은행법」에 따른 은행의 예금금리 및 부동산 수급(需給) 상황을 고려하여 사업시행자가 정한다. ② 토지상환채권은 기명식(記名式) 증권으로 한다. 제24조(토지상환채권의 청약 등) 토지상환채권으로 토지등의 매각대금을 받으려는 자(이하 "청약자"라 한다)는 다음 각 호의 사항을 적은 토지상환채권 청약서 2통을 작성하여 사업시행자에게 제출	

법	시 행 령	시 행 규 칙
	하여야 한다.	
	1. 사업의 명칭	
	2. 청약자의 성명(법인인 경우에는 법인의 명칭 및 대표자의 성명) 및 주소	
	3. 청약자 소유의 토지등의 명세	
	4. 청약자가 토지등의 매각대금으로 받는 금액	
	5. 토지상환채권으로 받으려는 금액	
	제25조(토지상환채권의 기재사항) 토지상환채권에는 다음 각 호의 사항을 적고 사업시행자가 기명날인하여야 한다.	
	1. 제22조제1호 및 제3호부터 제7호까지의 사항	
	2. 토지상환채권의 번호	
	3. 토지상환채권의 발행 연월일	
	제26조(토지상환채권 원부의 비치) 사업시행자는 주된 사무소에 다음 각 호의 사항을 적은 토지상환채권 원부(이하 "토지상환채권 원부"라 한다)를 갖추어 두어야 한다.	
	1. 토지상환채권의 번호	
	2. 토지상환채권의 발행 연월일	
	3. 제22조제2호부터 제7호까지의 사항	
	4. 토지상환채권 소유자의 성명(법인인 경우에는 법인의 명칭 및 대표자의 성명) 및 주소	
	5. 토지상환채권의 취득 연월일	
	제27조(토지상환채권의 이전 등) ① 토지상환채권을 이전하는 경우 취득자는 그 성명과 주소를 토지상환채권 원부에 적어 줄 것을 요청하여야 하	

법	시 행 령	시 행 규 칙
	며, 취득자의 성명과 주소를 적지 아니한 토지상환채권을 취득한 자는 발행자 및 그 밖의 제3자에게 대항하지 못한다. ② 토지상환채권을 질권의 목적으로 하는 경우에는 질권자의 성명과 주소를 토지상환채권 원부에 적지 아니하면 질권자는 발행자 및 그 밖의 제3자에게 대항하지 못한다. ③ 사업시행자는 제2항에 따라 질권이 설정되었을 때에는 토지상환채권에 그 사실을 표시하여야 한다. 제28조(토지상환채권의 소유자에 대한 통지) 토지상환채권의 소유자에 대한 통지 또는 최고(催告)는 토지상환채권 원부에 적힌 주소로 하여야 한다. 다만, 토지상환채권의 소유자가 사업시행자에게 따로 주소를 알린 경우에는 그 주소로 하여야 한다.	
제19조(선수금) ① 사업시행자는 역세권개발사업으로 조성된 토지·건축물 또는 공작물 등(이하 "조성토지등"이라 한다)을 공급받거나 이용하고자 하는 자로부터 대통령령으로 정하는 바에 따라 해당 대금의 전부 또는 일부를 미리 받을 수 있다. ② 사업시행자(지정권자가 사업시행자인 경우는 제외한다)가 제1항에 따라 해당 대금의 전부 또는 일부를 미리 받고자 하는 경우에는 지정권자의 승인을 받아야 한다.	제29조(선수금) ① 법 제19조에 따라 선수금을 받으려는 사업시행자는 다음 각 호의 구분에 따른 요건을 갖추어 지정권자의 승인을 받아야 한다. 〈개정 12·8·31〉 1. 법 제12조제1항제1호부터 제5호까지의 규정에 해당하는 사업시행자:사업계획을 수립·고시한 후에 사업시행 토지면적의 100분의 25 이상의 토지에 대한 소유권(사용동의를 포함한다)을 확보할 것. 다만, 법 제13조에 따라 실시계획 승인을 받기 전에 선수금을 받으려는 경우에는	

법	시 행 령	시 행 규 칙
	「환경영향평가법」에 따른 환경영향평가 및 「도시교통정비 촉진법」에 따른 교통영향분석·개선대책을 수립하여 기반시설 투자계획이구체화된 경우로 한정한다. 2. 법 제12조제1항제6호부터 제11호까지의 규정에 해당하는 사업시행자: 해당 개발구역에 대하여 법 제13조에 따라 실시계획 승인을 받은 후 다음 각 목의 요건을 모두 갖출 것 　가. 공급하려는 토지에 대한 소유권을 확보하고, 해당 토지에 설정된 저당권을 말소하였을 것. 다만, 부득이한 사유로 토지소유권을 확보하지 못하였거나 저당권을 말소하지 못한 경우에는 사업시행자·토지소유자 및 저당권자가 다음 내용의 공동약정서를 공증하여 제출하여야 한다. 　　1) 토지소유자는 제삼자에게 해당 토지를 양도하거나 담보로 제공하지 아니할 것 　　2) 선수금을 납부한 자가 법 제21조에 따른 준공검사 또는 준공 전 사용 허가를 받아 해당 토지를 사용하게 되는 경우에는 토지소유자 및 저당권자는 지체 없이 소유권을 이전하고, 저당권을 말소할 것 　나. 공급하려는 토지에 대한 역세권개발사업의 공사 진척률이 100분의 10 이상일 것 　다. 공급계약의 불이행 시 선수금의 환불을 담보하기 위하여 다음의 내용이 포함된 보증서	

법	시 행 령	시 행 규 칙
	등(「국가를 당사자로 하는 계약에 관한 법률 시행령」 제37조제2항에 따른 지급보증서, 증권, 보증보험증권, 정기예금증서 및 수익증권 등을 말한다. 이하 같다)을 지정권자에게 제출할 것. 다만, 2)의 경우 그 사업기간을 연장할 때에는 원래의 보증 또는 보험의 기간에 그 연장하려는 기간을 가산한 기간을 보증 또는 보험의 기간으로 하는 보증서 등을 제출하여야 한다. 　1) 보증 또는 보험의 금액은 선수금에 그 금액에 대한 보증 또는 보험 기간에 해당하는 약정이자 상당액을 가산한 금액 이상으로 할 것 　2) 보증 또는 보험 기간의 개시일은 선수금을 받는 날 이전이어야 하며, 그 종료일은 준공예정일부터 1개월 이상으로 할 것 ② 사업시행자는 법 제22조에 따른 공사완료 공고 전에 미리 토지를 공급하거나 시설물을 이용하게 한 후에는 그 토지를 담보로 제공해서는 아니 된다. ③ 지정권자는 사업시행자가 공급계약의 내용대로 사업을 이행하지 아니하거나 사업시행자의 파산 등(「채무자 회생 및 파산에 관한 법률」에 따른 법원의 결정·인가를 포함한다)으로 사업을 이행할 능력이 없다고 인정하는 경우에는 해당 역세권개발사업의 준공 전에 보증서 등을 선수금의 환불을 위하여 사용할 수 있다.	

법	시 행 령	시 행 규 칙
제20조(조성토지등의 공급계획) ① 사업시행자(지정권자가 사업시행자인 경우는 제외한다)가 조성토지등을 공급하고자 하는 경우에는 조성토지등의 공급계획을 작성하여 지정권자에게 제출하여야 한다. 작성된 공급계획을 변경하는 경우에도 또한 같다. ② 조성토지등의 공급계획의 내용, 공급의 절차·기준 및 조성토지등의 가격의 평가, 그 밖에 필요한 사항은 대통령령으로 정한다.	제30조(조성토지등의 공급계획의 내용) 법 제20조제2항에 따른 역세권개발사업으로 조성된 토지·건축물 또는 공작물 등(이하 "조성토지등"이라 한다)의 공급계획에는 다음 각 호의 사항이 포함되어야 한다. 1. 사업시행자가 직접 사용하려는 조성토지등의 위치와 면적 2. 공급대상 조성토지등의 위치와 면적 3. 공급대상 조성토지등의 가격 결정방법 4. 공급대상자의 자격요건 및 선정방법 5. 공급의 시기·방법 및 조건 6. 그 밖에 공급계획에 필요한 사항 제31조(조성토지등의 공급 절차·기준 등) ① 사업시행자는 조성토지등을 공급하는 경우에는 사업계획에서 정한 용도에 따라 공급하여야 한다. 이 경우 사업시행자는 기반시설의 원활한 설치를 위하여 필요하면 공급대상자의 자격을 제한하거나 공급조건을 부여할 수 있다. ② 조성토지등의 공급은 경쟁입찰의 방법에 따른다. 다만, 330제곱미터 이하의 단독주택용지 및 공장용지와 「주택법」 제2조제6호에 따른 국민주택 규모 이하의 주택건설용지(임대주택건설용지를 포함한다) 및 「주택법」 제2조제24호에 따른 공공택지에 대해서는 추첨의 방법으로 분양할 수 있다.〈개정 16·8·11〉	

법	시 행 령	시 행 규 칙
	③ 사업시행자는 제2항에 따라 조성토지등을 공급하려는 경우에는 다음 각 호의 사항을 공고하여야 한다. 다만, 공급대상자가 특정되어 있거나 자격이 제한되어 있는 경우로서 개별 통지를 한 경우에는 그러하지 아니하다. 1. 사업시행자의 성명(법인인 경우에는 법인의 명칭 및 대표자의 성명) 및 주소 2. 토지의 위치·면적 및 용도(토지사용에 제한이 있는 경우에는 그 제한 내용을 포함한다) 3. 공급의 방법 및 조건 4. 공급가격 또는 공급가격 결정방법 5. 공급대상자의 자격요건 및 선정방법 6. 공급 신청의 기간 및 장소 7. 그 밖에 사업시행자가 필요하다고 인정하는 사항 ④ 제2항에도 불구하고 다음 각 호의 어느 하나에 해당하는 경우에는 수의계약의 방법으로 조성토지등을 공급할 수 있다.〈개정 13·3·23〉 1. 학교용지, 공공청사용지 등 일반에게 분양할 수 없는 공공용지를 국가, 지방자치단체, 그 밖에 법령에 따라 해당 시설을 설치할 수 있는 자에게 공급하는 경우 2. 법 제13조제4항 전단에 따라 고시한 실시계획에 따라 존치하는 시설물의 유지·관리에 필요한 최소한의 토지를 공급하는 경우 3. 「공익사업을 위한 토지 등의 취득 및 보상	제8조(토지의 공급 기준) 영 제31조제4항 제3호에 따라 수의계약의 방법으로 토지를 공급하는 경우의 기준 및 면적은 별표와 같다. 제9조(복합개발시행자에 대한 토지 공급) ① 법 제12조제1항제1호부터 제5호까지의 규정에 해당하는 사업시행자는 영 제31조제4항제6호에 따라 복합적이고 입체적인 개발을 위하여 수의계약의 방법으로 토지를 공급받을 자(이하 이 조에서 "복합개발시행자"라 한다)를 선정

법	시 행 령	시 행 규 칙
	관한 법률」에 따른 협의를 하여 그가 소유하는 개발구역 안의 조성토지등의 전부를 사업시행자에게 양도한 자에게 국토교통부령으로 정하는 기준에 따라 토지를 공급하는 경우 4. 토지상환채권에 따라 토지를 상환하는 경우 5. 토지의 규모 및 형상, 입지조건 등에 비추어 토지이용 가치가 현저히 낮은 토지로서 인접한 토지소유자 등에게 공급하는 것이 불가피하다고 사업시행자가 인정하는 경우 6. 법 제12조제1항제1호부터 제5호까지의 규정에 해당하는 사업시행자가 개발구역에서 도시 발전을 위하여 복합적이고 입체적인 개발이 필요하여 국토교통부령으로 정하는 절차와 방법에 따라 선정된 자에게 토지를 공급하는 경우 7. 그 밖에 관계 법령에 따라 수의계약으로 공급할 수 있는 경우 ⑤ 조성토지등의 가격 평가는 「감정평가 및 감정평가사에 관한 법률」에 따른 감정평가법인등(이하 "감정평가법인등"이라 한다)이 평가한 금액(이하 이 조에서 "감정가"라 한다)으로 한다.〈개정 16·8·31, 22·1·21〉 ⑥ 제2항 본문에 따른 경쟁입찰의 경우 최고가격으로 입찰한 자를 낙찰자로 한다. 이 경우 경쟁입찰 대상 토지가 「건축법 시행령」 별표 1 제2호에 따른 공동주택과 주거용 외의 용도가 복합된 건축물(다수의 건축물이 일체적으로 연결된 하나의 건축물을 포함한다)을 건축하기 위한 토지인 경	하는 경우에는 다음 각 호의 절차와 방법에 따라야 한다. 1. 전국 또는 해당 지방을 주된 보급지역으로 하는 일간신문에 다음 각 목의 사항을 한 번 이상 공고하고, 신청기간은 90일 이상으로 할 것 　가. 대상 토지 현황 　나. 참가자격 및 일정 　다. 그 밖에 사업시행자가 필요하다고 인정하는 사항 2. 선정심의위원회의 평가를 거쳐 복합개발시행자를 선정할 것 ② 제1항에서 정한 사항 외에 선정심의위원회의 구성, 평가기준, 선정방법, 협약서 체결 등에 관하여 필요한 세부사항은 사업시행자가 정하여 제1항제1호에 따른 일간신문에 공고한다.

법	시 행 령	시 행 규 칙
	우에는 경쟁입찰 대상 토지의 면적에 주거용 외의 용도에 해당하는 비율(실시계획에 포함된 「국토의 계획 및 이용에 관한 법률」에 따른 지구단위계획상의 비율을 말하며, 건축물의 연면적 대비 비율로 산정한다)을 곱하여 산정된 면적(이하 이 항에서 "상업면적"이라 한다)에 대하여 최고가격으로 입찰한 자를 낙찰자로 하며, 상업면적에 대해서는 낙찰가격을, 상업면적 외에 대해서는 감정가를 각각 적용하여 산정한 가격을 합한 가격을 해당 토지의 공급가격으로 한다.	
제21조(준공검사) ① 사업시행자가 역세권개발사업을 완료한 경우에는 지체 없이 대통령령으로 정하는 바에 따라 지정권자의 준공검사를 받아야 한다. ② 지정권자는 제1항에 따른 준공검사의 신청을 받은 경우에는 대통령령으로 정하는 바에 따라 준공검사를 실시한 후 그 공사가 승인된 실시계획의 내용대로 시행되었다고 인정하는 경우에는 국토교통부령으로 정하는 준공검사확인증을 그 신청인에게 교부하여야 한다.〈개정 13·3·23〉 ③ 사업시행자가 제1항에 따라 준공검사를 받은 경우에는 제16조제1항 각 호에서 규정하는 인·허가등에 따른 해당 사업의 준공검사 또는 준공인가를 받은 것으로 본다. 이 경우 지정권자는 그 준공검사의 시행에 관하여 관계 행정기관의 장과 미리 협의하여야 한다.	제32조(준공검사 등) ① 사업시행자(지정권자가 사업시행자인 경우는 제외한다)는 법 제21조제1항에 따라 준공검사를 받으려면 국토교통부령으로 정하는 공사완료보고서를 지정권자에게 제출하여야 한다.〈개정 13·3·23〉 ② 지정권자는 제1항에 따라 공사완료보고서를 제출받으면 지체 없이 준공검사를 하여야 한다. 이 경우 지정권자는 효율적인 준공검사를 위하여 필요하면 관계 행정기관, 공공기관, 연구기관, 그 밖의 전문기관 등에 의뢰하여 준공검사를 할 수 있다. ③ 지정권자는 공사완료보고서의 내용에 포함될 공공시설을 인수 또는 관리하게 될 국가기관, 지방자치단체 또는 공공기관 등의 장에게 준공검사에 참여할 것을 요청할 수 있다. 이 경우 준공검사에 참여할 것을 요청받은 자는 특별한 사유가 없으면 요청에 따라야 한다.	제10조(준공검사 신청 등) ① 사업시행자(지정권자가 사업시행자인 경우는 제외한다)는 영 제32조제1항에 따라 준공검사를 받으려는 경우에는 별지 제10호서식의 공사완료보고서에 다음 각 호의 서류 및 도면을 첨부하여 지정권자에게 제출하여야 한다. 1. 준공조서(준공설계도서 및 준공사진을 포함한다) 2. 시장·군수·구청장이 발행하는 지적측량성과도 3. 토지의 용도별 면적조서 및 평면도 4. 공공시설 등의 귀속조서 및 도면 5. 신·구지적대조도 및 시설의 대비표 6. 총사업비 명세서 ② 법 제21조제2항에 따른 준공검사확

법	시 행 령	시 행 규 칙
④ 사업시행자는 역세권개발사업을 효율적으로 시행하기 위하여 필요한 경우에는 해당 역세권개발사업에 관한 공사를 전부 완료하기 전이라도 공사를 완료한 일부에 대하여 제1항에 따른 준공검사를 받을 수 있다.		인증은 별지 제11호서식에 따른다.
⑤ 사업시행자는 제2항에 따른 준공검사확인증을 교부받기 전에는 역세권개발사업으로 조성 또는 설치된 토지나 시설을 사용하여서는 아니 된다. 다만, 대통령령으로 정하는 바에 따라 지정권자에게 준공 전 사용의 신고를 하거나 준공 전 사용의 허가를 받은 경우에는 그러하지 아니하다.	제33조(준공 전 사용 허가) ① 사업시행자는 법 제21조제5항 단서에 따라 조성토지등을 준공 전에 사용하려면 그 범위를 정하여 준공 전 사용 허가 신청서에 사업시행상의 지장 여부에 관한 검토서를 첨부하여 지정권자에게 제출하여야 한다. ② 지정권자는 제1항에 따른 준공 전 사용 허가 신청이 있는 경우 그 사용으로 인하여 앞으로 시행될 사업에 지장이 있는지를 확인한 후 허가 여부를 결정하여야 한다. ③ 제1항에 따른 준공 전 사용 허가에 관하여 필요한 사항은 국토교통부령으로 정한다.〈개정 13·3·23〉	제11조(준공 전 사용 허가 신청서) 영 제33조제3항에 따른 준공 전 사용 허가 신청서는 별지 제12호서식에 따른다.
제22조(공사완료의 공고 등) 지정권자는 제21조제2항에 따른 준공검사확인증을 교부한 때에는 공사완료의 공고를 하여야 하며, 실시계획대로 완료되지 아니한 경우에는 지체 없이 보완시공 등 필요한 조치를 명하여야 한다.	제34조(공사완료의 공고사항) ① 법 제22조에 따른 공사완료의 공고는 관보 또는 공보에 게재하는 방법으로 한다. ② 제1항에 따른 공고에는 다음 각 호의 사항이 포함되어야 한다. 1. 사업의 명칭 2. 사업시행자 3. 사업시행지의 위치 4. 사업시행지의 면적 및 용도별 면적	

법	시 행 령	시 행 규 칙
제23조(공공시설 등의 귀속) ① 사업시행자가 역세권개발사업의 시행으로 새로이 공공시설(주차장, 운동장, 그 밖에 대통령령으로 정하는 시설은 제외한다. 이하 이 조에서 같다)을 설치하거나 기존의 공공시설에 대체되는 시설을 설치한 경우 그 귀속에 관하여는 「국토의 계획 및 이용에 관한 법률」 제65조를 준용한다. ② 제1항에 따른 공공시설과 재산을 등기하는 경우 실시계획승인서와 준공검사확인증으로 「부동산등기법」상의 등기원인을 증명하는 서면을 갈음할 수 있다.〈개정 20·6·9〉 제24조(국유지·공유지의 처분제한 등) ① 개발구역 안에 있는 국가 또는 지방자치단체 소유의 토지로서 역세권개발사업에 필요한 토지는 해당 실시계획으로 정하여진 목적 외의 목적으로 이를 처분할 수 없다. ② 개발구역 안에 있는 국가 또는 지방자치단체 소유의 재산으로서 역세권개발사업에 필요한 재산은 「국유재산법」 제9조 및 「공유재산 및 물품 관리법」 제10조에 따른 국유재산관리계획 또는 공유재산관리계획과 「국유재산법」 제43조 및 「공유재산 및 물품 관리법」 제29조에 따른 계약의 방법에도 불구하고 사업시행자에게 수의계약의 방법으로 처분할 수 있다. 이 경우 그 재산의 용	5. 준공일 6. 주요 시설물의 처분에 관한 사항	

법	시 행 령	시 행 규 칙
도폐지(행정재산인 경우에 한정한다) 또는 처분은 지정권자가 미리 관계 중앙행정기관의 장과 협의하여야 한다.〈개정 20·6·9〉 ③ 관계 중앙행정기관의 장은 제2항 후단에 따른 협의요청이 있는 경우에는 그 요청을 받은 날부터 30일 이내에 협의에 필요한 조치를 하여야 한다. ④ 국토교통부장관은 제12조제1항에 따른 사업시행자(같은 항 제1호는 제외한다)가 국가가 소유·관리하는 철도시설에 건물이나 그 밖의 시설물(이하 "시설물"이라 한다)을 설치하고자 하는 경우에는 「국유재산법」 제18조제1항에도 불구하고 대통령령으로 정하는 바에 따라 시설물의 종류 및 기간 등을 정하여 점용허가를 할 수 있다.〈개정 13·3·23〉 ⑤ 제4항에 따른 점용허가와 관련하여 이 법에 특별한 규정이 있는 것을 제외하고는 「철도사업법」 제43조부터 제46조까지의 규정을 준용한다. 제25조(역세권개발이익의 재투자) ① 사업시행자는 역세권개발사업으로 발생하는 개발이익의 100분의 25를 해당 사업구역의 「철도산업발전기본법」 제3조에 따른 철도시설이나 「국토의 계획 및 이용에 관한 법률」 제2조에 따른 공공시설의 설치비용에 충당하여야 한다. 이 경우 「개발이익 환수에 관한 법률」에 따른 개발부담금은 징수하지 아니한다. ② 사업시행자는 제1항에 따른 개발이익의 재투	제35조(철도시설에 대한 점용허가의 기간) 법 제24조제4항에 따른 점용허가에 관하여는 「철도사업법 시행령」 제13조를 준용한다.	

법	시 행 령	시 행 규 칙
자가 차질 없이 이루어질 수 있도록 그 발생된 개발이익을 구분하여 회계처리하는 등 필요한 조치를 하여야 한다. ③ 제1항에 따른 개발이익의 산정에 관하여는 「개발이익 환수에 관한 법률」 제8조부터 제12조까지의 규정을 준용한다. 이 경우 "개발부담금의 부과 기준"은 "개발이익의 산정 기준"으로, "부과 종료 시점"은 "개발이익 산정 종료 시점"으로, "부과 대상 토지"는 "개발이익 산정 대상 토지"로, "부과 개시 시점"은 "개발이익 산정 개시 시점"으로, "부과 기간"은 "개발이익 산정 기간"으로, "국가나 지방자치단체로부터 개발사업의 인가등", "국가나 지방자치단체의 인가등", "개발사업의 인가등" 또는 "인가등"은 "실시계획의 승인"으로, "개발사업의 준공인가 등"은 "준공확인"으로, "납부 의무자"는 "사업시행자"로, "개발사업"은 "역세권 개발사업"으로 본다. [전문개정 18·12·18] 제26조(비용의 부담) ① 역세권개발사업의 시행에 필요한 비용은 사업시행자가 부담한다. ② 국가는 대통령령으로 정하는 바에 따라 예산의 범위에서 사업시행자에게 역세권개발사업의 시행에 필요한 비용의 일부를 보조하거나 융자할 수 있다.	제36조(비용의 보조 또는 융자) 법 제26조제2항에 따라 보조 또는 융자할 수 있는 비용은 다음 각 호와 같다. 〈개정 17·1·17〉 1. 도로, 철도, 통신시설, 용수시설, 하수도시설, 공공폐수처리시설 및 폐기물처리시설 등 기반시설 설치사업비 2. 개발구역 안의 공동구시설 설치사업비 3. 집단 에너지공급시설 설치사업비	

법	시 행 령	시 행 규 칙
	4. 공원·광장·녹지의 용지매입비 및 건설비 5. 이주대책사업비 6. 교통수단 간 연계환승체계 구축을 위한 사업비 7. 사업구역 밖의 간선도로·광역상수도시설 등 역세권개발사업을 추진하기 위하여 필요한 시설 중 시업시행자의 부담으로 하기에 적당하지 아니한 시설의 설치비용 8. 제1호부터 제7호까지에서 규정한 비용 외에 역세권개발사업을 위하여 특히 필요한 공공시설의 설치비용	
제27조(공공시설의 설치 및 비용부담 등) 개발구역의 도로·상하수도·전기·통신·가스 및 지역난방 시설 등 공공시설의 설치 및 비용부담 등에 관하여는 「도시개발법」 제55조를 준용한다.		
제28조(채권의 발행) ① 사업시행자(제12조제1항제1호부터 제5호까지의 규정에 해당하는 자에 한정하며, 같은 항 제2호 및 제3호에 해당하는 자 중 국가철도공단 및 한국철도공사가 100분의 50미만으로 출자한 법인은 제외한다)는 역세권개발사업에 필요한 자금을 조달하기 위하여 역세권개발채권(이하 "채권"이라 한다)을 발행할 수 있다.〈개정 20·6·9〉 ② 지방자치단체의 장이 제1항에 따른 채권의 발행을 위하여 「지방재정법」 제11조에 따라 행정안전부장관의 승인을 받고자 하는 경우에는 미리 국토교통부장관과 협의하여야 하고, 국가 및 지방	제37조(채권의 발행절차) ① 국가가 법 제28조제1항에 따른 역세권개발채권(이하 "채권"이라 한다)을 발행하려는 경우에는 국토교통부장관이 다음 각 호의 사항을 분명히 적어 그 발행을 기획재정부장관에게 요청하여야 한다.〈개정 13·3·23〉 1. 채권의 발행총액 2. 채권의 발행방법 3. 채권의 발행조건 4. 상환방법 및 절차 5. 그 밖에 채권의 발행에 필요한 사항 ② 지방자치단체의 장은 법 제28조제2항에 따라 채권을 발행하려면 제1항의 각 호의 사항에 대하	

법	시 행 령	시 행 규 칙
자치단체를 제외한 사업시행자는 채권의 발행을 위하여 지정권자의 승인을 받아야 한다.〈개정 13·3·23, 14·11·19, 17·7·26〉 ③ 채권의 이율·발행방법·발행절차·상환·발행사무 취급, 그 밖에 필요한 사항은 대통령령으로 정한다.	여 국토교통부장관과 협의하고 행정안전부장관의 승인을 받아야 한다.〈개정 13·3·23, 14·11·19, 17·7·26〉 ③ 법 제28조제2항에 따라 국가 및 지방자치단체를 제외한 사업시행자가 채권을 발행하려면 제1항의 각 호의 사항을 적어 지정권자에게 승인을 요청하여야 한다. ④ 사업시행자는 제1항부터 제3항까지의 규정에 따라 채권을 발행하려면 다음 각 호의 사항을 공고하여야 한다. 1. 채권의 발행총액 2. 채권의 발행기간 3. 채권의 이율 4. 원금 상환의 방법 및 시기 5. 이자 지급의 방법 및 시기	
제29조(채권의 매입) ① 다음 각 호의 어느 하나에 해당하는 자는 채권을 매입하여야 한다. 1. 사업시행자와 공사의 도급계약을 체결하는 자 2. 「국토의 계획 및 이용에 관한 법률」 제56조제1항에 따른 허가를 받는 자 중 대통령령으로 정하는 자 ② 제1항을 적용할 때에는 다른 법률에 따라 제13조의 실시계획의 승인 또는 「국토의 계획 및 이용에 관한 법률」 제56조의 개발행위의 허가가 의제되는 협의를 거친 자를 포함한다.〈개정 20·6·9〉 ③ 채권의 매입 내상·금액 및 질차 등에 필요한	제38조(채권의 발행방법 등) ① 채권은 「주식·사	

법	시　행　령	시　행　규　칙
사항은 대통령령으로 정한다.	채 등의 전자등록에 관한 법률」 제2조제6호에 따른 전자등록기관에 전자등록하여 발행하거나 무기명으로 발행할 수 있으며, 발행방법에 필요한 세부적인 사항은 국가가 발행하는 경우에는 기획재정부장관이 국토교통부장관과 협의하여 정하고, 지방자치단체가 발행하는 경우에는 해당 지방자치단체의 조례로 정하며, 국가 및 지방자치단체를 제외한 사업시행자가 발행하는 경우에는 해당 기관의 규정으로 정한다.〈개정 13·3·23, 19·6·25〉 ② 채권의 이율은 채권 발행 당시의 국채 및 공채의 금리 등을 고려하여 다음 각 호의 구분에 따라 정한다.〈개정 13·3·23, 14·11·19, 17·7·26, 18·12·18, 19·6·25〉 1. 국가가 발행하는 경우: 기획재정부장관이 국토교통부장관과 협의하여 정한다. 2. 지방자치단체가 발행하는 경우: 해당 지방자치단체의 조례로 정한다. 3. 제1호 및 제2호 외의 사업시행자가 발행하는 경우: 지정권자와 협의하여 해당 기관의 규정으로 정한다. ③ 채권의 상환기간은 5년 이상 10년 이하로 한다. ④ 채권의 매출 및 상환업무의 사무취급기관(이하 "채권의 사무취급기관"이라 한다)은 다음 각 호의 구분에 따른 기관으로 한다. 1. 국가가 발행하는 경우: 「한국은행법」에 따른 한국은행	

법	시 행 령	시 행 규 칙
	2. 지방자치단체가 발행하는 경우: 지방자치단체가 지정하는 「은행법」에 따른 은행 3. 제1호 및 제2호 외의 사업시행자가 발행하는 경우: 「자본시장과 금융투자업에 관한 법률」 제294조에 따라 설립된 한국예탁결제원 제39조(채권 발행 원부의 비치) ① 채권의 사무취급기관은 채권 발행 원부를 갖춰 두고, 다음 각 호의 사항을 기록하여야 한다. 　1. 채권 매입자의 성명(법인인 경우에는 법인의 명칭 및 대표자의 성명) 및 주소 　2. 채권의 금액 　3. 채권의 이율 　4. 채권의 발행일 및 상환일 ② 채권의 사무취급기관은 월별 채권의 매출 및 상환업무에 관한 사항을 다음 달 20일까지 채권을 발행한 기관에 보고하여야 한다. 제40조(채권 매입확인증의 발급 등) ① 채권의 사무취급기관은 채권을 매출할 때에는 국토교통부령으로 정하는 역세권개발채권 매입확인증(이하 "매입확인증"이라 한다)을 매입자에게 발급하여야 한다.〈개정 13·3·23〉 ② 채권의 사무취급기관은 국토교통부령으로 정하는 매입확인증 발행대장을 갖춰 두고, 매입확인증의 발급에 관한 사항을 적어야 한다.〈개정 13·3·23〉 ③ 매입확인증은 멸실 또는 도난 등의 사유로 분실한 경우라도 재발행하지 아니한다. 다만, 매입확	제12조(역세권개발채권 매입확인증 등) ① 영 제40조제1항에 따른 역세권개발채권 매입확인증은 별지 제13호서식에 따른다. ② 영 제40조제2항에 따른 역세권개발채권 매입확인증 발급대장은 별지 제14호서식에 따른다. ③ 영 제40조제4항에 따른 역세권개발채권 매입확인증 재발급대장은 별지 제15호서식에 따른다.

법	시 행 령	시 행 규 칙
	인증이 채권의 매입목적에 사용되지 아니하였음을 해당 채권 발행자가 확인한 경우에는 재발행할 수 있다. ④ 제3항 단서에 따라 매입확인증을 재발급한 경우 채권의 사무취급기관은 재발급하는 매입확인증에 표시를 하고, 국토교통부령으로 정하는 매입확인증 재발급대장에 이를 적어야 한다.〈개정 13·3·23〉 ⑤ 제1항부터 제4항까지의 규정에 따른 채권의 매출 등은 전자적으로 처리할 수 있다. 이 경우 전자적 처리의 절차 및 방법은 채권을 발행한 기관에서 정한다. 제41조(채권의 중도상환) ① 채권은 다음 각 호의 어느 하나에 해당하는 경우를 제외하고는 중도에 상환할 수 없다. 1. 채권의 매입 사유가 된 허가가 매입자의 귀책사유 없이 취소된 경우 2. 채권의 매입의무자가 아닌 자가 착오로 채권을 매입한 경우 3. 채권의 매입의무자가 매입하여야 할 금액을 초과하여 채권을 매입한 경우 ② 제1항 각 호에 따라 중도에 상환을 받으려는 자는 국토교통부령으로 정하는 역세권개발채권 중도상환신청서와 지정권자, 지방자치단체 또는 사업시행자가 발행하는 제1항 각 호의 어느 하나에 해당하는 사실을 증명하는 서류를 채권의 사무취급기관에 제출하여야 한다.〈개정 13·3·23〉	제13조(역세권개발채권의 중도상환신청서) 영 제41조제2항에 따른 역세권개발채권 중도상환신청서는 별지 제16호서식에 따른다.

법	시 행 령	시 행 규 칙
	제42조(채권의 매입) ① 법 제29조제1항제2호에서 "대통령령으로 정하는 자"란 토지의 형질 변경허가를 받은 자를 말한다. ② 법 제29조제1항에 따른 채권의 매입 대상 및 그 금액은 별표 1과 같다. ③ 국가와 지방자치단체는 이 영 및 해당 지방자치단체의 조례로 정하는 바에 따라 법 제29조제1항 각 호에 해당하는 자에게 채권을 매입하게 하여야 한다. 제43조(채권 소지인 등에 대한 통지 등) ① 무기명식 채권의 소지인에 대한 통지 또는 최고는 공고의 방법으로 한다. 다만, 그 주소를 알 수 있는 경우에는 공고의 방법으로 하지 아니할 수 있다. ② 기명식 채권의 소유자에 대한 통지 또는 최고는 채권 발행 원부에 적힌 주소로 하여야 한다. 다만, 채권의 사무취급기관이 따로 주소를 통지받은 경우에는 그 주소로 하여야 한다.	
제30조(조세 및 부담금의 감면 등) 역세권개발사업의 조세 및 부담금의 감면 등에 관하여는 「도시개발법」 제71조를 준용한다. 이 경우 "도시개발사업"은 "역세권개발사업"으로 본다.		
제31조(행정처분) ① 지정권자는 사업시행자가 다음 각 호의 어느 하나에 해당하는 경우에는 이 법에 따른 허가·지정 또는 승인을 취소하거나 공사의 중지·변경, 건축물 또는 장애물 등의 개축·변경 또는 이전, 그 밖에 필요한 처분을 하거	제44조(행정처분) ① 법 제31조제1항제2호에서 "사업시행자의 파산 등 대통령령으로 정하는 사유"란 사업시행자의 파산 또는 그 밖에 재무구조 악화 등으로 더 이상 사업수행이 불가능하다고 판단되는 경우를 말한다.	

법	시 행 령	시 행 규 칙
나 조치를 명할 수 있다. 다만, 제1호에 해당하는 경우에는 허가·지정 또는 승인을 취소하여야 한다.〈개정 12·6·1, 20·6·9〉 1. 부정한 방법으로 이 법에 따른 허가·지정 또는 승인을 받은 경우 2. 천재지변이나 그 밖에 사업시행자의 파산 등 대통령령으로 정하는 사유로 인하여 역세권개발사업의 계속적인 시행이 불가능하게 된 경우(도시계획위원회의 심의를 거쳐 사업의 지속 전망이 없는 것으로 인정되는 경우에 한정한다) 3. 제12조와 제13조에 따라 지정 또는 승인할 때 부과된 조건을 지키지 아니하거나 사업계획 및 실시계획대로 역세권개발사업을 시행하지 아니한 경우 4. 제17조를 위반하여 토지 등의 수용재결 또는 사용재결을 받은 경우 5. 제18조를 위반하여 토지상환채권을 발행한 경우 6. 제19조를 위반하여 선수금을 받은 경우 7. 제20조를 위반하여 조성토지 등을 공급한 경우 8. 제21조제1항을 위반하여 준공검사를 받지 아니한 경우 9. 제21조제5항 단서에 따른 사용의 신고나 허가 없이 조성 또는 설치된 토지나 시설을 사용한 경우 10. 제23조제1항에 따라 준용되는 「국토의 계획 및 이용에 관한 법률」 제65조제5항에 따른 통	② 법 제31조제1항에 따른 처분이나 명령의 세부적인 기준은 별표 2와 같다.〈신설 14·6·17〉 ③ 지정권자는 법 제31조제1항에 따른 처분 또는 명령을 한 경우에는 법 제31조제3항에 따라 그 사업시행자의 명칭, 위반 내용, 행정처분 또는 명령의 내용, 처분기간 등을 관보 또는 공보에 고시하여야 한다.〈개정 14·6·17〉	

법	시 행 령	시 행 규 칙
지를 하지 아니한 경우 ② 제1항에 따른 허가·지정 또는 승인의 취소, 공사의 중지·변경, 건축물 또는 장애물 등의 개축·변경 또는 이전, 그 밖에 필요한 처분이나 조치의 세부적인 기준은 위반행위의 유형 및 그 사유와 위반의 정도 등을 고려하여 대통령령으로 정한다. ③ 지정권자는 제1항에 따른 명령 또는 처분을 한 경우에는 대통령령으로 정하는 바에 따라 이를 고시하여야 한다. 제32조(토지매수업무 등의 위탁) ① 사업시행자는 역세권개발사업을 위한 토지매수·손실보상 및 이주대책업무 등을 대통령령으로 정하는 바에 따라 관할 지방자치단체 또는 대통령령으로 정하는 공공기관에 위탁할 수 있다. ② 제1항에 따라 토지매수·손실보상 및 이주대책업무 등을 위탁하는 경우의 위탁수수료 등은 대통령령으로 정한다.	제45조(토지매수업무 등의 위탁시행) ① 사업시행자는 법 제32조제1항에 따라 토지매수·손실보상 및 이주대책업무 등을 위탁하려는 경우에는 다음 각 호의 사항에 대하여 협약을 체결하여야 한다. 1. 위탁사업의 사업지 2. 위탁사업의 종류·규모·금액 및 기간 3. 위탁사업에 필요한 비용의 지급방법과 그 자금의 관리에 관한 사항 4. 위탁자가 부동산·기자재 또는 노무자를 제공하는 경우에는 그 관리에 관한 사항 5. 위험부담에 관한 사항 6. 그 밖에 위탁사업의 내용을 명백히 하는 데에 필요한 사항 ② 법 제32조제1항에서 "대통령령으로 정하는 공공기관"이란 다음 각 호의 공공기관을 말한다.〈개정 16·8·31, 20·9·10, 20·12·8〉	

법	시 행 령	시 행 규 칙
	1. 「한국토지주택공사법」에 따른 한국토지주택공사 2. 「한국수자원공사법」에 따른 한국수자원공사 3. 「한국철도공사법」에 따른 한국철도공사 4. 「국가철도공단법」에 따른 국가철도공단 5. 「한국농어촌공사 및 농지관리기금법」에 따른 한국농어촌공사 6. 「한국부동산원법」에 따른 한국부동산원 7. 「지방공기업법」 제49조에 따라 지방자치단체가 택지개발 및 주택건설 등의 사업을 하기 위하여 설립한 지방공사 ③ 법 제32조제2항에 따른 위탁수수료의 요율은 별표 2와 같다. 제45조의2(규제의 재검토) 국토교통부장관은 다음 각 호의 사항에 대하여 다음 각 호의 기준일을 기준으로 3년마다(매 3년이 되는 기준일과 같은 날 전까지를 말한다) 그 타당성을 검토하여 개선 등의 조치를 하여야 한다. 1. 제2조에 따른 개발구역의 지정 등: 2014년 1월 1일 2. 제14조에 따른 행위허가의 대상 등: 2014년 1월 1일 3. 제16조에 따른 사업시행자의 범위: 2014년 1월 1일 [본조신설 13·20·30]	
제33조(청문) 지정권자는 제12조제2항에 따라 사업		

법	시 행 령	시 행 규 칙
시행자를 변경하거나 그 지정을 취소하는 경우 및 제31조에 따라 지정 또는 승인을 취소하는 행정처분을 하려는 경우에는 「행정절차법」에 따라 청문을 실시하여야 한다. 제34조(권한의 위임) ① 국토교통부장관은 이 법에 따른 권한의 일부를 대통령령으로 정하는 바에 따라 그 소속 기관 또는 시·도지사에게 위임할 수 있으며, 시·도지사는 위임받은 권한의 일부를 국토교통부장관의 승인을 받아 시장·군수·구청장에게 재위임할 수 있다. 〈개정 13·3·23〉 ② 시·도지사는 이 법에 따른 권한의 일부를 시·도의 조례로 정하는 바에 따라 시장·군수·구청장에게 위임할 수 있다. 제35조(벌칙) 다음 각 호의 어느 하나에 해당하는 자는 3년 이하의 징역 또는 3천만원 이하의 벌금에 처한다. 　1. 제11조제1항을 위반하여 개발구역 안에서 허가를 받지 아니하고 건축물의 건축 등의 행위를 한 자 　2. 거짓이나 그 밖의 부정한 방법으로 제12조제1항에 따른 사업시행자의 지정을 받은 자 　3. 거짓이나 그 밖의 부정한 방법으로 제13조제1항에 따른 실시계획의 승인(변경승인을 포함한다)을 받은 자 제36조(벌칙) 다음 각 호의 어느 하나에 해당하는 자는 2년 이하의 징역 또는 2천만원 이하의 벌		

법	시 행 령	시 행 규 칙
금에 처한다. 　1. 제13조제1항에 따른 실시계획의 승인을 받지 　　아니하고 사업을 시행한 자 　2. 제21조제5항에 따른 준공 전 사용의 허가 없 　　이 토지나 시설을 사용한 자 제37조(벌칙) 제31조제1항에 따른 공사의 중지·변 　경, 건축물 또는 장애물 등의 개축·변경 또는 이 　전, 그 밖의 처분이나 조치의 명령을 위반한 자는 　1년 이하의 징역 또는 1천만원 이하의 벌금에 처 　한다. 제38조(양벌규정) 법인의 대표자나 법인 또는 개인 　의 대리인, 사용인, 그 밖의 종업원이 그 법인 또 　는 개인의 업무에 관하여 제35조부터 제37조까지 　의 어느 하나에 해당하는 위반행위를 하면 그 행 　위자를 벌하는 외에 그 법인 또는 개인에게도 해 　당 조문의 벌금형을 과(科)한다. 다만, 법인 또는 　개인이 그 위반행위를 방지하기 위하여 해당 업 　무에 관하여 상당한 주의와 감독을 게을리하지 　아니한 경우에는 그러하지 아니하다. 제39조(과태료) ① 다음 각 호의 어느 하나에 해당하 　는 자에게는 200만원 이하의 과태료를 부과한다. 　1. 제14조제1항 후단을 위반하여 사업시행자의 　　토지에의 출입 또는 일시 사용을 가로막거나 　　방해한 자 　2. 제14조제3항을 위반하여 토지의 소유자 또는 　　점유자의 승낙 없이 토지에 출입한 자	제46조(과태료의 부과기준) ① 법 제39조제1항에 　따른 과태료의 부과기준은 별표 3과 같다. 　② 국토교통부장관, 시·도지사 또는 시장·군 　수·구청장은 해당 위반행위의 정도, 위반 횟수, 　위반행위의 동기와 그 결과 등을 고려하여 별표 3 　에 따른 과태료 금액의 2분의 1의 범위에서 그 금 　액을 줄이거나 늘릴 수 있다. 다만, 법 제39조제1	

법	시 행 령	시 행 규 칙
3. 제14조제4항을 위반하여 증표를 지니지 아니하고 토지에 출입한 자 4. 제14조제5항 후단을 위반하여 사업시행자의 토지에의 출입 또는 일시 사용을 가로막거나 방해한 자 ② 제1항에 따른 과태료는 대통령령으로 정하는 바에 따라 국토교통부장관, 시·도지사 또는 시장·군수·구청장이 부과·징수한다.〈개정 13·3·23〉	항에 따른 과태료 금액의 상한을 초과할 수 없다. 〈개정 13·3·23〉	
부 칙	부 칙	부 칙
제1조(시행일) 이 법은 공포 후 6개월이 경과한 날부터 시행한다. 제2조(다른 법률의 개정) ① 토지이용규제 기본법 일부를 다음과 같이 개정한다. 별표에 연번 제242호를 다음과 같이 신설한다. | 242 | 「역세권의 개발 및 이용에 관한 법률」 제4조제1항 | 역세권개발구역 | ② 철도건설법 일부를 다음과 같이 개정한다. 제2조제8호·제9호, 제22조, 제23조 및 제23조의2 제1항제2호를 각각 삭제한다.	제1조(시행일) 이 영은 2010년 10월 16일부터 시행한다. 제2조(다른 법령의 개정) ① 도시교통정비 촉진법 시행령 일부를 다음과 같이 개정한다. 별표 1 제1호가목에 10)란을 다음과 같이 신설한다. | 10) 「역세권의 개발 및 이용에 관한 법률」 제2조제1항제2호에 따른 역세권개발사업 중 사업면적이25만제곱미터 이상인 사업 | 「역세권의 개발 및 이용에 관한 법률」 제13조제1항에 따른 실시계획의 승인 전 |	이 규칙은 2010년 10월 16일부터 시행한다. 부 칙 〈13·3·23〉 제1조(시행일) 이 규칙은 공포한 날부터 시행한다. 〈단서 생략〉 제2조부터 제6조까지 생략 부 칙 〈16·1·27〉 제1조(시행일) 이 규칙은 공포한 날부터 시행한다.

법	시 행 령	시 행 규 칙
③ 도시철도법 일부를 다음과 같이 개정한다. 제4조의5를 삭제하고, 제11조제6호 중 "제4조의5"를 "「역세권의 개발 및 이용에 관한 법률」"로 한다. ④ 교통시설특별회계법 일부를 다음과 같이 개정한다. 제5조제1항제9호를 제10호로 하고, 같은 항에 제9호를 다음과 같이 신설한다. 9. 「역세권의 개발 및 이용에 관한 법률」 제25조제3항에 따라 회계에 귀속되는 역세권개발이익 제5조의2제1항제8호를 제9호로 하고, 같은 항에 제8호를 다음과 같이 신설한다. 8. 「역세권의 개발 및 이용에 관한 법률」 제25조제3항에 따라 회계에 귀속되는 역세권개발이익 부 칙 〈11·4·14〉 제1조(시행일) 이 법은 공포 후 1년이 경과한 날부터 시행한다. 〈단서 생략〉 제2조부터 제9조까지 생략 부 칙 〈12·6·1〉 이 법은 공포 후 3개월이 경과한 날부터 시행한다. 부 칙 〈13·3·23〉 제1조(시행일) ① 이 법은 공포한 날부터 시행한다. ② 생략 제2조부터 제6조까지 생략	② 도시철도법 시행령 일부를 다음과 같이 개정한다. 제4조의5를 삭제한다. ③ 철도건설법 시행령 일부를 다음과 같이 개정한다. 제23조 및 제24조를 각각 삭제한다. ④ 환경영향평가법 시행령 일부를 다음과 같이 개정한다. 별표 1 제1호에 파목란을 다음과 같이 신설한다. <table><tr><td>파. 「역세권의 개발 및 이용에 관한 법률」 제2조제1항제2호에 따른 역세권개발사업 중 사업면적이 25만제곱미터 이상인 사업</td><td>「역세권의 개발 및 이용에 관한 법률」 제13조제1항에 따른 실시계획의 승인 전</td></tr></table> ⑤ 환경정책기본법 시행령 일부를 다음과 같이 개정한다. 별표 2 제1호가목에 (18)란을 다음과 같이 신설한다. <table><tr><td>(18) 「역세권의 개발 및 이용에 관한 법률」 제4조 및 제7조에 따른 역세권개발구역의 지정 및 사업계획</td><td>「역세권의 개발 및 이용에 관한 법률」 제4조제3항에 따라 지정권자가 관계 중앙행정기관의 장과 협의하는 때</td></tr></table> 부 칙 〈12·4·10〉 제1조(시행일) 이 영은 2012년 4월 15일부터 시행한다. 〈단서 생략〉 제2조부터 제15조까지 생략	제2조부터 제7조까지 생략 부 칙 〈15·5·2〉 이 규칙은 공포한 날부터 시행한다. 부 칙 〈21·8·27〉 이 규칙은 공포한 날부터 시행한다. 〈단서 생략〉 부 칙 〈22·1·21〉 제1조(시행일) 이 규칙은 2022년 1월 21일부터 시행한다. 제2조 생략

법	시 행 령	시 행 규 칙
부 칙 〈14·1·14〉 제1조(시행일) 이 법은 공포 후 6개월이 경과한 날부터 시행한다. 제2조부터 제25조까지 생략 부 칙 〈14·11·19〉 제1조(시행일) 이 법은 공포한 날부터 시행한다. 다만, 부칙 제6조에 따라 개정되는 법률 중 이 법 시행 전에 공포되었으나 시행일이 도래하지 아니한 법률을 개정한 부분은 각각 해당 법률의 시행일부터 시행한다. 제2조부터 제7조까지 생략 부 칙 〈16·1·19, 법률 제13797호〉 제1조(시행일) 이 법은 공포 후 1년이 경과한 날부터 시행한다. 제2조부터 제11조까지 생략 부 칙 〈16·1·19, 법률 제13805호〉 제1조(시행일) 이 법은 2016년 8월 12일부터 시행한다. 제2조부터 제22조까지 생략 부 칙 〈16·12·27〉 제1조(시행일) 이 법은 공포한 날부터 시행한다. 〈단서 생략〉 제2조부터 제7조까지 생략	부 칙 〈12·8·31〉 이 영은 2012년 9월 2일부터 시행한다. 부 칙 〈13·3·23〉 제1조(시행일) 이 영은 공포한 날부터 시행한다. 〈단서 생략〉 제2조부터 제6조까지 생략 부 칙 〈13·12·30〉 이 영은 2014년 1월 1일부터 시행한다. 〈단서 생략〉 부 칙 〈14·6·17〉 이 영은 공포한 날부터 시행한다. 부 칙 〈14·11·19〉 제1조(시행일) 이 영은 공포한 날부터 시행한다. 다만, 부칙 제5조에 따라 개정되는 대통령령 중 이 영 시행 전에 공포되었으나 시행일이 도래하지 아니한 대통령령을 개정한 부분은 각각 해당 대통령령의 시행일부터 시행한다. 제2조부터 제5조까지 생략 부 칙 〈16·8·11〉 제1조(시행일) 이 영은 2016년 8월 12일부터 시행한다. 제2조부터 제8조까지 생략	

법	시 행 령	시 행 규 칙
부　　　칙 〈17·7·26〉 제1조(시행일) ① 이 법은 공포한 날부터 시행한다. 다만, 부칙 제5조에 따라 개정되는 법률 중 이 법 시행 전에 공포되었으나 시행일이 도래하지 아니한 법률을 개정한 부분은 각각 해당 법률의 시행일부터 시행한다. 제2조부터 제6조까지 생략 **부　　　칙** 〈18·3·13〉 제1조(시행일) 이 법은 공포 후 1년이 경과한 날부터 시행한다. 제2조 및 제3조 생략 **부　　　칙** 〈18·12·18〉 이 법은 공포 후 6개월이 경과한 날부터 시행한다. **부　　　칙** 〈20·3·31〉 제1조(시행일) 이 법은 공포 후 1년이 경과한 날부터 시행한다.〈단서 생략〉 제2조부터 제7조까지 생략 **부　　　칙** 〈제17453호, 20·6·9〉 이 법은 공포한 날부터 시행한다.〈단서 생략〉 **부　　　칙** 〈법률 제17460호, 20·6·9〉 제1조(시행일) 이 법은 공포 후 3개월이 경과한 날부터 시행한다. 제2조부터 제4조까지 생략	**부　　　칙** 〈16·8·31, 제27471호〉 제1조(시행일) 이 영은 2016년 9월 1일부터 시행한다. 제2조 및 제3조 생략 **부　　　칙** 〈16·8·31, 제27472호〉 제1조(시행일) 이 영은 2016년 9월 1일부터 시행한다. 제2조부터 제7조까지 생략 **부　　　칙** 〈16·8·31, 제27473호〉 제1조(시행일) 이 영은 2016년 9월 1일부터 시행한다. 제2조 및 제3조 생략 **부　　　칙** 〈17·1·17〉 제1조(시행일) 이 영은 2017년 1월 28일부터 시행한다. 제2조부터 제7조까지 생략 **부　　　칙** 〈17·7·26〉 제1조(시행일) 이 영은 공포한 날부터 시행한다. 다만, 부칙 제8조에 따라 개정되는 대통령령 중 이 영 시행 전에 공포되었으나 시행일이 도래하지 아니한 대통령령을 개정한 부분은 각각 해당 대통령령의 시행일부터 시행한다. 제2조부터 제8조까지 생략 **부　　　칙** 〈18·10·30〉 제1조(시행일) 이 영은 2018년 11월 1일부터 시행한다.	

법	시 행 령	시 행 규 칙
부　　　칙 〈법률 제18522호, 21·11·30〉 제1조(시행일) 이 법은 공포 후 1년이 경과한 날부터 시행한다. 〈단서 생략〉 제2조부터 제15조까지 생략 부　　　칙 〈법률 제19117호, 22·12·27〉 제1조(시행일) 이 법은 공포 후 6개월이 경과한 날부터 시행한다. 제2조 및 제3조 생략	제2조부터 제11조까지 생략 부　　　칙 〈18·12·18〉 이 영은 공포한 날부터 시행한다. 〈단서 생략〉 부　　　칙 〈19·6·18〉 이 영은 2019년 6월 19일부터 시행한다. 부　　　칙 〈19·6·25〉 제1조(시행일) 이 영은 2019년 9월 16일부터 시행한다. 〈단서 생략〉 제2조부터 제10조까지 생략 부　　　칙 〈20·9·10〉 제1조(시행일) 이 영은 2020년 9월 10일부터 시행한다. 제2조 및 제3조 생략 부　　　칙 〈20·12·8〉 제1조(시행일) 이 영은 2020년 12월 10일부터 시행한다. 제2조 생략 부　　　칙 〈22·1·21〉 제1조(시행일) 이 영은 2022년 1월 21일부터 시행한다. 제2조부터 제5조까지 생략	

역세권의 개발 및 이용에 관한 법률 시행령 [별표]

[별표 1]

채권의 매입대상 및 그 금액(제42조제2항 관련)

1. 채권의 매입 대상별 매입금액은 다음 표와 같다.

매입 대상	매입금액
가. 역세권개발사업의 시행을 위한 공사의 도급계약을 체결하는 자	공사도급계약 금액의 100분의 5
나. 「국토의 계획 및 이용에 관한 법률」 제56조에 따라 토지의 형질 변경허가를 받는 자	토지형질 변경허가 면적 3.3제곱미터당 30,000원

비고: 특별시·광역시 또는 도(이하 "시·도"라 한다)는 위 표의 나목에 규정된 금액의 범위에서 해당 시·도의 조례로 매입금액을 달리 정할 수 있다.

2. 채권 매입의무의 면제
 가. 다음의 어느 하나에 해당하는 자에 대해서는 역세권개발채권의 매입의무를 면제한다.
  1) 국가기관
  2) 지방자치단체
  3) 「공공기관의 운영에 관한 법률」에 따른 공공기관 중 정부가 100분의 50이상의 지분을 가지고 있는 공공기관
  4) 「지방공기업법」에 따른 지방공기업
  5) 주한 외국정부기관
  6) 「사립학교법」 제2조에 따른 사립학교
 나. 다음에 해당하는 토지의 면적에 대해서는 채권의 매입의무를 면제한다.
  1) 「사회기반시설에 대한 민간투자법」 제2조제1호가목부터 타목까지의 규정에 해당하는 시설의 건설을 목적으로 토지형질 변경허가를 받는 면적
  2) 주택건설을 목적으로 토지의 형질 변경허가를 받는 토지 중 다음에 해당하는 면적
   가) 「주택법」 제2조제7호에 따른 사업주체가 전용면적 60제곱미터(공용면적을 포함하는 경우에는 70제곱미터를 말한다) 이하인 주택(임대를 목적으로 하는 주택을 포함한다)을 건설하기 위한 토지의 면적
   나) 가) 외의 주택을 건설하기 위한 토지의 형질 변경허가 면적 중 국가 또는 지방자치단체에 귀속(기부채납을 포함한다)되는 토지의 면적
  3) 토지의 형질 변경허가 대상 면적 중 도시철도채권의 매입 대상과 중복되는 면적
 다. 시·도지사가 천재지변이나 그 밖의 사유로 채권의 매입이 부적당하다고 인정하는 경우에는 매입의무를 면제할 수 있다.

3. 채권의 최저 매입금액은 1만원으로 한다. 다만, 1만원 미만의 단수가 있을 경우 그 단수가 5천원 이상 1만원 미만일 때에는 1만원으로 하고, 그 단수가 5천원 미만일 때에는 단수가 없는 것으로 한다.

[별표 2] 〈신설 14·6·17〉

사업시행자에 대한 행정처분 기준(제44조제2항 관련)

1. 일반기준
 제2호의 개별기준에서 1차 처분은 처음 위반행위가 있을 때의 처분을 말하고, 2차 처분은 1차 처분 시 위반행위의 시정을 요구한 기간 내에 위반행위가 시정되지 않았을 때의 처분을 말하며, 3차 처분은 2차 처분 시 위반행위의 시정을 요구한 기간 내에 위반행위가 시정되지 않았을 때의 처분을 말한다.

2. 개별기준

위반행위	근거 법조문	처분기준		
		1차 처분	2차 처분	3차 처분
가. 부정한 방법으로 이 법에 따른 허가·지정 또는 승인을 받은 경우	법 제31조제1항제1호	허가·지정 또는 승인의 취소		
나. 천재지변이나 그 밖에 사업시행자의 파산 등 대통령령으로 정하는 사유로 인하여 역세권개발사업의 계속적인 시행이 불가능하게 된 경우(도시계획위원회의 심의를 거쳐 사업의 지속 전망이 없는 것으로 인정되는 경우에 한정한다)	법 제31조제1항제2호	공사 중지	허가·지정 또는 승인의 취소	

위반행위	근거 법조문	처분기준		
		1차 처분	2차 처분	3차 처분
다. 법 제12조와 제13조에 따라 지정 또는 승인할 때 부과된 조건을 지키지 않거나 사업계획 및 실시계획대로 역세권개발사업을 시행하지 않은 경우	법 제31조 제1항제3호	조건이행 등 시정명령	역세권개발사업에 관한 공사의 중지·변경, 건축물 또는 장애물 등의 개축·변경·이전	허가·지정 또는 승인의 취소
라. 법 제17조를 위반하여 토지 등의 수용재결 또는 사용재결을 받은 경우	법 제31조 제1항제4호	시정명령	역세권개발사업에 관한 공사의 중지·변경	허가·지정 또는 승인의 취소
마. 법 제18조를 위반하여 토지상환채권을 발행한 경우	법 제31조 제1항제5호	시정명령	역세권개발사업에 관한 공사의 중지·변경	허가·지정 또는 승인의 취소
바. 법 제19조를 위반하여 선수금을 받은 경우	법 제31조 제1항제6호	시정명령	역세권개발사업에 관한 공사의 중지·변경	허가·지정 또는 승인의 취소
사. 법 제20조를 위반하여 조성토지 등을 공급한 경우	법 제31조 제1항제7호	시정명령	역세권개발사업에 관한 공사의 중지·변경	허가·지정 또는 승인의 취소
아. 법 제21조제1항을 위반하여 준공검사를 받지 않은 경우	법 제31조 제1항제8호	준공검사 이행명령	건축물·시설물 등의 사용금지·사용제한	허가·지정 또는 승인의 취소
자. 법 제21조제5항 단서에 따른 사용의 신고나 허가 없이 조성 또는 설치된 토지나 시설을 사용한 경우	법 제31조 제1항제9호	신고·허가 이행명령	건축물·시설물 등의 사용금지·사용제한	허가·지정 또는 승인의 취소
차. 법 제23조제1항에 따라 준용되는 「국토의 계획 및 이용에 관한 법률」 제65조제5항에 따른 통지를 하지 않은 경우	법 제31조 제1항제10호	통지이행명령	건축물·시설물 등의 사용금지·사용제한	허가·지정 또는 승인의 취소

[별표 3] 〈개정 14·6·17〉

위탁수수료의 요율(제45조제3항 관련)

위탁금액	요율 (위탁금액에 대한 수수료의 비율)	비고
30억원 이하	20/1,000	1. "위탁금액"이란 토지매입비, 시설의 매수 및 이전비, 권리 또는 지장물(支障物)의 보상비와 이주대책사업비(이주대책사업을 하는 경우만 해당한다) 등의 합계액을 말한다. 2. 감정수수료 및 등기수수료 등의 법정 수수료는 위탁수수료의 요율을 정할 때에 가산한다. 3. 매수 및 보상업무가 끝난 후 준공 및 관리처분을 위한 측량, 지목변경 및 관리이전을 위한 소유권의 변경에 드는 비용은 위탁수수료의 요율기준의 100분의 30의 범위에서 가산할 수 있다. 4. 지역적인 특수한 사정이 있는 경우에는 위탁자와 수탁자가 협의하여 이 위탁수수료의 요율을 조정할 수 있다.
30억원 초과 90억원 이하	6천만원+30억원을 초과하는 금액의 17/1,000	
90억원 초과 150억원 이하	1억6천2백만원+90억원을 초과하는 금액의 15/1,000	
150억원 초과	2억5천2백만원+150억원을 초과하는 금액의 13/1,000	

[별표 4] 〈개정 14·6·17〉

과태료의 부과기준(제46조 관련)

위반행위	근거 법 조문	과태료 금액
1. 법 제14조제1항 후단을 위반하여 사업시행자의 토지에의 출입 또는 일시 사용을 가로막거나 방해한 경우	법 제39조제1항제1호	200만원
2. 법 제14조제3항을 위반하여 토지의 소유자 또는 점유자의 승낙 없이 토지에 출입한 경우	법 제39조제1항제2호	100만원
3. 법 제14조제4항을 위반하여 증표를 지니지 아니하고 토지에 출입한 경우	법 제39조제1항제3호	50만원
4. 법 제14조제5항 후단을 위반하여 사업시행자의 토지에의 출입 또는 일시 사용을 가로막거나 방해한 경우	법 제39조제1항제4호	200만원

역세권의 개발 및 이용에 관한 법률 시행규칙
[별표]·[별지]

【시행규칙 별표】

[별표]

수의계약의 방법으로 공급하는 토지의 기준 및 면적(제8조 관련)

1. 공급기준

    가. 사업시행자는 「공익사업을 위한 토지 등의 취득 및 보상에 관한 법률」에 따른 협의에 응하여 그가 소유하는 역세권개발구역 안의 토지의 전부(「수도권정비계획법」에 따른 수도권의 경우에는 해당 토지의 면적이 1천 제곱미터 이상인 경우만 해당하며, 해당 토지에 「공익사업을 위한 토지 등의 취득 및 보상에 관한 법률」 제3조에 해당되는 물건이나 권리가 있는 경우에는 이를 포함한다. 이하 이 호에서 같다)를 사업시행자에게 양도한 자(영 제6조제2항에 따른 공고일 이전부터 토지를 소유한 경우만 해당하되, 그 이후에 토지를 소유한 경우로서 역세권개발구역 안의 토지의 종전 소유자로부터 그 토지의 전부를 취득한 경우와 법원의 판결 또는 상속에 따라 토지를 취득한 경우를 포함한다)에게 주택건설용지를 공급할 수 있다.

    나. 사업시행자는 「주택법」 제9조에 따라 등록한 주택건설사업자가 영 제6조제2항에 따른 공고일 현재 소유한 역세권개발구역 안의 토지의 전부를 「공익사업을 위한 토지 등의 취득 및 보상에 관한 법률」에 따른 협의에 응하여 사업시행자에게 양도한 경우에는 해당 주택건설사업자에게 주택건설용지를 공급할 수 있다.

    다. 사업시행자는 기존에 등록된 공장을 소유한 자가 그 공장을 이전하기 위하여 영 제6조제2항에 따른 공고일 현재 소유한 토지의 전부를 「공익사업을 위한 토지 등의 취득 및 보상에 관한 법률」에 따른 협의에 응하여 양도한 경우에는 그 양도인에게 공장용지를 공급할 수 있다.

2. 공급면적

    가. 제1호가목에 따라 토지를 공급하는 경우에는 1세대당 1필지를 기준으로 하여 1필지당 165제곱미터 이상 330제곱미터 이하로 한다.

    나. 제1호나목에 따라 토지를 공급하는 경우에는 다음의 계산식에 따라 산정한 면적으로 한다.

    주택건설사업자가 소유하던 토지의 면적-주택건설사업자가 소유하던 토지의 면적×(해당 사업지구의 도시기반시설면적/해당 사업지구의 총면적)

    다. 제1호다목에 따라 토지를 공급하는 경우에는 다음의 계산식에 따라 산정한 면적으로 한다.

    공장을 소유한 자가 소유하던 토지의 면적-공장을 소유한 자가 소유하던 토지의 면적×(해당 사업지구의 도시기반시설면적/해당 사업지구의 총면적)

역세권의 개발 및 이용에 관한 법률 시행규칙 [별표]·[별지] 610

【시행규칙 별지】

[별지 제1호서식] 〈개정 17·5·2〉

개발구역 지정(변경) 신청서

※ 뒤쪽의 신청 안내를 참고하시기 바라며, 색상이 어두운 란은 신청인이 작성하지 않습니다. (앞쪽)

접수번호		접수일		처리기간	90일

사업 시행자	법인의 명칭 및 대표자의 성명		법인등록번호		
	주소		전화번호		

개발구역	구역명				
	지정목적				
	위치				
	시행방식				
	시행기간	. . . ~ . . .	면적		㎡
	수용계획	계획인구	세대수		
		주요 유치업종	공장수		

「역세권의 개발 및 이용에 관한 법률」 제4조제4항, 같은 법 시행령 제4조 및 같은 법 시행규칙 제2조제1항에 따라 위와 같이 역세권개발구역의 지정(변경)을 신청합니다.

년 월 일

신청인 (서명 또는 인)

국토교통부장관
특별시장·광역시장·도지사 귀하

신청인 제출서류	1. 「역세권의 개발 및 이용에 관한 법률 시행규칙」 별지 제2호서식의 개발구역 조사서 2. 「역세권의 개발 및 이용에 관한 법률」 제6조제1항에 따른 주민 및 관계 전문가 의견 청취에 관한 서류 3. 「역세권의 개발 및 이용에 관한 법률」 제7조제1항에 따른 사업계획의 내용에 관한 서류 4. 축척 2만5천분의 1 또는 5만분의 1의 위치도 5. 개발구역의 경계를 표시한 축척 1천분의 1부터 5천분의 1까지의 지형도와 경계 설정의 이유를 적은 서류 6. 「국토의 계획 및 이용에 관한 법률」 제113조제2항에 따른 시·군·구도시계획위원회의 자문 결과 및 이에 대한 검토의견서(「역세권의 개발 및 이용에 관한 법률」 제4조제3항 단서에 따라 시·군·구도 시계획위원회의 자문을 거치지 않는 경우는 제외합니다) 7. 「역세권의 개발 및 이용에 관한 법률」 제9조제2항에 따른 도시관리계획의 결정에 필요한 도서 8. 편입농지 및 임야 현황에 관한 조사자료	수수료 없음
담당공무원 확인사항	지적도 및 임야도(「전자정부법」 제36조제1항에 따른 행정정보의 공동이용을 통하여 확인합니다)	

210mm×297mm[백상지 80g/㎡]

(뒤쪽)

유의 사항

변경신청서의 경우에는 변경되는 항목만 기재합니다.

처리 절차

이 신청서는 아래와 같이 처리됩니다.

신청인	처리기관
시장·군수·구청장	국토교통부 또는 특별시·광역시·도 (역세권개발사업 업무 담당부서)

신청서 작성 → 접수

↓

검토

↓

관계 행정기관과의 협의

↓

도시계획위원회 심의

↓

통지 ← 결재

↓

구역 지정·
고시대장 정리

[별지 제2호서식]〈개정 13·3·23〉 (앞쪽)

개발구역 조사서

1. 구역명							
2. 위치 및 면적							
3. 인구 및 주택 현황							
인 구	천명	가구	천호	부족한 주택 수	천호	부족률	%

4. 공장 현황

공장용지 수요		부족한 공장용지		부족률	%

5. 토지이용 현황(㎡)

도시지역	합계	주거지역	상업지역	공업지역	자연녹지지역	생산녹지지역	기타
합계							
전(田)							
답(畓)							
대(垈)							
임야(林野)							
기타							

도시지역 밖	합계	계획관리지역	생산·보전관리지역	농림지역	자연환경보전지역
합계					
전					
답					
대					
임야					
기타					

6. 공법상 제한 현황

제한 내용	위 치	면적(㎡)
군사시설 보호		
고도 제한		
농업진흥지역		
문화재 보호		
기타		

(뒤쪽)

7. 농경지 현황(㎡)

구 분	계	농업진흥지역						농업진흥지역 밖		
		농업진흥구역			농업보호구역					
	계	계	전	답	계	전	답	계	전	답
도시지역										
도시지역 밖										

8. 구역 내 지장물(支障物) 현황

지장물 내용	존치 대상	철거 대상	비 고

9. 인근 주요 지장물 현황

지장물 내용	구역경계와의 거리	이용계획

10. 공시지가 고시일		11. 기준지가 (㎡당)	최저: 천원
			최고: 천원

12. 추정사업비 (천원)	계	용지비	공사비	기타

13. 간선시설 (幹線施設)	구분	기존		신설	
		수량	금액(천원)	수량	금액(천원)

14. 종합의견

15. 조사자	소속		직위(직급)		성명	(인)
16. 확인자	소속		직위(직급)		성명	(인)

210mm×297mm(보존용지(2종) 70g/㎡)

역세권의 개발 및 이용에 관한 법률 시행규칙 [별표]·[별지] 612

[별지 제3호서식]〈개정 13·3·23, 17·5·2〉

(뒤쪽)

개발구역 지정제안서

※ 뒤쪽의 처리절차를 참고하시기 바라며, 색상이 어두운 란은 신청인이 작성하지 않습니다.(앞쪽)

접수번호		접수일		처리기간	3개월

| 제안자 | 법인의 명칭 및 대표자의 성명 | | 법인등록번호 | |
| | 주소 | | 전화번호 | |

개발구역	구역명			
	지정목적			
	위치			
	시행방식			
	시행기간	. . . ~ . . .	면적	㎡
	수용계획	계획인구		세대수	
		주요 유치업종		공장수	

「역세권의 개발 및 이용에 관한 법률」 제5조제1항, 같은 법 시행령 제5조 및 같은 법 시행규칙 제3조에 따라 위와 같이 역세권개발구역의 지정을 제안합니다.

년 월 일

신청인   (서명 또는 인)

국토교통부장관
특별시장·광역시장·도지사 귀하

| 신청인 제출서류 | 1. 「역세권의 개발 및 이용에 관한 법률 시행규칙」 별지 제2호서식의 개발구역 조사서
2. 「역세권의 개발 및 이용에 관한 법률」 제6조제1항에 따른 주민 및 관계 전문가 의견 청취에 관한 서류
3. 「역세권의 개발 및 이용에 관한 법률」 제7조제1항에 따른 사업계획의 내용에 관한 서류
4. 축척 2만5천분의 1 또는 5만분의 1의 위치도
5. 편입농지 및 임야 현황에 관한 조사자료
6. 철도역의 증축 또는 개량계획(「역세권의 개발 및 이용에 관한 법률」 제4조제1항제1호에 따라 국토교통부장관에게 개발구역 지정을 제안하는 경우에만 제출합니다) | 수수료 없음 |
| 담당공무원 확인사항 | 지적도 및 임야도(「전자정부법」 제36조제1항에 따른 행정정보의 공동이용을 통하여 확인합니다) | |

210mm×297mm[백상지 80g/㎡]

처리 절차

이 신청서는 다음과 같이 처리됩니다.

제안자	처리기관(담당부서)
	국토교통부 또는 특별시·광역시·도 (역세권개발사업 업무 담당부서)
제안서 작성 →	접수
	↓
	검토
	↓
수용 여부 통지 ←	결재

[별지 제4호서식] (앞쪽)

공사 등의 신고서		처리기간
		15일

신고인	성명(법인인 경우에는 법인의 명칭 및 대표자의 성명)		생년월일 (법인등록번호)	
	주소		(전화번호:)	

신고사항	
행위허가 (신고) 내용	☐ 건축물의 건축 ☐ 공작물의 설치 ☐ 토지의 형질변경 ☐ 토석·자갈·모래의 채취 ☐ 토지분할 ☐ 물건을 쌓아 놓는 행위 ☐ 건축물의 대수선 또는 용도 변경 ☐ 토지의 굴착 또는 공유수면의 매립 ☐ 죽목의 벌채 및 식재(植栽)
위 치	
면 적(㎡)	
근 거 법 령	
허 가 일	년 월 일 허가권자
공사(사업) 진행 사항	공사(사업) 진척도 %

「역세권의 개발 및 이용에 관한 법률」 제11조제4항 및 같은 법 시행령 제14조제4항에 따라 위와 같이 신고합니다.

년   월   일

신고인   (서명 또는 인)

특별시장·광역시장·도지사
시장·군수·구청장 귀하

※ 구비서류	수수료
1. 공사(사업) 진행 사항(관계 법령에 따른 행위허가를 증명할 수 있는 서류를 포함합니다) 관련 서류 1부 2. 공사(사업) 시행계획 관련 서류 1부	없음

210mm×297mm(보존용지(2종) 70g/㎡)

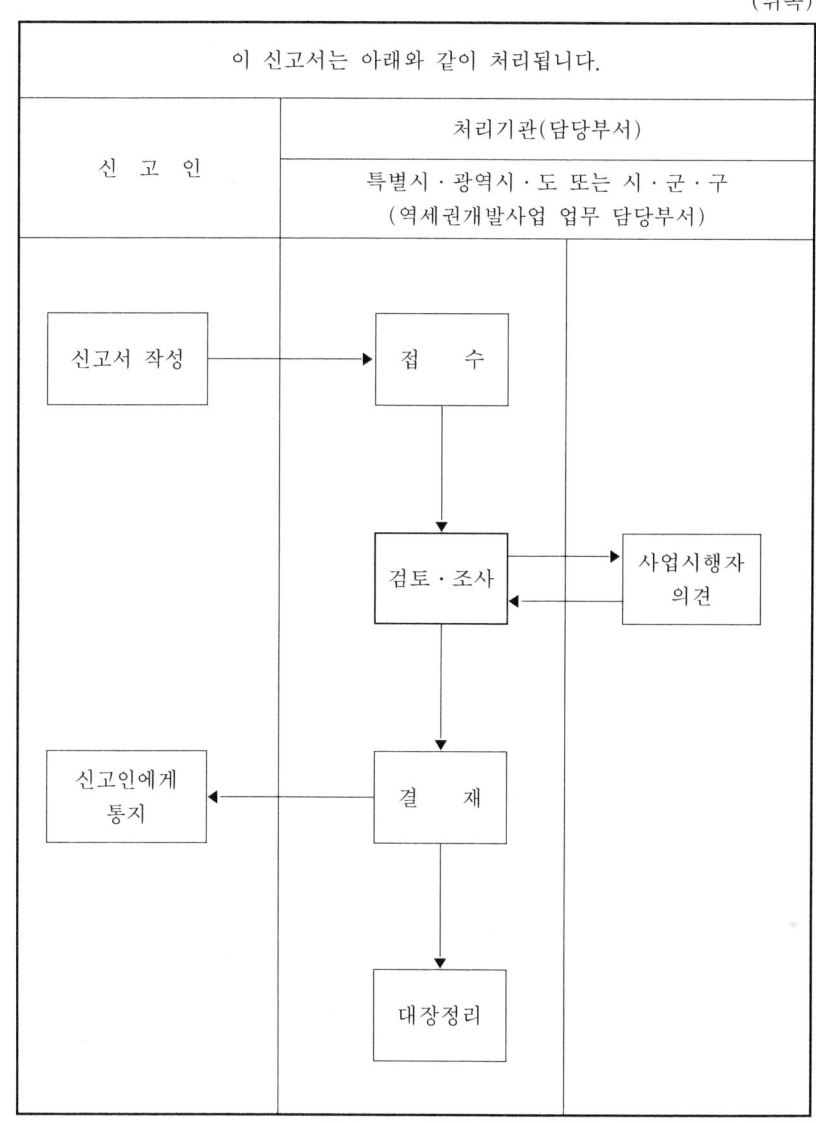

역세권의 개발 및 이용에 관한 법률 시행규칙 [별표] · [별지] 614

[별지 제5호서식] 〈개정 13 · 3 · 23, 21 · 8 · 27〉 (앞쪽)

사업시행자 지정신청서			처리기간
			30 일

신청인	성명(법인인 경우에는 법인의 명칭 및 대표자의 성명)			
	생 년 월 일 (법 인 등 록 번 호)		전화번호	
	주 소			

사업시행자 지정신청 내용

사업구역	사업의 명칭		시행면적	㎡
	위 치			
사업계획	사 업 목 적			
	사 업 내 용			
	시 행 기 간	. . . ~ . . .	시행방법	
	자금계획(천원)	(총액) 천원 (내국자본) 천원 (외국자본) 천원		

「역세권의 개발 및 이용에 관한 법률」 제12조제1항 및 같은 법 시행령 제15조에 따라 위와 같이 역세권개발사업의 사업시행자 지정을 신청합니다.

년   월   일

신청인   (서명또는인)

국토교통부장관
특별시장 · 광역시장 · 도지사 귀하

	수수료
	없음

※ 구비서류

1. 사업계획서
2. 자금조달계획서
3. 축척 2만5천분의 1 또는 5만분의 1의 개발구역 위치도
4. 「역세권의 개발 및 이용에 관한 법률」 제12조제1항 각 호의 어느 하나에 해당하는지를 확인할 수 있는 서류

210mm×297mm(일반용지60g/㎡(재활용품))

(뒤쪽)

이 신청서는 다음과 같이 처리됩니다.

신 청 인	처리기관(담당부서)
	국토교통부, 특별시 · 광역시 · 도 (역세권개발사업 업무 담당부서)
신청서 작성 →	접 수
	↓
	검 토
	↓
지정서 발급 ←	결 재
	↓
	대 장 정 리

[별지 제6호서식] 〈개정 13·3·23〉

제 호

사업시행자 지정서

1. 사업시행자:
2. 주소:
3. 법인의 명칭:
4. 대표자 성명:
5. 사업명:
6. 면적: ㎡
7. 위치:
8. 사업개요:
9. 사업시행자 지정조건:

귀하를 「역세권의 개발 및 이용에 관한 법률」 제12조에 따라 위와 같이 역세권개발사업의 사업시행자로 지정합니다.

년   월   일

국토교통부장관
특별시장·광역시장·도지사 [직인]

210mm×297mm(보존용지(2종) 70g/㎡)

[별지 제7호서식] 〈개정 13·3·23, 22·1·21〉   (앞쪽)

실시계획 승인신청서	처리기간
	120일(경유기관 30일, 협의기관 30일 포함)

신청인	성명(법인인 경우에는 법인의 명칭 및 대표자의 성명)	
	생 년 월 일 (법인등록번호)	전화번호
	주 소	

신 청 내 용

사업명칭	
사업목적	
위치	사업면적 ㎡
시행방법	사업기간 . . ~ . .
토지이용현황(㎡)	지목별 / 면적
토지이용계획(㎡)	용도별 / 면적
기반시설계획	시설별 / 개요

「역세권의 개발 및 이용에 관한 법률」 제13조제1항 및 같은 법 시행령 제19조제1항에 따라 위와 같이 역세권개발사업실시계획의 승인을 신청합니다.

년   월   일
신청인   (서명 또는 인)

국토교통부장관
특별시장·광역시장·도지사 귀하

	수수료
	없음

※ 구비서류
1. 사업비에 관한 자금조달계획서(연차별 투자계획을 포함합니다)
2. 존치하려는 기존 공장이나 건축물 등의 명세서
3. 보상계획서(이주대책을 포함합니다)
4. 역세권개발사업에 따라 새로 설치하는 공공시설 또는 기존의 공공시설의 조서 및 도면(「역세권의 개발 및 이용에 관한 법률」 제12조제1항제1호부터 제5호까지의 규정에 해당하는 자가 사업시행자인 경우에만 제출합니다)
5. 역세권개발사업의 시행으로 용도폐지되는 국가 또는 지방자치단체의 재산에 대한 둘 이상의 감정평가법인등의 감정평가서(「역세권의 개발 및 이용에 관한 법률」 제12조제1항제6호부터 제10호까지의 규정에 해당하는 자가 사업시행자인 경우에만 제출합니다)
6. 역세권개발사업에 따라 새로 설치하는 공공시설의 조서 및 도면과 그 설치비용 계산서(「역세권의 개발 및 이용에 관한 법률」 제12조제1항제6호부터 제10호까지의 규정에 해당하는 자가 사업시행자인 경우에만 제출합니다). 이 경우 새로운 공공시설의 설치에 필요한 토지와 종래의 공공시설이 설치되어 있는 토지가 같은 토지인 경우에는 그 토지가격을 뺀 설치비용만을 계산합니다.

역세권의 개발 및 이용에 관한 법률 시행규칙 [별표]·[별지] 616

7. 「환경영향평가법」 제2조제1호에 따른 환경영향평가, 「도시교통정비 촉진법」 제2조제5호에 따른 교통영향분석·개선대책, 「자연재해대책법」 제4조제1항에 따른 사전재해영향성 검토협의 등과 관련된 서류
8. 「역세권의 개발 및 이용에 관한 법률」 제16조제2항에 따른 관련 서류
9. 축척 2만5천분의 1 또는 5만분의 1의 위치도
10. 계획평면도 및 개략설계도

(뒤쪽으로 계속됩니다)

210㎜×297㎜(보존용지(2종)70g/㎡)

(뒤쪽)

이 신청서는 다음과 같이 처리됩니다.

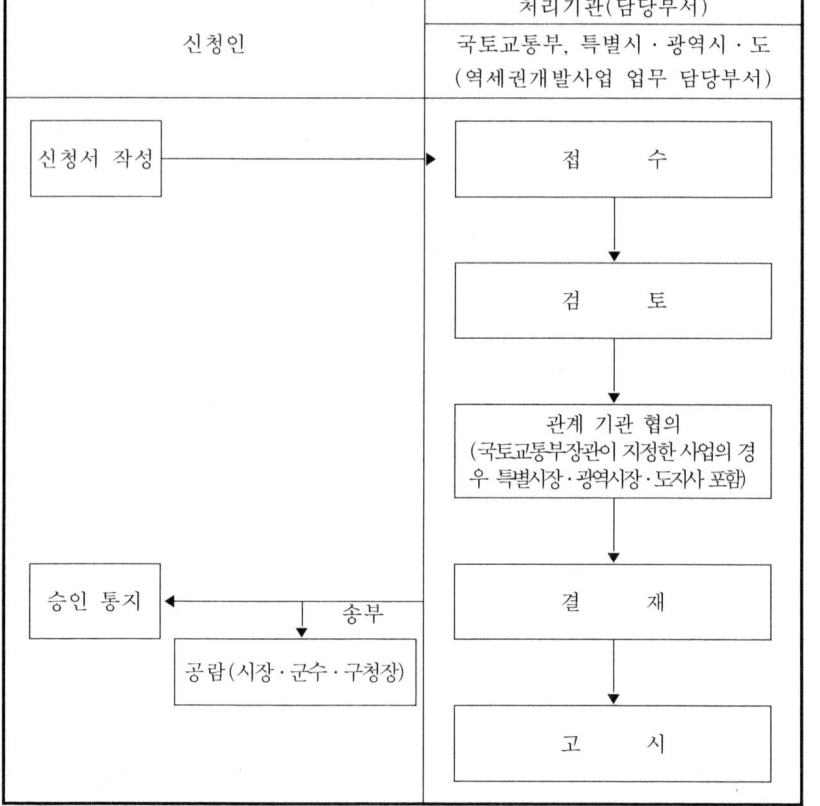

[별지 제8호서식]

제   호

허 가 증

1. 성   명:
2. 주   소:
3. 생 년 월 일:
4. 허 가 기 간: .   .   . ~   .   .   .

위 사람은 「역세권의 개발 및 이용에 관한 법률」 제14조제2항 단서에 따라 아래 토지에의 출입을 허가받은 사람임을 증명합니다.

위치	면적(㎡)	소유자		출입목적
		성명	주소	

년   월   일

특별시장·광역시장·도지사
시 장 · 군 수 · 구 청 장   [직인]

210㎜×297㎜(보존용지(2종) 70g/㎡)

[별지 제9호서식]〈개정 13·3·23〉

제 호	사진 (2.5cm×3cm)

증 표

1. 성 명:

2. 생년월일:

3. 주 소:

4. 유효기간: . . . ~ . . .

위 사람은 「역세권의 개발 및 이용에 관한 법률」 제14조제4항에 따라 역세권개발사업실시계획의 작성 등을 위한 조사·측량 또는 역세권개발사업의 시행을 위하여 필요한 경우에는 타인이 소유하는 토지에 출입하거나 타인이 소유하거나 점유하는 토지를 재료적치장·임시통로 또는 임시도로로 일시 사용할 수 있으며, 특히 필요한 경우에는 나무·흙·돌이나 그 밖의 장애물을 변경하거나 제거할 수 있는 사람임을 증명합니다.

년   월   일

국토교통부장관
특별시장·광역시장·도지사   직인
시장·군수·구청장

65mm×90mm(보존용지(1종) 120g/㎡)

[별지 제10호서식]〈개정 13·3·23〉 (앞쪽)

공사완료보고서

처리기간: 30일

1. 보고자

주소	
성명(법인인 경우에는 법인의 명칭 및 대표자의 성명)	
생년월일(법인등록번호)	전화번호

2. 보고 내용

구 역 명	
지정목적	
위 치	
면 적	㎡
시행기간	. . . ~ . . .

토지이용계획

용 도 별						
면적(㎡)						

기반시설 개요

시 설 명						
개 요						

「역세권의 개발 및 이용에 관한 법률」 제21조제1항 및 같은 법 시행령 제32조제1항에 따라 위와 같이 보고합니다.

년   월   일

보고자   (서명또는인)

국토교통부장관
특별시장·광역시장·도지사   귀하

※ 구비서류
1. 준공조서(준공설계도서 및 준공사진을 포함합니다)
2. 시장·군수 또는 구청장이 발행하는 지적측량성과도
3. 토지의 용도별 면적조서 및 평면도
4. 공공시설 등의 귀속조서 및 도면
5. 신·구지적대조도 및 시설의 대비표
6. 총사업비 명세서

수수료: 없음

210mm×297mm(보존용지(2종) 70g/㎡)

역세권의 개발 및 이용에 관한 법률 시행규칙 [별표]·[별지] 618

이 보고서는 다음과 같이 처리됩니다.　　　　　　　　(뒤쪽)

보 고 자	처리기관(담당부서)
	국토교통부 (역세권개발사업 업무 담당부서)
	특별시·광역시·도 (역세권개발사업 업무 담당부서)

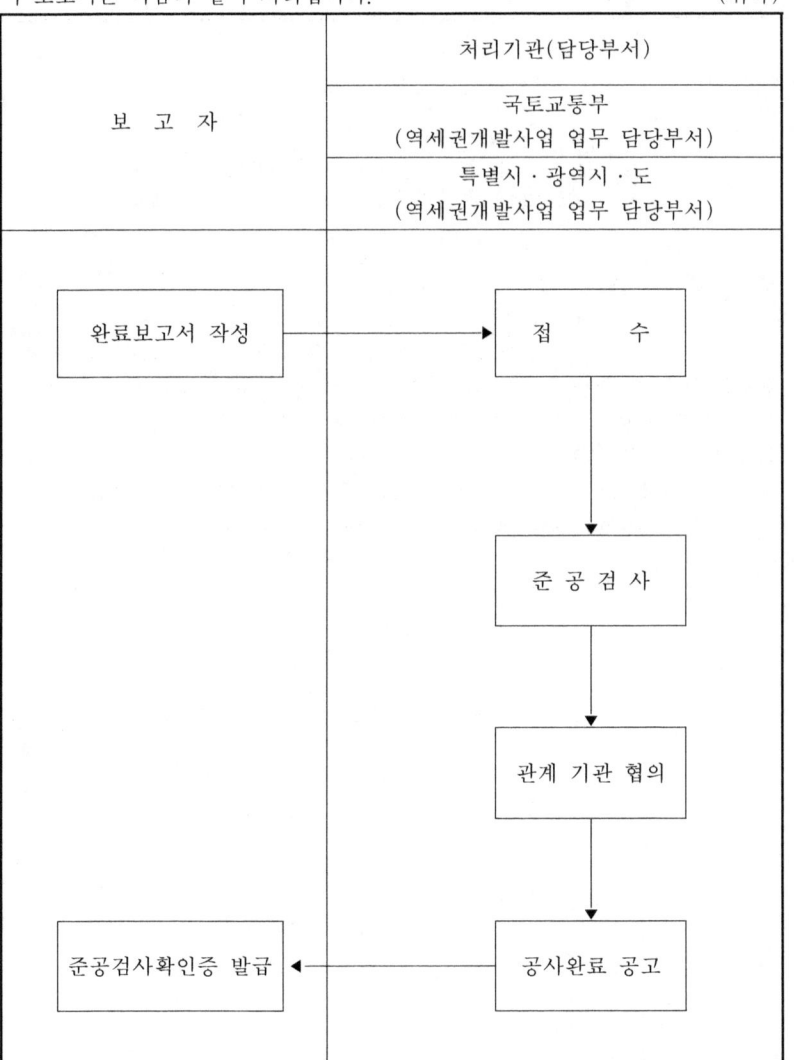

[별지 제11호서식]〈개정 13·3·23〉

제　호

준공검사확인증

1. 사업시행자 및 대표자 성명:
2. 사업시행자의 주소:
3. 사업내용:
　○ 사업명:
　○ 위　치:
　○ 시행면적:　　　　　　　　　㎡
4. 준공 연월일:　　　.　　.　　.
5. 준공검사사항(확정 측량조서 및 지적도 별도 첨부):

　귀하가 시행한 역세권개발사업에 대하여 「역세권의 개발 및 이용에 관한 법률」 제21조제2항에 따라 준공검사를 하고 이 확인증을 발급합니다.

　　　　　　　　　　　　　　　　년　　월　　일

국토교통부장관
특별시장·광역시장·도지사　직인

210mm×297mm(보존용지(2종) 70g/㎡)

[별지 제12호서식] (앞쪽)

준공 전 사용 허가 신청서		처리기간
^^		15일

신청인	성명(법인인 경우에는 법인의 명칭 및 대표자의 성명)	
	생 년 월 일 (법인등록번호)	전화번호
	주　　　　소	

신 청 내 용

구 역 명	
시 행 면 적	
시 행 기 간	． ． ． ～ ． ． ．
사 업 진 도	

토지이용계획

용 도 별					
면 적(㎡)					

기반시설 개요

시 설 명	
개　　요	

「역세권의 개발 및 이용에 관한 법률」 제21조제5항 단서 및 같은 법 시행령 제33조제1항에 따라 위와 같이 신청합니다.

년　　　월　　　일

신청인　　　　　　(서명또는인)

국토교통부장관
특별시장·광역시장·도지사 귀하

※ 구비서류: 사업시행상의 지장 여부에 관한 검토서	수수료
	없음

210mm×297mm(보존용지(2종)70g/㎡)

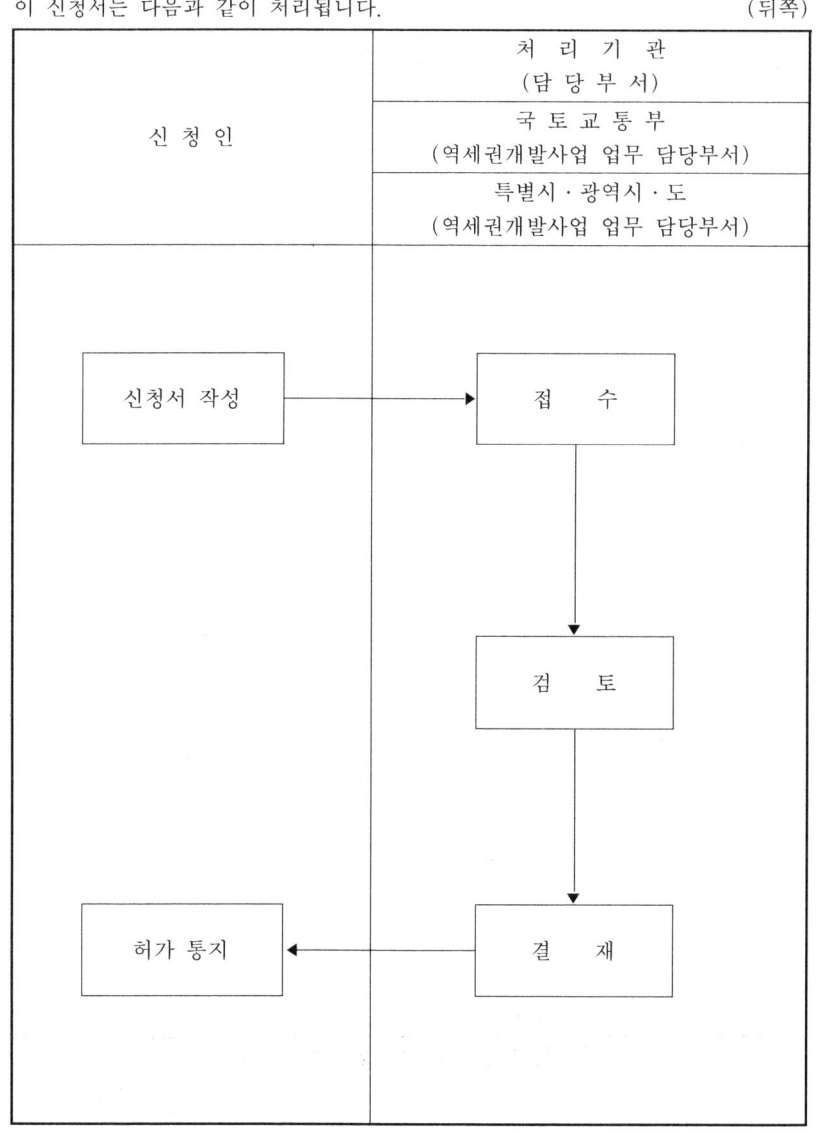

이 신청서는 다음과 같이 처리됩니다.　　(뒤쪽)

역세권의 개발 및 이용에 관한 법률 시행규칙 [별표]·[별지] 620

[별지 제13호서식]

역세권개발채권 매입확인증		처리기간	
		즉시	

매입자	성명(법인인 경우에는 법인의 명칭 및 대표자의 성명)			
	생 년 월 일 (법인등록번호)		전화번호	
	주 소			
역세권 개 발 채 권	기 호 및 번 호			
	매 입 금 액	원정(₩)		
	매 입 목 적			
	제 출 기 관			
	발 행 점 포			
	발 행 일	. . .		
	상 환 일	. . .		

「역세권의 개발 및 이용에 관한 법률 시행령」 제40조제1항에 따라 역세권개발채권을 매입하였음을 위와 같이 확인합니다.

년   월   일

역세권개발채권 사무취급기관의 장   ㉙

(문의처: 담당자 ☎   )

역세권개발채권 매입확인증은 멸실 또는 도난 등의 사유로 분실한 경우라도 재발행하지 아니합니다. 다만, 매입확인증이 역세권개발채권의 매입목적에 사용되지 아니하였음을 해당 역세권개발채권 발행자가 확인한 경우에는 재발행할 수 있습니다.	수수료
	없음

210㎜×297㎜(보존용지(2종) 70g/㎡)

[별지 제14호서식]

역세권개발채권 매입확인증 발급대장

일련 번호	신 청 인		역세권개발채권		매입 목적	제출 기관
	성 명	주 소	기호 및 번호	매입금액(원)		

210㎜×297㎜(보존용지(2종) 70g/㎡)

[별지 제15호서식]

역세권개발채권 매입확인증 재발급대장

일련번호	신청인(매입자)		역세권개발채권		매입목적	제출받는 기관
	성 명	주 소	기호 및 번호	매입금액(원)		

210mm×297mm(보존용지(2종)70g/㎡)

[별지 제16호서식] (앞쪽)

역세권개발채권 중도상환신청서

처리기간: 1일

신청인	성명(법인인 경우에는 법인의 명칭 및 대표자의 성명)			
	생 년 월 일 (법인등록번호)		전화번호	
	주 소			

역세권개발채권 매입 사실의 표기

매입하여야 할 금액(원)	매입한 금액(원)	중도상환 신청금액(원)		중도상환 사유	근거
		금액	기호 및 번호		

「역세권의 개발 및 이용에 관한 법률 시행령」 제41조제2항에 따라 역세권개발채권의 중도상환을 받기 위하여 위와 같이 신청합니다.

년 월 일

신청인 (서명또는인)

역세권개발채권 사무취급기관의 장 귀하

※ 구비서류: 「역세권의 개발 및 이용에 관한 법률 시행령」 제41조 제1항 각 호의 어느 하나에 해당하는 사실을 증명하는 서류

수수료: 없음

210㎜×297㎜(보존용지(2종)70g/㎡)

역세권의 개발 및 이용에 관한 법률 시행규칙 [별표]·[별지]   622

이 신청서는 다음과 같이 처리됩니다.   (뒤쪽)

신청인	처리기관 (담당부서) 역세권개발채권 사무취급기관의 장

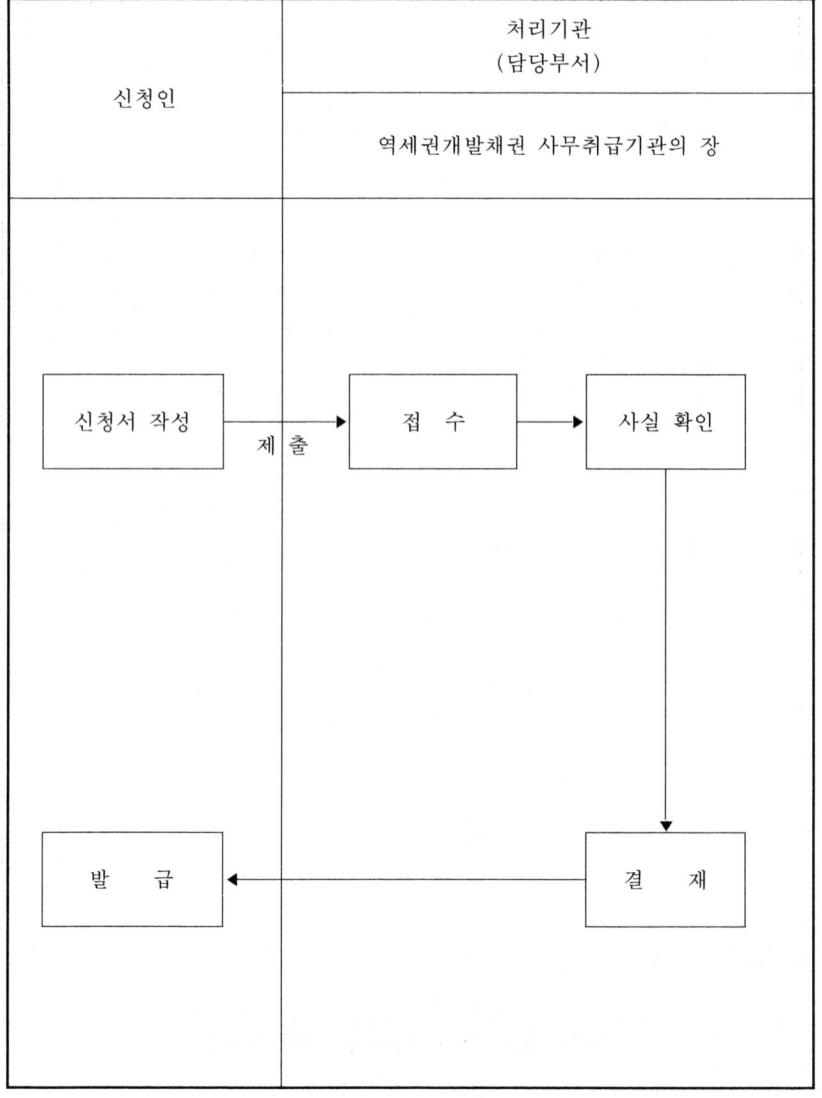

국가철도공단법 · 시행령

국가철도공단법 · 시행령 목차

법	시 행 령
제1조(목적) ································· 627	제1조(목적) ································· 627
제2조(정의) ································· 627	
제3조(법인격) ······························· 628	
제4조(설립등기) ···························· 628	제2조(설립등기 사항 등) ················ 628
	제3조부터 제8조까지 삭제 〈09·7·1〉 ··· 628
제5조(사무소) ······························· 628	
제6조 삭제 〈09·1·30〉 ··················· 628	
제7조(사업) ································· 628	
제8조(철도운영자와의 협의 등) ········ 629	
제9조(임원) ································· 629	
제10조 삭제 〈09·1·30〉 ················· 629	
제11조(대리인의 선임) ··················· 629	
제12조부터 제15조까지 삭제 〈09·1·30〉 ··· 629	
제16조(직원의 임면) ······················ 629	
제17조(자금의 조달 등) ················· 630	제9조(출연금의 지급) ····················· 630
	제10조(정부 외의 자의 출연) ··········· 630
제18조(자금의 차입 등) ················· 630	제11조(자금의 차입) ······················ 630
제19조(철도시설채권의 발행 등) ······ 630	제12조(채권의 형식) ······················ 630
	제13조(채권의 발행방법 등) ············ 631
	제14조(채권의 응모 등) ·················· 631
	제15조(총액인수의 방법) ················ 631
	제16조(채권의 발행총액) ················ 632
	제17조(채권 인수가액의 납입 등) ····· 632
	제18조(채권의 기재 사항) ··············· 632

법	시 행 령
	제19조(채권 원부) ···················· 632
	제20조(이권 흠결 등) ················ 633
	제21조(채권 소지인 등에 대한 통지 등) ·········· 633
제20조(보조금 등) ···················· 633	
제21조(출자 등) ······················ 634	제22조(출자 등) ······················ 634
제22조(사업 등의 위탁) ··············· 634	제23조(사업의 위탁시행의 협의) ······· 634
제23조(역세권 개발사업 등) ··········· 634	제24조(역세권 개발사업의 범위 등) ···· 634
제24조(자산·부채의 승계 등) ········· 635	제25조(자산·부채의 승계 등) ········· 635
제25조(사용료 등의 징수) ············· 636	
제26조(국유재산의 무상대부 등) ······· 636	제26조(국유재산의 무상대부 절차 등) ·· 636
제27조(국유재산의 전대 등) ··········· 636	제27조(국유재산의 전대 절차 등) ······ 636
제28조(대집행 권한의 위탁) ··········· 637	제28조(대집행 권한의 위탁사업 등) ···· 637
제29조(채권 등 매입 의무의 면제) ····· 637	
제30조(사업계획 등의 승인) ··········· 637	제29조(사업계획 및 예산안의 제출) ···· 637
제31조 및 제32조 삭제 〈09·1·30〉 ··· 637	제30조(예비비) ······················· 638
	제31조 및 제32조 삭제 〈09·7·1〉 ···· 638
제33조(잉여금의 처분) ··············· 638	
제34조(자료 제공의 요청) ············· 638	
제35조(지도·감독) ··················· 638	
제36조(비밀 누설의 금지 등) ·········· 639	
제36조의2(유사명칭의 사용금지) ······· 639	
제37조(다른 법률의 준용) ············· 639	
제38조 삭제 〈09·1·30〉 ·············· 639	
제39조(벌칙) ························· 639	
제40조(과태료) ······················ 640	
부 칙 ···························· 640	부 칙 ···························· 640

법	시 행 령
# 국가철도공단법 〈제명 개정 : 2020 · 6 · 9 법률 제17460호〉 [2003 · 7 · 29 법률 제6956호 제정] 개정 2005 · 3 · 31 법률 제 7428호(채무자 회생 및 파산 　　　　에 관한 법률) 　　2007 · 1 · 19 법률 제 8257호 　　2008 · 2 · 29 법률 제 8852호(정부조직법 전부개정법률) 　　2009 · 1 · 30 법률 제 9391호 　　2013 · 3 · 23 법률 제11690호(정부조직법 전부개정 　　　　법률) 　　2015 · 1 · 6 법률 제12995호 　　2019 · 11 · 26 법률 제16641호 　　2020 · 2 · 18 법률 제17007호(중앙행정권한 및 사무 등의 지방 일괄 　　　　이양을 위한 물가안정에 관한 법률 등 46개 법률 일 　　　　부개정을 위한 법률) 　　2020 · 6 · 9 법률 제17460호	# 국가철도공단법 시행령 〈제명 개정 : 2020 · 9 · 10 법률 제31012호〉 [2003 · 12 · 30 대통령령 제18207호 제정] 개정 2005 · 6 · 30 대통령령 제18931호(철도건설법 시행령) 　　2007 · 4 · 20 대통령령 제20019호 　　2008 · 2 · 29 대통령령 제20722호(국토해양부와 그 　　　　소속기관 직제) 　　2009 · 7 · 1 대통령령 제21608호 　　2011 · 4 · 1 대통령령 제22815호(국유재산법 시행령 　　　　일부개정령) 　　2013 · 3 · 23 대통령령 제24443호(국토교통부와 그 소속기관 직제) 　　2019 · 3 · 12 대통령령 제29617호(철도건설법 시행령 일부개정령) 　　2020 · 9 · 8 대통령령 제30993호(중앙행정권한 및 사무 등의 지방 　　　　일괄 이양을 위한 30개 대통령령의 일부개정에 관한 　　　　대통령령) 　　2020 · 9 · 10 대통령령 제31012호 　　2021 · 1 · 5 대통령령 제31380호(어려운 법령용어 정비를 위한 473개 　　　　법령의 일부개정에 관한 대통령령)
제1조(목적) 이 법은 국가철도공단을 설립하여 철도시설의 건설 및 관리와 그 밖에 이와 관련되는 사업을 효율적으로 시행하게 함으로써 국민의 교통 편의의 증진과 국민경제의 건전한 발전에 이바지함을 목적으로 한다.〈개정 20 · 6 · 9〉 [전문개정 09 · 1 · 30] 제2조(정의) 이 법에서 사용하는 용어의 뜻은 이 법에 특별한 규정이 있 는 것을 제외하고는 「철도산업발전 기본법」(이하 "기본법"이라 한다)에 서 정하는 바에 따른다. [전문개정 09 · 1 · 30]	제1조(목적) 이 영은 「국가철도공단법」에서 위임된 사항과 그 시행에 필 요한 사항을 규정함을 목적으로 한다.〈개정 20 · 9 · 10〉 [전문개정 09 · 7 · 1]

법	시 행 령
제3조(법인격) 국가철도공단(이하 "공단"이라 한다)은 법인으로 한다.〈개정 20·6·9〉	
제4조(설립등기) ① 공단은 그 주된 사무소의 소재지에서 설립등기를 함으로써 성립한다.	제2조(설립등기 사항 등) ① 「국가철도공단법」(이하 "법"이라 한다) 제4조 제2항에 따른 국가철도공단(이하 "공단"이라 한다)의 설립등 기사항은
② 제1항에 따른 공단의 설립등기에 관하여 필요한 사항은 대통령령으로 정한다.	다음 각 호와 같다.〈개정 20·9·10〉
③ 공단은 등기가 필요한 사항에 관하여는 그 등기를 한 후가 아니면 제3자에게 대항하지 못한다.	1. 목적
[전문개정 09·1·30]	2. 명칭
	3. 주된 사무소, 지사(支社) 및 분사무소
	4. 임원의 성명 및 주소
	5. 공고의 방법
	② 설립등기 외의 등기에 관하여는 「민법」 중 재단법인의 등기에 관한 규정을 준용한다.
	[전문개정 09·7·1]
	제3조부터 제8조까지 삭제 〈09·7·1〉
제5조(사무소) ① 공단의 주된 사무소의 소재지는 정관으로 정한다.	
② 공단은 필요한 경우에는 정관으로 정하는 바에 따라 지사 또는 분사무소(分事務所)를 둘 수 있다.	
[전문개정 09·1·30]	
제6조 삭제 〈09·1·30〉	
제7조(사업) 공단은 다음 각 호의 사업을 한다.〈개정 19·11·26〉	
1. 철도시설의 건설 및 관리	
2. 외국철도 건설과 남북 연결 철도망 및 동북아 철도망의 건설	
3. 철도시설에 관한 기술의 개발·관리 및 지원	
4. 철도시설 건설 및 관리에 따른 철도의 역세권, 철도 부근 지역 및 「철도의 건설 및 철도시설 유지관리에 관한 법률」 제23조의2에 따라 국토교통부장관이 점용허가한 철도 관련 국유재산의 개발·운영	
5. 건널목 입체화 등 철도 횡단시설사업	

법	시 행 령

  6. 철도의 안전관리 및 재해 대책의 집행

  7. 정부, 지방자치단체, 「공공기관의 운영에 관한 법률」에 따른 공공기관(이하 "공공기관"이라 한다) 또는 타인이 위탁한 사업

  8. 제1호부터 제7호까지의 사업에 딸린 사업

  9. 제1호부터 제8호까지의 사업을 위한 부동산의 취득, 공급 및 관리

[전문개정 09·1·30]

제8조(철도운영자와의 협의 등) ① 공단은 제7조에 따른 사업을 시행할 때에는 철도의 안전을 확보하고 철도의 운영을 개선하며 철도기능이 원활하게 발휘될 수 있도록 철도운영자와 상호 협력체계를 구축하는 등 필요한 조치를 마련하여야 한다.

② 철도시설의 건설·유지보수·관리 및 역세권 개발 등의 계획과 그 시행방법 등 공단과 철도운영자 간의 상호 협력·협의에 필요한 사항은 국토교통부령으로 정한다.〈개정 13·3·23〉

[전문개정 09·1·30]

제9조(임원) ① 공단에는 임원으로 이사장 1명, 부이사장 1명, 상임이사 4명을 포함한 13명 이내의 이사 및 감사 1명을 두되, 이사장·부이사장·상임이사 및 감사 외의 임원은 비상임으로 한다.

② 이사장은 공단을 대표하고 그 업무를 총괄한다.

[전문개정 09·1·30]

제10조 삭제〈09·1·30〉

제11조(대리인의 선임) 이사장은 정관으로 정하는 바에 따라 직원 중에서 공단의 업무에 관하여 재판상 또는 재판 외의 모든 행위를 할 수 있는 권한을 가진 대리인을 선임(選任)할 수 있다.

[전문개정 09·1·30]

제12조부터 제15조까지 삭제〈09·1·30〉

제16조(직원의 임면) 공단의 직원은 정관으로 정하는 바에 따라 이사장이 임면한다.

법	시 행 령
[전문개정 09·1·30] **제17조(자금의 조달 등)** ① 공단은 그 운영과 사업에 필요한 자금을 다음 각 호의 재원(財源)으로 조달한다.〈개정 19·11·26〉 　1. 정부 또는 정부 외의 자의 출연금 또는 보조금 　2. 철도시설채권의 발행으로 조성한 자금 　3. 차입금(외국으로부터 차입한 자금 및 도입한 물자를 포함한다) 　4. 철도 관련 국유재산의 사용료 및 점용료 　5. 제7조의 사업으로 생긴 수익금 　6. 자산 운영 수익금 　7. 그 밖의 수입금 ② 제1항제1호에 따른 정부 출연금의 지급·관리 및 사용에 필요한 사 항은 대통령령으로 정한다. [전문개정 09·1·30]	**제9조(출연금의 지급)** ① 정부가 법 제17조제1항제1호에 따라 공단에 출 연금을 지급하려면 국토교통부장관이 이를 예산에 계상(計上)하여 지급 하여야 한다.〈개정 13·3·23〉 ② 국토교통부장관은 제1항에 따른 출연금 예산이 확정되면 그 내용을 공단에 통지하여야 한다.〈개정 13·3·23〉 ③ 공단은 출연금을 지급받으려면 출연금 지급신청서에 분기별 사업계 획서 및 분기별 예산집행계획서를 첨부하여 국토교통부장관에게 제출하 여야 한다.〈개정 13·3·23〉 ④ 제3항에 따라 지급신청서를 제출받은 국토교통부장관은 해당 분기별 사업계획 및 분기별 예산집행계획이 타당하다고 인정되는 경우에는 그 계획에 따라 출연금을 지급하여야 한다.〈개정 13·3·23〉 [전문개정 09·7·1] **제10조(정부 외의 자의 출연)** 법 제17조제1항제1호에 따른 정부 외의 자 의 출연 방법·절차 등에 관하여는 국토교통부장관이 그 출연하려는 자 와 협의하여 정할 수 있다.〈개정 13·3·23〉 [전문개정 09·7·1]
제18조(자금의 차입 등) ① 공단은 제7조에 따른 사업을 수행하기 위하여 필 요한 경우에는 국토교통부장관의 승인을 받아 자금을 차입(외국으로부터 의 자금의 차입 및 물자의 도입을 포함한다. 이하 같다)할 수 있다.〈개정 13· 3·23〉 ② 국토교통부장관은 제1항에 따른 자금의 차입을 승인하려면 미리 관 계 중앙행정기관의 장과 협의하여야 한다.〈개정 13·3·23〉 [전문개정 09·1·30]	**제11조(자금의 차입)** 공단은 법 제18조제1항에 따라 자금의 차입을 승인 받으려면 다음 각 호의 사항이 포함된 승인신청서를 국토교통부장관에 게 제출하여야 한다.〈개정 13·3·23〉 　1. 차입사유 및 차입금액(물자도입인 경우에는 물자의 종류, 수량 및 가격) 　2. 차입 경로 및 차입 조건 　3. 차입금의 상환방법 및 상환기한 　4. 그 밖에 자금의 차입 및 상환에 필요한 사항 [전문개정 09·7·1]
제19조(철도시설채권의 발행 등) ① 공단은 제7조에 따른 사업 중 철도시 설 건설 등의 사업에 필요한 자금을 조달하기 위하여 철도시설채권(이	**제12조(채권의 형식)** 법 제19조에 따라 공단이 발행하는 철도시설채권(이 하 "채권"이라 한다)은 무기명식(無記名式)으로 한다. 다만, 응모자 또

국가철도공단법·시행령　630

법	시 행 령
하 이 조에서 "채권"이라 한다)을 발행할 수 있다. ② 공단은 채권을 발행하려면 매 사업연도의 채권발행계획을 작성하여 국토교통부장관의 승인을 받아야 한다. 〈개정 13·3·23〉 ③ 국가는 공단이 발행하는 채권의 원리금의 상환을 보증할 수 있다. ④ 국가는 공단이 발행하는 채권의 이자 지급에 드는 비용의 일부를 보조할 수 있다. ⑤ 채권의 소멸시효는 원금은 5년, 이자는 2년이 지나면 완성한다. ⑥ 그 밖에 채권의 발행에 필요한 사항은 대통령령으로 정한다. [전문개정 09·1·30]	는 소지인이 청구하는 경우에는 기명식으로 할 수 있다. [전문개정 09·7·1] 제13조(채권의 발행방법 등) ① 공단이 발행하는 채권은 모집, 총액인수 또는 매출의 방법으로 발행한다. ② 제1항에 따라 매출의 방법으로 채권을 발행하는 경우에는 매출기간과 제14조제2항제1호부터 제7호까지의 사항을 미리 공고하여야 한다. [전문개정 09·7·1] 제14조(채권의 응모 등) ① 채권의 모집에 응하려는 자는 채권 청약서 2통에 인수하려는 채권의 종류·수·인수가액과 청약자의 주소를 적고 기명날인해야 한다. 이 경우 채권의 최저가액을 정하여 발행하는 경우에는 응모가액을 적어야 한다. 〈개정 21·1·5〉 ② 제1항에 따른 채권 청약서는 공단의 이사장이 작성하며, 다음 각 호의 사항을 적어야 한다. 〈개정 21·1·5〉 1. 공단의 명칭 2. 채권의 발행총액 3. 채권의 종류별 액면금액 4. 채권의 이율 5. 원금 상환의 방법 및 시기 6. 이자 지급의 방법 및 시기 7. 채권의 발행가액 또는 최저가액 8. 이미 발행한 채권 중 상환되지 아니한 채권이 있는 경우에는 그 총액 9. 채권 모집을 위탁받은 회사가 있는 경우에는 그 상호 및 주소 10. 채권의 인수가액을 여러 번에 나누어 납부할 것을 정한 경우에는 그 분할 납부의 금액 및 시기 [전문개정 09·7·1] 제15조(총액인수의 방법) 계약에 의하여 채권의 총액을 인수하는 경우에는 제14조를 적용하지 아니한다. 채권 모집을 위탁받은 회사가 채권의

법	시 행 령
	일부를 인수하는 경우에 그 인수분에 대해서도 또한 같다. [전문개정 09·7·1] 제16조(채권의 발행총액) 공단은 채권을 발행할 때 실제로 응모된 총액이 채권 청약서에 적힌 채권의 발행총액보다 적은 경우에도 채권을 발행한 다는 뜻을 채권 청약서에 표시할 수 있다. 이 경우 그 응모총액을 채권 의 발행총액으로 한다. [전문개정 09·7·1] 제17조(채권 인수가액의 납입 등) ① 공단은 채권의 응모가 끝나면 지체 없이 응모자가 인수한 채권가액의 전액 또는 제1회의 금액을 납입하게 하여야 한다. ② 채권 모집을 위탁받은 회사는 자기명의로 공단을 위하여 제1항 및 제14조제2항에 따른 행위를 할 수 있다. ③ 채권은 그 인수가액의 전액이 납입된 후가 아니면 발행하지 못한다. [전문개정 09·7·1] 제18조(채권의 기재 사항) 채권에는 다음 각 호의 사항을 적고 공단의 이 사장이 기명날인하여야 한다. 1. 제14조제2항제1호부터 제6호까지의 사항(매출의 방법으로 채권을 발 행하는 경우에는 같은 항 제2호의 사항은 제외한다) 2. 채권의 번호 3. 채권의 발행 연월일 [전문개정 09·7·1] 제19조(채권 원부) ① 공단은 주된 사무소에 채권 원부를 갖춰 두고 다음 각 호의 사항을 적어야 한다.〈개정 21·1·5〉 1. 채권의 종류별 수와 번호 2. 채권의 발행 연월일 3. 제14조제2항제1호부터 제6호까지 및 제9호의 사항 ② 채권이 기명식인 경우에는 제1항 각 호의 사항 외에 다음 각 호의

법	시 행 령
	사항을 적어야 한다. 1. 채권 소유자의 성명과 주소 2. 채권의 취득 연월일 ③ 채권의 소유자 또는 소지인은 공단의 근무시간에는 언제든지 채권원부의 열람을 요구할 수 있다. [전문개정 09·7·1] 제20조(이권 흠결 등) ① 이권(利券)이 있는 무기명식의 채권을 상환하는 경우에 이권이 흠결(欠缺)된 경우에는 그 이권에 상당하는 금액을 상환액에서 공제한다. ② 제1항에 따른 흠결된 이권의 소지인은 그 이권과 상환하여 공제된 금액의 지급을 청구할 수 있다. [전문개정 09·7·1] 제21조(채권 소지인 등에 대한 통지 등) ① 채권을 발행하기 전의 그 응모자 또는 권리자에 대한 통지 또는 최고(催告)는 채권청약서에 적힌 주소로 하여야 한다. 다만, 공단이 따로 주소를 통지받은 경우에는 그 주소로 하여야 한다. ② 무기명식 채권의 소지인에 대한 통지 또는 최고는 공고의 방법으로 한다. 다만, 그 주소를 알 수 있는 경우에는 공고의 방법으로 하지 아니할 수 있다. ③ 기명식 채권의 소유자에 대한 통지 또는 최고는 채권원부에 적힌 주소로 하여야 한다. 다만, 공단이 따로 주소를 통지받은 경우에는 그 주소로 하여야 한다. [전문개정 09·7·1]
제20조(보조금 등) 국가는 예산의 범위에서 공단의 사업에 필요한 비용의 일부를 보조하거나 재정자금을 융자하며, 공단이 발행하는 철도시설채권을 인수할 수 있다.	

법	시 행 령
[전문개정 09 · 1 · 30] **제21조(출자 등)** ① 공단은 공단의 사업을 효율적으로 수행하기 위하여 필요한 경우에는 제7조 각 호의 사업과 관련된 사업에 출자하거나 출연할 수 있다. ② 제1항에 따른 출자 또는 출연에 필요한 사항은 대통령령으로 정한다. [전문개정 09 · 1 · 30]	**제22조(출자 등)** 법 제21조에 따라 공단이 출자하거나 출연하려는 경우에는 다음 각 호의 사항이 포함된 승인신청서를 국토교통부장관에게 제출하여야 한다.〈개정 13 · 3 · 23〉 1. 출자 또는 출연의 필요성 2. 출자 또는 출연할 재산의 종류와 출자 또는 출연 가액 3. 사업 개요 4. 그 밖에 출자 또는 출연에 필요한 사항 [전문개정 09 · 7 · 1]
제22조(사업 등의 위탁) ① 이사장은 공단이 시행하는 제7조 각 호의 사업(사업 시행에 따른 손실보상 및 이주대책사업을 포함한다)의 일부를 국토교통부장관의 승인을 받아 대통령령으로 정하는 바에 따라 관계 행정기관, 공공기관, 「한국철도공사법」에 따라 설립된 한국철도공사(이하 "철도공사"라 한다) 또는 대통령령으로 정하는 민간법인에 위탁할 수 있다.〈개정 13 · 3 · 23〉 ② 공단은 제1항에 따라 사업을 위탁할 때에는 대통령령으로 정하는 바에 따라 그 사업을 수행하는 자에게 위탁수수료 등을 지급할 수 있다. [전문개정 09 · 1 · 30]	**제23조(사업의 위탁시행의 협의)** ① 공단이 법 제22조제1항에 따라 사업의 일부를 위탁하여 시행하려는 경우에는 수탁자와 다음 각 호의 사항을 협의하여야 한다. 1. 사업의 개요 2. 사업의 착공일, 준공 예정일, 기간 및 공정 3. 위험부담에 관한 사항 4. 사업비 관리 및 집행에 관한 사항 5. 사업 시행에 따른 재산처리에 관한 사항 6. 그 밖에 사업의 위탁 내용을 명확히 하는 데에 필요한 사항 ② 공단은 법 제7조제7호에 따라 위탁받은 사업을 법 제22조에 따라 위탁하여 시행하려면 미리 해당 사업을 위탁한 정부, 지방자치단체, 「공공기관의 운영에 관한 법률」에 따른 공공기관 또는 타인과 협의하여야 한다. ③ 공단은 법 제22조에 따라 사업을 위탁하는 경우에는 그 수수료를 별표의 기준에 따라 산정하거나 수탁자와 협의하여 정한다. [전문개정 09 · 7 · 1]
제23조(역세권 개발사업 등) ① 국가는 공단이 시행하는 철도의 역세권 및 철도 부근 지역의 개발사업에 대하여 철도시설의 건설을 촉진하기	**제24조(역세권 개발사업의 범위 등)** ① 법 제23조제1항에 따른 철도의 역세권 및 철도 부근 지역 개발사업의 범위는 철도시설의 건설과 관련된

법	시 행 령
위하여 필요한 경우에는 행정적·재정적 지원을 할 수 있다. ② 공단이 시행하는 철도의 역세권 및 철도 부근 지역의 개발사업의 범위와 제1항에 따른 역세권 및 철도 부근 지역의 범위 등에 관하여 필요한 사항은 대통령령으로 정한다. [전문개정 09·1·30]	사업으로서 철도시설의 건설을 촉진하고 철도 이용자에게 편의를 제공하기 위한 「건축법」에 따른 판매 및 영업시설, 일반업무시설, 주차장 등의 사업으로 한다. ② 법 제23조제1항에 따른 철도의 역세권 및 철도 부근 지역의 범위는 「철도의 건설 및 철도시설 유지관리에 관한 법률」 제9조에 따라 국토교통부장관이 승인하는 실시계획으로 확정되는 철도노선 및 역의 인근 지역으로서 공단이 제1항에 따른 철도의 역세권 및 철도 부근 지역 개발사업의 관계 법령에 따라 관계 중앙행정기관의 장 또는 지방자치단체의 장으로부터 해당 사업에 관한 승인 등을 받은 지역으로 한다.〈개정 13·3·23, 19·3·12〉 [전문개정 09·7·1]
제24조(자산·부채의 승계 등) ① 국가는 제7조에 따라 공단이 건설한 철도시설과 철도의 역세권 및 철도 부근 지역의 개발사업 등과 관련하여 취득한 재산·시설 및 그 운영에 관한 권리(이하 "자산"이라 한다)와 그 자산과 관련된 채무 등의 의무(이하 "부채"라 한다)를 각 사업이 끝나는 때에 포괄하여 승계한다. 다만, 공단이 국가로부터 기본법 제26조에 따른 철도시설관리권을 설정받은 철도시설과 직접 관련된 부채는 국가가 승계하지 아니한다. ② 공단이 제1항에 따른 자산과 부채를 인계하려면 인계에 관한 서류를 작성하여 국토교통부장관의 승인을 받아야 한다.〈개정 13·3·23〉 ③ 제1항에 따라 국가가 자산 및 부채를 승계하는 시기와 승계할 자산·부채의 평가방법 및 평가기준 등에 관한 사항은 대통령령으로 정한다. [전문개정 09·1·30]	제25조(자산·부채의 승계 등) ① 법 제24조제1항 본문에서 "각 사업"이란 「철도의 건설 및 철도시설 유지관리에 관한 법률」, 「택지개발촉진법」 또는 그 밖에 공단의 사업과 관련된 법령에 따라 실시계획의 승인 등을 받은 단위사업을 말한다.〈개정 19·3·12〉 ② 공단이 법 제24조제2항에 따라 인계의 승인을 신청하려는 경우에는 다음 각 호의 사항을 적은 승인신청서를 국토교통부장관에게 제출하여야 한다.〈개정 13·3·23〉 1. 인계자산의 범위 및 목록 2. 인계자산 및 부채의 가액 3. 그 밖에 인계에 필요한 서류 ③ 법 제24조제1항에 따른 자산 및 부채의 승계 시기는 제1항에 따른 단위사업이 끝나 공용(公用)이 개시되는 날로 한다. ④ 법 제24조제1항에 따른 자산 및 부채의 평가기준일은 제3항에 따른 승계일의 전날로 한다. ⑤ 법 제24조제1항에 따른 자산의 평가가액은 평가기준일의 자산의 장부가액으로 하고, 부채의 평가가액은 평가기준일의 부채의 장부가액으로 하

법	시 행 령
	되, 승계하는 자산과 관련된 부채를 알 수 없는 경우에는 다음 계산식에 따라 산출한다. 단위사업의 총부채× 부채를 알 수 없는 자산단위사업의 총자산 [전문개정 09·7·1]
제25조(사용료 등의 징수) ① 공단은 공단이 관리하는 시설을 사용하거나 이용하는 자로부터 사용료 또는 이용료를 징수할 수 있다. ② 제1항에 따라 징수하는 사용료 또는 이용료의 징수대상·징수금액 및 징수절차 등에 관하여 필요한 사항은 국토교통부령으로 정한다.〈개정 13·3·23〉 [전문개정 09·1·30]	
제26조(국유재산의 무상대부 등) ① 국가는 제7조에 따른 공단의 사업을 효율적으로 수행하기 위하여 필요하다고 인정할 때에는 「국유재산법」에도 불구하고 공단에 국유재산(물품을 포함한다. 이하 같다)을 무상으로 대부(貸付)하거나 사용·수익하게 할 수 있다. ② 공단은 「국유재산법」에도 불구하고 제1항에 따라 대부받거나 사용·수익을 허가받은 국유재산에 건물이나 그 밖의 영구시설물을 축조할 수 있다. ③ 제1항에 따른 대부 또는 사용·수익허가의 조건 및 절차에 관하여 필요한 사항은 대통령령으로 정한다. [전문개정 09·1·30]	제26조(국유재산의 무상대부 절차 등) ① 법 제26조제1항에 따른 국유재산의 무상사용·수익은 해당 국유재산의 소관 중앙관서의 장의 허가에 의하며, 무상대부의 조건 및 절차 등에 관하여는 해당 국유재산의 소관 중앙관서의 장과 공단 간의 계약에 따른다.〈개정 11·4·1〉 ② 국유재산의 무상사용·수익 또는 무상대부에 관하여 법 및 이 영에 규정된 사항 외에는 「국유재산법」에 따른다. [전문개정 09·7·1]
제27조(국유재산의 전대 등) ① 공단은 철도시설의 건설 및 관리에 지장을 주지 아니하는 범위에서 필요한 경우에는 제26조에 따라 대부받거나 사용·수익을 허가받은 국유재산을 전대(轉貸)할 수 있다. ② 공단은 제1항에 따른 전대를 하려면 국토교통부장관의 승인을 받아야 한다. 이를 변경하려는 경우에도 또한 같다.〈개정 13·3·23〉 ③ 국토교통부장관은 제2항에 따라 전대를 승인하려면 미리 그 국유재산을 대부하거나 사용·수익을 허가한 중앙행정기관의 장과 협의하여야 한다.〈개정 13·3·23〉	제27조(국유재산의 전대 절차 등) 공단은 법 제26조제1항에 따라 대부받거나 사용·수익을 허가받은 국유재산을 법 제27조제1항에 따라 전대(轉貸)하려는 경우에는 다음 각 호의 사항을 적은 승인신청서를 국토교통부장관에게 제출하여야 한다.〈개정 13·3·23〉 1. 전대재산의 표시 2. 전대받을 자의 전대재산 사용 목적 3. 전대기간 4. 사용료 및 그 산출 근거

법	시 행 령
④ 제1항에 따라 국유재산을 전대받은 자는 그 재산을 타인에게 대부하거나 사용·수익하게 하지 못한다. ⑤ 제1항에 따라 국유재산을 전대받은 자는 그 재산에 건물이나 그 밖의 영구시설물을 축조하지 못한다. 다만, 국토교통부장관이 행정 목적 또는 공단의 업무를 수행하는 데에 필요하다고 인정하는 시설물로서 국가에 기부할 것을 조건으로 하는 경우에는 그 국유재산에 건물이나 그 밖의 영구시설물을 축조할 수 있다.〈개정 13·3·23〉 [전문개정 09·1·30]	5. 전대받을 자의 사업계획서 6. 그 밖에 필요한 서류(도면을 포함한다) [전문개정 09·7·1]
제28조(대집행 권한의 위탁) 시장·군수·자치구의 구청장은 공단이 수행하는 사업에 관하여 『공익사업을 위한 토지 등의 취득 및 보상에 관한 법률』 제89조에 따른 대집행(代執行)에 관한 권한을 대통령령으로 정하는 바에 따라 공단에 위탁할 수 있다.〈개정 20·2·18〉 [전문개정 09·1·30]	제28조(대집행 권한의 위탁사업 등) ① 시장·군수·자치구의 구청장이 법 제28조에 따라 대집행에 관한 권한을 공단에 위탁할 수 있는 사업은 법 제7조제1호·제4호·제5호 및 제7호에 따른 사업으로 한정한다.〈개정 20·9·8〉 ② 공단은 법 제28조에 따라 위탁받은 대집행에 관한 권한을 행사하려는 경우에는 그 계획을 『행정대집행법』 제3조제1항에 따른 계고(戒告) 예정일 7일 전까지 시장·군수·자치구의 구청장에게 통보해야 한다.〈개정 20·9·8〉 [전문개정 09·7·1]
제29조(채권 등 매입 의무의 면제) 공단이 그 사업을 위하여 동산(動産) 또는 부동산을 취득하는 경우 다른 법령에 따라 매입하여야 하는 각종 채권 등의 매입 의무는 관계 법령에도 불구하고 국가기관의 예에 따라 면제한다. [전문개정 09·1·30]	
제30조(사업계획 등의 승인) 공단은 대통령령으로 정하는 바에 따라 매 사업연도의 사업계획 및 예산안을 작성하여 국토교통부장관의 승인을 받아야 한다. 이를 변경할 경우에도 또한 같다.〈개정 13·3·23〉 [전문개정 09·1·30] 제31조 및 제32조 삭제 〈09·1·30〉	제29조(사업계획 및 예산안의 제출) ① 공단은 법 제30조에 따른 국토교통부장관의 승인을 받으려면 다음 회계연도가 시작되기 전까지 다음 사업연도의 사업계획 및 예산안을 국토부장관에게 제출하여야 한다. 이를 변경하려는 경우에도 또한 같다.〈개정 13·3·23〉 ② 제1항에 따른 예산안에는 예산총칙, 추정 재무상태표, 추정 손익계산

법	시 행 령
	서 및 자금계획서가 포함되어야 하며, 그 내용을 명확히 하는 데에 필요한 서류를 첨부해야 한다.〈개정 21·1·5〉 [전문개정 09·7·1] 제30조(예비비) 공단은 예측할 수 없는 예산 외의 지출 또는 예산 초과 지출에 충당하기 위하여 예비비를 계상할 수 있다. [전문개정 09·7·1] 제31조 및 제32조 삭제〈09·7·1〉

제33조(잉여금의 처분) 공단은 매 사업연도의 결산 결과 잉여금이 생긴 경우에는 다음 각 호의 순서에 따라 처분하여야 한다.

1. 이월결손금(이월결손김)의 보전(補塡)

2. 이월결손금 보전 후 남는 잉여금의 100분의 90을 시설준비금에 적립

3. 국고에 납입

[전문개정 09·1·30]

제34조(자료 제공의 요청) ① 공단은 그 업무에 필요하다고 인정하는 경우에는 관계 행정기관이나 철도와 관련되는 기관·단체 등에 필요한 자료의 제공을 요청할 수 있다.〈개정 15·1·6〉

② 제1항에 따라 자료의 제공을 요청받은 자는 특별한 사유가 없으면 그 요청에 따라야 한다.〈신설 15·1·6〉

[전문개정 09·1·30]

제35조(지도·감독) ① 국토교통부장관은 다음 각 호의 업무에 대하여 공단을 지도·감독하고, 필요하다고 인정할 때에는 그 업무·회계 및 재산에 관한 사항을 보고하게 하거나 소속 공무원으로 하여금 공단의 장부·서류·시설이나 그 밖의 물건을 검사하게 할 수 있다.〈개정 13·3·23〉

1. 국토교통부장관이 위탁한 사업이나 소관 업무와 직접 관련되는 사업의 적정한 수행에 관한 사항

2. 경영지침의 이행에 관한 사항

법	시 행 령
3. 각 연도 사업계획 및 예산편성 4. 각 연도 사업실적 및 결산 5. 그 밖에 다른 법령에서 정하는 사항 ② 국토교통부장관은 제1항에 따른 보고 또는 검사의 결과 위법하거나 부당한 사실을 발견하였을 때에는 공단에 그 시정을 명할 수 있다.〈개정 13·3·23〉 ③ 제1항에 따라 검사를 하는 공무원은 그 권한을 표시하는 증표를 지니고 이를 관계인에게 내보여야 한다. [전문개정 09·1·30] 제36조(비밀 누설의 금지 등) 다음 각 호의 어느 하나에 해당하는 사람은 직무상 알게 된 비밀을 누설하거나 도용하여서는 아니 된다. 　1. 공단의 임직원이나 임직원이었던 사람 　2. 공단의 위탁을 받아 철도시설의 계획·설계·건설 또는 유지보수나 그와 관련된 업무에 종사하거나 종사하였던 사람 [전문개정 09·1·30] 제36조의2(유사명칭의 사용금지) 이 법에 따른 공단이 아닌 자는 국가철도공단 또는 이와 유사한 명칭을 사용하지 못한다.〈개정 20·6·9〉 [본조신설 07·1·19] 제37조(다른 법률의 준용) 공단에 관하여는 이 법 및 「공공기관의 운영에 관한 법률」에서 규정한 것을 제외하고는 「민법」 중 재단법인에 관한 규정을 준용한다. [전문개정 09·1·30] 제38조 삭제〈09·1·30〉 제39조(벌칙) 제36조를 위반한 자는 2년 이하의 징역 또는 2천만원 이하의 벌금에 처한다.〈개정 15·1·6〉 [전문개정 09·1·30]	

법	시 행 령
제40조(과태료) ① 제36조의2를 위반한 자에게는 500만원 이하의 과태료를 부과한다.〈개정 15·1·6〉 ② 제1항에 따른 과태료는 국토교통부장관이 부과·징수한다.〈개정 13·3·23〉 [전문개정 09·1·30]	

법

부 칙

제1조(시행일) 이 법은 2004년 1월 1일부터 시행한다. 다만, 부칙 제3조·제4조 및 제8조의 규정은 공포한 날부터 시행한다.

제2조(다른 법률의 폐지) 한국고속철도건설공단법은 이를 폐지한다.

제3조(공단의 설립준비) ①건설교통부장관은 이 법의 공포일부터 1월 이내에 공단의 설립에 관한 사무를 처리하기 위하여 공단설립위원회(이하 "설립위원회"라 한다)를 설치하며, 설립위원회가 행한 행위는 공단이 행한 행위로 본다.

②설립위원회는 건설교통부장관이 임명 또는 위촉하는 7인 이내의 설립위원으로 구성하며, 위원장은 건설교통부차관이 된다.

③설립위원회는 공단의 정관을 작성하여 건설교통부장관의 인가를 받아야 한다.

④설립위원회는 제3항의 규정에 의한 인가를 받은 때에는 연명으로 공단의 설립등기를 하여야 하며, 설립등기는 2004년 1월 1일까지 완료하여야 한다.

시 행 령

부 칙

제1조(시행일) 이 영은 2004년 1월 1일부터 시행한다.

제2조(다른 법령의 폐지) 한국고속철도건설공단법시행령은 이를 폐지한다.

제3조(이사장후보의 추천에 관한 특례) 초대 이사장후보의 추천에 대하여는 제3조의 규정에 불구하고 법 부칙 제3조의 규정에 의하여 설치된 설립위원회에서 따로 정하는 바에 의한다.

제4조(사업계획 및 예산안의 제출에 관한 특례) ①공단은 2004년도의 사업계획 및 예산안에 대하여는 제29조제1항 본문의 규정에 불구하고 2004년 1월 31일까지 건설교통부장관에게 제출하여야 한다.

제5조(다른 법령의 개정) ①개발이익환수에관한법률시행령중 다음과 같이 개정한다.

제5조제2항제3호자목을 다음과 같이 한다.

자. 한국철도시설공단법에 의하여 설립된 한국철도시설공단

제5조제3항제2호를 다음과 같이 한다.

2. 한국철도시설공단법 제23조의 규정에 의하여 한국철도시설공단이 시

법	시 행 령
⑤설립위원회는 공단의 설립등기후 지체없이 이사장에게 사무를 인계하여야 한다. ⑥설립위원회 및 설립위원은 제5항의 규정에 의한 사무인계가 끝난 때에는 해산 또는 해임·해촉된 것으로 본다. 제4조(설립비용) 공단의 설립비용은 공단이 이를 부담한다. 제5조(한국고속철도건설공단의 해산) 한국고속철도건설공단법에 의한 한국고속철도건설공단(이하 "고속철도건설공단"이라 한다)은 공단의 설립과 동시에 민법중 법인의 해산 및 청산에 관한 규정에 불구하고 해산된 것으로 본다. 제6조(자산과 권리의 승계 등) ①이 법 시행당시 철도청 및 고속철도건설공단이 취득하였거나 관계 법령 및 계약 등에 의하여 취득하기로 한 재산·시설·사업 및 그에 관한 권리(건설 중인 자산을 포함한다)중 기본법 제23조제5항의 규정에 의한 철도자산은 공단의 설립과 동시에 공단이 이를 포괄승계한다. ②제1항의 규정에 의하여 포괄승계된 철도자산에 관한 등기부 그 밖의 공부상에 표시된 철도청 또는 고속철도건설공단의 명의는 공단의 명의로 본다. ③제1항의 규정에 의하여 포괄승계한 철도자산과 관련하여 공단 설립전에 철도청 또는 고속철도건설공단이 행한 행위와 철도청 또는 고속철도건설공단에 대하여 행하여진 행위는 이를 공단이 행하거나 공단에 대하여 행하여진 행위로 본다. ④이 법 시행전에 정부가 고속철도건설공단에 출연금을 지급하였거나 지급하기로 한 것은 공단에 지급하였거나 지급하기로 한 것으로 본다. 제7조(건설 중인 고속철도에 관한 경과조치 등) ①이 법 시행당시 건설 중인 고속철도와 관련하여 고속철도건설공단이 철도청에 위탁하여 시행하고 있는 건설관련 업무는 공단이 철도청에 이를 위탁한 것으로 본다.	행하는 철도의 역세권 및 철도연변 개발사업 ②건설기술관리법시행령중 다음과 같이 개정한다. 제47조의2제1항제10호를 다음과 같이 한다. 10. 한국철도시설공단법에 의하여 설립된 한국철도시설공단 제55조제3항중 "해양수산부장관·철도청장"을 "해양수산부장관"으로 한다. ③건설교통부와그소속기관직제중 다음과 같이 개정한다. 제10조제3항제33호중 "한국고속철도건설공단"을 "한국철도시설공단"으로 한다. ④공공차관의도입및관리에관한법률시행령중 다음과 같이 개정한다. 제2조제2항제4호 및 제15조제2항제4호중 "한국고속철도건설공단"을 각각 "한국철도시설공단"으로 한다. ⑤공익사업을위한토지등의취득및보상에관한법률시행령중 다음과 같이 개정한다. 제25조제10호를 다음과 같이 한다. 10. 한국철도시설공단법에 의하여 설립된 한국철도시설공단 ⑥공직자윤리법시행령중 다음과 같이 개정한다. 별표 1 제5호중 기관·단체란 제73호를 다음과 같이 한다. 73. 한국철도시설공단 별표 2 제2호중 기관·단체란 제46호를 다음과 같이 한다. 46. 한국철도시설공단 ⑦공증인법시행령중 다음과 같이 개정한다. 별표 1 제160호를 다음과 같이 한다. 160. 한국철도시설공단 ⑧교통체계효율화법시행령중 다음과 같이 개정한다. 제2조의2제5호를 다음과 같이 한다.

법	시 행 령
②공단은 제1항의 규정에 의하여 철도청에 위탁한 것으로 보는 건설관련 업무가 종료된 때에는 그 업무에 종사하던 철도청(건설관련 업무가 종료된 때에 철도공사로 전환되어 있는 경우에는 철도공사를 말한다)의 직원을 공단의 직원으로 임용할 수 있다. 이 경우 공단에 임용된 직원의 지위는 부칙 제8조의 예에 따른다. ③국가는 공단이 이 법 시행당시 건설 중인 고속철도와 관련된 철도부채의 원리금을 상환함에 있어서 상환할 당시에 부족금이 발생한 경우에는 이를 지원하거나, 기존채권자의 보호를 위한 조치를 하는 등 그 고속철도건설사업이 정상적으로 추진 될 수 있도록 하여야 한다. 제8조(직원의 임용특례 등) ①철도청장은 공단이 승계하는 업무를 담당하는 공무원중 공무원 신분을 계속 유지하고자 하는 자를 제외하고 공단의 직원으로 신분이 전환될 자를 건설교통부장관과 협의하여 확정하고, 이를 설립위원회에 이 법의 공포일로부터 3월 이내에 통보하여야 하며, 통보된 자는 공단이 설립되는 때에 공단의 직원으로 임용된 것으로 본다. ②공단 설립당시 고속철도건설공단의 직원은 공단의 직원으로 임용된 것으로 본다. ③제1항의 규정에 의하여 철도청 직원이 공단의 직원으로 임용된 때에는 공무원의 신분에서 퇴직한 것으로 본다. ④제1항의 규정에 의하여 공무원이었던 자가 공단의 직원으로 임용된 경우 그의 정년은 공무원 퇴직당시의 직급에 적용되던 국가공무원법상의 정년에 의한다. 다만, 공단의 정년이 국가공무원법상의 정년보다 장기인 경우에는 그러하지 아니하다. ⑤제2항의 규정에 의하여 고속철도건설공단의 직원이었던 자가 공단의 직원으로 임용된 경우 그의 정년은 그 직원의 퇴직당시의 직급에 적용되던 정년에 의한다. 다만, 공단의 직원정년이 고속철도건설공단의 직원정년보다 장기인 경우에는 그러하지 아니하다.	5. 한국철도시설공단법 제8조제1항제10호중 "한국고속철도건설공단법 제7조제4호"를 "한국철도시설공단법 제7조제4호"로 한다. ⑨국유철도의운영에관한특례법시행령중 다음과 같이 개정한다. 제12조 및 제13조를 각각 삭제한다. 제16조제1항중 "철도사업특별회계의 각 부문예산의 총액 범위안에서"를 "철도사업특별회계 예산의 범위안에서"로 하고, 동조제2항중 "각 부문예산의"를 "예산의"로 한다. ⑩부가가치세법시행령중 다음과 같이 개정한다. 제4조제1항제4호다목을 다음과 같이 한다. 다. 한국철도시설공단법에 의하여 설립된 한국철도시설공단 ⑪사방사업법시행령중 다음과 같이 개정한다. 제19조제3항제8호를 다음과 같이 한다. 8. 한국철도시설공단법에 의한 철도시설의 건설 ⑫사회간접자본건설추진위원회규정중 다음과 같이 개정한다. 제3조제3항제3호 및 제8조제4항제3호중 "한국고속철도건설공단법에 의한 한국고속철도건설공단"을 각각 "한국철도시설공단법에 의하여 설립된 한국철도시설공단"으로 한다. ⑬시설물의안전관리에관한특별법시행령중 다음과 같이 개정한다. 제3조제4호를 다음과 같이 한다. 4. 한국철도시설공단법에 의하여 설립된 한국철도시설공단 제22조제3호를 다음과 같이 한다. 3. 한국철도시설공단법에 의하여 설립된 한국철도시설공단 ⑭자연재해대책법시행령중 다음과 같이 개정한다. 제2조에 제33호를 다음과 같이 신설한다. 33. 한국철도시설공단 이사장

법	시 행 령
제9조(다른 법률의 폐지에 따른 벌칙적용에 있어서의 경과조치) 부칙 제2조의 규정에 의하여 폐지되는 한국고속철도건설공단법의 시행당시 동법의 위반 행위에 대한 벌칙적용에 있어서는 부칙 제2조의 규정에 불구하고 종전의 규정에 의한다. 제10조(다른 법률의 개정) ①건설기술관리법중 다음과 같이 개정한다. 　제34조제1항 각호외의 부분중 "建設交通部長官·海洋水産部長官·鐵道廳長"을 "건설교통부장관·해양수산부장관"으로 한다. ②고속철도건설촉진법중 다음과 같이 개정한다. 　제4조제1항 본문중 "韓國高速鐵道建設公團法에 의하여 設立된 韓國高速鐵道建設公團(이하 "高速鐵道建設公團"이라 한다)"을 "한국철도시설공단법에 의하여 설립된 한국철도시설공단(이하 "철도시설공단"이라한다)"으로 한다. 　제14조제1항 후단중 "高速鐵道建設公團"을 "철도시설공단"으로 한다. 　제15조제3항중 "高速鐵道建設公團"을 "철도시설공단"으로, "韓國高速鐵道建設公團法"을 "한국철도시설공단법"으로 한다. ③교통시설특별회계법중 다음과 같이 개정한다. 　제2조제4호중 "韓國高速鐵道建設公團法"을 "고속철도건설촉진법"으로 한다. 　제5조제1항제2호중 "韓國高速鐵道建設公團法 第29條"를 "한국철도시설공단법 제33조"로 한다. 　제5조제2항제1호 내지 제3호를 각각 다음과 같이 한다. 　1. 일반철도·도시철도 및 고속철도의 기반시설의 건설·개량·관리 및 시설장비현대화에 필요한 경비 　2. 도시철도의 건설·운영을 위한 자금의 보조·융자 　3. 일반철도·도시철도 및 고속철도의 기반시설의 건설·개량·관리 및 시설장비현대화를 위한 한국철도시설공단 등에 대한 출연·보조 및	⑮전력기술관리법시행령중 다음과 같이 개정한다. 제18조제4항제4호를 다음과 같이 한다. 　4. 한국철도시설공단법에 의하여 설립된 한국철도시설공단 ⑯조세특례제한법시행령중 다음과 같이 개정한다. 제25조제2항제8호를 다음과 같이 한다. 　8. 한국철도시설공단법에 의하여 설립된 한국철도시설공단 ⑰중소기업진흥및제품구매촉진에관한법률시행령중 다음과 같이 개정한다. 제2조제5항제19호를 다음과 같이 한다. 　19. 한국철도시설공단법에 의하여 설립된 한국철도시설공단 제6조제5호차목을 다음과 같이 한다. 　차. 한국철도시설공단법에 의하여 설립된 한국철도시설공단 이사장 ⑱지역균형개발및지방중소기업육성에관한법률시행령중 다음과 같이 개정한다. 제42조제4항제4호를 다음과 같이 한다. 　4. 한국철도시설공단법에 의하여 설립된 한국철도시설공단(한국철도시설공단법 제7조제4호의 규정에 의한 철도의 역세권 및 철도연변 개발 사업의 추진을 위한 경우에 한한다) ⑲특정범죄가중처벌등에관한법률시행령중 다음과 같이 개정한다. 제2조제44호를 다음과 같이 한다. 　44. 한국철도시설공단 제6조(다른 법령과의 관계) 이 영 시행당시 다른 법령에서 종전의 한국고속철도건설공단법시행령의 규정을 인용하고 있는 경우 이 영중 그에 해당하는 규정이 있는 때에는 종전의 규정에 갈음하여 이 영 또는 이 영의 해당규정을 인용한 것으로 본다. 　　　　　　부　　　　칙 〈05·6·30〉

법	시 행 령
융자 ④자연재해대책법중 다음과 같이 개정한다. 제34조제1항제9호중 "韓國高速鐵道建設公團法"을 "고속철도건설촉진법"으로 한다. ⑤대도시권광역교통관리에관한특별법중 다음과 같이 개정한다. 제9조제2항중 "鐵道廳長"을 "철도청장, 한국철도시설공단법에 의하여 설립된 한국철도시설공단 이사장"으로 한다. ⑥지방세법중 다음과 같이 개정한다. 제289조제4항을 다음과 같이 한다. ④한국철도시설공단법에 의하여 설립된 한국철도시설공단이 취득하는 철도차량 및 철도산업발전기본법 제3조제2호의 규정에 의한 철도시설(마목 및 바목의 규정에 의한 시설을 제외하며, 이하 이 항에서 "철도시설"이라 한다)용에 직접 사용하기 위하여 취득하는 부동산에 대하여는 취득세와 등록세를 면제하고, 과세기준일 현재 철도시설에 직접 사용하는 부동산에 대하여는 재산세·종합토지세·도시계획세 및 공동시설세를 면제하며, 당해 법인에 대하여는 사업소세를 면제한다. ⑦국유철도의운영에관한특례법중 다음과 같이 개정한다. 제6조제1호를 다음과 같이 하고, 동조제8호 및 제10호중 "鐵道業務"를 각각 "철도운영업무"로 한다. 1. 철도의 운영 제7조제1항중 "鐵道의 建設促進 및 원활한 운영"을 "철도의 원활한 운영"으로 한다. 제9조 및 제12조를 각각 삭제한다. 제13조의 제목 및 동조제1항 각호외의 부분중 "鐵道運營部門豫算"을 각각 "철도예산"으로 하고, 동항제7호를 삭제하며, 동조제2항 각호외의 부분중 "鐵道運營部門豫算"을 "철도예산"으로 하고, 동항제2호중 "鐵道의	제1조(시행일) 이 영은 2005년 7월 1일부터 시행한다. 제2조 내지 제4조 생략 부　　칙 〈07·4·20〉 이 영은 공포한 날부터 시행한다. 부　　칙 〈08·2·29〉 제1조(시행일) 이 영은 공포한 날부터 시행한다. 다만, 부칙 제6조에 따라 개정되는 대통령령 중 이 영의 시행 전에 공포되었으나 시행일이 도래하지 아니한 대통령령을 개정한 부분은 각각 해당 대통령령의 시행일부터 시행한다. 제2조부터 제6조까지 생략 부　　칙 〈09·7·1〉 이 영은 공포한 날부터 시행한다. 부　　칙 〈11·4·1〉 제1조(시행일) 이 영은 2011년 4월 1일부터 시행한다. 제2조부터 제10조까지 생략 부　　칙 〈13·3·23〉 제1조(시행일) 이 영은 공포한 날부터 시행한다. 〈단서 생략〉 제2조부터 제6조까지 생략 부　　칙 〈19·3·12〉 제1조(시행일) 이 영은 2019년 3월 14일부터 시행한다.

법	시 행 령
新規施設・裝備"를 "철도운영에 관한 신규시설・장비"로 하며, 동항제3호중 "鐵道技術"을 "철도운영기술"로 하고, 동항제6호를 삭제한다. 제14조 및 제15조를 각각 삭제한다. 제16조제1항중 "鐵道運營部門 및 鐵道建設部門으로 구분한 豫算의 總額 範圍안에서 각 科目 상호간에 移用하거나 轉用할 수 있다."를 "각 과목 상호간에 이용하거나 전용할 수 있다."로 한다. ⑧공공철도건설촉진법중 다음과 같이 개정한다. 제2조의3제1항 본문중 "국가 또는 지방자치단체가 이를 시행한다"를 "국가, 지방자치단체 또는 한국철도시설공단법에 의하여 설립된 한국철도시설공단이 이를 시행한다"로 한다. 제5조의2중 "정부투자기관"을 "정부투자기관 또는 정부출연기관"으로 한다. 제11조(다른 법령과의 관계) 공단의 설립당시 다른 법령에서 한국고속철도건설공단법 또는 한국고속철도건설공단을 인용하고 있는 경우에는 각각 이 법 또는 공단을 인용한 것으로 본다. 부　　　칙 〈05・3・31〉 제1조(시행일) 이 법은 공포 후 1년이 경과한 날부터 시행한다. 제2조 내지 제6조 생략 부　　　칙 〈07・1・19〉 이 법은 공포 후 3개월이 경과한 날부터 시행한다. 부　　　칙 〈08・2・29〉 제1조(시행일) 이 법은 공포한 날부터 시행한다. 다만, …〈생략〉…, 부칙	제2조부터 제4조까지 생략 부　　　칙 〈20・9・8〉 이 영은 2021년 1월 1일부터 시행한다. 부　　　칙 〈20・9・10〉 제1조(시행일) 이 영은 2020년 9월 10일부터 시행한다. 제2조 (다른 법령의 개정) ① 개발이익 환수에 관한 법률 시행령 일부를 다음과 같이 개정한다. 제6조제2항제3호사목을 다음과 같이 하고, 같은 조 제3항제2호 중 "「한국철도시설공단법」 제23조에 따라 한국철도시설공단"을 "「국가철도공단법」 제23조에 따라 국가철도공단"으로 한다. 사. 「국가철도공단법」에 따라 설립된 국가철도공단 ② 건축법 시행령 일부를 다음과 같이 개정한다. 제106조제1항제6호를 다음과 같이 한다. 6. 「국가철도공단법」에 따른 국가철도공단 ③ 건축사법 시행령 일부를 다음과 같이 개정한다. 제25조제22호를 다음과 같이 한다. 22. 「국가철도공단법」에 따른 국가철도공단 ④ 공공주택 특별법 시행령 일부를 다음과 같이 개정한다. 제6조제1항제3호를 다음과 같이 한다. 3. 「국가철도공단법」에 따른 국가철도공단 ⑤ 공공차관의도입및관리에관한법률시행령 일부를 다음과 같이 개정한다. 제2조제2항제4호 및 제15조제2항제4호 중 "한국철도시설공단"을 각각 "국가철도공단"으로 한다. ⑥ 공익사업을 위한 토지 등의 취득 및 보상에 관한 법률 시행령 일부

법	시 행 령
제6조에 따라 개정되는 법률 중 이 법의 시행 전에 공포되었으나 시행일이 도래하지 아니한 법률을 개정한 부분은 각각 해당 법률의 시행일부터 시행한다.	를 다음과 같이 개정한다.

제2조부터 제7조까지 생략

부   칙 〈09 · 1 · 30〉

이 법은 공포한 날부터 시행한다.

부   칙 〈13 · 3 · 23〉

제1조(시행일) ① 이 법은 공포한 날부터 시행한다.
　② 생략

제2조부터 제7조까지 생략

부   칙 〈15 · 1 · 6〉

이 법은 공포 후 6개월이 경과한 날부터 시행한다.

부   칙 〈19 · 11 · 26〉

이 법은 공포 후 1개월이 경과한 날부터 시행한다.

부   칙 〈20 · 2 · 18〉

제1조(시행일) 이 법은 2021년 1월 1일부터 시행한다. 〈단서 생략〉

제2조부터 제4조까지 생략

부   칙 〈20 · 6 · 9〉

제1조(시행일) 이 법은 공포 후 3개월이 경과한 날부터 시행한다.

시 행 령

를 다음과 같이 개정한다.

제25조제9호를 다음과 같이 한다.

9. 「국가철도공단법」에 따른 국가철도공단

⑦ 공직자윤리법 시행령 일부를 다음과 같이 개정한다.

제3조제4항제19호 및 제31조제1항제25호 중 "「한국철도시설공단법」에 따른 한국철도시설공단"을 각각 "「국가철도공단법」에 따른 국가철도공단"으로 한다.

⑧ 국가통합교통체계효율화법 시행령 일부를 다음과 같이 개정한다.

제3조제2호를 다음과 같이 한다.

2. 「국가철도공단법」에 따른 국가철도공단

제32조제1항제8호 중 "「한국철도시설공단법」"을 "「국가철도공단법」"으로 한다.

제46조제2항제5호를 다음과 같이 한다.

5. 「국가철도공단법」에 따른 국가철도공단

제55조제4항제4호를 다음과 같이 한다.

4. 「국가철도공단법」에 따른 국가철도공단

⑨ 국토교통부와 그 소속기관 직제 일부를 다음과 같이 개정한다.

제18조제3항제4호 중 "「한국철도시설공단법」에 따른 한국철도시설공단"을 "「국가철도공단법」에 따른 국가철도공단"으로 한다.

⑩ 대 · 중소기업 상생협력 촉진에 관한 법률 시행령 일부를 다음과 같이 개정한다.

별표 1 제41호를 다음과 같이 한다.

41. 「국가철도공단법」에 따른 국가철도공단

⑪ 도시개발법 시행령 일부를 다음과 같이 개정한다.

제18조제2항제1호 중 "「한국철도시설공단법」에 따른 한국철도시설공단"을 "「국가철도공단법」에 따른 국가철도공단"으로 한다.

법	시 행 령
제2조(권리·의무의 승계) 이 법 시행 전에 등기부와 그 밖의 공부에 표시된 한국철도시설공단의 명의는 이 법에 따른 국가철도공단의 명의로 본다. 제3조(한국철도시설공단의 명칭변경에 따른 경과조치) ① 이 법 시행 당시의 한국철도시설공단은 이 법에 따른 국가철도공단으로 본다. ② 이 법 시행 당시 한국철도시설공단이 행한 행위, 그 밖의 법률관계에 있어서는 한국철도시설공단은 이 법에 따른 국가철도공단으로 본다. ③ 이 법 시행 당시 다른 법령에서 한국철도시설공단을 인용하고 있는 경우에는 그에 갈음하여 국가철도공단을 인용한 것으로 본다. 제4조(다른 법률의 개정) ① 교통시설특별회계법 일부를 다음과 같이 개정한다. 제5조제1항제2호 중 "「한국철도시설공단법」"을 "「국가철도공단법」"으로 한다. 제5조제2항제2호 중 "「한국철도시설공단법」에 따른 한국철도시설공단"을 "「국가철도공단법」에 따른 국가철도공단"으로 한다. 제5조의2제2항제3호 중 "「한국철도시설공단법」에 따른 한국철도시설공단"을 "「국가철도공단법」에 따른 국가철도공단"으로 한다. ② 급경사지 재해예방에 관한 법률 일부를 다음과 같이 개정한다. 제2조제5호바목 중 "「한국철도시설공단법」에 따른 한국철도시설공단"을 "「국가철도공단법」에 따른 국가철도공단"으로 한다. ③ 역세권의 개발 및 이용에 관한 법률 일부를 다음과 같이 개정한다. 제12조제1항제2호 중 "「한국철도시설공단법」에 따라 설립된 한국철도시설공단(이하 "한국철도시설공단"이라 한다) 또는 한국철도시설공단"을 "「국가철도공단법」에 따라 설립된 국가철도공단(이하 "국가철도공단"이라 한다) 또는 국가철도공단"으로 한다. 제17조제1항제1호 중 "한국철도시설공단"을 "국가철도공단"으로 한다.	제26조제2항제7호를 다음과 같이 한다. 7. 「국가철도공단법」에 따른 국가철도공단 제27조제2항제5호를 다음과 같이 한다. 5. 「국가철도공단법」에 따른 국가철도공단 ⑫ 도시재생 활성화 및 지원에 관한 특별법 시행령 일부를 다음과 같이 개정한다. 제46조제4호를 다음과 같이 한다. 4. 「국가철도공단법」에 따른 국가철도공단 ⑬ 도시철도법 시행령 일부를 다음과 같이 개정한다. 제21조제8호를 다음과 같이 한다. 8. 「국가철도공단법」 ⑭ 부가가치세법 시행령 일부를 다음과 같이 개정한다. 제8조제2항제10호를 다음과 같이 한다. 10. 「국가철도공단법」에 따른 국가철도공단 ⑮ 부동산개발업의 관리 및 육성에 관한 법률 시행령 일부를 다음과 같이 개정한다. 제3조제2항제7호를 다음과 같이 한다. 7. 「국가철도공단법」에 따른 국가철도공단 ⑯ 사방사업법 시행령 일부를 다음과 같이 개정한다. 제19조제3항제8호 중 "「한국철도시설공단법」에 의한"을 "「국가철도공단법」에 따른"으로 한다. ⑰ 시설물의 안전 및 유지관리에 관한 특별법 시행령 일부를 다음과 같이 개정한다. 제32조제1항 중 "「한국철도시설공단법」에 따른 한국철도시설공단"을 "「국가철도공단법」에 따른 국가철도공단"으로 한다. ⑱ 역세권의 개발 및 이용에 관한 법률 시행령 일부를 다음과 같이 개

법	시 행 령
제28조제1항 중 "한국철도시설공단"을 "국가철도공단"으로 한다. ④ 전기통신사업법 일부를 다음과 같이 개정한다. 제35조제2항제2호라목 중 "「한국철도시설공단법」에 따라 설립된 한국철도시설공단"을 "「국가철도공단법」에 따라 설립된 국가철도공단"으로 한다. ⑤ 조세특례제한법 일부를 다음과 같이 개정한다. 제105조제1항제3호다목 중 "「한국철도시설공단법」에 따른 한국철도시설공단"을 "「국가철도공단법」에 따른 국가철도공단"으로 한다. 제106조제1항제7호 중 "「한국철도시설공단법」에 따른 한국철도시설공단"을 "「국가철도공단법」에 따른 국가철도공단"으로 한다. ⑥ 지방세특례제한법 일부를 다음과 같이 개정한다. 제63조제1항 중 "「한국철도시설공단법」에 따라 설립된 한국철도시설공단(이하 이 조에서 "한국철도시설공단"이라 한다)"을 「국가철도공단법」에 따라 설립된 국가철도공단(이하 이 조에서 "국가철도공단"이라 한다)"으로 한다. 제63조제2항 중 "한국철도시설공단"을 "국가철도공단"으로 하고, 같은 항 제2호 중 "한국철도시설공단"을 "국가철도공단"으로 한다. ⑦ 철도물류산업의 육성 및 지원에 관한 법률 일부를 다음과 같이 개정한다. 제6조제3항제4호 중 "「한국철도시설공단법」에 따라 설립된 한국철도시설공단(이하 "철도시설공단"이라 한다)"을 "「국가철도공단법」에 따라 설립된 국가철도공단(이하 "국가철도공단"이라 한다)"으로 한다. 제20조제2항 중 "철도시설공단"을 "국가철도공단"으로 한다. ⑧ 철도사업법 일부를 다음과 같이 개정한다. 제43조 중 "「한국철도시설공단법」에 따라 설립된 한국철도시설공단"을 "「국가철도공단법」에 따라 설립된 국가철도공단"으로 한다. 제44조제3항 중 "「한국철도시설공단법」에 따른 한국철도시설공단"을 "「국	정한다. 제45조제2항제4호를 다음과 같이 한다. 4. 「국가철도공단법」에 따른 국가철도공단 ⑲ 자동차관리법 시행령 일부를 다음과 같이 개정한다. 제13조의11제1항제5호를 다음과 같이 한다. 5. 「국가철도공단법」에 따른 국가철도공단 ⑳ 자본시장과 금융투자업에 관한 법률 시행령 일부를 다음과 같이 개정한다. 제119조제1항제26호를 다음과 같이 한다. 26. 「국가철도공단법」 ㉑ 자연재해대책법 시행령 일부를 다음과 같이 개정한다. 별표 2 [기능 1]부터 [기능 11]까지의 표 중 유관기관 구분란의 "한국철도시설공단"을 각각 "국가철도공단"으로 한다. ㉒ 재난 및 안전관리 기본법 시행령 일부를 다음과 같이 개정한다. 별표 1의2 제36호를 다음과 같이 한다. 36. 국가철도공단 ㉓ 전력기술관리법 시행령 일부를 다음과 같이 개정한다. 제18조제4항제4호를 다음과 같이 한다. 4. 「국가철도공단법」에 따른 국가철도공단 ㉔ 지역 개발 및 지원에 관한 법률 시행령 일부를 다음과 같이 개정한다. 제20조제5항제4호를 다음과 같이 한다. 4. 「국가철도공단법」에 따른 국가철도공단(이하 "국가철도공단"이라 한다) 제22조제2항제6호를 다음과 같이 한다. 6. 국가철도공단 ㉕ 지진·화산재해대책법 시행령 일부를 다음과 같이 개정한다. 별표 3 제21호를 다음과 같이 한다.

법	시 행 령
가철도공단법」에 따른 국가철도공단"으로 한다. ⑨ 철도산업발전기본법 일부를 다음과 같이 개정한다. 제2조제2호 중 "한국철도시설공단"을 "국가철도공단"으로 한다. 제3조제9호나목 중 "한국철도시설공단"을 "국가철도공단"으로 한다. 제19조제2항 전단 중 "한국철도시설공단"을 "국가철도공단"으로 한다. 제19조제3항 중 "한국철도시설공단"을 "국가철도공단"으로 한다. 제20조제3항 중 "한국철도시설공단(이하 "철도시설공단"이라 한다)"을 "국가철도공단(이하 "국가철도공단"이라 한다)"으로 한다. 제23조제4항 각 호 외의 부분 및 제5항 각 호 외의 부분 중 "철도시설공단"을 각각 "국가철도공단"으로 한다. 제24조제2항 중 "철도시설공단"을 "국가철도공단"으로 한다. 제25조제1항 및 제2항 중 "철도시설공단"을 각각 "국가철도공단"으로 한다. 제38조 본문 중 "철도시설공단"을 "국가철도공단"으로 한다. ⑩ 철도의 건설 및 철도시설 유지관리에 관한 법률 일부를 다음과 같이 개정한다. 제8조제1항 본문 중 "「한국철도시설공단법」에 따라 설립된 한국철도시설공단(이하 "한국철도시설공단"이라 한다)"을 "「국가철도공단법」에 따라 설립된 국가철도공단(이하 "국가철도공단"이라 한다)"으로 한다. 제17조제3항 중 "한국철도시설공단인 경우에는 「한국철도시설공단법」"을 "국가철도공단인 경우에는 「국가철도공단법」"으로 한다. 제23조의2제1항제1호 중 "한국철도시설공단(한국철도시설공단이 출자한 법인을 포함한다)"을 "국가철도공단(국가철도공단이 출자한 법인을 포함한다)"으로 한다.	21. 국가철도공단 ㉖ 철도사업법 시행령 일부를 다음과 같이 개정한다. 제2조제4호를 다음과 같이 한다. 4. 「국가철도공단법」 ㉗ 철도산업발전기본법시행령 일부를 다음과 같이 개정한다. 제6조제2항제2호 중 "법 제20조제3항의 규정에 의한 한국철도시설공단(이하 "한국철도시설공단"이라 한다)"를 "법 제20조제3항의 규정에 따른 국가철도공단(이하 "국가철도공단"이라 한다)"로 한다. 제10조제4항제2호 중 "한국철도시설공단의 임직원중 한국철도시설공단이사장"을 "국가철도공단의 임직원 중 국가철도공단이사장"으로 한다. 제11조제4항, 제28조 각 호 외의 부분, 제32조제2항제3호 및 제33조제2항제2호 중 "한국철도시설공단"을 각각 "국가철도공단"으로 한다. 제50조제1항제2호를 다음과 같이 한다. 2. 국가철도공단 제50조제3항제1호를 다음과 같이 한다. 1. 국가철도공단 ㉘ 철도안전법 시행령 일부를 다음과 같이 개정한다. 제24조제7호를 다음과 같이 한다. 7. 「국가철도공단법」 제63조제3항 각 호 외의 부분 중 "「한국철도시설공단법」에 따른 한국철도시설공단"을 "「국가철도공단법」에 따른 국가철도공단"으로 한다. ㉙ 특정범죄 가중처벌 등에 관한 법률 시행령 일부를 다음과 같이 개정한다. 제2조제40호를 다음과 같이 한다. 40. 국가철도공단 ㉚ 항공안전법 시행령 일부를 다음과 같이 개정한다.

법	시 행 령
	제25조의2제17호를 다음과 같이 한다.
17. 「국가철도공단법」에 따른 국가철도공단
㉛ 해외건설 촉진법 시행령 일부를 다음과 같이 개정한다.
별표 3 제9호를 다음과 같이 한다.
9. 「국가철도공단법」에 따른 국가철도공단
㉜ 화물자동차 운수사업법 시행령 일부를 다음과 같이 개정한다.
제9조의18제1항제10호를 다음과 같이 한다.
10. 「국가철도공단법」에 따른 국가철도공단
제3조(다른 법령과의 관계) 이 영 시행 당시 다른 법령에서 종전의 「한국철도시설공단법 시행령」 또는 그 규정을 인용한 경우 이 영 중 그에 해당하는 규정이 있는 때에는 종전의 「한국철도시설공단법 시행령」 또는 그 규정을 갈음하여 이 영 또는 이 영의 해당 규정을 인용한 것으로 본다.

부   칙 〈21 · 1 · 5〉

이 영은 공포한 날부터 시행한다. 〈단서 생략〉 |

[별표]

사업의 위탁수수료율 기준표(제23조제3항 관련)

공 사 비	요 율	비 고
50억원 이하	10.0퍼센트 이내	1. "공사비"란 재료비, 노무비, 경비, 일반관리비, 이윤 및 부가가치세액의 합계액을 말한다. 2. 공사비는 발주 설계서 또는 직영 설계서에 따른 금액을 기준으로 하되, 설계·시공 일괄입찰의 경우에는 계약금액을 기준으로 한다. 3. 설계 변경으로 공사비가 변경되는 경우에는 그에 따라 수수료를 올리거나 내릴 수 있다. 4. 사업기간이 2년 이상인 사업의 경우에는 총공사비에 대한 수수료의 범위에서 수탁자와의 협의에 따라 연차별 수수료를 배분하여 정할 수 있다. 5. 위탁사업의 범위에 용지의 취득 및 손실보상 업무와 이주대책사업이 포함되는 경우에는 그에 따른 위탁수수료를 따로 가산한다. 6. 조사·설계 등 부대사업에 필요한 사업비는 이 기준표에 따른 공사비로 본다.
50억원 초과 100억원 이하	9.0퍼센트 이내	
100억원 초과 300억원 이하	8.0퍼센트 이내	
300억원 초과 500억원 이하	7.5퍼센트 이내	
500억원 초과	7.0퍼센트 이내	

한국철도공사법 · 시행령

한국철도공사법 · 시행령 목차

법	시 행 령
제1조(목적) ·· 657	제1조(목적) ·· 657
제2조(법인격) ··· 657	
제3조(사무소) ··· 657	
제4조(자본금 및 출자) ····································· 658	
제5조(등기) ·· 658	제2조(설립등기) ··· 658
제6조 삭제 〈09·3·25〉 ····································· 658	제3조(하부조직의 설치등기) ·························· 658
	제4조(이전등기) ··· 659
	제5조(변경등기) ··· 659
제7조(대리·대행) ··· 659	제6조(대리·대행인의 선임등기) ··················· 659
	제7조(등기신청서의 첨부서류) ······················ 659
제8조(비밀 누설·도용의 금지) ···················· 660	
제8조의2(유사명칭의 사용금지) ···················· 660	
제9조(사업) ·· 660	제7조의2(역세권 개발·운영 사업 등) ·········· 660
제10조(손익금의 처리) ··································· 662	제8조(이익준비금 등의 자본금전입) ············· 662
제11조(사채의 발행 등) ································· 662	제9조(사채의 발행방법) ································· 662
	제10조(사채의 응모 등) ································· 662
	제11조(사채의 발행총액) ······························· 663
	제12조(총액인수의 방법 등) ·························· 663
	제13조(매출의 방법) ······································· 663
	제14조(사채인수가액의 납입 등) ··················· 663
	제15조(채권의 발행 및 기재사항) ················· 663
	제16조(채권의 형식) ······································· 664
	제17조(사채원부) ··· 664

법	시 행 령
	제18조(이권흠결의 경우의 공제) ················· 664
	제19조(사채권자 등에 대한 통지 등) ············· 664
	제20조 삭제 〈17·6·13〉 ························· 665
제12조(보조금 등) ····························· 665	
제13조(역세권 개발사업) ······················· 665	
제14조(국유재산의 무상대부 등) ················· 665	
제15조(국유재산의 전대 등) ····················· 665	제21조(국유재산의 전대의 절차 등) ··············· 665
제16조(지도·감독) ···························· 666	
제17조(자료제공의 요청) ······················· 666	
제18조(등기 촉탁의 대위) ······················· 666	
제19조(벌칙) ·································· 667	
제20조(과태료) ································ 667	제22조(과태료의 부과·징수절차) ················· 667
부 칙 ································· 668	부 칙 ································· 668

법	시 행 령

## 한국철도공사법 	
 	
〔 2003 · 12 · 31
법률 제7052호 제정 〕
 	
개정 2007 · 4 · 6 법률 제 8339호
   2008 · 2 · 29 법률 제 8852호(정부조직법)
   2009 · 1 · 30 법률 제 9401호(국유재산법 전부개정법률)
   2009 · 3 · 25 법률 제 9549호
   2009 · 12 · 31 법률 제 9905호(공무원연금법 일부개정법률)
   2011 · 4 · 12 법률 제10580호(부동산등기법 전부개정법률)
   2013 · 3 · 23 법률 제11690호(정부조직법 전부개정법률)
   2013 · 8 · 6 법률 제12025호
   2014 · 5 · 21 법률 제12652호
   2015 · 12 · 29 법률 제13692호
   2018 · 3 · 13 법률 제15460호
	## 한국철도공사법 시행령
	
	〔 2004 · 11 · 3
	대통령령 제18580호 제정 〕
	
	개정 2007 · 9 · 28 대통령령 제20299호
	   2008 · 1 · 31 대통령령 제20583호(화물유통촉진법시행령 전부개정령)
	   2008 · 2 · 29 대통령령 제20722호(국토해양부와 그 소속기관 직제)
	   2013 · 3 · 23 대통령령 제24443호(국토교통부와 그소속기관 직제)
	   2014 · 11 · 28 대통령령 제25786호(건축법 시행령 일부개정령)
	   2015 · 12 · 30 대통령령 제26774호(주민등록번호 수집 최소화를 위한 6 · 25 전사자유해의 발굴 등에 관한 법률 시행령 등 일부개정령)
	   2017 · 6 · 13 대통령령 제28103호(「질서위반행위규제법」과 중복 · 배치되는 규정의 정비를 위한 비파괴검사기술의 진흥 및 관리에 관한 법률 시행령 등 12개 시행령 일부개정령)
	   2019 · 3 · 12 대통령령 제29617호(철도건설법 시행령 일부개정령)
	   2021 · 1 · 5 대통령령 제31380호(어려운 법령용어 정비를 위한 473개 법령의 일부개정에 관한 대통령령)
	   2021 · 7 · 20 대통령령 제31899호

제1조(목적) 이 법은 한국철도공사를 설립하여 철도 운영의 전문성과 효율성을 높임으로써 철도산업과 국민경제의 발전에 이바지함을 목적으로 한다. [전문개정 09 · 3 · 25] 제2조(법인격) 한국철도공사(이하 "공사"라 한다)는 법인으로 한다. 제3조(사무소) ① 공사의 주된 사무소의 소재지는 정관으로 정한다. ② 공사는 업무수행을 위하여 필요하면 이사회의 의결을 거쳐 필요한 곳에 하부조직을 둘 수 있다. [전문개정 09 · 3 · 25]	제1조(목적) 이 영은 한국철도공사법에서 위임된 사항과 그 시행에 관하여 필요한 사항을 규정함을 목적으로 한다.

법	시 행 령
제4조(자본금 및 출자) ① 공사의 자본금은 22조원으로 하고, 그 전부를 정부가 출자한다. ② 제1항에 따른 자본금의 납입 시기와 방법은 기획재정부장관이 정하는 바에 따른다. ③ 국가는 「국유재산법」에도 불구하고 「철도산업발전 기본법」 제22조제1항제1호에 따른 운영자산을 공사에 현물로 출자한다. ④ 제3항에 따라 국가가 공사에 출자를 할 때에는 「국유재산의 현물출자에 관한 법률」에 따른다. [전문개정 09·3·25] 제5조(등기) ① 공사는 주된 사무소의 소재지에서 설립등기를 함으로써 성립한다. ② 제1항에 따른 공사의 설립등기와 하부조직의 설치·이전 및 변경 등기, 그 밖에 공사의 등기에 필요한 사항은 대통령령으로 정한다. ③ 공사는 등기가 필요한 사항에 관하여는 등기하기 전에는 제3자에게 대항하지 못한다. [전문개정 09·3·25] 제6조 삭제〈09·3·25〉	제2조(설립등기) 한국철도공사법(이하 "법"이라 한다) 제5조제2항의 규정에 의한 한국철도공사(이하 "공사"라 한다)의 설립등기사항은 다음 각호와 같다. 1. 설립목적 2. 명 칭 3. 주된 사무소 및 하부조직의 소재지 4. 자본금 5. 임원의 성명 및 주소 6. 공고의 방법 제3조(하부조직의 설치등기) 공사가 하부조직을 설치한 때에는 다음 각호의 구분에 따라 각각 등기하여야 한다. 1. 주된 사무소의 소재지에 있어서는 2주일 이내에 새로이 설치된 하부조직의 명칭 및 소재지 2. 새로이 설치된 하부조직의 소재지에 있어서는 3주일 이내에 제2조 각호의 사항 3. 이미 설치된 하부조직의 소재지에 있어서는 3주일 이내에 새로이 설치된 하부조직의 명칭 및 소재지

법	시 행 령
	제4조(이전등기) ①공사가 주된 사무소 또는 하부조직을 다른 등기소의 관할구역으로 이전한 때에는 구소재지에 있어서는 2주일 이내에 그 이전한 뜻을, 신소재지에 있어서는 3주일 이내에 제2조 각호의 사항을 각각 등기하여야 한다. ②동일한 등기소의 관할구역안에서 주된 사무소 또는 하부조직을 이전한 때에는 2주일 이내에 그 이전의 뜻만을 등기하여야 한다. 제5조(변경등기) 공사는 제2조 각호의 사항에 변경이 있는 때에는 주된 사무소의 소재지에서는 2주일 이내에, 하부조직의 소재지에서는 3주일 이내에 그 변경된 사항을 등기하여야 한다.
제7조(대리·대행) 정관으로 정하는 바에 따라 사장이 지정한 공사의 직원은 사장을 대신하여 공사의 업무에 관한 재판상 또는 재판 외의 모든 행위를 할 수 있다. [전문개정 09·3·25]	제6조(대리·대행인의 선임등기) ①공사의 사장이 법 제7조의 규정에 의하여 사장에 갈음하여 공사의 업무에 관한 재판상 또는 재판외의 행위를 할 수 있는 직원(이하 "대리·대행인"이라 한다)을 선임한 때에는 2주일 이내에 대리·대행인을 둔 주된 사무소 또는 하부조직의 소재지에서 다음 각호의 사항을 등기하여야 한다. 등기한 사항이 변경된 때에도 또한 같다.〈개정 15·12·30〉 1. 대리·대행인의 성명 및 주소 2. 대리·대행인을 둔 주된 사무소 또는 하부조직의 명칭 및 소재지 3. 대리·대행인의 권한을 제한한 때에는 그 제한의 내용 ②대리·대행인을 해임한 때에는 2주일 이내에 대리·대행인을 둔 주된 사무소 또는 하부조직의 소재지에서 그 해임한 뜻을 등기하여야 한다. 제7조(등기신청서의 첨부서류) 제2조 내지 제6조의 규정에 의한 각 등기의 신청서에는 다음 각호의 구분에 따른 서류를 첨부하여야 한다. 1. 제2조의 규정에 의한 공사의 설립등기의 경우에는 공사의 정관, 자본금의 납입액 및 임원의 자격을 증명하는 서류 2. 제3조의 규정에 의한 하부조직의 설치등기의 경우에는 하부조직의 설치를 증명하는 서류

법	시 행 령
	3. 제4조의 규정에 의한 이전등기의 경우에는 주된 사무소 또는 하부조직의 이전을 증명하는 서류 4. 제5조의 규정에 의한 변경등기의 경우에는 그 변경된 사항을 증명하는 서류 5. 제6조의 규정에 의한 대리·대행인의 선임·변경 또는 해임의 등기의 경우에는 그 선임·변경 또는 해임이 법 제7조의 규정에 의한 것임을 증명하는 서류와 대리·대행인이 제6조제1항제3호의 규정에 의하여 그 권한이 제한된 때에는 그 제한을 증명하는 서류
제8조(비밀 누설·도용의 금지) 공사의 임직원이거나 임직원이었던 사람은 그 직무상 알게 된 비밀을 누설하거나 도용하여서는 아니 된다. [전문개정 09·3·25] 제8조의2(유사명칭의 사용금지) 이 법에 따른 공사가 아닌 자는 한국철도공사 또는 이와 유사한 명칭을 사용하지 못한다. [본조신설 07·4·6] 제9조(사업) ① 공사는 다음 각 호의 사업을 한다.〈개정 18·3·13〉 　1. 철도여객사업, 화물운송사업, 철도와 다른 교통수단의 연계운송사업 　2. 철도 장비와 철도용품의 제작·판매·정비 및 임대사업 　3. 철도 차량의 정비 및 임대사업 　4. 철도시설의 유지·보수 등 국가·지방자치단체 또는 공공법인 등으로부터 위탁받은 사업 　5. 역세권 및 공사의 자산을 활용한 개발·운영 사업으로서 대통령령으로 정하는 사업 　6. 「철도의 건설 및 철도시설 유지관리에 관한 법률」 제2조제6호가목의 역 시설 개발 및 운영사업으로서 대통령령으로 정하는 사업 　7. 「물류정책기본법」에 따른 물류사업으로서 대통령령으로 정하는 사업 　8. 「관광진흥법」에 따른 관광사업으로서 대통령령으로 정하는 사업 　9. 제1호부터 제8호까지의 사업과 관련한 조사·연구, 정보화, 기술 개	제7조의2(역세권 개발·운영 사업 등) ① 법 제9조제1항제5호에서 "대통령령으로 정하는 사업"이란 다음 각 호에 따른 사업을 말한다.〈개정 19·3·12, 21·7·20〉 　1. 역세권 개발·운영 사업 : 「역세권의 개발 및 이용에 관한 법률」 제2조제2호에 따른 역세권개발사업 및 운영 사업 　2. 공사의 자산을 활용한 개발·운영 사업 : 철도이용객의 편의를 증진하기 위한 시설의 개발·운영 사업 ② 법 제9조제1항제6호에서 "대통령령으로 정하는 사업"이란 다음 각 호의 시설을 개발·운영하는 사업을 말한다.〈개정 14·11·28, 21·7·20〉 　1. 「물류정책기본법」 제2조제1항제4호의 물류시설 중 철도운영이나 철도와 다른 교통수단과의 연계운송을 위한 시설 　2. 「도시교통정비 촉진법」 제2조제3호에 따른 환승시설 　3. 역사와 같은 건물 안에 있는 시설로서 「건축법 시행령」 제3조의5에

법	시 행 령

발 및 인력 양성에 관한 사업
10. 제1호부터 제9호까지의 사업에 딸린 사업으로서 대통령령으로 정하는 사업
② 공사는 국외에서 제1항 각 호의 사업을 할 수 있다.
③ 공사는 이사회의 의결을 거쳐 예산의 범위에서 공사의 업무와 관련된 사업에 투자·융자·보조 또는 출연할 수 있다.
[전문개정 09·3·25]
	따른 건축물 중 제1종 근린생활시설, 제2종 근린생활시설, 문화 및 집회시설, 판매시설, 운수시설, 의료시설, 운동시설, 업무시설, 숙박시설, 창고시설, 자동차관련시설, 관광휴게시설과 그 밖에 철도이용객의 편의를 증진하기 위한 시설
	③법 제9조제1항제7호에서 "대통령령으로 정하는 사업"이란 「물류정책기본법」 제2조제1항제2호의 물류사업 중 다음 각 호의 사업을 말한다.〈개정 08·2·29, 21·7·20〉
	1. 철도운영을 위한 사업
	2. 철도와 다른 교통수단과의 연계운송을 위한 사업
	3. 다음 각 목의 자산을 이용하는 사업으로서 「물류정책기본법 시행령」 별표 1의 물류시설운영업 및 물류서비스업
	  가. 「철도산업발전기본법」 제3조제2호의 철도시설(이하 "철도시설"이라 한다) 또는 철도부지
	  나. 그 밖에 공사가 소유하고 있는 시설, 장비 또는 부지
	④ 법 제9조제1항제8호에서 "대통령령으로 정하는 사업"이란 「관광진흥법」 제3조에서 정한 관광사업(카지노업은 제외한다)으로서 철도운영과 관련된 사업을 말한다.〈개정 21·7·20〉
	⑤ 법 제9조제1항제10호에서 "대통령령으로 정하는 사업"이란 다음 각 호의 사업을 말한다.〈개정 21·7·20〉
	1. 철도시설 또는 철도부지나 같은 조 제4호의 철도차량 등을 이용하는 광고사업
	2. 철도시설을 이용한 정보통신 기반시설 구축 및 활용 사업
	3. 철도운영과 관련한 엔지니어링 활동
	4. 철도운영과 관련한 정기간행물 사업, 정보매체 사업
	5. 다른 법령의 규정에 따라 공사가 시행할 수 있는 사업
	6. 그 밖에 철도운영의 전문성과 효율성을 높이기 위하여 필요한 사업
	[본조신설 07·9·28]

법	시 행 령
제10조(손익금의 처리) ① 공사는 매 사업연도 결산 결과 이익금이 생기면 다음 각 호의 순서로 처리하여야 한다. 　1. 이월결손금의 보전(補塡) 　2. 자본금의 2분의 1이 될 때까지 이익금의 10분의 2 이상을 이익준비금으로 적립 　3. 자본금과 같은 액수가 될 때까지 이익금의 10분의 2 이상을 사업확장적립금으로 적립 　4. 국고에 납입 ② 공사는 매 사업연도 결산 결과 손실금이 생기면 제1항제3호에 따른 사업확장적립금으로 보전하고 그 적립금으로도 부족하면 같은 항 제2호에 따른 이익준비금으로 보전하되, 보전미달액은 다음 사업연도로 이월(移越)한다. ③ 제1항제2호 및 제3호에 따른 이익준비금과 사업확장적립금은 대통령령으로 정하는 바에 따라 자본금으로 전입할 수 있다. [전문개정 09·3·25]	제8조(이익준비금 등의 자본금전입) ① 법 제10조제3항의 규정에 의하여 이익준비금 또는 사업확장적립금을 자본금으로 전입하고자 하는 때에는 이사회의 의결을 거쳐 기획재정부장관의 승인을 얻어야 한다.〈개정 08·2·29〉 ② 제1항의 규정에 의하여 이익준비금 또는 사업확장적립금을 자본금에 전입한 때에는 공사는 그 사실을 국토교통부장관에게 보고하여야 한다.〈개정 08·2·29, 13·3·23〉
제11조(사채의 발행 등) ① 공사는 이사회의 의결을 거쳐 사채를 발행할 수 있다. ② 사채의 발행액은 공사의 자본금과 적립금을 합한 금액의 5배를 초과하지 못한다.〈개정 13·8·6〉 ③ 국가는 공사가 발행하는 사채의 원리금 상환을 보증할 수 있다. ④ 사채의 소멸시효는 원금은 5년, 이자는 2년이 지나면 완성한다. ⑤ 공사는 「공공기관의 운영에 관한 법률」 제40조제3항에 따라 예산이 확정되면 2개월 이내에 해당 연도에 발행할 사채의 목적·규모·용도 등이 포함된 사채발행 운용계획을 수립하여 이사회의 의결을 거쳐 국토교통부장관의 승인을 받아야 한다. 운용계획을 변경하려는 경우에도 또한 같다.〈개정 13·8·6〉 [전문개정 09·3·25]	제9조(사채의 발행방법) 공사가 법 제11조제1항의 규정에 의하여 사채를 발행하고자 하는 때에는 모집·총액인수 또는 매출의 방법에 의한다. 제10조(사채의 응모 등) ①사채의 모집에 응하고자 하는 자는 사채청약서 2통에 그 인수하고자 하는 사채의 수·인수가액과 청약자의 주소를 기재하고 기명날인하여야 한다. 다만, 사채의 최저가액을 정하여 발행하는 경우에는 그 응모가액을 기재하여야 한다. ②사채청약서는 사장이 이를 작성하고 다음 각 호의 사항을 기재해야 한다.〈개정 21·1·5〉 　1. 공사의 명칭 　2. 사채의 발행총액 　3. 사채의 종류별 액면금액 　4. 사채의 이율

법	시 행 령
	5. 사채상환의 방법 및 시기 6. 이자지급의 방법 및 시기 7. 사채의 발행가액 또는 그 최저가액 8. 이미 발행한 사채중 상환되지 아니한 사채가 있는 때에는 그 총액 9. 사채모집의 위탁을 받은 회사가 있을 때에는 그 상호 및 주소 제11조(사채의 발행총액) 공사가 법 제11조제1항의 규정에 의하여 사채를 발행함에 있어서 실제로 응모된 총액이 사채청약서에 기재한 사채발행총액에 미달하는 때에도 사채를 발행한다는 뜻을 사채청약서에 표시할 수 있다. 이 경우 그 응모총액을 사채의 발행총액으로 한다. 제12조(총액인수의 방법 등) 공사가 계약에 의하여 특정인에게 사채의 총액을 인수시키는 경우에는 제10조의 규정을 적용하지 아니한다. 사채모집의 위탁을 받은 회사가 사채의 일부를 인수하는 경우에는 그 인수분에 대하여도 또한 같다. 제13조(매출의 방법) 공사가 매출의 방법으로 사채를 발행하는 경우에는 매출기간과 제10조제2항제1호·제3호 내지 제7호의 사항을 미리 공고하여야 한다. 제14조(사채인수가액의 납입 등) ①공사는 사채의 응모가 완료된 때에는 지체없이 응모자가 인수한 사채의 전액을 납입시켜야 한다. ②사채모집의 위탁을 받은 회사는 자기명의로 공사를 위하여 제1항 및 제10조제2항의 규정에 의한 행위를 할 수 있다. 제15조(채권의 발행 및 기재사항) ①채권은 사채의 인수가액 전액이 납입된 후가 아니면 이를 발행하지 못한다. ②채권에는 다음 각호의 사항을 기재하고, 사장이 기명날인하여야 한다. 다만, 매출의 방법에 의하여 사채를 발행하는 경우에는 제10조제2항제2호의 사항은 이를 기재하지 아니한다. 　1. 제10조제2항제1호 내지 제6호의 사항 　2. 채권번호

법	시 행 령
	3. 채권의 발행연월일 제16조(채권의 형식) 채권은 무기명식으로 한다. 다만, 응모자 또는 소지인의 청구에 의하여 기명식으로 할 수 있다. 제17조(사채원부) ①공사는 주된 사무소에 사채원부를 비치하고, 다음 각호의 사항을 기재해야 한다.〈개정 21·1·5〉 　1. 채권의 종류별 수와 번호 　2. 채권의 발행연월일 　3. 제10조제2항제2호 내지 제6호 및 제9호의 사항 ②채권이 기명식인 때에는 사채원부에 제1항 각 호의 사항 외에 다음 각 호의 사항을 기재해야 한다.〈개정 21·1·5〉 　1. 채권소유자의 성명과 주소 　2. 채권의 취득연월일 ③채권의 소유자 또는 소지인은 공사의 근무시간중 언제든지 사채원부의 열람을 요구할 수 있다. 제18조(이권흠결의 경우의 공제) ①이권(利券)이 있는 무기명식의 사채를 상환하는 경우에 이권이 흠결된 때에는 그 이권에 상당한 금액을 상환액으로부터 공제한다. ②제1항의 규정에 의한 이권소지인은 그 이권과 상환으로 공제된 금액의 지급을 청구할 수 있다. 제19조(사채권자 등에 대한 통지 등) ①사채를 발행하기 전의 그 응모자 또는 사채를 교부받을 권리를 가진 자에 대한 통지 또는 최고는 사채청약서에 기재된 주소로 하여야 한다. 다만, 따로 주소를 공사에 통지한 경우에는 그 주소로 하여야 한다. ②기명식채권의 소유자에 대한 통지 또는 최고는 사채원부에 기재된 주소로 하여야 한다. 다만, 따로 주소를 공사에 통지한 경우에는 그 주소로 하여야 한다. ③무기명식채권의 소지자에 대한 통지 또는 최고는 공고의 방법에 의한

법	시 행 령
	다. 다만, 그 소재를 알 수 있는 경우에는 이에 의하지 아니할 수 있다. 제20조 삭제 〈17·6·13〉
제12조(보조금 등) 국가는 공사의 경영 안정 및 철도 차량·장비의 현대화 등을 위하여 재정 지원이 필요하다고 인정하면 예산의 범위에서 사업에 필요한 비용의 일부를 보조하거나 재정자금의 융자 또는 사채 인수를 할 수 있다. [전문개정 09·3·25] 제13조(역세권 개발사업) 공사는 철도사업과 관련하여 일반업무시설, 판매시설, 주차장, 여객자동차터미널 및 화물터미널 등 철도 이용자에게 편의를 제공하기 위한 역세권 개발사업을 할 수 있고, 정부는 필요한 경우에 행정적·재정적 지원을 할 수 있다. [전문개정 09·3·25] 제14조(국유재산의 무상대부 등) ① 국가는 다음 각 호의 어느 하나에 해당하는 공사의 사업을 효율적으로 수행하기 위하여 국토교통부장관이 필요하다고 인정하면 「국유재산법」에도 불구하고 공사에 국유재산(물품을 포함한다. 이하 같다)을 무상으로 대부(貸付)하거나 사용·수익하게 할 수 있다.〈개정 13·3·23〉 1. 제9조제1항제1호부터 제4호까지의 규정에 따른 사업 2. 「철도산업발전 기본법」 제3조제2호가목의 역시설의 개발 및 운영사업 ② 국가는 「국유재산법」에도 불구하고 제1항에 따라 대부하거나 사용·수익을 허가한 국유재산에 건물이나 그 밖의 영구시설물을 축조하게 할 수 있다. ③ 제1항에 따른 대부 또는 사용·수익 허가의 조건 및 절차에 관하여 필요한 사항은 대통령령으로 정한다. [전문개정 09·3·25]	
제15조(국유재산의 전대 등) ① 공사는 제9조에 따른 사업을 효율적으로	제21조(국유재산의 전대의 절차 등) 공사는 법 제14조제1항의 규정에 의

법	시 행 령
수행하기 위하여 필요하면 제14조에 따라 대부받거나 사용·수익을 허가받은 국유재산을 전대(轉貸)할 수 있다. ② 공사는 제1항에 따른 전대를 하려면 미리 국토교통부장관의 승인을 받아야 한다. 이를 변경하려는 경우에도 또한 같다.〈개정 13·3·23〉 ③ 제1항에 따라 전대를 받은 자는 재산을 다른 사람에게 대부하거나 사용·수익하게 하지 못한다. ④ 제1항에 따라 전대를 받은 자는 해당 재산에 건물이나 그 밖의 영구시설물을 축조하지 못한다. 다만, 국토교통부장관이 행정 목적 또는 공사의 사업 수행에 필요하다고 인정하는 시설물의 축조는 그러하지 아니하다.〈개정 13·3·23〉 [전문개정 09·3·25]	하여 대부받거나 사용·수익의 허가를 받은 국유재산을 법 제15조제1항의 규정에 의하여 전대(轉貸)하고자 하는 경우에는 다음 각호의 사항이 기재된 승인신청서를 국토교통부장관에게 제출하여야 한다.〈개정 08·2·29, 13·3·23〉 1. 전대재산의 표시(도면을 포함한다) 2. 전대를 받을 자의 전대재산 사용목적 3. 전대기간 4. 사용료 및 그 산출근거 5. 전대를 받을 자의 사업계획서
제16조(지도·감독) 국토교통부장관은 공사의 업무 중 다음 각 호의 사항과 그와 관련되는 업무에 대하여 지도·감독한다.〈개정 13·3·23〉 1. 연도별 사업계획 및 예산에 관한 사항 2. 철도서비스 품질 개선에 관한 사항 3. 철도사업계획의 이행에 관한 사항 4. 철도시설·철도차량·열차운행 등 철도의 안전을 확보하기 위한 사항 5. 그 밖에 다른 법령에서 정하는 사항 [전문개정 09·3·25]	
제17조(자료제공의 요청) ① 공사는 업무상 필요하다고 인정하면 관계 행정기관이나 철도사업과 관련되는 기관·단체 등에 자료의 제공을 요청할 수 있다.〈개정 14·5·21〉 ② 제1항에 따라 자료의 제공을 요청받은 자는 특별한 사유가 없으면 그 요청에 따라야 한다.〈신설 14·5·21〉 [전문개정 09·3·25]	
제18조(등기 촉탁의 대위) 공사가 제9조제1항제4호에 따라 국가 또는 지방자	

법	시 행 령
치단체로부터 위탁받은 사업과 관련하여 국가 또는 지방자치단체가 취득한 부동산에 관한 권리를 「부동산등기법」 제98조에 따라 등기하여야 하는 경우 공사는 국가 또는 지방자치단체를 대위(代位)하여 등기를 촉탁할 수 있다.〈개정 11·4·12〉 [전문개정 09·3·25] 제19조(벌칙) 제8조를 위반한 자는 2년 이하의 징역 또는 2천만원 이하의 벌금에 처한다.〈개정 14·5·21〉 [전문개정 09·3·25] 제20조(과태료) ① 제8조의2를 위반한 자에게는 500만원 이하의 과태료를 부과한다.〈개정 14·5·21〉 ② 제1항에 따른 과태료는 국토교통부장관이 부과·징수한다.〈개정 13·3·23〉 [전문개정 09·3·25]	제22조(과태료의 부과·징수절차) ① 국토교통부장관은 법 제20조제2항에 따라 과태료를 부과하는 때에는 해당 위반행위를 조사·확인한 후 위반사실, 과태료 금액 등을 서면으로 명시하여 이를 납부할 것을 과태료처분 대상자에게 알려야 한다.〈개정 08·2·29, 13·3·23〉 ② 국토교통부장관은 제1항에 따라 과태료를 부과하려는 때에는 10일 이상의 기간을 정하여 과태료처분 대상자에게 구술 또는 서면(전자문서를 포함한다)으로 의견을 진술할 기회를 주어야 한다. 이 경우 지정된 기일까지 의견 진술이 없는 때에는 의견이 없는 것으로 본다.〈개정 08·2·29, 13·3·23〉 ③ 국토교통부장관은 과태료의 금액을 정할 때에는 해당 위반행위의 동기와 그 결과 등을 고려하여야 한다.〈개정 08·2·29, 13·3·23〉 ④ 과태료의 징수절차는 국고금관리법령을 준용한다. 이 경우 납입고지서에는 이의 방법 및 이의 기간 등을 함께 적어 넣어야 한다. [본조신설 07·9·28]

법	시 행 령
부 칙	부 칙

법

제1조(시행일) 이 법은 2005년 1월 1일부터 시행한다. 다만, 부칙 제4조·제5조·제7조 및 제10조의 규정은 공포한 날부터 시행하고, 부칙 제8조의 규정은 2004년 1월 1일부터 시행한다.

제2조(다른 법률의 폐지) 다음 각호의 법률은 이를 각각 폐지한다.

1. 국유철도의운영에관한특례법
2. 철도소운송업법

제3조(다른 법률의 폐지에 따른 경과조치) ①이 법 시행전에 종전의 국유철도의운영에관한특례법 제24조의 규정에 의한 점용허가를 받은 자에 대하여는 종전의 규정에 의한다. 이 경우 철도청장이 행한 행위나 철도청장에 대한 행위는 건설교통부장관의 행위나 건설교통부장관에 대한 행위로 본다.

②이 법 시행 전에 종전의 철도소운송업법을 위반한 행위에 대한 벌칙 및 과태료의 적용에 있어서는 종전의 규정에 의한다.

제4조(공사의 설립준비) ①건설교통부장관은 공사의 설립에 관한 사무를 처리하기 위하여 이 법 공포일부터 3월 이내에 한국철도공사설립위원회(이하 "설립위원회"라 한다)를 설치한다.

②설립위원회는 건설교통부장관이 임명 또는 위촉하는 7인 이내의 설립위원으로 구성하며, 위원장은 건설교통부차관이 된다.

③설립위원회는 공사의 정관을 작성하여 기명날인하거나 서명한 후 건설교통부장관의 인가를 받아야 한다.

④설립위원회는 2005년 1월 1일까지 공사의 설립등기를 완료하여야 한다.

⑤설립위원회는 공사의 설립등기후 지체없이 사장에게 사무를 인계하여야 한다.

⑥설립위원회는 제5항의 규정에 의한 사무인계가 끝난 때에는 해산 또

시 행 령

제1조(시행일) 이 영은 2005년 1월 1일부터 시행한다.

제2조(다른 법령의 폐지) 다음 각호의 대통령령은 이를 각각 폐지한다.

1. 국유철도의운영에관한특례법시행령
2. 철도소운송업법시행령
3. 철도청과그소속기관직제
4. 철도기금법시행령

제3조(다른 법령의 개정) ①개발이익환수에관한법률시행령중 다음과 같이 개정한다.

제5조제2항제1호에 바목을 다음과 같이 신설한다.

　　바. 한국철도공사법에 의하여 설립된 한국철도공사

제5조제3항에 제7호를 다음과 같이 신설한다.

7. 한국철도공사법 제9조제1항제4호 및 동법 제13조의 규정에 의하여 한국철도공사가 시행하는 철도역사 및 역세권개발사업

②건설교통부와그소속기관직제중 다음과 같이 개정한다.

제14조의2제2항제13호를 다음과 같이 한다.

13. 한국철도공사에 관한 사항

③공공기관의기록물관리에관한법률시행령중 다음과 같이 개정한다.

제5조제1항제2호중 "지방철도청, 부산·인천·여수지방해양수산청"을 "부산·인천·여수지방해양수산청"으로 한다.

④공무원연금법시행령중 다음과 같이 개정한다.

제66조제1항제2호를 삭제한다.

⑤공익사업을위한토지등의취득및보상에관한법률시행령중 다음과 같이 개정한다.

제25조에 제17호를 다음과 같이 신설한다.

법	시 행 령
는 해임·해촉된 것으로 본다. **제5조(설립비용)** 공사의 설립비용은 철도사업특별회계에서 부담한다. **제6조(권리·의무의 승계)** ①공사는 그 설립과 동시에 제4조의 규정에 의하여 현물로 출자받은 자산으로부터 발생한 권리·의무를 포괄승계한다. ②제4조의 규정에 의하여 현물로 출자받은 자산과 관련하여 공사 설립 전에 철도청 또는 한국고속철도건설공단법에 의하여 설립된 한국고속철도건설공단(이하 "고속철도건설공단"이라 한다)이 행한 행위와 철도청 또는 고속철도건설공단에 대하여 행하여진 행위는 이를 공사의 행위나 공사에 대한 행위로 본다. **제7조(직원의 임용특례 등)** ①철도청장은 소속공무원중 공무원 신분을 계속 유지하고자 하는 자와 공사의 직원으로 신분이 전환될 자를 확정하여 공사가 직원을 임용할 수 있도록 조치하여야 한다. ②공사 설립당시 공무원 신분을 계속 유지하는 자와 한국철도시설공단법에 의하여 한국철도시설공단(이하 "공단"이라 한다) 직원으로 임용된 자를 제외한 철도청 직원은 공사의 직원으로 임용한다. ③공사는 이 법 시행당시 고속철도와 관련하여 차량점검·운전 등 차량운영업무에 종사하던 공단의 직원이 희망할 경우 공사의 직원으로 임용한다. ④제2항의 규정에 의하여 공사의 직원으로 임용된 때에는 공무원 신분에서 퇴직한 것으로 본다. ⑤제2항의 규정에 의하여 공무원이었던 자가 공사의 직원으로 임용된 자의 정년은 그 직원의 공무원 퇴직당시의 직급에 적용되던 국가공무원법상의 정년에 의한다. 다만, 공사의 직원정년이 국가공무원법상의 정년보다 장기인 때에는 그러하지 아니하다. ⑥제3항의 규정에 의하여 공단의 직원이었던 자가 공사의 직원으로 임용된 자의 정년은 그 직원의 공단퇴직시의 직급에 적용되던 정년에 의	17. 한국철도공사법에 의한 한국철도공사 ⑥공증인법시행령중 다음과 같이 개정한다. 별표 1에 제170호를 다음과 같이 신설한다. 170. 한국철도공사 ⑦교통체계효율화법시행령중 다음과 같이 개정한다. 제8조제1항제10호중 "국유철도의운영에관한특례법 제6조제6호"를 "한국철도공사법 제13조"로 한다. 제8조의2제2항제1호중 "해양수산부·철도청"을 "해양수산부"로 한다. 제19조제3항제1호중 "국무조정실·경찰청 및 철도청"을 "국무조정실 및 경찰청"으로 한다. 제19조제4항제1호중 "기획예산처·경찰청 및 철도청"을 "기획예산처 및 경찰청"으로 한다. ⑧국가공무원복무규정중 다음과 같이 개정한다. 제28조 각호외의 부분중 "정보통신부 및 철도청"을 "정보통신부"로 한다. ⑨국가기술자격법시행령중 다음과 같이 개정한다. 제4조제3항중 "산림청·중소기업청 및 철도청"을 "산림청 및 중소기업청"으로 한다. ⑩국유재산의현물출자에관한법률시행령중 다음과 같이 개정한다. 제2조에 제55호를 다음과 같이 신설한다. 55. 한국철도공사법에 의한 한국철도공사 ⑪도시교통정비촉진법시행령중 다음과 같이 개정한다. 제36조제3항제1호중 "기획예산처, 철도청 및 경찰청"을 "기획예산처 및 경찰청"으로 한다. ⑫도시철도법시행령중 다음과 같이 개정한다. 제19조의2제3항중 "철도청장"을 각각 "한국철도공사 사장"으로 한다. ⑬물품목록정보의관리및이용에관한법률시행령중 다음과 같이 개정한다.

법	시 행 령
한다. 다만, 공사의 직원정년이 공단의 정년보다 장기인 때에는 그러하지 아니하다 제8조(철도청에서 퇴직하고 공사 또는 공단의 직원으로 임용된 자에 대한 공무원연금법의 적용에 관한 특례) ①2003년 10월 29일 이전에 철도청 소속 공무원으로 재직(휴직 중인 자를 포함한다)한 자와 2003년 10월 29일 이전에 철도청 소속 공무원으로 재직했던 자로서 이 법 시행일 이전에 철도청 소속 공무원으로 새로이 임용된 자가 부칙 제7조제2항 및 한국철도시설공단법 부칙 제8조제1항의 규정에 의하여 공무원에서 퇴직하고 공사 또는 공단(이하 "철도공사등"이라 한다)의 직원으로 임용되는 경우 공무원연금법(이하 이 조에서 "연금법"이라 한다)에 의한 재직기간이 20년 미만인 자는 철도공사등의 직원으로 임용된 날부터 2월 이내에 연금법 제4조의 규정에 의하여 설립된 공무원연금공단(이하 이 조에서 "연금공단"이라 한다)에 연금법의 적용신청을 한 때에는 제2항에 따른 공무원 재직기간까지 연금법 제3조제1항제1호의 규정에 의한 공무원으로 보되, 연금법 제42조의 규정에 의한 장기급여중 퇴직급여·유족급여(유족보상금을 제외한다) 및 퇴직수당에 한하여 이를 지급한다.〈개정 15·12·29〉 ②제1항의 규정에 의한 연금법의 적용신청을 하여 연금법 제3조제1항제1호의 규정에 의한 공무원으로 의제되는 철도공사등의 직원(이하 이 조에서 "연금법적용대상직원"이라 한다)은 연금법에 의한 재직기간이 20년에 도달하는 달의 말일에 공무원에서 퇴직한 것으로 본다. 다만, 재직기간이 20년에 도달하기 전에 다음 각 호의 어느 하나에 해당하는 경우에는 각 호에서 정한 날까지 공무원으로 재직한 것으로 본다.〈개정 15·12·29〉 1. 10년 이상 재직한 연금법적용대상직원이 연금공단에 적용 제외를 신청한 경우 그 신청한 날의 전날	제13조제2항제1호중 "건설교통부·조달청 및 철도청"을 "건설교통부 및 조달청"으로 한다. ⑭민방위기본법시행령중 다음과 같이 개정한다. 제10조제3항제2호 및 제13조제4호를 각각 삭제한다. ⑮부가가치세법시행령중 다음과 같이 개정한다. 제4조제1항제4호에 카목을 다음과 같이 신설한다. 카. 한국철도공사법에 의한 한국철도공사 ⑯부산교통공단법시행령중 다음과 같이 개정한다. 제17조제1항제1호중 "건설교통부·기획예산처 및 철도청"을 "건설교통부 및 기획예산처"로 한다. ⑰사설철도및전용철도면허규정중 다음과 같이 개정한다. 법령의 제명 "사설철도및전용철도면허규정"을 "공용철도및전용철도면허규정"으로 하고, 제1조중 "사설철도"를 "공용철도"로 하며, 제2조제1호를 삭제하고, 제3조제1호 각목외의 부분 및 동호가목·나목, 제11조제1항중 "사설철도"를 각각 "공용철도"로 한다. ⑱사설철도주식회사주식소유자에대한보상에관한법률시행령중 다음과 같이 개정한다. 제2조중 "철도청장"을 "건설교통부장관"으로 한다. 제3조제1항 각호외의 부분중 "철도청 관리본부장"을 "건설교통부 철도정책국장"으로 하고, 동항제1호를 다음과 같이 하며, 동항제2호중 "철도청장"을 "건설교통부장관"으로 한다. 1. 건설교통부소속 3급·4급 또는 이에 상당하는 공무원 중에서 건설교통부장관이 지명하는 1인과 행정자치부소속 국립과학수사연구소 및 법제처의 3급·4급 또는 이에 상당하는 공무원 중에서 건설교통부장관의 요청에 의하여 행정자치부장관 및 법제처장이 지명하는 자 각 1인 제6조제2항중 "철도청소속"을 "건설교통부소속"으로, "철도청장"을 "건

법	시 행 령
2. 공사에서 퇴직한 경우 그 퇴직한 날의 전날 3. 공사에서 재직 중 사망한 경우 사망한 날 ③ 연금법적용대상직원의 연금법 제3조제1항제5호에 따른 기준소득월액은 이 법 시행일 전날의 보수월액을 100분의 65로 나눈 금액에 매년 공무원평균보수인상률과 호봉승급분을 반영한 금액으로 한다.〈개정 09·12·31〉 ④ 연금법적용대상직원에 대하여는 철도공사등의 장을 연금법 제3조제1항제6호의 규정에 의한 기관장으로, 철도공사등의 직원으로서 소득세법에 의한 원천징수의무자를 연금법 제3조제1항제7호의 규정에 의한 기여금징수의무자로 본다. ⑤ 제1항 및 제2항에 따라 재직기간이 10년 이상인 연금법적용대상직원이 연금법 제46조제1항에 해당하는 경우에는 그 때부터 퇴직연금을 지급한다. 다만, 법률 제13387호 공무원연금법 일부개정법률 부칙 제7조에 해당하는 경우에는 그 때부터 퇴직연금을 지급한다.〈개정 15·12·29〉 ⑥ 삭제〈15·12·29〉 ⑦ 연금법적용대상직원에 대하여 연금법 제64조의 규정을 적용함에 있어서 동조제1항제1호 및 동조제2항의 규정에 의한 "재직중의 사유"는 이를 "재직중의 사유(제1항의 규정에 의하여 공무원으로 의제되는 기간중의 사유를 포함한다)"로, 동조제1항제2호의 규정에 의한 "탄핵 또는 징계에 의하여 파면된 때"를 "제1항의 규정에 의하여 공무원으로 의제되는 기간중의 사유로 철도공사등에서 징계에 의하여 파면된 때"로 각각 본다. ⑧ 연금법적용대상직원에 대한 퇴직수당의 지급에 소요되는 비용은 연금법 제65조제3항의 규정에 불구하고 철도공사등이 이를 부담·관리한다. 다만, 연금법적용대상직원이 부칙 제7조제2항의 규정에 의하여 철도청 소속 공무원에서 퇴직한 때에 지급하여야 할 퇴직수당에 상당하는 금액	설교통부장관"으로 한다. ⑲ 사회간접자본건설추진위원회규정중 다음과 같이 개정한다. 제3조제3항제1호를 다음과 같이 한다. 1. 과학기술부장관·국방부장관·행정자치부장관·문화관광부장관·농림부장관·산업자원부장관·정보통신부장관·환경부장관·대통령비서실의 경제문제를 담당하는 정무직인 비서관·국무조정실장 및 산림청장 제8조제4항제1호를 다음과 같이 한다. 1. 재정경제부·과학기술부·국방부·행정자치부·문화관광부·농림부·산업자원부·정보통신부·환경부·기획예산처·국무조정실 및 산림청의 관계국장, 대통령비서실의 경제문제를 담당하는 2급 또는 3급공무원(2급상당 또는 3급상당 별정직공무원을 포함한다) ⑳ 자연재해대책법시행령중 다음과 같이 개정한다. 제2조제8호를 삭제하고, 동조에 제34호를 다음과 같이 신설한다. 34. 한국철도공사 사장 제8조제2호중 "산림청·철도청·해양경찰청"을 "산림청·해양경찰청"으로 한다. ㉑ 재난및안전관리기본법시행령중 다음과 같이 개정한다. 제16조제2호중 "산림청·철도청 및 해양경찰청"을 "산림청 및 해양경찰청"으로 한다. 별표 1 제13호 및 제14호를 각각 다음과 같이 한다. 13. 시·도의 교육청 14. 한국철도공사 ㉒ 전원개발촉진법시행령중 다음과 같이 개정한다. 제5조중 "해양수산부·산림청 및 철도청"을 "해양수산부 및 산림청"으로 한다.

법	시 행 령
은 연금법적용대상직원이 철도공사등의 직원으로 임용된 때에 연금공단에서 철도공사등으로 이체한다.〈개정 15·12·29〉 ⑨연금법적용대상직원에 대한 연금법 제69조제1항의 규정에 의한 연금부담금 및 보전금은 철도공사등이 이를 부담한다. ⑩연금법적용대상직원은 제1항의 규정에 의하여 공무원으로 의제되는 기간까지 국민연금법 제6조의 규정에 의한 국민연금의 가입대상에서 제외한다. ⑪연금법적용대상직원이 제1항의 규정에 의하여 공무원으로 의제되는 기간은 근로기준법 제34조의 규정에 의한 퇴직금 산정을 위한 계속근로연수에서 이를 제외한다. ⑫연금법적용대상직원에 대한 퇴직급여·유족급여(유족보상금을 제외한다) 및 퇴직수당의 산정·지급, 그 비용의 징수 등에 관하여 이 조에서 특별히 정하지 아니한 사항에 대하여는 연금법의 규정을 적용한다. 제9조(이월현금의 출자) 철도사업특별회계의 마지막 회계연도의 이월현금은 철도사업특별회계의 선사용자금의 반환이 완료된 때에 국가가 공사에 출자한 것으로 본다. 제10조(예산편성에 관한 경과조치) 공사설립후 최초로 개시되는 사업연도의 공사의 예산은 설립위원회가 편성한다. 제11조(철도사업특별회계에 관한 경과조치) 부칙 제1조의 규정에 불구하고 철도사업특별회계의 마지막 회계연도에 속하는 세입·세출의 출납정리에 관하여는 기업예산회계법을, 결산보고서의 작성·제출에 관하여는 예산회계법을 적용한다. 제12조(다른 법률의 개정) ①철도법중 다음과 같이 개정한다. 제2조제2항중 "設備한"을 "설치 또는 운영하는"으로 한다. 제2조제3항을 제4항으로 하고 동조에 제3항을 다음과 같이 신설한다. ③이 법에서 공용철도라 함은 영업을 목적으로 설치 또는 운영하는 철	㉓중소기업진흥및제품구매촉진에관한법률시행령중 다음과 같이 개정한다. 제6조제1호중 "식품의약품안전청·철도청"을 "식품의약품안전청"으로 하고, 동조제3호에 타목을 다음과 같이 신설한다. 타. 한국철도공사법에 의한 한국철도공사 사장 ㉔지방공무원수당등에관한규정중 다음과 같이 개정한다. 제19조제3항제2호중 "제7호의 열차운전수당, 제8호의 철도작업수당, 제10호의 안전관리수당"을 "제10호의 안전관리수당"으로 한다. 별표 9 특수장비취급분야란의 제7호 및 제8호를 각각 삭제한다. ㉕지역균형개발및지방중소기업육성에관한법률시행령중 다음과 같이 개정한다. 제42조제3항에 제7호를 다음과 같이 신설한다. 7. 한국철도공사법에 의한 한국철도공사(한국철도공사법 제9조제1항제4호 및 동법 제13조의 규정에 의한 철도역사 및 역세권개발사업의 추진을 위한 경우에 한한다) ㉖특정범죄가중처벌등에관한법률시행령중 다음과 같이 개정한다. 제2조에 제54호를 다음과 같이 신설한다. 54. 한국철도공사법에 의한 한국철도공사 ㉗행정권한의위임및위탁에관한규정중 다음과 같이 개정한다. 제38조제6항 및 제39조를 각각 삭제한다. ㉘화물유통촉진법시행령중 다음과 같이 개정한다. 제3조제2항제1호중 "조달청·중소기업청 및 철도청"을 "조달청 및 중소기업청"으로 한다. 부 칙 〈07·9·28〉 제1조 (시행일) 이 영은 2007년 10월 7일부터 시행한다. 제2조(다른 법령의 개정) ① 지방세법 시행령 일부를 다음과 같이 개정한다.

법	시 행 령
도를 말한다. 제5조의 제목중 "私設鐵道"를 "공용철도"로 하고, 제5조 및 제6조 각호 외의 부분중 "私設鐵道"를 각각 "공용철도"로 한다. ②기업예산회계법중 다음과 같이 개정한다. 제2조중 "철도사업·통신사업"을 "통신사업"으로 하고, 제3조제1호를 삭제한다. ③대도시권광역교통관리에관한특별법중 다음과 같이 개정한다. 제9조제2항중 "鐵道廳長"을 "한국철도공사사장"으로 한다. ④사설철도주식회사주식소유자에대한보상에관한법률중 다음과 같이 개정한다. 제3조제1항·제5조제1항·제7조 및 제8조중 "철도청장"을 각각 "건설교통부장관"으로 하고, 제9조중 "철도사업특별회계"를 "일반회계"로 한다. ⑤지방세법중 다음과 같이 개정한다. 제289조에 제6항을 다음과 같이 신설한다. ⑥한국철도공사법에 의하여 설립된 한국철도공사가 한국철도공사법 제9조제1호 내지 제4호(제4호중 철도역세권 개발사업을 제외한다)의 사업에 직접 사용하기 위하여 취득하는 부동산 및 철도차량에 대하여는 취득세와 등록세를 면제하고, 과세기준일 현재 한국철도공사의 한국철도공사법 제9조제1호 내지 제4호(제4호중 철도역세권 개발사업을 제외한다)의 사업에 직접 사용되는 부동산에 대하여는 재산세·종합토지세·도시계획세·공동시설세 및 당해 법인에 대한 사업소세의 100분의 50을 경감한다. 부　　칙 〈07·4·6〉 이 법은 공포 후 6개월이 경과한 날부터 시행한다.	제132조제4항제25호 중 "제9조제1항제1호 내지 제4호(제4호중 철도역세권개발사업은 제외한다)"를 "제9조제1항제1호부터 제3호까지 및 제6호"로 한다. ② 개발이익환수에 관한 법률 시행령 일부를 다음과 같이 개정한다. 제5조제3항제7호를 다음과 같이 한다. 7. 「한국철도공사법」제9조제1항제5호 및 제6호, 같은 법 제13조에 따라 한국철도공사가 시행하는 역시설 및 역세권 개발사업 부　　칙 〈08·2·29〉 제1조(시행일) 이 영은 2008년 2월 4일부터 시행한다. 제2조부터 제4조까지 생략 부　　칙 〈08·2·29〉 제1조(시행일) 이 영은 공포한 날부터 시행한다. 다만, 부칙 제6조에 따라 개정되는 대통령령 중 이 영의 시행 전에 공포되었으나 시행일이 도래하지 아니한 대통령령을 개정한 부분은 각각 해당 대통령령의 시행일부터 시행한다. 제2조부터 제6조까지 생략 부　　칙 〈13·3·23〉 제1조(시행일) 이 영은 공포한 날부터 시행한다. 〈단서 생략〉 제2조부터 제6조까지 생략 부　　칙 〈14·11·29〉 제1조(시행일) 이 영은 2014년 11월 29일부터 시행한다. 제2조부터 제7조까지 생략

법	시 행 령

법

부   칙 ⟨08·2·29⟩

제1조(시행일) 이 법은 공포한 날부터 시행한다. 다만,…⟨생략⟩…, 부칙 제6조에 따라 개정되는 법률 중 이 법의 시행 전에 공포되었으나 시행일이 도래하지 아니한 법률을 개정한 부분은 각각 해당 법률의 시행일부터 시행한다.

제2조부터 제7조까지 생략

부   칙 ⟨09·1·30⟩

제1조(시행일) 이 법은 공포 후 6개월이 경과한 날부터 시행한다. ⟨단서 생략⟩

제2조부터 제11조까지 생략

부   칙 ⟨09·3·25⟩

이 법은 공포한 날부터 시행한다.

부   칙 ⟨09·12·31⟩

제1조(시행일) 이 법은 공포한 날이 속하는 달의 다음달 1일부터 시행한다. ⟨단서 생략⟩

제2조부터 제16조까지 생략

부   칙 ⟨11·4·12⟩

제1조(시행일) 이 법은 공포 후 6개월이 경과한 날부터 시행한다. ⟨단서 생략⟩
제2조부터 제5조까지 생략

부   칙 ⟨13·3·23⟩

제1조(시행일) ① 이 법은 공포한 날부터 시행한다.

시 행 령

부   칙 ⟨15·12·30⟩

이 영은 공포한 날부터 시행한다. ⟨단서 생략⟩

부   칙 ⟨17·6·13⟩

이 영은 공포한 날부터 시행한다.

부   칙 ⟨19·3·12⟩

제1조(시행일) 이 영은 2019년 3월 14일부터 시행한다.
제2조부터 제4조까지 생략

부   칙 ⟨21·1·5⟩

이 영은 공포한 날부터 시행한다. ⟨단서 생략⟩

부   칙 ⟨21·7·20⟩

이 영은 공포한 날부터 시행한다.

법	시 행 령
② 생략 제2조부터 제7조까지 생략 　　　　　　　부　　　칙 〈13 · 8 · 6〉 이 법은 공포한 날부터 시행한다. 　　　　　　　부　　　칙 〈14 · 5 · 21〉 이 법은 공포한 날부터 시행한다. 　　　　　　　부　　　칙 〈15 · 12 · 19〉 이 법은 2016년 1월 1일부터 시행한다. 　　　　　　　부　　　칙 〈18 · 3 · 13〉 제1조(시행일) 이 법은 공포 후 1년이 경과한 날부터 시행한다. 제2조 및 제3조 생략	

┌──────┐
│ 판 권 │
│ 소 유 │
└──────┘

철 도 법 령 집 (I)

2021년	1월	20일	인	쇄
2021년	1월	25일	발	행
2022년	2월	11일	2판 발행	
2023년	2월	21일	3판 발행	

편 저 자 편 집 부 편
발 행 인 황   증   진
발 행 처 노 해 출 판 사
서울·중구 퇴계로49길 25(충무로5가)
전   화 (02)2274-4999
F A X   (02)2265-6774
등 록 일 1988. 2. 15
등 록 번 호 제 2 - 486 호

값 42,000원

ISBN 978-89-6342-186-5 93360

이 책은 저작권법에 의해 보호를 받는 저작물이므로 무단복제를 금합니다.